チャンネル登録
お願いします！

SCAN HERE

新Aクラス
中学代数問題集

6訂版

東邦大付属東邦中・高校講師 ———— 市川　博規
桐朋中・高校教諭 ———— 久保田顕二
駒場東邦中・高校教諭 ———— 中村　直樹
玉川大学教授 ———— 成川　康男
筑波大附属駒場中・高校元教諭 ———— 深瀬　幹雄
芝浦工業大学教授 ———— 牧下　英世
筑波大附属駒場中・高校副校長 ———— 町田多加志
桐朋中・高校教諭 ———— 矢島　弘
駒場東邦中・高校元教諭 ———— 吉田　稔
共著

昇龍堂出版

(24-06)

まえがき

この本は，中学生のみなさんが中学校の3年間で学習する数学の内容のうち，代数分野について1冊にまとめたものです。

教科書の数や文字の計算，方程式や不等式，関数，確率，統計に関する基本的な事項をしっかりと理解したうえで，用語や記号およびいろいろな計算法則を確認しながら，問題を解くことを通して，みなさんが数学の真の実力を身につけられるようにすることが，この本の目的です。

単に計算法則や公式を知っているだけでは，数学の力が身についたとは言えません。実際に問題を解くことを通して，論理的に考える力，正しく判断し表現する力が身につき，知っているだけの知識が使える知識となります。そのためにも，根気よく解き進んでください。また，難解な問題にも果敢に挑戦してください。その際に大事な心がけは，ノートと鉛筆を用意して，問題の条件などをグラフや図にかいたり，思いついたことをメモしながら自分の頭でしっかり考えることです。そのような地道な努力こそが，本当の意味での数学の力を培うための最短コースなのです。

なお，この本は，中学校の教育課程で学習する代数分野のすべての内容をふくみ，みなさんのこれからの学習にぜひとも必要であると思われる発展的なことがらについても，あえて取りあげています。学習指導要領の範囲にとらわれることなく，Aクラスの学力を身につけてほしいと考えたからです。

長い時間をかけて難問を解いたときの達成感や充実感は，何ものにもまさる尊い経験です。長い道のりですが，あせらず，急がず，一歩一歩，着実に進んでいってください。みなさんの努力は必ず報われます。みなさん一人ひとりの才能が大きく開花することを切望しています。

著　者

本書の使い方と特徴

この問題集を自習する場合には，以下の特徴をふまえて，計画的・効果的に学習することを心がけてください。

また，学校でこの問題集を使用する場合には，ご担当の先生がたの指示にしたがってください。

1. まとめ は，教科書で学習する基本事項や，その節で学ぶ基礎的なことがらを，簡潔にまとめてあります。

2. 基本問題 は，教科書やその節の内容が身についているかを確認するための問題です。

3. 例題 は，その分野の典型的な問題を精選してあります。解説 で解法の要点を説明し，解答 や 証明 で，模範的な解答をていねいに示してあります。

4. 演習問題 は，例題で学習した解法を確実に身につけるための問題です。やや難しい問題もありますが，じっくりと時間をかけて取り組むことにより，実力がつきます。

5. 進んだ問題の解法 および 進んだ問題 は，やや高度な内容です。解法 で考え方・解き方の要点を説明し，解答 や 証明 で，模範的な解答をていねいに示してあります。

6. 研究 は，数学に深い興味をもつみなさんのための問題で，発展的な内容です。

7. 章の問題 は，その章全体の内容をふまえた総合問題です。まとめや復習に役立ててください。

8．**解答編** を別冊にしました。

基本問題の解答は，原則として （答） のみを示してあります。

演習問題の解答は，まず （答） を示し，続いて （解説） として，考え方や略解を示してあります。問題の解き方がわからないときや，答えの数値が合わないときには，略解を参考に確認してください。

進んだ問題の解答は，模範的な解答をていねいに示してあります。

9．（別解） は，解答とは異なる解き方です。

また，（参考） は，解答，別解とは異なる解き方などを簡単に示してあります。

さまざまな解法を知ることで，柔軟な考え方を養うことができます。

10．（注） は，まとめの説明を補ったり，くわしく説明したりしています。

また，解答をわかりやすく理解するための補足でもあります。

さらに，まちがいやすいポイントについての注意点も示してあります。

目次

正の数・負の数

1…正の数・負の数

基本問題

1. 次の数に対応する点を，下の数直線にかき入れよ。

$+4,\quad -2,\quad -\frac{1}{2},\quad +2.5,\quad -3\frac{1}{2},\quad +7\frac{1}{2},\quad -6.5$

O

−8　−7　−6　−5　−4　−3　−2　−1　0　+1　+2　+3　+4　+5　+6　+7　+8

2. 次の数直線上の点 A，B，C，D，E に対応する数を求めよ。

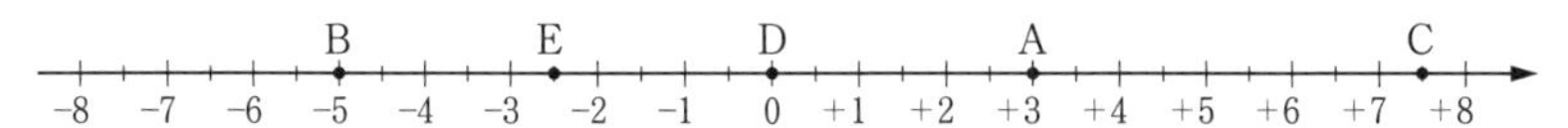

3. 次の数の絶対値を求めよ。

(1)　-8　　(2)　$+4$

(3)　$-\frac{1}{3}$　　(4)　$+1.27$

> **絶対値**
> 数直線上で，ある数に対応する点と原点との距離
> **絶対値を表す記号**
> (例) $|+3|=3,\ |-5|=5$

4. 次の値を求めよ。

(1)　$|+3|$　　(2)　$|-11|$　　(3)　$|0|$

(4)　$\left|-1\frac{2}{3}\right|$　　(5)　$|-2.64|$　　(6)　$\left|+5\frac{3}{4}\right|$

5. 次の数の大小を，不等号を使って表せ。

(1)　$+3,\quad +4$　　(2)　$+3,\quad -4$　　(3)　$-3,\quad -4$

(4)　$-2.7,\quad +2.5$　　(5)　$-\frac{4}{3},\quad -1.3$　　(6)　$+\frac{1}{2},\quad -\frac{2}{3}$

6. 次の数を，小さいものから順に並べよ。また，絶対値の大きいものから順に並べよ。

(1)　-2.5，　$+3$，　$+4$，　$-\frac{3}{4}$，　$-2\frac{1}{4}$，　$+3.5$，　-3.1，　0

(2)　$+2.4$，　$-2\frac{1}{3}$，　$+1.1$，　-2.3，　$-\frac{4}{3}$，　-0.9，　$+\frac{4}{5}$

7. 数直線上で考えて，次の問いに答えよ。

(1)　+8 は −2 よりいくつ大きいか。
(2)　−8 は −2 よりいくつ小さいか。
(3)　−7 は +3 よりいくつ小さいか。
(4)　−4 より 4 大きい数はいくつか。
(5)　+2.5 より 8 小さい数はいくつか。
(6)　−10.2 より 3.8 大きい数はいくつか。

不等号
数の大小を表す記号
(例) 2<4，−1>−3

数の大小
(1)　**正の数と負の数**
(負の数)<(正の数)
(2)　**正の数どうし**
絶対値が大きいほど大
(3)　**負の数どうし**
絶対値が小さいほど大

8. 数直線上で考えて，次の数を求めよ。

(1)　0 から 7 の距離にある数
(2)　+8 から 5 の距離にある数
(3)　−3 から 6 の距離にある数
(4)　−10 から 10 の距離にある数

9. 次のことがらを，正の数を使ったいい方で表せ。

(1)　−20 円の余り
(2)　−5 点上がる
(3)　−10 時間後
(4)　−1000 円の損失
(5)　東へ −3km 進む
(6)　−15kg の減少

正の数・負の数
たがいに反対の性質をもつ数量を表すときに使うと便利である。

10. 次の温度は何度か。

(1)　3℃ から 5℃ 下がった温度
(2)　−4℃ から 10℃ 上がった温度
(3)　−2℃ から 6℃ 下がった温度
(4)　−3℃ から −7℃ 上がった温度
(5)　5℃ から −8℃ 上がり，さらに −10℃ 下がった温度

2…加法

基本問題

11. 次の計算をせよ。

(1) $(+4)+(+18)$

(2) $(-13)+(-38)$

(3) $(+2.3)+(+11.8)$

(4) $(-0.35)+(-4.27)$

(5) $\left(+1\frac{1}{2}\right)+\left(+2\frac{1}{3}\right)$

(6) $\left(-\frac{1}{3}\right)+\left(-1\frac{3}{4}\right)$

加法

(1) **同符号の2数の加法**
絶対値の和に，同じ符号をつける。

(2) **異符号の2数の加法**
絶対値の差に，絶対値の大きいほうの符号をつける。

(3) **0との和**
$\boldsymbol{a+0=0+a=a}$

(4) **加法の計算法則**
$\boldsymbol{a+b=b+a}$（加法の交換法則）
$\boldsymbol{(a+b)+c=a+(b+c)}$
（加法の結合法則）
加える順序を変えても，計算結果は変わらない。

12. 次の計算をせよ。

(1) $(-25)+(+31)$

(2) $(+13.5)+(-4.6)$

(3) $(-6.4)+(+3.8)$

(4) $\left(-2\frac{4}{5}\right)+\left(+4\frac{1}{5}\right)$

(5) $\left(+\frac{2}{3}\right)+\left(-\frac{3}{4}\right)$

(6) $\left(-1\frac{1}{2}\right)+\left(+2\frac{1}{3}\right)$

13. 次の計算をせよ。

(1) $(+4)+(-4)$

(2) $(+0.81)+0$

(3) $0+\left(-5\frac{1}{8}\right)$

(4) $\left(-3\frac{1}{12}\right)+\left(+3\frac{1}{12}\right)$

14. 次の計算をせよ。

(1) $\begin{array}{r} +12 \\ \underline{+)\ +39} \end{array}$

(2) $\begin{array}{r} -4 \\ \underline{+)\ -8} \end{array}$

(3) $\begin{array}{r} -\ 8 \\ \underline{+)\ +15} \end{array}$

(4) $\begin{array}{r} -10 \\ \underline{+)\ +\ 9} \end{array}$

(5) $\begin{array}{r} +1.7 \\ \underline{+)\ -3.9} \end{array}$

(6) $\begin{array}{r} -0.08 \\ \underline{+)\ +0.1} \end{array}$

(7) $\begin{array}{r} +2.29 \\ \underline{+)\ -2.29} \end{array}$

(8) $\begin{array}{r} -1.25 \\ \underline{+)\ -3.75} \end{array}$

●例題1● 次の計算をせよ。

(1) $(-10)+(+8)+(-7)+(+12)+(+10)$

(2) $\left(-\dfrac{1}{2}\right)+\left(+2\dfrac{3}{4}\right)+\left(-\dfrac{1}{3}\right)+\left(-1\dfrac{5}{6}\right)+\left(+1\dfrac{1}{2}\right)$

解説 (1) 順々に加えて,

$$(-10)+(+8)+(-7)+(+12)+(+10)=(-2)+(-7)+(+12)+(+10)$$
$$=(-9)+(+12)+(+10)=(+3)+(+10)=+13$$

と計算してもよいが，加える順序を変えることができるから，正の数どうしの和，負の数どうしの和を別々に求めて，それらを加えてもよい。

解答 (1) $(-10)+(+8)+(-7)+(+12)+(+10)$

$=(+8)+(+12)+(+10)+(-10)+(-7)$

$=(+30)+(-17)=+13$ ………(答)

(2) $\left(-\dfrac{1}{2}\right)+\left(+2\dfrac{3}{4}\right)+\left(-\dfrac{1}{3}\right)+\left(-1\dfrac{5}{6}\right)+\left(+1\dfrac{1}{2}\right)$

$=\left(+2\dfrac{3}{4}\right)+\left(+1\dfrac{1}{2}\right)+\left(-\dfrac{1}{2}\right)+\left(-\dfrac{1}{3}\right)+\left(-1\dfrac{5}{6}\right)$

$=\left(+2\dfrac{3}{4}\right)+\left(+1\dfrac{2}{4}\right)+\left(-\dfrac{3}{6}\right)+\left(-\dfrac{2}{6}\right)+\left(-1\dfrac{5}{6}\right)$

$=\left(+\dfrac{17}{4}\right)+\left(-\dfrac{16}{6}\right)$

$=\left(+\dfrac{51}{12}\right)+\left(-\dfrac{32}{12}\right)=+\dfrac{19}{12}$ ………(答)

参考 $(+a)+(-a)=0$ の性質や，$(+8)+(-7)=+1$ などをじょうずに利用し，絶対値の小さい数をつくるようにくふうするのも，計算を簡単にする1つの方法である。たとえば，(1)で次のように計算する。

$(-10)+(+8)+(-7)+(+12)+(+10)$

$=\{(-10)+(+10)\}+\{(+8)+(-7)\}+(+12)$

$=0+(+1)+(+12)=+13$

注 (2)の答えのように，答えが仮分数のときは，今後 $+1\dfrac{7}{12}$ となおさずに $+\dfrac{19}{12}$ のままで答えとする。

注 問題で与えられた式のことを**与式**という。与式ということばを使って，解答の1行目を次のように省略することがある。

(1) (与式)$=(+8)+(+12)+(+10)+(-10)+(-7)=\cdots$

演習問題

15. 次の計算をせよ。

(1) $(-7)+(-4)+(-9)$　　(2) $(-12)+(-25)+(+53)$

(3) $(-31)+(+23)+(-47)$　　(4) $(+82)+(-112)+(+38)$

(5) $(-12)+(+27)+(+13)+(-39)$

(6) $(+134)+(-104)+(-37)+(+52)+(-83)$

16. 次の計算をせよ。

(1) $(-7.2)+(+4.6)+(-3.5)$　　(2) $(+5.7)+(-13.2)+(+4.6)$

(3) $(+1.2)+(-2)+(+8.2)+(-3.9)$

(4) $(-4.3)+(+1.47)+(+8.8)+(-1.98)$

(5) $(-11.1)+(-0.25)+(+1.38)+(-7.24)+(+5.7)$

(6) $(+17.6)+(-6.23)+(-1.22)+(+7.05)+(-18.2)$

17. 次の計算をせよ。

(1) $\left(-\frac{1}{2}\right)+\left(+\frac{2}{3}\right)+\left(-\frac{5}{6}\right)$

(2) $\left(+\frac{3}{4}\right)+\left(+1\frac{1}{6}\right)+\left(-1\frac{2}{3}\right)$

(3) $\left(+2\frac{4}{5}\right)+\left(-\frac{10}{3}\right)+\left(-1\frac{1}{15}\right)+\left(+\frac{7}{5}\right)$

(4) $\left(+\frac{7}{12}\right)+\left(-\frac{2}{3}\right)+\left(-\frac{1}{6}\right)+\left(+\frac{1}{4}\right)$

(5) $\left(-\frac{5}{4}\right)+(-2)+\left(+2\frac{2}{3}\right)+\left(-\frac{1}{2}\right)+(+4)$

(6) $\left(+1\frac{1}{3}\right)+\left(-\frac{11}{12}\right)+\left(-\frac{13}{4}\right)+\left(-\frac{13}{6}\right)+\left(+4\frac{5}{12}\right)$

18. 次の計算をせよ。

(1) $\left(-1\frac{1}{2}\right)+\left(-2\frac{5}{6}\right)+(+3.4)$

(2) $(+2.56)+\left(-\frac{1}{4}\right)+\left(+3\frac{4}{15}\right)+(-1.16)$

(3) $\left(+1\frac{11}{14}\right)+(+3.08)+\left(-\frac{16}{7}\right)+\left(+4\frac{1}{8}\right)+(-5.205)$

(4) $\left(+\frac{1}{2}\right)+\left(-\frac{2}{3}\right)+\left(-\frac{3}{4}\right)+\left(+\frac{4}{5}\right)+\left(-\frac{5}{6}\right)+\left(+\frac{7}{8}\right)$

3…減法

基本問題

19. 次の計算をせよ。

(1) $(+7)-(+11)$　(2) $(-4)-(+15)$

(3) $(+13)-(-9)$　(4) $(-21)-(-40)$

(5) $(-17)-(+17)$　(6) $(-35)-(-19)$

(7) $(-5)-0$　(8) $0-(-5)$

《減法》
ひく数の符号を変えて加える。
注　ひかれる数の符号はそのままである。

20. 次の計算をせよ。

(1) $(+2.8)-(-3.2)$　(2) $(-9.5)-(+0.8)$　(3) $(-4.9)-(-2.4)$

(4) $\left(-\dfrac{1}{6}\right)-\left(+\dfrac{2}{3}\right)$　(5) $\left(+1\dfrac{1}{3}\right)-\left(-2\dfrac{3}{4}\right)$　(6) $\left(-\dfrac{1}{3}\right)-\left(-2\dfrac{1}{7}\right)$

21. 次の計算をせよ。

(1) $\begin{array}{r} +11 \\ -)\ +21 \\ \hline \end{array}$　(2) $\begin{array}{r} -25 \\ -)\ +\ 9 \\ \hline \end{array}$　(3) $\begin{array}{r} +2.1 \\ -)\ -1.6 \\ \hline \end{array}$　(4) $\begin{array}{r} -11.5 \\ -)\ -13.8 \\ \hline \end{array}$

例題2　次の計算をせよ。

(1) $(-14)-(+8)-(-17)-(+21)$

(2) $\left(-1\dfrac{1}{3}\right)-\left(-3\dfrac{3}{4}\right)+\left(+\dfrac{5}{6}\right)-\left(+2\dfrac{7}{12}\right)$

解答 (1) $(-14)-(+8)-(-17)-(+21)$

$=(-14)+(-8)+(+17)+(-21)$

$=(+17)+(-43)$

$=-26$ ………(答)

(2) $\left(-1\dfrac{1}{3}\right)-\left(-3\dfrac{3}{4}\right)+\left(+\dfrac{5}{6}\right)-\left(+2\dfrac{7}{12}\right)$

$=\left(-1\dfrac{1}{3}\right)+\left(+3\dfrac{3}{4}\right)+\left(+\dfrac{5}{6}\right)+\left(-2\dfrac{7}{12}\right)$

$=\left(+\dfrac{3}{4}\right)+\left(+\dfrac{5}{6}\right)+\left(-\dfrac{1}{3}\right)+\left(-\dfrac{7}{12}\right)$

$=\left(+\dfrac{19}{12}\right)+\left(-\dfrac{11}{12}\right)=+\dfrac{8}{12}=+\dfrac{2}{3}$ ………(答)

《加減の混じった計算》
ひく数の符号を変えて，減法のところを加法になおしてから計算する。

整数の部分が
$(-1)+(+3)+(-2)=0$
となっていることを利用する

演習問題

22. 次の計算をせよ。

(1)　$(-6)-(+7)-(-9)$　　(2)　$(+11)-(-6)-(+12)$

(3)　$(-2)-(-13)-(-20)$　　(4)　$(-37)+(-11)-(-18)$

(5)　$(+2.9)-(-6.5)-(+3.3)$　　(6)　$(+12.1)-(-8.4)+(-2.9)$

(7)　$(+7)-(-14)+(-3)-(+18)$

(8)　$0-(-15)+(-34)-(-8)-(+10)$

(9)　$\left(+\frac{5}{6}\right)-\left(+\frac{1}{2}\right)-\left(-\frac{2}{3}\right)$　　(10)　$\left(+2\frac{5}{6}\right)-\left(-\frac{3}{4}\right)+\left(-1\frac{1}{12}\right)$

●例題3●　次の計算をせよ。

(1)　$7-8+14-5-10$　　(2)　$-6+(-9)-(-13)-2-(+10)+21$

解説　(1)　7，8 などの符号のついていない数は，それぞれ +7，+8 などの正の数の符号+を省略したものと考えられる。したがって，(1)の式は，

$(+7)-(+8)+(+14)-(+5)-(+10)$
$=(+7)+(-8)+(+14)+(-5)+(-10)$

と表すことができる。よって，数の前にある加減の記号をその数の符号と考えて計算する。

> **符号のついていない数の加減**
> $5-9+12-6$
> $=(+5)+(-9)+(+12)+(-6)$
> のように，それぞれの数の前にある加減の記号をその数の符号であると考えて，それらの和を求める。

(2)　符号のついていない数と，符号のついている数が混じっている場合には，符号のついている数の減法をすべて加法になおしてから計算する。

解答　(1)　$7-8+14-5-10$

$=(+7)+(-8)+(+14)+(-5)+(-10)$

$=(+21)+(-23)=-2$ ………(答)

(2)　$-6+(-9)\mathbf{-(-13)}-2\mathbf{-(+10)}+21$

$=(-6)+(-9)\mathbf{+(+13)}+(-2)\mathbf{+(-10)}+(+21)$　　減法を加法になおす

$=(+34)+(-27)=7$ ………(答)

参考　なれてきたら，次のように計算する。

(1)　$7-8+14-5-10=7+14-8-5-10=21-23=-2$

(2)　$-6+(-9)-(-13)-2-(+10)+21=-6-9+13-2-10+21$

$=13+21-6-9-2-10=34-27=7$

注　(2)の答えのように，答えが正の数のときは，今後 +7 と書かずに単に 7 と書く。

演習問題

23. 次の計算をせよ。

(1) $5-13-4+21$

(2) $-12+7-31-4+29$

(3) $-10-(-19)+6-(+21)$

(4) $6-13-(-24)+(-6)-21$

(5) $-4.5+8.7-3.4+1.1$

(6) $-6+2.9+11.4-9.5-4.2$

(7) $(-13.9)+4.7-3.6-(-12.1)$

(8) $3.1-11.4+(-2.8)-(-21.3)-8.7$

24. 次の計算をせよ。

(1) $-\dfrac{1}{4}+\dfrac{2}{3}-\dfrac{1}{2}+\dfrac{5}{6}$

(2) $\dfrac{1}{4}-2\dfrac{1}{3}+1\dfrac{1}{2}-\dfrac{3}{4}$

(3) $3-1\dfrac{1}{5}+2\dfrac{1}{2}-4\dfrac{3}{10}$

(4) $2\dfrac{2}{3}-7\dfrac{1}{5}-\dfrac{1}{6}+3\dfrac{7}{10}$

(5) $2\dfrac{1}{4}-4\dfrac{5}{12}-\left(-2\dfrac{1}{6}\right)+\left(-\dfrac{4}{3}\right)$

(6) $-3\dfrac{2}{7}+\left(-\dfrac{9}{2}\right)-\left(-2\dfrac{9}{14}\right)-\dfrac{8}{7}-(-5)$

25. 次の計算をせよ。

(1) $8-\{6-(-3)\}$

(2) $-10-\{-3+(-12)\}-\{(-5)-20\}$

(3) $6.3-\{9.5+(-1.1)\}-2.3$

(4) $-1.3-(-2.5)-\{3.2-(-5)-(+1)\}$

(5) $-\dfrac{2}{3}-\left\{\left(-\dfrac{3}{4}\right)-\left(-\dfrac{5}{12}\right)\right\}$

(6) $-2\dfrac{4}{5}+\left(-3\dfrac{7}{10}\right)-\left\{\left(-3\dfrac{3}{5}\right)-\dfrac{1}{2}\right\}$

26. 次の計算をせよ。

(1) $1.43+3\dfrac{2}{15}-2.08-\left(-\dfrac{5}{3}\right)-0.15$

(2) $\dfrac{1}{42}+\left(-\dfrac{1}{30}\right)-\left\{\dfrac{1}{20}-\left(\dfrac{1}{12}-\dfrac{1}{6}\right)\right\}+\dfrac{1}{2}$

(3) $\dfrac{3}{4}-\left(7.8+1\dfrac{5}{12}\right)+\dfrac{4}{15}-(-7.2)$

(4) $-\dfrac{1}{6}+\left(-\dfrac{9}{10}\right)+\dfrac{13}{15}-\left\{\dfrac{7}{18}+\left(-\dfrac{5}{24}\right)\right\}+\dfrac{11}{30}-\left(-\dfrac{1}{72}\right)$

4…乗法

基本問題

27. 次の計算をせよ。

(1) $(+3)\times(+4)$　(2) $(-5)\times(-2)$

(3) $(-9)\times(+13)$　(4) $0\times(-8)$

(5) 0×0

(6) $(-2.5)\times(-0.4)$

(7) $(-6.4)\times(+1.5)$

(8) $\left(+\frac{5}{12}\right)\times\left(-\frac{3}{10}\right)$

(9) $\left(-1\frac{5}{9}\right)\times\left(+\frac{3}{7}\right)$

(10) $\left(-1\frac{3}{4}\right)\times\left(-\frac{2}{7}\right)$

2つの数の乗法

(1) 2つの数の絶対値の積をつくり，符号を次のようにする。

① **同符号のとき正（＋）**

$(+)\times(+)\longrightarrow(+)$

$(-)\times(-)\longrightarrow(+)$

② **異符号のとき負（－）**

$(+)\times(-)\longrightarrow(-)$

$(-)\times(+)\longrightarrow(-)$

(2) 一方または両方が0のときは0

例題4 次の計算をせよ。

(1) $(-2)\times(+3)\times(-4)\times(+6)\times(-5)$

(2) $-3\times\frac{5}{14}\times\left(-1\frac{1}{3}\right)\times2\times\left(-1\frac{1}{6}\right)\times(-1)$

解説 (1) 負の数は全部で3個（奇数個）あるから，積の符号は－である。

(2) 符号のついていない数は正の数である。

負の数は全部で4個（偶数個）あるから，積の符号は＋である。

3つ以上の数の乗法

各数の絶対値の積をつくり，符号を次のようにする。

負の数が $\begin{cases}\text{偶数個のとき正（＋）}\\\text{奇数個のとき負（－）}\end{cases}$

解答 (1) $(-2)\times(+3)\times(-4)\times(+6)\times(-5)$

$=-(2\times3\times4\times6\times5)$

$=-720$ ………(答)

(2) $-3\times\frac{5}{14}\times\left(-1\frac{1}{3}\right)\times2\times\left(-1\frac{1}{6}\right)\times(-1)$

$=+\left(3\times\frac{5}{14}\times\frac{4}{3}\times2\times\frac{7}{6}\times1\right)=\frac{10}{3}$ ………(答)

参考 乗法では，かける順序を変えても計算結果は変わらないので，絶対値の積を求めるときは $2\times5=10$，$4\times5=20$ を先に計算するなど，かける順序をくふうするとよい。

乗法の計算法則
$\boldsymbol{a\times b=b\times a}$（乗法の交換法則）
$\boldsymbol{(a\times b)\times c=a\times(b\times c)}$
（乗法の結合法則）
かける順序を変えても，計算結果は変わらない。

演習問題

28. 次の計算をせよ。

(1) $(-3)\times(-4)\times5\times(-2)$

(2) $-2\times(-7)\times(-15)\times(-4)$

(3) $-2.4\times(-0.5)\times1.5\times(-1)$

(4) $(+3.8)\times(-0.5)\times0\times(-2.3)\times(-1.2)$

(5) $5\times(-7.2)\times0.5\times(-1.6)\times(-0.25)$

29. 次の計算をせよ。

(1) $\left(-\dfrac{3}{7}\right)\times\left(-\dfrac{5}{6}\right)\times\left(-\dfrac{7}{15}\right)$ (2) $\dfrac{3}{2}\times\left(-\dfrac{3}{4}\right)\times\dfrac{5}{9}\times(-16)$

(3) $1\dfrac{1}{2}\times\left(-2\dfrac{1}{3}\right)\times\left(-\dfrac{5}{8}\right)\times\dfrac{4}{15}$ (4) $-2\dfrac{2}{5}\times\left(-\dfrac{8}{3}\right)\times\dfrac{7}{12}\times\left(-3\dfrac{3}{4}\right)$

(5) $-2\dfrac{3}{11}\times\left(-\dfrac{7}{12}\right)\times\left(-4\dfrac{2}{5}\right)\times1\dfrac{4}{5}$

例題5 次の計算をせよ。
(1) $(-3)^2$ (2) $(-3)^3$ (3) -3^4 (4) $(-2)^3\times(-3)^2$

解説 (1) $(-3)^2=(-3)\times(-3)$ である。負の数が偶数個の積であるから符号は＋，絶対値の積は $3^2=9$ である。

(2) $(-3)^3=(-3)\times(-3)\times(-3)$ である。負の数が奇数個の積であるから符号は－となる。

(3) $-3^4=-(3^4)=-(3\times3\times3\times3)$ である。3^4 を求めてから符号－をつける。

(4) それぞれの累乗を先に求めてから，それらの積を求める。

累乗の計算
a^n は，a を n 個かけたものを表す。
$$\boldsymbol{a^n=\underbrace{a\times a\times a\times\cdots\times a}_{n\text{個}}}$$
（例）$2^3=2\times2\times2=8$
注 a^n の n の部分を**指数**という。
また，a^n を **a の n 乗**と読む。

解答 (1) $(-3)^2=+3^2=9$ ………(答)

(2) $(-3)^3=-3^3=-27$ ………(答)

(3) $-3^4=-81$ ………(答)

(4) $(-2)^3\times(-3)^2=(-2^3)\times(+3^2)$

$=-8\times 9$

$=-72$ ………(答)

《累乗の符号》
正の数の累乗の符号は正（＋）
負の数の累乗の符号は
指数が { 偶数のとき正（＋）
奇数のとき負（－）

注 $(-3)^4$ と -3^4 の区別をきちんとできるようにすること。

$(-3)^4=(-3)\times(-3)\times(-3)\times(-3)=81$

$-3^4=-(3\times 3\times 3\times 3)=-81$

注 3^4 を 34 や 3×4 とまちがわないこと。とくに，字が乱雑であると指数の部分とそれ以外の部分との区別がつかず，まちがいやすい。

演習問題

30. 次の数のうち，値が等しい数はどれとどれか。

$(-2)^3$, -2^3, $(-2)\times 3$, $(-3)^2$, -3^2, -3×2, -32

31. 次の計算をせよ。

(1) $(-1)^4$　(2) $(-2)^5$　(3) -5^2　(4) $-(-4)^3$

(5) $\left(-\dfrac{1}{2}\right)^3$　(6) $\left(-1\dfrac{1}{3}\right)^2$　(7) $-\left(-\dfrac{1}{3}\right)^3$　(8) $-(-1.5^2)$

32. 次の計算をせよ。

(1) $(-1)^2\times(-1)^7$　(2) $(-2)^3\times(-1)^2$

(3) $-2^3\times(-3^2)$　(4) $-2^3\times(-3)^2$

(5) $-4^2\times(-1^3)$　(6) $(-2)^4\times(-5^2)$

(7) $-3\times(-1)^3\times(-3)^3$　(8) $(-2)^3\times(-15^2)$

33. 次の計算をせよ。

(1) $\left(-\dfrac{1}{2}\right)^2\times(-3)^2$　(2) $\left(-\dfrac{5}{6}\right)^2\times\left(-1\dfrac{1}{2}\right)^2$

(3) $(-1.5)^2\times(-2^3)$　(4) $-(-0.5)^4\times(-2)^4$

34. 次の計算をせよ。

(1) $(-2)^3\times 0.5^4\times(-1)^5$　(2) $(-5^4)\times 0.4^3\times 0.5^2$

(3) $\left(-\dfrac{2}{9}\right)^4\times\left(\dfrac{3}{5}\right)^6\times(-12.5)^3$

5…除法

基本問題

35. 次の計算をせよ。

(1) $(+12)\div(-3)$

(2) $(-20)\div(+4)$

(3) $(-25)\div(-5)$

(4) $0\div(-7)$

(5) $(-17)\div(+17)$

(6) $(-3.2)\div0.8$

(7) $-7.5\div(-1.5)$

(8) $1.4\div(-2.8)$

36. 次の計算をせよ。

(1) $(-6)\div\left(-\frac{3}{4}\right)$

(2) $\left(-\frac{1}{3}\right)\div\frac{3}{2}$

(3) $1\frac{1}{8}\div\left(-3\frac{3}{4}\right)$

(4) $-1.5\div\left(-2\frac{1}{4}\right)$

2つの数の除法

(1) 2つの数の絶対値の商をつくり，符号を次のようにする。

① **同符号のとき正（＋）**

$(+)\div(+)\longrightarrow(+)$

$(-)\div(-)\longrightarrow(+)$

② **異符号のとき負（－）**

$(+)\div(-)\longrightarrow(-)$

$(-)\div(+)\longrightarrow(-)$

(2) $0\div(0$ でない数$)=0$

注 0で割ることはできない。

逆数と除法

a の逆数は $\frac{1}{a}$（a は0でない数）

除法は逆数を使うと乗法になおすことができる。

したがって，**符号は乗法のときと同じである。**

$$a\div b\div c\times d=a\times\frac{1}{b}\times\frac{1}{c}\times d$$

例題6 次の計算をせよ。

(1) $\frac{3}{7}\div\left(-2\frac{1}{4}\right)\div\left(-\frac{4}{7}\right)$

(2) $\left(-2\frac{1}{4}\right)\div\left(-1\frac{1}{4}\right)\times6\frac{2}{3}$

(3) $(-6)^2\div(-3)^3$

解説 (1) 除法は，逆数を使って乗法になおして計算する。符号は乗法のときと同じようにする。

(2) 乗除が混じっているときは，逆数を使って除法を乗法になおし，すべてを乗法として計算する。

(3) 累乗の計算を先にしてから，除法の計算をする。

(解答) (1) $\frac{3}{7}\div\left(-2\frac{1}{4}\right)\div\left(-\frac{4}{7}\right)$

負の数が偶数個なので符号は＋

$=+\left(\frac{3}{7}\div\frac{9}{4}\div\frac{4}{7}\right)$

逆数を使って除法を乗法になおす

$=\frac{3}{7}\times\frac{4}{9}\times\frac{7}{4}$

$=\frac{1}{3}$ ………(答)

(2) $\left(-2\frac{1}{4}\right)\div\left(-1\frac{1}{4}\right)\times 6\frac{2}{3}$

負の数が偶数個なので符号は＋

$=+\left(\frac{9}{4}\div\frac{5}{4}\times\frac{20}{3}\right)$

逆数を使って除法を乗法になおす

$=\frac{9}{4}\times\frac{4}{5}\times\frac{20}{3}$

$=12$ ………(答)

(3) $(-6)^2\div(-3)^3$

累乗の計算を先にする

$=(+36)\div(-27)$

$=-\frac{36}{27}=-\frac{4}{3}$ ………(答)

演習問題

37. 次の計算をせよ。

(1) $24\div(-3)\div 4$ (2) $-15\div 5\div(-3)$ (3) $-6\div(-8)\div(-2)$

(4) $-14\div(-5)\div 2$ (5) $\frac{6}{7}\div\left(-\frac{4}{5}\right)\div(-3)$ (6) $\frac{5}{6}\div\left(-1\frac{2}{3}\right)\div\frac{1}{4}$

(7) $2\frac{1}{3}\div\frac{2}{9}\div\left(-1\frac{3}{4}\right)$ (8) $-\frac{5}{12}\div\left(-2\frac{1}{3}\right)\div\left(-1\frac{1}{14}\right)$

(9) $-2.1\div 1.5\div(-1.75)$ (10) $0.64\div\left(-1\frac{1}{3}\right)\div(-7.2)$

38. 次の計算をせよ。

(1) $-4\times 15\div 6$ (2) $3\div(-6)\times(-2)$

(3) $-10\div(-5)\times(-3)$ (4) $45\div(-5)\div(-9)\times 8$

(5) $-7\div(-10)\times 35\times(-14)$ (6) $0.8\div(-0.25)\div(-2)$

(7) $\frac{3}{5}\times\left(-1\frac{3}{7}\right)\div\frac{6}{7}$ (8) $3\frac{2}{3}\div\left(-3\frac{1}{7}\right)\times\left(-2\frac{2}{5}\right)$

(9) $\left(-\frac{3}{8}\right)\div 1\frac{2}{5}\times\left(-1\frac{5}{9}\right)\div 3\frac{1}{3}$ (10) $24\div(-3)\div 2\frac{2}{3}\div(-6)\times(-1)$

39. 次の計算をせよ。

(1) $(-5)^2 \div 10$　　(2) $4^2 \div (-2^3)$

(3) $(-9)^2 \div (-3)^3$　　(4) $(-6)^2 \div (-6^2)$

(5) $(-2)^3 \div (-3)^2$　　(6) $(-8^2) \div (-4)^2 \div 2^3$

(7) $(-6)^2 \div (-2^2) \div (-3)^3$　　(8) $(-24)^2 \div (-2^3) \div (-6^4)$

40. 次の計算をせよ。

(1) $\left(-\frac{1}{2}\right)^3 \div \left(-\frac{2}{3}\right)^2$　　(2) $\left(-1\frac{1}{2}\right)^3 \div \left(2\frac{1}{4}\right)^2$

(3) $2^2 \div (-0.5)^2$　　(4) $(-1.5)^3 \div (-0.6^2)$

(5) $\left(-\frac{1}{3}\right)^2 \div \left(-1\frac{1}{3}\right)^2 \div \left(-\frac{1}{2}\right)^3$　　(6) $-3^4 \div \left(-2\frac{1}{4}\right)^2 \div \left(-\frac{1}{5^2}\right)$

(7) $(-1.2)^2 \div (-0.4^5) \div 2.5^3$　　(8) $-1.8^2 \div 0.25^3 \div (-6^4)$

(9) $\left(-\frac{1}{4}\right)^3 \div \left(2\frac{1}{2}\right)^2 \div (-0.25)^2$　　(10) $\left(-4\frac{1}{2}\right)^3 \div (-1.25^2) \div (-0.6)^3$

41. 次の計算をせよ。

(1) $(-2)^3 \div 4^2 \times (-3^2)$

(2) $(-4)^3 \times (-3^2) \div (-6)^3$

(3) $\frac{3}{8} \div \left(-\frac{5}{4}\right)^2 \times \left(-\frac{5}{6}\right)$

(4) $\left(-2\frac{1}{4}\right) \times \left(-2\frac{1}{3}\right)^2 \div 1\frac{3}{4}$

(5) $-0.5^2 \div (-4) \times 1.6$

(6) $2.8 \div (-3.5^2) \times 1.2 \div (-0.8)^2$

(7) $\left(-\frac{1}{2}\right)^2 \times (-12) \div \left(1\frac{1}{2}\right)^3 \div (-1)^5$

(8) $(-0.3)^3 \div 9^2 \times (-10)^3 \div \left(-\frac{2}{5}\right)^2 \times (-0.2^2)$

42. 次の計算をせよ。

(1) $1.75^6 \div \left(-2\frac{1}{24}\right)^3 \times (-0.6)^2 \div (-2.7^2)$

(2) $\frac{5}{6} \times \left(-4\frac{2}{3}\right)^2 \div \left\{\left(-1\frac{3}{7}\right) \div \left(-2\frac{1}{7}\right)^2 \times 5\frac{5}{6}\right\}$

6…四則の混じった計算

例題7 次の計算をせよ。

(1) $-7-3\times(-6)+(-5)$

(2) $(-2)^3\times(-1)^5-(-16)\div(-4)$

(3) $3\times(-4)^2\div(-12)-\{(-3)\times2-4\}\div5$

(4) $48\times\left(\frac{1}{3}-\frac{1}{2}+\frac{1}{4}\right)-(-3.2)\times2.05+0.8\times(-3.2)$

解説 (1)〜(3) 右の計算の順序にしたがって計算する。符号をまちがわないように注意する。

(4) 分配法則を利用して計算する。

解答 (1) $-7-3\times(-6)+(-5)$

$=-7-(-18)+(-5)$

$=-7+18-5$

$=6$ ………(答)

(2) $(-2)^3\times(-1)^5-(-16)\div(-4)$

$=(-8)\times(-1)-(+4)$

$=(+8)-4$

$=8-4$

$=4$ ………(答)

(3) $3\times(-4)^2\div(-12)-\{(-3)\times2-4\}\div5$

$=3\times(+16)\div(-12)-\{(-6)-4\}\div5$

$=-(3\times16\div12)-(-10)\div5$

$=-4-(-2)$

$=-2$ ………(答)

(4) $\mathbf{48\times}\left(\frac{1}{3}-\frac{1}{2}+\frac{1}{4}\right)-(-3.2)\times2.05+0.8\times(-3.2)$

48をかっこの中の数に別々にかける

$=\mathbf{48\times}\frac{1}{3}-\mathbf{48\times}\frac{1}{2}+\mathbf{48\times}\frac{1}{4}$

$\quad-\mathbf{(-3.2)\times}2.05+\mathbf{(-3.2)\times}0.8$

共通の(−3.2)でくくる

$=16-24+12+\mathbf{(-3.2)\times}(-2.05+0.8)$

$=4+(-3.2)\times(-1.25)$

$=4+4$

$=8$ ………(答)

四則

加法，減法，乗法，除法をまとめて四則という。

計算の順序

① かっこの中の計算
② 累乗の計算
③ 乗除の計算
④ 加減の計算

分配法則

$a\times(b+c)=a\times b+a\times c$

$(a+b)\times c=a\times c+b\times c$

演習問題

43. 次の計算をせよ。

(1) $-5-3\times(-2)$
(2) $-5-70\div(-14)$
(3) $(-3)\times(-2)+(-6)\div 2$
(4) $-9+2\times(4-7)$
(5) $3-4\times(-8+6)$
(6) $-2-(-10)\div(-2)$
(7) $-5+(-12)\times 7\div(-21)$
(8) $7+12\times(3-8)\div 6$
(9) $(-15)\div 3-(-2)\times(-4)$
(10) $25\div(-15)-22\div(-6)$

44. 次の計算をせよ。

(1) $(-2^3)+(-3)^2$
(2) $-5\times 8-(-6^2)$
(3) $2-3\times(-2)^2$
(4) $(-3)^2\times 2+(-12)\div 6$
(5) $7-4\times 3+(-2)^2$
(6) $(-3)^2\times 4-81\div(-3)^3$
(7) $(-2)^4+4^3+3^2\times(-7)$
(8) $(-6+4)^2\div 2\times(-6)-(-10)$
(9) $(5-8)^2+(-6)\times 2\div 4-7$
(10) $-6-(3-5)^2\div 4+(-2)^3\times(-1)$

45. 次の計算をせよ。

(1) $\dfrac{1}{2}+\dfrac{5}{6}\times\left(-\dfrac{2}{5}\right)$
(2) $\dfrac{4}{5}-\dfrac{1}{5}\div\left(-\dfrac{3}{5}\right)$
(3) $\left(\dfrac{1}{4}-\dfrac{1}{6}+\dfrac{3}{8}\right)\times(-24)$
(4) $(-45)\times\left(\dfrac{2}{3}-\dfrac{3}{5}-\dfrac{4}{15}\right)$
(5) $\left(-\dfrac{2}{3}\right)^2\div(-4)-\dfrac{2}{9}$
(6) $-3\dfrac{3}{4}\div(-6)-(-2)^2\div 2\dfrac{2}{3}$
(7) $3.14\times 4^2-6^2\times 3.14$
(8) $\left(-\dfrac{1}{5}\right)^2\times\dfrac{3}{2}-\left(\dfrac{1}{5}\right)^2\times\left(-\dfrac{8}{3}\right)$
(9) $2-10\times\left(-\dfrac{6}{5}\right)^2\div(-3^2)$
(10) $\left(2\dfrac{1}{4}-\dfrac{5}{6}-\dfrac{2}{3}\right)\div\left(-\dfrac{1}{12}\right)$

46. 次の計算をせよ。

(1) $(3+|-2|)\times(-3)$
(2) $|2-5|\div(-12)$
(3) $|-2\times 3+(-4)|\div\{3-(-1)\}$
(4) $|-3|^3\times(-2^4)\div|-6^3|$
(5) $\dfrac{3}{5}-\left|\dfrac{2}{3}-\dfrac{4}{5}\right|\times\dfrac{3}{4}$
(6) $\left|-\dfrac{1}{3}\right|^2\div\left(5-|-2^2|\div\left|-1\dfrac{1}{2}\right|\right)$
(7) $\left|\dfrac{1}{6}-\dfrac{1}{2}\right|\times\left(-\dfrac{1}{|-2^2|}+\dfrac{1}{3\times|-2|^2}+\dfrac{1}{6^2}\right)-\dfrac{1}{4\times 3^3}$

47. 次の計算をせよ。

(1) $-3^2+\{(4-7)+(-2)^3\}\div(-11)$

(2) $\{(-2)^3-10\times(-2)\}\div(-2)^2-3$

(3) $1\frac{1}{5}\times\left\{-\frac{1}{2}-\left(-\frac{1}{3}\right)\right\}-\left(-1\frac{5}{9}\right)\div2\frac{4}{5}$

(4) $\left(-\frac{3}{2}\right)\div\frac{3}{4}+\frac{(-2)^2}{3^3}\times\frac{5}{4}\div\frac{5}{2}$

(5) $\left\{3-\frac{2}{3}\times\left(\frac{1}{6}-1\right)\right\}\div\left(-1\frac{1}{3}\right)+\frac{5}{6}-\left(-\frac{1}{2}\right)$

(6) $1\frac{1}{5}-\left(-\frac{2}{3}\right)\div\left(-2\frac{1}{2}\right)+\left(-\frac{2}{3}\right)^3\times\left(-\frac{3^2}{4}\right)$

(7) $\left(-5+\frac{5}{6}\right)\times(-7.5)-2^3\times75\div(-4^2)+\left\{\left(-\frac{1}{2}\right)^3-\left(-\frac{1}{3}\right)\div5\right\}\times750$

●例題8● 次の表は，A，B，C，D，E，F，G，H の 8 人の生徒の数学の試験の得点と，それぞれの得点からある基準点をひいた差の一部を表したものである。

生徒	A	B	C	D	E	F	G	H
得点	62		74		67		98	75
差		−26		+22	−3	+18		

(1) 基準点を求めよ。 (2) 表の空らんをうめよ。

(3) 8 人の平均点を求めよ。

解説 (1) E の得点に着目する。(得点)−(基準点)=(差) である。

(2) (1)を利用する。

(3) (2)で求めた得点らんの数を使ってもよいが，**(平均点)=(基準点)+(差の平均)** であるから，差のらんの数の平均を使うほうがよい。

解答 (1) E のらんより，67−(基準点)=−3 であるから，基準点は 70 点である。

(答) 70 点

(2)

生徒	A	B	C	D	E	F	G	H
得点	62	**44**	74	**92**	67	**88**	98	75
差	**−8**	−26	**+4**	+22	−3	+18	**+28**	**+5**

(3) 差の平均は $\dfrac{-8-26+4+22-3+18+28+5}{8}=\dfrac{40}{8}=5$

基準点は 70 点であるから，平均点は

$70+5=75$ （答） 75 点

注 この例題で使った基準点のことを**仮平均**という。なお，平均点は，はじめに設定した仮平均の値によらない。（→14 章の例題 2 の注，p.271）

たとえば，この問題で仮平均を 80 点とした場合，表は，

生徒	A	B	C	D	E	F	G	H
得点	62	44	74	92	67	88	98	75
差	-18	-36	-6	$+12$	-13	$+8$	$+18$	-5

となる。このとき，差の平均は，

$$\frac{-18-36-6+12-13+8+18-5}{8}=\frac{-40}{8}=-5$$

よって，平均点は $80+(-5)=75$（点）となり，上の答えと一致する。

演習問題

48. 右の表は，バスケットボール部員 A，B，C，D，E の 5 人の身長が 170cm より何 cm 高いかを表したものである。

部員	A	B	C	D	E
差（cm）	$+6$	-2	$+4$	0	-3

(1) 身長の最も高い部員は，最も低い部員より何 cm 高いか。

(2) 5 人の身長の平均を求めよ。

49. 右の表は，A，B，C，D，E の 5 人の生徒の英語，数学のテストの得点について，ある基準点より高いか低いかを，正負の数を使って表したものである。英語の基準点が数学の基準点より 10 点高いとき，次の問いに答えよ。

生徒	A	B	C	D	E
英語	-3	$+10$	$+18$	-9	-6
数学	$+6$	-8	$+30$	$+7$	-10

(1) 英語の平均点は，数学の平均点より何点高いか。

(2) すべてのテストの合計点が 785 点であったとき，英語，数学の平均点を求めよ。

50. 恵さんが 1 枚のコインを投げ，表が出れば 2 点加え，裏が出れば 3 点減らすゲームを行う。ゲーム開始前の恵さんの得点を 0 点とし，このゲームを 20 回行ったところ，ゲーム終了時の恵さんの得点は -15 点であった。表が出た回数を求めよ。

7…数の集合と四則の可能性

例題9 次の文について，正しいものには○，正しくないものには×をつけよ。また，正しくないものについては，その例を1つあげよ。

(1) 2つの自然数の和は自然数である。

(2) 2つの自然数の差は自然数である。

(3) 2つの自然数の積は自然数である。

(4) 2つの自然数の商は自然数である。

解説 ある文が「正しい」かどうか聞かれたとき，どのような場合でも正しいときは，「正しい」と答える。正しくない例が1つでもあるときは，「正しくない」と答える。

有理数

分数 $\dfrac{a}{b}$ の形で表される数を有理数という。

有理数の分類

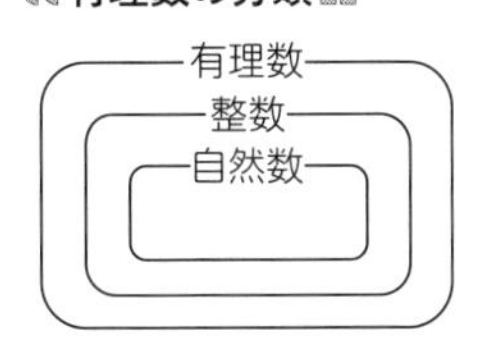

解答 (1) 2つの自然数の和は自然数であるから正しい。

(答) ○

(2) 2つの自然数2，5について，$2-5=-3$ であり，-3 は自然数でないから，2つの自然数の差は自然数とは限らないので正しくない。

(答) ×，正しくない例 $2-5=-3$

(3) 2つの自然数の積は自然数であるから正しい。

(答) ○

(4) 2つの自然数2，3について，$2\div3=\dfrac{2}{3}$ であり，$\dfrac{2}{3}$ は自然数でないから，2つの自然数の商はつねに自然数とは限らないので正しくない。

(答) ×，正しくない例 $2\div3=\dfrac{2}{3}$

注 (2)，(4)の解答にある，正しくない例のことを**反例**という。正しくないことをいうには，反例を1つあげればよい。

注 自然数全体の集まりを**自然数の集合**という。

注 (1)のように，2つの自然数の和はつねに自然数となることを，「自然数の集合は加法について**閉じている**」という。(2)のように，2つの自然数の差はつねに自然数になるとは限らないことを，「自然数の集合は減法について**閉じていない**」という。(3)，(4)についても同様に考えて，「自然数の集合は乗法について閉じている」，「自然数の集合は除法について閉じていない」となる。

注 有理数については，8章（→p.146）でくわしく学習する。

演習問題

51. 次の文について，正しいものには○，正しくないものには×をつけよ。また，正しくないものについては，反例を1つあげよ。

(1) 2つの整数の和は整数である。

(2) 2つの整数の差は整数である。

(3) 2つの整数の積は整数である。

(4) 2つの整数の商は整数である。ただし，0で割ることは考えない。

52. 正の数どうしの和，差，積，商のうち，計算結果がつねに正の数になるものはどれか。また，計算結果がつねに正の数とは限らないものについては，反例を1つあげよ。

53. -1以上1以下の数どうしの和，差，積，商のうち，計算結果がつねに-1以上1以下の数になるものはどれか。また，計算結果がつねに-1以上1以下の数とは限らないものについては，反例を1つあげよ。ただし，商については0で割ることは考えない。

進んだ問題の解法

問題1 次の文について，正しいものには○，正しくないものには×をつけよ。また，正しくないものについては，反例を1つあげよ。

(1) 2つの数の和が正の数，積も正の数ならば，2つの数はともに正の数である。

$(a+b>0,\ a\times b>0\quad ならば\quad a>0,\ b>0)$

(2) 2つの数の和が正の数，差も正の数ならば，2つの数はともに正の数である。

$(a+b>0,\ a-b>0\quad ならば\quad a>0,\ b>0)$

(3) 大小2つの数があるとき，大きい数を2乗したもののほうが小さい数を2乗したものより大きい。

$(a>b\quad ならば\quad a^2>b^2)$

(4) 大小2つの数があるとき，それらに同じ数をかけても，その大小関係は変わらない。

$(a>b\quad ならば\quad a\times c>b\times c)$

解法 2つの数の大小関係を考えるとき，負の数の場合に，とくに注意する。

解答 (1) $a\times b>0$ であるから，a と b は同符号である。
a，b がともに負の数のときは，和も負の数となるから，和が正の数であるという条件にあてはまらない。したがって，a，b はともに正の数である。
ゆえに，正しい。　(答) ○

(2) $a=3$，$b=-2$ のとき，b は正の数でないが，$a+b=1$，$a-b=5$ より，
$a+b>0$，$a-b>0$ である。
($b\leqq 0$，$a>|b|$ のときは成り立たない)
ゆえに，正しくない。　(答) ×，反例 $a=3$，$b=-2$

(3) $a=2$，$b=-3$ のとき，$a>b$ であるが，$a^2=2^2=4$，$b^2=(-3)^2=9$ より，
$a^2<b^2$ となり，大小関係が逆になる。
($b<0$，$|a|\leqq|b|$ のときは成り立たない)
ゆえに，正しくない。　(答) ×，反例 $a=2$，$b=-3$

(4) $a=2$，$b=1$ のとき，$a>b$ であるが，
$c=-3$ とすると，$a\times c=2\times(-3)=-6$，$b\times c=1\times(-3)=-3$ より，
$a\times c<b\times c$ となり，大小関係が逆になる。
また，a，b に 0 をかけると，どちらも 0 となるから等しくなる。
($c\leqq 0$ のときは成り立たない)
ゆえに，正しくない。　(答) ×，反例 $a=2$，$b=1$，$c=-3$

進んだ問題

54. 次の文について，正しいものには○，正しくないものには×をつけよ。また，正しくないものについては，反例を1つあげよ。

(1) $a+b$，$a\div b$ がともに正の数ならば，a，b はともに正の数である。
(2) $a+b$ が負の数，$a\times b$ が正の数ならば，a，b はともに負の数である。
(3) $a+b$，$a\times b$ がともに負の数ならば，$a-b$ は負の数である。
(4) $a+b$，$a-b$ がともに負の数ならば，a，b はともに負の数である。
(5) a，b はともに 0 でないとき，a が b より大きいならば，$\dfrac{4}{a}$ は $\dfrac{4}{b}$ より小さい。

55. a，b がともに負の数で，a が b より小さいとき，a^2，b^2，$a\times b$ の3つの数を小さい順に並べよ。

56. 3つの数 a，b，c について，次の①～④が成り立っているとき，a，b，c はそれぞれ正の数か負の数か。不等号を使って答えよ。

①　$a\times b\times c>0$　　②　$a+c<0$　　③　$|a|<|c|$　　④　$b-c<0$

1章の問題

1 次の問いに答えよ。

(1) 5との和が0になる数を求めよ。

(2) 絶対値が7である数を求めよ。

(3) -2.9 と 5.9 の間にある整数を求め，小さいものから順に並べよ。

2 数直線上で，次の点に対応する数を求めよ。

(1) -3 と 9 の間を3等分する点　　(2) 6からの距離が6である点

(3) -7 と 13 の間を，-7 からの距離と 13 からの距離の比が $3:2$ になるように分ける点

3 -5 から 10 までのすべての整数を使って，縦，横，斜めのそれぞれの4つの数の和，および太線で区切られた4つの数の和がどれも等しくなるようにしたい。空らんにあてはまる数を入れよ。

0	6		
9			-2
	2		
		-4	10

4 下の式の□には＋，－，×，÷の記号が，○には＋，－の符号がそれぞれ1つずつはいる。計算結果を最も小さい数にするには，□，○にそれぞれ何を入れればよいか。

$$\left(-\frac{1}{4}\right)\square\left(\bigcirc\frac{1}{3}\right)$$

5 右の表は，A～F地点の標高を，ある基準の高さより高いか低いかを，正負の数を使って表したものである。次の□にあてはまる数または記号を入れよ。

地点	A	B	C	D	E	F
差（m）	25	-50	60	30	-15	-20

(1) 基準の高さに最も近い地点は［(ア)］である。

(2) 最も高い地点は［(イ)］，最も低い地点は［(ウ)］である。

(3) AはEより［(エ)］m高い。

(4) 基準の高さを100mとすれば，標高の平均は［(オ)］mである。

6 次の計算をせよ。

(1) $18-\{-2-(3-7)\times 2\}$　　(2) $(-2)^2-(-3^2)+(-2^2)^3$

(3) $\dfrac{3}{2}-\dfrac{5}{8}\times(-2)^2$　　(4) $\dfrac{4}{5}-(0.8-1.6)\times\dfrac{1}{4}$

(5) $\left(-\frac{1}{2}\right)^2+\left(\frac{1}{4}\right)^2\div\left(-\frac{1}{8}\right)^2$　(6) $\left(\frac{2}{3}-\frac{1}{4}\right)\times 6-\left(-\frac{1}{2}\right)^3\times 5$

(7) $-2^3\times\left(-\frac{2}{3}\right)\div(-2)^2+\frac{5}{3}$　(8) $\left(-1\frac{1}{5}\right)\div(-3)^2+\frac{9}{4}\times\left(-\frac{2}{3}\right)^3$

7 次の計算をせよ。

(1) $-3.4\times\left(-\frac{4}{5}\right)^2+3.4\times(-0.6^2)$

(2) $2\frac{1}{2}-8\times\left(-\frac{2}{3}\right)\div(-4)-\frac{1}{6}\div\frac{1}{(-2)^2}$

(3) $\left\{\left(-\frac{1}{2}\right)\div\left(-\frac{1}{3}\right)+\frac{1}{4}\right\}\div\frac{1}{5}\div\left\{\left(-\frac{1}{6}\right)\div\frac{1}{7}\right\}\div\frac{1}{8}$

(4) $\{2^2\times(-3)^3-2\times(-3)^5\}\div\{2\times(-3)^3\}$

8 次の(ア)〜(ク)の計算のうち，計算結果が，(1)つねに偶数になるもの，(2)つねに奇数になるものはそれぞれどれか。ただし，0で割ることは考えない。

(ア) 偶数と偶数の和　(イ) 偶数と偶数の差　(ウ) 偶数と偶数の積
(エ) 偶数と偶数の商　(オ) 奇数と奇数の和　(カ) 奇数と奇数の差
(キ) 奇数と奇数の積　(ク) 奇数と奇数の商

9 次の文について，正しいものには○，正しくないものには×をつけよ。また，正しくないものについては，反例を1つあげよ。

(1) a を0でない数とするとき，$3\times a>a$ である。

(2) $|a\times b|=|a|\times|b|$ である。　(3) $|a+b|=|a|+|b|$ である。

10 5つの異なる整数 a，b，c，d，e について，次の①〜⑥が成り立っている。このとき，これらの5つの整数を小さいものから順に並べよ。

① $a+b>0$　② $a+c<0$　③ $a\times c>0$
④ $b+c<0$　⑤ $b\times d\times e=0$　⑥ $|b|=|e|$

11 明君と実君はじゃんけんをして，勝てば +5点，負ければ −3点とし，どちらかの得点が30点以上になったら，じゃんけんをやめることにした。ちょうど10回目のじゃんけんで，明君が30点以上になり，じゃんけんをやめた。

(1) 明君は何回勝ったか。　(2) 明君，実君の最終的な点数を求めよ。

12 100点満点のテストでA〜Eの5人の平均点は74点であった。平均点との差はBが4点，Cは13点であり，また，AはBより25点高く，BとEの差は2点，DとEの差は18点であった。このとき，Dの得点を求めよ。

1…文字式

基本問題

1. 次の式を，乗法，除法の記号×，÷を使わない式になおせ。

(1)　$(-2)\times x\times y$　　(2)　$a\times 5-4\times b$

(3)　$y\times(-x)\times a$　　(4)　$7\times x\times x\times y$

(5)　$3\times p\div(-q)$　　(6)　$a\div b\times 2\div b\times a$

(7)　$(x-y)\times a$　　(8)　$(a-b)\div c$

(9)　$a\div(b\times c)$　　(10)　$a\div(b\div c)$

2. 次の式を，乗法，除法の記号×，÷を使った式になおせ。

(1)　$-4ab+3c$　　(2)　b^2-4ac

(3)　$xy-\dfrac{b}{a}$　　(4)　$\dfrac{np+mq}{m+n}$

3. 次の数量を，文字式で表せ。

(1)　a 円の品物を買って 1000 円札で払ったときのおつり

(2)　1 辺が $x$cm の正方形の周の長さ　　(3)　x から 3 をひいて 5 倍した数

(4)　$x$kg の 7% の重さ　　(5)　定価 a 円の品物の x 割の値段

(6)　10km の道のりを時速 $v$km で歩いたときにかかる時間

(7)　ℓkm の道のりを時速 4km で t 時間歩いたときの残りの道のり

(8)　濃度 x% の食塩水 500g にふくまれる食塩の重さ

(9)　周の長さが $a$cm の正方形の面積

文字式

文字を使った式

文字式の表し方

(1)　$a\times b \rightarrow \boldsymbol{ab}$

$1\times a,\ a\times 1 \rightarrow \boldsymbol{a}$

$(-1)\times a,\ a\times(-1)\rightarrow \boldsymbol{-a}$

(2)　$a\div b \rightarrow \dfrac{\boldsymbol{a}}{\boldsymbol{b}}$

(3)　$a\times a \rightarrow \boldsymbol{a^2}$

$a\times a\times a \rightarrow \boldsymbol{a^3}$

(4)　**数は文字の前**

文字はアルファベット順

分数は仮分数に

（例）$b\times 2\dfrac{1}{3}\times a$

$\rightarrow \dfrac{\boldsymbol{7}}{\boldsymbol{3}}\boldsymbol{ab}$ または $\dfrac{\boldsymbol{7ab}}{\boldsymbol{3}}$

●**例題1**●　男子 a 人，女子 b 人のクラスで音楽のテストをしたところ，男子の平均点は x 点，女子の平均点は y 点であった。このとき，クラス全体の平均点を求めよ。

解説　複雑な文章を式で表すには，一度に結論を示そうとせず，途中の段階で出てくる数量を順に文字式で表してみる。

$(\text{平均点})=\dfrac{(\text{合計点})}{(\text{人数})}$ であるから，男子の点数の合計点は ax 点，女子の点数の合計点は by 点である。

解答　クラス全体の人数は $(a+b)$ 人，合計点は $(ax+by)$ 点であるから，

クラス全体の平均点は，$\dfrac{ax+by}{a+b}$ 点である。　　(答)　$\dfrac{ax+by}{a+b}$ 点

演習問題

4. 次の問いに答えよ。ただし，円周率を π とする。

(1)　10人のうち3人は a 円ずつ，7人は b 円ずつお金を出して，プレゼントを買った。平均で1人いくらお金を出したか。

(2)　みかんを a 人に b 個ずつ分けようとすると c 個不足する。このとき，みかんは全部で何個あるか。

(3)　2つの数があり，一方の数が a，2つの数の平均が m であるとき，他方の数を a，m を使った式で表せ。

(4)　右の図で，曲線部はそれぞれ直径が am，bm の半円である。影の部分の面積を求めよ。

5. 次の問いに答えよ。ただし，円周率を π とする。

(1)　片道10kmの道を行きに x 時間，帰りに3時間かかって往復した。このとき，平均の速さは時速何kmか。

(2)　ある工場でつくっている製品の個数を，1日あたり a 個から b 個に増やした。このとき，増加の割合を百分率で表せ。

(3)　濃度 a% の食塩水30gと濃度 b% の食塩水40gと濃度 c% の食塩水50gを混ぜたときの食塩水の濃度を百分率で表せ。

(4)　ショートケーキ x 個とプリン y 個を買ったら，代金の合計は a 円であった。ショートケーキ1個の値段を p 円としたとき，プリン1個の値段を求めよ。

(5)　周の長さが $x$cm の円の面積を求めよ。

2…式の値

基本問題

6. $x=-2$ のとき，次の式の値を求めよ。

(1) $2x+1$　　(2) x^2-3x+2

(3) $\dfrac{1}{x}+\dfrac{x}{2}$　　(4) $(-x)^2-x^2+2x$

〝式の値〟
代入　式の中の文字を数におきかえること
式の値　式の中にふくまれている文字に，数を代入して計算した結果

7. 次の式の値を求めよ。

(1) $a=-3,\ b=2$ のとき，a^2-4b

(2) $x=4,\ y=-3$ のとき，$-\dfrac{1}{2}xy+5x$

(3) $p=\dfrac{1}{4},\ q=-\dfrac{1}{2}$ のとき，$2p+q$

例題2　$a=2,\ b=-1,\ c=-4$ のとき，$\left(\dfrac{b}{a}+\dfrac{c}{b}+\dfrac{a}{c}\right)^2$ の値を求めよ。

(解説) 同じ文字にはすべて同じ数を代入する。計算するときはとくに符号に気をつける。

(解答) $\left(\dfrac{b}{a}+\dfrac{c}{b}+\dfrac{a}{c}\right)^2=\left(\dfrac{-1}{2}+\dfrac{-4}{-1}+\dfrac{2}{-4}\right)^2=\left(-\dfrac{1}{2}+4-\dfrac{1}{2}\right)^2=3^2=9$　　(答) 9

演習問題

8. $a=1,\ b=-3,\ c=-4$ のとき，次の式の値を求めよ。

(1) $-4a+2b-c$　　(2) $a^2-2ab+b^2-c^2$　　(3) $(a+b+c)^2$

9. $x=1,\ y=\dfrac{1}{2},\ z=-3$ のとき，次の式の値を求めよ。

(1) $xy+yz+zx$　　(2) $(x-y)(y-z)(z-x)$　　(3) $\dfrac{x}{z}-\dfrac{z}{x+y}$

10. 次の文字式のうち，$a=-2$ のとき，その式の値が最も大きくなるものはどれか。また，$a=-\dfrac{2}{3}$ のときはどれか。

$a,\quad -a,\quad a^2,\quad \dfrac{1}{a},\quad -\dfrac{1}{a},\quad \dfrac{1}{a^2}$

3…関係を表す式

基本問題

11. 次の数量の関係を，等式で表せ。

(1) a の 3 倍から b をひいた数は c に等しい。

(2) x と y の平均は m に等しい。

(3) x の 9% は y である。

(4) ℓkm の道のりを時速 $v$km で歩くと t 時間かかる。

(5) 1 個 a 円の品物を b 個買ったところ，代金は c 円であった。

(6) p 個のあめを q 人に 3 個ずつ配ったところ，r 個余った。

等式
等号＝を使って数量の間の関係を表した式
(例) $2x-3=5-y$
左辺　右辺
両辺

12. 次の数量の関係を，不等式で表せ。

(1) x の 4 倍から 5 をひいた数は y より小さい。

(2) 三角形の 2 辺の長さ $a$cm，$b$cm の和は，他の 1 辺の長さ $c$cm より大きい。

(3) x に 2 を加えてから y 倍すると，100 以上になる。

(4) pg の 3 割は qg 以下である。

(5) a と b の積は負の数である。

(6) 1 個 p 円のりんごを x 個，1 個 q 円のなしを y 個買い，1000 円札で払うとおつりがくる。

不等号
a が b より大きいことを
$\boldsymbol{a>b}$ または $\boldsymbol{b<a}$ と表す。
a が b 以上であることを
$\boldsymbol{a \geqq b}$ または $\boldsymbol{b \leqq a}$ と表す。

不等式
不等号＞，＜，≧，≦を使って数量の間の関係を表した式

例題3 次の数量の関係を，等式または不等式で表せ。

(1) 小麦粉を x 個の袋に $a$kg ずつ入れると，$b$kg たりなくなる。$c$kg ずつ入れると，最後の袋にはちょうど半分はいる。

(2) A 地点から B 地点まで時速 $x$km で歩くと t 分かかり，歩く速さを時速 2km 速くすると 20 分早く着く。

(3) a 人の生徒のうち 20 人にはボールを x 個ずつ，残りの生徒には y 個ずつ配るとちょうど配りきれるが，生徒全員に z 個ずつ配ろうとするとたりなくなる。

解説 等式や不等式をつくるときは，両辺の単位をそろえることに注意する。

(1)，(2) 同じ数量が2通りに表されることに着目し，2通りに表された文字式を等号でつなぐ。(1)では小麦粉全体の重さを，(2)ではA地点からB地点までの道のりを2通りに表す。

(3) 余りや不足の関係を不等式で表す。a 人の生徒全員にボールを z 個ずつ配るには az 個必要であるが，ボールの個数は az 個より少ない。

解答 (1) 小麦粉全体の重さは $(ax-b)$kg と $\left\{c(x-1)+\frac{c}{2}\right\}$kg の2通りに表される。

ゆえに $ax-b=c(x-1)+\frac{c}{2}$ （答） $ax-b=c(x-1)+\frac{c}{2}$

(2) 単位を時間になおすと，時速 $x$km のときは $\frac{t}{60}$ 時間，時速 $(x+2)$km のときは $\frac{t-20}{60}$ 時間かかっている。

AB間の道のりは $\left(x\times\frac{t}{60}\right)$km と $\left\{(x+2)\times\frac{t-20}{60}\right\}$km の2通りに表される。

ゆえに $\frac{tx}{60}=\frac{(x+2)(t-20)}{60}$ （答） $\frac{tx}{60}=\frac{(x+2)(t-20)}{60}$

(3) 20人に x 個ずつ，$(a-20)$ 人に y 個ずつ配るとちょうど配りきれるから，ボールの個数は $\{20x+(a-20)y\}$ 個である。

生徒全員に z 個ずつ配るには az 個必要であり，ボールがたりなくなるから

$20x+(a-20)y<az$ （答） $20x+(a-20)y<az$

演習問題

13. 次の数量の関係を，等式で表せ。

(1) a を b で割ったときの商が q で，余りが r である。

(2) 1ダース x 円の鉛筆 a ダースと，1冊 y 円のノート b 冊を5000円札で払ったら，おつりが z 円であった。

(3) Aさん，Bさんはお金をそれぞれ x 円もっていたが，AさんがBさんに y 円あげたところAさんの所持金はBさんの所持金の9割になった。

(4) 現在，春子さんは x 歳，夏子さんは y 歳である。n 年後には夏子さんの年齢は，春子さんの年齢の2倍より6歳少なくなる。

(5) 原価 a 円の品物を b 円で売ろうとしたが売れなかったので，x 割引きで売ったところ c 円の利益があった。

14. 次の数量の関係を，不等式で表せ。

(1) a と b の積は負の数ではない。

(2) x の 3 倍は 7 以上 10 未満の数である。

(3) 原価 x 円の品物に y 円の定価をつけたが，2 割引きで売ってもまだ利益がある。

(4) x の小数第 2 位を四捨五入すると，2.5 になる。

(5) 山に登るのに，上りは $x$km の道を時速 $a$km，下りは同じ道を時速 $b$km で歩くと，全体で 2 時間以上かかる。

15. 次の数量の関係を，等式または不等式で表せ。

(1) x 人の子どもに a 個ずつあめを配ったところ b 個余ったので，さらに 1 個ずつ配ろうとすると 3 個たりなかった。

(2) 現在，母は a 歳，子どもは b 歳である。20 年後，母の年齢は子どもの年齢の 2 倍より少ない。

(3) A 町から B 町まで時速 $x$km で歩くと a 時間 b 分かかるが，歩く速さを時速 1km 速くするとちょうど c 分早く着いた。

(4) 国語のテストで，男子 x 人の平均点は a 点，女子 y 人の平均点は b 点であった。また，男女合わせた全体の平均点は，男子の平均点を p 点上回った。

(5) x 円の品物が 500 円では買えなかったが，タイムセールで 2 割引きになったので買うことができた。

(6) 濃度 x% の食塩水 $a$kg と濃度 y% の食塩水 $b$kg をよく混ぜ合わせ，さらに cg の食塩を加えたところ，濃度 z% の食塩水ができた。

(7) 10km の道のりを，はじめの 3km は時速 $x$km で，残りを時速 $y$km で歩いたときの平均の速さは時速 $z$km より遅い。

(8) 右の図のように，1 辺の長さが $a$cm の正方形の縦の長さを $x$cm 短くし，横の長さを $y$cm 長くしたところ，影の部分の 2 つの長方形の面積が等しくなった。

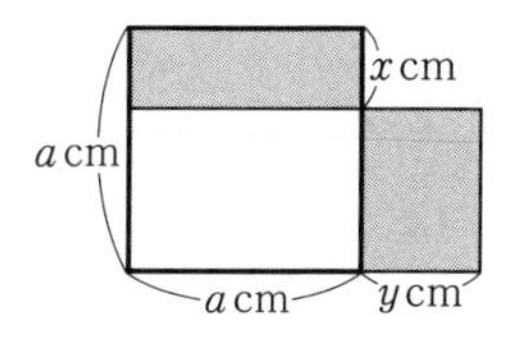

4…1次式の加法・減法

基本問題

16. 次の(ア)〜(カ)の式より1次式を選び，その1次の項と係数，および定数項をいえ。

(ア) $6x+5$　　(イ) $2xy-5$

(ウ) $-2x-y+3$　　(エ) x^2-3x+2

(オ) $\dfrac{2}{x}+3$　　(カ) $-\dfrac{x}{3}+\dfrac{1}{2}$

17. 次の計算をせよ。

(1) $3x+4x$　　(2) $2a-5a$

(3) $-y-4y$　　(4) $4x-7x+x$

(5) $0.2x-1.1x$

(6) $-\dfrac{1}{3}a+\dfrac{5}{6}a$

(7) $-\dfrac{3}{4}p+\dfrac{1}{2}p-\dfrac{1}{8}p$

(8) $-b+3b-4b+9b$

(9) $1.2x-0.9x-1.8x+1.5x$

(10) $-\dfrac{1}{3}\ell+\dfrac{1}{6}\ell-\dfrac{3}{4}\ell+\dfrac{2}{3}\ell$

18. 次の式のかっこをはずせ。

(1) $-(b+5)$

(2) $-(7y-2)$

(3) $7(3x+5)$

(4) $4(x-3)$

(5) $-5(2a-3)$　　(6) $6\left(-\dfrac{1}{2}x+\dfrac{1}{3}\right)$

(7) $\left(-\dfrac{2}{3}-\dfrac{1}{2}p\right)\times(-6)$　　(8) $\left(-\dfrac{1}{2}\right)^2(-8x+12)$

1次式

項　＋で結ばれた1つ1つの部分

係数　文字をふくむ項の数の部分

定数項　文字をふくまない項

1次の項　0でない数と1つだけの文字の積で表される項

1次式　1次の項と定数項の和で表される式（定数項は0でもよい）

（例）$2x+3y-5$ は1次式であり，1次の項は $2x$，$3y$，定数項は -5

同類項　文字の部分が同じ項

同類項の整理

分配法則 $\boldsymbol{ac+bc=(a+b)c}$ を使って計算する。

（例）$2x+3x=(2+3)x=5x$

かっこのはずし方

分配法則 $\boldsymbol{a(b+c)=ab+ac}$ を使って計算する。

(1) **かっこの前の符号が＋のとき**
かっこ内の各項の**符号をそのままにして**かっこをはずす。
（例）$2(x-y+z)=2x-2y+2z$

(2) **かっこの前の符号が－のとき**
かっこ内の各項の**符号を変えて**かっこをはずす。
（例）$-2(x-y+z)=-2x+2y-2z$

●例題4● 次の左の式に右の式を加えよ。また，左の式から右の式をひけ。
$-3x+5$，　$4x-2$

解説 1次式どうしをたしたりひいたりするときは，かっこをつけて計算する。

解答
$(-3x+5)+(4x-2)$
$=-3x+5+4x-2$
$=x+3$

$(-3x+5)-(4x-2)$
$=-3x+5\ \mathbf{-4x+2}$　← 符号を変える
$=-7x+7$

（答） 和 $x+3$，差 $-7x+7$

別解
$$\begin{array}{rr} & -3x+5 \\ +) & 4x-2 \\ \hline & x+3 \end{array}$$ ………（答）

$$\begin{array}{rr} & -3x+5 \\ -) & 4x-2 \\ \hline & -7x+7 \end{array}$$ ………（答）

注 2通りの解法を示したが，やりやすい方法で計算すればよい。

注 マイナスの符号がついているかっこをはずすときには，とくに注意すること。
$(-3x+5)-(4x-2)$ の計算で，$-(4x-2)=-4x\ \mathbf{+2}$ のように，2つ目以降の項の符号を変えることを忘れないようにする。

演習問題

19. 次の左の式に右の式を加えよ。また，左の式から右の式をひけ。

(1) $2x+6$，　$3x+4$　　(2) $-2a+1$，　$4a-5$

(3) $-7y-11$，　$-8y-9$　　(4) $2-x$，　$-3x+12$

(5) $\dfrac{1}{4}a-\dfrac{1}{3}$，　$\dfrac{1}{3}a+\dfrac{1}{4}$　　(6) $\dfrac{1}{2}x-\dfrac{1}{3}$，　$-\dfrac{1}{2}+\dfrac{2}{3}x$

20. $6x-5$ にどのような式を加えると $3x-3$ になるか。
また，$7x-2$ からどのような式をひくと $9x+1$ になるか。

●例題5● 次の計算をせよ。

(1) $2(3a-1)-4(-2a+5)$

(2) $-\{x-(7x-5)-(2x+1)-7\}$

解説 かっこのあるものはまずかっこをはずし，つぎに同類項をまとめて簡単にする。
(2) まず小かっこをはずして，中かっこ内の式を簡単にする。

解答 (1) $2(3a-1)-4(-2a+5)$
$=6a-2\ \mathbf{+8a-20}$　← -4をそれぞれかける
$=14a-22$ ………（答）

(2) $-\{x-(7x-5)-(2x+1)-7\}$
$=-(x-7x+5-2x-1-7)$ 小かっこをはずす
$=-(-8x-3)$ かっこの中を先に計算する
$=8x+3$ ………(答)

参考 (2)で，先に中かっこからはずし，与えられた式を $-x+(7x-5)+(2x+1)+7$ としてから計算してもよい。

演習問題

21. 次の計算をせよ。

(1) $4x-5-3x+2$　(2) $-3a+2-7+9a$

(3) $0.2x-0.8-1.7x+2.1$　(4) $4x-9-(-3x+5)$

(5) $(3a+11)-(5a+2)$　(6) $(3y-1)-(5y+8)$

(7) $-(a-3)+(2a+5)$　(8) $-(4b-3)-(9b-8)$

22. 次の計算をせよ。

(1) $4(x-2)-3x+5$　(2) $3(3a-4)-5(2a+1)$

(3) $5(-y+2)-3(-2y-4)$　(4) $3(x+2)-4(x-1)$

(5) $3(3y-1)-2(y-2)$　(6) $9(x-1)-7(1-2x)$

(7) $-\{3x-2-(2x+1)\}$　(8) $a-\{2a-(3a-2)-1\}$

(9) $\{2-(3x+4)\}-\{(2x-7)-(-x+1)\}$

23. 次の計算をせよ。

(1) $\frac{2}{3}-\frac{1}{2}x-\frac{1}{6}-\frac{1}{4}x$　(2) $\left(\frac{3}{4}a-\frac{2}{3}\right)+\left(-\frac{5}{6}a+\frac{1}{4}\right)$

(3) $\left(-\frac{3}{8}x+\frac{1}{2}\right)-\left(-\frac{3}{4}+\frac{5}{2}x\right)$　(4) $\frac{1}{4}(12b-8)+\frac{2}{3}(-6b+3)$

(5) $\frac{1}{2}(5x-3)-\frac{2}{3}\left(\frac{3}{4}x-\frac{9}{2}\right)$　(6) $\frac{11}{10}-3\left\{y-\left(\frac{2}{3}y-\frac{1}{5}\right)\right\}$

24. $A=-2x+3$，$B=3x-4$，$C=-5x-8$ のとき，次の式を計算せよ。

(1) $A+B+C$　(2) $A-B+C$　(3) $-A-B+C$

(4) $3A+B+C$　(5) $2A-B-3C$

25. $a=-3$ のとき，次の式の値を求めよ。

(1) $(3a-7)-(9a-6)$　(2) $-(a-4)+(2a-1)$

(3) $-2(4a-6)-3(a-2)$　(4) $3(-4a+11)-2(-6a-1)$

●例題6● 次の計算をせよ。

(1) $(18x+15)\div 3$ (2) $\dfrac{x+2}{3}-\dfrac{x-1}{2}$ (3) $\dfrac{1}{3}(x-4)-\dfrac{3x-2}{6}$

解説 (1) 割り算は逆数のかけ算になおして計算する。

(2) 分母を通分して計算する。別解のように分配法則を使ってもよい。

(3) 分母を通分するとき，分子の符号に注意する。$\dfrac{1}{3}(x-4)$ は $\dfrac{x-4}{3}$ と同じである。

解答 (1) $(18x+15)\div 3=(18x+15)\times\dfrac{1}{3}=6x+5$ ………(答)

(2) $\dfrac{x+2}{3}-\dfrac{x-1}{2}$

$=\dfrac{2(x+2)}{6}-\dfrac{3(x-1)}{6}$ 分母を通分する

$=\dfrac{2(x+2)\mathbf{-3(x-1)}}{6}$ かっこをはずす

$=\dfrac{2x+4-3x+3}{6}$

$=\dfrac{-x+7}{6}$ ………(答)

(3) $\dfrac{1}{3}(x-4)-\dfrac{3x-2}{6}$

$=\dfrac{2(x-4)}{6}-\dfrac{3x-2}{6}$ 分母を通分する

$=\dfrac{2(x-4)\mathbf{-(3x-2)}}{6}$ かっこをつけて分子をまとめる

$=\dfrac{2x-8-3x+2}{6}=\dfrac{-x-6}{6}$ ………(答)

別解 (2) $\dfrac{x+2}{3}-\dfrac{x-1}{2}=\dfrac{1}{3}(x+2)-\dfrac{1}{2}(x-1)$ かっこをはずす

$=\dfrac{1}{3}x+\dfrac{2}{3}-\dfrac{1}{2}x+\dfrac{1}{2}$

$=-\dfrac{1}{6}x+\dfrac{7}{6}$ ………(答)

注 (2)，(3)の問題で，通分したときの符号のまちがいが多いので注意する。解答のように，通分するときは必ずかっこをつけるようにする。

注 (3)は，$\dfrac{-x-6}{6}=-\dfrac{1}{6}x-1$ を答えとしてもよい。

演習問題

26. 次の計算をせよ。

(1) $(6x-12)\div 6$　　(2) $(-4x+6)\div(-8)$

(3) $\dfrac{-10y+5}{5}$　　(4) $\left(\dfrac{2}{3}x-\dfrac{3}{4}\right)\times 12$

(5) $\dfrac{2x-6}{9}\times(-3)^3$　　(6) $-\dfrac{2(14-7a)}{7}$

27. 次の計算をせよ。

(1) $\dfrac{x-3}{2}+\dfrac{x+4}{3}$　　(2) $\dfrac{2a+3}{5}+\dfrac{-a-9}{10}$

(3) $\dfrac{x}{2}-\dfrac{x+3}{3}$　　(4) $\dfrac{3x+1}{4}-\dfrac{5x-2}{6}$

(5) $\dfrac{5a+1}{6}+\dfrac{2(a-4)}{3}$　　(6) $\dfrac{3y-5}{4}-\dfrac{y-6}{4}$

(7) $\dfrac{3x-4}{4}-\dfrac{2x+1}{8}$　　(8) $\dfrac{5y-7}{12}-\dfrac{y-2}{3}$

(9) $\dfrac{3(5a-3)}{2}-\dfrac{5(a-1)}{6}$　　(10) $x-2-\dfrac{x-5}{3}$

28. 次の計算をせよ。

(1) $\dfrac{2}{3}(2x+1)-\dfrac{1}{3}x$　　(2) $\dfrac{1}{3}(4x-3)-\dfrac{1}{4}(3x-8)$

(3) $\dfrac{2(3a-2)}{5}-\dfrac{4a-3}{2}$　　(4) $\dfrac{1}{3}(4y-7)-\dfrac{5y-4}{9}$

(5) $\dfrac{-3a+5}{2}-\dfrac{7}{6}(a-3)$　　(6) $\dfrac{7x+2}{3}-\left(2x-\dfrac{3x-5}{4}\right)$

(7) $\dfrac{2x-4}{3}-\dfrac{1-2x}{2}-(2x-1)$　　(8) $\dfrac{1}{2}\left(5x-\dfrac{11}{2}\right)-\left(\dfrac{9}{2}x+\dfrac{15}{4}\right)\div 3$

29. 次の計算をせよ。

(1) $\dfrac{x+1}{2}-\dfrac{x-2}{3}-\dfrac{2x-3}{6}$　　(2) $\dfrac{3a+1}{2}-\dfrac{5a-2}{4}-\dfrac{7a+5}{8}$

(3) $\dfrac{3y-2}{3}-\dfrac{5y-3}{4}+\dfrac{3y-8}{6}$　　(4) $\dfrac{x-2}{6}-\dfrac{x+3}{4}-\dfrac{x-5}{12}+\dfrac{x+7}{3}$

(5) $\dfrac{17x-19}{4}+\left(\dfrac{7x-8}{2}-\dfrac{11x-13}{3}\right)\times 15$

2章の問題

1 次の問いに答えよ。

(1) 秒速amで走るAさんと，秒速bmで走るBさんが，校庭のトラックのある地点から同時に出発して，2人は逆向きに走ったところ，t秒後に出会った。トラックの周の長さをa，b，tを使って表せ。

(2) x人の生徒の英語の平均点を計算したが，ある1人の生徒の点数が50点であったのに誤って5点としたために，平均点がm点になってしまった。正しい平均点をm，xを使って表せ。

(3) A地点からB地点まで分速xmで歩くとt分かかるが，歩く速さを分速10m遅くするとa分長くかかる。aをx，tを使って表せ。

(4) 濃度a%の食塩水xgと濃度b%の食塩水ygを混ぜると，濃度何%の食塩水ができるか。a，b，x，yを使って表せ。

(5) はじめから水のはいっていた水そうに一定の割合で水を入れたところ，2分後の水の量はaL，5分後の水の量はbLであった。はじめにはいっていた水の量をa，bを使って表せ。

2 次の数量の関係を，等式または不等式で表せ。

(1) xgにつきa円の肉を$y$kg買ったところ，予算のb円をこえてしまった。

(2) 1辺の長さが1cmの正方形n個を，1列に並べてつくった長方形の周の長さはℓcmである。

(3) 生徒n人に5人ずつのグループをつくらせたところ，kグループできたが，残った生徒で5人のグループをつくることはできなかった。

(4) 生徒10人について，本人をふくむ兄弟姉妹の人数を調べたところ，平均がa人であった。この10人に兄弟姉妹のいない生徒をx人加えて，あらたに兄弟姉妹の人数の平均を求めたところ，b人になった。

3 次の計算をせよ。

(1) $2x-1-(5x-3)$

(2) $7(x+1)-4(5x-9)$

(3) $15\left(\dfrac{4-5x}{3}-\dfrac{x-1}{5}\right)$

(4) $\dfrac{x-1}{7}-\dfrac{2x+1}{6}$

(5) $x-2-\dfrac{3x-4}{5}$

(6) $\dfrac{3+y}{2}-\dfrac{1+2y}{3}-\dfrac{2-3y}{4}$

(7) $5(3x-1)-\{3x-4(1-3x)\}$

(8) $3a-10\left\{\dfrac{1}{5}(2a+3)-\dfrac{1}{2}\right\}$

4 $A=2x-1$，$B=\dfrac{2x-4}{3}$，$C=\dfrac{-x+5}{6}$ のとき，次の式を計算せよ。

(1) $A+B+C$　　(2) $A-3B-6C$　　(3) $\dfrac{1}{2}A-B+4C$

5 $\dfrac{2a-3}{7}-\dfrac{a-4}{9}+\dfrac{2(-a+5)}{3}$ ……① について，次の問いに答えよ。

(1) ①を計算せよ。

(2) $a=5$ のとき，①の式の値を求めよ。

6 男子 18 人，女子 20 人のクラスで英語のテストをしたところ，男子の平均点は m 点で，女子の平均点は男子より 1.9 点高かった。

(1) このクラスの平均点を m を使って表せ。

(2) このクラスの平均点が 50.5 点のとき，女子の平均点を求めよ。

7 黒色と白色の紙で，同じ大きさの正六角形をたくさん用意する。右の図のように，黒色の正六角形を 1 個，2 個，3 個，…と横 1 列に 1 個ずつ順に増やして並べ，それらを取り囲んで白色の正六角形をすき間なく並べて図形をつくる。

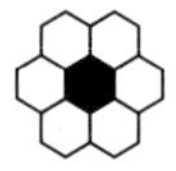
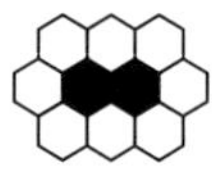
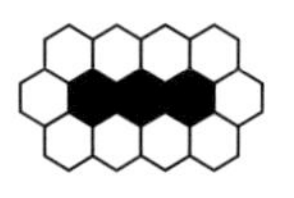

(1) 黒色の正六角形を 5 枚使うとき，白色の正六角形は何枚使うか。

(2) 黒色の正六角形を n 枚使うとき，白色の正六角形は何枚使うか。また，この図形の周の長さは何 cm か。それぞれ n を使って表せ。ただし，正六角形の 1 辺の長さを 5cm とする。

8 運動会のリレーで優勝したチームに，鉛筆 x 本が与えられた。この鉛筆 x 本を，まず第 1 走者に 1 本と残りの $\dfrac{1}{10}$，つぎに第 2 走者に 2 本と残りの $\dfrac{1}{10}$，さらに第 3 走者に 3 本と残りの $\dfrac{1}{10}$ というように，順に分けていった。第 1 走者，第 2 走者，第 3 走者がもらった鉛筆の本数をそれぞれ a 本，b 本，c 本とする。a，b，c をそれぞれ x を使って表せ。

9 容器 A には濃度 a% の食塩水が 500g，容器 B には濃度 3% の食塩水が 500g はいっている。容器 A から食塩水 100g を取り出し，容器 B に入れてよくかき混ぜた後，B から食塩水 100g を取り出し，A にもどした。このとき，容器 A の食塩水の濃度は b% 未満となった。この数量の関係を，不等式で表せ。

1次方程式

1…1次方程式の解き方

基本問題

1．次の(ア)〜(カ)の方程式のうち，$x=-2$ が解であるものはどれか。

(ア) $-x+3=5$　(イ) $2x-3=x+5$

(ウ) $-2x+1=3x+11$　(エ) $4x+7=5-2x$

(オ) $x^2-1=x$　(カ) $(x+2)(x-3)=0$

2．次の(ア)〜(カ)の方程式のうち，-1 が解になるものはどれか。

(ア) $a+2=1$　(イ) $3x=2x+1$

(ウ) $2y-3=5y$　(エ) $a^2-1=2$

(オ) $x^2+1=2$　(カ) $(y+1)(y-2)=0$

3．次の方程式を解け。

(1) $x+5=7$　(2) $x+3=-5$

(3) $x-8=-5$　(4) $4x=-12$

(5) $\dfrac{x}{3}=-2$　(6) $\dfrac{3}{4}x=6$

4．次の方程式を解け。

(1) $-4=x+6$　(2) $-x+2=11$

(3) $15=3-x$　(4) $2y-12=2$

(5) $5-2a=10$

(6) $4x-5=-3x+2$

(7) $-3y-5=-5y+11$

(8) $m-17=-7+4m$

等式の性質

$\boldsymbol{a=b}$ のとき，

$\boldsymbol{a+c=b+c}$

$\boldsymbol{a-c=b-c}$

$\boldsymbol{ac=bc}$

$\boldsymbol{\dfrac{a}{c}=\dfrac{b}{c}}$（ただし，$c\neq0$）

移項

一方の辺にある項を，その**符号を変えて**他方の辺に移す。

$a+\boldsymbol{b}=c \longrightarrow a=c\boldsymbol{-b}$

$a-\boldsymbol{b}=c \longrightarrow a=c\boldsymbol{+b}$

●例題1● 次の方程式を解け。

(1) $3(x-5)+x=7x+9$

(2) $2x-\{8x-3(2-x)\}-1=x+2$

解説 右の1次方程式の解き方にしたがって解く。

一般に，x をふくむ項を左辺に，定数項を右辺に移項する。かっこをはずす際に，かっこの前の符号が－のとき，とくに注意する。

《1次方程式》
移項して整理すると，$\boldsymbol{ax+b=0}$（a，b は定数，$a\neq0$）と表される方程式

《1次方程式の解き方》
① **かっこをはずす。**
② 文字をふくむ項を左辺に，定数項を右辺に**移項する。**
③ **両辺をそれぞれ計算する。**
④ **両辺を $\boldsymbol{x}$ の係数で割る。**

解答 (1)

$3(x-5)+x=7x+9$
$3x-15+x=7x+9$ （かっこをはずす）
$4x-15=7x+9$
$4x-7x=9+15$ （移項する）
$-3x=24$
$x=-8$ ………(答)

(2)

$2x-\{8x-3(2-x)\}-1=x+2$
$2x-(8x-6+3x)-1=x+2$ （小かっこをはずす）
$2x-(11x-6)-1=x+2$
$2x-11x+6-1=x+2$ （かっこをはずす）
$-9x+5=x+2$
$-9x-x=2-5$ （移項する）
$-10x=-3$
$x=\dfrac{3}{10}$ ………(答)

参考 (2)の解答で，左辺を $2x-8x+3(2-x)-1=x+2$ のように，外側のかっこからはずしてもよい。

注 答えが正しいかどうかを確かめるために，求めた解をもとの方程式の左辺，右辺にそれぞれ代入してみる。これを**検算**という。

たとえば，(1)で $x=-8$ のとき，

$(\text{左辺})=3\times\{(-8)-5\}+(-8)=-39-8=-47$

$(\text{右辺})=7\times(-8)+9=-56+9=-47$

ゆえに，(左辺)＝(右辺) となり，求めた値はもとの方程式を満たすから，$x=-8$ は解である。検算して，左辺の値と右辺の値が異なるときは，どこかで計算まちがいをしていることになる。

注 定数については，10章（→p.173）でくわしく学習する。

演習問題

5. 次の方程式を解け。

(1) $3(3x-4)=5(x+8)$　(2) $14-7(x-2)=0$

(3) $5-2(5x-3)=1$　(4) $2(a+3)-3(2a-3)=12$

(5) $5x-3(4-2x)=8x-33$　(6) $-5(x-2)-2(4-5x)=0$

(7) $2y-\{8y-(5-3y)\}=-13$　(8) $8-2\{3x-7(x+2)+2\}=-5(x+4)$

●例題2● 次の方程式を解け。

(1) $\dfrac{x-4}{3}-\dfrac{1-3x}{4}=\dfrac{x-2}{2}$　(2) $5(0.1x-1)+2.4=-3(5-1.2x)$

(3) $75(-x+4)-100=-125x$　(4) $(4x+11):(x-1)=3:2$

解説 (1) 両辺に分母3，4，2の最小公倍数12をかけて分母をはらってから解く。

(2) かっこをはずして両辺に10をかけ，係数を整数にしてから解く。

(3) 両辺を係数75，100，125の最大公約数25で割って，係数を小さくしてから解く。

(4) $a:b=c:d$ のとき，$ad=bc$ が成り立つことを利用して解く。比例式については，4章（→p.65）でくわしく学習する。

解答 (1) $\dfrac{x-4}{3}-\dfrac{1-3x}{4}=\dfrac{x-2}{2}$

両辺に12をかけて

$$12\times\frac{x-4}{3}-12\times\frac{1-3x}{4}=12\times\frac{x-2}{2}$$

$$4(x-4)-3(1-3x)=6(x-2)$$

$$4x-16-3+9x=6x-12$$

$$7x=7$$

$x=1$ ……(答)

(2) $5(0.1x-1)+2.4=-3(5-1.2x)$

$$0.5x-5+2.4=-15+3.6x$$

両辺に10をかけて

$$5x-50+24=-150+36x$$

$$-31x=-124$$

$x=4$ ……(答)

(3) $75(-x+4)-100=-125x$

両辺を25で割って

$$3(-x+4)-4=-5x$$

$$-3x+12-4=-5x$$

$$2x=-8$$

$x=-4$ ……(答)

(4) $(4x+11):(x-1)=3:2$

$$2(4x+11)=3(x-1)$$

$$8x+22=3x-3$$

$$5x=-25$$

$x=-5$ ……(答)

注 (1)で分母をはらうときに，符号をまちがえやすいので注意すること。分母をはらうときには，上の解答のように，かっこをつけて計算するとよい。

演習問題

6. 次の方程式を解け。

(1) $\frac{4}{7}x=\frac{1}{3}$　　(2) $\frac{1}{2}x+\frac{2}{5}x=-9$

(3) $\frac{3}{4}x-2=\frac{2}{5}(x-3)$　　(4) $3a-\frac{2}{3}(2a-1)=4$

(5) $1.5x-2.4=7.6+3.5x$　　(6) $2.4x-2(1.3x-2)=3.2$

(7) $0.1(0.2x-0.3)=0.12-0.01x$　　(8) $-200y-480=140(y+2)+40y$

(9) $(x-1):(x+1)=4:3$

(10) $(3x+1):(x+4)=5:(-2)$

(11) $(2y-3):5=(3y+7):(-5)$

(12) $1:(4x-5)=3:(1-2x)$

7. 次の方程式を解け。

(1) $\frac{4x-5}{3}=2x-9$　　(2) $\frac{5x-4}{3}-\frac{4x-3}{2}=1$

(3) $\frac{8a-24}{5}-\frac{16a-8}{7}=8$　　(4) $\frac{9}{5}x-\frac{2}{3}=\frac{5}{2}x+4$

(5) $\frac{2(3-p)}{5}+\frac{2p-1}{2}=p-\frac{2-p}{4}$

(6) $\frac{2x+1}{3}-\frac{5x-4}{6}=\frac{x}{2}-\frac{7-x}{3}$

(7) $3y-2\left(y-\frac{1-2y}{3}\right)=\frac{2y-1}{2}$

(8) $\frac{1}{4}x+3-2\left\{\frac{1}{4}x-\left(\frac{1}{3}x-2\right)\right\}=\frac{6-5x}{4}$

8. 次の方程式が〔　〕の中に示された解をもつとき，a の値を求めよ。

(1) $a(x-3)=-8$　〔$x=-1$〕

(2) $-3x+a=2x+17$　〔$x=-2$〕

(3) $x-\{2ax-(a-1)\}=a$　$\left[x=\frac{3}{2}\right]$

(4) $a-ax+\frac{x+2a}{2}=-\frac{3}{2}$　〔$x=-1$〕

(5) $\frac{x-a}{2}-\frac{x+2a}{3}=1$　〔$x=4$〕

2…1次方程式の応用

基本問題

9. 次の問いに答えよ。

(1) ある数の $\frac{4}{3}$ 倍に8を加えると，もとの数から3をひいた数の2倍になる。もとの数を求めよ。

(2) ある数を5倍して2を加えるところを，誤って2倍してから5を加えたため，正しい答えより9小さくなった。ある数を求めよ。

(3) 姉は3000円，妹は2000円もっていたが，2人が同じ額ずつ使ったところ姉の残金は妹の残金の3倍になった。いくらずつ使ったか。

(4) 縦の長さが横の長さの半分である長方形の周の長さが24cmであった。縦，横の長さをそれぞれ求めよ。

未知数
まだわかっていない数

応用問題の解き方
① 図（線分図や絵），表をかきながら**問題文をよく読む**。求めるものは何か，与えられた条件は何かをはっきりさせる。
② **求める未知数，またはそれに関係する未知数を x とおく**。
③ **問題の数量関係を x を使って方程式で表す**。（単位をそろえること）
④ その**方程式を解く**。
⑤ その解が問題に適しているかどうかを**確かめて答え**とする。（解の吟味）

(5) 消費税が8％から10％に上がったので，ある品物の値段が45円上がった。消費税が12％になると，この品物の値段はいくらになるか。

(6) 大人と子ども合わせて78人にみかんを配った。大人に2個ずつ，子どもに3個ずつ配ると，配ったみかんの個数は全部で188個になった。大人と子どもの人数はそれぞれ何人か。

(7) 2けたの正の整数 n がある。n の一の位の数は十の位の数より4大きく，また，n の一の位の数と十の位の数を入れかえてできる2けたの整数は，n の2倍より10大きくなった。正の整数 n を求めよ。

(8) 1時と2時の間で，時計の長針と短針が重なる時刻を求めよ。

10. 次の問いに答えよ。

(1) 連続する3つの偶数の和が210であるとき，この3つの偶数を求めよ。

(2) 連続する4つの整数の和が210であるとき，この4つの整数を求めよ。

●例題3● ペットボトルを箱に入れる作業をしている。20 本入りの箱を使うと最後の箱にまだ 16 本はいる。24 本入りの箱を使うと 20 本入りの箱より 4 箱少なくてすみ，全部のペットボトルがちょうどおさまる。ペットボトルの本数を求めよ。

解説 求める数量（ここではペットボトルの本数）を x とおく方法のほかに，求める数量に関係する未知数（ここでは 20 本入りの箱の数）を x とおく方法がある。方程式がつくりやすいように x をおくとよい。

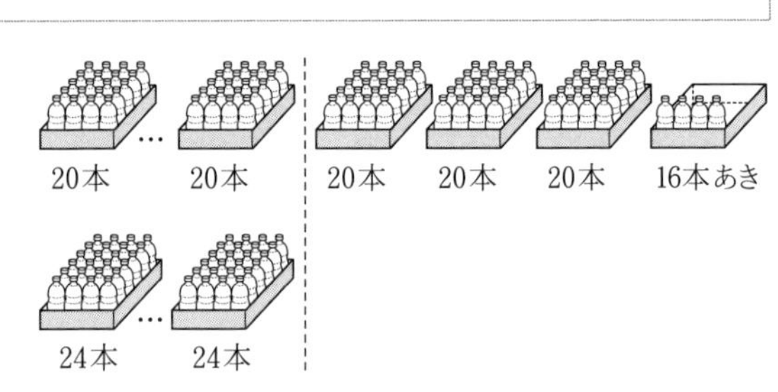

解答 20 本入りの箱を使うときに必要な箱の数を x 箱とする。
ペットボトルの本数は，20 本入りの箱を使ったときは $(20x-16)$ 本，24 本入りの箱を使ったときは $24(x-4)$ 本と表すことができる。これらの値が等しいから

$$20x-16=24(x-4)$$
$$20x-16=24x-96$$
$$-4x=-80$$
$$x=20$$

20 本入りの箱を 20 箱使うとすると，ペットボトルの本数は，
$20\times20-16=384$（本）となり，この値は問題に適する。　（答）384 本

別解 ペットボトルの本数を x 本とする。
20 本入りの箱を使ったときには $(x+16)$ 本あればちょうどおさまることになるから，必要な箱の数は $\frac{x+16}{20}$ 箱。一方，24 本入りの箱を使ったときに必要な箱の数は $\frac{x}{24}$ 箱。24 本入れたときのほうが 4 箱少ないから

$$\frac{x+16}{20}-4=\frac{x}{24}$$
$$6(x+16)-480=5x$$
$$6x+96-480=5x$$
$$x=384$$

ペットボトルの本数を 384 本とすると，20 本入りの箱の数は 20 箱となり，この値は問題に適する。　（答）384 本

注 解説に示したように，問題を理解しながら図や絵をかくと方針が立てやすい。

演習問題

11. クッキーを何人かの子どもに分けるのに，1人に4枚ずつ分けると5枚余り，5枚ずつ分けると4枚たりなくなる。子どもの人数とクッキーの枚数をそれぞれ求めよ。

12. あるクラスで調理実習をするために，材料費を集めることになった。1人300円ずつ集めると材料費が1300円たりなくなり，1人400円ずつ集めると2000円余る。このクラスの人数と材料費をそれぞれ求めよ。

13. 長いす1脚に生徒を3人ずつかけさせると，25人がかけられなかったが，1脚に4人ずつかけさせると，長いすがちょうど4脚余った。生徒は何人か。

14. 子どもたちにチョコレートを1人3個ずつ配ったところ28個余った。そこで1人4個ずつ配ることにしたが，途中から子どもが3人増えたので，チョコレートが10個たりなくなってしまった。

春子さんと秋子さんは，チョコレートの個数を求めるために，それぞれ次のような方程式をつくった。

（春子さん）　$\dfrac{x-28}{3}+3=\dfrac{x+10}{4}$　　（秋子さん）　$3x+28=4(x+3)-10$

(1)　春子さんのつくった方程式では，何を x と考えているか。

(2)　秋子さんのつくった方程式では，何を x と考えているか。

(3)　チョコレートの個数を求めよ。

●例題4●　A駅，B駅，C駅がこの順に並んでいる。時速50kmの普通電車でA駅からB駅まで行くときにかかる時間と，B駅には止まらない時速75kmの特急電車でA駅から100km離れたC駅に行き，普通電車でB駅までもどるときにかかる時間は，C駅での乗りかえ時間10分をふくめるとちょうど同じである。B駅はA駅から何km離れているか。

解説　速さに関する問題では，

(道のり)＝(速さ)×(時間)

の関係を，問題に合わせた形で利用する。

この例題では，$(\text{時間})=\dfrac{(\text{道のり})}{(\text{速さ})}$

の形を使う。単位をそろえることに注意する。

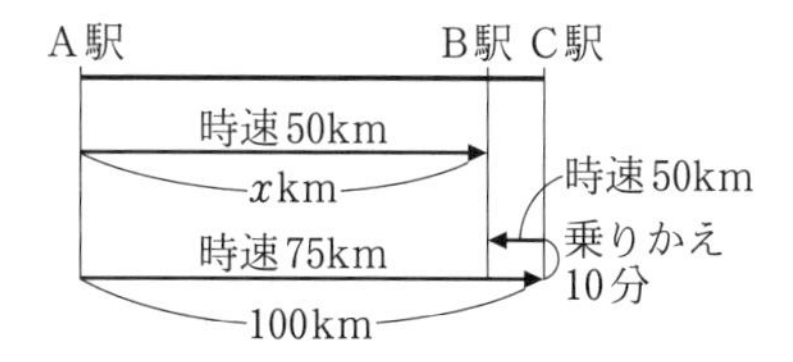

解答 A駅からB駅までの道のりを$x$kmとする。

A駅からB駅まで普通電車で行くときにかかる時間は$\dfrac{x}{50}$時間。

A駅からC駅に行ってからB駅までもどるときにかかる時間は，A駅からC駅までは$\dfrac{100}{75}$時間，乗りかえに$\dfrac{10}{60}$時間，C駅からB駅までは$\dfrac{100-x}{50}$時間かかるから，合計$\left(\dfrac{100}{75}+\dfrac{10}{60}+\dfrac{100-x}{50}\right)$時間。

2つの経路でかかる時間が等しいから

$$\frac{x}{50}=\frac{100}{75}+\frac{10}{60}+\frac{100-x}{50}$$

両辺に150をかけて　$3x=200+25+3(100-x)$

$$6x=525$$

$$x=\frac{175}{2}$$

B駅はA駅とC駅の間にあるから，この値は問題に適する。　（答）$\dfrac{175}{2}$km

注 87.5kmと答えてもよい。

演習問題

15. 太郎さんは自分の家から次郎さんの家まで行くのに，太郎さんの家から次郎さんの家までの道のりの$\dfrac{3}{4}$を時速10kmで走り，残りを時速3kmで歩いたところ57分かかった。太郎さんの家から次郎さんの家までの道のりは何kmか。

16. 1周400mのトラックをA，B両選手が走ると，それぞれ80秒，84秒で1周する。このトラックで，B選手はA選手の前方150mの地点からA選手と同時にスタートする。A選手が，B選手に追いつくまでに走る道のりを求めよ。

17. あるトンネルにA列車が秒速30mではいりはじめた。その10秒後に反対側からB列車が秒速40mでトンネルにはいりはじめ，2つの列車はトンネルの真ん中で出会った。このトンネルの長さは何mか。

18. 夏子さんがA地点とB地点の間を歩いて往復した。行きにかかった時間は14分で，帰りは行きより分速10m遅く歩いたために，かかった時間は行きより2分長かった。AB間の道のりは何mか。

19. A さんとBさんが一緒に学校を出て，分速 60m で歩いて駅に向かった。ところが，B さんは忘れ物をしたので一度学校にもどることにした。A さんはそのままの速さで駅に向かったが，B さんは分速 120m で走って学校にもどり，3 分後にふたたび分速 120m で走って A さんを追いかけて，学校から 1200m 離れたところで A さんに追いついた。

B さんは，A さんと一緒に学校を出てから何分後に学校にもどりはじめたか。

●例題5●　濃度 8% の食塩水 400g に濃度 5% の食塩水を混ぜて，濃度 6% の食塩水をつくりたい。濃度 5% の食塩水を何 g 混ぜればよいか。

(解説) 食塩水についての問題は，操作前と操作後の食塩水にふくまれる**食塩の重さについて式をつくる**とよい。

濃度 a% の食塩水 Mg にふくまれる食塩の重さは $\left(M\times\frac{a}{100}\right)$g である。

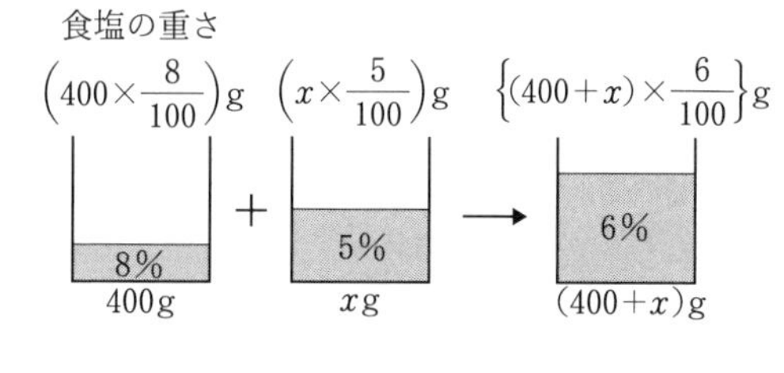

(解答) 5% の食塩水を xg 混ぜるとする。

8% の食塩水 400g にふくまれる食塩の重さは $\left(400\times\frac{8}{100}\right)$g，5% の食塩水 xg にふくまれる食塩の重さは $\left(x\times\frac{5}{100}\right)$g である。

一方，混ぜた後の食塩水の重さは $(400+x)$g で濃度が 6% であるから，ふくまれる食塩の重さは $\left\{(400+x)\times\frac{6}{100}\right\}$g である。

混ぜる前と後でふくまれる食塩の重さは変わらないから

$$400\times\frac{8}{100}+x\times\frac{5}{100}=(400+x)\times\frac{6}{100}$$

両辺に 100 をかけて　$3200+5x=6(400+x)$

$$5x-6x=2400-3200$$
$$-x=-800$$
$$x=800$$

$x=800$ とすると，できあがった食塩水は 1200g で濃度 6% となり，この値は問題に適する。

(答)　800g

演習問題

20. 濃度10.8%の食塩水が400gある。これを水でうすめて濃度8%の食塩水をつくるには，水を何g加えればよいか。

21. 濃度7%の食塩水330gに食塩を加えて，濃度10%の食塩水をつくりたい。食塩を何g加えればよいか。

22. 濃度6%の食塩水100gに濃度12%の食塩水を何g加えると，濃度10%の食塩水になるか。

23. 濃度3%の食塩水と濃度8%の食塩水を混ぜて，濃度6%の食塩水を400gつくりたい。それぞれ何gずつ混ぜればよいか。

24. 容器Aに濃度10%の食塩水が480g，容器Bに濃度5%の食塩水が720gはいっている。A，Bそれぞれの容器からxgずつ取り出して入れかえたら，同じ濃度になった。xの値を求めよ。また，入れかえた後の濃度を求めよ。

25. 原価2500円の商品に，2割5分の利益を見込んで定価をつけた。ところが，売れないので，割り引いたうえでさらに250円相当の景品をつけて売ることにした。景品の分もふくめて，利益が原価の5%となるようにするには，割引率を何%にすればよいか。

26. ある人が38000円の予算で，プリンターとデジタルカメラを買いに行った。プリンターは予算より5%安かったが，デジタルカメラは予算より3%高く，代金の合計は37940円であった。プリンターの値段を求めよ。

27. ある中学校の今年の生徒数は，10年前と比べると，男子の生徒数は10%，女子の生徒数は25%増加し，全体としては17%増加した。10年前の生徒数は300人であった。今年の男子，女子の生徒数をそれぞれ求めよ。

28. ある店では，2つの品物A，Bを売っている。今日は，昨日より売り上げ個数がAは15%，Bは12%増えて，増えた個数はともにk個であった。

(1) 昨日のA，Bの売り上げ個数をそれぞれkを使って表せ。

(2) 今日の売り上げ個数の合計が153個であるとき，今日のA，Bの売り上げ個数をそれぞれ求めよ。

●例題6● 現在，父は 42 歳，子どもは 15 歳である。父の年齢が子どもの年齢の 4 倍であるのはいつか。

解説 求める年が何年後か何年前かわからないので，とりあえず x 年後として方程式をつくり，負の数が解として出たときは何年か前のことであると考えればよい。

解答 x 年後に父の年齢が子どもの年齢の 4 倍であるとする。

x 年後の父の年齢は $(42+x)$ 歳，子どもの年齢は $(15+x)$ 歳であるから

$$42+x=4(15+x)$$
$$42+x=60+4x$$
$$-3x=18$$
$$x=-6$$

いまから -6 年後は 6 年前のことであるから，そのとき父は 36 歳，子どもは 9 歳となり，この値は問題に適する。 （答） 6 年前

●例題7● 明さんは，はじめにもっていたカードの $\dfrac{1}{3}$ を実さんにあげ，残りの $\dfrac{1}{7}$ を僚さんにあげたところ，明さんのもっているカードの枚数は 28 枚になった。明さんがはじめにもっていたカードの枚数を求めよ。

解説 未知数を x として方程式をつくり，x の値を求めたとしても，x の値が問題に適さない場合もある。求めた x の値が問題に適するかどうかを必ず調べる。適さない場合は，**解なし**と答える。

解答 明さんがはじめにもっていたカードの枚数を x 枚とすると

$$x\times\left(1-\frac{1}{3}\right)\times\left(1-\frac{1}{7}\right)=28$$
$$x\times\frac{2}{3}\times\frac{6}{7}=28$$
$$x=28\times\frac{3}{2}\times\frac{7}{6}=49$$

ここで，明さんがはじめにもっていたカードの枚数を 49 枚とすると，実さんにあげたカードの枚数が $\dfrac{49}{3}$ 枚となり，整数とならない。

ゆえに，この値は問題に適さない。

（答） 解なし（このような分け方はできない）

演習問題

29. 毎月愛さんは1500円，恵さんは1000円ずつ貯金している。愛さんは現在45000円，恵さんは16000円の貯金がある。愛さんの貯金高が恵さんの貯金高の3倍であるのはいつか。ただし，利息は考えない。

30. 450円のかごに1個300円のなしと1個240円のかきを合わせて10個つめて，代金の合計をちょうど3000円にしたい。なしとかきをそれぞれ何個つめたらよいか。

31. AさんとBさんは同じ本数だけ鉛筆をもっていたが，Aさんは5本，Bさんは8本使ったために，Bさんの鉛筆は，Aさんのもっている本数の2倍より4本少なくなった。2人は，はじめに鉛筆を何本ずつもっていたか。

32. 一郎さんは，1個80円のお菓子と1個100円のお菓子を合わせて20個買う予定であった。ところが，この2種類のお菓子の個数をとりちがえて合わせて20個買ったために，40円余ってしまった。予定の金額はいくらであったか。

33. 右の図のように，周の長さ1mの円があり，円周上に点Aがある。2点P，Qは点Aを同時に出発し，Pは5分で1周，Qは3分で1周の速さでそれぞれこの円周上を矢印の向きにまわる。2点P，Qが同時に点Aを出発してから，QがPに最初に追いつくのは何分後か。

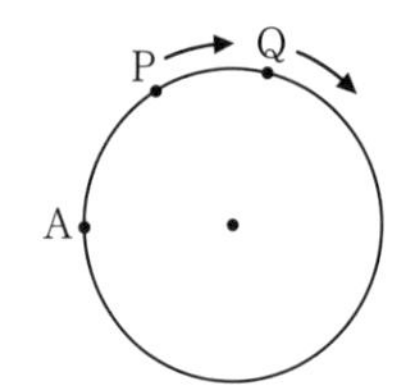

34. 右の表は，X市，Y市の家庭における1か月あたりの水道料金を求めるための表である。

	基本料金	使用量に応じた料金	
		[A] 10 m^3 以下	[B] 10 m^3 超過分
X市	1200円	60円/m^3	140円/m^3
Y市	800円	80円/m^3	180円/m^3

X市とY市で同じ量だけ水を使って同じ料金を支払うことになるのは，何 m^3 使うときか。なお，水道料金の求め方は，

水の使用量が10 m^3 以下のとき，

(水道料金)＝(基本料金)＋[A]

水の使用量が10 m^3 をこえるとき，

(水道料金)＝(基本料金)＋[A]＋[B]

である。

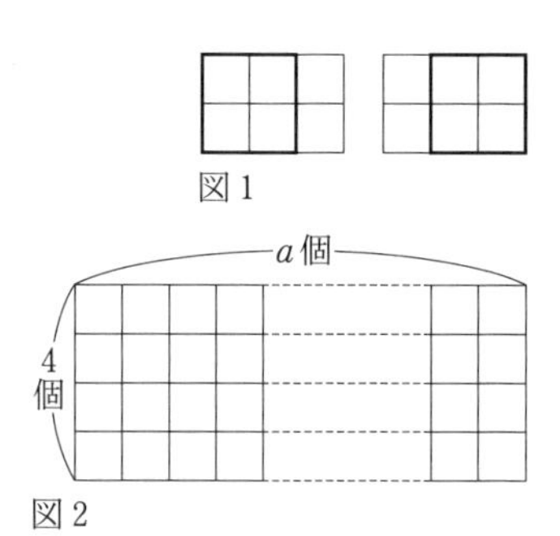

35. 1辺1cmの正方形を縦横に並べて長方形をつくり，その長方形の中にあるいろいろな大きさの正方形の個数について考える。たとえば，1辺1cmの正方形を縦に2個，横に3個並べた長方形では，その中にある正方形の個数は，1辺1cmの正方形が6個，1辺2cmの正方形が図1のように2個あるから，全部で8個である。

図2は，1辺1cmの正方形を縦に4個，横に a 個並べた長方形である。このとき，正方形の個数は全部で120個であった。a の値を求めよ。ただし，$a>4$ とする。

36. 40人の生徒に2つの問題A，Bを解かせた。各問10点，計20点満点で点をつけた。問題Aを解けた生徒は25人，A，B2題とも解けた生徒は15人，生徒全体の平均点は12点であった。問題Bだけが解けた生徒は何人か。

37. AさんとBさんが100m競走をしたところ，Aさんがゴールしたとき，Bさんはその4mうしろにいた。そこで，Aさん，Bさんが同時にゴールするように，Aさんのスタート地点を x m下げた。x の値を求めよ。

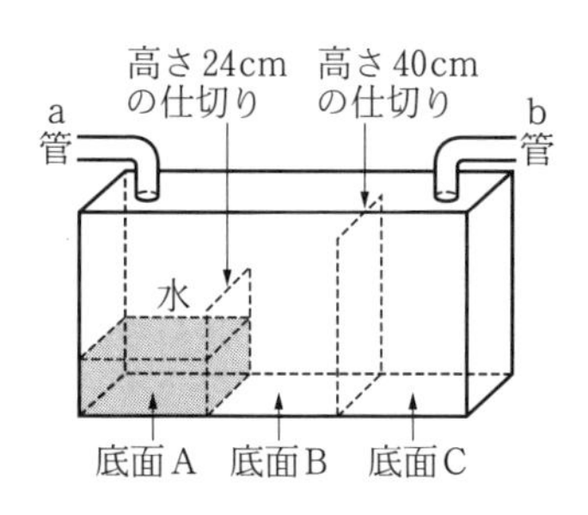

38. 右の図のように，底面に垂直な2つの仕切りで分けられた直方体の水そうが，水平に置かれている。水そうの左側，中央，右側の底面をそれぞれA，B，Cとする。水そうの高さは45cm，底面AとBを分ける仕切りの高さは24cm，底面BとCを分ける仕切りの高さは40cmであり，A，B，Cの面積はいずれも600cm^{2}である。

空(から)の水そうに，a管から底面A側に毎分900cm^{3}の割合で水を入れはじめ，その8分後にb管から底面C側に毎分540cm^{3}の割合で水を入れはじめた。

(1) 底面Bに水を入れはじめてから，B上の水面の高さが底面C上の水面の高さとはじめて同じになるのは，a管から水を入れはじめてから何分後か。

(2) (1)のつぎに底面B上の水面の高さが底面C上の水面の高さと同じになるのは，a管から水を入れはじめてから何分後か。

進んだ問題の解法

問題1 2つの時計 A，B を正午の時報に合わせた。この日の夜，時計 A が午後8時ちょうどを指したとき，時計 B は午後7時57分0秒を指していた。そこで，ふたたび2つの時計を午後9時の時報に合わせたところ，時計 A が午後9時30分を指してから，正確な時計でちょうど12秒後に時計 B が午後9時30分を指した。この日の夜，時計 A が午後8時ちょうどを指したときの正しい時刻を求めよ。

解法 複雑な問題では，図などを使って問題を整理しながら，方程式をつくっていく。

時計 A，B はともに時刻を正しく表していないので，正しい時刻を基準にする。

時計 A での30分を正確な時計での x 分とすると，

12秒 $=\frac{12}{60}$ 分 $=0.2$ 分 より，時計 B での30分は正確な時計では $(x+0.2)$ 分となる。これと，時計 A での8時間と時計 B での7時間57分0秒が等しいことを使う。

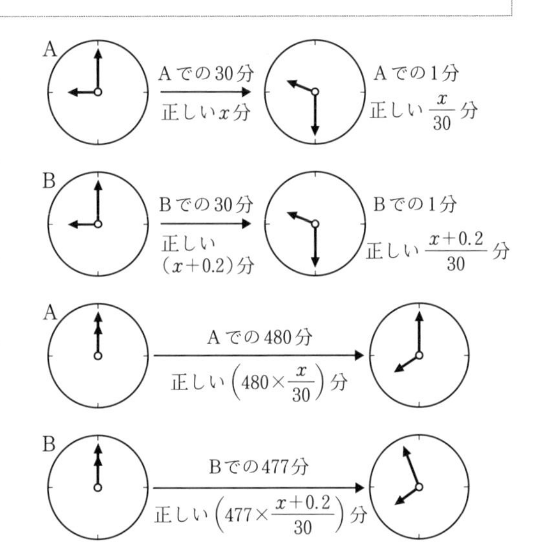

解答 時計 A での30分を正確な時計での x 分とすると，時計 B での30分は正確な時計では $(x+0.2)$ 分。

時計 A での8時間（480分）は，正確な時計では $\left(480\times\frac{x}{30}\right)$ 分であり，時計 B での7時間57分0秒（477分）は，正確な時計では $\left(477\times\frac{x+0.2}{30}\right)$ 分である。

この2つの時間が等しいから　$480\times\frac{x}{30}=477\times\frac{x+0.2}{30}$

$$16x=15.9(x+0.2)$$
$$0.1x=3.18$$
$$x=31.8$$

よって，時計 A での8時間は，正確な時計では　$480\times\frac{31.8}{30}=508.8$（分）

508.8分＝8時間28.8分＝8時間28分48秒 であるから，時計Aが午後8時を指したときの正しい時刻は午後8時28分48秒である。この値は問題に適する。

（答） 午後8時28分48秒

進んだ問題

39. 幸子さんは家から歩いてA駅に行き，電車に乗ってB駅に行くために，次のような計画を立てた。

（計画） 午前8時に家を出て分速80mで歩き，普通電車の発車3分前にA駅に着き，この普通電車に乗ってB駅に午前9時31分に到着する。

ところが，家を出たのが午前8時10分であったために分速100mで歩いたが，A駅に着いたときにはすでに普通電車が発車してから5分後であった。そこで，特急電車に乗ったところ，予定より8分早くB駅に着いた。A，B駅間での特急電車の平均の速さは，普通電車の平均の速さの1.5倍である。

(1) 家からA駅までの道のりを求めよ。

(2) 普通電車，特急電車がそれぞれA駅を発車した時刻を求めよ。

40. 右の図のような1辺の長さが10cmの正方形ABCDの辺上を，2点P，Qが頂点Aを同時に出発して，A→B→C→D→A→…と同じ向きに進む。点Pは秒速5cm，点Qは秒速3cmで進む。

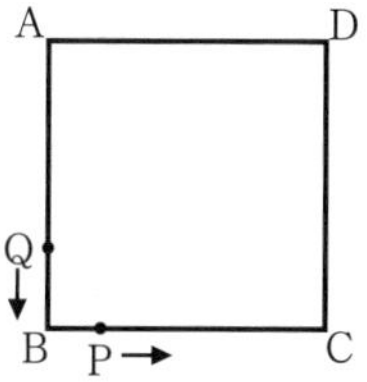

A　D
Q
B　P→　C

(1) 出発後，2点P，Qがはじめて重なるのは何秒後か。また，そのとき2点P，Qはどこにいるか。

(2) 出発後，2点P，Qを結んだ線分PQが，はじめて正方形ABCDのいずれかの辺と垂直になるのは何秒後か。ただし，線分PQが4辺のいずれかにふくまれる場合を除く。

41. 1周300mの円形の道路を3台のロボットP，Q，Rが，PとQは同じ向きに，QとRは反対向きに，それぞれ一定の速さで歩く。QとRの速さはどちらも分速10mであり，PはQより速い。QとRは同じ位置から，PはQの後方20mの位置から3台同時に出発し，Q，Rがちょうど1周したとき，PはQの前方10mの位置にいた。

(1) Qがちょうど1周する間に，PがQを追いこす回数をn回とする。Pの速さをnを使って表せ。

(2) Qがちょうど1周する間に，1回だけ△PQRが正三角形になり，その後，PはQをちょうど3回追いこした。Pの速さを求めよ。

3章の問題

1 次の方程式を解け。

(1) $4x-(5x-6)-2(x+3)=0$　　(2) $0.2(0.3x-0.7)=0.1$

(3) $7+8y-2(y-5)=-3(2-3y)+2(1-y)$

(4) $-18x-\{11(-x+10)-2\}+2(4-20x)-41=0$

(5) $\dfrac{2x-5}{3}-\dfrac{x-3}{2}=\dfrac{1}{4}$　　(6) $\dfrac{2-y}{8}-\dfrac{2y-1}{3}=\dfrac{4y+7}{6}$

(7) $\dfrac{x+1}{2}+\dfrac{x-1}{3}-\dfrac{3x+1}{6}=4$　　(8) $0.25(a-1)-0.5\left(a-\dfrac{3a+1}{2}\right)=\dfrac{4-a}{2}$

(9) $\dfrac{5}{12}(x-2)=\dfrac{1}{4}\left\{2(x+1)+\dfrac{x-2}{3}-x\right\}$

2 右の図のように，ある月のカレンダーの一部分を囲んだ。囲まれた数の和が 95 になるのは，中央の数がいくつのときか。

日	月	火	水	木	金	土
					1	2
3	4	5	6	7	8	9
10	11	12	13	14	15	16
17	18	19	20	21	22	23
24	25	26	27	28	29	30

3 音楽部では，演奏会のためのポスターと案内状をつくることになった。35 人の部員が A，B 2 つの班に分かれ，A 班の部員は 1 人につきポスターを 2 枚と案内状を 5 枚，B 班の部員は 1 人につきポスターを 1 枚と案内状を 9 枚つくった。その結果，案内状の総数はポスターの総数より 180 枚多かった。A 班の部員の人数を求めよ。

4 長さ 175m の鉄橋を，渡りはじめてから渡り終えるまでに 18 秒かかる列車がある。長さ 920m のトンネルに，この列車の最後部がはいる瞬間から最前部が出る瞬間までに 55 秒かかった。この列車の長さを求めよ。ただし，列車の速さは一定とする。

5 ある商店では，商品 A を 20% 値上げし，5 個以上買った客には 5 個につき 1 個を無料で配ることをはじめた。値上げした初日に売った個数と無料で配った個数の合計は，値上げする前日の売り上げ個数より 90 個多く，売り上げ額も 76% 増えた。また，値上げした初日では，無料で配った個数は，売った個数と無料で配った個数の合計の $\dfrac{1}{12}$ であった。値上げする前日の売り上げ個数を求めよ。

6 3人兄弟がいる。長男の年齢が次男の年齢の3倍のときに三男が生まれ，次男の年齢が三男の年齢の3倍のとき，長男は14歳であった。現在，3人の年齢を合計すると55歳になる。3人の現在の年齢をそれぞれ求めよ。

7 容器Aには濃度x%の食塩水が100gはいっている。この食塩水を使って，次の操作を3回行ったところ，容器Aの食塩水の濃度はy%となった。

（操作） 容器Aから別の空の容器に50gを移し，それに濃度10%の食塩水50gを加えて混ぜ，そこから50gをAにもどして混ぜる。

(1) 1回目の操作後の容器Aの食塩水の濃度をxを使って表せ。

(2) $y=8.5$ のとき，xの値を求めよ。

8 川の下流にあるA地点から上流にあるB地点までボートで行き，ふたたびA地点にボートで帰った。行きは15分間こいで5分間休むことをくり返し，帰りは10分間こいで5分間休むことをくり返したところ，行きも帰りも75分かかった。静水でこいだときのボートの速さは分速60mであり，休んでいるときボートは川に流されるままにしていた。このとき，AB間の距離を求めよ。

9 運動会のクラス対抗リレーで1年A組のチームが優勝した。賞品として鉛筆x本がこのチームに贈られた。この鉛筆x本を，第1走者に1本と残りの$\frac{1}{10}$，第2走者に2本と残りの$\frac{1}{10}$，第3走者に3本と残りの$\frac{1}{10}$，…というように順に分けていったところ，チームの全員に同じ本数の鉛筆を余りなく分けることができた。xの値とチームの人数を求めよ。

10 a枚の紙を印刷するのに，1時間にy枚印刷できる印刷機をx台使うと4時間かかり，$(x+2)$台使うと2時間40分かかった。印刷の速さを1.2倍にした印刷機を$(x-2)$台使うとき，a枚の紙を印刷するのに何時間何分かかるか。

11 電卓を使って，14から22までの整数を $14+15+\cdots+22$ のように加える計算をしようとしたところ，1か所だけプラスのボタンを押し忘れたために，結果が2043になった。押し忘れたのは，どの2つの数の間であったか。

12 東から西に向かって急行列車が一定の速さで走っている。ある踏切に近づきながら5秒間警笛を鳴らし続けたところ，この踏切の前にいた人には4.5秒間聞こえた。音の速さは秒速340mとして，次の問いに答えよ。

(1) 急行列車の速さは秒速何mか。

(2) 急行列車がこの踏切から遠ざかりながら警笛を鳴らし続けたところ，この踏切の前にいた人には4.4秒間聞こえた。警笛を何秒間鳴らし続けたか。

式の計算(1)

1…単項式と多項式

基本問題

1. 次の単項式の係数と次数をいえ。

(1) $3x^2$　(2) $\frac{2}{5}a^2b$

(3) $-\frac{1}{3}x$　(4) $-4a^2bc^3$

(5) $0.7p^2q$　(6) $-y^2$

単項式と多項式

単項式　数や文字について，乗法だけでつくられている式

単項式の次数　かけ合わされている文字の個数

多項式　単項式の和で表されている式

2. 次の多項式の同類項をいえ。

(1) $x-3y-2+5x+y$

(2) $2x-x^2-x-y^2+\frac{1}{2}x^2$

(3) $2ab-bc+3ca-5cb+6ba$

3. 次の単項式の和を求めよ。

(1) $3x$，　$2x$，　$-x$　(2) $5y$，　$-3y$，　$-8y$

(3) $\frac{1}{2}x^2$，　$\frac{2}{3}x^2$，　$-\frac{1}{6}x^2$　(4) $5m$，　$2k$，　$-2k$，　$3m$

(5) 1，　$3x^2$，　$-x$，　$-5x^2$，　3，　$2x$

4. 次の左の単項式から右の単項式をひけ。

(1) $3x$，　$7x$　(2) $2a$，　$-5a$

(3) $-3y$，　$2y$　(4) $-b^2$，　$-4b^2$

(5) $\frac{1}{3}ab$，　$-\frac{2}{5}ab$　(6) $-\frac{1}{4}x^2y$，　$\frac{1}{6}x^2y$

2…多項式の加法・減法

基本問題

5. 次の多項式は何次式か。

(1) $2x-3$　(2) y^3-2y+1

(3) $\dfrac{5ab}{3}-\dfrac{3}{4}c$　(4) $2a-3b+4ab$

(5) $x^3y-3xy^2-y^3$　(6) $6x-\dfrac{2}{3}y+\dfrac{1}{6}z$

多項式の次数
各項の次数のうちで，最も高い（大きい）次数
x についての次数
x 以外の文字を数とみなして考えたときの，多項式の次数

6. 多項式 $x^4-3x^3y+4x^2y^2-2xy^3$ は x について何次式か。また，y について何次式か。

7. 次の多項式のかっこをはずせ。

(1) $3a+(2b+c)$　(2) $2x+(5y-1)$　(3) $a^2-(a+3)$

(4) $5xy-(2x-3y)$　(5) $-3x+(-5a-7b)$　(6) $-a^2-(-3bc-7c^2)$

例題1　次の計算をせよ。

(1) $3a-5b-4c-2a+7b-c$　(2) $\dfrac{2}{3}x+\dfrac{1}{4}y-\dfrac{1}{6}x+\dfrac{4}{3}y$

解説　同類項をまとめて計算する。

解答　(1) $3a-5b-4c-2a+7b-c=3a-2a-5b+7b-4c-c=a+2b-5c$ ………(答)

(2) $\dfrac{2}{3}x+\dfrac{1}{4}y-\dfrac{1}{6}x+\dfrac{4}{3}y=\dfrac{4}{6}x-\dfrac{1}{6}x+\dfrac{3}{12}y+\dfrac{16}{12}y=\dfrac{1}{2}x+\dfrac{19}{12}y$ ………(答)

演習問題

8. 次の計算をせよ。

(1) $3x+5x-6x$　(2) $a-2a+3a-4a$

(3) $-3a+5b-2b+a$　(4) $7xy-2yz-3xy+5yz$

(5) $\dfrac{2}{3}x-\dfrac{3}{4}y-x-\dfrac{1}{2}y$　(6) $-\dfrac{3}{2}a^2+\dfrac{2}{3}ab+\dfrac{1}{6}a^2-2ab$

(7) $2n-\dfrac{m}{3}-\dfrac{n}{4}+\dfrac{5m}{6}$　(8) $\dfrac{7}{5}xy-\dfrac{4}{9}xz-\dfrac{11}{15}xy+\dfrac{5}{12}xz$

(9) $2x^3-4x^2+7x+1-2x^2+5x-5-6x^3-8x+5x^2+3-4x+3x^3$

●例題2● 次の多項式のかっこをはずせ。

$-[2a-\{b+3c-(d-5e)\}]$

(解説) 2種類以上のかっこがあるときは，内側の小かっこから順にはずす。なお，別解のように外側の大かっこからはずしても結果は同じになる。

(解答) $-[2a-\{b+3c-(d-5e)\}]=-\{2a-(b+3c-d+5e)\}$

$=-(2a-b-3c+d-5e)=-2a+b+3c-d+5e$ ………(答)

(別解) $b+3c-(d-5e)=X$ とおくと

$-[2a-\{b+3c-(d-5e)\}]=-(2a-X)=-2a+X$

$=-2a+\{b+3c-(d-5e)\}=-2a+b+3c-(d-5e)$

$=-2a+b+3c-d+5e$ ………(答)

演習問題

9. 次の多項式のかっこをはずせ。

(1) $(2x-3y)-\{(4a-b)+5c\}$　(2) $-\{a-(b+2c)-d\}$

(3) $-(a-b)-\{c+(d-e)\}$　(4) $a-[b-\{c+(d-e)-(f-g)\}+h]$

10. 次の計算をせよ。

(1) $(2x+3y)+(5x-2y)$　(2) $(3a-b)+(a+6b)$

(3) $(x-3y)-(2x-5y)$　(4) $(5a-8b)-(3a+10b)$

(5) $(2a-b)-(-a+3b)$　(6) $(-7x-y)-(-2x-5y)$

●例題3● 次の左の式に右の式を加えよ。また，左の式から右の式をひけ。

(1) $x-2y,\quad 3x+y-1$　(2) $3x^2-5x+1,\quad 3-x-2x^2$

(解説) 多項式に多項式を加えたり，ひいたりするときは，かっこをつけて計算する。

(解答) (1) $(x-2y)+(3x+y-1)=x-2y+3x+y-1=4x-y-1$

$(x-2y)-(3x+y-1)=x-2y-3x-y+1=-2x-3y+1$

(答) 和 $4x-y-1$，差 $-2x-3y+1$

(2) $(3x^2-5x+1)+(3-x-2x^2)=3x^2-5x+1+3-x-2x^2=x^2-6x+4$

$(3x^2-5x+1)-(3-x-2x^2)=3x^2-5x+1-3+x+2x^2=5x^2-4x-2$

(答) 和 x^2-6x+4，差 $5x^2-4x-2$

(別解) (1)

$$\begin{array}{rr} & x-2y \\ +) & 3x+y-1 \\ \hline & 4x-y-1 \end{array}$$ ………(答)

$$\begin{array}{rr} & x-2y \\ -) & 3x+y-1 \\ \hline & -2x-3y+1 \end{array}$$ ………(答)

(2)

$$\begin{array}{rr} & 3x^2-5x+1 \\ +) & -2x^2-\ \ x+3 \\ \hline & x^2-6x+4 \end{array}$$ ………(答)

$$\begin{array}{rr} & 3x^2-5x+1 \\ -) & -2x^2-\ \ x+3 \\ \hline & 5x^2-4x-2 \end{array}$$ ………(答)

注 縦書きの計算のときは，同類項を縦にそろえて計算する。また，同類項がないところは，その部分をあけたままで計算する。

参考 計算方法を2通り示したが，どちらの方法で計算してもよい。

演習問題

11. 次の左の式に右の式を加えよ。また，左の式から右の式をひけ。

(1) $2x+3y,\quad 5x+y$　(2) $5a+2b,\quad 3a-4b$

(3) $3a-4b+2,\quad a+3b-5$　(4) $x-2y+3z,\quad 2y-z-4x$

(5) $2ab+3bc+5ca,\quad 3cb-4ba-7ac$

(6) $x^2-3x+2,\quad -2x^2+4x+7$

12. 次の左の式に右の式を加えよ。また，左の式から右の式をひけ。

(1) $\frac{1}{2}a+\frac{1}{3}b,\quad \frac{3}{2}a+2b$　(2) $\frac{2}{3}x+\frac{3}{2}y,\quad \frac{1}{4}x-\frac{1}{3}y$

(3) $\frac{3}{4}p-\frac{2}{3}q,\quad \frac{5}{4}p-\frac{5}{3}q$　(4) $\frac{3}{5}x^2-\frac{1}{2}x+\frac{4}{7},\quad \frac{1}{10}x^2-\frac{1}{6}x-\frac{17}{42}$

13. 次の計算をせよ。

(1) $\begin{array}{rr} & 2x+3y \\ +) & x-2y \\ \hline \end{array}$　(2) $\begin{array}{rr} & 5a-4b+3c \\ +) & -2a-2b-5c \\ \hline \end{array}$　(3) $\begin{array}{rr} & x^2+2x \\ +) & 3x^2-5x-4 \\ \hline \end{array}$

(4) $\begin{array}{rr} & 2x-3 \\ -) & 5x+3 \\ \hline \end{array}$　(5) $\begin{array}{rr} & 6x+2y-5 \\ -) & -\ x-\ y+7 \\ \hline \end{array}$　(6) $\begin{array}{rr} & 2x^2+5xy-4y^2 \\ -) & 4x^2\qquad\ -3y^2 \\ \hline \end{array}$

14. 次の計算をせよ。

(1) $3x+(5y-2x)$　(2) $(-a+2b)-(3b-2a)$

(3) $(7x+4y-z)-(-x+6y+2z)$　(4) $6x^2-4x-3-(x^2+2x-3)$

(5) $2x-(x^2-5+7x)-x^2+3$　(6) $(-5a-b)-(2a-5b)+(4b-7a)$

(7) $3x^2-\{x^2-(-x+3-4x^2)+5\}$　(8) $10x+4y-\{2x-(x-4y)+2y\}$

15. 次の計算をせよ。

(1) $\frac{5}{2}x-\left(\frac{3}{4}x-\frac{1}{2}y\right)$　(2) $\left(\frac{1}{3}a-\frac{2}{5}b\right)-\left(\frac{1}{4}a-\frac{1}{3}b\right)$

(3) $2x-y-\left(\frac{9}{2}x-\frac{7}{3}y\right)$　(4) $\frac{2}{3}x+\left\{\frac{3}{2}y-\left(\frac{1}{4}x-\frac{1}{3}y\right)\right\}+\frac{1}{6}x$

16. $A=2x-5y+3$，$B=3x-y$，$C=x+7y-2$ のとき，次の式を計算せよ。

(1) $A+(B-C)$ (2) $A-B-C$

(3) $A-(B-C)$ (4) $-B-(A+C)$

17. $a=-2$，$b=3$，$c=-\dfrac{2}{5}$ のとき，次の式の値を求めよ。

(1) $(2a+5b)-(3b+5a)$ (2) $3a-(2a-b)-5b$

(3) $2a-5b+4c-(3a-7b-c)$ (4) $2b-\{3c-(2a-5b)\}+(5c-7a)$

18. $2x^2-3x+4$ にどのような式を加えれば $5x^2+3x-1$ となるか。

また，$-4x^2+6x-11$ からどのような式をひけば x^2-x-6 となるか。

●例題4● 次の計算をせよ。

(1) $3(x-2y)+5(2x-y)$ (2) $x^2-3x+7-2(x^2-x+3)$

(解説) 分配法則を利用して，かっこをはずしてから同類項をまとめる。

(解答) (1) $3(x-2y)+5(2x-y)$

$=3x-6y+10x-5y$

$=13x-11y$ ………(答)

(2) $x^2-3x+7-2(x^2-x+3)$

$=x^2-3x+7-2x^2+2x-6$

$=-x^2-x+1$ ………(答)

分配法則

$\boldsymbol{a(b+c)=ab+ac}$

$\boldsymbol{(a+b)c=ac+bc}$

演習問題

19. 次の計算をせよ。

(1) $a-4(a+3b)$ (2) $5a-2b+3(5b-a)$

(3) $3(x-6y)+7(2x+3y)$ (4) $2(2x-y)-3(x-2y)$

(5) $-6(5a-7b)+8(3a-5b)$ (6) $-3(-p+4q)-(2p-7q)$

(7) $7x-3y-5(2x-3y+z)$ (8) $3a-2(a+3b+1)-4+3b$

20. 次の計算をせよ。

(1) $3(x+y+1)+4(x-2y-1)$

(2) $5(4x^2-7x-1)-3(4x^2+5x-7)$

(3) $-2(4a-7b+6c)-3(8b-c-3a)$

(4) $4(a^2-6a-8)-7(3a+4-a^2)-15(a^2-3a-4)$

例題5 次の計算をせよ。

(1) $\dfrac{2x-3y+5z}{3}-\dfrac{x+4y-3z}{6}$ (2) $\dfrac{2}{3}(6x-y)+(15x-3y)\div(-3)$

解説 (1)では，通分し，かっこをはずしてから，同類項をまとめる。**符号をまちがわないように注意する。**(2)では，$(a+b)\div c=a\div c+b\div c$ を利用する。

解答 (1) $\dfrac{2x-3y+5z}{3}-\dfrac{x+4y-3z}{6}$

$=\dfrac{2(2x-3y+5z)}{6}-\dfrac{x+4y-3z}{6}$

$=\dfrac{2(2x-3y+5z)\boldsymbol{-(x+4y-3z)}}{6}$

$=\dfrac{4x-6y+10z\boldsymbol{-x-4y+3z}}{6}$

$=\dfrac{3x-10y+13z}{6}$ ………(答)

(2) $\dfrac{2}{3}(6x-y)+(15x-3y)\div(-3)$

$=4x-\dfrac{2}{3}y-5x+y$

$=-x+\dfrac{1}{3}y$ ………(答)

参考 (2)は，$\dfrac{2}{3}(6x-y)+(15x-3y)\div(-3)=\dfrac{2(6x-y)-(15x-3y)}{3}$

$=\dfrac{12x-2y-15x+3y}{3}=\dfrac{-3x+y}{3}$ と計算してもよい。

演習問題

21. 次の計算をせよ。

(1) $5a-\dfrac{4}{7}(8a-b)$

(2) $\dfrac{3a-b}{2}+(4a-8b)\div(-4)$

(3) $\dfrac{3x+2y}{2}+\dfrac{4x-4y}{3}$

(4) $\dfrac{x-2y}{5}-\dfrac{3x-y}{5}$

(5) $\dfrac{5a+3b}{2}+(18a+6b)\div(-8)$

(6) $x-\dfrac{3x-4y}{5}-\dfrac{x-2y}{3}$

(7) $\dfrac{4}{3}(a+3b)-5\left(\dfrac{1}{6}a+b\right)$

(8) $-\dfrac{2a-3b}{6}-\dfrac{a-b}{2}$

22. 次の計算をせよ。

(1) $\dfrac{3a+7b}{2}-\dfrac{5a-b}{6}+\dfrac{a-9b}{3}$

(2) $\dfrac{3}{4}(2x+y-5z)-\dfrac{5}{6}(x+y-4z)$

(3) $\dfrac{11x-7y}{6}-\left(\dfrac{7x-9y}{8}-\dfrac{8x-10y}{9}\right)\times 12$

3…単項式の乗法・除法

基本問題

23. 次の計算をせよ。

(1) $x^2 \times x^5$　(2) $a^4 \times a$

(3) $n^5 \times n^3$　(4) $k^7 \times k \times k^3$

24. 次の計算をせよ。

(1) $(x^2)^3$　(2) $(a^4)^2$

(3) $(-xy)^3$　(4) $(-a^3b^2)^4$

(5) $\left(\dfrac{x^3}{a}\right)^2$　(6) $\left(-\dfrac{2}{b^4}\right)^5$

25. 次の計算をせよ。

(1) $a^8 \div a^3$　(2) $x^2 \div x^5$

(3) $\dfrac{a^5}{a^3}$　(4) $\dfrac{b^3}{b^{10}}$

(5) $-\dfrac{a^3}{(-a)^3}$　(6) $\dfrac{(-x)^4}{-x^4}$

指数法則

m，n を正の整数とするとき，

$\boldsymbol{a^m \times a^n = a^{m+n}}$

$\boldsymbol{(a^m)^n = a^{mn}}$

$\boldsymbol{(ab)^n = a^n b^n}$

$\boldsymbol{\left(\dfrac{a}{b}\right)^n = \dfrac{a^n}{b^n}}$ （ただし，$b \neq 0$）

$\boldsymbol{a^m \div a^n}$

$$= \begin{cases} a^{m-n} & (m>n \text{ のとき}) \\ 1 & (m=n \text{ のとき}) \\ \dfrac{1}{a^{n-m}} & (m<n \text{ のとき}) \end{cases}$$

（ただし，$a \neq 0$）

逆数

2つの式 A，B について，$AB=1$ であるとき，A は B の逆数であるという。また，B は A の逆数である。

26. 次の式の逆数をいえ。

(1) x　(2) $-2a$　(3) $\dfrac{2b}{3}$　(4) $-\dfrac{x}{2y}$　(5) $\dfrac{1}{a^2b}$　(6) $\dfrac{5}{3}xy^3$

例題6 次の計算をせよ。

(1) $2x^3y \times (-5x^5y^2)$　(2) $(3x^5)^2 \times (-y^2)^3 \times \left(\dfrac{2xy^2}{9}\right)^2$

解説 乗法はどの順に計算しても結果は同じであるから，係数は係数どうし，文字は同じ文字どうしに分けて計算する。ただし，累乗の計算があるときは，累乗を先に計算する。

解答 (1) $2x^3y \times (-5x^5y^2) = 2 \times (-5) \times x^3 \times x^5 \times y \times y^2 = -10x^8y^3$ ………(答)

(2) $(3x^5)^2 \times (-y^2)^3 \times \left(\dfrac{2xy^2}{9}\right)^2 = 9x^{10} \times (-y^6) \times \dfrac{4x^2y^4}{81}$

$= 9 \times (-1) \times \dfrac{4}{81} \times x^{10} \times x^2 \times y^6 \times y^4 = -\dfrac{4}{9}x^{12}y^{10}$ ………(答)

演習問題

27. 次の計算をせよ。

(1) $2ac\times5b$　(2) $-3xy^2\times4x$

(3) $(-axy)\times(-byz)$　(4) $9x^2\times(-6xy)$

(5) $5a^3b^2\times0$　(6) $-ax^3\times2a^2x\times(-3x^2)$

(7) $p^2q\times2q^3r\times(-7r^2p^3)$　(8) $5x^2yz\times(-4xy^3z)\times(-xyz^4)$

28. 次の計算をせよ。

(1) $(2x)^3\times3x^2$　(2) $(-3a)^2\times6ab$

(3) $(2ab^2)^5\times(-a^3b)^2$　(4) $(-4pq)\times(-2p^3q^2)^3$

(5) $xyz^2\times(-3x^2y)^3$　(6) $(-3ac^3)^2\times(-b^3c)^5$

(7) $3ax^2y\times2x^2y^3\times(-2a^2y)^2$　(8) $(2mx)^3\times(-4n^2x)^2\times(-m^3n)^4$

29. 次の計算をせよ。

(1) $\left(-\frac{1}{3}b\right)^3\times3b^3$　(2) $\left(-\frac{1}{2}x\right)^4\times(-8x^2)$

(3) $\left(\frac{2}{3}a^2\right)^3\times\left(-\frac{9}{8}a\right)^2$　(4) $-\left(\frac{2x^2y}{5}\right)^2\times\left(-\frac{5xy^3}{4}\right)^3$

(5) $\left(\frac{1}{4}x\right)^2\times\left(-\frac{1}{3}x^2\right)^3\times(6x)^3$　(6) $\left(-\frac{135}{128}a^2b^3\right)\times\left(\frac{4}{3}ab\right)^3\times(-2b)^3$

●例題7● 次の計算をせよ。

(1) $-24x^2\div(-2x)^3$　(2) $\dfrac{45a^3b^6c^2}{-36a^2b^4c^6}$

(3) $18x^7\div(2x)^3\div(-3x^2)$

解説 単項式の除法は，分数の形にしてから計算するか，割る式の逆数をかけて乗法にして計算する。(1)，(3)のように，累乗の計算がはいっているときは，累乗を先に計算する。

解答 (1) $-24x^2\div(-2x)^3=-24x^2\div(-8x^3)=-24x^2\times\left(-\frac{1}{8x^3}\right)=\frac{3}{x}$ ………(答)

(2) $\dfrac{45a^3b^6c^2}{-36a^2b^4c^6}=-\dfrac{45}{36}\times\dfrac{a^3}{a^2}\times\dfrac{b^6}{b^4}\times\dfrac{c^2}{c^6}=-\dfrac{5ab^2}{4c^4}$ ………(答)

(3) $18x^7\div(2x)^3\div(-3x^2)=18x^7\div8x^3\div(-3x^2)$

$=18x^7\times\dfrac{1}{8x^3}\times\left(-\dfrac{1}{3x^2}\right)=-\dfrac{3}{4}x^2$ ………(答)

演習問題

30. 次の計算をせよ。

(1) $8x^2 \div 4x$

(2) $3x^2y \div (-2xy^2)$

(3) $-12x^3y^2 \div (-4xy^2)$

(4) $-16a^3 \div (8a^2)^2$

(5) $(-12x)^3 \div (18x)^2$

(6) $\left(\dfrac{xy^3}{2}\right)^3 \div \left(-\dfrac{x^2y}{4}\right)^2$

(7) $\dfrac{-42x^2y^3z}{28x^4z^2}$

(8) $\dfrac{(-18a^2b)^2}{(3a^3bc)^3}$

31. 次の計算をせよ。

(1) $2a^3 \times 6a^2 \div 4a^4$

(2) $2a^3 \div 6a^5 \times 4a^4$

(3) $3x^4y^5 \div (-6x^2y) \div x^5y^2$

(4) $12xy^2 \div (-18x^3y^3) \times (-3xy)^2$

(5) $4a^3b^7 \div (-8a^2b)^3 \times (-6ab^3)$

(6) $(-5xy^3)^2 \times 10x^3y^2 \div (5x^2y^2)^4$

32. 次の計算をせよ。

(1) $72a^5 \div \dfrac{4}{5}a \div \dfrac{9}{5}a^2$

(2) $(-2x^2y)^2 \div \dfrac{2}{5}x^3y^3 \times (-0.2xy)$

(3) $\left(-\dfrac{b^3}{a^2}\right)^3 \div \left(-\dfrac{b}{a^3c}\right)^2 \times \left(\dfrac{c}{b}\right)^3$

(4) $\dfrac{7}{12}x^2y^3 \div \left\{\dfrac{14}{9}xy^5 \div \left(-\dfrac{2}{3}xy\right)^3\right\}$

(5) $\left(\dfrac{6xy^2}{z}\right)^2 \div (-4x^2z) \times \left(-\dfrac{z}{3y}\right)^3$

33. 次の計算をせよ。

(1) $x^3 \div x + (-2x)^2$

(2) $18ab - 9ab^2 \div 3b$

(3) $-3a^3b^2 - 2ab \times (-5a^2b)$

(4) $3y^2 \times (-2y)^3 - 30y^7 \div (-2y^2)$

(5) $7x^2y^5 - (4x^2y^3)^3 \div (-2xy)^4$

(6) $(-2a^2b^3)^4 \div (a^3b^2)^2 - (-4ab^4)^2$

34. $a=-3$, $b=2$ のとき，次の式の値を求めよ。

(1) $12a^3b^2 \div 27ab^5$

(2) $-3a^4b^2 \times 5ab^3 \div (-9ab^2)^2$

(3) $\left(\dfrac{3}{2}ab^2\right)^3 \times \left(-\dfrac{1}{9}ab\right)^2 \div \left(-\dfrac{1}{12}a^4b^5\right)$

4…式の計算の利用

●例題8●　2つの正の整数 A，B を，それぞれ5で割ったときの余りが等しいとき，$A-B$ は5で割りきれることを証明せよ。

(解説) 正の整数 A を5で割ったときの商を m，余りを r とすると，$A=5m+r$ と表すことができる。また，正の整数 B を5で割ったときの商は，一般に A のときとは異なると考えられるから n とし，余りは A のときと等しく r であるから，$B=5n+r$ と表すことができる。

(証明) 等しい余りを r（r は $0\leqq r\leqq 4$ を満たす整数）とおくと，A，B は，それぞれある整数 m，n を使って，$A=5m+r$，$B=5n+r$ と表すことができる。

よって　$A-B=(5m+r)-(5n+r)$

$=5m+r-5n-r$

$=5m-5n$

$=5(m-n)$

m，n は整数であるから，$m-n$ は整数である。よって，$A-B$ は5の倍数である。ゆえに，$A-B$ は5で割りきれる。

演習問題

35. 2つの正の整数 A，B を5で割ったときの余りはそれぞれ2，4である。$2A+3B$ を5で割ったときの余りを求めよ。

36. 0でない2つの数 a，b があり，その和は0である。$\dfrac{b}{a}$ の値を求めよ。

37. 半径が $3r$，弧の長さが $4r$ のおうぎ形の面積を求めよ。ただし，円周率を π とする。

38. 底面の半径が r，高さが $2r$ の円柱の体積を V，半径が r の球の体積を B とするとき，$V\div B$ の値を求めよ。ただし，円周率を π とする。

球の表面積と体積
半径 r の球の
表面積は　$S=4\pi r^2$
体積は　$V=\dfrac{4}{3}\pi r^3$

39. 連続する3つの整数の和は3の倍数であることを証明せよ。

40. 3けたの正の整数 N のそれぞれの位の数の和が9の倍数であるとき，N は9の倍数であることを証明せよ。

例題9 底辺の長さが a，高さが h の三角形の面積を S とすると，

$$S=\frac{1}{2}ah$$

である。この公式を変形して，高さ h を求める式をつくれ。

解説 等式の両辺に同じ数（同じ文字）をかけたり，同じ数（同じ文字）で割ったりすることにより，h を求める式を導く。このことを，**h について解く**という。

解答 $S=\frac{1}{2}ah$

両辺に 2 をかけて　$2S=ah$

両辺を a で割って　$\frac{2S}{a}=h$

ゆえに　$h=\frac{2S}{a}$　　（答）$h=\frac{2S}{a}$

演習問題

41. 次の等式を，〔　〕の中に示された文字について解け。ただし，使われている文字は 0 ではないとする。

(1) $V=abc$ 〔a〕
(2) $\ell=\frac{1}{2}(a+b)$ 〔a〕
(3) $V=\frac{1}{3}\pi r^2h$ 〔h〕
(4) $v=3k+0.6t$ 〔t〕
(5) $S=\frac{(a+b)h}{2}$ 〔b〕
(6) $F=\frac{9}{5}C+32$ 〔C〕

42. 次の等式を，〔　〕の中に示された文字について解け。ただし，使われている文字は 0 ではないとする。

(1) $ax+by+c=0$ 〔y〕
(2) $\frac{x}{a}+\frac{y}{b}=1$ 〔y〕
(3) $y=ax+b$ 〔x〕
(4) $S=ab+ac$ 〔a〕
(5) $S=2(ab+bc+ca)$ 〔c〕
(6) $S=2\pi r(r+h)$ 〔h〕
(7) $\frac{1}{a}+\frac{1}{b}=\frac{1}{c}$ 〔a〕
(8) $x=\frac{mb+na}{a+b}$ 〔a〕

●例題10● 次の問いに答えよ。

(1) $(2a-b):(a+b)=3:4$ のとき，$a:b$ を求めよ。

(2) $x:y=2:5$ のとき，$(x+y):(3x-2y)$ を求めよ。

解説 (1) 外項の積と内項の積が等しいことを利用する。

(2) $x:y=2:5$ より，$x=2k$，$y=5k$ $(k\neq 0)$ と表されることを利用する。

解答 (1) $(2a-b):(a+b)=3:4$ より

$$4(2a-b)=3(a+b)$$

よって $8a-4b=3a+3b$

$$5a=7b$$

両辺を $5b$ で割って

$$\frac{a}{b}=\frac{7}{5}$$

ゆえに $a:b=7:5$ ………(答)

(2) $x:y=2:5$ より，$x=2k$，$y=5k$ $(k\neq 0)$ と表される。

ゆえに $(x+y):(3x-2y)$

$=(2k+5k):(6k-10k)$

$=7k:(-4k)$

$=7:(-4)$ ………(答)

比の性質

$k\neq 0$ のとき，

(1) $\boldsymbol{a:b=ak:bk}$

(2) $\boldsymbol{a:b=\frac{a}{k}:\frac{b}{k}}$

比例式の性質

$\boldsymbol{a:b=c:d}$ のとき，

(1) $\boldsymbol{\frac{a}{b}=\frac{c}{d}}$

比の値は等しい。

(2) $\boldsymbol{ad=bc}$

外項の積と内項の積は等しい。

(3) $\boldsymbol{a:c=b:d}$

内項を入れかえても比例式は成り立つ。

(4) $\boldsymbol{d:b=c:a}$

外項を入れかえても比例式は成り立つ。

演習問題

43. 次の問いに答えよ。

(1) $a:b=3:2$，$b:c=2:5$ のとき，$a:c$ を求めよ。

(2) $x:y=5:3$，$y:z=2:(-5)$ のとき，$x:z$ を求めよ。

(3) $a:b=3:4$，$b:c=2:5$，$c:d=2:3$ のとき，$a:d$ を求めよ。

44. 次の問いに答えよ。

(1) $(3a-b):(a+b)=5:4$ のとき，$a:b$ を求めよ。

(2) $(x+4y):(2x+7y)=3:4$ のとき，$x:y$ を求めよ。

45. $x:3=y:2$ のとき，次の比を求めよ。

(1) $x:y$ (2) $(2x+7y):(3x-2y)$

(3) $(x^2+y^2):(x^2-y^2)$

4章の問題

1 次の計算をせよ。

(1) $3a^2b-5a^2b+6a^2b$　(2) $2x^2y-5xy^2+3x^2y+4xy^2$

(3) $(3x-y-5z)-(5x+3y-2z)-(3z-6x-4y)$

(4) $3(a-2b)-2\{a-4(2a-b)\}$　(5) $x+y-3\left(2x+y-\dfrac{x-2y}{3}\right)$

(6) $2(x^2-5xy-3y^2)-3(4x^2+xy-2y^2)+7x^2$

(7) $7x-2[x+2y-\{3y-(y-5x)-2(3x-y)\}]+y$

2 $A=2x-3y+1$，$B=3x+2y-1$，$C=x+y+5$ のとき，次の式を求めよ。

(1) $C-(A-B)$　(2) $3A-2B-C$　(3) $2(A-B)-3(C-B)$

(4) A との和が $x-4y+7$ になる式

(5) B からひいて $4x-5y+6$ になる式

(6) C をひくと $2x-y+1$ になる式

3 次の計算をせよ。

(1) $\dfrac{3a+b}{2}-\dfrac{4a-b}{3}$　(2) $-\dfrac{3x+4y}{5}-3(5x+10y)\div(-15)$

(3) $\dfrac{3x-y}{4}+\dfrac{2x+7y}{6}$　(4) $\dfrac{2}{3}(2a-b)-\dfrac{5a-7b}{6}$

(5) $-y-\dfrac{x-2y}{3}+\dfrac{7x+3y}{6}$　(6) $\dfrac{3a-4b+9}{2}-\dfrac{a-7b-5}{4}$

(7) $\dfrac{2x+3y}{3}+\dfrac{6x-y}{5}-\dfrac{7x+4y}{15}$　(8) $5a+2\left\{-\dfrac{2a-b}{6}-(a-2b)\right\}$

4 次の計算をせよ。

(1) $a^3\div a^7\times a^2$　(2) $8x^3\times 5x^2\div 20x^4$

(3) $(4a)^2\times 6a\div(-2a)^3$　(4) $(-3ab)^2\div a^2b\div 3b$

(5) $4x^3y^2z^6\div 3x^2y^4z^3\times(-6xy^2z)^2$　(6) $-\dfrac{1}{2}a^2b^3\div\left(-\dfrac{1}{4}ab\right)^2\times(-ab^2)^3$

(7) $-\dfrac{3}{4}x^2y^3\times\dfrac{9}{2}xy^5\div\left(-\dfrac{6}{5}xy^4\right)^3$

(8) $(2ab)^2\times 3a^2b\div 4ab^2-6a^3\times\left(-\dfrac{1}{2}ab^2\right)\div 9ab$

(9) $\dfrac{(-3x)^5\times(2xy^2)^3}{(-9x^2y)^3}-\dfrac{(2xy)^6\times(-3x^5)}{(-4x^2y)^4}-\dfrac{20x^2y^3+7x^3y^2}{12}$

5 次の等式を a について解け。

(1) $S=\pi r(r+a+b)$　　(2) $\frac{1}{a}+\frac{1}{b}+\frac{1}{c}=1$

6 次の問いに答えよ。

(1) 2 けたの正の整数で，十の位の数と一の位の数を入れかえてできる 2 けたの整数と，もとの整数の和は 11 で割りきれることを証明せよ。

(2) 3 けたの正の整数で，百の位の数と一の位の数を入れかえてできる 3 けたの整数と，もとの整数の差は 99 で割りきれることを証明せよ。

(3) 4 けたの正の整数で，千の位の数と十の位の数の和が，百の位の数と一の位の数の和に等しい整数は 11 で割りきれることを証明せよ。

7 A さんと B さんが，次のような数あてゲームをした。B さんがはじめに思いうかべた正の整数を，A さんはどのようにしてあてたのか。文字式を利用して説明せよ。

A「3 けたの正の整数を思いうかべてください」
B「はい，思いうかべました」　　B（691 にしよう）
A「百の位の数を 3 倍してください」　　B（6×3＝18）
A「その数に 7 をたしてください」　　B（18＋7＝25）
A「その数を 3 倍してください」　　B（25×3＝75）
A「その数に，もう一度百の位の数をたしてください」
B（75＋6＝81）
A「その数に十の位の数をたしてください」　　B（81＋9＝90）
A「その数を 2 倍してください」　　B（90×2＝180）
A「その数に 24 をたしてください」　　B（180＋24＝204）
A「その数を 5 倍してください」　　B（204×5＝1020）
A「その数に一の位の数をたしてください」　　B（1020＋1＝1021）
A「その数を教えてください」
B「1021 です」
A「あなたがはじめに思いうかべた整数は 691 ですね」
B「えっ!!」

8 右の 4 けたの整数の計算において，2 か所の A には同じ数がはいる。同様に，2 か所の B，C，D にもそれぞれ同じ数がはいる。このとき，□にあてはまる数はいくつか。理由をあげて求めよ。

$$\begin{array}{r} ABCD \\ +)\ BCDA \\ \hline \square 631 \end{array}$$

連立方程式

1…連立2元1次方程式の解き方

基本問題

1. 次の連立方程式を，代入法で解け。

(1) $\begin{cases} 3x+y=1 \\ y=x+5 \end{cases}$　(2) $\begin{cases} y=3x-7 \\ 4x-y=8 \end{cases}$

(3) $\begin{cases} x=10-y \\ 2x-y=-1 \end{cases}$　(4) $\begin{cases} 5x+3y=7 \\ x=-y+1 \end{cases}$

(5) $\begin{cases} 2x+3y=12 \\ y=14-4x \end{cases}$　(6) $\begin{cases} 3y=x-22 \\ 2x+3y=8 \end{cases}$

連立2元1次方程式の解き方

連立方程式は，**1つの文字を消去し**，**1元1次方程式**を導いて解く。消去する方法には代入法・加減法などがある。

(1) **代入法**　消去する文字を他の文字で表し，代入する。

(2) **加減法**　消去する文字の係数をそろえ，加減する。

2. 次の連立方程式を，加減法で解け。

(1) $\begin{cases} x+y=5 \\ x+3y=1 \end{cases}$　(2) $\begin{cases} x+2y=3 \\ 3x-2y=17 \end{cases}$　(3) $\begin{cases} 5x+3y=-2 \\ 5x+7y=22 \end{cases}$

(4) $\begin{cases} 4x-3y=-5 \\ 2x+y=5 \end{cases}$　(5) $\begin{cases} 3x-y=5 \\ 2x-3y=-6 \end{cases}$　(6) $\begin{cases} 2x+3y=8 \\ 7x+6y=1 \end{cases}$

(7) $\begin{cases} x-2y=-3 \\ 3x-y=-4 \end{cases}$　(8) $\begin{cases} x+8y=1 \\ 3x-4y=-11 \end{cases}$　(9) $\begin{cases} 2x+y=1 \\ x-3y=5 \end{cases}$

3. 次の連立方程式を，代入法または加減法で解け。

(1) $\begin{cases} y=2x+1 \\ 5x+y=-6 \end{cases}$　(2) $\begin{cases} x-y=-3 \\ x-9y=5 \end{cases}$　(3) $\begin{cases} 6x-y=2 \\ -3x+y=-2 \end{cases}$

(4) $\begin{cases} 7x+4y=-1 \\ x+8y=37 \end{cases}$　(5) $\begin{cases} y=-6x \\ 13x-2y=50 \end{cases}$　(6) $\begin{cases} 6x-5y=7 \\ 2x=y+1 \end{cases}$

(7) $\begin{cases} 7x-6y=10 \\ 10x+3y=22 \end{cases}$　(8) $\begin{cases} 5y+2=x \\ 2x-3y=-10 \end{cases}$　(9) $\begin{cases} 5x-2y=16 \\ 9x+16y=-30 \end{cases}$

●例題1● 次の連立方程式を解け。

(1) $\begin{cases} 2x+3y=16 \\ 3x-4y=7 \end{cases}$　　(2) $\begin{cases} 0.6x+0.4y=1 \\ \dfrac{1}{6}x-\dfrac{1}{4}y=1 \end{cases}$

解説 片方の方程式の両辺を何倍かしても文字の係数がそろわない場合は，両方の方程式の両辺をそれぞれ何倍かして一方の文字の係数の絶対値をそろえる。また，係数が分数または小数の場合は，両辺を何倍かして係数を整数にしてから解く。

解答 (1) $\begin{cases} 2x+3y=16 & \cdots\cdots\cdots ① \\ 3x-4y=7 & \cdots\cdots\cdots ② \end{cases}$

$$\begin{array}{lrl} ①\times 3 & & 6x+9y=48 \\ ②\times 2 & -) & 6x-8y=14 \\ \hline & & 17y=34 \end{array}$$

$y=2$ ………③

③を①に代入して

$2x+3\times 2=16$

$2x=10$

$x=5$

(答) $\begin{cases} x=5 \\ y=2 \end{cases}$

(2) $\begin{cases} 0.6x+0.4y=1 & \cdots\cdots\cdots ① \\ \dfrac{1}{6}x-\dfrac{1}{4}y=1 & \cdots\cdots\cdots ② \end{cases}$

①×10　$6x+4y=10$ ………③

②×12　$2x-3y=12$ ………④

$$\begin{array}{lrl} ③ & & 6x+4y=10 \\ ④\times 3 & -) & 6x-9y=36 \\ \hline & & 13y=-26 \end{array}$$

$y=-2$ ………⑤

⑤を④に代入して

$2x-3\times(-2)=12$

$2x=6$

$x=3$

(答) $\begin{cases} x=3 \\ y=-2 \end{cases}$

参考 加減法で計算するとき，なれてきたら縦書きの計算を書かずに，次のように書いてもよい。

(1) ①×3−②×2 より，$17y=34$　$y=2$

注 (1)の答えを，$x=5$，$y=2$ や $(x,\ y)=(5,\ 2)$ と書いてもよい。

演習問題

4. 次の連立方程式を解け。

(1) $\begin{cases} 3x+2y=5 \\ 2x-3y=12 \end{cases}$　(2) $\begin{cases} 2a+5b=1 \\ -3a-4b=-5 \end{cases}$　(3) $\begin{cases} 4x+3y=-9 \\ 7x+2y=7 \end{cases}$

(4) $\begin{cases} 2x+5y=0 \\ 2y=3x+38 \end{cases}$　(5) $\begin{cases} 2x+3y=7 \\ 5x-2y=8 \end{cases}$　(6) $\begin{cases} 7x-5y=41 \\ 3x-4y-25=0 \end{cases}$

(7) $\begin{cases} 3y=5x-2 \\ 7x-4y=10 \end{cases}$　(8) $\begin{cases} 11a+12b+7=0 \\ 9a-5b+65=0 \end{cases}$　(9) $\begin{cases} 19x-37y=67 \\ 13x-25y=55 \end{cases}$

5. 次の連立方程式を解け。

(1) $\begin{cases} 2x-(y-3)=-2 \\ -3x+5y=11 \end{cases}$

(2) $\begin{cases} 3x+4y=-2 \\ 5(x-3)+2y=5 \end{cases}$

(3) $\begin{cases} 2(x-y)+y=9 \\ y-3(x+2y)=6 \end{cases}$

(4) $\begin{cases} x+2y=7 \\ 2(x+2y)-3y=2 \end{cases}$

(5) $\begin{cases} 4(x-y)-3x=-9 \\ -2x+5(x+y)=41 \end{cases}$

(6) $\begin{cases} 4x+5y=11-3(x+2y) \\ x+3y+7=0 \end{cases}$

(7) $\begin{cases} 3x-2(3x-4y-7)=19 \\ 3x-4y=11 \end{cases}$

(8) $\begin{cases} 5(x-1)-3y=-2 \\ 3x-2(3y+1)=1 \end{cases}$

6. 次の連立方程式を解け。

(1) $\begin{cases} x+\dfrac{5}{2}y=2 \\ 3x+4y=-1 \end{cases}$

(2) $\begin{cases} \dfrac{3}{2}x-y=7 \\ 0.5x-0.4y=2 \end{cases}$

(3) $\begin{cases} x+0.5y=3.5 \\ \dfrac{x}{2}+\dfrac{y}{3}=1 \end{cases}$

(4) $\begin{cases} \dfrac{x}{4}-\dfrac{y}{3}=2 \\ 4x+5y=1 \end{cases}$

(5) $\begin{cases} x-y=5 \\ \dfrac{x}{2}+\dfrac{y-7}{5}=-1 \end{cases}$

(6) $\begin{cases} \dfrac{1}{6}x+\dfrac{2}{3}y-\dfrac{5}{2}=0 \\ \dfrac{1}{15}x-\dfrac{1}{4}y+\dfrac{25}{6}=0 \end{cases}$

(7) $\begin{cases} \dfrac{x}{3}-\dfrac{y}{2}=\dfrac{1}{3} \\ 2x+4.5y=-0.5 \end{cases}$

(8) $\begin{cases} 2x+\dfrac{4y+3}{3}=2 \\ \dfrac{2x-1}{4}=-y+1 \end{cases}$

7. 次の連立方程式を解け。

(1) $\begin{cases} 3x-5y=0 \\ \dfrac{4x-5y}{3}+\dfrac{2x-5y}{4}=\dfrac{5}{6} \end{cases}$

(2) $\begin{cases} x+4(y+1)=-1 \\ \dfrac{x}{3}-\dfrac{y-1}{6}=\dfrac{3}{2} \end{cases}$

(3) $\begin{cases} \dfrac{7}{100}x-\dfrac{1}{50}y=-\dfrac{4}{25} \\ 0.2x+0.12y=-0.28 \end{cases}$

(4) $\begin{cases} 0.02x-0.11y=0.05 \\ \dfrac{x+1}{4}-\dfrac{y-2}{3}=\dfrac{1}{2} \end{cases}$

(5) $\begin{cases} \dfrac{x+y}{2}-\dfrac{2x+y}{3}=\dfrac{4}{3} \\ x+2-\dfrac{x-y}{4}=1 \end{cases}$

(6) $\begin{cases} \dfrac{2x+7y}{3}-\dfrac{3x+4y}{2}=6 \\ \dfrac{3x-4y}{4}-\dfrac{2x-5y}{3}=-2 \end{cases}$

例題2 次の連立方程式を解け。

(1) $4x+3y=3x+y=5$ (2) $\begin{cases} \dfrac{3}{x}+\dfrac{2}{y}=17 \\ \dfrac{4}{x}-\dfrac{5}{y}=-8 \end{cases}$

解説 (1) $A=B=C$ の形の連立方程式の場合は，次のいずれかの連立方程式の形になおしてから解く。 $\begin{cases} A=B \\ B=C \end{cases}$ $\begin{cases} A=B \\ A=C \end{cases}$ $\begin{cases} A=C \\ B=C \end{cases}$

(2) おきかえを考える。$\dfrac{1}{x}=a$，$\dfrac{1}{y}=b$ とおくと，問題で与えられた連立方程式は $\begin{cases} 3a+2b=17 \\ 4a-5b=-8 \end{cases}$ となる。この連立方程式を解いて a，b の値を求め，それらの値から x，y の値を求める。

解答 (1) $4x+3y=3x+y=5$ より $\begin{cases} 4x+3y=3x+y & \cdots\cdots\cdots① \\ 3x+y=5 & \cdots\cdots\cdots② \end{cases}$

①より $x=-2y$ ………③

③を②に代入して $3\times(-2y)+y=5$ $-5y=5$ $y=-1$

これを③に代入して $x=-2\times(-1)=2$

(答) $\begin{cases} x=2 \\ y=-1 \end{cases}$

(2) $\begin{cases} \dfrac{3}{x}+\dfrac{2}{y}=17 & \cdots\cdots\cdots① \\ \dfrac{4}{x}-\dfrac{5}{y}=-8 & \cdots\cdots\cdots② \end{cases}$

$\dfrac{1}{x}=a$，$\dfrac{1}{y}=b$ とおくと，①，②より $\begin{cases} 3a+2b=17 & \cdots\cdots\cdots③ \\ 4a-5b=-8 & \cdots\cdots\cdots④ \end{cases}$

③×4－④×3 より $23b=92$ $b=4$ ………⑤

⑤を③に代入して $3a+2\times4=17$ $3a=9$ $a=3$

よって $\dfrac{1}{x}=3$，$\dfrac{1}{y}=4$ ゆえに $x=\dfrac{1}{3}$，$y=\dfrac{1}{4}$

(答) $\begin{cases} x=\dfrac{1}{3} \\ y=\dfrac{1}{4} \end{cases}$

演習問題

8. 次の連立方程式を解け。

(1) $7x-y=5x-2y=9$ (2) $6a-2b=4a+b=-7$

(3) $3x-y=-3x+2y+9=2x-1$ (4) $3x-4y=2x+3y-8=x+y+2$

9. 次の連立方程式を解け。

(1) $\begin{cases} \dfrac{2}{x}-\dfrac{3}{y}=4 \\ \dfrac{3}{x}-\dfrac{4}{y}=5 \end{cases}$ (2) $\begin{cases} \dfrac{5}{x}-\dfrac{3}{y}=-5 \\ \dfrac{3}{x}+\dfrac{2}{y}=16 \end{cases}$

(3) $\begin{cases} \dfrac{2}{x}-\dfrac{3}{2y-3}=1 \\ \dfrac{3}{x}+\dfrac{4}{2y-3}=10 \end{cases}$ (4) $\begin{cases} \dfrac{3}{x-y}+\dfrac{2}{3x+4y}=2 \\ \dfrac{15}{x-y}+\dfrac{12}{3x+4y}=11 \end{cases}$

10. 連立方程式 $\begin{cases} 6x+5y=-10 \\ -2x+ay=38 \end{cases}$ がある。$x=-5$ のとき，a の値を求めよ。

11. 連立方程式 $\begin{cases} 3x-y=2 \\ x+ay=6 \end{cases}$ の解は $\begin{cases} x=2 \\ y=b \end{cases}$ である。a，b の値を求めよ。

12. 連立方程式 $\begin{cases} ax+2by=-6 \\ 3x-ay=4b \end{cases}$ の解は $\begin{cases} x=3 \\ y=-2 \end{cases}$ である。a，b の値を求めよ。

13. 連立方程式 $\begin{cases} 3x+2y=5 \\ ax-y=3a \end{cases}$ の解の比は $x:y=3:8$ である。x，y の値，および a の値を求めよ。

14. 次の 2 つの x，y についての連立方程式(ア)，(イ)が同じ解をもつとき，その解，および a，b の値を求めよ。

(ア) $\begin{cases} 2x+3y=13 \\ ax+by=2 \end{cases}$ (イ) $\begin{cases} 4x-y=5 \\ ay-bx=16 \end{cases}$

15. 次の 2 つの連立方程式において，連立方程式(イ)の解は(ア)の解の x，y を入れかえたものである。a，b の値を求めよ。

(ア) $\begin{cases} ax-3by=7 \\ -2x+7y=-15 \end{cases}$ (イ) $\begin{cases} x-2y=-9 \\ 2bx-3ay=14 \end{cases}$

16. 連立方程式 $\begin{cases} ax+by=4 \\ cx-dy=-7 \end{cases}$ を解くとき，A さんは正しく解いて $\begin{cases} x=-1 \\ y=1 \end{cases}$ を得たが，B さんは 第 2 式を $cx+dy=-7$ と書き誤って解いたために $\begin{cases} x=69 \\ y=-29 \end{cases}$ を得た。a，b，c，d の値を求めよ。

2…連立2元1次方程式の応用

基本問題

> **応用問題の解き方**
> 1次方程式の応用問題と同様に考えて解く。(→3章，p.41)

17. 2つの数の和は53で，大きいほうの数から小さいほうの数をひいた差は25である。この2数を求めよ。

18. りんご2個となし1個の代金の合計は490円，りんご1個となし3個の代金の合計は870円である。りんご1個，なし1個の値段をそれぞれ求めよ。

19. 38個のボールを男子に1人3個ずつ，女子に1人4個ずつあげたらちょうどなくなった。男子は女子より1人多い。男子と女子の人数をそれぞれ求めよ。

20. 1個80円の商品Aと1個90円の商品Bを合わせて120個買うと，代金の合計は10000円になった。商品AとBをそれぞれ何個買ったか。

21. ある展覧会で，大人の入場者数は子どもの入場者数より74人少なく，子どもの入場者数は大人の入場者数の2倍より30人少なかった。大人の入場者数と子どもの入場者数をそれぞれ求めよ。

22. 十の位の数が8である3けたの正の整数がある。一の位と百の位の数を入れかえると，もとの整数の3倍より79小さくなる。また，一の位の数を十の位に，十の位の数を百の位に，百の位の数を一の位にそれぞれ移すと，もとの整数の3倍より11大きくなる。もとの正の整数を求めよ。

23. ある中学校で千羽鶴を折ることになった。生徒は1人4羽ずつ，先生は1人3羽ずつ折ると合計1000羽になる予定であったが，当日，生徒が3人欠席したために先生も1人4羽ずつ折ったところ，ちょうど1000羽になった。この中学校の生徒と先生の人数をそれぞれ求めよ。

24. 右の表は，カツカレーとカツ丼をつくるときの1人分のたまねぎと肉の分量を表したものである。この分量にしたがってカツカレーとカツ丼をつくったところ，使用したたまねぎは1130g，肉は4800gであった。カツカレーとカツ丼をそれぞれ何人分つくったか。

材料 / メニュー	たまねぎ	肉
カツカレー	20g	120g
カツ丼	35g	100g

●例題3● ある映画館の11月と12月の入場者数を調べた。11月の入場者数は子どもと大人合わせて5500人であった。12月の入場者数は11月に比べて子どもは20%増加し，大人は10%減少したため，子どもが大人より930人多かった。12月の子どもと大人の入場者数をそれぞれ求めよ。

解説 求めるものは12月の入場者数であるが，11月の入場者数を基準にしたほうが方程式がつくりやすい。また，別解のように，11月の子ども，大人の入場者数をそれぞれ$100x$人，$100y$人とすると，連立方程式の計算が簡単になる。

解答 11月の子どもの入場者数をx人，大人の入場者数をy人とすると

$$\begin{cases} x+y=5500 \\ x\times(1+0.2)-y\times(1-0.1)=930 \end{cases}$$

よって $\begin{cases} x+y=5500 & \cdots\cdots\text{①} \\ 1.2x-0.9y=930 & \cdots\cdots\text{②} \end{cases}$

①×9+②×10より　$21x=58800$　　$x=2800$ ………③

③を①に代入して　$2800+y=5500$　　$y=2700$

ゆえに，12月の入場者数は，子ども　$2800\times1.2=3360$（人），

大人　$2700\times0.9=2430$（人）となり，これらの値は問題に適する。

（答）子ども 3360人，大人 2430人

別解 11月の子どもの入場者数を$100x$人，大人の入場者数を$100y$人とすると

$$\begin{cases} 100x+100y=5500 \\ 100x\times(1+0.2)-100y\times(1-0.1)=930 \end{cases}$$

よって $\begin{cases} x+y=55 & \cdots\cdots\text{①} \\ 120x-90y=930 & \cdots\cdots\text{②} \end{cases}$

①×3+②÷30より　$7x=196$　　$x=28$ ………③

③を①に代入して　$28+y=55$　　$y=27$

ゆえに，11月の入場者数は，子ども2800人，大人2700人であるから，12月の入場者数は，子ども　$2800\times1.2=3360$（人），大人$2700\times0.9=2430$（人）となり，これらの値は問題に適する。

（答）子ども 3360人，大人 2430人

演習問題

25. ある製紙工場では，古紙を原料の一部として利用し，2種類の紙製品AとBを製造している。紙製品Aには25%，紙製品Bには85%の割合で古紙がふくまれている。紙製品AとBを合わせて200t製造したところ，古紙が合わせて86tふくまれていた。紙製品AとBはそれぞれ何t製造されたか。

26. ある中学校の昨年度の入学者数は男女合わせて 360 人であった。今年度は昨年度に比べて男子は 3% 減少し，女子は 5% 増加したので，全体では 2 人増加した。今年度の男子，女子の入学者数をそれぞれ求めよ。

27. ある高校では，2 年生の授業を各生徒が 3 つのコース A，B，C から 1 つ選択する。そこで，1 年生 320 人に対して，6 月と 11 月に選択の希望調査を行ったところ，次のような結果になった。

（A コース） 11 月の希望者数は 6 月の希望者数より 45% 減少した。

（B コース） 11 月と 6 月の希望者数の比は 3：2 であった。

（C コース） 11 月の希望者数は 52 人で，6 月の希望者数より 30% 増加した。

(1) 6 月の C コースの希望者数は何人か。

(2) 11 月の B コースの希望者数は何人か。

28. ある団体が毎年同じ美術館へ見学に行く。今年はバスの団体割引乗車券が使えたので 1 人あたりの交通費は昨年に比べて 20% 減少したが，入場料は 6% 増加したため，交通費と入場料の合計では 3.75% 減少して，1 人あたり 2310 円であった。今年の 1 人あたりの交通費と入場料をそれぞれ求めよ。

29. 濃度 10% の食塩水と濃度 15% の食塩水がある。この 2 種類の食塩水を混ぜて濃度 12% の食塩水を 600g つくりたい。それぞれ何 g ずつ混ぜればよいか。

30. 濃度 3% の食塩水 A と濃度 7% の食塩水 B がある。食塩水 A，B を全部混ぜると，濃度 6% の食塩水ができる。また，食塩水 B を 10g 少なく混ぜると，濃度 5% の食塩水ができる。食塩水 A，B はそれぞれ何 g ずつあるか。

31. 食塩 5g と水 200g がある。この一部を使ってビーカー A に濃度 3% の食塩水をつくり，残りの食塩と水をビーカー B に入れて別の食塩水をつくった。ビーカー B の食塩水の濃度が 2% のとき，ビーカー A に入れた食塩の重さを求めよ。

32. 食塩水 A が 250g，食塩水 B が 150g ある。食塩水 A，B を全部混ぜると濃度 6.6% の食塩水ができる。また，食塩水 A から 80g を捨て，代わりに水 80g を加えると，その濃度は食塩水 B の濃度と等しくなる。もとの食塩水 A，B の濃度をそれぞれ求めよ。

●例題4●　長さ 200m の列車 A は，鉄橋 P を渡りはじめてから渡り終わるまでに 25 秒かかり，長さ 180m の列車 B は，鉄橋 Q を渡りはじめてから渡り終わるまでに 34 秒かかる。列車 A の速さは列車 B の速さの 0.9 倍であり，鉄橋 Q の長さは鉄橋 P の長さの 2 倍である。列車 A の速さは秒速何 m か。

解説　列車が鉄橋を渡りはじめてから渡り終わるまでに走った道のりは，鉄橋の長さと列車の長さの和である。したがって，列車 A の速さを秒速 xm，鉄橋 P の長さを ym とすると，$25x=y+200$ が成り立つ。

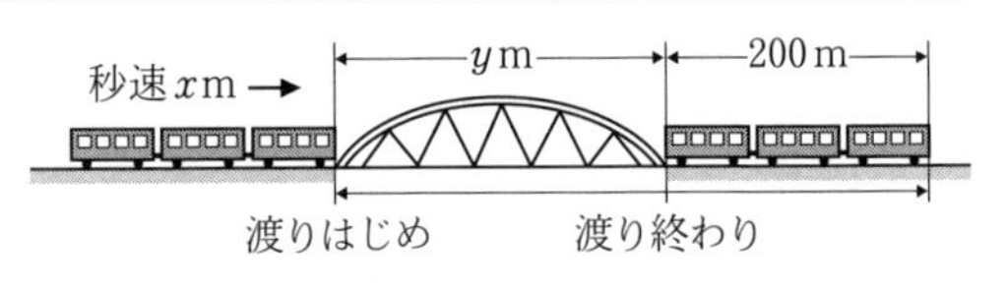

解答　列車 A の速さを秒速 xm，鉄橋 P の長さを ym とすると，列車 B の速さは秒速 $\dfrac{x}{0.9}$m，鉄橋 Q の長さは $2y$m となるから

$$\begin{cases} 25x=y+200 & \cdots\cdots\cdots① \\ 34\times\dfrac{x}{0.9}=2y+180 & \cdots\cdots\cdots② \end{cases}$$

①より　$y=25x-200$ ………③

③を②に代入して　$\dfrac{34}{0.9}x=2(25x-200)+180$

$$\frac{34}{0.9}x=50x-220$$

$$34x=45x-198$$

$$-11x=-198$$

$$x=18 \quad \cdots\cdots\cdots④$$

④を③に代入すると $y=250$ となり，これらの値は問題に適する。

（答）　秒速 18m

演習問題

33. 時速 64.8km で走っている 4 両編成の上り列車と，時速 86.4km で走っている 10 両編成の下り列車が，トンネルの両側から同時に進入した。下り列車の先頭がトンネルに進入してから，最後尾がトンネルを通りぬけるまでに 50 秒かかり，その 10 秒後に上り列車の最後尾がトンネルを通りぬけた。

(1)　1 両の長さは何 m か。ただし，車両 1 両の長さはすべて同じであるとする。

(2)　両方の列車の先頭が出会うのは，トンネルに進入してから何秒後か。

34. A さんの家から図書館までの道の途中に郵便局がある。A さんの家から郵便局までは上り坂，郵便局から図書館までは下り坂になっている。A さんは，家から歩いて図書館に行き，同じ道を歩いて家にもどった。上り坂は分速 80 m，下り坂は分速 100m で歩いたところ，行きは 13 分，帰りは 14 分かかった。A さんの家から郵便局までの道のりと，郵便局から図書館までの道のりをそれぞれ求めよ。

35. 家から駅まで行くのに，愛さんは徒歩で，妹は兄の車に乗せてもらって同時に出発した。兄は妹を駅で降ろしてすぐに引き返し，歩いていた愛さんを乗せてふたたび駅に向かったところ，愛さんが駅に着いたのは妹より 10 分遅かった。愛さんの歩いた道のりと，家から駅までの道のりをそれぞれ求めよ。ただし，車の速さは時速 24km，愛さんの歩く速さは時速 4km とする。

36. ある人が自動車で自分の家から 180km 離れたところまで行くのに，高速道路と一般道を利用して 3 時間かかった。高速道路では時速 80km，一般道では時速 40km で走ったものとする。

高速道路，一般道それぞれを走った道のりと時間を求めるために，A さんと B さんは連立方程式をつくろうとしている。

（A さん） $\begin{cases} x+y=180 \\ \dfrac{x}{80}+\dfrac{y}{40}=\square \end{cases}$ （B さん） $\begin{cases} 80x+40y=\square \\ \square=\square \end{cases}$

(1) A さんと B さんがつくろうとしている連立方程式の x と y は，それぞれ何を表しているか。また，それぞれの連立方程式を完成せよ。

(2) 高速道路を走った時間を求めよ。

37. 夏子さんが電車の線路ぞいの道を時速 4km で歩いている。このとき，夏子さんは 7 分ごとに上りの電車に追いこされ，6 分ごとに下りの電車とすれちがう。この電車の速さは時速何 km か。ただし，上り下りともに電車は等しい間隔，等しい速さで運転されており，電車の長さは考えないものとする。

38. あるダムの現在の貯水量は，決められている基準量より 48 万 m^3 多くなっているので，ダムの放水口をいくつか開け，水を放流して貯水量を基準量まで減らすことにした。このダムには一定の割合で水が流入しており，放水口を 3 つ開けると 60 分で基準量まで減少し，放水口を 5 つ開けると 20 分で基準量まで減少する。毎分の放水量はどの放水口も等しく，つねに一定である。放水口を 6 つ開けて水を放流する場合，貯水量は何分で基準量まで減少するか。

39. 弟と兄は，それぞれ自宅から叔母(おば)の家まで行くことにした。自宅から叔母の家までの経路は下の図の通りである。

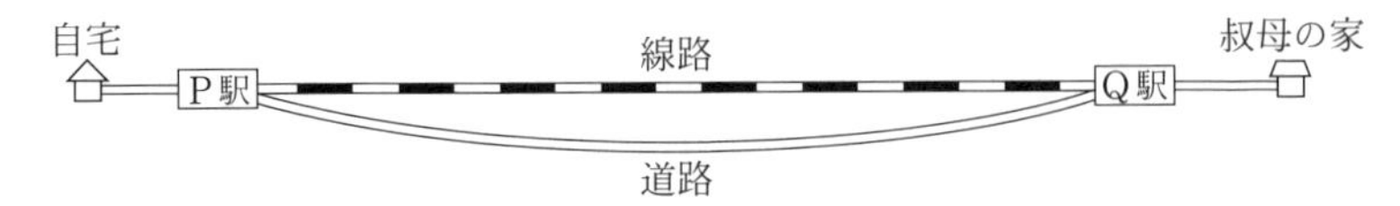

弟は自宅を7時に出発し，P駅まで歩き，P駅に7時15分に着くと，その時刻に出発する電車に乗ってQ駅まで行き，到着後すぐに歩き叔母の家に7時51分に着いた。

兄は電車を使わず，自宅から叔母の家まで自動車で行くことにした。兄も自宅を7時に出発し，P駅を7時3分に通過し，Q駅と叔母の家のちょうど中間地点で，歩いている弟を追いこした。

弟が電車で移動した道のりは，兄が自動車でP駅からQ駅まで移動した道のりより，Q駅から叔母の家までの道のり分だけ短い。弟の歩く速さは分速100m，電車の速さは分速1000m，兄の自動車の速さは一定であるとして，弟が電車で移動した道のりとQ駅から叔母の家までの道のりをそれぞれ求めよ。

進んだ問題の解法

問題1　容器Aには濃度x%の食塩水が1000g，容器Bには濃度y%の食塩水が800gはいっている。まず容器Aから食塩水を200g取り出し容器Bに入れてよく混ぜ，つぎにBから食塩水を200g取り出しAに入れたところ，Aの食塩水の濃度は4%，Bの食塩水の濃度は8%になった。x，yの値を求めよ。

解法　容器A，Bの食塩水にふくまれる食塩の重さに着目し，移動のようすを図で表す。

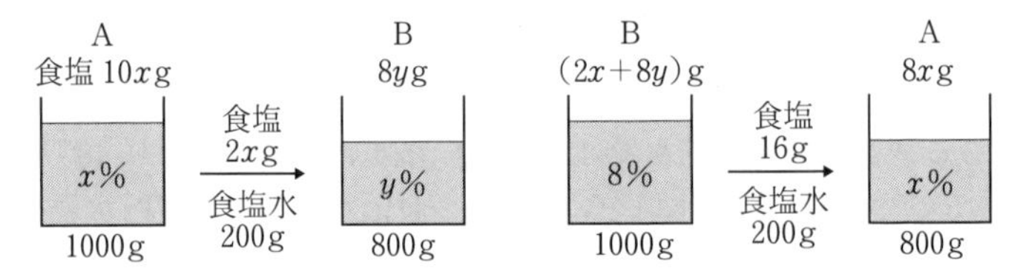

解答　容器Aの食塩水200gと容器Bの食塩水800gにふくまれる食塩の重さはそれぞれ，

$200\times\dfrac{x}{100}=2x$（g），$800\times\dfrac{y}{100}=8y$（g）である。容器Aから200gを取り出して容器Bに入れたとき，Bの食塩水にふくまれる食塩の重さは$(2x+8y)$gとなる。このとき，容器Bから取り出した食塩水の濃度は8%であるから，この食塩水200gにふくまれる食塩の重さは$200\times\dfrac{8}{100}=16$（g）である。したがって，最終的に容器Aの食塩水にふくまれる食塩の重さは$(8x+16)$gである。

よって
$$\begin{cases} 2x+8y=(800+200)\times\dfrac{8}{100} & \cdots\cdots\cdots① \\ 8x+16=(1000-200+200)\times\dfrac{4}{100} & \cdots\cdots\cdots② \end{cases}$$

②より　$8x+16=40$　　$8x=24$　　ゆえに　$x=3$ ………③

③を①に代入して　$2\times3+8y=80$　　$8y=74$　　ゆえに　$y=\dfrac{37}{4}$

これらの値は問題に適する。　　（答）　$x=3$，$y=\dfrac{37}{4}$

進んだ問題

40. 空（から）の容器A，B，Cがある。はじめに，Aに濃度3%，Bに濃度8%の食塩水をそれぞれ100g入れる。つぎに容器A，Bから合わせて100gの食塩水を容器Cに移し，よく混ぜた後，CからAに70gだけ食塩水を入れてよく混ぜるとAには濃度4%の食塩水ができた。容器Bに残っている食塩水は何gか。

41. 食塩水が1000kgはいった水そうと，2つの蛇口（じゃぐち）A，Bがある。蛇口Aを開けると水そうに水が毎分$a$kgはいり，蛇口Bを開けると濃度x%の食塩水が毎分$b$kgはいる。次の操作1～3を順に行った。

（操作1）　はじめに，蛇口Aを2分間，蛇口Bを4分間それぞれ開けると，水そう内の食塩水の重さは2000kgとなり，濃度は最初よりm%だけこくなった。

（操作2）　つぎに，蛇口Aを14分間，蛇口Bを3分間それぞれ開けると，水そう内の食塩水の重さは4000kgとなり，濃度は操作1を行う前の濃度よりm%だけうすくなった。

（操作3）　さらに，水そう内の食塩水をすべてぬき，蛇口Aを3分間，蛇口Bを1分間それぞれ開けると，水そう内の食塩水の濃度は2%となった。

(1)　a，b，xの値を求めよ。

(2)　操作1を行う前の，水そう内の食塩水の濃度を求めよ。

42. A さんが 1 人で作業すると x 日で終えることができ，B さんが 1 人で作業すると y 日で終えることができる仕事がある。A さんと B さんの 2 人で 1 日作業すると，この仕事の $\frac{7}{24}$ まで終えることができる。また，A さんが 3 日作業してその後に B さんが 4 日作業すると，この仕事をすべて終えることができる。x，y の値を求めよ。

43. クラスの生徒全員で T シャツを購入することにした。T シャツには文字を印刷することができ，1 文字だけ印刷すると T シャツの代金のほかに 300 円，2 文字だけ印刷すると T シャツの代金のほかに 500 円かかる。文字の印刷を希望しない生徒は 8 人で，残りの生徒は 1 文字または 2 文字の印刷を希望し，印刷する文字の合計は 32 文字であった。クラスの生徒全員の T シャツの代金と文字の印刷代の合計金額が 35300 円になるところ，文字の印刷代を除く T シャツの代金が 5% 引きになったので，実際の合計金額は 33980 円になった。

⑴　文字の印刷代の合計金額を求めよ。

⑵　クラスの生徒の人数を求めよ。

44. 4 人ずつ 2 つの班 A，B に分かれ，X 地点から 12km 離れた Y 地点まで，それぞれタクシーで行く予定であったが，タクシーが 1 台しかなかったので，A 班はタクシーで，B 班はかけ足で同時に X 地点を出発した。途中，A 班は X 地点から $x$km の P 地点でタクシーを降りて徒歩で Y 地点に向かい，タクシーはひき返して，X 地点から $y$km の Q 地点で B 班を乗せて Y 地点に向かった。そして A 班は，B 班が Y 地点に着いてから 7 分後に Y 地点に着いた。タクシーの速さは時速 40km，A 班の徒歩の速さは時速 4km，B 班のかけ足の速さは時速 8km である。x，y の値を求めよ。

45. あるスーパーではみかんを 40 箱仕入れ，全体の 8 割が売れたらちょうど 8 万円の利益となるように，10 個を 1 袋にして定価をつけて売った。しかし，売れ残りがかなり出そうになったので，途中から 15 個を 1 袋にして 1 袋が 10 個のときと同じ値段で売ったところ，全部売れて利益が予定より 4800 円多かった。また，10 個を 1 袋にして売ったみかんの個数は，みかんの総仕入れ個数の 48% であった。

⑴　1 箱あたりの仕入れ値と，1 箱あたりの定価をそれぞれ求めよ。

⑵　どの箱にもみかんは同じ個数はいっていて，1 箱のみかんの個数は 100 個以上 200 個以下であった。みかんは 1 箱に何個はいっていたか。また，1 袋の定価はいくらか。

研究 連立3元1次方程式

研究1 袋の中に赤のカード，青のカード，黄のカードがたくさんはいっている。同じ色のカードにはそれぞれ同じ点数が書いてある。Aさんは赤1枚，青3枚，黄2枚を取り出し合計23点，Bさんは赤2枚，青2枚，黄5枚で合計29点，Cさんは赤1枚，青4枚，黄3枚で合計31点であった。各色のカードに書いてある点数は，それぞれ何点か。

解説 赤のカードには x 点，青のカードには y 点，黄のカードには z 点がそれぞれ書いてあるとすると，次の方程式が成り立つ。

$$\begin{cases} x+3y+2z=23 \\ 2x+2y+5z=29 \\ x+4y+3z=31 \end{cases}$$

このように，未知数3つの1次方程式を3つ組み合わせたものを，**連立3元1次方程式**という。連立3元1次方程式を解くには，まず1つの文字を消去して，連立2元1次方程式を導けばよい。この問題では，はじめに x を消去する。

解答 赤のカードには x 点，青のカードには y 点，黄のカードには z 点がそれぞれ書いてあるとすると

$$\begin{cases} x+3y+2z=23 & \cdots\cdots\cdots ① \\ 2x+2y+5z=29 & \cdots\cdots\cdots ② \\ x+4y+3z=31 & \cdots\cdots\cdots ③ \end{cases}$$

③－①　$y+z=8$ ………④

①×2－②　$+)\ 4y-z=17$

$5y=25$

$y=5$ ………⑤

⑤を④に代入して　$5+z=8$　　$z=3$ ………⑥

⑤，⑥を①に代入して　$x+3\times5+2\times3=23$　　$x=2$

これらの値は問題に適する。

（答） 赤 2点，青 5点，黄 3点

注 連立3元1次方程式を解く際，どの文字から消去しても解が得られる。たとえば，

①×5－②×2 より，$x+11y=57$

①×3－③×2 より，$x+y=7$

のように，z から消去してもよい。したがって，係数をよく見て，どの文字から消去するかを考える。

▶研究問題◀

46. 次の連立方程式を解け。

(1) $\begin{cases} x+y+z=2 \\ x-y-2z=-3 \\ 3x-y=5 \end{cases}$　　(2) $\begin{cases} 2x+5y+z=2 \\ 3x-2y+4z=-1 \\ 4x+3y+3z=-4 \end{cases}$

(3) $\begin{cases} 3x-7y-4z=0 \\ 5x-9y+2z=-14 \\ 2x+3y-5z=-13 \end{cases}$　　(4) $\begin{cases} 5x-3y-2z=-20 \\ 9x-2y-z=-11 \\ x+4y+3z=30 \end{cases}$

(5) $\begin{cases} x+y=4 \\ y+z=-7 \\ z+x=9 \end{cases}$　　(6) $\begin{cases} 2x+4y+7z=-19 \\ 5x-8y-2z=7 \\ 11x-9y+5z=-11 \end{cases}$

47. 連立方程式 $\begin{cases} 3x+5y-2z=0 \\ x-5y-6z=0 \end{cases}$ について，次の問いに答えよ。ただし，$z\neq0$ とする。

(1) x，y を z の式で表せ。

(2) $x:y:z$ を求めよ。

48. 3つの数 x，y，z があり，x と y の平均は 9，y と z の平均は 5，z と x の平均は 12 である。x，y，z の値を求めよ。

49. 120L の水がはいる水そうに3つの注水口 A，B，C がついている。この水そうを空の状態から満水にする時間について，次のことがわかっている。

(i) A，B，C を同時に開けると 10 分かかる。

(ii) A を 20 分開けて閉じ，続いて B と C を同時に開けると 8 分かかる。

(iii) B を 18 分開けて閉じ，続いて C を開けると 8 分かかる。

C だけを開けて，この水そうを空の状態から満水にするには何分かかるか。

50. A 地点から B 地点までの道は，A 地点から P 地点までは上り，P 地点から Q 地点までは平地，Q 地点から B 地点までは下りであり，その道のりの合計は 9km である。ある人が AB 間を往復するのに，行きは1時間 54 分，帰りは1時間 49 分かかった。歩く速さは，平地は時速 5km，上りは時速 4km，下りは時速 6km である。P 地点，Q 地点はそれぞれ A 地点から何 km のところにあるか。

5章の問題

1 次の連立方程式を解け。

(1) $\begin{cases} 3x-4y-25=0 \\ 5x+6y+9=0 \end{cases}$　(2) $\begin{cases} 0.3x-0.01y=1.2 \\ 3x-2=-\dfrac{y}{15} \end{cases}$　(3) $\begin{cases} 2x+3y=-4 \\ \dfrac{x}{4}+\dfrac{2}{3}y=\dfrac{1}{12} \end{cases}$

(4) $\begin{cases} 3x+2y=-2 \\ y-2=-\dfrac{2x-1}{3} \end{cases}$　(5) $\begin{cases} \dfrac{3y-x}{8}+\dfrac{x+y-1}{3}=2 \\ \dfrac{x+2y-1}{3}=\dfrac{x+y}{2} \end{cases}$

(6) $\begin{cases} 20-\left(3x-\dfrac{7}{2}y\right)=0 \\ \dfrac{x}{2}-\dfrac{y-1}{5}=\dfrac{7x-3y}{10}-1 \end{cases}$　(7) $\begin{cases} 2\left(x+\dfrac{1}{6}\right)+3\left(y-\dfrac{1}{7}\right)=8 \\ 3\left(x+\dfrac{1}{6}\right)-2\left(y-\dfrac{1}{7}\right)=-1 \end{cases}$

2 次の問いに答えよ。

(1) x，y についての2つの連立方程式

$$\begin{cases} \dfrac{2x-3y}{5}=-1 \\ ax+by=19 \end{cases} \text{と} \begin{cases} 3ax-2by=-33 \\ 3(x+3y)-(x+4y)=19 \end{cases}$$

の解が一致するとき，a，b の値を求めよ。

(2) 連立方程式 $\begin{cases} 4x+3ay=-2 \\ x+2y=3 \end{cases}$ の解が，方程式 $2x=ay-\dfrac{8}{3}$ を満たすとき，a の値を求めよ。

3 液体がはいった2つの容器A，Bがある。容器Aの液体の12%，Bの液体の7.5%の量を同時に取り出す。容器Aから取り出した液体をBへ，Bから取り出した液体をAへ移したところ，Aの液体は316g，Bの液体は409gになった。はじめに容器A，Bにはいっていた液体の量はそれぞれ何gか。

4 ペットボトルをリサイクルしてつくられた繊維で衣服をつくる。ペットボトル23本からシャツ2枚とネクタイ3本，ペットボトル33本からシャツ3枚とネクタイ4本ができる。シャツ1枚，ネクタイ1本をつくるために必要な繊維はそれぞれ何gか。ただし，ペットボトル1本から50gの繊維ができるものとする。

5 一定の速さで平行に走る2つの列車A，Bがある。列車AとBが同じ向きに走っているとき，Aの先頭がBの最後尾に追いついてから，Aの最後尾がBの先頭を追いこすまでに24秒かかる。また，列車AとBが逆向きに走っているとき，先頭どうしが出会ってから最後尾どうしがすれちがうまでに6秒かかる。列車Bの速さが時速72km，長さが80mのとき，列車Aの速さ（時速）と長さを求めよ。

6 ある遊園地では，開園前に長い行列ができてしまった。今後さらに1分間に5人の割合で来園者が行列に加わっていくと想定して，受付の窓口の数を決めることにした。窓口を4つにして受付をはじめると45分で行列がなくなり，5つにすると33分で行列がなくなる。どの窓口でも1分間に受付のできる人数は一定である。

(1) 開園前に行列をつくっていた来園者の人数を求めよ。

(2) 15分以内に行列をなくすには，受付の窓口をいくつ以上にすればよいか。

7 食塩水について，次の問いに答えよ。

(1) 濃度x%の食塩水Aと濃度y%の食塩水Bを$m:n$の割合で混ぜて，食塩水Xをつくった。食塩水Xの濃度をx，y，m，nの式で表せ。

(2) 容器A，B，Cにそれぞれ濃度5%，10%，x%の食塩水がはいっている。容器AとBの食塩水をすべて混ぜると8%，容器BとCの食塩水をすべて混ぜると13%，容器AとCの食塩水をすべて混ぜると11%になる。xの値を求めよ。

8 2つの正の整数の減法の計算問題をAさんとBさんが解いた。Aさんはひかれる数を10倍して計算したために，答えは6854になった。Bさんはひく数の一の位の数を見落として1けた小さい数とし，さらに減法の計算を加法の計算としたために，答えが784になった。正しい答えを求めよ。

9 川にそって60km離れているA地点とB地点の間を往復する船がある。上りに要する時間は，下りに要する時間の2倍である。また，AB間を往復するのに要する時間は3時間である。川の流れの速さを求めよ。

10 2つの数x，yに対して，xとyの差の絶対値を《x，y》で表すことにする。たとえば，《2，3》$=1$，《4，-1》$=5$ である。

(1) 《x，1》$=6$ を満たすxの値をすべて求めよ。

(2) 連立方程式 $\begin{cases} 《x,\ y》=2x+3y+5 \\ 《x,\ y》=4x+5y+3 \end{cases}$ を解け。

1… 1次不等式

基本問題

1. $a<b$ のとき，次の□にあてはまる不等号を入れよ。

(1) $a-4$ □ $b-4$

(2) $a\times(-2)$ □ $b\times(-2)$

(3) $a\div(-8)$ □ $b\div(-8)$

(4) $3a-2$ □ $3b-2$

(5) $-2a+3$ □ $-2b+3$

(6) $-\dfrac{a}{3}+1$ □ $-\dfrac{b}{3}+1$

2. 次の不等式からわかる x と y の大小関係を，不等号を使って表せ。

(1) $x-4\geqq y-4$

(2) $3-x>3-y$

(3) $6x>6y$

(4) $-\dfrac{1}{5}x\geqq-\dfrac{1}{5}y$

不等式の性質

$a<b$ のとき，

(1) $a+c<b+c$
$a-c<b-c$

(2) $c>0$ ならば，

$ac<bc$　$\dfrac{a}{c}<\dfrac{b}{c}$

(3) $c<0$ ならば，

$ac>bc$　$\dfrac{a}{c}>\dfrac{b}{c}$

不等号≧，≦

$a\geqq b$　a は b 以上である。

$a\leqq b$　a は b 以下である。

3. 次の文について，正しいものには○，正しくないものには×をつけよ。また，正しくないものについては，反例を1つあげよ。

(1) $a<b$ ならば，$a-b<0$

(2) $a<3$ ならば，$ab<3b$

(3) $a>b$ ならば，$a^2>b^2$

4. -1，0，1，2，3 のうち，次の(1)～(4)の不等式を成り立たせる x の値をすべて答えよ。

(1) $x+3<5$

(2) $2x>3$

(3) $-3x>-2$

(4) $1<3x<8$

> **不等式の解**
> 不等式を成り立たせる文字の値を**解**という。解の範囲を求めることを**不等式を解く**という。
>
> **1次不等式**
> 未知数 x についての1次式からできている不等式を x の **1次不等式**という。

●例題1● 次の不等式を解き，解の範囲を数直線上に表せ。

(1) $7x+4>5x-3$　　　(2) $3x+4 \geqq 5(2x-3)+12$

解説 x をふくむ項を左辺に，定数項を右辺に移項して，$ax>b$ または $ax<b$ の形にし，両辺を x の係数 a で割る。**$a<0$ のときは不等号の向きが変わる**ことに注意する。

1次方程式と同様に，かっこがついているときは先にかっこをはずし，係数に小数や分数があるときは，両辺に適当な数をかけて，係数を整数になおしてから解く。

不等号≧，≦の場合も，不等号>，<の場合と同じである。

解の範囲を数直線上に表すとき，○の印はその数をふくまないことを，●の印はその数をふくむことを表す。

> **1次不等式の解き方**
> (1) **移項する。**
> $x+a>b \longrightarrow x>b-a$
> $x-a>b \longrightarrow x>b+a$
> (2) **両辺を x の係数で割る。**
> $a>0$ のとき，
> $ax>b \longrightarrow x>\frac{b}{a}$
> $a<0$ のとき，
> $ax>b \longrightarrow x<\frac{b}{a}$

解答 (1)

$7x+4>5x-3$ （移項する）

$7x-5x>-3-4$

$2x>-7$

$x>-\frac{7}{2}$

（答） $x>-\frac{7}{2}$

(2)

$3x+4 \geqq 5(2x-3)+12$

$3x+4 \geqq 10x-15+12$

$3x-10x \geqq -15+12-4$

$-7x \geqq -7$

$x \leqq 1$ （不等号の向きが変わる）

（答） $x \leqq 1$

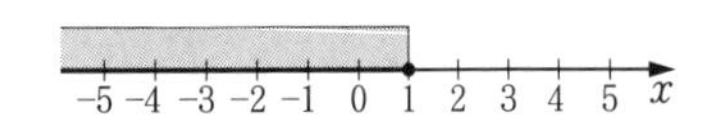

演習問題

5. 次の不等式を解け。

(1) $5x-3>7$　(2) $2x<4x-6$

(3) $x-8\geqq 3x-6$　(4) $-3a+2>2a+5$

(5) $2y-13\leqq -5y+8$　(6) $-5y+9\geqq -7y-5$

(7) $-8x-6>-5x-15$　(8) $2x-3\geqq -2x+7$

6. 次の不等式を解け。

(1) $3x-1>2(x+3)$　(2) $2x+4<3(2x-1)$

(3) $5(y-1)\leqq 3(y+3)$　(4) $x-3-2(x+5)\leqq 0$

(5) $1+7(x-3)>5(x-2)$　(6) $40-(6-3x)\geqq 11(x+2)$

7. 次の不等式を解け。

(1) $0.4x+0.7<0.1x-0.2$　(2) $0.2-0.4x>0.3x-0.5$

(3) $0.3x-0.84>0.4(0.8x-1)$　(4) $0.1x-0.4\leqq 0.2(x-2)+0.1$

(5) $\dfrac{x-1}{4}>2+x$　(6) $\dfrac{1}{3}x-\dfrac{1}{4}>\dfrac{1}{2}x$

(7) $\dfrac{3x+1}{2}\geqq\dfrac{2x-3}{5}$　(8) $\dfrac{x+4}{4}>\dfrac{3x-2}{6}+1$

8. 次の不等式を解き，解の範囲を数直線上に表せ。

(1) $x+3<3x-5$

(2) $4(x+3)-5<3$

(3) $0.4(x+1)\geqq 0.2x+0.5$

(4) $\dfrac{1}{3}(x-1)\geqq 2x+3$

(5) $\dfrac{2(x-5)}{3}-\dfrac{3x-1}{6}>x-\dfrac{x+3}{2}$

9. 次の問いに答えよ。

(1) 不等式 $2x-7<5(x+3)$ の解のうち，負の整数は何個あるか。

(2) 不等式 $\dfrac{x-2}{3}-2x>\dfrac{3-x}{2}$ の解のうち，最大の整数を求めよ。

進んだ問題

10. $x \leqq 7$ を満たす x が，不等式 $x+2-\dfrac{4x-a}{3}>0$ の解の範囲にすべてふくまれている。a の値の範囲を求めよ。

進んだ問題の解法

問題1 x についての不等式 $2ax \leqq 6x+1$ を解け。

解法 x についての不等式であるから，a を定数とみなす。

$2ax \leqq 6x+1$ より $2(a-3)x \leqq 1$ と変形できるが，両辺を $2(a-3)$ で割るとき，$a-3$ が正であるか負であるかによって不等号の向きが変わることに注意する。

この問題では a についての条件がないので，考えられるすべての場合について不等式を解く。

解答 $2ax \leqq 6x+1$ より $2(a-3)x \leqq 1$ ………①

(i) $a-3>0$ すなわち $a>3$ のとき

①の両辺を $2(a-3)$ で割ると $x \leqq \dfrac{1}{2(a-3)}$

(ii) $a-3=0$ すなわち $a=3$ のとき

①は $0 \times x \leqq 1$ となり，x の値にかかわらず成り立つ。

(iii) $a-3<0$ すなわち $a<3$ のとき

①の両辺を $2(a-3)$ で割ると $x \geqq \dfrac{1}{2(a-3)}$

(答) $a>3$ のとき $x \leqq \dfrac{1}{2(a-3)}$

$a=3$ のとき すべての数

$a<3$ のとき $x \geqq \dfrac{1}{2(a-3)}$

注 不等号の向きが反対の場合，すなわち $2ax \geqq 6x+1$ のとき，

$a=3$ とすると，$6x \geqq 6x+1$ より，$6x-6x \geqq 1$ よって，$0 \geqq 1$ となる。

これは成り立たないので，解なしとなる。

進んだ問題

11. x についての不等式 $ax+3<2x$ を解け。

2…1次不等式の応用

基本問題

12. 次の数量の関係を，不等式で表せ。

(1) 1個a円のみかん20個と，1個b円のりんご15個を買って5000円札を出したところ，おつりがきた。

(2) aは負の数ではない。

(3) 10kmの道のりを，はじめの3kmは時速$x$kmで，残りを時速$y$kmで歩くと，はじめから最後まで時速$z$kmで歩くより早く着く。

(4) a人の生徒にお菓子を配るとき，20人にはx個ずつ，残りの生徒にはy個ずつ配ると，余りなく配ることができた。このお菓子をb個ずつ配ろうとしたら，すべての生徒には配ることができなかった。

例題2 4000円の予算内で，1個250円のケーキと1個120円のパイを合わせて20個買いたい。ケーキをできるだけ多く買うことにすると，ケーキは何個買えるか。

解説 1次方程式の応用問題と同様に，未知数をxとおいて問題の内容を不等式で表し，それを解く。その解が問題に適しているかどうかも確かめる。（**解の吟味**（ぎんみ））

解答 ケーキをx個買うとすると，パイは$(20-x)$個買うことになる。

予算が4000円以内であるから

$$250x+120(20-x) \leqq 4000$$
$$250x+2400-120x \leqq 4000$$
$$130x \leqq 1600$$
$$x \leqq \frac{160}{13}$$

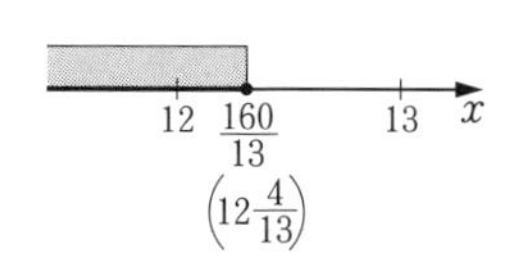

これを満たす最大の整数は $x=12$ である。

ケーキを12個買うと，パイは8個買うことになる。

合計金額は $250\times12+120\times8=3960$（円）となり，この値は問題に適する。

（答） 12個

注 xが**a以上，a以下，aより大きい，aより小さい（a未満）**は，順に，

$$\boldsymbol{x \geqq a}, \quad \boldsymbol{x \leqq a}, \quad \boldsymbol{x > a}, \quad \boldsymbol{x < a}$$

と表すことができる。問題をよく読み，これらの区別をはっきりつけること。

演習問題

13. ある整数 x から 1 をひいた数は，x を 3 倍して 4 を加えた数より大きい。このような整数 x の中で最大のものを求めよ。

14. 1 個 120 円の洋菓子と，1 個 80 円の和菓子を合わせて 30 個買い，150 円の箱代をふくめて代金を 3000 円以内にしたい。洋菓子をできるだけ多く買いたいとき，洋菓子はいくつまで買えるか。

15. 原価 850 円の品物に原価の x% 増しの定価をつけ，定価の 20% 引きで売ったところ，利益があった。x の値の範囲を求めよ。

16. 卵 500 個を 1 個 20 円で仕入れた。1 割の破損を見込み，それでも全体として 1 割以上の利益があるようにするには，1 個何円以上で売ればよいか。

17. A 地点から 3km 離れた B 地点まで行くのに，はじめは時速 4km で歩き，途中から時速 12km で走ることにする。所要時間を 27 分以内にするには，時速 12km で少なくとも何 km 走らなければならないか。

18. あるバス会社には団体割引の制度があり，50 人以上の団体は全員が 10% 引きになる。500 円の区間について，50 人未満の団体であっても 1 人ずつバス代を払うより，50 人いるとして団体割引を使ったほうが安くなるのは何人からか。

19. 濃度 8% の食塩水 200g に水を加えて，食塩水の濃度を 5% 以下にしたい。水を何 g 以上加えればよいか。

20. あるチケットの発売窓口に 250 人の行列があった。これからも毎分 18 人の割合で行列のうしろに並ぶ人がいるために，窓口の数を増やして行列をなくすことにした。1 分間に 1 つの窓口が処理できる人数は 5 人である。20 分以内に行列をなくすには，窓口をいくつ以上にすればよいか。

進んだ問題

21. ある店では，1 冊 120 円のノートを 10 冊より多く買うと，10 冊より多い冊数について 1 冊について 2 割引きになる。このノートを何冊か買って，1 冊 100 円のノートを同じ冊数買うときより代金が安くなるようにしたい。何冊以上買えばよいか。ただし，100 円のノートに割引はない。

3…不等式に関するいろいろな問題

例題3 次の問いに答えよ。

(1) $a<b$，$c<d$ のとき，

(i) $a+c<b+d$ であることを不等式の性質を使って証明せよ。

(ii) $a-c<b-d$ は正しくない。反例を1つあげよ。

(2) $2<a<4$，$-3<b<1$ のとき，次の式の値の範囲を求めよ。

(i) $2a+3b$　　(ii) $2a-3b$

解説 (1)(i)は，不等式の両辺に同じ数を加えても不等号の向きは変わらないことを利用する。(2)は，(1)(i)の結果を利用する。

解答 (1)(i) $a<b$ の両辺に c を加えて

$$a+c<b+c \quad \cdots\cdots\cdots①$$

$c<d$ の両辺に b を加えて

$$b+c<b+d \quad \cdots\cdots\cdots②$$

①，②より $a+c<b+c<b+d$

ゆえに，$a<b$，$c<d$ のとき，$a+c<b+d$

(ii) $a=2$，$b=5$，$c=3$，$d=8$ とすると，$a<b$，$c<d$ であるが，

$a-c=2-3=-1$，$b-d=5-8=-3$ より，

$a-c>b-d$ となり，$a-c<b-d$ とはならない。

(答) $a=2$，$b=5$，$c=3$，$d=8$

(2)(i) $4<2a<8$，$-9<3b<3$ より

$$4+(-9)<2a+3b<8+3$$

すなわち　$-5<2a+3b<11$　　(答) $-5<2a+3b<11$

(ii) $4<2a<8$，$-3<-3b<9$ より

$$4+(-3)<2a+(-3b)<8+9$$

すなわち　$1<2a-3b<17$　　(答) $1<2a-3b<17$

注 (1) (ii)で，ほかにも反例はたくさん考えられる。右の数直線を参考にせよ。

$a-c>0$　$b-d<0$

c　a　b　d

注 2つの不等式があるとき，左辺は左辺どうし，右辺は右辺どうしで加えることを**辺々**(へんぺん)**を加える**という。(1)(i)，(ii)より，**不等号の向きをそろえて辺々を加えても不等式は成り立つが，辺々をひいてはいけない**ことがわかる。

注 (2) (ii)のように，2つの不等式をもとに差の範囲を求めるときは，必ず**和の形になおして範囲を考える**。

演習問題

22. $a>6$，$b>2$ のとき，次の不等式について正しいものには○，正しくないものには×をつけよ。また，正しくないものについては，反例を1つあげよ。

(1) $a+b>8$　　(2) $a-b>4$

(3) $ab>12$　　(4) $\dfrac{a}{b}>3$

23. $-2<a\leqq 4$ のとき，次の式の値の範囲を求めよ。

(1) $a-1$　　(2) $-\dfrac{3}{2}a+2$

24. 次のことがらを不等式の性質を使って証明せよ。

(1) $c>d$ のとき，$-c<-d$ である。

(2) $a>b$，$c>d$ のとき，$a-d>b-c$ である。

25. $1<a<3$，$-2<b<5$ のとき，次の式の値の範囲を求めよ。

(1) $a+b$　　(2) $b-a$

(3) $\dfrac{a}{2}+\dfrac{b}{3}$　　(4) $a-2b+3$

26. 2つの数 a，b の小数第2位を四捨五入したところ，それぞれ3.1，1.4になった。

(1) a，b の値の範囲をそれぞれ求めよ。

(2) 次の式の値の範囲を求めよ。

(i) $2a+3b$

(ii) $3a-b$

27. 3つの数 a，b，c について，次の①～③が成り立っているとき，a，b，c はそれぞれ正の数，負の数，0のいずれか。

① $b>c$　　② $ab>ac$　　③ $ab=0$

進んだ問題

28. それ以上約分できない分数を既約分数という。正の既約分数 x の分母だけに3を加えると $\dfrac{5}{18}$ に等しくなるが，x の分子だけに3を加えると $\dfrac{1}{3}$ より大きくなる。正の既約分数 x を求めよ。

4…連立不等式

●例題4● 次の連立不等式を解け。

(1) $\begin{cases} 3x-1>-x-5 \\ 2x-1>x+3 \end{cases}$　　(2) $2x-3 \leqq x+5 < \dfrac{3}{2}(x+2)$

解説 (1)のように，2つ以上の不等式を組にしたものを**連立不等式**という。また，それらの不等式を**同時に成り立たせる**文字の値を，その**連立不等式の解**といい，連立不等式の解全体（解の範囲）を求めることを**連立不等式を解く**という。連立不等式を解くには，それぞれの不等式を解いて，解の範囲の共通範囲を求める。共通範囲を求めるには，数直線を使って，それぞれの解の範囲を表すとよい。

(2)の $2x-3 \leqq x+5 < \dfrac{3}{2}(x+2)$ は $\begin{cases} 2x-3 \leqq x+5 \\ x+5 < \dfrac{3}{2}(x+2) \end{cases}$ を1行にしたものである。

解答 (1) $\begin{cases} 3x-1>-x-5 & \cdots\cdots\cdots① \\ 2x-1>x+3 & \cdots\cdots\cdots② \end{cases}$

①より　$3x+x>-5+1$

$4x>-4$

$x>-1$ ………③

②より　$2x-x>3+1$

$x>4$ ………④

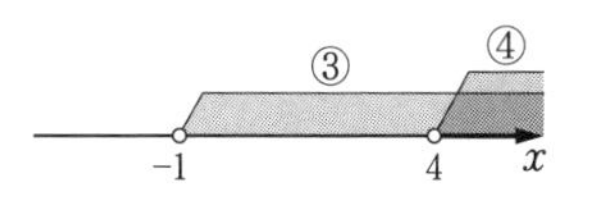

③，④を数直線を使って表すと，右の図のようになる。ゆえに，③，④の共通範囲は，図の影の重なった部分であるから $x>4$ である。　（答）$x>4$

(2) $2x-3 \leqq x+5 < \dfrac{3}{2}(x+2)$ より

$\begin{cases} 2x-3 \leqq x+5 & \cdots\cdots\cdots① \\ x+5 < \dfrac{3}{2}(x+2) & \cdots\cdots\cdots② \end{cases}$

①より　$2x-x \leqq 5+3$

$x \leqq 8$ ………③

②より　$2x+10<3x+6$

$2x-3x<6-10$

$-x<-4$

$x>4$ ………④

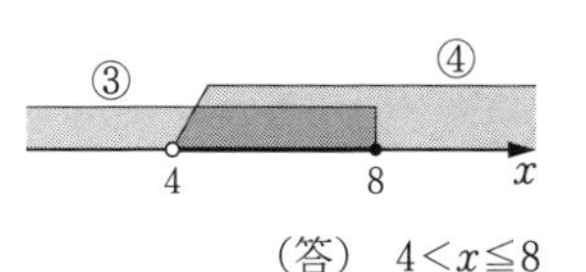

③，④より　$4<x \leqq 8$　（答）$4<x \leqq 8$

注 2つの不等式の解の範囲を数直線を使って表したとき，その連立不等式の解の範囲は，下の4通りの形のいずれかになる。なお，不等号が≦，≧のときは，端を●にして表す。

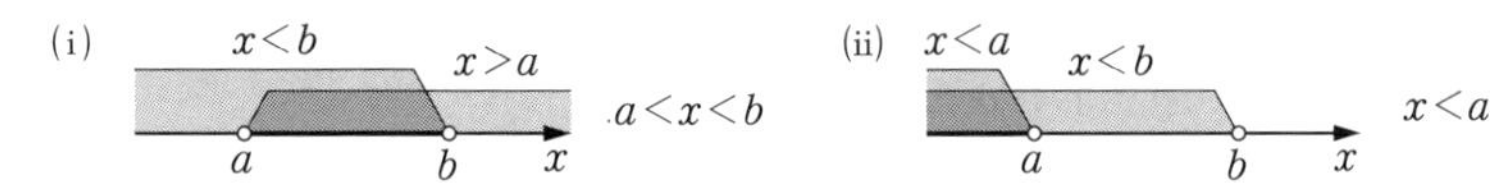

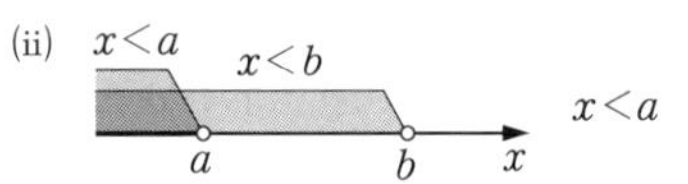

(iii) $x>a$　$x>b$　$x>b$

(iv) $x<a$　$x>b$　解なし

注 $A<B<C$ は，$A<B$ かつ $B<C$，すなわち $\begin{cases} A<B \\ B<C \end{cases}$ と同じことである。

$A<B$ かつ $B<C$ より $A<C$ であるから，$\begin{cases} A<B \\ A<C \end{cases}$ も成り立つが，逆に $\begin{cases} A<B \\ A<C \end{cases}$ であるときには $A<B<C$ とは限らず，$A<C<B$ となることもある。

したがって，$A<B<C$ の形の連立不等式を解くときには，必ず中央の式（B にあたる式）を2回使わなければならない。たとえば，(2)の $2x-3\leqq x+5<\dfrac{3}{2}(x+2)$ を

$\begin{cases} 2x-3\leqq x+5 \\ 2x-3<\dfrac{3}{2}(x+2) \end{cases}$ とすると，$\begin{cases} x\leqq 8 \\ x<12 \end{cases}$ より $x\leqq 8$ となり，誤った解となる。

演習問題

29. 次の連立不等式を解け。

(1) $\begin{cases} 7-x<10 \\ -2x+5>-3 \end{cases}$　(2) $\begin{cases} x+3\leqq 2x-1 \\ 4x\leqq 3x+5 \end{cases}$

(3) $\begin{cases} 3x-2\geqq x+4 \\ -x-3<3x-1 \end{cases}$　(4) $\begin{cases} 3x+2<x \\ 7-4x>-5 \end{cases}$

(5) $-2\leqq 3(x-1)+2\leqq 5$　(6) $3x-7<2x-6\leqq -4x-9$

30. 次の連立不等式を解け。

(1) $\begin{cases} 2x+1>x+3 \\ -2x-4\geqq 3x+1 \end{cases}$　(2) $\begin{cases} 0.2x-0.6\leqq 0.4x-1 \\ 0.3x+0.2\leqq 0.1x+0.6 \end{cases}$

(3) $\begin{cases} 2-3x<\dfrac{1}{2}(x+5) \\ 3x+2(x-3)<14 \end{cases}$　(4) $\begin{cases} \dfrac{x-2}{3}-\dfrac{3x+8}{6}\leqq\dfrac{x}{2} \\ \dfrac{x+1}{3}-(x-1)<0 \end{cases}$

31. 連立不等式 $\begin{cases} 2x-1<3(x+1) \\ x-4 \leqq -2x+3 \end{cases}$ の解のうち，整数は何個あるか。

●例題5● かごにくだものを 2 個ずつ入れると 37 個余る。また，かごに 6 個ずつくだものを入れると，すべてのかごにくだものがはいるが，最後のかごだけ 6 個ははいらない。かごとくだものの個数をそれぞれ求めよ。

解説 かごの数を x 個とすると，くだものの個数は $(2x+37)$ 個。6 個ずつ入れたときを考えると，くだものの個数は $(x-1)$ 個のかごに 6 個ずつ入れたときよりは多く，x 個のかご全部に 6 個ずつ入れたときよりは少ないことがわかる。これを式にすると，

$$6(x-1)<2x+37<6x$$

この連立不等式の解のうち，整数であるものが答えとなる。

解答 かごの数を x 個とすると，くだものの個数は $(2x+37)$ 個である。

くだものを 6 個ずつ入れると $(x-1)$ 個のかごには 6 個はいり，最後のかごだけ 6 個より少ないから

$$6(x-1)<2x+37<6x$$

すなわち $\begin{cases} 6(x-1)<2x+37 & \cdots\cdots\cdots ① \\ 2x+37<6x & \cdots\cdots\cdots ② \end{cases}$

①より $6x-6<2x+37$

$4x<43$

$x<\dfrac{43}{4}$ ………③

②より $-4x<-37$

$x>\dfrac{37}{4}$ ………④

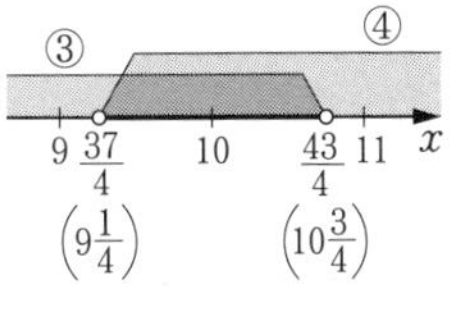

③，④より $\dfrac{37}{4}<x<\dfrac{43}{4}$

ここで，x は整数であるから $x=10$

ゆえに，くだものの個数は $2\times10+37=57$ (個)

これらの値は問題に適する。 (答) かご 10 個，くだもの 57 個

参考 くだものを 6 個ずつ入れると $(x-1)$ 個のかごには 6 個はいり，最後のかごだけ 6 個より少ないから，

$$6(x-1)+1 \leqq 2x+37 \leqq 6x-1$$

としてもよい。

また，$6(x-1)<2x+37 \leqq 6x-1$，$6(x-1)+1 \leqq 2x+37<6x$ などでもよい。

演習問題

32. ある団体旅行では同じ定員のバスを8台用意していたが，予定より参加人数が増えて360人になり全員は乗れなくなったので，もう1台同じバスを出した。このバス1台の定員は何人か。考えられる数をすべて答えよ。

33. 100円の箱に，1個140円のりんごと1個90円のかきを合わせて15個つめ，代金を2000円以内にしたい。りんごの個数がかきの個数より多くなるようにつめ合わせるとき，りんごの個数は何個以上何個以下か。

34. 右の表は，とり肉と卵にふくまれているたんぱく質の割合，および熱量を表している。たんぱく質が57g以上，熱量が500キロカロリー以上の食品をつくるには，卵100gと何g以上のとり肉を合わせて使えばよいか。

	たんぱく質	熱量（100gにつき）
とり肉	22％	100キロカロリー
卵	13％	150キロカロリー

35. みかんを子どもに1人6個ずつ分けると10個余り，1人7個ずつ分けると最後の1人の子どもの分は1個より多く4個より少なくなる。子どもの人数とみかんの個数をそれぞれ求めよ。考えられる人数と個数をすべて答えよ。

36. 一郎さんは，ある数学の問題集を1日につき20問ずつ解くと16日目に解き終わり，1日につき28問ずつ解くと11日目に解き終わる。一郎さんがこの問題集を毎日13問ずつ解くと，何日目に解き終わるか。

進んだ問題

37. オレンジを1かごに6個ずつ入れると8個余り，8個ずつ入れると1かごだけ8個に満たなかった。そこで，2かごだけ8個ずつ入れたら，残りのかごにはいるオレンジの個数は等しく，余りはなかった。オレンジの個数を求めよ。

38. 2つの不等式 $2x+1 \geqq 5(x+1)$，$2x-1>2a$ を同時に満たす x の値のうち整数がちょうど5個あるとき，a の値の範囲を求めよ。

39. $\dfrac{x-2}{4}=\dfrac{2y+3}{3}=\dfrac{3z+1}{2}$ のとき，不等式 $5x<6z-8y<12x$ を満たす x の値の範囲を求めよ。

6章の問題

1 次の不等式を解け。

(1) $2x+7>7x-13$

(2) $2x-3<4x+1$

(3) $4a+6(7-a)\leqq 32$

(4) $0.5(x+1)-2(0.3-0.2x)\geqq -0.4$

(5) $4-2x\geqq \dfrac{x+5}{3}$

(6) $\dfrac{x-3}{5}-\dfrac{2x-4}{3}>4$

(7) $2(2x+3)\geqq \dfrac{x-1}{3}+5$

(8) $\dfrac{1-5b}{12}+\dfrac{2b-3}{6}\leqq \dfrac{b-2}{6}$

2 次の場合，$\dfrac{1}{a}$ と $\dfrac{1}{b}$ の大小を比較し不等式で表せ。

(1) $0<a<b$　(2) $a<0<b$　(3) $a<b<0$

3 不等式 $2+\dfrac{6-7x}{3}\geqq -x-\dfrac{3(x-2)}{4}$ を満たす x の値のうち，最大の整数を求めよ。

4 不等式 $3x+4y<20$ を満たす2つの正の整数 x，y の組はいくつあるか。

5 $2a+3b+4c=5$ ……①，$a+b+c=6$ ……② とする。
$b>0$ のとき，①，②を同時に満たす a の値のうち，最大の整数を求めよ。

6 $-2\leqq a\leqq 1$，$-3\leqq b\leqq 2$ のとき，次の S，T の値の範囲を求めよ。

(1) $S=5a-1$　(2) $T=2a-b$

7 姉は折り紙を60枚，弟は折り紙を10枚もっている。姉が弟に折り紙を何枚かあげても，姉の枚数が弟の枚数の2倍より多くなるようにしたい。姉は弟に何枚まであげることができるか。

8 コップを1個240円で何個か仕入れ，これを1個400円で売ったとき，そのうち20個が割れても15000円以上の利益があるようにしたい。コップを何個以上仕入れればよいか。

9 濃度5％の食塩水800gに濃度8％の食塩水を混ぜて，濃度6％以上の食塩水をつくりたい。濃度8％の食塩水を何g以上混ぜればよいか。

10 あるチケットを窓口で売りはじめたとき，すでに450人の行列があり，さらに毎分10人の割合で人数が増えている。10個の窓口で，15分で行列をなくすには，1つの窓口は1分間に何人以上に売らなければならないか。

11 次の連立不等式を解け。

(1) $\begin{cases} 2x-1<3x+3 \\ x-4 \leqq -2x+3 \end{cases}$

(2) $\begin{cases} 3x-1>x+5 \\ -x+2<3x+4 \end{cases}$

(3) $\begin{cases} -3x-4>2x+1 \\ -5x+2<-3x-6 \end{cases}$

(4) $\begin{cases} 3(x-1)-1<2x+1 \\ \dfrac{1}{3}x+\dfrac{5}{2}>\dfrac{7}{3}x+\dfrac{1}{2} \end{cases}$

(5) $3x-1<4x-3 \leqq 8x+5$

(6) $\dfrac{5(x-1)}{4} \leqq 2x+1 < \dfrac{7(x+1)}{4}$

12 不等式 $\dfrac{2a-3}{5}<x$ を満たす x の値のうち最小の整数が 3 であるとき，正の整数 a の値をすべて求めよ。

13 連立不等式 $\begin{cases} 2x+3>a \\ bx-7<3x+2 \end{cases}$ の解の範囲が $2<x<3$ であるとき，a，b の値を求めよ。

14 子どもたちにりんごを配る。1 人に 4 個ずつ配ると 19 個余るが，1 人に 7 個ずつ配ると，最後の子どもは 7 個より少なくなる。子どもの人数とりんごの個数をそれぞれ求めよ。考えられる人数と個数をすべて答えよ。

15 A と B は合わせて 52 枚のカードをもっている。A が自分のもっているカードのちょうど $\dfrac{1}{3}$ を B にあげてもまだ A のほうが多く，さらに 3 枚あげると B のほうが多くなる。A がはじめにもっていたカードの枚数を求めよ。

16 2 台の車 A，B がある。同じ大きさの荷物を A は 1 回につき x 個，B は 1 回につき y 個運ぶ。A で 8 回運び，B で 9 回運ぶとちょうど運び終わる個数の荷物がある。これらの荷物を A，B で 6 回ずつ運んだら，運んだ個数は全体の半分より 75 個多かった。

(1) y を x の式で表せ。

(2) 残りの荷物を B だけで運ぶと 6 回で運び終わる。このとき，はじめにあった荷物の個数を求めよ。ただし，6 回目のみ y 個未満でもよいものとする。

17 a，b を整数とする。x，y についての連立方程式 $\begin{cases} ax-y+1=0 \\ x+by+2-4b=0 \end{cases}$ の解 x，y の小数第 1 位を四捨五入したところ，それぞれ 1，2 を得た。

(1) a，b を x，y の式で表せ。

(2) x，y の値の組をすべて求めよ。

7章

式の計算(2)

1…単項式と多項式の乗法・除法

基本問題

1. 次の計算をせよ。

(1) $-5x(x-2)$　　(2) $4x(2x-3y)$

(3) $(x+2y)\times 3x$　　(4) $-3(m-5n)\times m$

(5) $(12a^2+8a)\div 4a$　　(6) $(2y^3+3y^4)\div 12y^2$

(7) $(12x^2-18xy)\div(-6x)$

(8) $(3a^4b-4a^3b^2+6a^2b^3)\div(-6a^2)$

(9) $\dfrac{6x^3+9x^2}{3x}$　　(10) $\dfrac{4y-6y^3}{-2y}$

分配法則

$\boldsymbol{a(b+c)=ab+ac}$

$\boldsymbol{(a+b)c=ac+bc}$

(多項式)÷(単項式)

$$\frac{a+b}{c}=(a+b)\div c=(a+b)\times\frac{1}{c}=\frac{a}{c}+\frac{b}{c}$$

例題1 次の計算をせよ。

(1) $(-3x)^2(2x-1)+9x^2$　　(2) $\dfrac{36y^5-18y^4-27y^2}{(3y)^2}$

解説 かっこの累乗があれば，それを先に計算する。つぎに，分配法則を利用してかっこをはずしてから，同類項をまとめる。

解答 (1) $(-3x)^2(2x-1)+9x^2=9x^2(2x-1)+9x^2=18x^3-9x^2+9x^2=18x^3$ ……(答)

(2) $\dfrac{36y^5-18y^4-27y^2}{(3y)^2}=\dfrac{36y^5-18y^4-27y^2}{9y^2}=\dfrac{36y^5}{9y^2}-\dfrac{18y^4}{9y^2}-\dfrac{27y^2}{9y^2}$

$=4y^3-2y^2-3$ ………(答)

参考 (2)は，共通因数でくくることを利用して計算することもできる。(→p.114)

$$\frac{36y^5-18y^4-27y^2}{(3y)^2}=\frac{\cancel{9y^2}(4y^3-2y^2-3)}{\cancel{9y^2}}=4y^3-2y^2-3$$

演習問題

2. 次の計算をせよ。

(1) $(2x^2-4)\times\frac{1}{2}x^3$　　(2) $(3m^2-6m+9)\times\left(-\frac{2}{3}m\right)$

(3) $\frac{1}{6}p(2p-3q-6r)$　　(4) $(2x^5-6x^3)\div\frac{2}{3}x^2$

(5) $\left(\frac{1}{2}x^3-\frac{1}{3}x^2\right)\div\frac{1}{6}x$　　(6) $\left(\frac{3}{10}y^3+\frac{4}{5}y^2-\frac{1}{4}y\right)\div\left(-\frac{1}{20}y\right)$

3. 次の計算をせよ。

(1) $(2x)^2(x^2+2x-5)$　　(2) $(-x)^3(2x-3y+xz)$

(3) $(2a-3b)\times(-2ab)^2$　　(4) $(3x)^2\left(\frac{1}{3}x-\frac{5}{9}y\right)$

(5) $(8x^4-20x^3)\div(-2x)^3$　　(6) $(18x^4+9x^3-36x^2)\div(-3x)^2$

(7) $(20a^5b^3-18a^4b^4)\div(2a^2b)^2$　　(8) $\dfrac{12m^5n^6-4m^4n^5+8m^2n^5}{(-2mn^2)^2}$

4. 次の計算をせよ。

(1) $\left(\frac{2}{3}x\right)^2(6x-9y-3)$　　(2) $(24x^2-16y)\times\left(-\frac{1}{2}xy^2\right)^3$

(3) $\left(\frac{3}{8}a+\frac{5}{6}b\right)\times(-2a)^3$　　(4) $\left(-\frac{4}{15}x+\frac{8}{9}y^2\right)\times\left(-\frac{3}{2}x^2y\right)^3$

(5) $(2m^5n^4-7m^3n^5)\div\left(\frac{2}{3}mn^2\right)^2$　　(6) $-2a(3a^2b^2-4ab^3)\div(-4a^2b)$

5. 次の計算をせよ。

(1) $2x(x^2-3x)+x^2(x-4)$

(2) $3(a^2-b^2)-2a(a+3b)-4b(-a-2b)$

(3) $2n(5n-3)-6(1-n)$

(4) $2x(3x+4y)-3y(3x-4y)$

(5) $(6x^2-8xy+4xz)\div(-2x)-(9y+6z)\div3$

(6) $(16a^3b-20a^3c+8a^2bc)\div(2a)^2-(3abc+12ac^2-9bc^2)\div(-3c)$

6. $x=3$, $y=-2$ のとき，次の式の値を求めよ。

(1) $2x(x+y)-y(2x-3y)$　　(2) $(x^6y^2-4x^5y^3-5x^4y^4)\div(x^2y)^2$

(3) $(4x^2y^2-8x^3y-12x^4)\div\left(\frac{4}{7}x^2\right)+\left(\frac{1}{6}y^4-3xy^3-\frac{7}{2}x^2y^2\right)\div\left(-\frac{1}{6}y^2\right)$

2…多項式の乗法

基本問題

7. 次の式を展開せよ。

(1) $(a-b)(c+d)$

(2) $(a+b)(c-d)$

(3) $(a-b)(c-d)$

(4) $(x+3)(y-2)$

(5) $(2a+3)(4b+1)$

(6) $(3a-2)(x+3y)$

8. 次の式を，〔　〕の中に示された文字について，降べきの順および昇べきの順に整理せよ。

(1) $5x^2-4+3x-2x^3$　〔x〕

(2) $a^3-3ab^2+2b^3-5a^2b$　〔a〕

式の展開

$$(\boldsymbol{a}+\boldsymbol{b})(\boldsymbol{c}+\boldsymbol{d})=\boldsymbol{ac}+\boldsymbol{ad}+\boldsymbol{bc}+\boldsymbol{bd}$$

式の整理

(1) **降べきの順**　多項式を，1つの文字について次数の高い項から順に並べる。

(2) **昇べきの順**　多項式を，1つの文字について次数の低い項から順に並べる。

(例) $a^3-2a^2b+4ab^2-3b^3$

(a について降べきの順
b について昇べきの順)

例題2　$(2x-3)(x^2+2x-5)$ を展開せよ。

解説　$x^2+2x-5=M$ とおくと，

$(2x-3)(x^2+2x-5)=(2x-3)M$ となり，分配法則を利用して展開できる。

実際の計算では，項が3つ以上でも右の図の矢印のように，順にかけて計算してよい。

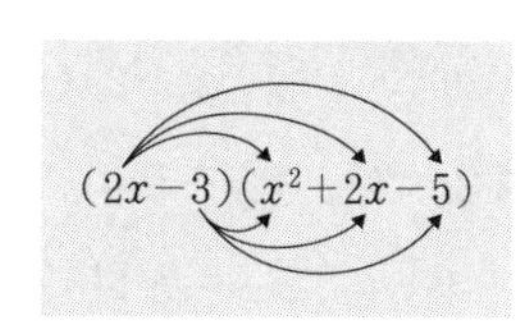

解答　$(2x-3)(x^2+2x-5)=2x(x^2+2x-5)-3(x^2+2x-5)$

$=2x^3+4x^2-10x-3x^2-6x+15=2x^3+x^2-16x+15$ ………(答)

参考　縦書きの計算をするときは，降べきの順または昇べきの順に整理してから計算する。また，右のように，係数だけを取り出して計算してもよい。

$$\begin{array}{rrrrr} & x^2 & +2x & -5 & \\ \times) & 2x & -3 & & \\ \hline 2x^3 & +4x^2 & -10x & & \\ & -3x^2 & -6x & +15 & \\ \hline 2x^3 & +x^2 & -16x & +15 & \end{array}$$

$$\begin{array}{rrrr} 1 & 2 & -5 & \\ \times)\ 2 & -3 & & \\ \hline 2 & 4 & -10 & \\ & -3 & -6 & 15 \\ \hline 2 & 1 & -16 & 15 \end{array}$$

ゆえに，$2x^3+x^2-16x+15$

演習問題

9. 次の式を展開せよ。

(1) $(a-b)(c+d-e)$　　(2) $(a+b)(a-3b+2)$

(3) $(x-y+3)(x+y)$　　(4) $(x-2)(x^2+3x+1)$

(5) $(2a+1)(3a^2-a+2)$　　(6) $(a+2b)(2a^2-ab-2b^2)$

(7) $(-2x^2-3xy+4y^2)(5x-2y)$　　(8) $(3a-2)(a+5)(2a+1)$

10. 次の計算をせよ。

(1) $\begin{array}{r} 2x+3 \\ \times)\ \ x-5 \\ \hline \end{array}$　　(2) $\begin{array}{r} 3a+4b \\ \times)\ -2a+\ b \\ \hline \end{array}$　　(3) $\begin{array}{r} x^2+2x-3 \\ \times)\ 4x\ -1\quad\ \\ \hline \end{array}$

(4) $\begin{array}{r} -2x^2+3x-4 \\ \times)\ \ 5x^2\qquad +3 \\ \hline \end{array}$　　(5) $\begin{array}{r} 3x+2y-4 \\ \times)\ 4x-3y\qquad \\ \hline \end{array}$　　(6) $\begin{array}{r} 7x^2+2xy-5y^2 \\ \times)\ 6x\ -\quad y\qquad \\ \hline \end{array}$

11. 次の計算をせよ。

(1) $\left(x+\frac{3}{4}\right)\left(x-\frac{4}{3}\right)$

(2) $\left(\frac{1}{2}a+2b\right)\left(\frac{2}{3}a-3b\right)$

(3) $(x-2)(x+5)-(x+1)(x-4)$

(4) $(3y+7)(2y-3)+(4y-9)(y-3)$

(5) $(2a+3b)(3a+4b)-(3a-5b)(a-4b)$

(6) $(x+1)(x+2)(x-4)+(x-1)(x-2)(x+4)$

12. 次の計算をせよ。

(1) $\left(\frac{2}{3}a-\frac{3}{4}b\right)\left(\frac{3}{2}a+\frac{4}{3}b\right)$

(2) $\left(\frac{x}{2}-\frac{3}{5}y\right)\left(\frac{2}{3}x+\frac{5}{2}y\right)-\frac{1}{4}xy$

(3) $\left(2x-\frac{1}{3}\right)\left(3x+\frac{1}{4}\right)-\left(4x-\frac{5}{3}\right)\left(6x+\frac{1}{2}\right)$

(4) $\left(\frac{1}{6}p+q\right)\left(\frac{1}{4}p+2q\right)-\left(\frac{5}{12}p-\frac{1}{2}q\right)\left(\frac{1}{2}p+2q\right)$

(5) $(a+0.5)(a-0.3)(a+0.8)-(a-0.5)(a+0.3)(a-0.8)$

3…乗法公式による多項式の乗法

基本問題

13. 次の式を展開せよ。

(1) $(x+2)(x+5)$

(2) $(x-3)(x+4)$

(3) $(x+1)(x-6)$

(4) $(y-2)(y-3)$

(5) $(a-2)(a+6)$

(6) $(m+5)(m-3)$

(7) $(y+4)(y+5)$

(8) $(x+8)(x-3)$　(9) $(b-7)(b-2)$　(10) $(y-6)(y+8)$

乗法公式

$(x+a)(x+b)=x^2+(a+b)x+ab$ （1次式の積）

$(a+b)^2=a^2+2ab+b^2$ （和の平方）

$(a-b)^2=a^2-2ab+b^2$ （差の平方）

$(a+b)(a-b)=a^2-b^2$ （和と差の積）

14. 次の式を展開せよ。

(1) $(a+3)^2$　(2) $(y+4)^2$　(3) $(m+6)^2$

(4) $(b-1)^2$　(5) $(x-2)^2$　(6) $(z-5)^2$

(7) $(x+2)(x-2)$　(8) $(a-5)(a+5)$　(9) $(p-7)(p+7)$

例題3　次の式を展開せよ。

(1) $(3x-5y)^2$　(2) $(2a+bc)(3a+bc)$

(3) $\left(-\frac{2}{3}x+\frac{5}{4}y\right)\left(-\frac{2}{3}x-\frac{5}{4}y\right)$

解説　おきかえなどを使って，公式を正しく利用する。

(2) $bc=X$ とおくと，$(2a+bc)(3a+bc)=(X+2a)(X+3a)$ となるから，公式が利用できる。なれてくれば，解答のようにおきかえなくてもよい。

解答　(1) $(3x-5y)^2=(3x)^2-2\times3x\times5y+(5y)^2=9x^2-30xy+25y^2$ ………(答)

(2) $(2a+bc)(3a+bc)=(bc+2a)(bc+3a)$

$=(bc)^2+(2a+3a)\times bc+2a\times3a$

$=6a^2+5abc+b^2c^2$ ………(答)

(3) $\left(-\frac{2}{3}x+\frac{5}{4}y\right)\left(-\frac{2}{3}x-\frac{5}{4}y\right)=\left(-\frac{2}{3}x\right)^2-\left(\frac{5}{4}y\right)^2=\frac{4}{9}x^2-\frac{25}{16}y^2$ ……(答)

別解　(2) $(2a+bc)(3a+bc)=6a^2+2abc+3abc+b^2c^2$

$=6a^2+5abc+b^2c^2$ ………(答)

演習問題

15. 次の式を展開せよ。

(1) $\left(x-\frac{2}{3}\right)\left(x+\frac{1}{2}\right)$　(2) $\left(a-\frac{2}{3}\right)\left(a-\frac{1}{12}\right)$　(3) $(x-3y)(x+2y)$

(4) $(a^2+5b)(a^2+3b)$　(5) $(x-7ab)(4ab+x)$　(6) $(-x+3y)(x-2y)$

16. 次の式を展開せよ。

(1) $(2a+b)^2$　(2) $(5x-4y)^2$　(3) $(2ax+3b)^2$

(4) $(-3x-7y)^2$　(5) $\left(\frac{3}{4}x+2\right)^2$　(6) $\left(-\frac{2}{5}a+\frac{5}{8}xy\right)^2$

17. 次の式を展開せよ。

(1) $(2x+5y)(2x-5y)$　(2) $(3xy-1)(3xy+1)$

(3) $(3-4a)(3+4a)$　(4) $(3x-7a)(7a+3x)$

(5) $(-a-2b)(2b-a)$　(6) $\left(\frac{3}{2}x-\frac{2}{3}y\right)\left(\frac{3}{2}x+\frac{2}{3}y\right)$

(7) $\left(\frac{1}{6}b-\frac{5}{3}a\right)\left(\frac{5}{3}a+\frac{1}{6}b\right)$　(8) $(x+a)^2(x-a)^2$

(9) $(1-x)(1+x)(1+x^2)(1+x^4)$　(10) $(x-3)(x-2)(x+2)(x+3)$

●例題4● 次の式を展開せよ。

(1) $(2x-3)(4x+5)$　(2) $(4a-3b)(3a-4b)$

解説 $(ax+b)(cx+d)=acx^2+adx+bcx+bd$

$=acx^2+(ad+bc)x+bd$

である。これを公式として利用してよい。

公式

$(ax+b)(cx+d)$

$=acx^2+(ad+bc)x+bd$

解答 (1) $(2x-3)(4x+5)=8x^2+(10-12)x-15$

$=8x^2-2x-15$ ……(答)

(2) $(4a-3b)(3a-4b)=12a^2+(-16-9)ab+12b^2$

$=12a^2-25ab+12b^2$ ………(答)

演習問題

18. 次の式を展開せよ。

(1) $(2x-3)(2x+1)$　(2) $(a-5)(2a-1)$　(3) $(5x+3)(7x-4)$

(4) $(x-3y)(3x+2y)$　(5) $(2x-5y)(3x-2y)$　(6) $(5a-2b)(2a+5b)$

●例題5● 次の式を展開せよ。

(1) $(a+b+c)^2$　　(2) $(x-y-2)(x-y+5)$

(3) $(x-4y-3z)(x+y-3z)$　　(4) $(a-b+c)(a+b-c)$

解説 (1), (2) おきかえをすることにより，公式の利用を考える。(1)の結果は，公式として利用してよい。

(3) x，$-3z$ が共通であることに着目し，$x-3z$ を1つのものと考える。

(4) 2つのかっこの中の文字について，符号の同じものと異なるものに着目する。a は符号が同じ，b，c は異なるから，

$$(a-b+c)(a+b-c)$$
$$=\{a-(b-c)\}\{a+(b-c)\}$$

とし，$b-c$ を1つのものと考えて公式を利用する。

なれてくれば，(3), (4)の解答のようにおきかえなくてもよい。

公式

$$(\boldsymbol{a}+\boldsymbol{b}+\boldsymbol{c})^2$$
$$=\boldsymbol{a}^2+\boldsymbol{b}^2+\boldsymbol{c}^2+2\boldsymbol{ab}+2\boldsymbol{bc}+2\boldsymbol{ca}$$

注 3つの文字をふくむ多項式において，a，b，c が下の図の矢印の順に並ぶように整理することを，**輪環の順（サイクリック）に整理する**という。

解答 (1) $a+b=X$ とおくと

$$(a+b+c)^2$$
$$=(X+c)^2$$
$$=X^2+2cX+c^2$$
$$=(a+b)^2+2c(a+b)+c^2$$
$$=a^2+2ab+b^2+2ac+2bc+c^2$$
$$=a^2+b^2+c^2+2ab+2bc+2ca$$

………(答)

(2) $x-y=A$ とおくと

$$(x-y-2)(x-y+5)$$
$$=(A-2)(A+5)$$
$$=A^2+3A-10$$
$$=(x-y)^2+3(x-y)-10$$
$$=x^2-2xy+y^2+3x-3y-10$$

………(答)

(3) $(x-4y-3z)(x+y-3z)$

$$=\{(x-3z)-4y\}\{(x-3z)+y\}$$
$$=(x-3z)^2-3y(x-3z)-4y^2$$
$$=x^2-6xz+9z^2-3xy+9yz-4y^2$$
$$=x^2-4y^2+9z^2-3xy+9yz-6zx$$

………(答)

(4) $(a-b+c)(a+b-c)$

$$=\{a-(b-c)\}\{a+(b-c)\}$$
$$=a^2-(b-c)^2$$
$$=a^2-(b^2-2bc+c^2)$$
$$=a^2-b^2+2bc-c^2$$
$$=a^2-b^2-c^2+2bc$$ ………(答)

演習問題

19. 次の式を展開せよ。

(1) $(a-b+c)^2$　　(2) $(x-y+3)^2$　　(3) $(a+3b-2)^2$

(4) $(-2x+y-4)^2$　　(5) $(x^2+3x-1)^2$

20. 次の式を展開せよ。

(1) $(a+b-c)(a+b+c)$　(2) $(x+y-1)(x+y+2)$

(3) $(2a-b+3)(2a-b-5)$　(4) $(x-2y+z)(x-3y+z)$

(5) $(x^2-3x+4)(x^2-3x-4)$　(6) $(1-2y-y^2)(1+2y-y^2)$

21. 次の式を展開せよ。

(1) $(a+b+c)(a-b-c)$　(2) $(x-y+z)(-x+y+z)$

(3) $(2x-y+3z)(2x+y-3z)$　(4) $(x^2-2x-3)(x^2+2x+3)$

(5) $(a-b-c+d)(a+b-c-d)$　(6) $(a+b-c+d)(-a+b-c-d)$

22. 次の計算をせよ。

(1) $(x-2)^2-(x-1)(x+3)$　(2) $(a-2)(a+3)+(a-1)^2$

(3) $(y+3)(y-3)-(y-2)^2$　(4) $(a+6)^2-(a+3)(a+9)$

(5) $(2x-3)(6x+5)-3(2x-1)^2$　(6) $(-a-4b)^2-4(3a+2b)^2$

(7) $(-2x-5y)^2-(3y-2x)(2x+3y)$

23. 次の計算をせよ。

(1) $(x-y+z)^2-(x-y+2z)(x-y)$

(2) $(a-2)^2+(a+3)^2-2(a-1)^2$

(3) $(2a+3b)^2+(2a+3b)(2a-3b)-(2a-3b)^2$

(4) $(5x+3y)(x-2y)+6(x+2y)^2-2(x+3y)^2$

24. 次の計算をせよ。

(1) $(x-2y+4)(x+2y+4)-(x+2y-4)(x-2y-4)$

(2) $(a+b+c)^2+(a+b-c)^2-(b+c-a)^2-(c+a-b)^2$

(3) $(x+1)(x+2)(x+3)(x+4)$

(4) $(x-3)(x-2)(x+4)(x+6)$

25. 次の計算をせよ。

(1) $(x-2)(2x+3)-(3x-4)(x+2)+(x+9)(x-1)$

(2) $998\times2003-2996\times1002+1009\times999$

26. 縦 $a$cm，横 $b$cm の長方形の紙がある。

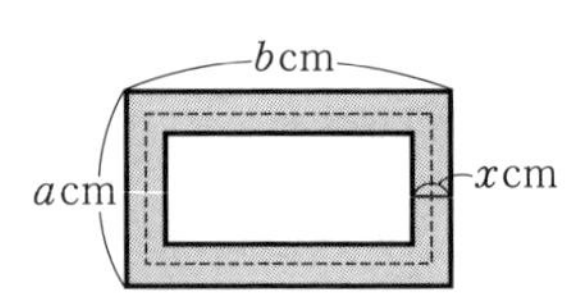

(1) 4つの辺にそって $x$cm の幅を残して内側を切りぬくとき，残った図形の面積は何 cm^2 か。

(2) 残った図形の真ん中を通る線（図の点線）全体の長さと，幅の積は，(1)の面積に等しいことを証明せよ。

4…自然数の素因数分解

素数

自然数のうち，正の約数が1とその数自身の2個だけであるものを**素数**という。ただし，1は素数ではない。

注　素数でない2以上の自然数を**合成数**という。

エラトステネスのふるい

次のような方法で，n以下のすべての素数を求めることができる。

① 1からnまでの自然数をすべて書く。

② 1を消す。

③ 2に○をつけ，他の2の倍数をすべて消す。

④ 残った数のうち，最も小さい数である3に○をつけ，他の3の倍数をすべて消す。

~~1~~	(2)	(3)	~~4~~	(5)	~~6~~	(7)	~~8~~	~~9~~	~~10~~
(11)	~~12~~	(13)	~~14~~	~~15~~	~~16~~	(17)	~~18~~	(19)	~~20~~
~~21~~	~~22~~	(23)	~~24~~	~~25~~	~~26~~	~~27~~	~~28~~	(29)	~~30~~

⑤ 残った数のうち，最も小さい数である5に○をつけ，他の5の倍数をすべて消す。

このような作業を続けていくと，○をつけた数が素数となり，n以下のすべての素数が求められる。このような素数の求め方を**エラトステネスのふるい**という。

基本問題

27. 次の数のうち，素数はどれか。

1，11，21，31，41，51，61，71，81，91，101

28. エラトステネスのふるいを使って，101以上150以下のすべての素数を求めよ。

例題6 次の自然数を素因数分解せよ。

(1) 30　　(2) 252

解説 素数である約数をさがして割っていき，素数だけの積の形で表す。次ページのように，筆算で求めてもよい。

(2) 同じ素数を2回以上かけているときは，指数を使って表す。

解答 (1) $30=2\times3\times5$ ………(答)

(2) $252=2^2\times3^2\times7$ ………(答)

注 素因数分解の結果は，ふつう小さい素数から順に書く。

```
2) 30      2)252
3) 15      2)126
    5      3) 63
           3) 21
               7
```

演習問題

29. 次の数を素因数分解せよ。

(1) 12　(2) 54　(3) 105　(4) 168　(5) 693　(6) 1001

●例題7● 素因数分解を使って，48，60，72 の最大公約数，最小公倍数を求めよ。

解説 素因数分解して，次のように求める。

$48=\mathbf{2}\times\mathbf{2}\times2\times2\times\mathbf{3}$

$60=\mathbf{2}\times\mathbf{2}\times\mathbf{3}\times5$

$72=\mathbf{2}\times\mathbf{2}\times2\times\mathbf{3}\times3$

(最大公約数)$=\mathbf{2}\times\mathbf{2}\times\mathbf{3}=12$

(最小公倍数)$=\mathbf{2}\times\mathbf{2}\times2\times2\times\mathbf{3}\times3\times5=720$

最大公約数，最小公倍数

最大公約数 公約数のうち，最も大きい数

最小公倍数 公倍数のうち，最も小さい正の数

互いに素 2 数 a，b の最大公約数が 1 であるとき，**a，b は互いに素である**という。

解答 $48=2^4\times3$，$60=2^2\times3\times5$，$72=2^3\times3^2$ であるから，

最大公約数は $2^2\times3=12$

最小公倍数は $2^4\times3^2\times5=720$

(答) 最大公約数 12，最小公倍数 720

演習問題

30. 素因数分解を使って，次の各組の最大公約数，最小公倍数を求めよ。

(1) 45，75　(2) 42，70，105　(3) 72，180，270

31. 2 けたの自然数 a，b があり，それらの最大公約数は 6，最小公倍数は 90 である。自然数 a，b を求めよ。ただし，$a<b$ とする。

32. 540 にできるだけ小さい自然数をかけて，ある自然数の 2 乗になるようにする。どのような数をかけたらよいか。

33. $\dfrac{45}{22}$ をかけても $\dfrac{140}{33}$ をかけても自然数となる正の分数のうち，最小のものを求めよ。

34. $\dfrac{n}{12}$，$\dfrac{360}{n}$ がともに整数となるような自然数 n をすべて求めよ。

▶▶研究◀◀ ユークリッドの互除法

> **▶研究1◀** 自然数 a，b，c と整数 q について，$a=bq+c$ が成り立つとする。このとき，a と b，b と c の最大公約数をそれぞれ g，g' とすると，$g=g'$ が成り立つことを証明せよ。

◀解説▶ a と b の最大公約数は g であるから，$a=ga'$，$b=gb'$（a' と b' は自然数で，互いに素）と表される。このことを利用する。

◁証明▷ a と b の最大公約数は g であるから，$a=ga'$，$b=gb'$（a' と b' は自然数で，互いに素）と表される。これらを $a=bq+c$ に代入して

$$ga'=gb'\times q+c \qquad よって \quad c=g(a'-b'q)$$

a'，b'，q は整数であるから，$a'-b'q$ も整数である。したがって，g は c の約数となり，また g は b の約数でもあるから，g は b と c の公約数となる。

b と c の最大公約数は g' であるから

$$g \leqq g' \quad \cdots\cdots\cdots ①$$

また，b と c の最大公約数は g' であるから，$b=g'b''$，$c=g'c'$（b'' と c' は自然数で，互いに素）と表される。これらを $a=bq+c$ に代入して

$$a=g'b''\times q+g'c'=g'(b''q+c')$$

よって，同様に，g' は a と b の公約数となる。

a と b の最大公約数は g であるから

$$g' \leqq g \quad \cdots\cdots\cdots ②$$

①，②より　$g=g'$

▶研究問題◀

35. 自然数 a，b，c と整数 q について，$a=bq-c$ が成り立つとする。このとき，a と b，b と c の最大公約数をそれぞれ g，g' とすると，$g=g'$ が成り立つことを証明せよ。

研究2　次の各組の最大公約数を求めよ。

(1)　1139,　493　　　　(2)　3973,　1073

解説　(1)　1139 を 493 で割ったときの商は 2，余りは 153 であるから，
$1139=493\times2+153$ が成り立つ。よって，研究 1 より，1139 と 493 の最大公約数は 493 と 153 の最大公約数に等しい。さらに，493 を 153 で割ったときの商は 3，余りは 34 であるから，493 と 153 の最大公約数は 153 と 34 の最大公約数に等しい。

この計算をくり返し，余りが 0 になるときの割る数が求める最大公約数である。

(2)　(1)と同じ方法で求めることもできるが，下 2 けたが同じであることに着目して，
$3973=1073\times1+2900$ と考えるとよい。$2900=2^2\times5^2\times29$ であるから，公約数は 2 と 5 と 29 についてだけ調べればよい。

解答　(1)　$1139=\underline{493}\times2+\underline{153}$

$\underline{493}=\underline{153}\times3+\underline{34}$

$\underline{153}=\underline{34}\times4+\underline{17}$

$\underline{34}=\mathbf{17}\times2$

ゆえに，求める最大公約数は 17 である。

（答）　17

(2)　$3973=1073\times1+2900$

$2900=2^2\times5^2\times29$　　　$1073=29\times37$

よって，2900 と 1073 の最大公約数は 29

ゆえに，求める最大公約数は 29 である。

（答）　29

ユークリッドの互除法

2 つの自然数 a，b について，

a を b で割った余りは r_1

b を r_1 で割った余りは r_2

r_1 を r_2 で割った余りは r_3

…

このような計算を続けていき，余りが 0 になったときの割る数が a と b の最大公約数である。このような最大公約数の求め方を，**ユークリッドの互除法**という。

参考　右のように，筆算で求めることもできる。

(ア)に 1139（大きい数），(イ)に 493（小さい数）を書く。

(ウ)に，(ア) 1139 を (イ) 493 で割った商を書く。

(エ)に (イ) 493 × (ウ) 2 を書き，(オ)に (ア) 1139 から (エ) 986 を引いた差を書く。

(オ) 153 は，(ア) 1139 を (イ) 493 で割った余りである。

(カ)に，(イ) 493 を (オ) 153 で割った商を書く。

(キ)に (オ) 153 × (カ) 3 を書き，(ク)に (イ) 493 から (キ) 459 を引いた差を書く。

(ク) 34 は，(イ) 493 を (オ) 153 で割った余りである。

(ケ)に，(オ) 153 を (ク) 34 で割った商を書き，同様に計算を続ける。

(サ)のように，余りが 0 になったときの割る数 (コ) 17 が，求める最大公約数である。

(1)

(ウ) 2	(ア) 1139	(イ) 493	3 (カ)
	(エ) 986	(キ) 459	
(ケ) 4	(オ) 153	(ク) 34	2
	136	34	
	(コ) **17**	(サ) 0	

参考　2つの自然数 a，b の最大公約数を gcd(a，b) で表すことがある。(1)は次のように表すことができる。

$$\begin{aligned}\mathrm{gcd}(1139,\ 493)&=\mathrm{gcd}(493,\ 153)\\&=\mathrm{gcd}(153,\ 34)\\&=\mathrm{gcd}(34,\ 17)\\&=17\end{aligned}$$

研究問題

36. 次の各組の最大公約数を求めよ。

(1)　368，　161　　(2)　1053，　481　　(3)　1624，　1131

(4)　2667，　826　　(5)　2451，　551　　(6)　7471，　1271

研究　記数法

研究3　次の問いに答えよ。

(1)　10進法で表された204を5進法で表せ。

(2)　10進法で表された14を2進法で表せ。

解説　(1)　204を5進法で表すために，次のような割り算をする。

まず，204を5で割り，商40，余り4を右のように書く。

```
5) 204
5)  40 … 4
5)   8 … 0
     1 … 3
    商  余り
```

このとき，$204=40\times5+4$ ………①

このとき，$40=8\times5+0$ ………②

このとき，$8=1\times5+3$ ………③

つぎに，その商40を，また5で割り，商8，余り0を書く。

商が5より小さくなるまでくり返し，これらを等式で表す。

③を②に代入して　$40=(1\times5+3)\times5+0=1\times5^2+3\times5+0$ ………④

④を①に代入して　$204=(1\times5^2+3\times5+0)\times5+4=1\times5^3+3\times5^2+0\times5+4=1304_{(5)}$

この結果は，上の割り算における最後の商と余りを，矢印の順に並べたものである。

(2)　(1)と同様に，14を2でつぎつぎに割っていき，最後の商と余りを矢印の順に並べると

```
2) 14
2)  7 … 0
2)  3 … 1
    1 … 1
```

$$\begin{aligned}14&=1\times2^3+1\times2^2+1\times2+0\\&=1110_{(2)}\end{aligned}$$

注　5進法で表された数は，10進法の数と区別するために $1304_{(5)}$ のように書き表す。同様に，2進法で表された数は $1110_{(2)}$ のように書き表す。

解答　(1)　$204=1\times5^3+3\times5^2+0\times5+4=1304_{(5)}$　　(答)　$1304_{(5)}$

(2)　$14=1\times2^3+1\times2^2+1\times2+0=1110_{(2)}$　　(答)　$1110_{(2)}$

展開記法

下の例のように，n 進法で表された自然数を，各位の数と n の累乗との積の和の形で表す方法を**展開記法**という。

（例） **10 進法** $382=3\times10^2+8\times10+2$

5 進法 $431_{(5)}=4\times5^2+3\times5+1$

2 進法 $101_{(2)}=1\times2^2+0\times2+1$

注 2 進法で表された数は，下の位から順に 1 の位，2 の位，2^2 の位，… として表される。同様に，5 進法で表された数は，下の位から順に 1 の位，5 の位，5^2 の位，… として表される。

研究問題

37. 右辺が左辺の展開記法となるように，次の□にあてはまる数を入れよ。

(1) $257=\square\times10^2+\square\times10+\square$

(2) $9308=\square\times10^3+\square\times10^2+\square\times10+\square$

(3) $2143_{(5)}=\square\times5^3+\square\times5^2+\square\times5+\square$

(4) $10101_{(2)}=\square\times2^4+\square\times2^3+\square\times2^2+\square\times2+\square$

38. 次の数を展開記法で表せ。

(1) 723　(2) $3124_{(5)}$　(3) $10011_{(2)}$

(4) $20112_{(3)}$　(5) $5106_{(7)}$

39. 次の問いに答えよ。

(1) 次の数を 5 進法で表せ。

(i) 17　(ii) 200　(iii) 1436

(2) 次の数を 2 進法で表せ。

(i) 13　(ii) 27　(iii) 47

(3) 次の数を 10 進法で表せ。

(i) $244_{(5)}$　(ii) $110101_{(2)}$

40. 次の問いに答えよ。

(1) $14_{(5)}$ を 2 進法で表せ。

(2) $11011_{(2)}$ を 7 進法で表せ。

▶研究4◀　10 進法で 2 けたの自然数 N を 7 進法で表すと，各位の数の並ぶ順が逆になった。N を 10 進法で表せ。

《解説》　N を 10 進法で表したときの 10 の位，1 の位の数をそれぞれ x，y とすると，N を 7 進法で表したときの 7 の位，1 の位の数は，それぞれ y，x となる。

7 進法であるから，x，y は 6 以下の自然数であることに注意する。

〈解答〉　N を 10 進法で表したときの 10 の位，1 の位の数をそれぞれ x，y とすると

$N=10x+y=7y+x$（x，y は 6 以下の自然数）

よって　$9x=6y$　　$3x=2y$

x，y は 6 以下の自然数であるから

$(x,\ y)=(2,\ 3),\ (4,\ 6)$

ゆえに　$N=23,\ 46$　　（答）　23，46

▶研究問題◀

41．次の問いに答えよ。

(1)　10 進法で 2 けたの自然数 N を 4 進法で表すと，各位の数の並ぶ順が逆になった。N を 10 進法で表せ。

(2)　9 進法で 2 けたの自然数 N を 5 進法で表すと，各位の数の並ぶ順が逆になった。N を 10 進法で表せ。

(3)　9 進法で 3 けたの自然数 N を 6 進法で表すと，各位の数の並ぶ順が逆になった。N を 10 進法で表せ。

5…因数分解

基本問題

42. 次の式を因数分解せよ。

(1) $ax-ayz$　　(2) $xy+yz$

(3) $3abx-3abc$　　(4) $4x^3-4x^2$

共通因数でくくる

$ma+mb=m(a+b)$

$ma-mb=m(a-b)$

43. 次の式を因数分解せよ。

(1) $2a^2x+4a^3y$　　(2) $6x^2y-9xy^2$

(3) $42a^4b^4+18a^3b^5$　　(4) $35abx^2-14bcxy$

(5) $x^2yz-2xy^2z+3xy$　　(6) $20a^4b^3-15a^4b^2+25a^3b^3$

例題8　次の式を因数分解せよ。

(1) $\frac{2}{3}ax^2-\frac{4}{9}axy$　　(2) $\frac{1}{6}px+\frac{3}{8}py-\frac{5}{12}pz$

解説　係数に分数がある式において数でくくるときは，その数を次のようにして見つける。

くくる数の分母は，それぞれの分母の最小公倍数

くくる数の分子は，それぞれの分子の最大公約数

(1) 分母 3，9 の最小公倍数は 9，分子 2，4 の最大公約数は 2 である。

(2) 分母 6，8，12 の最小公倍数は 24，分子 1，3，5 の最大公約数は 1 である。

解答　(1) $\frac{2}{3}ax^2-\frac{4}{9}axy=\frac{2}{9}ax\times 3x-\frac{2}{9}ax\times 2y=\frac{2}{9}ax(3x-2y)$ ………(答)

(2) $\frac{1}{6}px+\frac{3}{8}py-\frac{5}{12}pz=\frac{1}{24}p\times 4x+\frac{1}{24}p\times 9y-\frac{1}{24}p\times 10z$

$=\frac{1}{24}p(4x+9y-10z)$ ………(答)

演習問題

44. 次の式を因数分解せよ。

(1) $\frac{2}{3}x^2+\frac{1}{6}xy$　　(2) $\frac{4}{5}abx-\frac{6}{5}bcy$　　(3) $\frac{4}{9}p^3q^2-\frac{8}{15}pq^4$

(4) $\frac{5}{2}x^2z-\frac{2}{3}xyz+\frac{3}{4}xz^2$　　(5) $\frac{10}{3}abc+\frac{5}{6}abd-15acd$

●例題9● 次の式を因数分解せよ。

(1) $x^2-9x+14$　　(2) $x^2+4x-12$

解説 x の2次3項式 x^2+px+q の因数分解では，和が x の係数 p，積が定数項 q となる2数を見つける。まず q を2数の積で表し（同じ数でもよい），2数の和が p になるものをさがす。p，q がともに整数のときには，さがす範囲を整数のみに限定してよい。

(1) $14=1\times14=2\times7=(-1)\times(-14)=(-2)\times(-7)$

この中で和が -9 になる2数は -2 と -7 である。

(2) $-12=1\times(-12)=2\times(-6)=3\times(-4)$

$=4\times(-3)=6\times(-2)=12\times(-1)$

この中で和が4になる2数は6と -2 である。

2次3項式の公式

$\boldsymbol{x^2+(a+b)x+ab}$
$\boldsymbol{=(x+a)(x+b)}$

解答 (1) $x^2-9x+14=(x-2)(x-7)$ ………（答）

(2) $x^2+4x-12=(x+6)(x-2)$ ………（答）

2次3項式 $\boldsymbol{x^2+px+q}$ の因数分解

和 $a+b$ が p，積 ab が q となるような2数 a，b は，q の符号，p の符号の順に調べることで，さがす範囲をしぼることができる。

(1) 定数項 q が正ならば，a，b は同符号であり，

① x の係数 p も正ならば，a，b はともに正である。

（例）$x^2+\mathbf{5}x+\mathbf{6}=(x+\mathbf{2})(x+\mathbf{3})$　　$x^2+\mathbf{13}x+\mathbf{12}=(x+\mathbf{1})(x+\mathbf{12})$

② x の係数 p が負ならば，a，b はともに負である。

（例）$x^2-\mathbf{5}x+\mathbf{6}=(x-\mathbf{2})(x-\mathbf{3})$　　$x^2-\mathbf{13}x+\mathbf{12}=(x-\mathbf{1})(x-\mathbf{12})$

(2) 定数項 q が負ならば，a，b は異符号であり，

① x の係数 p が正ならば，a，b の絶対値は，正の数のほうが大きい。

（例）$x^2+\mathbf{5}x-\mathbf{6}=(x+\mathbf{6})(x-\mathbf{1})$　　$x^2+\mathbf{11}x-\mathbf{12}=(x+\mathbf{12})(x-\mathbf{1})$

② x の係数 p も負ならば，a，b の絶対値は，負の数のほうが大きい。

（例）$x^2-\mathbf{5}x-\mathbf{6}=(x+\mathbf{1})(x-\mathbf{6})$　　$x^2-\mathbf{11}x-\mathbf{12}=(x+\mathbf{1})(x-\mathbf{12})$

演習問題

45. 次の式を因数分解せよ。

(1) x^2+3x+2　　(2) x^2-5x+4　　(3) x^2+x-12

(4) y^2-5y-6　　(5) $a^2-2a-15$　　(6) $x^2+16x+28$

(7) $p^2-3p-28$　　(8) $x^2-13x+36$　　(9) $y^2+5y-14$

(10) $a^2+9a+18$　　(11) $x^2-29x+100$　　(12) $p^2-13p-90$

●例題10● 次の式を因数分解せよ。

(1) $x^2+4xy-21y^2$　　(2) $10-3x-x^2$

解説 (1) $x^2+4xy-21y^2$ のように，どの項も次数が同じ（この場合はすべて2次）であるような多項式を，**同次式**（この場合は**2次の同次式**）という。2次の同次式の因数分解は，2次3項式のときと同様に考える。

(2) x について降べきの順に並べて，x^2 の係数が正になるように，-1 でくくる。

解答 (1) $x^2+4xy-21y^2=(x+7y)(x-3y)$ ………(答)

(2) $10-3x-x^2=-(x^2+3x-10)=-(x+5)(x-2)$ ………(答)

注 (2)の答えは，$(x+5)(2-x)$，$(5+x)(2-x)$ などと書いてもよい。

演習問題

46. 次の式を因数分解せよ。

(1) $x^2+6xy+8y^2$　　(2) $x^2+6ax-7a^2$　　(3) $p^2-2pq-35q^2$

(4) $8-2x-x^2$　　(5) $6+5y-y^2$　　(6) $44+7a-a^2$

47. 次の式を因数分解せよ。

(1) $2x^2+8x+6$　　(2) $3x^2-3x-36$

(3) $5x^2-15xy-20y^2$　　(4) $9-6x-3x^2$

(5) $14-7x-7x^2$　　(6) $32y^2-4x^2+8xy$

48. 次の式を因数分解せよ。

(1) $ax^2-8ax+7a$　　(2) $3x^3-3x^2-18x$

(3) $x^2y^2-2xy-24$　　(4) $6ac-abc-ab^2c$

(5) $3x^2y^2-12x^2y-63x^2$　　(6) $14xy^2-2x^2y-20y^3$

(7) $\frac{1}{2}x^2-\frac{5}{2}xy-3y^2$　　(8) $4a-\frac{10}{3}ay-\frac{2}{3}ay^2$

(9) $\frac{3}{2}m-2-\frac{1}{4}m^2$

●例題11● 次の式を因数分解せよ。

(1) $x^2+10x+25$　　(2) $x^2-6xy+9y^2$

(3) $9x^2-24x+16$　　(4) $4x^2-49y^2$

解説 平方の公式，平方の差の公式が利用できるときは，それを使って因数分解する。

(1) $25=5^2$，$10x=2\times x\times 5$ であるから，平方の公式が使える。

(2) $9y^2=(3y)^2$，$6xy=2\times x\times 3y$ であるから，平方の公式が使える。

(3) $9x^2=(3x)^2$，$16=4^2$，$24x=2\times 3x\times 4$ であるから，平方の公式が使える。

(4) $4x^2=(2x)^2$，$49y^2=(7y)^2$ であるから，平方の差の公式が使える。

平方の公式

$\boldsymbol{a^2+2ab+b^2=(a+b)^2}$（和の平方）

$\boldsymbol{a^2-2ab+b^2=(a-b)^2}$（差の平方）

平方の差の公式

$\boldsymbol{a^2-b^2=(a+b)(a-b)}$

解答 (1) $x^2+10x+25=(x+5)^2$ ………（答）

(2) $x^2-6xy+9y^2=(x-3y)^2$ ………（答）

(3) $9x^2-24x+16=(3x-4)^2$ ………（答）

(4) $4x^2-49y^2=(2x+7y)(2x-7y)$ ………（答）

演習問題

49. 次の式を因数分解せよ。

(1) x^2+2x+1　(2) $y^2-8y+16$　(3) $4x^2+4xy+y^2$

(4) $9a^2-12a+4$　(5) $25p^2+40p+16$　(6) $121x^2-154ax+49a^2$

50. 次の式を因数分解せよ。

(1) x^2-4　(2) x^2-25y^2　(3) $9a^2-64b^2$

(4) $81x^2y^2-4z^2$　(5) $-49x^2+1$　(6) $169a^2-196b^2$

51. 次の式を因数分解せよ。

(1) $2x^2+8x+8$　(2) $12x^2-3y^2$　(3) $6x-9-x^2$

(4) $\dfrac{1}{2}y^2-4y+8$　(5) $a^2+3a+\dfrac{9}{4}$　(6) $3x^4-\dfrac{1}{3}y^2$

(7) $3ax^2y^2-axy+\dfrac{a}{12}$　(8) $\dfrac{4}{9}a^2b-25b^3$　(9) $-\dfrac{3}{2}a^2b-2abx-\dfrac{2}{3}bx^2$

●例題12● $(x+5)(x-2)-8$ を因数分解せよ。

解説 展開して整理してから，因数分解する。

解答 $(x+5)(x-2)-8=x^2+3x-10-8$

$=x^2+3x-18=(x+6)(x-3)$ ………（答）

演習問題

52. 次の式を因数分解せよ。

(1) $(x+3)(x-2)+4$　　(2) $(x-5)(x+1)+3x-1$

(3) $(3a+1)^2-8a(a+1)$　　(4) $(a+3b)(a-3b)+b(2a+b)$

(5) $(2y-1)^2-(y-2)^2-9$　　(6) $(2x-1)(3x-1)-(5x-7)(x+3)$

(7) $(3x+2)(x-3)-2(1-x)^2-122$

(8) $(7x+3)(2x-5)-(x-7)(x+5)-(x-4)(x-11)$

《因数分解のまとめ》

(1) 共通因数でくくる。　(例) $2ax^2-4ax-6a=2a(x^2-2x-3)$

(2) 公式が利用できるときは使う。　(例) $2a(x^2-2x-3)=2a(x+1)(x-3)$

(3) 公式が利用できないときは，次のことを考えて，上の(1), (2)が使えないかを調べる。

① おきかえを考える。(→例題 13)

② 項を適当に組み合わせて，部分的に因数分解する。(→例題 14)

③ 次数の最も低い文字について整理する。(→例題 15)

注 因数分解は，それ以上因数分解ができないところまで行う。

●例題13● 次の式を因数分解せよ。

(1) $(a-2b)x+5(a-2b)$　　(2) $(x+2)y^2-4(x+2)y-5(x+2)$

(3) $(3x-y)^2-(2x-5y)^2$　　(4) $(x+3)^2-7(x+3)+10$

解説 (1) $a-2b=t$ とおいて，共通因数でくくる。

(2) $x+2=t$ とおいて共通因数でくくり，さらに因数分解する。

(3) $3x-y=A$，$2x-5y=B$ とおくと A^2-B^2 となり，公式が利用できる。

(4) $x+3=t$ とおくと $t^2-7t+10$ となり，公式が利用できる。

なれてきたら，いちいちおきかえないで，解答(2), (4)のように因数分解する。

解答 (1) $a-2b=t$ とおくと

$(a-2b)x+5(a-2b)=tx+5t=t(x+5)=(a-2b)(x+5)$ ………(答)

(2) $(x+2)y^2-4(x+2)y-5(x+2)=(x+2)(y^2-4y-5)$

$=(x+2)(y+1)(y-5)$ ………(答)

(3) $3x-y=A$，$2x-5y=B$ とおくと

$(3x-y)^2-(2x-5y)^2=A^2-B^2=(A+B)(A-B)$

$=\{(3x-y)+(2x-5y)\}\{(3x-y)-(2x-5y)\}=(5x-6y)(x+4y)$ ……(答)

(4) $(x+3)^2-7(x+3)+10=\{(x+3)-2\}\{(x+3)-5\}=(x+1)(x-2)$ ……(答)

演習問題

53. 次の式を因数分解せよ。

(1) $(a+b)x-(a+b)y+(a+b)z$

(2) $(a-b)^2+2c(a-b)$

(3) $6x(x-3)-9x$

(4) $12(y+2)^3-18(y+2)^2$

(5) $(x-1)(x^2+3)+(x-1)(4x+1)$

(6) x^4-2x^2+1

(7) $(a+2)(2y^2+3y+2)-(a+2)(y^2-2y+8)$

(8) $(x-2)(x^2+3x-7)-(4x-5)(x-2)$

54. 次の式を因数分解せよ。

(1) $(a-b)^2-4$

(2) $(2x-y)^2-(x+2y)^2$

(3) $4(3x+y)^2-(5x-2y)^2$

(4) $(x+y-z)^2-(x-y-2z)^2$

(5) $(x+3)^2-(x+3)-6$

(6) $(x+1)^2+5(x+1)y-6y^2$

(7) $(3a+5)^2-2(3a+5)+1$

(8) $x^2-6(a-2b)x+9(a-2b)^2$

●例題14● 次の式を因数分解せよ。

(1) $(a+b)x-2ay-2by$

(2) $a(x-y)-x+y$

(3) $a^2-b^2+c^2+2ac$

(4) $x^3-3x^2-4x+12$

解説 (1) $-2ay-2by=-2y(a+b)$ であるから，$a+b$ が共通因数である。

(2) $-x+y=-(x-y)$ であるから，$x-y$ が共通因数である。

(3) $a^2+2ac+c^2=(a+c)^2$ であるから，公式が利用できる。

(4) $x^3-3x^2-4x+12=x^2(x-3)-4(x-3)$ であるから，$x-3$ が共通因数であり，それでくくってから，さらに因数分解する。

解答 (1) $(a+b)x-2ay-2by$

$=(a+b)x-2y(a+b)$

$=(a+b)(x-2y)$ ………(答)

(2) $a(x-y)-x+y$

$=a(x-y)-(x-y)$

$=(a-1)(x-y)$ ………(答)

(3) $a^2-b^2+c^2+2ac$

$=(a^2+2ac+c^2)-b^2$

$=(a+c)^2-b^2$

$=\{(a+c)+b\}\{(a+c)-b\}$

$=(a+b+c)(a-b+c)$ ………(答)

(4) $x^3-3x^2-4x+12$

$=x^2(x-3)-4(x-3)$

$=(x-3)(x^2-4)$

$=(x-3)(x+2)(x-2)$

$=(x+2)(x-2)(x-3)$ ………(答)

演習問題

55. 次の式を因数分解せよ。

(1)　$(a-1)x-a+1$　(2)　$(x+y)z-3x-3y$　(3)　$xy-x+y-1$

(4)　$ax-by-ay+bx$　(5)　$y(5x-3)+2(3-5x)$　(6)　$(2a-3)x-(3-2a)$

56. 次の式を因数分解せよ。

(1)　$a^2-b^2+2bc-c^2$　(2)　x^2-y^2-4x+4　(3)　$(x-3y)^2-x^2+9y^2$

(4)　$4a^2-b^2-8a-4b$　(5)　x^3+x^2-2x-2　(6)　$2y^3+3y^2-18y-27$

●例題15●　次の式を因数分解せよ。

(1)　$a^2+ab-b-1$　(2)　$x^2+xy+yz-z^2$

(解説)　共通因数が見あたらず，公式も利用できないときは，**1つの文字に着目して整理する**と，因数分解できることがある。とくに，文字の次数が異なるときは，**次数が最も低い文字について，降べきの順または昇べきの順に整理する。**

(1)　a については2次式，b については1次式であるから，b について整理する。

(2)　x については2次式，y については1次式，z については2次式であるから，y について整理する。

(解答)　(1)　$a^2+ab-b-1$

$=(a-1)b+(a^2-1)$

$=(a-1)b+(a+1)(a-1)$

$=(a-1)\{b+(a+1)\}$

$=(a-1)(a+b+1)$ ………(答)

(2)　$x^2+xy+yz-z^2$

$=(x+z)y+(x^2-z^2)$

$=(x+z)y+(x+z)(x-z)$

$=(x+z)\{y+(x-z)\}$

$=(x+z)(x+y-z)$ ………(答)

演習問題

57. 次の式を因数分解せよ。

(1)　$a^2-b^2+bc-ac$　(2)　$x^2-xy-x+4y-12$

(3)　$a^2+2ab-a-4b-2$　(4)　$x^2-6y^2+xy-9yz-3zx$

(5)　$4x^2+z^2+2xy-yz-4zx$　(6)　$x^2z+xy^2-y^2z+y^3$

58. 次の式を因数分解せよ。

(1)　$(x^2-3x)^2-2(x^2-3x)-8$　(2)　$a^2+b^2-c^2-d^2-2ab+2cd$

(3)　$(ab+cd)^2+(ad-bc)^2$　(4)　$x^2-4xy+4y^2-x+2y-2$

(5)　$x^2+4y^2-4z^2-4xy-4z-1$

59. 次の式を因数分解せよ。

(1) $x^2(x+1)^2-4x(x+1)-12$　(2) $a^2+b^2-3c^2+2(ab-bc-ca)$

(3) $x^2y-xy^2-x^2+y^2+x-y$　(4) $(a-b)^3+b-a$

(5) $a^2b^2-b^2c^2+c^2d^2-d^2a^2-4abcd$

(6) $4(x+2)^2-4(x+2)(y-1)+(y-1)^2$

(7) $a^3-ab^2-3a^2b+3b^3+a^2-b^2$

(8) $6(2a-3)(b+1)-(3b+3)^2-(2a-3)^2$

進んだ問題の解法

問題1 次の式を因数分解せよ。

(1) $2x^2+11x+12$　(2) $6x^2-x-15$

解法 $px^2+qx+r=(ax+b)(cx+d)$

と因数分解できたとすると，右の計算より，x^2 の係数，x の係数，定数項を比較して，

$$p=ac,\quad q=ad+bc,\quad r=bd$$

となる。

すなわち，px^2+qx+r を因数分解するには，まず，かけて p になる2数 a と c の組，および，かけて r になる2数 b と d の組を書き出し，つぎに，たすきがけにかけたものの和が q になるものをさがせばよい。

(1) 積が2となる正の整数の組は1と2のみである。積が12となる整数の組は1と12，2と6，3と4，および -1 と -12，-2 と -6，-3 と -4 である。たすきがけの和が11になるものは，$a=1$，$b=4$，$c=2$，$d=3$ のみである。

(2) 積が6となる正の整数の組は1と6，2と3である。積が -15 となる整数の組は1と -15，3と -5，-1 と15，-3 と5である。たすきがけの和が -1 になるものは，$a=2$，$b=3$，$c=3$，$d=-5$ のみである。

解答 (1) $2x^2+11x+12=(x+4)(2x+3)$ ………(答)

(2) $6x^2-x-15=(2x+3)(3x-5)$ ………(答)

$(ax+b)(cx+d)$ の係数のみの計算

	a	b	
×)	c	d	
	ac	bc	
		ad	bd
	p	q	r

たすきがけ

a ╳ b → bc
c ╳ d → ad
計 q

(1) 正解

2　12
↓　↓
1 ╳ 4 → 8
2 ╳ 3 → 3
計 11

(2) 正解

6　-15
↓　↓
2 ╳ 3 → 9
3 ╳ -5 → -10
計 -1

(2) 誤り

2 ╳ -3 → -9
3 ╳ 5 → 10
計 1

進んだ問題

60. 次の式を因数分解せよ。

(1) $2x^2-3x+1$
(2) $2x^2-5xy-3y^2$
(3) $3x^2+4x-7$
(4) $7y^2+17y+6$
(5) $5a^2-14ab+8b^2$
(6) $3x^2-4x-4$

61. 次の式を因数分解せよ。

(1) $4x^2+8xy-5y^2$
(2) $6a^2+11a-7$
(3) $15x^2-11x+2$
(4) $3-10y-8y^2$
(5) $12x^2+32xy+13y^2$
(6) $28x^2-4x-5$

62. 次の式を因数分解せよ。

(1) $4x^2+4x-15$
(2) $4x^2+5xy-6y^2$
(3) $4x^2+13x+9$
(4) $6y^2+5y-6$
(5) $6x^2-37x+6$
(6) $10a^2+9ab-9b^2$
(7) $12p^2-13p-4$
(8) $14x^2-11x-15$

63. 次の式を因数分解せよ。

(1) $x^2-4x+\dfrac{15}{4}$
(2) $2x^2+\dfrac{2}{3}x-\dfrac{28}{3}$
(3) $1+\dfrac{1}{6}x-2x^2$
(4) $\dfrac{3}{2}a^2+\dfrac{27}{4}a+3$
(5) $\dfrac{5}{6}+\dfrac{3}{2}y-\dfrac{1}{3}y^2$
(6) $\dfrac{1}{5}x^2-\dfrac{1}{2}x+\dfrac{1}{5}$

64. 次の式を因数分解せよ。

(1) $(x+1)(6x+1)-50$
(2) $(x+1)(7x-1)-2(2x^2+5x-1)$
(3) $(x-2)(5x+7)-(x-1)(x+4)$
(4) $2(4x+1)(x-1)+(4x-3)(4x-7)-(6x-7)^2$

65. 次の式を因数分解せよ。

(1) $3a^2-6ab-a-4b-2$
(2) $2x^2-2y^2+3xy-yz+2zx$
(3) $6xy-3y^2+10x+4y+15$
(4) $6x^3-3x^2y+2yz^2-7zx^2-3z^2x+5xyz$

進んだ問題の解法

問題2 次の式を因数分解せよ。

(1) x^4+x^2+1　　(2) $(x+1)(x+2)(x+3)(x+4)-8$

解法 (1) $x^2=A$ とおくと，

$$x^4+x^2+1=A^2+A+1$$

となり，A についての2次式になる。このような4次式のことを**複2次式**という。

複2次式は，x^4-6x^2+8 のように，$x^2=A$ のおきかえで因数分解できるものもあるが，おきかえで因数分解できないものについては，平方の差の形にすることで平方の差の公式を利用することを考える。

x^4+x^2+1 において，x^4 の項と定数項がそれぞれ x^4，1となるような平方の式は $(x^2+1)^2$ と $(x^2-1)^2$ が考えられるが，平方の差の形にできるのは $(x^2+1)^2$ のほうである。

(2) $(x+1)(x+4)$ と $(x+2)(x+3)$ に分けて部分的に展開すると，x^2+5x が共通して出てくる。

解答 (1)

$$\begin{aligned} x^4+x^2+1&=(x^4+2x^2+1)-x^2\\ &=(x^2+1)^2-x^2\\ &=(x^2+1+x)(x^2+1-x)\\ &=(x^2+x+1)(x^2-x+1) \quad \cdots\cdots(\text{答}) \end{aligned}$$

(2)

$$\begin{aligned} (x+1)(x+2)(x+3)(x+4)-8&=\{(x+1)(x+4)\}\{(x+2)(x+3)\}-8\\ &=(x^2+5x+4)(x^2+5x+6)-8\\ &=(x^2+5x)^2+10(x^2+5x)+16\\ &=(x^2+5x+2)(x^2+5x+8) \quad \cdots\cdots(\text{答}) \end{aligned}$$

進んだ問題

66. 次の式を因数分解せよ。

(1) $x^4+x^2y^2+y^4$　　(2) x^4+2x^2+9

(3) a^4-30a^2+49　　(4) x^4+4

67. 次の式を因数分解せよ。

(1) $(x-1)(x+1)(x+3)(x+5)+7$

(2) $(x-1)(x-2)(x-4)(x-5)-4$

(3) $(x-3)(x-1)(x+2)(x+6)-40x^2$

進んだ問題の解法

問題3 次の式を因数分解せよ。

(1) $x^2+xy-2y^2+2x+7y-3$

(2) $a(b^2-c^2)+b(c^2-a^2)+c(a^2-b^2)$

解法 次数に差がないときは，1つの文字について整理して考える。

(1) x について整理すると，

$$x^2+(y+2)x-(2y^2-7y+3)=x^2+(y+2)x-(y-3)(2y-1)$$

となる。ここで，積が $-(y-3)(2y-1)$，和が $y+2$ となる2つの y の式を，たすきがけで見つける。

(2) a について整理すると，

$$(c-b)a^2+(b^2-c^2)a+(bc^2-b^2c)=-(b-c)a^2+(b-c)(b+c)a-bc(b-c)$$

となり，共通因数 $b-c$ が見つかる。

解答 (1) $x^2+xy-2y^2+2x+7y-3$

$=x^2+(y+2)x-(2y^2-7y+3)$

$=x^2+(y+2)x-(y-3)(2y-1)$

$=\{x-(y-3)\}\{x+(2y-1)\}$

$=(x-y+3)(x+2y-1)$ ………(答)

1	╳	-3 →	-6
2		-1 →	-1
			-7

1	╳	$-(y-3)$ →	$-y+3$
1		$2y-1$ →	$2y-1$
			$y+2$

(2) $a(b^2-c^2)+b(c^2-a^2)+c(a^2-b^2)$

$=a(b^2-c^2)+bc^2-a^2b+a^2c-b^2c$

$=(c-b)a^2+(b^2-c^2)a+(bc^2-b^2c)$

$=-(b-c)a^2+(b-c)(b+c)a-bc(b-c)$

$=-(b-c)\{a^2-(b+c)a+bc\}$

$=-(b-c)(a-b)(a-c)$

$=(a-b)(b-c)(c-a)$ ………(答)

進んだ問題

68. 次の式を因数分解せよ。

(1) $x^2+3xy+2y^2-x-3y-2$　(2) $x^2-5xy+6y^2-x+y-2$

(3) $x^2+2xy-3y^2+x-5y-2$　(4) $6x^2+xy-2y^2+x+3y-1$

69. 次の式を因数分解せよ。

(1) $a^2(b-c)+b^2(c-a)+c^2(a-b)$

(2) $a^2b+b^2c+c^2a+ab^2+bc^2+ca^2+2abc$

(3) $a^2b+b^2c+c^2a+ab^2+bc^2+ca^2+3abc$

6…式の計算の利用

基本問題

70. 乗法公式を利用して，次の計算をせよ。

(1) 99^2　　(2) 197×203　　(3) 989×1012

71. 因数分解の公式を利用して，次の計算をせよ。

(1) 83^2-17^2　　(2) $23^2+2\times23\times17+17^2$

●例題16● 自然数 72 について，次の問いに答えよ。

(1) 72 を素因数分解せよ。　　(2) 72 の正の約数の個数を求めよ。

(3) 72 の正の約数の総和を求めよ。

解説 (2) $72=2^3\cdot3^2$ と素因数分解できるから，72 の正の約数は右の通りである。指数に着目すると，約数の個数は $(3+1)(2+1)=4\times3=12$（個）であることがわかる。

72 の約数

1	2	2^2	2^3
3	$2\cdot3$	$2^2\cdot3$	$2^3\cdot3$
3^2	$2\cdot3^2$	$2^2\cdot3^2$	$2^3\cdot3^2$

(3) 1 段目の約数の和は $1+2+2^2+2^3$

2 段目の約数の和は

$3+2\cdot3+2^2\cdot3+2^3\cdot3=(1+2+2^2+2^3)\times3$

3 段目の約数の和は

$3^2+2\cdot3^2+2^2\cdot3^2+2^3\cdot3^2$

$=(1+2+2^2+2^3)\times3^2$

であるから，正の約数の総和は

$(1+2+2^2+2^3)(1+3+3^2)=15\times13=195$

一般に，右のまとめが成り立つ。

正の約数の個数，約数の総和

$n=p^aq^br^c$ と素因数分解できるとき，n の正の約数の個数は，

$(a+1)(b+1)(c+1)$ 個

正の約数の総和は，

$(1+p+p^2+\cdots+p^a)$

$\times(1+q+q^2+\cdots+q^b)$

$\times(1+r+r^2+\cdots+r^c)$

解答 (1) $72=2^3\times3^2$

(2) $(3+1)(2+1)=12$　　（答） 12 個

(3) $(1+2+2^2+2^3)(1+3+3^2)=15\times13=195$　　（答） 195

注 解説のように，$2^3\times3^2$ を簡単に $2^3\cdot3^2$ と書くことがある。

演習問題

72. 次の数の正の約数の個数と，正の約数の総和を求めよ。

(1) $2^2\times3^3\times5$　　(2) 252　　(3) 3600

73. n を自然数とする。$\dfrac{120}{n}$ が自然数となるような n はいくつあるか。

74. n を自然数とする。$\dfrac{2^5\times3^3\times5^2}{n^2}$ が自然数となるような n はいくつあるか。

75. 60 の正の約数の 2 乗の総和を求めよ。

76. 100 以上 300 以下の自然数で，正の約数の個数が奇数個であるような数はいくつあるか。

●例題17● n を整数とするとき，次の値は 6 の倍数になることを証明せよ。
(1) n^3-n　　(2) $2n^3+3n^2+n$

解説 連続する 2 つの整数のうちのどちらか 1 つは必ず偶数であるから，**連続する 2 つの整数の積は偶数**である。また，連続する 3 つの整数のうちのいずれか 1 つは必ず 3 の倍数であるから，連続する 3 つの整数の積は 2 でも 3 でも割りきれる。したがって，**連続する 3 つの整数の積は 6 の倍数**である。これらのことを利用する。
(1) $n^3-n=(n-1)n(n+1)$ であるから，n^3-n は連続する 3 つの整数の積である。
(2) $2n^3+3n^2+n=n(n+1)(2n+1)$
n，$n+1$ が連続する 2 つの整数であるから，$n-1$ または $n+2$ をつくるような変形を考えると，$2n+1=(n-1)+(n+2)$ に気づく。

証明 (1) $n^3-n=n(n^2-1)=n(n-1)(n+1)=(n-1)n(n+1)$
n は整数であるから，n^3-n は連続する 3 つの整数の積である。
ゆえに，n^3-n は 6 の倍数になる。
(2)
$$\begin{aligned}2n^3+3n^2+n&=n(2n^2+3n+1)\\&=n(n+1)(2n+1)\\&=n(n+1)\{(n-1)+(n+2)\}\\&=(n-1)n(n+1)+n(n+1)(n+2)\end{aligned}$$
n は整数であるから，$(n-1)n(n+1)$，$n(n+1)(n+2)$ はどちらも連続する 3 つの整数の積である。したがって，どちらも 6 の倍数である。
ゆえに，$2n^3+3n^2+n$ は 6 の倍数になる。

別解 (2) $2n^3+3n^2+n=2n^3-2n+3n^2+3n=2(n^3-n)+3n(n+1)$
n は整数であるから，(1)より n^3-n は 6 の倍数である。$n(n+1)$ は連続する 2 つの整数の積であるから偶数である。よって，$3n(n+1)$ も 6 の倍数である。
ゆえに，$2n^3+3n^2+n$ は 6 の倍数になる。

演習問題

77. 奇数の 2 乗から 1 をひいた数は 8 の倍数になることを証明せよ。

78. 連続する 2 つの偶数の積に 1 を加えた数は，それらの偶数の間にある奇数の 2 乗になることを証明せよ。

79. 連続する 4 つの整数の積に 1 を加えた数は，ある整数の 2 乗になることを証明せよ。

進んだ問題の解法

問題4　次の問いに答えよ。

(1)　$xy+2x-3y-6$ を因数分解せよ。

(2)　方程式 $xy+2x-3y=24$ を満たす正の整数 x，y の組をすべて求めよ。

解法　(2)　(1)の結果を利用する。方程式の両辺から 6 をひくと，左辺が因数分解でき，$(x-3)(y+2)=18$ となる。x，y は正の整数であるから，$y+2$ は 18 の約数で，かつ 3 以上の整数である。したがって，$y+2=3,\ 6,\ 9,\ 18$ である。それぞれについて，x の値を求めればよい。

解答　(1)　$xy+2x-3y-6=x(y+2)-3(y+2)=(x-3)(y+2)$ ………(答)

(2)　$xy+2x-3y=24$ の両辺から 6 をひいて

$$xy+2x-3y-6=18$$

(1)より　$(x-3)(y+2)=18$

x，y は正の整数であるから，$x-3$，$y+2$ はそれぞれ -2 以上，3 以上の整数である。したがって，$y+2$ は 18 の約数のうち 3 以上の整数である。

よって　$y+2=3,\ 6,\ 9,\ 18$

すなわち　$\begin{cases}x-3=6\\y+2=3\end{cases}$，$\begin{cases}x-3=3\\y+2=6\end{cases}$，$\begin{cases}x-3=2\\y+2=9\end{cases}$，$\begin{cases}x-3=1\\y+2=18\end{cases}$

ゆえに，求める x，y の組は

$\begin{cases}x=9\\y=1\end{cases}$，$\begin{cases}x=6\\y=4\end{cases}$，$\begin{cases}x=5\\y=7\end{cases}$，$\begin{cases}x=4\\y=16\end{cases}$ ………(答)

進んだ問題

80. 次の方程式を満たす正の整数 x，y の組をすべて求めよ。

(1)　$(2x-1)(3y+1)=50$　　(2)　$xy-2x-2y=9$

(3)　$2xy-x+4y=20$　　(4)　$2xy+x+3y=16$

7章の問題

1 次の計算をせよ。

(1) $3x(4x+7)-5x(2x-4)+6x(-x-7)$

(2) $3ab^2(2a-3b)-2ab(a^2+5ab-b^2)-a^2b(5a-7b)$

(3) $\left(\dfrac{3}{2}x^3y+\dfrac{4}{3}x^2y^2\right)\div\dfrac{x^2}{6}$

(4) $(2m^2-3mn-5n^2)\times(-2m^2n)^3$

(5) $(8ax^6y^3-5bx^5y^4+12x^7y^6)\div\left(-\dfrac{2}{3}x^2y\right)^2$

(6) $4x(2x^3-x^2+1)-3x^2(x^2-2x+3)-(8x^5-32x^3)\div(-2x)^2$

2 次の計算をせよ。

(1) $(2x+1)(x-3)-2(x-2)^2$

(2) $(x+2y)^2+(x+2y)(x-2y)+(x-2y)^2$

(3) $(x-2y)^2+(2x+3y)^2-(3x-2y)^2-(2x-y)(y-2x)$

(4) $(a+2b-3c)^2-(a-2b-3c)^2$

(5) $(x-1)(x+1)(x^2+x+1)(x^2-x+1)$

(6) $(a-4)(a-2)(a+3)(a+5)$

(7) $\left(\dfrac{x-y}{2}+\dfrac{x+y}{4}\right)(3x+y)$

(8) $\dfrac{(x-y)^2}{2}-\dfrac{(2y-3x)(x+3y)}{3}-\dfrac{(3x+4y)(4x-3y)}{8}$

3 次の式を因数分解せよ。

(1) $x^2-7x+12$

(2) $(a+b)^2-4ab$

(3) $a^3-3a^2-4a+12$

(4) $2a^2-2a+0.5$

(5) $4y(y-2)-4(2y-4)$

(6) $a^2(b-3)-6a(3-b)-9(3-b)$

(7) $(2x-7)^2-3(x-1)(x+1)$

(8) $3(x-1)^2-(x-1)(2x+3)-x+6$

4 次の式を因数分解せよ。

(1) $(p-2)^2+3(p-2)-40$

(2) $xyz-xy^2+y-z$

(3) $x^2+2xy-5x+4y-14$

(4) $x^2-(a-2)x-2a$

(5) $4(a+3b)^2-(a-2b)^2$

(6) $x^2-4y^2-z^2+4yz$

(7) $x^2-2xy+y^2-3x+3y-4$

(8) $x^2y-2xy^2+y^3-xy+y^2$

5 次の式を因数分解せよ。

(1) $x(x-3)^2-x(2x-3)$　　(2) $(x^2-2x)^2-11(x^2-2x)+24$

(3) $(x^2+7x+9)(x^2+7x+11)+1$　　(4) $4a^2b^2-(a^2+b^2-c^2)^2$

(5) $4(a^3+a^2b)x^2-4ab(a+b)x+ab^2+b^3$

(6) $x^2+(a+7)x-6(a-2)(a+1)$

6 次の式の値を求めよ。

(1) $a^2-b^2=6$ のとき，$(2a+3b)(3a-2b)+(2a-3b)(3a+2b)$

(2) $xy=3$ のとき，$(x-2y)^2-(x+2y)^2$

(3) $x-y=5$ のとき，$\dfrac{x^2+y^2}{6}-\dfrac{xy}{3}$

(4) $a+b+c=0$，$abc\neq0$ のとき，$\dfrac{b+c}{a}\times\dfrac{c+a}{b}\times\dfrac{a+b}{c}$

7 右の図のような長方形ABCDを，直線ℓのまわりに1回転させてできる回転体の体積Vをa，b，c，πを使って表せ。また，この長方形の対角線の交点Oのえがく円周の長さをL，この長方形の面積をSとするとき，$V=LS$が成り立つことを証明せよ。

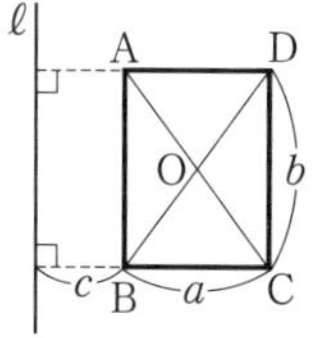

8 nを正の整数とするとき，次の問いに答えよ。

(1) $(n-2)(n-1)n(n+1)(n+2)$ を展開せよ。

(2) n^5-n は5の倍数になることを証明せよ。

9 縦$a$cm，横$b$cmの長方形の紙があり，その面積は504cm^{2}である。ただし，a，bは自然数で，$a<b$ とする。この長方形の紙をできるだけ少なく使って，重ならないようにすきまなく同じ方向に並べて正方形をつくりたい。

(1) 504を素因数分解せよ。

(2) $a=18$，$b=28$ のとき，この紙は何枚必要か。また，そのとき正方形の1辺の長さは何cmか。

(3) 必要な枚数が最も少なくなるように，a，bの値を定めよ。また，そのとき必要な枚数は何枚か。

10 $A=1\times2\times3\times\cdots\times29\times30$ とするとき，次の問いに答えよ。

(1) $A=2^a\times3^b\times5^c\times7^d\times\cdots\times29^j$ と素因数分解するとき，a，b，c，dの値を求めよ。

(2) Aは末尾から続けて0が何個並ぶか。

1…平方根

基本問題

1. 次の数の平方根を求めよ。

(1) 81　(2) 0.49
(3) 6400　(4) 0.0004
(5) $\dfrac{36}{25}$　(6) 0

2. 次の数を，根号を使わないで表せ。

(1) $\sqrt{9}$　(2) $-\sqrt{121}$
(3) $\sqrt{0.0001}$　(4) $-\sqrt{4900}$
(5) $\sqrt{196}$　(6) $-\sqrt{1296}$

3. 次の数を求めよ。

(1) $(\sqrt{4})^2$　(2) $(-\sqrt{11})^2$
(3) $\sqrt{8^2}$　(4) $-\sqrt{6^2}$
(5) $-(\sqrt{6})^2$　(6) $\sqrt{(-6)^2}$

平方根

(1) 正の数 a に対して，2乗すると a になる数を，a の**平方根**という。
(2) 正の数 a の平方根は正と負の2つあり，根号 $\sqrt{}$ を使って，**正のほうを $\sqrt{a}$，負のほうを $-\sqrt{a}$** で表す。
(3) 0の平方根は0（$\sqrt{0}=0$）
(4) $a>0$ のとき，
$(\sqrt{a})^2=a$
$(-\sqrt{a})^2=a$
$\sqrt{a^2}=a$

根号で表された数の大小

$a>0$，$b>0$ のとき，
$a<b \Longleftrightarrow \sqrt{a}<\sqrt{b}$

4. 次の(ア)〜(エ)のうち，正しいものはどれか。

(ア) $\sqrt{25}=\pm5$　(イ) 25の平方根は ±5
(ウ) $\sqrt{(-5)^2}=-5$　(エ) $(-\sqrt{5})^2=-5$

5. 次の各組の数はどちらが大きいか。

(1) $\sqrt{5}$，$\sqrt{7}$　(2) $\sqrt{26}$，5　(3) $\sqrt{10}$，3.2　(4) $-\sqrt{6}$，$-\sqrt{7}$

●例題1● $\sqrt{3.7}$ の値を小数第 2 位まで正しく求めよ。

解説 小数第 2 位まで正しく求めるとは，小数第 3 位以下を切り捨てて求めるという意味である。$a>0$，$b>0$ のとき，$a<\sqrt{3.7}<b \Longleftrightarrow a^2<3.7<b^2$ であることを利用する。

解答 $1<3.7<4$ であるから　$1<\sqrt{3.7}<2$

$1.9^2=3.61$ であるから　$1.9^2<3.7<2^2$　　よって　$1.9<\sqrt{3.7}<2$

$1.92^2=3.6864$，$1.93^2=3.7249$ であるから

$1.92^2<3.7<1.93^2$　　よって　$1.92<\sqrt{3.7}<1.93$

ゆえに，$\sqrt{3.7}$ の値を小数第 2 位まで正しく求めると 1.92 である。　（答）1.92

演習問題

6. 次の値を小数第 2 位まで正しく求めよ。

(1) $\sqrt{7.9}$　(2) $\sqrt{79}$　(3) $\sqrt{10}$　(4) $\sqrt{30}$

7. $\sqrt{10}$ より大きく $\sqrt{30}$ より小さい整数をすべて求めよ。

▶研究◀ 開平計算（計算によって平方根を求める方法）

▶研究1◀ 開平計算を使って，次の値を求めよ。

(1) $\sqrt{1909.69}$　(2) $\sqrt{37.3}$（小数第 3 位まで正しく）

◀解説▶ (1)の $\sqrt{1909.69}$ は次の手順（開平計算）で求める。

```
                  (ウ)(キ)
                   4  3. 7
(ア)4             √19 09.69
(イ)4          (エ)16
   83(オ)            3 09
    3(カ)      (ク)2 49      ←83×3
  867                60 69
    7                60 69   ←867×7
                         0
```

① 1909.69 を小数点から 2 けたずつ区切る。

② はじめの区切りにある 19 からひくことのできる最大の平方数を調べる。その値は $4^2=16$ である。

③ (ア)，(イ)，(ウ)に②の 4 を，(エ)に 16 を書く。

④ (ア)4 と(イ)4 をたして 8，19 から(エ)16 をひいて 3 を得る。次の 2 けた 09 をおろし，309 とする。

⑤ 80×0，81×1，82×2，…，89×9 を考え，④の 309 からひくことのできる最大の数を調べる。その値は $83\times3=249$ である。

⑥ (オ)，(カ)，(キ)に⑤の 3 を，(ク)に 249 を書き，④と同様に計算する。

⑦ 860×0，861×1，862×2，…，869×9 を考え，後は⑤，⑥と同様に計算する。

参考 ⑤の原理は，次の通りである。

面積 1909.69 である正方形の 1 辺の長さの一の位の数 x は，右の図より $40x\times2+x^2<309.69$，すなわち，$(80+x)\times x<309.69$ を満たす最大の整数である。したがって，80×0，81×1，82×2，…，89×9 を考え，309 からひくことのできる最大の数を調べる。

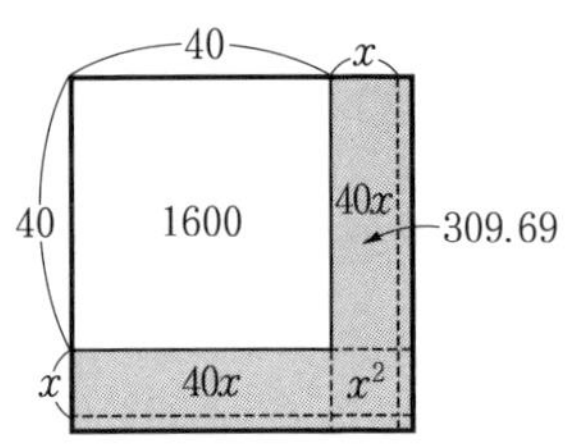

◁**解答**▷ (1)

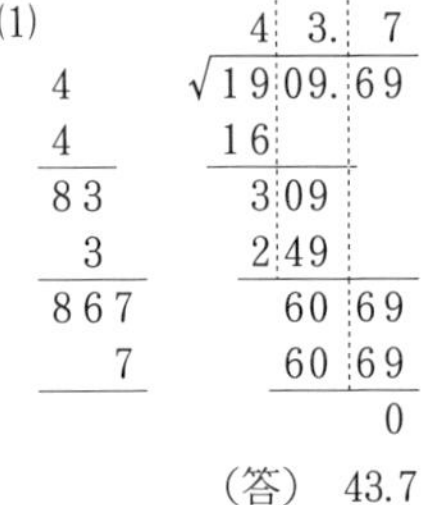

（答） 43.7

(2)

	6. 1 0 7
6	√37.3
6	36
121	1 30
1	1 21
1220	9 00
0	0
12207	9 00 00
7	8 54 49
	45 51

（$*$）は 1220 / 0 の 9 00 / 0 の 2 行。

（答） 6.107

注 (1)のように，計算の残りが 0 となる場合は，**開ききれた**という。開ききれないときは，(2)のように，0 を 2 つずつ必要なところまでつけ加えて，この計算を続ける。

注 (2)で，（$*$）の 2 行はふつう，答えに 0 をたてて，次のように省略する。

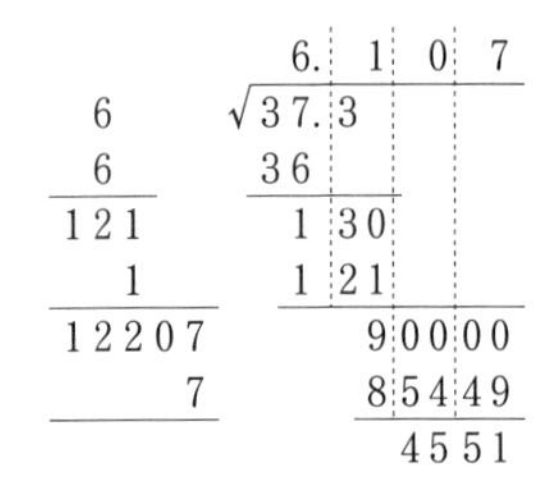

平方根の近似値のおぼえ方

$\sqrt{2}=1.41421356\cdots$ （一夜一夜に人見ごろ）

$\sqrt{3}=1.7320508\cdots$ （人なみにおごれや）

$\sqrt{5}=2.2360679\cdots$ （富士山麓おうむ鳴く）

$\sqrt{6}=2.449489\cdots$ （煮よ，よく，弱く）

$\sqrt{7}=2.64575\cdots$ （菜に虫いない）

$\sqrt{8}=2.828427\cdots$ （ニヤニヤ呼ぶな）

$\sqrt{10}=3.16227766\cdots$ （一丸は三色に並ぶ）

▶**研究問題**◀

8. 開平計算を使って，次の値を求めよ。

(1) $\sqrt{2809}$ (2) $\sqrt{5358.24}$ (3) $\sqrt{0.3721}$ (4) $\sqrt{477481}$

9. 開平計算を使って，次の値を四捨五入して小数第 2 位まで求めよ。

(1) $\sqrt{1234}$ (2) $\sqrt{9049.2}$ (3) $\sqrt{5.297}$ (4) $\sqrt{0.5026}$

10. $\sqrt{2}$ の値を小数第 9 位まで正しく求めよ。

2…根号をふくむ式の計算

基本問題

11. 次の $\square$ にあてはまる整数を入れよ。

(1) $\sqrt{3}\sqrt{5}=\sqrt{\square}$

(2) $3\sqrt{2}=\sqrt{\square}$

(3) $4\sqrt{\square}=\sqrt{48}$

(4) $\sqrt{8}=\square\sqrt{2}$

(5) $\sqrt{50}=\square\sqrt{2}$

(6) $\dfrac{\sqrt{14}}{\sqrt{7}}=\sqrt{\square}$

(7) $\sqrt{\dfrac{3}{4}}=\dfrac{\sqrt{\square}}{2}$

(8) $\sqrt{\dfrac{49}{5}}=\dfrac{\square}{\sqrt{5}}$

(9) $\sqrt{\dfrac{2}{5}}=\sqrt{\dfrac{\square}{25}}=\dfrac{\sqrt{10}}{\square}$

根号をふくむ式の乗除

$a>0$, $b>0$ のとき,

$$\sqrt{a}\sqrt{b}=\sqrt{ab}$$

$$\frac{\sqrt{a}}{\sqrt{b}}=\sqrt{\frac{a}{b}}$$

$$a\sqrt{b}=\sqrt{a^2b}$$

$$\frac{\sqrt{a}}{b}=\sqrt{\frac{a}{b^2}}$$

分母の有理化

分母に根号をふくむ分数を，分母に根号をふくまない分数に変形することを，**分母の有理化**という。

（例） **分母が $\sqrt{a}$ のときは，分母，分子に $\sqrt{a}$ をかける。**

$$\frac{1}{\sqrt{2}}=\frac{1\times\sqrt{2}}{\sqrt{2}\times\sqrt{2}}=\frac{\sqrt{2}}{2}$$

根号をふくむ式の加減

$a>0$ のとき,

$$x\sqrt{a}+y\sqrt{a}=(x+y)\sqrt{a}$$

$$x\sqrt{a}-y\sqrt{a}=(x-y)\sqrt{a}$$

12. 次の式の分母を有理化せよ。

(1) $\dfrac{1}{\sqrt{3}}$　(2) $\dfrac{2}{\sqrt{6}}$

(3) $\dfrac{10}{\sqrt{5}}$　(4) $\dfrac{6}{\sqrt{2}}$

(5) $\dfrac{\sqrt{3}}{\sqrt{7}}$　(6) $\sqrt{\dfrac{5}{3}}$　(7) $\dfrac{3}{\sqrt{12}}$　(8) $\dfrac{14}{\sqrt{28}}$

13. 次の計算をせよ。

(1) $\sqrt{10}\times\sqrt{5}$　(2) $2\sqrt{3}\times\sqrt{27}$　(3) $5\sqrt{2}\times\sqrt{6}$

(4) $\sqrt{28}\div\sqrt{7}$　(5) $5\sqrt{2}\div\sqrt{6}$　(6) $7\sqrt{20}\div\sqrt{35}$

14. 次の計算をせよ。

(1) $3\sqrt{2}+4\sqrt{2}$　(2) $7\sqrt{5}-2\sqrt{5}$　(3) $-3\sqrt{6}+2\sqrt{6}$

(4) $\sqrt{7}+3\sqrt{7}$　(5) $-2\sqrt{3}-5\sqrt{3}$　(6) $-5\sqrt{2}+8\sqrt{2}$

●例題2● 次の計算をせよ。

(1) $\sqrt{18}+\sqrt{50}-2\sqrt{72}$　　(2) $\sqrt{24}-\dfrac{9\sqrt{2}}{\sqrt{3}}$

解説 根号の中を簡単にしてから計算する。分母に根号があるときは，まず有理化してから計算する。

根号の中の整理
$a>0$，$b>0$ のとき，
$\sqrt{a^2b}=a\sqrt{b}$

解答 (1) $\sqrt{18}+\sqrt{50}-2\sqrt{72}$

$=\sqrt{9\times2}+\sqrt{25\times2}-2\sqrt{36\times2}$

$=3\sqrt{2}+5\sqrt{2}-2\times6\sqrt{2}$

$=(3+5-12)\sqrt{2}$

$=-4\sqrt{2}$ ………(答)

(2) $\sqrt{24}-\dfrac{9\sqrt{2}}{\sqrt{3}}=\sqrt{4\times6}-\dfrac{9\sqrt{2}\times\sqrt{3}}{\sqrt{3}\times\sqrt{3}}=2\sqrt{6}-\dfrac{9\sqrt{6}}{3}$

$=2\sqrt{6}-3\sqrt{6}=-\sqrt{6}$ ………(答)

演習問題

15. 次の計算をせよ。

(1) $\sqrt{50}-\sqrt{18}$　(2) $4\sqrt{3}+\sqrt{12}$　(3) $5\sqrt{7}-\sqrt{28}$

(4) $5\sqrt{6}+\sqrt{24}$　(5) $\sqrt{40}-\sqrt{90}$　(6) $\sqrt{20}+6\sqrt{5}$

(7) $4\sqrt{24}-\sqrt{54}$　(8) $\sqrt{147}+\sqrt{75}$　(9) $-\sqrt{32}+3\sqrt{18}$

16. 次の計算をせよ。

(1) $\sqrt{18}-\sqrt{8}+\sqrt{2}$　(2) $6\sqrt{3}-\sqrt{27}+\sqrt{12}$

(3) $2\sqrt{7}+\sqrt{175}-\sqrt{63}$　(4) $-\sqrt{32}+3\sqrt{2}+\sqrt{50}$

(5) $4\sqrt{3}+\sqrt{75}-3\sqrt{48}$　(6) $\sqrt{96}-2\sqrt{6}-\sqrt{54}$

17. 次の計算をせよ。

(1) $\dfrac{\sqrt{5}}{2}-\dfrac{2\sqrt{5}}{3}$　(2) $\sqrt{12}-\dfrac{2\sqrt{3}}{3}$　(3) $\dfrac{\sqrt{20}}{2}+\dfrac{\sqrt{180}}{3}$

(4) $\dfrac{\sqrt{27}}{4}+\dfrac{2\sqrt{12}}{9}$　(5) $\dfrac{\sqrt{32}}{2}-\dfrac{3\sqrt{8}}{4}$　(6) $\dfrac{3\sqrt{28}}{5}-\dfrac{\sqrt{63}}{2}$

(7) $\dfrac{\sqrt{18}}{3}-\dfrac{\sqrt{98}}{2}+\dfrac{\sqrt{50}}{10}$　(8) $\dfrac{\sqrt{54}}{4}+\dfrac{\sqrt{600}}{3}-\dfrac{\sqrt{294}}{12}$

18. 次の計算をせよ。

(1) $\sqrt{3}\times\sqrt{6}\times\sqrt{10}$ (2) $\sqrt{6}\div\sqrt{3}\times\sqrt{2}$

(3) $3\sqrt{15}\times\sqrt{20}\div10\sqrt{6}$ (4) $\sqrt{54}\times\sqrt{12}\times\sqrt{8}$

(5) $4\sqrt{30}\div(-3\sqrt{2})\div2\sqrt{5}$ (6) $-\sqrt{14}\div7\sqrt{6}\times(-2\sqrt{42})$

19. 次の計算をせよ。

(1) $\sqrt{8}\times\sqrt{2}+1$ (2) $\sqrt{45}+\sqrt{2}\times\sqrt{10}$

(3) $\sqrt{54}-\sqrt{2}\times\sqrt{3}$ (4) $\sqrt{24}\div\sqrt{2}+4\sqrt{3}$

(5) $\sqrt{8}-2\sqrt{6}\div\sqrt{12}$ (6) $\sqrt{28}-6\sqrt{14}\div(-2\sqrt{18})$

(7) $\sqrt{32}+5\sqrt{2}-\sqrt{6}\times\sqrt{12}$ (8) $\sqrt{48}-\sqrt{54}\div2\sqrt{2}+\sqrt{0.75}$

20. 次の計算をせよ。

(1) $\sqrt{18}+\dfrac{4}{\sqrt{2}}$ (2) $\dfrac{6}{\sqrt{3}}-\sqrt{75}$

(3) $\sqrt{63}+\dfrac{14}{\sqrt{7}}$ (4) $\dfrac{2}{\sqrt{3}}+\sqrt{12}$

(5) $\sqrt{\dfrac{2}{3}}-\dfrac{5}{\sqrt{6}}$ (6) $\dfrac{\sqrt{12}}{\sqrt{2}}-\dfrac{\sqrt{2}}{\sqrt{3}}$

(7) $\dfrac{\sqrt{48}}{8}+\dfrac{8}{\sqrt{3}}-\sqrt{27}$ (8) $\dfrac{6}{\sqrt{27}}-\dfrac{7}{\sqrt{12}}+\dfrac{2}{\sqrt{3}}$

21. 次の計算をせよ。

(1) $\sqrt{5}\times\sqrt{15}-\dfrac{12}{\sqrt{3}}$ (2) $\dfrac{10}{\sqrt{2}}-\sqrt{6}\times\sqrt{3}$

(3) $\dfrac{4}{\sqrt{2}}-3\sqrt{6}\div\sqrt{\dfrac{1}{3}}$ (4) $3\sqrt{8}\times\dfrac{\sqrt{3}}{2}-3\div\sqrt{\dfrac{3}{2}}$

(5) $\dfrac{\sqrt{150}}{10}-\dfrac{\sqrt{5}}{\sqrt{8}}\times\dfrac{2}{\sqrt{15}}$ (6) $\dfrac{2}{\sqrt{45}}\times\sqrt{15}-\dfrac{\sqrt{5}}{\sqrt{3}}\times\dfrac{1}{\sqrt{20}}$

22. 次の問いに答えよ。

(1) $\sqrt{54x}$ が整数となるような最小の正の整数 x を求めよ。

(2) $\sqrt{\dfrac{20x}{3}}$ が整数となるような最小の正の整数 x を求めよ。

●例題3● $\sqrt{2}$，$\sqrt{3}$，π の近似値をそれぞれ 1.414，1.732，3.14 とするとき，次の近似値を求めよ。

(1) $\sqrt{2}+\sqrt{3}$　(2) $\pi-\sqrt{3}$　(3) $\sqrt{2}\pi$　(4) $\dfrac{7}{\sqrt{2}}$　(5) 5000π

解説 加法と減法は，四捨五入により有効数字の末位をそろえてから計算する。

乗法と除法は，四捨五入により有効数字のけた数を少ないほうにそろえてから計算し，答えも有効数字のけた数にそろえる。

(4)は，先に有理化してから計算する。

解答 (1) $1.414+1.732=3.146$　(答) 3.146

(2) 近似値の有効数字の末位を小数第2位にそろえると，$\sqrt{3}$ の近似値は 1.73 となるから

$3.14-1.73=1.41$　(答) 1.41

(3) 近似値の有効数字のけた数を3けたにそろえると，$\sqrt{2}$ の近似値は 1.41 となるから

$1.41\times3.14=4.4274$　(答) 4.43

(4) $\dfrac{7}{\sqrt{2}}=\dfrac{7\sqrt{2}}{2}$ より $\dfrac{7\times1.414}{2}=4.949$　(答) 4.949

(5) $5000\times3.14=15700$　(答) 1.57×10^4

注 (5)で，答えを 15700 とすると，有効数字が 1，5，7 だけであることがわからないので，1.57×10^4 と書き表すこと。

> **有効数字**
> 近似値の正しさを表す意味のある数字
> (例) 1653 の十の位を四捨五入し，近似値を 1700 とするとき，有効数字は 1，7 の 2 けたである。
>
> **近似値の計算**
> **加法・減法** 有効数字の末位をそろえてから計算する。
> **乗法・除法** 有効数字のけた数をそろえてから計算する。

演習問題

23. 次の場合の誤差を求めよ。

(1) 真の値 74.5cm，近似値 75.0cm

(2) 真の値 102m，近似値 100m

(3) 真の値 $\sqrt{2}$，近似値 1.414

> **誤差とその限界**
> (誤差)＝(近似値)－(真の値)
> **誤差の限界** 四捨五入によって得られた近似値を a，誤差の限界を d とすると，
> $a-d\leqq(\text{真の値})<a+d$
> d は a の末位の $\dfrac{1}{2}$ である。

24. 次の数は，四捨五入によって得られた近似値である。それぞれについて，真の値を A とすると，A はどのような範囲にあるか。不等号を使って表せ。また，誤差の限界を求めよ。

(1) 4.3　(2) 4.30　(3) 23　(4) 0.052

25. 次の近似値を $a\times10^n$ または $a\times\frac{1}{10^n}$ $(1\leqq a<10)$ の形で表せ。ただし，有効数字のけた数は〔 〕の中にあるものとする。

(1) 1230 〔3 けた〕　(2) 43000〔2 けた〕
(3) 43000 〔3 けた〕　(4) 0.012 〔2 けた〕
(5) 0.0120〔3 けた〕　(6) 0.000523〔3 けた〕

26. $\sqrt{5.1}$，$\sqrt{51}$ の近似値をそれぞれ 2.26，7.14 とするとき，次の近似値を求めよ。

(1) $\sqrt{510}$　(2) $\sqrt{5100}$　(3) $\sqrt{0.00051}$

27. $\sqrt{2}$，$\sqrt{3}$，$\sqrt{5}$ の近似値をそれぞれ 1.414，1.732，2.236 とするとき，次の近似値を求めよ。

(1) $\sqrt{12}$　(2) $\frac{3}{\sqrt{2}}$　(3) $\sqrt{3.2}$

28. 次の近似値の計算をせよ。

(1) $46.28+17.9$　(2) $15.62-4.857$
(3) $1.57+29.61-4.8$　(4) 2.83×6.7
(5) 3.456×62.1　(6) $2.9\div1.37$
(7) $478.6\div8.4$　(8) $3.567+4.6\times9.23$
(9) $2.25\times10^3+8.6\times10^2-1.13\times10^3$　(10) $(1.5\times10)\times(2.34\times10^2)$
(11) $(3.76\times10^2)\times(5.4\times10^3)$　(12) $(1.25\times10^2)\div\left(2.8\times\frac{1}{10}\right)$

29. $\sqrt{2}$，$\sqrt{5}$，π の近似値をそれぞれ 1.414，2.236，3.14 とするとき，次の近似値を求めよ。

(1) $\sqrt{2}+\sqrt{5}$　(2) $2\pi-\sqrt{5}$　(3) $\sqrt{10}$
(4) $\sqrt{\frac{5}{2}}$　(5) $\sqrt{5}\,\pi$　(6) $\frac{\sqrt{50}}{\pi}$
(7) $\sqrt{2000000}$　(8) $\sqrt{\frac{1}{200000}}$

30. $\sqrt{2}$，$\sqrt{3}$，$\sqrt{20}$，$\sqrt{30}$ の近似値をそれぞれ 1.414，1.732，4.472，5.477 とするとき，次の近似値を求めよ。

(1) $\sqrt{20000}+\sqrt{200000}$　　(2) $\sqrt{3000000}-\sqrt{300000}$

(3) $\sqrt{200}\times\sqrt{30000}$　　(4) $\dfrac{\sqrt{300}}{\sqrt{20000000}}$

31. 円の半径をはかって，次の測定値を得た。それぞれの円周の長さを計算するときに用いる円周率の近似値を求めよ。また，円周の長さを求めよ。ただし，円周率は，$\pi=3.14159\cdots$ である。

(1) 5.6 cm　　(2) 30.5 cm　　(3) 0.7 cm

32. 地球の赤道の半径を (6.38×10^3) km とするとき，赤道の周囲の長さを求めよ。

例題4 次の計算をせよ。

(1) $\sqrt{10}(\sqrt{6}-\sqrt{15})$　　(2) $(\sqrt{5}-2\sqrt{3})^2$

(3) $(2\sqrt{6}+\sqrt{7})(2\sqrt{6}-\sqrt{7})$　　(4) $(\sqrt{3}-\sqrt{2})(\sqrt{3}+5\sqrt{2})$

解説 分配法則，乗法公式などを利用して展開し，整理する。

解答 (1) $\sqrt{10}(\sqrt{6}-\sqrt{15})$

$=\sqrt{60}-\sqrt{150}$

$=\sqrt{4\times15}-\sqrt{25\times6}$

$=2\sqrt{15}-5\sqrt{6}$ ………(答)

(2) $(\sqrt{5}-2\sqrt{3})^2$

$=(\sqrt{5})^2-2\times\sqrt{5}\times2\sqrt{3}+(2\sqrt{3})^2$

$=5-4\sqrt{15}+12$

$=17-4\sqrt{15}$ ………(答)

(3) $(2\sqrt{6}+\sqrt{7})(2\sqrt{6}-\sqrt{7})$

$=(2\sqrt{6})^2-(\sqrt{7})^2$

$=24-7=17$ ………(答)

(4) $(\sqrt{3}-\sqrt{2})(\sqrt{3}+5\sqrt{2})$

$=(\sqrt{3})^2+4\sqrt{2}\sqrt{3}-5(\sqrt{2})^2$

$=3+4\sqrt{6}-10$

$=-7+4\sqrt{6}$ ………(答)

乗法公式

$(x+a)(x+b)$
$=x^2+(a+b)x+ab$

$(a+b)^2=a^2+2ab+b^2$

$(a-b)^2=a^2-2ab+b^2$

$(a+b)(a-b)=a^2-b^2$

注 (1) $2\sqrt{15}-5\sqrt{6}$ は，これ以上簡単な形にはならない。

演習問題

33. 次の計算をせよ。

(1) $\sqrt{3}(\sqrt{6}+\sqrt{3})$　　(2) $-3\sqrt{2}(\sqrt{6}-\sqrt{8})$

(3) $(\sqrt{14}-\sqrt{28})\sqrt{35}$　　(4) $\sqrt{2}(1+\sqrt{2})-\sqrt{8}$

(5) $\sqrt{5}(\sqrt{5}-6)-\sqrt{45}$　　(6) $\sqrt{5}(2\sqrt{3}-3)-\sqrt{45}(\sqrt{3}-1)$

(7) $\sqrt{6}(\sqrt{3}-\sqrt{2})+\sqrt{3}(\sqrt{24}+2)$

34. 次の計算をせよ。

(1) $\dfrac{2}{\sqrt{3}}(3\sqrt{2}+\sqrt{6})$　　(2) $\dfrac{2\sqrt{10}-5\sqrt{2}}{\sqrt{5}}$

(3) $\dfrac{3\sqrt{6}-\sqrt{3}}{2\sqrt{12}}$　　(4) $\dfrac{2}{\sqrt{6}}(\sqrt{2}-\sqrt{3})+\sqrt{2}$

(5) $\sqrt{8}(\sqrt{6}+\sqrt{32})-\dfrac{3-\sqrt{27}}{\sqrt{3}}$　　(6) $\sqrt{48}-2\sqrt{6}\left(\dfrac{3}{\sqrt{3}}+\dfrac{1}{\sqrt{2}}\right)+\sqrt{18}$

35. 次の計算をせよ。

(1) $(\sqrt{5}+\sqrt{2})^2$　　(2) $(3-\sqrt{7})^2$

(3) $(2\sqrt{3}-1)^2$　　(4) $(\sqrt{2}+1)(\sqrt{2}-1)$

(5) $(\sqrt{10}+\sqrt{2})(\sqrt{10}-\sqrt{2})$　　(6) $(4-\sqrt{5})(4+\sqrt{5})$

(7) $(\sqrt{8}-2\sqrt{5})(\sqrt{8}+2\sqrt{5})$　　(8) $(2\sqrt{3}+3\sqrt{2})(2\sqrt{3}-3\sqrt{2})$

36. 次の計算をせよ。

(1) $(\sqrt{2}+3)(\sqrt{2}+1)$　　(2) $(\sqrt{3}-5)(\sqrt{3}+6)$

(3) $(\sqrt{5}-3)(\sqrt{5}-2)$　　(4) $(3\sqrt{2}-4)(3\sqrt{2}+2)$

(5) $(\sqrt{6}+4)(2\sqrt{6}-3)$　　(6) $(\sqrt{3}-\sqrt{2})(\sqrt{6}+2)$

37. 次の計算をせよ。

(1) $\left(\dfrac{1}{\sqrt{2}}+\sqrt{3}\right)^2$　　(2) $\left(\dfrac{4}{\sqrt{2}}-\dfrac{3}{\sqrt{5}}\right)^2$　　(3) $\left(\dfrac{1-\sqrt{3}}{\sqrt{2}}\right)^2$

(4) $\left(\dfrac{\sqrt{5}}{\sqrt{3}}-\sqrt{2}\right)\left(\dfrac{\sqrt{5}}{\sqrt{3}}+\sqrt{2}\right)$　　(5) $\dfrac{3\sqrt{2}-1}{\sqrt{6}+3}\times\dfrac{3\sqrt{2}+1}{\sqrt{6}-3}$

(6) $\left(\sqrt{2}-\dfrac{3}{\sqrt{3}}\right)\left(\sqrt{2}+\dfrac{6}{\sqrt{3}}\right)$　　(7) $\dfrac{(\sqrt{3}+2\sqrt{2})(3\sqrt{3}-\sqrt{2})}{\sqrt{5}}$

38. 次の計算をせよ。

(1) $(\sqrt{3}-1)^2+\sqrt{12}$

(2) $(2\sqrt{5}-1)^2-(6-4\sqrt{5})$

(3) $(3\sqrt{2}-1)^2+\sqrt{32}$

(4) $\sqrt{48}-(2-\sqrt{3})^2$

(5) $(\sqrt{2}+2)^2-\sqrt{2}(\sqrt{2}-3)$

(6) $(\sqrt{6}-\sqrt{2})^2+\sqrt{3}(4+\sqrt{27})$

(7) $(\sqrt{3}-5)(\sqrt{3}+2)-7(1-\sqrt{3})$

(8) $4(2-\sqrt{8})-(3\sqrt{2}+1)(3\sqrt{2}-5)$

39. 次の計算をせよ。

(1) $\left(1-\dfrac{1}{2\sqrt{5}}\right)^2+\dfrac{1}{\sqrt{5}}$

(2) $\left(\sqrt{2}-\dfrac{3}{\sqrt{6}}\right)\left(\sqrt{2}+\dfrac{9}{\sqrt{6}}\right)-\dfrac{6}{\sqrt{3}}$

(3) $\dfrac{5\sqrt{24}}{\sqrt{27}+\sqrt{12}}-\dfrac{(\sqrt{2}+1)^2}{\sqrt{2}}$

(4) $\dfrac{(2\sqrt{3}-3\sqrt{2})^2}{2}-\dfrac{\sqrt{27}(\sqrt{6}-4)}{\sqrt{2}}$

●例題5● 次の計算をせよ。

(1) $(3-\sqrt{2}+2\sqrt{3})(3-\sqrt{2}-2\sqrt{3})$

(2) $(1+\sqrt{2}-\sqrt{3})^2$

(3) $(\sqrt{5}-\sqrt{3}-\sqrt{2})^2-(\sqrt{5}+\sqrt{3}-\sqrt{2})^2$

解説 おきかえなどを使って，乗法公式，因数分解の公式を利用する。

解答 (1) $(3-\sqrt{2}+2\sqrt{3})(3-\sqrt{2}-2\sqrt{3})$

$=\{(3-\sqrt{2})+2\sqrt{3}\}\{(3-\sqrt{2})-2\sqrt{3}\}$

$=(3-\sqrt{2})^2-(2\sqrt{3})^2$

$=9-6\sqrt{2}+2-12$

$=-1-6\sqrt{2}$ ………(答)

(2) $(1+\sqrt{2}-\sqrt{3})^2$

$=1^2+(\sqrt{2})^2+(-\sqrt{3})^2+2\times1\times\sqrt{2}+2\times\sqrt{2}\times(-\sqrt{3})+2\times(-\sqrt{3})\times1$

$=1+2+3+2\sqrt{2}-2\sqrt{6}-2\sqrt{3}$

$=6+2\sqrt{2}-2\sqrt{3}-2\sqrt{6}$ ………(答)

(3) $(\sqrt{5}-\sqrt{3}-\sqrt{2})^2-(\sqrt{5}+\sqrt{3}-\sqrt{2})^2$

$=\{(\sqrt{5}-\sqrt{3}-\sqrt{2})+(\sqrt{5}+\sqrt{3}-\sqrt{2})\}\{(\sqrt{5}-\sqrt{3}-\sqrt{2})-(\sqrt{5}+\sqrt{3}-\sqrt{2})\}$

$=(2\sqrt{5}-2\sqrt{2})\times(-2\sqrt{3})$

$=4\sqrt{6}-4\sqrt{15}$ ………(答)

演習問題

40. 次の計算をせよ。

(1) $(2\sqrt{3}+\sqrt{2})^2-(2\sqrt{3}-\sqrt{2})^2$

(2) $(\sqrt{2}-\sqrt{3})^2(\sqrt{2}+\sqrt{3})^2$

(3) $(\sqrt{5}-3)^2+(\sqrt{5}-\sqrt{2})(\sqrt{5}+8)$

(4) $(\sqrt{2}+\sqrt{3}-\sqrt{6})^2$

(5) $(5+\sqrt{8})(5-2\sqrt{2})-(\sqrt{3}-2)^2$

(6) $(\sqrt{2}+\sqrt{3}-1)(\sqrt{2}-\sqrt{3}+1)$

(7) $(\sqrt{2}-\sqrt{5}-\sqrt{7})(\sqrt{2}+\sqrt{5}-\sqrt{7})$

(8) $(\sqrt{3}+2+\sqrt{6})^2-(\sqrt{3}-2+\sqrt{6})^2$

41. 次の計算をせよ。

(1) $(3\sqrt{3}-1)^2+(3-\sqrt{3})^2-(3\sqrt{3}-1)(4\sqrt{3}-4)$

(2) $(3+\sqrt{8})^2-2(3+2\sqrt{2})(3-\sqrt{8})+(3-2\sqrt{2})^2$

(3) $(\sqrt{12}-\sqrt{6})^2-(\sqrt{2}-3)(1+\sqrt{128})+(7+3\sqrt{2})(2-\sqrt{18})$

(4) $(\sqrt{2}-\sqrt{3}+\sqrt{6})(\sqrt{2}+\sqrt{3}+\sqrt{6})-\dfrac{9}{\sqrt{3}}$

(5) $(\sqrt{7}+\sqrt{6}-2)(\sqrt{7}-\sqrt{6}+2)+(2\sqrt{3}-\sqrt{2})^2$

(6) $(1+\sqrt{2}+\sqrt{3})(2+\sqrt{2}-\sqrt{6})-(\sqrt{3}-1)^2$

(7) $(\sqrt{2}+\sqrt{3}+\sqrt{7})(\sqrt{2}+\sqrt{3}-\sqrt{7})(\sqrt{2}-\sqrt{3}+\sqrt{7})(-\sqrt{2}+\sqrt{3}+\sqrt{7})$

42. 次の計算をせよ。

(1) $\left(3+\dfrac{\sqrt{7}}{2}\right)^2-\left(3-\dfrac{\sqrt{7}}{2}\right)^2$

(2) $\left(\dfrac{1}{\sqrt{2}}+1\right)^2-\left(1-\dfrac{1}{\sqrt{2}}\right)^2$

(3) $\left(\dfrac{\sqrt{3}}{2}-\dfrac{2}{\sqrt{3}}\right)\left(\dfrac{\sqrt{3}}{2}+\dfrac{2}{\sqrt{3}}\right)$

(4) $\left(-\dfrac{7}{\sqrt{8}}-\sqrt{5}\right)\left(\sqrt{5}-\dfrac{7}{2\sqrt{2}}\right)$

(5) $\left(1-\sqrt{\dfrac{2}{3}}\right)^2-\dfrac{(\sqrt{3}+\sqrt{7})(\sqrt{3}-\sqrt{7})}{\sqrt{6}}$

(6) $\left(\dfrac{2-4\sqrt{3}}{\sqrt{2}}\right)^2-(1-2\sqrt{3})(5-3\sqrt{3})$

(7) $\left(2-\dfrac{3}{\sqrt{2}}+\dfrac{1}{\sqrt{5}}\right)\left(2+\dfrac{3}{\sqrt{2}}-\dfrac{1}{\sqrt{5}}\right)$

43. 次の計算をせよ。

(1) $\left(\dfrac{1}{\sqrt{2}}+6\right)\left(\dfrac{1}{\sqrt{2}}-2\right)+(1-\sqrt{2})^2$

(2) $\left(\sqrt{6}-\dfrac{2}{\sqrt{3}}\right)^2-\left(\dfrac{4}{\sqrt{10}}-\sqrt{5}\right)^2$

(3) $\left(\dfrac{\sqrt{3}-\sqrt{6}-2}{\sqrt{2}}\right)^2-\left(\dfrac{\sqrt{3}+\sqrt{6}-2}{\sqrt{2}}\right)^2$

(4) $\dfrac{\sqrt{(-5)^2}-(-\sqrt{2})^2}{\sqrt{3}}-\dfrac{(2+\sqrt{3})^2}{4}$

(5) $\left\{\dfrac{4\sqrt{2}(3\sqrt{3}+8)}{3}-\sqrt{6}(6\sqrt{3}+4)\right\}\div\left(-\dfrac{\sqrt{2}}{3}\right)^3$

(6) $\dfrac{(\sqrt{5}+\sqrt{3})^2}{\sqrt{15}}-\dfrac{(\sqrt{2}-1)^2}{4\sqrt{2}}-\dfrac{(\sqrt{5}-\sqrt{3})^2}{\sqrt{15}}+\dfrac{(\sqrt{2}+2)^2}{8\sqrt{2}}$

44. 次の方程式を解け。

(1) $2\sqrt{2}(x-\sqrt{2})=5-\sqrt{2}x$　　(2) $\dfrac{x-\sqrt{2}}{2}=\dfrac{2x-\sqrt{2}}{3}+1$

45. 次の連立方程式を解け。

(1) $\begin{cases}\sqrt{2}x+\sqrt{3}y=4\\ \sqrt{3}x+\sqrt{2}y=1\end{cases}$　　(2) $\begin{cases}\sqrt{2}x-\sqrt{3}y=2\sqrt{2}\\ \sqrt{3}x+\sqrt{2}y=3\sqrt{3}\end{cases}$

例題6 次の式の値を求めよ。

(1) $x=\sqrt{3}-1$ のとき，x^2+2x+2

(2) $x=5+\sqrt{3}$，$y=5-\sqrt{3}$ のとき，x^2+y^2

解説 (1) x の値を直接代入しても求められるが，$x=\sqrt{3}-1$ を $x+1=\sqrt{3}$ と変形してから両辺を2乗すると，$x^2+2x+1=3$ より $x^2+2x=2$ となるので，これを利用する。

(2) $(x+y)^2=x^2+2xy+y^2$ より $x^2+y^2=(x+y)^2-2xy$ であるから，まず2数の和 $x+y$ と積 xy の値を求めて代入する。

解答 (1) $x=\sqrt{3}-1$ より　$x+1=\sqrt{3}$

両辺を2乗して　$x^2+2x+1=3$　　よって　$x^2+2x=2$

ゆえに　$x^2+2x+2=2+2=4$　　（答） 4

(2) $x=5+\sqrt{3}$, $y=5-\sqrt{3}$ より

$x+y=(5+\sqrt{3})+(5-\sqrt{3})=10$

$xy=(5+\sqrt{3})(5-\sqrt{3})=5^2-(\sqrt{3})^2=22$

ゆえに $x^2+y^2=(x+y)^2-2xy=10^2-2\times22=56$ (答) 56

演習問題

46. 次の式の値を求めよ。

(1) $x=\sqrt{5}-1$ のとき，x^2+2x-1

(2) $x=3+\sqrt{5}$ のとき，$5x^2-30x+10$

(3) $x=\dfrac{2-\sqrt{13}}{3}$ のとき，$3x^2-4x-5$

47. 次の式の値を求めよ。

(1) $x=4+\sqrt{3}$, $y=4-\sqrt{3}$ のとき，x^2+xy+y^2

(2) $a=\dfrac{3+\sqrt{5}}{2}$, $b=\dfrac{3-\sqrt{5}}{2}$ のとき，$\dfrac{1}{a}+\dfrac{1}{b}$

(3) $x=\dfrac{\sqrt{2}-2}{\sqrt{2}}$, $y=\dfrac{\sqrt{2}+2}{\sqrt{2}}$ のとき，$\dfrac{y}{x}+\dfrac{x}{y}$

48. 次の問いに答えよ。

(1) $a=\sqrt{5}+\sqrt{3}$, $b=\sqrt{5}-\sqrt{3}$ のとき，$a+b$，ab の値を求めよ。

(2) $\dfrac{\sqrt{5}-\sqrt{3}}{\sqrt{5}+\sqrt{3}}+\dfrac{\sqrt{5}+\sqrt{3}}{\sqrt{5}-\sqrt{3}}$ を計算せよ。

進んだ問題の解法

問題1 次の式の分母を有理化せよ。

(1) $\dfrac{2\sqrt{3}}{\sqrt{7}-\sqrt{5}}$　　(2) $\dfrac{\sqrt{3}-\sqrt{2}}{2\sqrt{3}+\sqrt{2}}$

解法 **分母が $\sqrt{a}+\sqrt{b}$ の形のときは，分母，分子にそれぞれ $\sqrt{a}-\sqrt{b}$ をかけ，$(\sqrt{a}+\sqrt{b})(\sqrt{a}-\sqrt{b})=a-b$** を利用して有理化する。

分母が $\sqrt{a}-\sqrt{b}$ の形のときは，分母，分子にそれぞれ $\sqrt{a}+\sqrt{b}$ をかける。

(1)は分母，分子に $\sqrt{7}+\sqrt{5}$ をかけ，(2)は分母，分子に $2\sqrt{3}-\sqrt{2}$ をかける。

解答　(1) $\dfrac{2\sqrt{3}}{\sqrt{7}-\sqrt{5}}$

$=\dfrac{2\sqrt{3}(\sqrt{7}+\sqrt{5})}{(\sqrt{7}-\sqrt{5})(\sqrt{7}+\sqrt{5})}$

$=\dfrac{2(\sqrt{21}+\sqrt{15})}{2}$

$=\sqrt{21}+\sqrt{15}$ ………(答)

(2) $\dfrac{\sqrt{3}-\sqrt{2}}{2\sqrt{3}+\sqrt{2}}$

$=\dfrac{(\sqrt{3}-\sqrt{2})(2\sqrt{3}-\sqrt{2})}{(2\sqrt{3}+\sqrt{2})(2\sqrt{3}-\sqrt{2})}$

$=\dfrac{8-3\sqrt{6}}{10}$ ………(答)

進んだ問題

49. 次の式の分母を有理化せよ。

(1) $\dfrac{1}{\sqrt{2}-1}$　(2) $\dfrac{3}{\sqrt{5}+\sqrt{2}}$　(3) $\dfrac{2}{2\sqrt{3}-\sqrt{6}}$

(4) $\dfrac{\sqrt{2}}{\sqrt{5}-2\sqrt{2}}$　(5) $\dfrac{5\sqrt{3}-3\sqrt{5}}{5\sqrt{3}+3\sqrt{5}}$　(6) $\dfrac{2+\sqrt{2}}{3+\sqrt{2}}$

50. 次の計算をせよ。

(1) $\dfrac{4}{2-\sqrt{3}}-\dfrac{20}{2\sqrt{3}+\sqrt{2}}$　(2) $\dfrac{\sqrt{2}}{\sqrt{2}+\sqrt{5}}+\dfrac{\sqrt{5}}{\sqrt{2}-\sqrt{5}}$

(3) $\left(\dfrac{\sqrt{2}+1}{\sqrt{2}-1}\right)^2-\left(\dfrac{\sqrt{2}-1}{\sqrt{2}+1}\right)^2$

51. 次の問いに答えよ。

(1) $(2+\sqrt{3}+\sqrt{7})(2+\sqrt{3}-\sqrt{7})$ を計算せよ。

(2) $\dfrac{2}{2+\sqrt{3}+\sqrt{7}}$ の分母を有理化せよ。

52. 次の式の分母を有理化せよ。

(1) $\dfrac{1}{1-\sqrt{2}+\sqrt{3}}$　(2) $\dfrac{6}{\sqrt{2}+\sqrt{3}-\sqrt{5}}$

53. $5+2\sqrt{6}=(\sqrt{a}+\sqrt{b})^2$ を満たす正の整数 a，b $(a>b)$ を求めよ。

また，これを利用して，$\sqrt{5+2\sqrt{6}}$ の外側の根号をはずして簡単にせよ。

注　$\sqrt{5+2\sqrt{6}}$ のように，根号が二重になっている式を**二重根号**という。また，二重根号の外側の根号をはずすことを，**二重根号をはずす**という。

54. 次の式の二重根号をはずして簡単にせよ。

(1) $\sqrt{7+2\sqrt{10}}$　　(2) $\sqrt{9+4\sqrt{5}}$　　(3) $\sqrt{8+\sqrt{15}}$

(4) $\sqrt{10-2\sqrt{21}}$　　(5) $\sqrt{7-\sqrt{24}}$　　(6) $\sqrt{2-\sqrt{3}}$

進んだ問題の解法

問題2　$5-\sqrt{2}$ の整数部分を a，小数部分を b とする。

(1) a，b の値を求めよ。　　(2) $\dfrac{1}{a-b}+\dfrac{1}{b-1}$ の値を求めよ。

解法 (1) $1^2<2<2^2$ より $1<\sqrt{2}<2$ であるから（または $\sqrt{2}=1.4142\cdots$ であるから），$3<5-\sqrt{2}<4$ である。よって，$5-\sqrt{2}$ の整数部分 a は3である。整数部分と小数部分の和が $5-\sqrt{2}$ であるから，$b=5-\sqrt{2}-3=2-\sqrt{2}$ である。

(2) (1)の結果を代入して計算する。分母の有理化には，和と差の積の公式を利用する。

解答 (1) $1<\sqrt{2}<2$ であるから，$5-\sqrt{2}$ の整数部分は3である。

ゆえに　$a=3$

$a+b=5-\sqrt{2}$ であるから

$b=5-\sqrt{2}-3=2-\sqrt{2}$　　　　（答） $a=3$，$b=2-\sqrt{2}$

(2) (1)より，

$$\frac{1}{a-b}+\frac{1}{b-1}=\frac{1}{3-(2-\sqrt{2})}+\frac{1}{2-\sqrt{2}-1}$$
$$=\frac{1}{1+\sqrt{2}}+\frac{1}{1-\sqrt{2}}$$
$$=\frac{1-\sqrt{2}+1+\sqrt{2}}{(1+\sqrt{2})(1-\sqrt{2})}$$
$$=\frac{2}{-1}$$
$$=-2$$

（答） -2

進んだ問題

55. $\sqrt{7}$ の整数部分を a，小数部分を b とするとき，a^2+b^2+4b の値を求めよ。

56. $2\sqrt{3}$ の小数部分を a とするとき，$a+\dfrac{3}{a}$ の値を求めよ。

3…有理数と無理数

基本問題

57. 次の問いに答えよ。

(1) 実数のうち，$\dfrac{a}{b}$（a は整数，b は正の整数）の形で表されるものを何というか。

(2) 実数のうち，(1)の形で表されないものを何というか。

58. 次の数のうち，有理数はどれか。

$\sqrt{4}$，　$\sqrt{5}$，　$-\sqrt{6}$，　$-\sqrt{10}$，　$\sqrt{\dfrac{9}{16}}$

有理数と無理数

(1) 分数 $\dfrac{a}{b}$（a，b は整数，$b \neq 0$）の形で表される数を**有理数**という。

（例）$\dfrac{1}{2}$，$-\dfrac{5}{3}$，$-2\left(=\dfrac{-2}{1}\right)$

(2) 有理数でない数を**無理数**という。次の数は無理数であることがわかっている。

（例）$\sqrt{2}$，$\sqrt{3}$，$\sqrt{5}$，π（円周率）

(3) 有理数と無理数を合わせて**実数**という。

例題7　$\sqrt{2}$ が無理数であることを利用して，a が有理数であるとき，$a+\sqrt{2}$ は無理数であることを証明せよ。

解説　無理数であることの証明には背理法を使う。

「p であるならば q である」ことを証明するのに，「p である」ことがわかっているならば，結論は「q である」か「q であるとは限らない」かのどちらかであり，このうちの一方のみが成り立つ。したがって，「q でないものがある」と仮定して矛盾が起こるならば，結論は「q である」となる。

このような証明法を**背理法**という。背理法を使うときは，次の順序で行う。

背理法

「p であるならば q である」ことを証明するために，

① q でないと仮定する。

② このとき，p に矛盾することを示す。
　または，p であることと，q でないことが同時に起こると，数学でよりどころとされていることがらや，すでに証明されている定理などに矛盾することを示す。

③ ゆえに，「p であるならば q である」は正しいとする。

例題7において，「$\sqrt{2}$ が無理数である」ということはすでに証明されている定理であり，p は「a が有理数である」，q は「$a+\sqrt{2}$ は無理数である」となる。したがって，「q でない」は「$a+\sqrt{2}$ は有理数である」となる。これらより，「p である」ことと，「q でない」ことが同時に起こると，定理に矛盾することを示す。

（証明）$a+\sqrt{2}$ が無理数でないと仮定すると，ある有理数 b に等しくなる。

すなわち　$a+\sqrt{2}=b$　　よって　$\sqrt{2}=b-a$

ここで，a，b は有理数であるから，$b-a$ は有理数である。

よって，$\sqrt{2}$ は有理数となるが，これは $\sqrt{2}$ が無理数であることに反する。

ゆえに，a が有理数であるとき，$a+\sqrt{2}$ は無理数である。

注　$\sqrt{2}$ が無理数であることの証明は，研究2（→p.150）にある。

演習問題

59. $\sqrt{2}$ が無理数であることを利用して，a が0でない有理数であるとき，$a\sqrt{2}$ は無理数であることを証明せよ。

60. $\sqrt{6}$ が無理数であることを利用して，$\sqrt{2}+\sqrt{3}$ は無理数であることを証明せよ。

61. $\sqrt{2}$ が無理数であることを利用して，次のことがらを証明せよ。

(1)　a，b が有理数で $a+b\sqrt{2}=0$ ならば，$a=0$，$b=0$ である。

(2)　a，b，c，d が有理数で $a+b\sqrt{2}=c+d\sqrt{2}$ ならば，$a=c$，$b=d$ である。

●例題8●　次の等式を満たす有理数 a，b の値を求めよ。

$$a+1+2b\sqrt{2}=-2b-4\sqrt{2}$$

（解説）演習問題61の性質を利用する。

（解答）

$$a+1+2b\sqrt{2}=-2b-4\sqrt{2}$$

において，a，b は有理数であるから，

$a+1$，$2b$，$-2b$ はすべて有理数である。

$\sqrt{2}$ は無理数であるから

$$\begin{cases} a+1=-2b \\ 2b=-4 \end{cases}$$

これを解いて　$\begin{cases} a=3 \\ b=-2 \end{cases}$　………(答)

無理数をふくむ等式

(1)　a，b が有理数，$\sqrt{m}$ が無理数のとき，

$\boldsymbol{a+b\sqrt{m}=0}$ **ならば，**

$\boldsymbol{a=0}$，$\boldsymbol{b=0}$

(2)　a，b，c，d が有理数，$\sqrt{m}$ が無理数のとき，

$\boldsymbol{a+b\sqrt{m}=c+d\sqrt{m}}$ **ならば，**

$\boldsymbol{a=c}$，$\boldsymbol{b=d}$

演習問題

62. 次の等式を満たす有理数 a，b の値を求めよ。

(1) $(a+2\sqrt{3})-(4-3b\sqrt{3})=2-\sqrt{3}$

(2) $a(1+\sqrt{2})+b(1-\sqrt{2})=3\sqrt{2}-1$

(3) $(a-\sqrt{5})^2=b+6\sqrt{5}$

(4) $(\sqrt{2}+a\sqrt{3})^2=b+6\sqrt{6}$

63. $(2-5\sqrt{2})(a-3\sqrt{2})$ が有理数となるような有理数 a を求めよ。

64. 無理数 $\sqrt{3}$ と有理数 2 の間にある有理数と無理数を 1 つずつあげよ。

●例題9● a，b は無理数，c は有理数とする。次の(ア)～(カ)のうち，その値がつねに無理数となるものはどれか。

(ア) $a+b$　(イ) $a+c$　(ウ) $a-b$　(エ) $a-c$　(オ) ab　(カ) ac

解説 答えがつねに無理数となることを示したいときは，背理法を使う。すなわち，答えが有理数 d に等しくなると仮定して，矛盾を導く。

(ア) $a=\sqrt{2}$，$b=-\sqrt{2}$ とすると，$a+b=0$ より，有理数となる。

(イ) $a+c=d$（d は有理数）とすると，

$$a=d-c$$

c，d は有理数であるから，右辺は有理数，左辺は無理数となり矛盾する。

ゆえに，$a+c$ はつねに無理数となる。

(ウ) $a=\sqrt{2}$，$b=\sqrt{2}$ とすると，$a-b=0$ より，有理数となる。

(エ) $a-c=d$（d は有理数）とすると，

$$a=c+d$$

c，d は有理数であるから，右辺は有理数，左辺は無理数となり矛盾する。

ゆえに，$a-c$ はつねに無理数となる。

(オ) $a=\sqrt{2}$，$b=\sqrt{2}$ とすると，$ab=2$ より，有理数となる。

(カ) $a=\sqrt{2}$，$c=0$ とすると，$ac=0$ より，有理数となる。

解答 (イ)，(エ)

実数と四則演算

実数と実数の和，差，積，商は実数である。すなわち，実数の集合は加法，減法，乗法，除法について閉じている。

演習問題

65. 次のことがらは正しいか。正しくないものについては，反例を1つあげよ。

(1) 整数は有理数である。

(2) 無理数を小数で表すと無限小数になる。

(3) 整数以外の有理数を小数で表すと有限小数になる。

(4) 無限小数で表される数は，分母，分子が整数であるような分数になおすことができる。

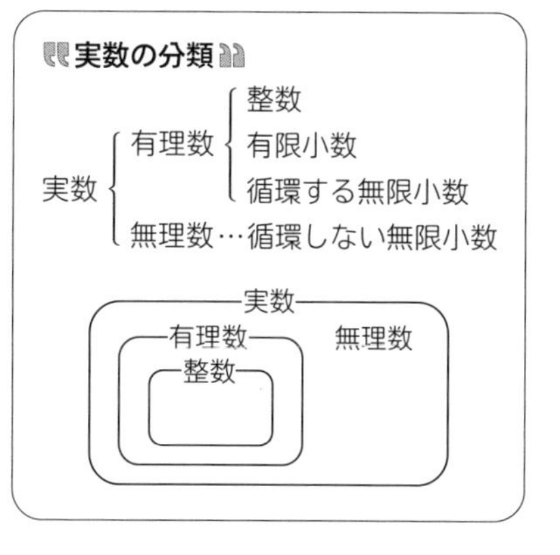

66. a，b は無理数，c は有理数とする。次の(ア)～(ウ)のうち，その値がつねに無理数となるものはどれか。ただし，0 で割ることは考えない。

(ア) $\dfrac{a}{b}$　　(イ) $\dfrac{a}{c}$　　(ウ) $\dfrac{c}{a}$

67. 整数 a，b を使って $a+b\sqrt{2}$ と表される数の集合を A とする。集合 A は加法，減法，乗法，除法それぞれについて閉じているかを調べよ。ただし，0 で割ることは考えない。

68. 有理数 a，b を使って $a+b\sqrt{2}$ と表される数の集合を B とする。集合 B は加法，減法，乗法，除法それぞれについて閉じていることを証明せよ。ただし，0 で割ることは考えない。

進んだ問題の解法

問題3 次の循環小数を分数で表せ。

(1) $0.\dot{4}\dot{2}$　　(2) $0.3\dot{8}9\dot{1}$

解法 循環小数を分数になおすには，求める数を x とおき，次の数を計算する。

くり返し部分のけた数が1けたのとき　$10x-x$

くり返し部分のけた数が2けたのとき　$100x-x$

くり返し部分のけた数が3けたのとき　$1000x-x$

循環小数の表し方

$0.\dot{7}=0.7777\cdots$

$0.\dot{5}\dot{3}=0.535353\cdots$

$0.2\dot{4}9\dot{7}=0.2497497497\cdots$

解答 (1) $x=0.\dot{4}\dot{2}$ とすると

$$\begin{array}{rr} & 100x=42.424242\cdots \\ -) & x=\ \ 0.424242\cdots \\ \hline & 99x=42 \end{array}$$

よって　$x=\dfrac{42}{99}=\dfrac{14}{33}$

ゆえに　$0.\dot{4}\dot{2}=\dfrac{14}{33}$ ………(答)

(2) $x=0.3\dot{8}9\dot{1}$ とすると

$$\begin{array}{rr} & 1000x=389.1891891891\cdots \\ -) & x=\ \ \ 0.3891891891\cdots \\ \hline & 999x=388.8 \end{array}$$

よって　$x=\dfrac{3888}{9990}=\dfrac{72}{185}$

ゆえに　$0.3\dot{8}9\dot{1}=\dfrac{72}{185}$ ………(答)

進んだ問題

69. 次の分数を循環小数で表せ。

(1) $\dfrac{2}{3}$　(2) $\dfrac{2}{7}$　(3) $\dfrac{11}{45}$　(4) $\dfrac{61}{55}$

70. 次の循環小数を分数で表せ。

(1) $2.\dot{4}$　(2) $3.\dot{4}\dot{5}$　(3) $7.1\dot{0}2\dot{7}$

研究「$\sqrt{2}$ は無理数である」ことの証明

研究2 $\sqrt{2}$ は無理数であることを証明せよ。

解説 有理数は $\dfrac{a}{b}$（a，b は整数，$b\neq0$）の形で表すことができる。（整数は分母が 1 の分数と考える）これを使って，背理法で証明する。

証明 $\sqrt{2}$ が無理数でないとすると，$\sqrt{2}$ は（正の）有理数になるから

$$\sqrt{2}=\frac{a}{b}\ （a,\ b\ は正の整数，a\ と\ b\ は互いに素）$$

と表すことができる。両辺に b をかけて

$$b\sqrt{2}=a$$

よって　$2b^2=a^2$ ………①

①において，$2b^2$ は偶数であるから，a^2 も偶数である。ゆえに，a も偶数である。

よって，$a=2m$（m は正の整数）と表すことができる。これを①に代入して

$2b^2=4m^2$　　よって　$b^2=2m^2$

ゆえに，b^2 は偶数であるから，b も偶数である。

したがって，a，b はともに偶数となり，a と b は互いに素であることに反する。

ゆえに，$\sqrt{2}$ は無理数である。

8章の問題

1 次の計算をせよ。

(1) $\left(\dfrac{2-\sqrt{3}}{2}\right)^2-\left(\dfrac{3+\sqrt{3}}{3}\right)^2$

(2) $(\sqrt{6}+2-\sqrt{2})(\sqrt{6}+2+\sqrt{2})-(\sqrt{6}-2+2\sqrt{2})(\sqrt{6}-2-2\sqrt{2})$

(3) $\left\{(-2\sqrt{2})^5\div\dfrac{(4\sqrt{8})^3}{\sqrt{5}}+\dfrac{-3^2}{(-2)^3}\sqrt{5}\right\}\times\dfrac{1}{3+\sqrt{5}}$

(4) $(1+2\sqrt{2}+\sqrt{3})^2+(1+2\sqrt{2}-\sqrt{3})^2-(1-2\sqrt{2}+\sqrt{3})^2-(1-2\sqrt{2}-\sqrt{3})^2$

(5) $\dfrac{(3+\sqrt{2})^2}{\sqrt{2}}+\dfrac{(2+\sqrt{3})^2}{\sqrt{3}}-\dfrac{(3-\sqrt{2})^2}{\sqrt{2}}-\dfrac{(2-\sqrt{3})^2}{\sqrt{3}}$

(6) $\{(8+3\sqrt{7})^{10}+(8-3\sqrt{7})^{10}\}^2-\{(8+3\sqrt{7})^{10}-(8-3\sqrt{7})^{10}\}^2$

2 次の数を小さいものから順に並べよ。

(1) $7,\ \ 5\sqrt{2},\ \ 4\sqrt{3}$　　(2) $\dfrac{1}{\sqrt{3}},\ \ \dfrac{\sqrt{2}}{3},\ \ \dfrac{\sqrt{10}}{6},\ \ \dfrac{1}{2}$

3 $\sqrt{4.7}$，$\sqrt{47}$ の近似値をそれぞれ 2.168，6.856 とするとき，$\sqrt{11.75}-\sqrt{0.047}$ の近似値を求めよ。

4 次の問いに答えよ。

(1) $540n$ の正の平方根が整数になり，さらにその整数の正の平方根も整数になるような最小の正の整数 n を求めよ。

(2) $\sqrt{180-12a}$ が整数となるような正の整数 a の和を求めよ。

(3) $\sqrt{4a}$ の小数第1位を四捨五入すると5となる正の整数 a をすべて求めよ。

(4) $\sqrt{140x}$ が整数となるような有理数 x のうち，1に最も近い値を求めよ。

5 次の式の値を求めよ。

(1) $x=\dfrac{-3+\sqrt{3}}{2}$ のとき，$4x^2+12x-7$

(2) $a+\dfrac{1}{a}=2\sqrt{3}$ のとき，$a^2+\dfrac{1}{a^2}$，$a^4+\dfrac{1}{a^4}$

(3) $x=\sqrt{5}+\sqrt{3}$，$y=\sqrt{5}-\sqrt{3}$ のとき，$x^2y+xy^2-2\sqrt{3}x^2+2\sqrt{3}y^2$

(4) $x=\dfrac{\sqrt{3}-\sqrt{2}}{\sqrt{2}}$，$y=\dfrac{\sqrt{3}+\sqrt{2}}{\sqrt{3}}$ のとき，xy，$4x^2+12xy+9y^2$

(5) $a>0$，$b>0$ で $a^2=\dfrac{\sqrt{7}+2}{\sqrt{2}}$，$b^2=\dfrac{\sqrt{7}-2}{\sqrt{2}}$ のとき，ab，$\dfrac{b}{a}-\dfrac{a}{b}$

6 次の式の値を求めよ。

(1) $\sqrt{28}$ の整数部分を a，小数部分を b とするとき，$3a^2-2ab-b^2$

(2) $5-2\sqrt{2}$ の整数部分を a，小数部分を b とするとき，$\dfrac{1}{a-b}-\dfrac{1}{a-4b}$

7 a を正の整数とするとき，a^2 が偶数ならば a は偶数であることを，背理法を使って証明せよ。

8 次の計算をせよ。

(1) $1.\dot{4}-0.\dot{6}\dot{2}$　　(2) $99\times(2.\dot{1}\dot{5}-1.8\dot{7})$

9 x，y は連立方程式 $\begin{cases}3x+2y=1\\2x+3y=\sqrt{2}\end{cases}$ の解である。x^2-y^2 の値を求めよ。

10 糸の長さが ℓcm の振り子の周期（1往復にかかる時間）は，およそ $0.2\sqrt{\ell}$ 秒である。

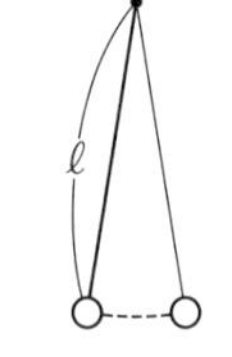

(1) 糸の長さが 50cm，1m，1m50cm，2m の振り子の周期を四捨五入して小数第1位まで求めよ。ただし，単位は秒とする。

(2) 周期が5秒の振り子をつくるには，糸の長さをおよそ何 cm にすればよいか。

11 直角をはさむ2辺の長さが $3\sqrt{5}$ と x である直角三角形において，x も斜辺の長さも整数であるとき，x の値をすべて求めよ。

12 下のように数が並んでいて，その中で2つの正の整数 m，n の間にある無理数の個数を《m，n》で表す。たとえば，《2，4》$=10$ である。$m<n$ とするとき，次の問いに答えよ。

$1,\ \sqrt{2},\ \sqrt{3},\ 2,\ \sqrt{5},\ \sqrt{6},\ \sqrt{7},\ 2\sqrt{2},\ 3,\ \sqrt{10},\ \cdots$

(1) 《5，8》を求めよ。

(2) 《m，n》$=94$ となる n の値をすべて求めよ。

13 正の数 x に対して，$[x]$ は x の整数部分，$\{x\}$ は x の小数第1位を四捨五入した整数を表すものとする。

(1) $[\sqrt{n}]=2$ を満たす正の整数 n をすべて求めよ。

(2) $[\sqrt{n}]\times\{\sqrt{n}\}=12$ を満たす正の整数 n をすべて求めよ。

9章 2次方程式

1…2次方程式の解法

基本問題

1. 次の2次方程式を解け。

(1) $x^2=5$　(2) $9=x^2$

(3) $x^2-16=0$　(4) $81-3x^2=6$

(5) $4x^2=49$　(6) $9x^2-2=0$

(7) $3x^2-4=0$　(8) $5-2x^2=0$

2. 次の2次方程式を，因数分解を利用して解け。

(1) $(x-2)(x-3)=0$

(2) $(x+2)(x-4)=0$

(3) $x^2+2x-15=0$　(4) $x^2-3x-18=0$

(5) $x^2+5x=0$　(6) $2x^2=5x$

(7) $x^2+4x=45$　(8) $x+56=x^2$

3. 次の2次方程式を解け。

(1) $(x+3)^2=4$　(2) $(x-4)^2-7=0$

(3) $(3x+1)^2=64$　(4) $4(x+1)^2=25$

4. 次の2次式を $(x+p)^2+q$ の形に変形（**平方完成**）せよ。

(1) x^2+8x+3　(2) $x^2-10x-4$

(3) x^2+5x-2　(4) $x^2-7x+15$

2次方程式の解法

(1) $\boldsymbol{ax^2-b=0}$ $(a>0,\ b>0)$

$x^2=\dfrac{b}{a}$ より，$\boldsymbol{x=\pm\sqrt{\dfrac{b}{a}}}$

(2) **因数分解による解法**

$AB=0$ ならば，$A=0$ または $B=0$ を利用して，

$\boldsymbol{(x-p)(x-q)=0}$ の解は

$x-p=0$ または $x-q=0$ より，

$\boldsymbol{x=p,\ q}$

(3) $\boldsymbol{(x+m)^2=n}$ $(n\geqq 0)$ の解は

$x+m=\pm\sqrt{n}$ より，

$\boldsymbol{x=-m\pm\sqrt{n}}$

平方完成

$$x^2+px=q$$

両辺に $\left(\dfrac{p}{2}\right)^2$ を加える ↓

$$x^2+px+\left(\frac{p}{2}\right)^2=q+\left(\frac{p}{2}\right)^2$$

左辺を平方完成 ↓

$$\left(x+\frac{p}{2}\right)^2=\frac{p^2+4q}{4}$$

例題1 次の2次方程式を，因数分解を利用して解け。

(1) $0.3x^2+1.2x=6.3$ (2) $\dfrac{5+2x^2}{6}+1=\dfrac{x^2}{2}-\dfrac{x-4}{3}$

解説 方程式の両辺に適当な数をかけて係数を整数にしてから，$ax^2+bx+c=0$ の形に整理して，左辺を因数分解する。

解答 (1) $0.3x^2+1.2x=6.3$

両辺に10をかけて

$3x^2+12x=63$

さらに，両辺を3で割ってから移項すると

$x^2+4x-21=0$

$(x+7)(x-3)=0$

$x+7=0$ または $x-3=0$

ゆえに $x=-7,\ 3$ ………(答)

(2) $\dfrac{5+2x^2}{6}+1=\dfrac{x^2}{2}-\dfrac{x-4}{3}$

両辺に6をかけて

$5+2x^2+6=3x^2-2(x-4)$

$2x^2+11=3x^2-2x+8$

$-x^2+2x+3=0$

$x^2-2x-3=0$

$(x+1)(x-3)=0$

ゆえに $x=-1,\ 3$ ………(答)

注 答えの書き方は，

$x=-7$ または $x=3$,　$x=-7,\ x=3$,　$x=-7,\ 3$

のいずれでもよい。本書では，$x=-7,\ 3$ と書く。

注 (2)では，両辺のすべての項にそれぞれ6をかける。定数項に6をかけることを忘れて，$5+2x^2+1=3x^2-2(x-4)$ などとしないように注意する。

注 (2)では，(1)の

$x+7=0$ または $x-3=0$

にあたる部分を省略した。なれたら，(2)のように省略してよい。

演習問題

5. 次の2次方程式を，因数分解を利用して解け。

(1) $x^2+2x-4=14-x$ (2) $0.2x^2+1.4x+2.4=0$

(3) $0.02x^2-1.2x+10=0$ (4) $-0.6x=3.6-0.6x^2$

(5) $x^2-3=6x+1+3x^2$ (6) $0.9x^2-4.6x+6=-1.1x^2+3.4x$

6. 次の2次方程式を，因数分解を利用して解け。

(1) $\dfrac{x^2}{6}-2=\dfrac{2}{3}x$ (2) $\dfrac{x^2+5x}{3}=\dfrac{3x^2-5x}{4}+5$

●例題2● 次の2次方程式を，平方完成を利用して解け。

(1) $x^2+4x-1=0$ (2) $5x^2+7x+1=0$

解説 (1)は，x^2 の係数が1であるから，定数項を右辺に移項して両辺に x の係数の $\frac{1}{2}$ の平方を加える。

(2)は，両辺を x^2 の係数で割り x^2 の係数を1にしてから，(1)と同様の変形を行う。

解答 (1) $x^2+4x-1=0$

定数項を移項して

$$x^2+4x=1$$

両辺に 2^2 を加えて

$$x^2+4x+2^2=1+2^2$$

$$(x+2)^2=5$$

$$x+2=\pm\sqrt{5}$$

ゆえに $x=-2\pm\sqrt{5}$ ……(答)

(2) $5x^2+7x+1=0$

両辺を5で割って

$$x^2+\frac{7}{5}x+\frac{1}{5}=0$$

定数項を移項して

$$x^2+\frac{7}{5}x=-\frac{1}{5}$$

両辺に $\left(\frac{7}{10}\right)^2$ を加えて

$$x^2+\frac{7}{5}x+\left(\frac{7}{10}\right)^2=-\frac{1}{5}+\left(\frac{7}{10}\right)^2$$

$$\left(x+\frac{7}{10}\right)^2=\frac{29}{100}$$

$$x+\frac{7}{10}=\pm\frac{\sqrt{29}}{10}$$

ゆえに $x=\frac{-7\pm\sqrt{29}}{10}$ ……(答)

演習問題

7. 次の2次方程式を，平方完成を利用して解け。

(1) $x^2+8x+4=0$ (2) $x^2-10x+7=0$

(3) $x^2+7x-2=0$ (4) $x^2-11x-4=0$

8. 次の2次方程式を，平方完成を利用して解け。

(1) $4x^2-8x-5=0$ (2) $3x^2+12x-1=0$

(3) $5x^2+8x+2=0$ (4) $6x^2-15x+4=0$

例題3　2次方程式 $ax^2+bx+c=0$ の解は

$$x=\frac{-b\pm\sqrt{b^2-4ac}}{2a}$$　**（2次方程式の解の公式）**

となることを証明せよ。

解説　例題2の平方完成を利用した解法と同様にして導く。

また，2次方程式 $ax^2+bx+c=0$ と書いたときには，$a\neq0$ であることに注意したい。

なお，参考のために，例題2(2)の2次方程式 $5x^2+7x+1=0$ の解答を対比させた。

証明　$ax^2+bx+c=0$

両辺を a で割って

$$x^2+\frac{b}{a}x+\frac{c}{a}=0$$

定数項を移項して

$$x^2+\frac{b}{a}x=-\frac{c}{a}$$

両辺に $\left(\frac{b}{2a}\right)^2$ を加えて

$$x^2+\frac{b}{a}x+\left(\frac{b}{2a}\right)^2=-\frac{c}{a}+\left(\frac{b}{2a}\right)^2$$

$$\left(x+\frac{b}{2a}\right)^2=\frac{b^2-4ac}{4a^2}$$

$$x+\frac{b}{2a}=\pm\frac{\sqrt{b^2-4ac}}{2a}$$

ゆえに　$$x=\frac{-b\pm\sqrt{b^2-4ac}}{2a}$$

参考　$5x^2+7x+1=0$

両辺を5で割って

$$x^2+\frac{7}{5}x+\frac{1}{5}=0$$

定数項を移項して

$$x^2+\frac{7}{5}x=-\frac{1}{5}$$

両辺に $\left(\frac{7}{10}\right)^2$ を加えて

$$x^2+\frac{7}{5}x+\left(\frac{7}{10}\right)^2=-\frac{1}{5}+\left(\frac{7}{10}\right)^2$$

$$\left(x+\frac{7}{10}\right)^2=\frac{29}{100}$$

$$x+\frac{7}{10}=\pm\frac{\sqrt{29}}{10}$$

ゆえに　$$x=\frac{-7\pm\sqrt{29}}{10}$$

例題4　次の2次方程式を，解の公式を利用して解け。

(1)　$3x^2+5x+1=0$　　(2)　$x^2-7x-4=0$

(3)　$5x^2+8x-2=0$　　(4)　$16x^2-24x+9=0$

解説　2次方程式の解の公式に，a，b，c の値をそれぞれ代入して解く。

(1)は $a=3$，$b=5$，$c=1$，(2)は $a=1$，$b=-7$，$c=-4$，(3)は $a=5$，$b=8$，$c=-2$，(4)は $a=16$，$b=-24$，$c=9$ をそれぞれ代入して解く。

なお，$\sqrt{p^2q}=p\sqrt{q}$（$p>0$，$q>0$）を利用して，根号の中をできるだけ簡単にする。

解答 (1) $3x^2+5x+1=0$

$$x=\frac{-5\pm\sqrt{5^2-4\cdot3\cdot1}}{2\cdot3}$$

$$=\frac{-5\pm\sqrt{13}}{6}$$ ………(答)

(2) $x^2-7x-4=0$

$$x=\frac{-(-7)\pm\sqrt{(-7)^2-4\cdot1\cdot(-4)}}{2\cdot1}$$

$$=\frac{7\pm\sqrt{65}}{2}$$ ………(答)

(3) $5x^2+8x-2=0$

$$x=\frac{-8\pm\sqrt{8^2-4\cdot5\cdot(-2)}}{2\cdot5}$$

$$=\frac{-8\pm\sqrt{104}}{10}$$

$$=\frac{-8\pm2\sqrt{26}}{10}$$

$$=\frac{-4\pm\sqrt{26}}{5}$$ ………(答)

(4) $16x^2-24x+9=0$

$$x=\frac{-(-24)\pm\sqrt{(-24)^2-4\cdot16\cdot9}}{2\cdot16}$$

$$=\frac{24\pm\sqrt{0}}{32}$$

$$=\frac{24}{32}$$

$$=\frac{3}{4}$$ ………(答)

注 (4)で方程式の左辺を因数分解すると，$(4x-3)^2=0$ となる。これは2次方程式の2つの解が一致した場合と考えることができる。このような解を，**重解**(じゅうかい)という。

演習問題

9. 次の2次方程式を，解の公式を利用して解け。

(1) $2x^2+9x+3=0$　　(2) $x^2-7x+5=0$

(3) $3x^2-10x-6=0$　　(4) $5x^2+11x-2=0$

(5) $4x^2+14x+3=0$　　(6) $4x^2=5+6x$

10. 次の2次方程式を，解の公式を利用して解け。

(1) $x^2+0.3x-0.1=0$　　(2) $4x^2-1.2x=0.8$

(3) $x^2+\frac{1}{4}=x$　　(4) $\frac{1}{3}x^2-x=2$

11. 次の問いに答えよ。

(1) 2次方程式 $ax^2+2b'x+c=0$ の解は

$$\boldsymbol{x=\frac{-b'\pm\sqrt{b'^2-ac}}{a}}$$

となることを証明せよ。

(2) (1)を利用して，次の2次方程式を解け。

(i) $x^2-6x+1=0$　　(ii) $4x^2-12x=1$

(iii) $3x^2+4x-5=0$　　(iv) $5x^2+8\sqrt{5}x+11=0$

●例題5● 次の2次方程式を解け。

(1) $\dfrac{x(x-1)}{2}=\dfrac{(x+1)(x-2)}{3}+4$　　(2) $5x(3-x)-7=(x-2)(x+2)$

解説 まず，$ax^2+bx+c=0$ の形に整理して，

① 左辺が因数分解できるなら，因数分解を利用して解く。

② 左辺が因数分解できそうもなければ，解の公式を利用して解く。

解答 (1) $\dfrac{x(x-1)}{2}=\dfrac{(x+1)(x-2)}{3}+4$

両辺に6をかけて

$$3x(x-1)=2(x+1)(x-2)+24$$

$$3x^2-3x=2(x^2-x-2)+24$$

$$x^2-x-20=0$$

$$(x+4)(x-5)=0$$

ゆえに　$x=-4,\ 5$ ………(答)

(2) $5x(3-x)-7=(x-2)(x+2)$

展開して

$$15x-5x^2-7=x^2-4$$

$$-6x^2+15x-3=0$$

$$2x^2-5x+1=0$$

ゆえに

$$x=\frac{-(-5)\pm\sqrt{(-5)^2-4\cdot2\cdot1}}{2\cdot2}$$

$$=\frac{5\pm\sqrt{17}}{4}$$ ………(答)

参考 2次方程式 $ax^2+bx+c=0$ において，b^2-4ac の値が平方数ならば，因数分解を利用して解くことができる。平方数でなければ，解の公式を利用して解く。

演習問題

12. 次の2次方程式を解け。

(1) $x^2+17x+72=0$　　(2) $x^2-7x-7=0$

(3) $x^2-14x+49=0$　　(4) $x^2+12x-36=0$

(5) $2x^2-5x-8=0$　　(6) $81x^2+90x+25=0$

13. 次の2次方程式を解け。

(1) $0.4x^2-2x-2.4=0$　　(2) $\dfrac{1}{3}x^2-\dfrac{5}{4}x+\dfrac{1}{2}=0$

(3) $x^2-(\sqrt{2}+\sqrt{3})x+\sqrt{6}=0$　　(4) $2x(x+3)=5$

(5) $6x^2=(5x-2)(x+1)$　　(6) $2(x^2-9)=(x-3)^2$

(7) $(x+2)(3x-1)=(2x-1)(5x-2)+3$

(8) $\dfrac{(x-1)(3x-2)}{4}=\dfrac{2x(1+2x)}{6}-\dfrac{2x-3}{8}$

進んだ問題の解法

問題1 次の2次方程式を，因数分解を利用して解け。

(1) $3x^2+8x+4=0$　　(2) $12x^2-7x-12=0$

(3) $5(2x-3)^2+7(2x-3)-6=0$　　(4) $60000x^2-2300x+21=0$

解法 2次式 px^2+qx+r の因数分解を利用する。（→7章の進んだ問題の解法1，p.121）

また，(3)，(4)では，同じ形の式を他の文字でおきかえると，因数分解しやすくなる。

(1) 3　4 → 1, 3 × 2, 2 → 6, 2 → 8

(2) 12　−12 → 3, 4 × −4, 3 → −16, 9 → −7

解答 (1)
$$3x^2+8x+4=0$$
$$(x+2)(3x+2)=0$$
ゆえに　$x=-2,\ -\dfrac{2}{3}$ ………(答)

(2)
$$12x^2-7x-12=0$$
$$(3x-4)(4x+3)=0$$
ゆえに　$x=-\dfrac{3}{4},\ \dfrac{4}{3}$ ………(答)

(3) $5(2x-3)^2+7(2x-3)-6=0$

$2x-3=X$ とおくと
$$5X^2+7X-6=0$$
$$(X+2)(5X-3)=0$$
$$X=-2,\ \frac{3}{5}$$
よって　$2x-3=-2,\ \dfrac{3}{5}$

ゆえに　$x=\dfrac{1}{2},\ \dfrac{9}{5}$ ………(答)

(4) $60000x^2-2300x+21=0$

$100x=X$ とおくと　$X^2=10000x^2$ であるから
$$6X^2-23X+21=0$$
$$(2X-3)(3X-7)=0$$
$$X=\frac{3}{2},\ \frac{7}{3}$$
よって　$100x=\dfrac{3}{2},\ \dfrac{7}{3}$

ゆえに　$x=\dfrac{3}{200},\ \dfrac{7}{300}$ ……(答)

進んだ問題

14. 次の2次方程式を，因数分解を利用して解け。

(1) $4x^2+4x-3=0$　　(2) $6x^2-5x-4=0$

(3) $(x+\sqrt{3})^2+5(x+\sqrt{3})-24=0$　　(4) $12(3+2x)^2-5(3+2x)-2=0$

(5) $80000x^2-1000x-3=0$　　(6) $300\left(1+\dfrac{x}{100}\right)\left(1-\dfrac{x}{200}\right)=264$

15. $(\sqrt{2})^2=2$，$(\sqrt{3})^2=3$ に注意して，次の2次方程式を因数分解を利用して解け。

(1) $x^2-\sqrt{3}x-6=0$　　(2) $\sqrt{2}x^2+12\sqrt{2}=14x$

例題6　次の問いに答えよ。

(1)　2次方程式 $x^2-2x+a=0$ の1つの解が $x=1-\sqrt{5}$ であるとき，a の値と他の解を求めよ。

(2)　2次方程式 $x^2-2x+a-2=0$ の負の解が $x=a$ であるとき，a の値と他の解を求めよ。

解説　方程式の解とは，その方程式を成り立たせる値であるから，解を代入したとき，その等式（方程式）が成り立つ。

(1)　$x=1-\sqrt{5}$ を代入して，a の値を求める。

(2)　$x=a$ を代入して，負の値 a を求める。

解答　(1)　$x=1-\sqrt{5}$ が $x^2-2x+a=0$ の解であるから，方程式に代入して

$$(1-\sqrt{5})^2-2(1-\sqrt{5})+a=0$$

ゆえに　$a=2(1-\sqrt{5})-(1-\sqrt{5})^2=2-2\sqrt{5}-(6-2\sqrt{5})=-4$

$a=-4$ のとき，与えられた2次方程式は

$$x^2-2x-4=0$$

$$x=\frac{-(-1)\pm\sqrt{(-1)^2-1\cdot(-4)}}{1}=1\pm\sqrt{5}$$

ゆえに，他の解は　$x=1+\sqrt{5}$　　　（答）　$a=-4$，$x=1+\sqrt{5}$

(2)　$x=a$ が $x^2-2x+a-2=0$ の解であるから，方程式に代入して

$$a^2-2a+a-2=0$$
$$a^2-a-2=0$$
$$(a+1)(a-2)=0$$
$$a=-1,\ 2$$

ここで，$a<0$ であるから　$a=-1$

$a=-1$ のとき，与えられた2次方程式は

$$x^2-2x-1-2=0$$
$$x^2-2x-3=0$$
$$(x+1)(x-3)=0$$
$$x=-1,\ 3$$

ゆえに，他の解は　$x=3$　　　（答）　$a=-1$，$x=3$

注　(1)で，解の公式の形から見て，$1-\sqrt{5}$ が解ならば $1+\sqrt{5}$ も解であることがわかるが，このことを不用意に用いてはならない。やはり，上の解答のように解くほうがよい。または，解と係数の関係を利用する。（→進んだ問題の解法3，p.163）

演習問題

16. 次の2次方程式が，〔 〕の中に示された解をもつとき，a の値を求めよ。また，他の解を求めよ。

(1) $2x^2-ax-3=0$ 〔$x=-3$〕

(2) $4x^2-5x+a=0$ 〔$x=\frac{1}{2}$〕

(3) $a^2x^2-ax-6=0$ 〔$x=-1$〕

(4) $(a-1)x^2-2ax-a^2+3=0$ 〔$x=1$〕

17. 次の問いに答えよ。

(1) 2次方程式 $x^2+ax-3=0$ の1つの解が $x=2-\sqrt{7}$ であるとき，a の値と他の解を求めよ。

(2) 2次方程式 $x^2+m(x-m+1)=0$ の1つの解が，2次方程式 $x^2-5x+6=0$ の小さいほうの解になっている。このとき，m の値を求めよ。

18. 次の問いに答えよ。

(1) x についての1次方程式 $x+a-1=0$ $(a>1)$ ……① の解が，x について の2次方程式 $x^2-2ax-(2a+1)(a-1)=0$ ……② の1つの解になっている。このとき，②の解のうち，①の解でないものを求めよ。

(2) x についての2次方程式 $x^2-(a+1)x+a=0$ ……① の1つの解が -2 と -1 の間にあり，x についての2次方程式 $x^2-3x+a-4=0$ ……② の1つの解が $x=a$ である。このとき，a の値を求めよ。

19. 2次方程式 $4x^2-8x-1=0$ の2つの解が $x=p$，q であるとき，次の式の値を求めよ。

(1) $4p^2-8p$

(2) $(2p^2-4p+1)(q^2-2q-1)$

20. 次の問いに答えよ。

(1) 2次方程式 $ax^2+bx+5=0$ の2つの解が $x=-5$，$-\frac{1}{2}$ であるとき，a，b の値を求めよ。

(2) 2次方程式 $ax^2+8x+c=0$ の2つの解が $x=4\pm\sqrt{10}$ であるとき，a，c の値を求めよ。

進んだ問題の解法

問題2　2次方程式 $2x^2-8x+k=0$ ……① について，次の問いに答えよ。ただし，k は定数である。

(1)　①が異なる2つの解をもつように，k の値の範囲を定めよ。

(2)　①がただ1つの解をもつように，k の値を定めよ。また，そのときの解を求めよ。

(3)　①が解をもたないように，k の値の範囲を定めよ。

解法　2次方程式 $ax^2+bx+c=0$ の解の個数は，解の公式 $x=\dfrac{-b\pm\sqrt{b^2-4ac}}{2a}$ の根号の中の b^2-4ac の値によって決まる。この式を2次方程式の**判別式**といい，D で表す。2次方程式の解の個数は，判別式 $D=b^2-4ac$ を使うと次のようになることがわかる。

$D>0$ のとき，異なる2つの解をもつ。

$D=0$ のとき，ただ1つの解（重解）をもつ。

$D<0$ のとき，解をもたない。

解答　①の判別式を D とすると

$$D=(-8)^2-4\cdot2\cdot k=64-8k$$

(1)　$D>0$ より　$64-8k>0$　　ゆえに　$k<8$　　（答）$k<8$

(2)　$D=0$ より　$64-8k=0$　　ゆえに　$k=8$

このとき①は　$2x^2-8x+8=0$　　$x^2-4x+4=0$　　$(x-2)^2=0$

ゆえに　$x=2$　　（答）$k=8$，$x=2$

(3)　$D<0$ より　$64-8k<0$　　ゆえに　$k>8$　　（答）$k>8$

参考　x の係数が $-8=2\cdot(-4)$ であるから，D の代わりに $\dfrac{D}{4}=(-4)^2-2\cdot k=16-2k$ を利用してもよい。（→演習問題11，p.157）

進んだ問題

21. 2次方程式 $3x^2+12x+c=0$ ……① について，次の問いに答えよ。ただし，c は定数である。

(1)　①が異なる2つの解をもつように，c の値の範囲を定めよ。

(2)　①が重解をもつように，c の値を定めよ。また，そのときの解を求めよ。

(3)　①が解をもたないように，c の値の範囲を定めよ。

22. 2次方程式 $x^2+6x+k=0$ ……①，$x^2-5x-k=0$ ……② がともに解をもつように，定数 k の値の範囲を定めよ。

進んだ問題の解法

問題3 次の問いに答えよ。

(1) 2次方程式 $ax^2+bx+c=0$ の2つの解を α（アルファ），β（ベータ）とするとき，

$\alpha+\beta$，$\alpha\beta$

の値を求めよ。

(2) 2次方程式 $x^2+4x+a=0$ の1つの解が $x=-2+\sqrt{3}$ であるとき，a の値と他の解を求めよ。

解法 (1) 解の公式を利用して α，β の値を求め，$\alpha+\beta$，$\alpha\beta$ の値を求める。

(2) $x=-2+\sqrt{3}$ を代入して a の値を求めてもよいが，もう1つの解を α とおいて(1)の結果を利用する。

解答 (1) $ax^2+bx+c=0$ より

$$x=\frac{-b\pm\sqrt{b^2-4ac}}{2a}$$

よって

$$\alpha+\beta=\frac{-b+\sqrt{b^2-4ac}}{2a}+\frac{-b-\sqrt{b^2-4ac}}{2a}$$

$$=\frac{-2b}{2a}=-\frac{b}{a}$$

$$\alpha\beta=\frac{-b+\sqrt{b^2-4ac}}{2a}\times\frac{-b-\sqrt{b^2-4ac}}{2a}$$

$$=\frac{(-b)^2-\left(\sqrt{b^2-4ac}\right)^2}{(2a)^2}=\frac{b^2-(b^2-4ac)}{4a^2}$$

$$=\frac{4ac}{4a^2}=\frac{c}{a}$$

（答） $\alpha+\beta=-\dfrac{b}{a}$，$\alpha\beta=\dfrac{c}{a}$

> **解と係数の関係**
>
> 2次方程式 $\boldsymbol{ax^2+bx+c=0}$ の2つの解を $\boldsymbol{\alpha}$，$\boldsymbol{\beta}$ とすると，
>
> $$\begin{cases}\boldsymbol{\alpha+\beta=-\dfrac{b}{a}}\\ \boldsymbol{\alpha\beta=\dfrac{c}{a}}\end{cases}$$

(2) 他の解を α とすると，(1)の結果より

$$\begin{cases}(-2+\sqrt{3})+\alpha=-4 & \cdots\cdots\cdots①\\ (-2+\sqrt{3})\alpha=a & \cdots\cdots\cdots②\end{cases}$$

①より $\alpha=-4-(-2+\sqrt{3})=-2-\sqrt{3}$

これを②に代入して

$$a=(-2+\sqrt{3})(-2-\sqrt{3})=(-2)^2-(\sqrt{3})^2=1$$

（答） $a=1$，$x=-2-\sqrt{3}$

注 2次方程式の2つの解の和と積は，(1)のように，その方程式の係数を使って表すことができる。これを，**解と係数の関係**という。

進んだ問題

23. 次の2次方程式の2つの解の和と積を求めよ。

(1) $3x^2-5x-1=0$　　(2) $6x^2+5x+1=0$

24. 2次方程式 $x^2+ax-4=0$ の1つの解が $x=3-\sqrt{5}$ であるとき，a の値と他の解を求めよ。

25. 2次方程式 $9x^2-ax+b=0$ の2つの解 α，β が $\alpha=\dfrac{2+\sqrt{5}}{3}$，$\beta=\dfrac{2-\sqrt{5}}{3}$ であるとき，a，b の値を求めよ。

26. 2次方程式 $3x^2-9x-2=0$ の2つの解を α，β とするとき，次の式の値を求めよ。

(1) $\alpha^2+\beta^2$　　(2) $\dfrac{1}{\alpha}+\dfrac{1}{\beta}$　　(3) $2\alpha^2-3\alpha\beta+2\beta^2$

27. 2次方程式 $5x^2+6x+a=0$ の2つの解の比が $1:2$ であるとき，a の値と2つの解を求めよ。

28. 2次方程式 $x^2+ax+b=0$ ……① の2つの解にそれぞれ2を加えた数が，2次方程式 $3x^2-6x+2=0$ ……② の解になっている。このとき，a，b の値を求めよ。

29. 春子さんは，2次方程式 $x^2-13x+40=0$ ……① を解の公式を利用して，

$$x=\frac{-(-13)\pm\sqrt{(-13)^2-4\times1\times40}}{2\times1}=\frac{13\pm\sqrt{9}}{2}$$

$$=\frac{13\pm3}{2} \quad \cdots\cdots②$$

$$=8,\ 5$$

のように解いた。秋子さんはこの解答を見て，

②の分子の13は，①の2つの解の和，

②の分子の3は，①の2つの解の差（の絶対値）

になっているから，2次方程式の解は，

$$x=\frac{(2つの解の和)\pm(2つの解の差)}{2}$$

であると予測した。

秋子さんの予測が正しいかどうかを説明せよ。

2…2次方程式の応用

基本問題

30. ある数とその数に 4 を加えた数の積が 45 になった。ある数を求めよ。

31. ある長方形の周の長さは 20cm，面積は 21cm^2 である。この長方形の縦と横の長さをそれぞれ求めよ。

応用問題の解き方
1 次方程式の応用問題と同様に考えて解く。
（→3 章，p.41）

例題7 正方形の土地の縦を 6m 短く，横を 5m 長くしてできた長方形の土地の面積は，もとの正方形の土地の面積の $\frac{7}{8}$ である。もとの正方形の土地の 1 辺の長さを求めよ。

解説 もとの正方形の土地の 1 辺の長さを xm として 2 次方程式をつくり，それを解く。$x>6$ に注意する。

解答 正方形の土地の 1 辺の長さを xm とすると，できた長方形の土地の 2 辺は $(x-6)$m，$(x+5)$m，正方形の土地の面積は $x^2\text{m}^2$ であるから

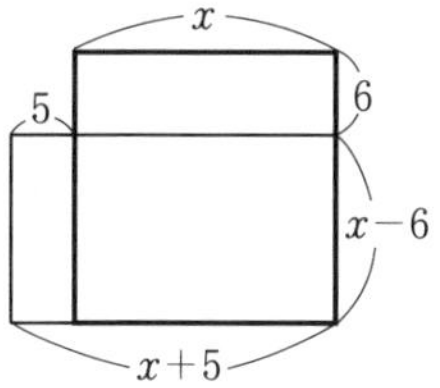

$$(x-6)(x+5)=\frac{7}{8}x^2$$

整理して $x^2-8x-240=0$

$$(x+12)(x-20)=0$$

$$x=-12,\ 20$$

ここで，$x>6$ であるから　$x=20$

この値は問題に適する。　　（答）　20m

演習問題

32. ある正の数を平方したら，もとの数を 8 倍した数より 33 大きくなった。もとの正の数を求めよ。

33. 54 個のみかんを何人かの子どもに等分する。このとき，1 人分のみかんの個数は，子どもの人数より 3 だけ大きい数になる。子どもの人数を求めよ。

34. 連続する5つの整数があり，その大きいほうから2つの数の平方の和は残り3つの数の平方の和に等しい。この5つの整数を求めよ。

35. 2けたの自然数がある。一の位の数と十の位の数の和は8で，それらの積はもとの自然数より50小さい。もとの自然数を求めよ。

36. 3歳ちがいの姉妹がいる。父親の年齢は妹の年齢の4倍で，母親は姉より32歳年上である。また，姉と妹の年齢の比は，父親と母親の年齢の比に等しい。姉と妹の年齢をそれぞれ求めよ。

37. 大小2つの円がある。2円の半径の差は $\frac{7}{2}$cm で，2円の面積の和は半径が $\frac{17}{2}$cm の円の面積に等しい。この2つの円の半径をそれぞれ求めよ。

38. 縦20cm，横30cm の長方形の白い用紙に，右の図のように縦と横に同じ幅で色をぬると，白い部分の面積がもとの用紙の面積の $\frac{5}{8}$ 倍になった。このとき，色をぬった部分の幅を求めよ。

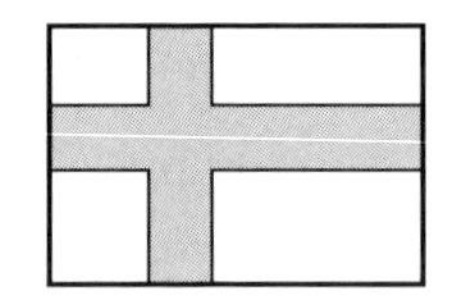

39. 西欧の建築家や画家たちは，古くから画面全体を美しく，より効果的に表現するための数理的な方法を求め努力してきた。その代表的な結果の1つは

「一般に，長方形の最も美しい形は，長方形 ABCD が，短い辺 AD を1辺とする正方形 AEFD を切り取った残りの長方形 BCFE と相似になるときである」

というものであった。このような長方形において，2辺の比の値 $\frac{AD}{AB}$ を**黄金比**という。この値を求めよ。

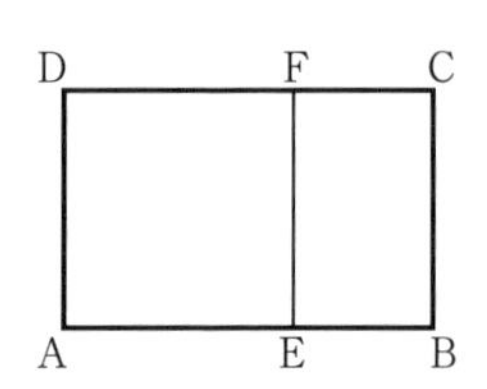

進んだ問題

40. 1辺の長さが20cm の正方形の紙の四隅(よすみ)から，右の図のように合同な4つの直角三角形を切り取った。残った正方形の面積が236cm² のとき，直角三角形の直角をはさむ2辺の長さをそれぞれ求めよ。

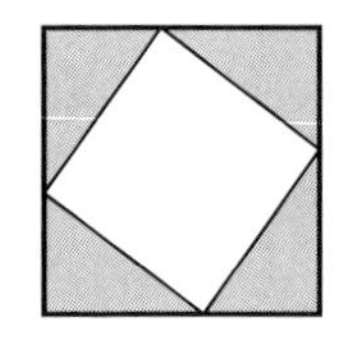

●例題8● 濃度12％の食塩水600gがはいっている容器から，ある重さの食塩水を取り出し，代わりに同じ重さの水を入れてよくかき混ぜた。つぎに，この容器から，はじめに取り出した重さの2倍の食塩水を取り出し，代わりに同じ重さの水を入れてよくかき混ぜた。その結果，この食塩水の濃度は4.5％になった。はじめに取り出した食塩水の重さを求めよ。

解説 濃度を考えてもよいが，食塩水にふくまれる食塩の重さに着目すると，方程式がつくりやすい。濃度a％の食塩水Mgにふくまれる食塩の重さは$\left(M\times\frac{a}{100}\right)$gである。

はじめに取り出した食塩水の重さをxgとすると，はじめに取り出される食塩の割合は$\frac{x}{600}$であるから，残る食塩の割合は$1-\frac{x}{600}$である。したがって，はじめの操作が終わったとき，容器の食塩水にふくまれる食塩の重さは$\left\{\left(600\times\frac{12}{100}\right)\times\left(1-\frac{x}{600}\right)\right\}$gである。

解答 はじめに取り出した食塩水の重さをxgとすると，残りの食塩水にふくまれる食塩の重さは$\left\{\left(600\times\frac{12}{100}\right)\times\left(1-\frac{x}{600}\right)\right\}$gである。

2回目に食塩水$2x$gを取り出した後，残りの食塩水にふくまれる食塩の重さは

$\left\{\left(600\times\frac{12}{100}\right)\times\left(1-\frac{x}{600}\right)\times\left(1-\frac{2x}{600}\right)\right\}$gである。

これが，4.5％の食塩水600gにふくまれる食塩の重さになるから

$$\left(600\times\frac{12}{100}\right)\times\left(1-\frac{x}{600}\right)\times\left(1-\frac{2x}{600}\right)=600\times\frac{4.5}{100}$$

$$12\times\left(1-\frac{x}{600}\right)\times\left(1-\frac{2x}{600}\right)=4.5 \quad\cdots\cdots\cdots(*)$$

展開して整理すると　$x^2-900x+112500=0$

$(x-150)(x-750)=0$

$x=150,\ 750$

ここで，$0<x<300$ であるから　$x=150$

この値は問題に適する。　(答)　150g

参考 $(*)$において$\frac{x}{600}=X$とおくと，$12(1-X)(1-2X)=4.5$　$8(1-3X+2X^2)=3$

$16X^2-24X+5=0$　$(4X-1)(4X-5)=0$　$X=\frac{1}{4},\ \frac{5}{4}$

$x=600X=150,\ 750$　$0<x<300$ であるから，$x=150$

演習問題

41. 原価 2000 円の商品に a% の利益を見込んで定価をつけたが売れなかったので，定価の a% 引きで売ったら，80 円の損失があった。a の値を求めよ。

42. ある商品の値段を 2 回値上げした。2 回目の値上げの割合は，1 回目より 1 割多かった。2 回の値上げにより，この商品の値段は最初の値段の 1.56 倍になった。各回の値上げはそれぞれ何割であったか。

43. 濃度 10% の食塩水 100g がはいっている容器 A がある。この食塩水を使って，次の 2 回の操作を続けて行った。

はじめに，容器 A から xg の食塩水を取り出し，代わりに xg の水を入れてよくかき混ぜた。つぎに，容器 A から $4x$g の食塩水を取り出し，代わりに $4x$ g の水を入れてよくかき混ぜた。

その結果，容器 A の食塩水の濃度は 5.4% になった。

(1) 1 回目の操作が終わったとき，容器 A の食塩水にふくまれる食塩の重さを x を使って表せ。

(2) x の値を求めよ。

44. A さん，B さんの 2 人が，P 地点を同時に出発し，それぞれ一定の速さで歩いて Q 地点に行った。A さんは Q 地点の手前 1km の R 地点で 12 分間休み，P 地点を出発してから 2 時間後に Q 地点に着いた。B さんは休まずに歩き，A さんが Q 地点に着いたときに R 地点に着いた。PR 間の道のりを $x$km として，次の問いに答えよ。

(1) A さん，B さんの歩く速さはそれぞれ時速何 km か。x を使って表せ。

(2) A さんが R 地点に着いたとき，B さんは R 地点の手前 1.6km の地点にいた。このとき，x の値を求めよ。

45. 明さんは P 地点から Q 地点に，実さんは Q 地点から P 地点に向かって同時に出発し，それぞれ一定の速さで走った。2 人が出会ってから，明さんは 16 分後，実さんは 9 分後にそれぞれ Q 地点，P 地点に着いた。2 人が出発してから出会うまでに何分かかったか。

46. 右の図のように，時速30kmで東に向かっている船があり，船の位置から南に180km，東に260kmの位置に台風の中心がある。この台風は，時速20kmで北に進行中で，中心から半径100km以内は暴風域である。船と台風が現在の位置から，このままの速さと向きを保ったまま進むとして，船が暴風域に突入するのは，いまから何時間後か。

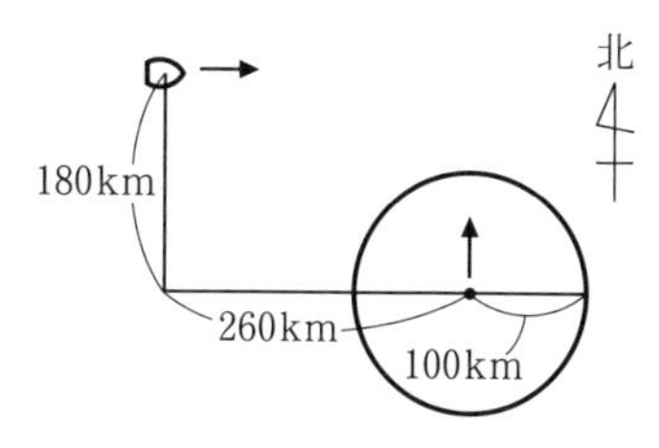

47. 1辺の長さが16cmの正三角形ABCがある。右の図のように，点Pは秒速2cmで三角形の辺上を頂点BからAを通りCまで進み，点Qは秒速1cmでBからCまで進む。2点P，Qが頂点Bを同時に出発してからx秒後にできる△BPQの面積を$y$cm^{2}とする。ただし，$8<x<16$とする。

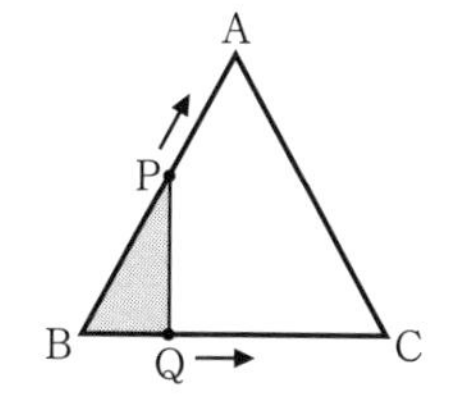

(1) yをxの式で表すと，$y=\dfrac{\sqrt{3}}{2}(ax^2+bx)$となった。$a$，$b$の値を求めよ。

(2) △BPQの面積が$24\sqrt{3}$ cm^{2}となるのは，2点P，Qが頂点Bを出発してから何秒後か。

進んだ問題

48. 10L入りのバケツで18杯分の水がはいっているふろがある。このふろをわかし過ぎて湯の温度が70℃になったので，次のようにして水でうめた。

まず，ふろの中からそのバケツでx杯の湯をくみ出して別の容器に移し，残りの湯に16℃の水を加えて，もと通りの18杯分の量にした。ところが，この水うめを1回行った後もまだ熱かったので，さらにもう1回バケツx杯の湯をくみ出して別の容器に移し，残りの湯に16℃の水を加えて18杯分の量にした。すると，今度は適温の40℃になった。xの値を求めよ。ただし，熱はほかに逃げないものとする。

49. 180枚のコインがあり，すべて表を上に向けて置いてある。まず，x枚をひっくり返して裏が上を向くようにした。つぎに，いま表が上を向いているコインと裏が上を向いているコインそれぞれについて，それぞれの枚数のp%をひっくり返した。その結果，ひっくり返したコインの枚数を両方合わせてみると，x枚より44枚多かった。また，最終的に表が上を向いているコインと裏が上を向いているコインの枚数の比は 8：7 になった。xの値を求めよ。

9章の問題

1 次の2次方程式を解け。ただし，a は定数とする。

(1) $(x-2)(x+2)=3x$

(2) $x(x-3)=2(x+7)$

(3) $(x-3)^2+2(x-3)-1=0$

(4) $(5x-2)^2=(4x-1)(6x-5)-10$

(5) $\dfrac{(x+2)^2-15}{4}=\dfrac{x+2}{2}$

(6) $\dfrac{(2x+3)^2}{3}=\dfrac{x(x+3)}{2}+2$

(7) $x^2+180x-36000=0$

(8) $x^2-0.18x-0.0144=0$

(9) $\dfrac{(2x-1)^2}{6}-\dfrac{x(x-2)}{2}=\dfrac{2}{3}$

(10) $(x^2-2x)^2-11(x^2-2x)+24=0$

(11) $x^2-(a-2)x-2a=0$

(12) $x^2+\sqrt{5}x-60=0$

2 n を3以上の自然数とする。n 角形の対角線の数は $\dfrac{1}{2}n(n-3)$ 本である。対角線の数が20本である多角形は何角形か。

3 次の問いに答えよ。

(1) 2次方程式 $ax^2+bx-2=0$ の2つの解が $x=-\dfrac{1}{6}$，2 であるとき，a，b の値を求めよ。

(2) 2次方程式 $ax^2+2ax+1=0$ の1つの解が $x=\dfrac{-2+\sqrt{5}}{2}$ であるとき，a の値を求めよ。

4 2次方程式 $x^2+x-1=0$ の2つの解にそれぞれ1を加えたものが，2次方程式 $x^2+ax+b=0$ の解と等しくなる。a，b の値を求めよ。

5 2次方程式 $2x^2-6x+(1+a)=0$ の2つの解がともに整数となるとき，正の整数 a の値を求めよ。

6 2次方程式 $x^2-2ax+7b=0$ について，次の問いに答えよ。

(1) $a=11$，$b=7$ のとき，この方程式の解を求めよ。

(2) 解が $x=5$，6 のとき，a，b の値を求めよ。

(3) a を1けたの正の整数，b を2けたの正の整数とするとき，この方程式の2つの解がともに整数となるような a，b の値を求めよ。

7 縦と横の長さの比が 1：4 の長方形がある。この長方形の縦を1cm，横を3cm長くすると，面積は25％増加する。もとの長方形の縦の長さを求めよ。

8 A中学校では，縦 30m，横 60m の長方形の土地を利用して畑をつくり，各学年の生徒および先生の4グループに分かれて，野菜づくりをすることになった。畑の面積は生徒1人あたり $9\,\mathrm{m}^2$，先生1人あたり $36\,\mathrm{m}^2$ となるようにした。

1年生の畑　3年生の畑
2年生の畑　先生の畑
通路

その結果，右の図のように，各学年の生徒および先生の担当する4つの長方形の畑と，それらの周囲に同じ幅の通路をつくることができた。各学年の生徒および先生の人数は，右の表の通りである。

グループ	人数
1年生	50人
2年生	40人
3年生	45人
先生	9人

(1) 先生の畑の面積を求めよ。
(2) 通路の幅を求めよ。
(3) 1年生の畑の縦と横の長さをそれぞれ求めよ。

9 五角柱 ABCDE−FGHIJ は，2つの底面が平行で同じ形をした五角形で，水平な台の上に置かれている。底面 ABCDE は1辺の長さ 6cm の正方形 BCDE と，$\mathrm{AB}=\mathrm{AE}=3\sqrt{2}$ cm の直角二等辺三角形 ABE を合わせたものであり，高さは AF=8cm である。この五角柱の内部を長方形 DJGC の板で2つの部分に区切り，頂点Aをふくむほうの立体をそのまま容器として用いることとし，この容器に毎秒 $9\,\mathrm{cm}^3$ の割合で水を入れた。

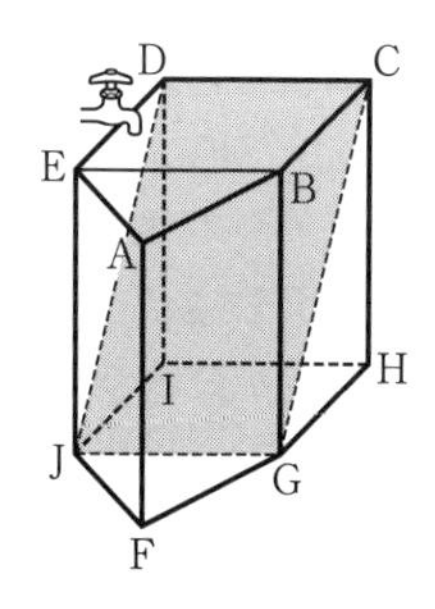

(1) 五角形 ABCDE の面積を求めよ。
(2) 水を入れはじめてから何秒で満水になるか。
(3) 底面 FGJ からの水の深さが 4cm のとき，水面の面積を求めよ。
(4) 水を入れはじめてから15秒後の水の深さを求めよ。

10 3辺の長さが x，$x+1$，$49-x$ の三角形がある。x の値の範囲を求めよ。また，この三角形が直角三角形になるとき，x の値を求めよ。

11 池を1周する道路がある。兄はこの道路をA地点から時計まわりに，弟はB地点から反時計まわりにそれぞれ同時に出発し，一定の速さで進む。兄は弟とはじめて出会ってから6分後にB地点を通過し，そのときから18分後に弟と再び出会った。さらに7分後にちょうど1周してA地点にもどった。
(1) 兄はこの道路を1周するのに何分かかったか。
(2) 兄と弟の速さの比を求めよ。

12 2つの容器A，Bにそれぞれ濃度4％，6％の食塩水が100gずつはいっている。A，Bから同時にxgずつ取り出し，入れかえてよくかき混ぜる。さらにもう一度，A，Bから同時にxgずつ取り出し，入れかえてよくかき混ぜる。

この2回の操作の後の容器Aの食塩水にふくまれる食塩の重さをxを使って表せ。また，濃度が4.75％であるときのxの値を求めよ。

13 1辺の長さが1cmの正五角形ABCDEにおいて，対角線ACとBEとの交点をFとするとき，次の問いに答えよ。

(1) ∠BFCの大きさを求めよ。

(2) 対角線ACの長さを求めよ。

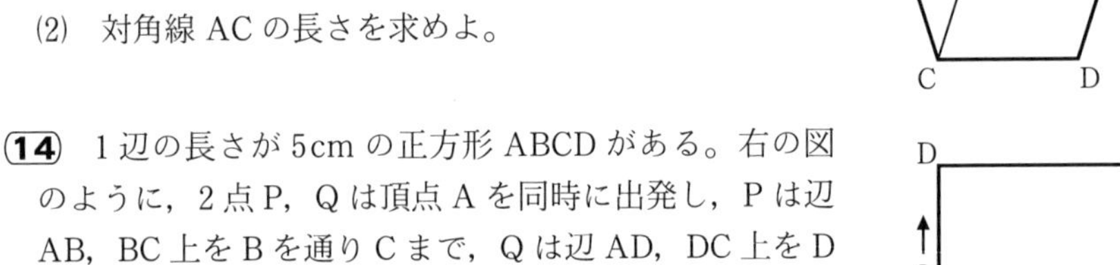

14 1辺の長さが5cmの正方形ABCDがある。右の図のように，2点P，Qは頂点Aを同時に出発し，Pは辺AB，BC上をBを通りCまで，Qは辺AD，DC上をDを通りCまでそれぞれ秒速1cmで動く。2点P，Qが出発してからx秒後の△APQの面積を$y$cm^{2}とする。

(1) yをxの式で表せ。

(2) $y=12$ となるのは出発してから何秒後か。

(3) △APQが正三角形となるのは出発してから何秒後か。

15 右の図のように，直線ℓ上にAB＝BC＝6cm，∠B＝90°の直角二等辺三角形ABCと，1辺の長さが5cmの正方形がある。正方形を直線ℓ上に固定して，△ABCを秒速1cmで直線ℓ上を矢印の向きに移動させる。

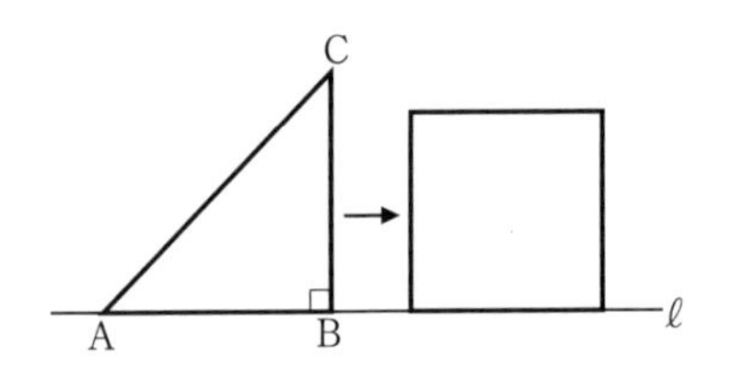

(1) △ABCと正方形が重なりはじめてから2秒後の重なった部分の面積を求めよ。

(2) △ABCと正方形が重なった部分の面積が10cm^{2}となるのは，重なりはじめてから何秒後か。

10章 関数とグラフ

1…関数

基本問題

1. 次の(1)〜(4)について，変数 x の変域を不等号または｛　｝を使って表せ。

(1)　x は 15 より小さい正の数である。

(2)　x は 10 以上 20 未満の数である。

(3)　x は絶対値が 3 以下の整数である。

(4)　x は 12 の正の約数である。

《関数》

変数　いろいろな値をとることのできる文字

定数　変化しない決まった数

変域　変数がとることのできる値の範囲

変域は $0<x<4$ や $\{1, 2, 3\}$ と表す。

関数　x の値を決めると，それに対応する y の値がただ 1 つ決まるとき，y は x の**関数**であるという。

2. 次のことがらについて，y を x の式で表せ。また，変数 x，y の変域を求めよ。

(1)　長さ 10cm のロウソクが $x$cm 燃えると，残りの長さは $y$cm である。

(2)　縦の長さが 3cm，横の長さが $x$cm の長方形の周の長さは $y$cm である。

(3)　1 辺の長さが $x$cm の立方体の表面積は $y\text{cm}^2$ である。

(4)　頂角が x° である二等辺三角形の，1 つの底角は y° である。

(5)　6L はいる容器に，毎分 xL の割合で水を入れていくとき，いっぱいになるまでにかかる時間は y 分である。

(6)　底辺の長さが $x$cm，高さが $y$cm の三角形の面積は 40cm^2 である。ただし，底辺の長さは 8cm 以下とする。

3. 基本問題 2 の(1)〜(6)のうち，x の値が増加すると y の値が増加するものはどれか。また，x の値が増加すると y の値が減少するものはどれか。

4. 次の(ア)〜(カ)のうち，y が x の関数であるものはどれか。

(ア) 1 個 100 円の品物を x 個買ったときの代金 y 円

(イ) 半径 $x$cm の円の面積 $y\text{cm}^2$

(ウ) 身長 $x$cm の人の体重 $y$kg

(エ) タクシーで x 円支払ったときの走った距離 $y$km

(オ) 正の整数 x の正の約数の総和 y

(カ) 1 辺の長さ xm のひし形の土地の面積 $y\text{m}^2$

●例題 1● 11 枚つづりの回数券がある。使用した枚数を x 枚，残りの枚数を y 枚とする。

(1) y を x の式で表せ。

(2) 右の表の空らんをうめよ。

(3) 変数 x の変域を求めよ。

(4) 変数 y の変域を求めよ。

x	0	1		…	6	…		10	
y	11		9	…		…	2		0

解説 関数の表し方には，式，表，グラフなどがある。

解答 (1) 11 枚つづりの回数券から x 枚を使用したとき，残りの枚数は $(11-x)$ 枚

ゆえに $y=11-x$ （答） $y=11-x$

(2)

x	0	1	**2**	…	6	…	**9**	10	**11**
y	11	**10**	9	…	**5**	…	2	**1**	0

(3) $0 \leqq x \leqq 11$ （x は整数）

(4) $0 \leqq y \leqq 11$ （y は整数）

注 (3)，(4)は，$\{0,\ 1,\ 2,\ 3,\ 4,\ 5,\ 6,\ 7,\ 8,\ 9,\ 10,\ 11\}$ と表してもよい。

演習問題

5. 40L の水がはいっている水そうから，10 分間に 5L の割合で水がなくなるまで水を出し続けるとき，x 分間水を出し続けたら yL の水が残っていた。

(1) y を x の式で表せ。

(2) 右の表の空らんをうめよ。

(3) 変数 x，y の変域を求めよ。

x	0	5			20	25
y	40		35	32.5		

6. 正の整数 x の正の約数の個数を y とする。

(1) 次の表の空らんをうめよ。

x	2	3	4	5	6	7	8	9	10	12	16	18	27	32	36	180
y		2	3													

(2) $y=2$ となるような x はどのような正の整数か。

(3) y は x の関数といえるか。

(4) x は y の関数といえるか。

7. 1辺の長さがそれぞれ 4cm，6cm の正方形A，Bが図1のように置かれている。正方形Aを図2のように秒速 1cm で右向きに移動するとき，移動しはじめてから x 秒後の2つの正方形の重なった部分の面積を $y\text{cm}^2$ とする。

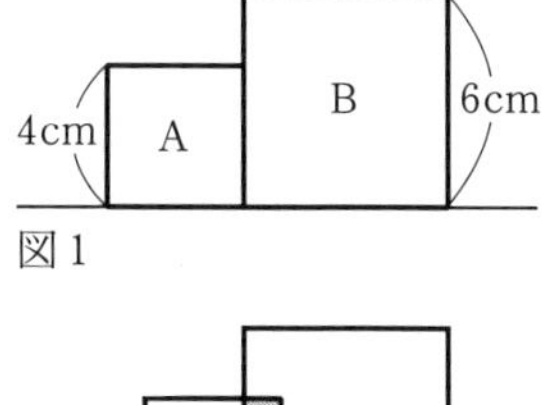

図1

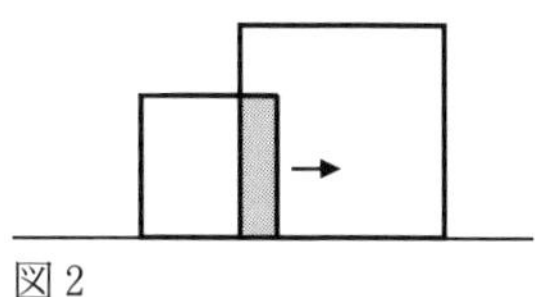
図2

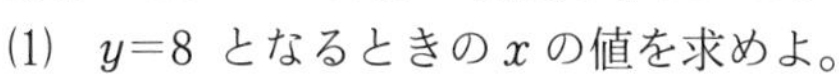

(1) $y=8$ となるときの x の値を求めよ。

(2) $y=16$ となるような x の値の範囲を求めよ。

(3) y は x の関数といえるか。

進んだ問題

8. 正の整数 x を7で割ったときの余りを y とする。

(1) x の変域が $\{3, 4, 5, 6, 7, 8, 9, 10\}$ のとき，

(i) y は x の関数といえるか。　(ii) x は y の関数といえるか。

(2) x の変域が $\{5, 10, 15, 20, 25, 30\}$ のとき，

(i) y は x の関数といえるか。　(ii) x は y の関数といえるか。

9. 正の数 a に対して，a の整数部分を $[a]$ で表す。たとえば，$[4]=4$，$[2.3]=2$，$[0.56]=0$ である。

(1) $x=\dfrac{2}{3}$ のとき，$[7x]$ の値を求めよ。

(2) $[7x]=3$ となるような x の値の範囲を求めよ。

(3) $y=[7x]$ とするとき，y は x の関数といえるか。

(4) $y=[7x]$ とするとき，x は y の関数といえるか。

10. 正の数 a に対して，a の小数第1位を四捨五入した数を《a》で表す。《y》$=x$ とするとき，y は x の関数といえるか。

2…比例と反比例

基本問題

11. 下の表の空らんをうめよ。

(1) y が x に比例

x	2	4		9
y		12	24	

(2) y が x に反比例

x		12	15	80
y	45		4	

例題2 y は x に比例し，$x=3$ のとき $y=-18$ である。
(1) y を x の式で表せ。
(2) $x=-4$ のときの y の値を求めよ。
(3) $y=14$ のときの x の値を求めよ。

解説 y が x に比例するとき，x と y の関係は，a を比例定数として， $y=ax$ と表される。この式に $x=3$，$y=-18$ を代入して，a の値を求める。

“y は x に比例”
$y=ax$
（a は比例定数，$a \neq 0$）
$\frac{y}{x}=a$（比が一定）

解答 (1) y が x に比例するから，a を定数として

$y=ax$ ………①

と表される。①に $x=3$，$y=-18$ を代入して

$-18=a\times3$ $a=-6$

ゆえに $y=-6x$ ………② （答） $y=-6x$

(2) ②に $x=-4$ を代入して

$y=-6\times(-4)=24$ （答） $y=24$

(3) ②に $y=14$ を代入して

$14=-6x$

ゆえに $x=\frac{14}{-6}=-\frac{7}{3}$ （答） $x=-\frac{7}{3}$

演習問題

12. y は x に比例し，$x=2$ のとき $y=6$ である。
(1) y を x の式で表せ。
(2) $x=8$ のときの y の値を求めよ。

13. y は x に比例し，$x=-9$ のとき $y=6$ である。

(1) $x=15$ のときの y の値を求めよ。

(2) $y=-40$ のときの x の値を求めよ。

14. 10L のガソリンで 140km の道のりを走ることのできる自動車がある。

(1) この自動車が xL のガソリンで走ることのできる道のりを $y$km とするとき，y を x の式で表せ。

(2) この自動車は 5L のガソリンで何 km の道のりを走ることができるか。

(3) この自動車が 210km の道のりを走るためには，何 L のガソリンが必要か。

●例題3● y は x に反比例し，$x=6$ のとき $y=-2$ である。$x=-4$ のときの y の値を求めよ。

解説 y が x に反比例するとき，x と y の関係は，a を比例定数として，$y=\frac{a}{x}$ と表される。この式に $x=6$，$y=-2$ を代入して，a の値を求める。

> **“y は x に反比例”**
> $$y=\frac{a}{x}$$
> （a は比例定数，$a\neq0$）
> $xy=a$（積が一定）

解答 y が x に反比例するから，a を定数として

$$y=\frac{a}{x} \quad \cdots\cdots\cdots ①$$

と表される。①に $x=6$，$y=-2$ を代入して

$$-2=\frac{a}{6}$$

$$a=-12$$

ゆえに，①は $y=\frac{-12}{x}$

すなわち $y=-\frac{12}{x} \quad \cdots\cdots\cdots ②$

②に $x=-4$ を代入して

$$y=-\frac{12}{-4}=3$$

（答） $y=3$

演習問題

15. y は x に反比例し，$x=-3$ のとき $y=8$ である。

(1) y を x の式で表せ。

(2) $y=6$ のときの x の値を求めよ。

16. y は x に反比例し，$x=20$ のとき $y=4$ である。次の値を求めよ。

(1) $x=-5$ のときの y の値

(2) $y=10$ のときの x の値

17. 温度が一定のとき，気体の体積は圧力に反比例する。圧力が 1000hPa（ヘクトパスカル）のとき，体積が $15\,\text{cm}^3$ の気体がある。この気体が圧力 xhPa のとき，体積が $y\,\text{cm}^3$ となった。

(1) y を x の式で表せ。

(2) 圧力が 4000hPa のときの体積を求めよ。

(3) この気体の体積を $20\,\text{cm}^3$ にするには，圧力を何 hPa にすればよいか。

18. 次の(ア)～(ク)より，y が x に比例するもの，および y が x に反比例するものを選び，その比例定数を求めよ。

(ア) $y=-7x$　(イ) $y=3x+4$　(ウ) $y=\dfrac{15}{x}$

(エ) $y=x$　(オ) $5xy=-2$　(カ) $\dfrac{y}{x}=-\dfrac{3}{2}$

(キ) $x=4y$　(ク) $y=\dfrac{3}{x}+2$

19. 次のことがらについて，y を x の式で表せ。また，y が x に比例するもの，および y が x に反比例するものを選び，その比例定数を求めよ。

(1) 1辺の長さが $x$cm の正方形の周の長さは $y$cm である。

(2) 半径 $x$cm の円の面積は $y\,\text{cm}^2$ である。

(3) 時速 $x$km で 7km の道のりを歩くと y 時間かかる。

(4) 1000円札で x 円の品物を買ったときのおつりは y 円である。

(5) 縦 $x$cm，横 $y$cm，高さ 6cm の直方体の体積は $90\,\text{cm}^3$ である。

進んだ問題の解法

問題1　y は x に比例する数と x に反比例する数の和で表すことができる。また，$x=1$ のとき $y=7$，$x=2$ のとき $y=8$ である。

(1) y を x の式で表せ。

(2) $x=-2$ のときの y の値を求めよ。

(3) $y=-7$ のときの x の値をすべて求めよ。

解法　x に比例する数を ax，x に反比例する数を $\frac{b}{x}$ とする。(比例定数は a，b のように区別する)　このとき，x と y の関係は $y=ax+\frac{b}{x}$ と表すことができる。この式に x，y の値を代入して，a，b の値を求める。

解答　(1)　a，b を定数として，x に比例する数を ax，x に反比例する数を $\frac{b}{x}$ とすると，x と y の関係は $y=ax+\frac{b}{x}$ と表すことができる。

$x=1$ のとき $y=7$ であるから　$7=a\times1+\frac{b}{1}$　　すなわち　$7=a+b$　……①

$x=2$ のとき $y=8$ であるから　$8=a\times2+\frac{b}{2}$　　すなわち　$8=2a+\frac{b}{2}$　……②

①，②を連立させて解くと　　$a=3$，$b=4$

ゆえに　$y=3x+\frac{4}{x}$　………③　　　　(答)　$y=3x+\frac{4}{x}$

(2)　③に $x=-2$ を代入して

$y=3\times(-2)+\frac{4}{-2}=-8$　　　　(答)　$y=-8$

(3)　③に $y=-7$ を代入して　　$-7=3x+\frac{4}{x}$

両辺に x をかけて整理すると　$3x^2+7x+4=0$

これを解いて　$x=-\frac{4}{3}$，-1　　　　(答)　$x=-\frac{4}{3}$，-1

注　連立方程式については5章(→p.68)，2次方程式については9章(→p.153)でくわしく学習する。

進んだ問題

20.　y は x に比例する数と x に反比例する数の和で表すことができる。また，$x=-1$ のとき $y=-3$，$x=4$ のとき $y=\frac{9}{2}$ である。

(1)　y を x の式で表せ。
(2)　$x=6$ のときの y の値を求めよ。
(3)　$y=3$ のときの x の値をすべて求めよ。

21.　y は x に比例し，z は y に反比例する。

(1)　z は x に反比例することを説明せよ。
(2)　$x=5$ のとき $z=15$ である。$x=3$ のときの z の値を求めよ。

3…座標

基本問題

22. 右の図で，点 A，B，C，D，E，F の座標を求めよ。

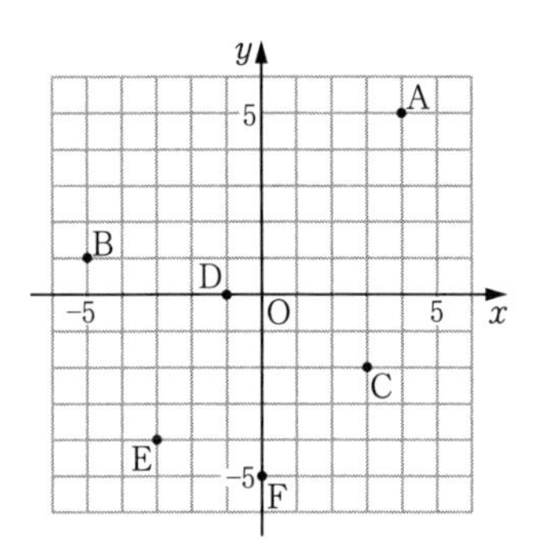

23. 方眼紙に座標軸をかき，次の点をかき入れよ。

A(−3, 4)　　B(0, 5)

C$\left(-4,\ -\dfrac{3}{2}\right)$　　D(5.5, 0)

座標平面上の点の座標

$(\boldsymbol{a},\ \boldsymbol{b})$

x 座標↗　↖y 座標

例題4 点 (2, 3) と x 軸について対称な点，y 軸について対称な点，原点について対称な点の座標を求めよ。

解説 右の図より，x 軸について対称な点の座標は，x 座標はそのままで，y 座標の符号を変えればよい。

y 軸について対称な点の座標は，y 座標はそのままで，x 座標の符号を変えればよい。

原点について対称な点の座標は，x 座標，y 座標とも符号を変えればよい。

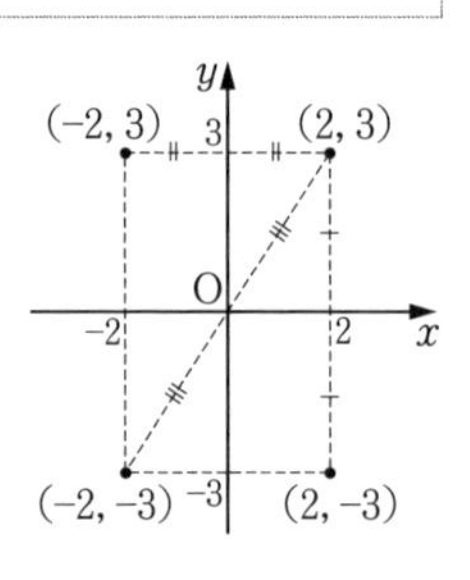

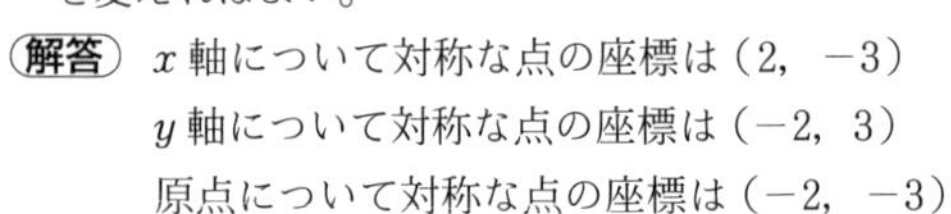

解答 x 軸について対称な点の座標は (2, −3)

y 軸について対称な点の座標は (−2, 3)

原点について対称な点の座標は (−2, −3)

注 原点について対称な点は，まず x 軸（または y 軸）について対称移動した点を，さらに y 軸（または x 軸）について対称移動した点である。

注　x 軸と y 軸を合わせて**座標軸**といい，座標軸の定められている平面を**座標平面**という。

座標平面は座標軸によって4つの部分に分けられる。$x>0$，$y>0$ の部分を第1象限（しょうげん），$x<0$，$y>0$ の部分を第2象限，$x<0$，$y<0$ の部分を第3象限，$x>0$，$y<0$ の部分を第4象限という。

第1象限にある点は，x 軸，y 軸，原点について対称移動すると，それぞれ第4象限，第2象限，第3象限に移動する。

象限

第2象限（−，＋）　第1象限（＋，＋）
第3象限（−，−）　第4象限（＋，−）
O　x　y

演習問題

24. 次の点と x 軸について対称な点，y 軸について対称な点，原点について対称な点の座標をそれぞれ求めよ。

（5，8）　　（−3，7）　　（−4，−1）

25. 2点 A$(3a+1,\ b+10)$，B$(a+9,\ -3b+2)$ は x 軸について対称である。a，b の値を求めよ。

●例題5●　2点 A$(a,\ b)$，B$(c,\ d)$ を結ぶ線分 AB の中点 M の座標を求めよ。

解説　点 A，B，M から x 軸に垂線をひいて考える。

解答　点 A，B，M から x 軸にひいた垂線と x 軸との交点を，順に A′，B′，M′ とすると，M′ は線分 A′B′ の中点である。

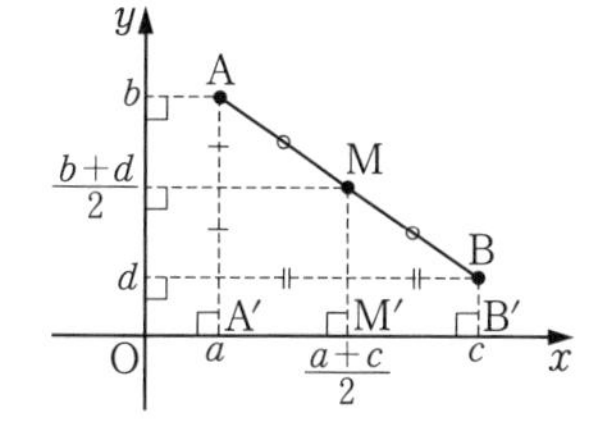

よって　A′M′＝M′B′ ………①

点 A，B の x 座標はそれぞれ a，c であるから，点 M の x 座標を x とすると，

$$A'M'=x-a,\quad B'M'=c-x$$

①より　$x-a=c-x$

ゆえに　$x=\dfrac{a+c}{2}$

同様に，点 M の y 座標は $\dfrac{b+d}{2}$ となる。　　（答）　M$\left(\dfrac{a+c}{2},\ \dfrac{b+d}{2}\right)$

注　上の結果は，公式として利用してよい。

演習問題

26. 2点A$(-3,\ 2)$，B$(5,\ 7)$を結ぶ線分ABの中点Mの座標を求めよ。また，線分ACの中点がBであるとき，点Cの座標を求めよ。

27. 点A$(3,\ 4)$と点B$(2,\ 1)$について対称な点Cの座標を求めよ。

例題6　点A$(-2,\ 3)$を，次のように移動した点の座標を求めよ。

(1) x軸方向に6だけ移動した点B

(2) y軸方向に-5だけ移動した点C

(3) x軸方向に-2，y軸方向に3だけ移動した点D

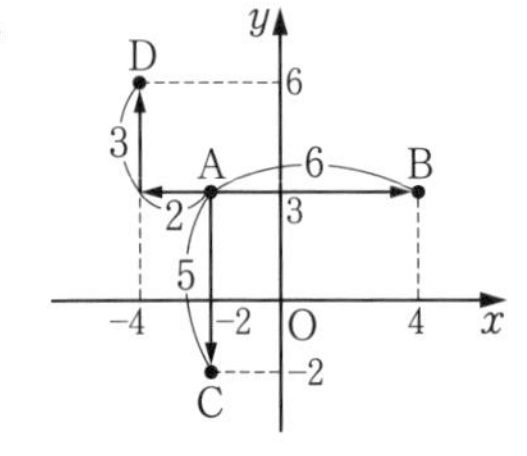

解説　座標平面上で，点A$(-2,\ 3)$がどのように移動するかを調べる。

解答　右の図より

(1) B$(4,\ 3)$

(2) C$(-2,\ -2)$

(3) D$(-4,\ 6)$

演習問題

28. 点$(2,\ -3)$を，次のように移動した点の座標を求めよ。

(1) x軸方向に-3

(2) y軸方向に5

(3) x軸方向に4，y軸方向に-2

> **点の移動**
>
> 点$(a,\ b)$ —(x軸方向にp，y軸方向にq 移動)→ 点$(a+p,\ b+q)$

29. 次の点Aを，どのようにx軸方向，y軸方向に移動すると点Bに重なるか。

(1) A$(-2,\ 3)$，　B$(4,\ -1)$

(2) A$(4,\ -5)$，　B$(-1,\ -2)$

30. 次の条件を満たす2点A，Bの座標を求めよ。

(1) 点P$(4,\ -3)$をx軸について対称移動し，続けてy軸について対称移動すると点Aに重なった。

(2) 点Bをy軸方向に-5だけ移動し，続けてx軸方向に6だけ移動すると点P$(4,\ -3)$に重なった。

31. 3点 A(2, 4), B(−1, −3), C(3, 0) がある。点 D をとり，▱ABCD をつくるとき，点 D の座標を求めよ。

●例題7● 3点 A(−5, 4), B(−2, −2), C(6, 1) を頂点とする △ABC の面積を求めよ。ただし，座標軸の1めもりを1cm とする。

(解説) △ABC をふくむ長方形の面積を利用する。

すなわち，長方形から3つの三角形の面積をひいて，△ABC の面積を求める。

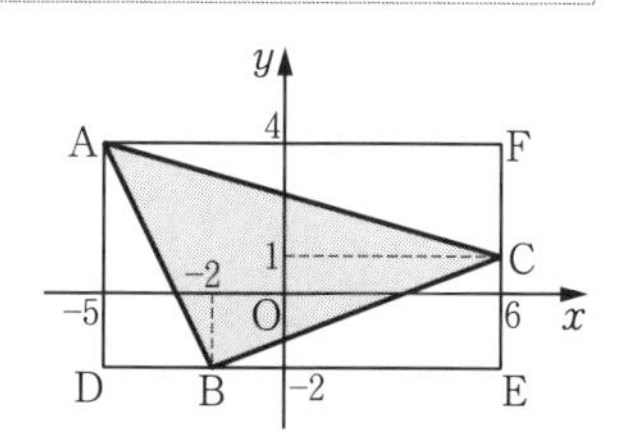

(解答) △ABC は右の図のようになる。

点 A, B, C を通り，それぞれ座標軸に平行な直線をひき，その交点を図のように D, E, F とする。

$$\triangle ABC = (\text{長方形 ADEF}) - \triangle ADB - \triangle BEC - \triangle CFA$$

ここで，AD=4−(−2)=6, DE=6−(−5)=11, DB=−2−(−5)=3,
BE=6−(−2)=8, EC=1−(−2)=3, CF=4−1=3 であるから

$$\triangle ABC = 11\times6-\frac{1}{2}\times3\times6-\frac{1}{2}\times8\times3-\frac{1}{2}\times11\times3=\frac{57}{2}$$

(答) $\dfrac{57}{2}\text{cm}^2$

(参考) 台形の面積を利用して，次のように求めてもよい。

$$\triangle ABC = (\text{台形 ADEC}) - \triangle ADB - \triangle BEC$$
$$=\frac{1}{2}\times(6+3)\times11-\frac{1}{2}\times3\times6-\frac{1}{2}\times8\times3=\frac{57}{2}$$

演習問題

32. 例題7で，点 C を通り x 軸に平行な直線と辺 AB との交点を M とする。ただし，座標軸の1めもりを1cm とする。

(1) M は辺 AB の中点であることを説明せよ。

(2) 線分 CM の長さを求めよ。

(3) (2)を利用して，△ABC の面積を求めよ。

33. 次の点を順に結んでできる図形の面積を求めよ。ただし，座標軸の1めもりを1cm とする。

(1) A(1, 5), B(−4, −3), C(3, −1)

(2) A(0, 5), B(−3, 1), C(6, −2), D(4, 6)

4…関数とグラフ

基本問題

34. 次の関数のグラフをかけ。

(1) $y=3x$

(2) $y=-2x$

(3) $y=-\dfrac{4}{x}$

(4) $y=\dfrac{8}{x}$

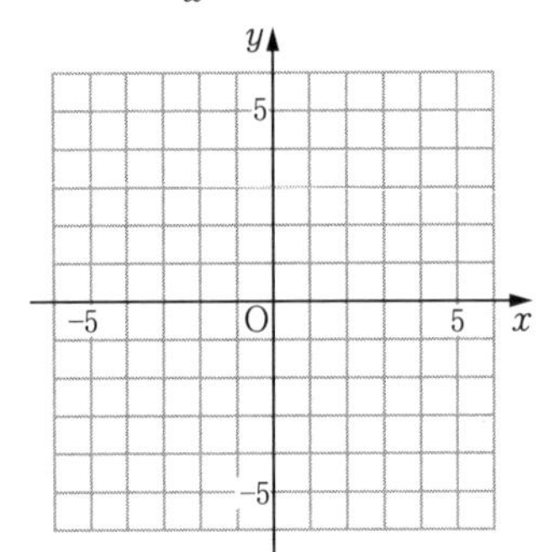

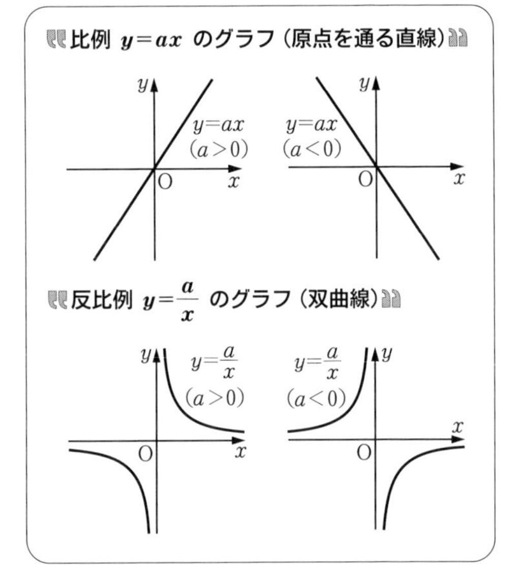

35. 基本問題 34 の(1)～(4)のうち，$x>0$ の範囲において，x の値が増加すると y の値が増加するものはどれか。また，$x>0$ の範囲において，x の値が増加すると y の値が減少するものはどれか。

例題8 右の図で，㋐は $x \geqq 0$ の範囲における比例のグラフ，㋑は $x>0$ の範囲における反比例のグラフである。

(1) ㋐，㋑のグラフについて，それぞれ y を x の式で表せ。

(2) ㋑のグラフの関数で，x の変域が $1 \leqq x \leqq p$ のとき，y の変域は $4 \leqq y \leqq q$ である。p，q の値を求めよ。

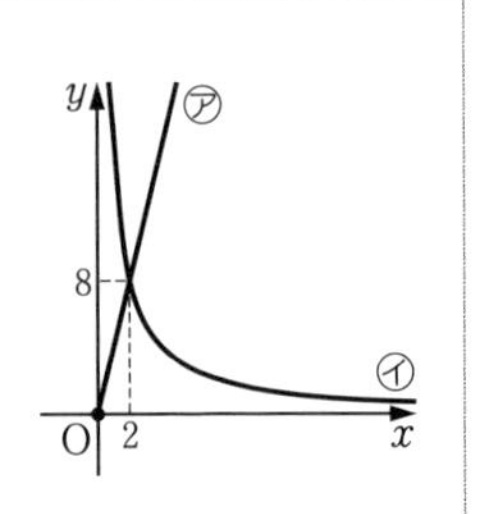

(解説) (1)　㋐は比例のグラフであるから $y=ax$，㋑は反比例のグラフであるから $y=\dfrac{b}{x}$ と表すことができる。それぞれのグラフが点 (2, 8) を通っていることから，定数 a，b の値を求める。

(2)　㋑のグラフの関数は，x の値が増加すると y の値は減少する。したがって，$x=1$ のとき $y=q$，$x=p$ のとき $y=4$ である。

(解答) (1)　㋐は比例のグラフであるから，$y=ax$ ……① と表すことができる。

また，㋑は反比例のグラフであるから，$y=\dfrac{b}{x}$ ……② と表すことができる。

それぞれのグラフが点 (2, 8) を通っているから，$x=2$ のとき $y=8$ である。

①より　$8=a\times2$　　$a=4$　　ゆえに　$y=4x$

②より　$8=\dfrac{b}{2}$　　$b=16$　　ゆえに　$y=\dfrac{16}{x}$　　(答)　㋐ $y=4x$　㋑ $y=\dfrac{16}{x}$

(2)　㋑のグラフの関数 $y=\dfrac{16}{x}$ ……③ は，x の値が増加すると y の値は減少する。このことと，x の変域が $1\leqq x\leqq p$ のとき y の変域が $4\leqq y\leqq q$ であることから，$x=1$ のとき $y=q$，$x=p$ のとき $y=4$

よって，③より　$q=\dfrac{16}{1}$，$4=\dfrac{16}{p}$

ゆえに　$p=4$，$q=16$　　(答)　$p=4$，$q=16$

y, q, $y=\dfrac{16}{x}$, 4, O, 1, p, x

注　ここでは，答えの部分を実線で，答え以外の部分を点線で示したが，答えの部分のみを実線で示してもよい。なお，●はその点をふくむことを表し，○はその点をふくまないことを表す。

演習問題

36. 次の問いに答えよ。

(1)　y は x に比例し，そのグラフは点 $(-6,\ 12)$ を通る。y を x の式で表せ。

(2)　y は x に反比例し，そのグラフは点 $(4,\ -5)$ を通る。y を x の式で表せ。

37. 次の問いに答えよ。

(1)　関数 $y=-\dfrac{2}{3}x$ について，x の変域が $-3\leqq x<6$ のとき，y の変域を求めよ。

(2)　関数 $y=\dfrac{3}{4}x$ について，y の変域が $-9\leqq y\leqq 3$ のとき，x の変域を求めよ。

38. 右のグラフは，反比例のグラフの一部である。

⑴ y を x の式で表せ。

⑵ 変数 x，y の変域を求めよ。

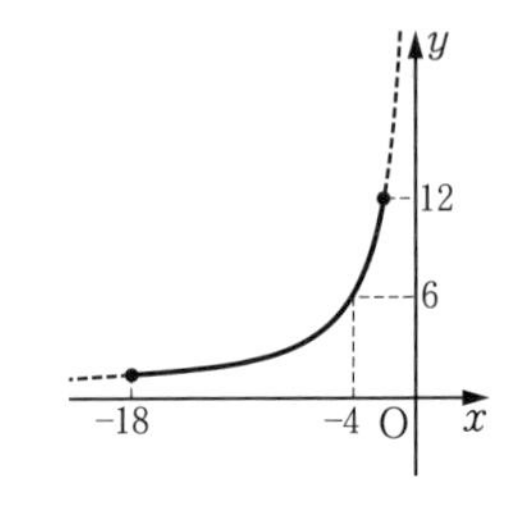

39. 右の図のように，反比例 $y=\dfrac{4}{x}$ のグラフ上に，x 座標が 2 である点 A と $x>2$ の範囲で動く点 B があり，A，B から x 軸にそれぞれ垂線 AC，BD をひく。ただし，座標軸の 1 めもりを 1cm とする。

⑴ CD＝3cm となるとき，点 B の y 座標を求めよ。

⑵ AB＝BC となるとき，△ACB の面積を求めよ。

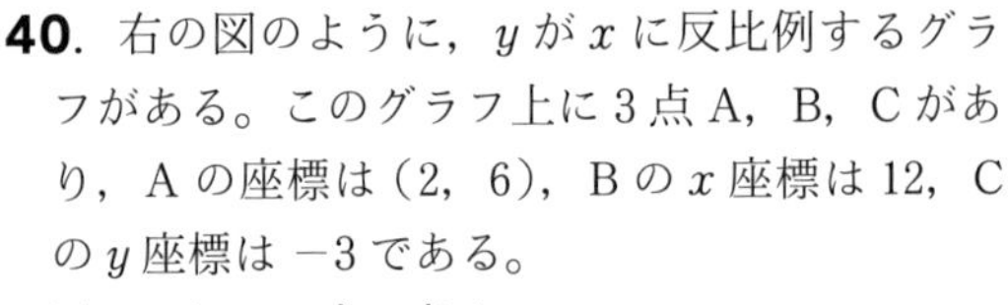

40. 右の図のように，y が x に反比例するグラフがある。このグラフ上に 3 点 A，B，C があり，A の座標は (2，6)，B の x 座標は 12，C の y 座標は −3 である。

⑴ y を x の式で表せ。

⑵ 直線 $y=ax$ が線分 AB と共有点をもつように，a の値の範囲を定めよ。

⑶ 直線 $y=bx$ が線分 BC と共有点をもつように，b の値の範囲を定めよ。

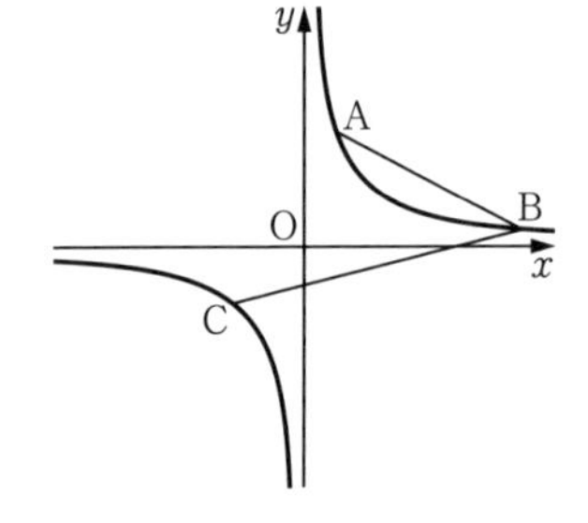

41. 右の図のように，反比例 $y=\dfrac{a}{x}$ $(a>0)$ のグラフ上に点 P があり，P の x 座標は 4 である。また，x 軸上に点 A(6，0)，y 軸上に点 B(0，9) がある。△OAP と △OBP の面積が等しいとき，a の値を求めよ。

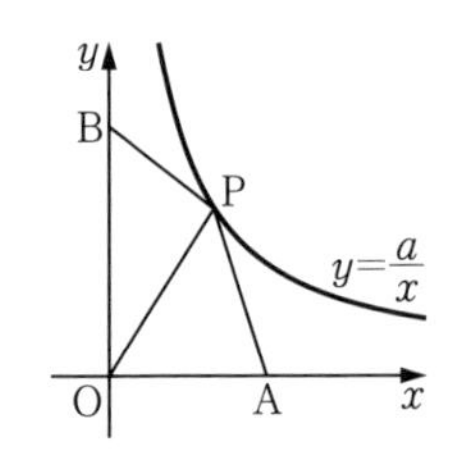

進んだ問題

42. 点 A(0, 2) を通り x 軸に平行な直線を ℓ とする。点 P は点 A を出発して直線 ℓ 上を秒速 2cm で右に動く。このとき，右の図のような線分 OP を対角線にもつ正方形 OBPC を考える。ただし，座標軸の 1 めもりを 1cm とする。

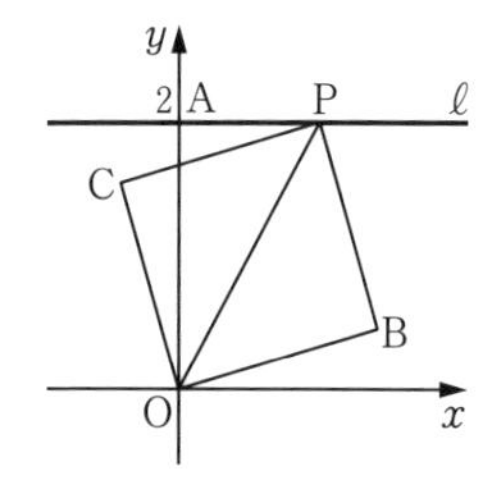

(1) 点 P が点 A を出発してから 0.5 秒後の 2 点 B, C の座標を求めよ。

(2) 点 C が y 軸上にくるのは，点 P が点 A を出発してから何秒後か。

43. 図 1 は，$x>0$ の範囲における反比例 $y=\dfrac{k}{x}$ $(k>0)$ のグラフである。

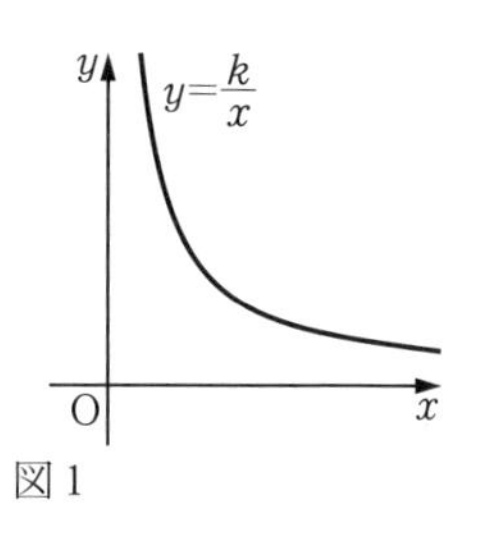

図 1

(1) k を 1 けたの正の整数とする。このグラフ上にある点 $(1,\ k)$ のように x 座標と y 座標がともに正の整数である点が，$(1,\ k)$ 以外に 1 つだけあるような k の値をすべて求めよ。

(2) このグラフ上にあり，x 座標が y 座標より大きい点を A，x 座標が A の x 座標より小さい点を B とする。ただし，座標軸の 1 めもりを 1cm とする。

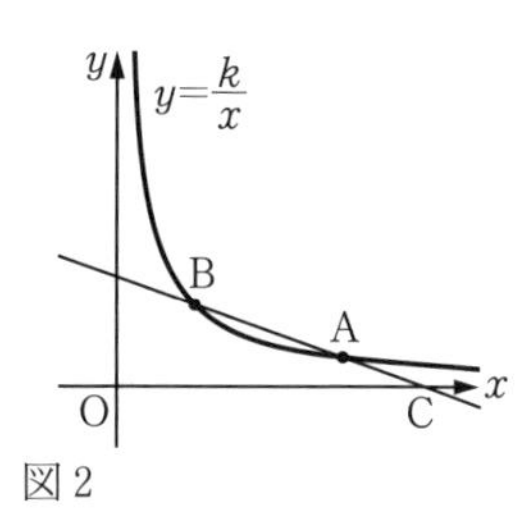

図 2

(i) 図 2 のように，2 点 A，B を通る直線と x 軸との交点を C とする。点 A の y 座標が $\dfrac{2}{3}$，点 B の x 座標が 2，BA：AC$=2:1$ であるとき，k の値と点 A の x 座標を求めよ。

(ii) $k=6$ のとき，図 3 のように，点 B を通り y 軸に平行な直線と x 軸との交点を D とする。点 A の x 座標と点 B の y 座標が等しく，△ABD の面積が 5cm^2 であるとき，点 A の座標を求めよ。

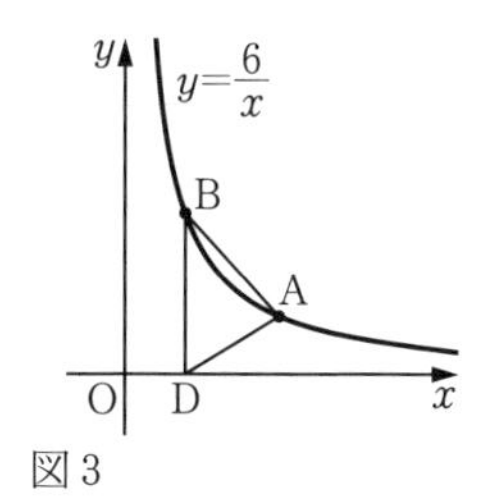

図 3

進んだ問題の解法

問題2 実数 a の絶対値を記号 $|a|$ で表す。

(1) $|5|$，$|-7|$，$|0|$ を求めよ。　(2) 関数 $y=|x|$ のグラフをかけ。

解法 実数 a の絶対値とは，数直線上で a に対応する点と原点Oとの距離である。(2)では，(i) $x\geqq 0$ のとき，(ii) $x<0$ のときの2つの場合に分けて考える。

絶対値の記号
$a\geqq 0$ のとき，$|a|=a$
$a<0$ のとき，$|a|=-a$

解答 (1) $|5|=5$，$|-7|=7$，$|0|=0$

(2) $y=|x|$ ……① について

(i) $x\geqq 0$ のとき $|x|=x$ より ①は $y=x$

(ii) $x<0$ のとき $|x|=-x$ より ①は $y=-x$

（答） 右の図

進んだ問題

44. 次の関数のグラフをかけ。

(1) $y=2|x|$　(2) $y=|-2x|$　(3) $y=|x|+x$　(4) $y=\dfrac{1}{|x|}$

45. 関数 $y=|x|$ について，x の変域が $-4\leqq x\leqq 3$ のとき，y の変域を求めよ。

進んだ問題の解法

問題3 右の図のように，3点O(0, 0)，A(a, b)，B(c, d) を頂点とする△OABをつくる。△OABの面積を $S\text{cm}^2$ とするとき，次の問いに答えよ。ただし，$a>c$，$d>b$ とし，座標軸の1めもりを1cmとする。

(1) 直線OAの式を求めよ。

(2) 点Bを通り y 軸に平行な直線と辺OAとの交点をCとする。線分BCの長さを求めよ。

(3) $S=\dfrac{1}{2}(ad-bc)$ となることを証明せよ。

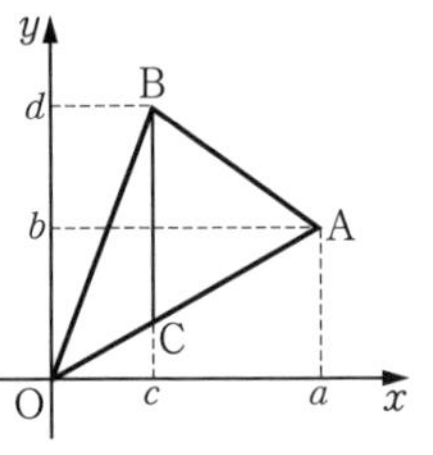

解法 (1) $\dfrac{y}{x}$（＝一定）が比例定数となる。

(2) (1)で求めた直線OAの式に $x=c$ を代入したものが，点Cの y 座標となる。

(3) BCを底辺と考えて，△OBCと△ABCの面積の和を求める。

解答 (1) $\dfrac{y}{x}$ が比例定数となるから $\dfrac{y}{x}=\dfrac{b}{a}$ ゆえに $y=\dfrac{b}{a}x$ ……① (答) $y=\dfrac{b}{a}x$

(2) ①に $x=c$ を代入して $y=\dfrac{bc}{a}$ これが点Cの y 座標である。

点Bの y 座標は点Cの y 座標より大きいから

$\mathrm{BC}=d-\dfrac{bc}{a}$ (答) $\left(d-\dfrac{bc}{a}\right)$ cm

(3) $\triangle\mathrm{OAB}=\triangle\mathrm{OBC}+\triangle\mathrm{ABC}$

$$=\frac{1}{2}\times\mathrm{BC}\times c+\frac{1}{2}\times\mathrm{BC}\times(a-c)=\frac{1}{2}\times\mathrm{BC}\times\{c+(a-c)\}$$

$$=\frac{1}{2}\times\mathrm{BC}\times a=\frac{1}{2}\times\left(d-\frac{bc}{a}\right)\times a=\frac{1}{2}(ad-bc)$$

ゆえに $S=\dfrac{1}{2}(ad-bc)$

参考 (3)は，次のように証明することもできる。

右の図のように長方形ODEFをつくると，

$S=$(長方形ODEF)$-\triangle\mathrm{ODA}-\triangle\mathrm{AEB}-\triangle\mathrm{OBF}$

$$=ad-\frac{1}{2}ab-\frac{1}{2}(a-c)(d-b)-\frac{1}{2}cd$$

$$=\frac{1}{2}(2ad-ab-ad+ab+cd-bc-cd)=\frac{1}{2}(ad-bc)$$

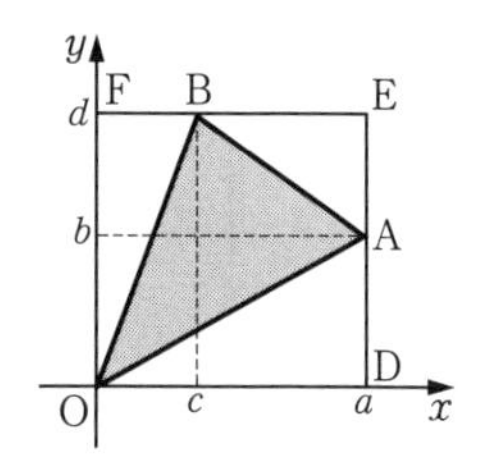

注 一般に，3点O(0, 0)，A(a, b)，B(c, d)を頂点とする△OABの面積 S は，A，Bの位置に関係なく $\boldsymbol{S=\dfrac{1}{2}|ad-bc|}$ となる。これを公式として利用してよい。頂点が原点にない三角形については，3つの頂点のうちの1つが原点に重なるように平行移動して考えればよい。

進んだ問題

46. 3点O(0, 0)，A(a, b)，B(c, d)を頂点とする△OABの面積 S の公式 $S=\dfrac{1}{2}|ad-bc|$ を利用して，次の3点を頂点とする三角形の面積を求めよ。ただし，座標軸の1めもりを1cmとする。

(1) O(0, 0)， A(3, 4)， B(−5, 6)

(2) A(5, 6)， B(−2, −1)， C(4, −3)

47. 3点O(0, 0)，A($6-x$, -3)，B(x, 2)を頂点とする△OABの面積が $7\mathrm{cm}^2$ となるとき，x の値をすべて求めよ。ただし，座標軸の1めもりを1cmとする。

10章の問題

1 次の(ア)〜(カ)より，y が x に比例するもの，および y が x に反比例するものを選び，y を x の式で表せ。

(ア) 1日の昼の長さ x 時間と夜の長さ y 時間

(イ) 面積が 10cm^2 の長方形の縦の長さ $x$cm と横の長さ $y$cm

(ウ) 毎分60回転する歯数 x の歯車にかみ合う歯数15の歯車の毎分の回転数 y

(エ) 100g の値段が500円の品物を xg 買ったときの代金 y 円

(オ) 底面の半径が $x$cm で，高さが 12cm の円柱の体積 $y\text{cm}^3$

(カ) 8L はいる容器に，毎秒 xmL の割合で水を入れていくとき，いっぱいになるまでの時間 y 分

2 次の(ア)〜(エ)のうち，y が x の関数であることを表しているグラフはどれか。

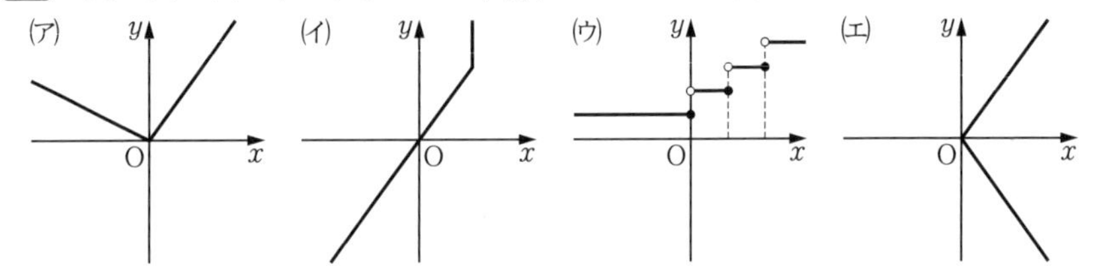

3 右の表は，長さ 30cm のばねに重さ xg のおもりをつるしたときのばねの長さ $y$cm を測定した結果である。$z$cm はそのときのばねの伸びを表している。

x	0	5	10	15	20	25
y		32	34	36	38	40
z	0	2				10

(1) 右の表の空らんをうめよ。

(2) 次の(ア)〜(ウ)のうち，正しいことがらはどれか。また，そのときの関係を式で表せ。

(ア) x は y に比例する。 (イ) y は z に比例する。 (ウ) z は x に比例する。

(3) z を y の式で表せ。また，(2)の結果を使って，y を x の式で表せ。

4 $y+1$ が $3-x$ に反比例しており，$x=1$ のとき $y=3$ である。$x=\dfrac{5}{3}$ のときの y の値を求めよ。

5 x と y は $x:y=5:6$ を満たしており，z は y に反比例している。$x=20$ のとき，$z=4$ である。$x=40$ のときの z の値を求めよ。

6 底辺の長さが a，高さが h の三角形の面積を S とすると，$S=\frac{1}{2}ah$ である。このとき，次の□に比例，反比例，またはあてはまる式を入れよ。

(1) a を一定にすると，S は h に［(ア)］し，比例定数は［(イ)］である。

(2) h を一定にすると，S は［(ウ)］に比例し，比例定数は［(エ)］である。

(3) S を一定にすると，h は a に［(オ)］し，比例定数は［(カ)］である。

7 4点 A(2, 4)，B(−1, −3)，C(0, −5)，D(3, 2) がある。

(1) y 軸について四角形ABCDと対称な四角形A′B′C′D′の頂点の座標を求めよ。

(2) 四角形ABCDを x 軸方向に −2，y 軸方向に3だけ平行移動してできる四角形A″B″C″D″の頂点の座標を求めよ。

(3) 四角形ABCDの対角線の交点の座標を求めよ。

(4) 四角形ABCDの面積を求めよ。ただし，座標軸の1めもりを1cmとする。

8 2点 A(3, 4)，B(5, 1) がある。

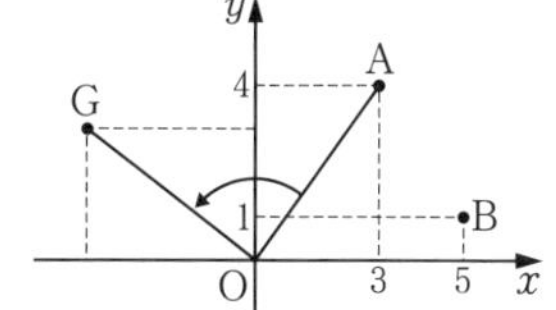

(1) x 軸方向，y 軸方向に移動することにより，点C(1, 7) が点Aに，点Bが点Dに移動した。点Dの座標を求めよ。

(2) 点Bを通り x 軸に平行な直線を ℓ，y 軸に平行な直線を m とする。直線 ℓ について点Aと対称な点Eの座標を求めよ。また，直線 m について点Aと対称な点Fの座標を求めよ。

(3) 点Aを原点Oを中心に矢印の向きに90°回転した点Gの座標を求めよ。

9 次の図で，(ア)，(イ)は比例のグラフ，(ウ)は反比例のグラフである。

(1) (ア)〜(ウ)のグラフについて，それぞれ y を x の式で表せ。

(2) x の値が1から3まで増加するとき，y の変化した値の絶対値が大きいものから順に記号で答えよ。

(3) (ア)〜(ウ)のグラフについて，x の変域がそれぞれ $-3 \leqq x \leqq -1$ のとき，y の変域を求めよ。

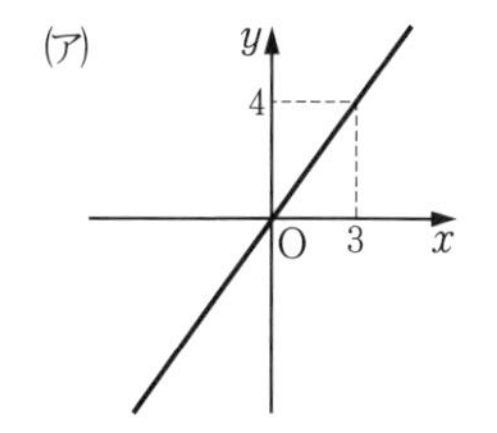

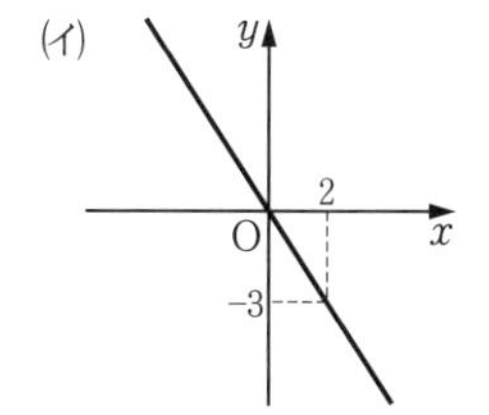

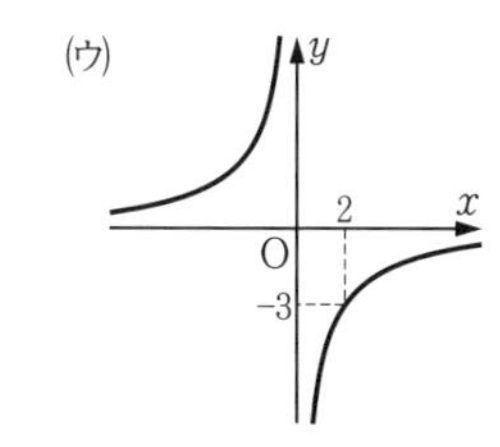

10　右の図のように，2つの関数 $y=\dfrac{a}{x}$（$a>0$）と $y=bx$（$b>0$）のグラフがあり，2つのグラフの交点をA，Bとする。点Cの座標は（0，4），点Aの y 座標は $\dfrac{1}{2}$ である。△ABCの面積が 12cm^2 であるとき，a，b の値を求めよ。ただし，座標軸の1めもりを1cmとする。

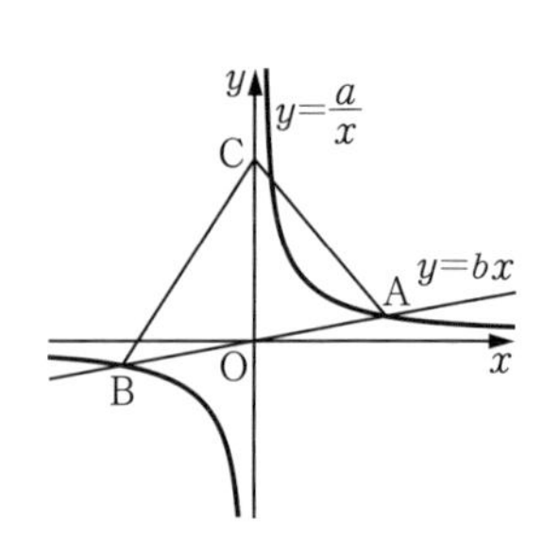

11　右の図は，$x>0$ の範囲における関数 $y=\dfrac{36}{x}$ のグラフと，$x\geqq 0$ の範囲における関数 $y=ax$ のグラフである。2つのグラフの交点をA，Aから x 軸にひいた垂線と x 軸との交点をBとする。ただし，座標軸の1めもりを1cmとする。

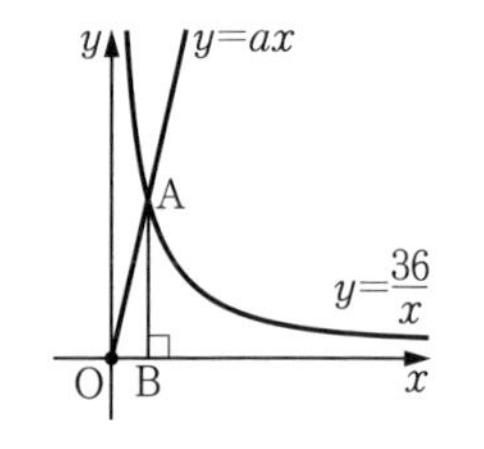

(1)　$y=\dfrac{36}{x}$（$x>0$）のグラフ上の点で，x 座標と y 座標がともに整数となる点はいくつあるか。

(2)　点Aの x 座標と y 座標がともに整数で，a も整数となる a は何通りあるか。

(3)　△OABの面積を求めよ。

12　関数 $y=x$ のグラフを①，$x>0$ の範囲における関数 $y=\dfrac{7}{x}$ のグラフを②とする。点A$(-4,\ 3)$，B$(-2,\ -1)$ に対して，四角形ABCDが平行四辺形になるように，点C，Dをそれぞれ①上，②上にとる。このとき，2点C，Dの座標を求めよ。

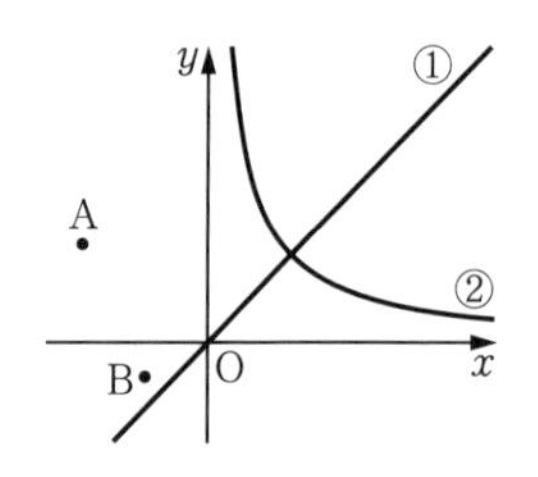

13　正の数 x に対して，x の小数部分を切り上げた数を〔x〕で表す。たとえば，〔2〕$=2$，〔3.01〕$=4$，〔4.2〕$=5$ である。また，$y=$〔x〕$\times x$ とする。

(1)　$x=3.3$ のとき，y の値を求めよ。

(2)　$3<x\leqq 4$ のとき，$y=$〔x〕$\times x$ のグラフはある直線の一部となる。その直線の式を求めよ。

(3)　$y=$〔x〕$\times x$ のグラフを $0\leqq x\leqq 5$ の範囲でかけ。

(4)　$y=\dfrac{a}{x}$ のグラフが(3)のグラフと共有点をもたないような正の整数 a の値を小さいほうから順に並べるとき，8番目の a の値を求めよ。

1…1次関数

基本問題

1. 次の(ア)～(エ)の関数のうち，y が x の1次関数であるものはどれか。

(ア) $y=4x+6$　　(イ) $y=-3x^2+7$

(ウ) $y=-\dfrac{1}{5}x$　　(エ) $y=\dfrac{1}{x}-2$

> **《1次関数》**
> $\boldsymbol{y=ax+b}$
> （a，b は定数，$a \neq 0$）

●例題1●　右の図の長さ 20cm のばねは，おもりの重さが 20g までは，重さ 1g について 5mm の割合で伸びる。xg のおもりをつけたときのばねの長さを $y$cm とする。

(1)　y を x の式で表し，変数 x，y の変域をそれぞれ求めよ。
(2)　8g のおもりをつけたとき，ばねの長さは何 cm か。
(3)　ばねの長さが 28cm のとき，何 g のおもりがつるされているか。

解説　長さの単位を cm にそろえてから計算する。

> $y=ax+b$
> ↑ x に比例　↑ 定数

解答　(1)　重さ 1g について 0.5cm の割合で伸びるから

$$y=0.5x+20 \quad \cdots\cdots\cdots ①$$

重さは 20g までであるから，変数 x の変域は　$0 \leqq x \leqq 20$
$x=0$ のとき $y=0.5\times0+20=20$，
$x=20$ のとき $y=0.5\times20+20=30$ であるから，
変数 y の変域は　$20 \leqq y \leqq 30$　　（答）$y=0.5x+20$，$0 \leqq x \leqq 20$，$20 \leqq y \leqq 30$

(2)　①に $x=8$ を代入して　$y=0.5\times8+20=24$　　（答）24cm

(3)　①に $y=28$ を代入して　$28=0.5x+20$　　$x=16$　　（答）16g

演習問題

2. 次の文について，y を x の式で表し，y が x の1次関数であるものを選べ。

(1) 8L の容器に毎分 xL の割合で水を入れると，y 分で満水になった。

(2) 1枚10円の紙 x 枚の代金は y 円である。

(3) 1辺の長さが $x$cm の正方形の面積は $y\text{cm}^2$ である。

(4) 長さ10cm のロウソクに火をつけたとき，燃えつきるまでは，4分間に1cm の割合で燃えて短くなり，x 分後にその長さが $y$cm になった。

3. 地上からの高度が10km までは，高度が1km 増すごとに気温は6℃の割合で下がる。地上の気温が20℃のとき，高度 $x$km の上空の気温を y℃とする。

(1) y を x の式で表せ。また，変数 x，y の変域をそれぞれ求めよ。

(2) 高度8km の上空の気温を求めよ。

(3) 気温が -7℃となる上空の高度を求めよ。

●例題2● 1次関数 $y=ax+b$ において，x の値が p から q まで増加する。ただし，$p\neq q$ とする。

(1) y の増加量を求めよ。　　(2) この関数の変化の割合を求めよ。

解説 変化の割合は，x の値が1だけ増加するときの y の増加量を表す。

解答 (1) $x=p$ のとき　$y=ap+b$

$x=q$ のとき　$y=aq+b$

ゆえに，y の増加量は

$$(aq+b)-(ap+b)=a(q-p)$$

（答）$a(q-p)$

(2) x の増加量は $q-p$

y の増加量は(1)の結果より $a(q-p)$

ゆえに，求める変化の割合は

$$\frac{a(q-p)}{q-p}=a$$

（答）a

変化の割合

$$(\text{変化の割合})=\frac{(y\text{ の増加量})}{(x\text{ の増加量})}$$

1次関数の変化の割合

(1) 関数 $y=ax+b$ の**変化の割合は一定**で，x の係数 $\boldsymbol{a}$ に等しい。

(2) $a>0$ のとき，x の値が増加すると y の値は増加する。

$a<0$ のとき，x の値が増加すると y の値は減少する。

演習問題

4. 次の1次関数の変化の割合を求めよ。また，x の増加量が6であるときの y の増加量を求めよ。

(1) $y=\frac{1}{3}x-2$　　(2) $y=-2x+1$　　(3) $y=-\frac{1}{4}x-3$

5. 1次関数 $y=ax+4$ において，x の値が18だけ増加すると y の値は12だけ減少する。

(1) a の値を求めよ。

(2) y の値が8だけ増加するときの x の増加量を求めよ。

●例題3● y が x の1次関数で次の条件を満たすとき，y を x の式で表せ。

(1) x の値が3だけ増加すると y の値は6だけ減少する。また，$x=2$ のとき $y=-5$ である。

(2) $x=4$ のとき $y=3$，$x=-2$ のとき $y=0$ である。

解説 y が x の1次関数であるとき，x と y の関係は $y=ax+b$ と表すことができる。この式に x，y の値を代入して，a，b の値を求めればよい。

解答 (1) x の値が3だけ増加すると y の値は -6 だけ増加するから，変化の割合は

$$\frac{-6}{3}=-2$$

したがって，求める1次関数は $y=-2x+b$ ……① と表すことができる。

$x=2$ のとき $y=-5$ であるから，①に代入して

$$-5=-2\times2+b \qquad b=-1$$

ゆえに　$y=-2x-1$　　　　（答）　$y=-2x-1$

(2) 求める1次関数を $y=ax+b$ とする。

$x=4$ のとき $y=3$ であるから　　$3=4a+b$ ………②

$x=-2$ のとき $y=0$ であるから　$0=-2a+b$ ………③

②，③を連立させて解くと　$a=\frac{1}{2}$，$b=1$

ゆえに　$y=\frac{1}{2}x+1$　　　　（答）　$y=\frac{1}{2}x+1$

演習問題

6. y が x の1次関数で次の条件を満たすとき，y を x の式で表せ。

(1) 変化の割合が4で，$x=0$ のとき $y=-3$ である。

(2) 変化の割合が -2 で，$x=4$ のとき $y=1$ である。

(3) x の値が12だけ増加すると y の値は4だけ増加する。また，$x=1$ のとき $y=-2$ である。

(4) x の値が2だけ増加すると y の値は -3 だけ増加する。また，$x=-4$ のとき $y=5$ である。

7. yがxの1次関数で，$x=1$ のとき $y=-2$，$x=-2$ のとき $y=3$ である。

(1) yをxの式で表せ。　　(2) $x=-3$ のときのyの値を求めよ。

(3) $y=4$ のときのxの値を求めよ。

8. ある品物をつくるための費用は，個数に比例する金額と個数に関係のない一定の金額の和となっていて，50個つくるとき4500円，100個つくるとき6000円である。この品物をx個つくるときの費用をy円とする。

(1) yをxの式で表せ。

(2) この品物を200個つくるときの費用を求めよ。

●例題4● $y-3$ は $x+4$ に比例し，$x=-5$ のとき $y=1$ である。$y=7$ のときのxの値を求めよ。

解説 $y-3$，$x+4$ をそれぞれ1つの変数と考えれば，$y-3=a(x+4)$（aは比例定数）と表すことができる。

> ○が△に比例するとき，
> ○$=a\times$△
> （aは比例定数，$a\neq0$）

解答 $y-3$ は $x+4$ に比例するから，xとyの関係は

$y-3=a(x+4)$ ………①

と表すことができる。①に $x=-5$，$y=1$ を代入して

$1-3=a(-5+4)$　　$a=2$

よって，①は $y-3=2(x+4)$　　すなわち $y=2x+11$ ………②

②に $y=7$ を代入して $7=2x+11$

ゆえに $x=-2$　　（答） $x=-2$

演習問題

9. 次の問いに答えよ。

(1) $y+6$ は $x-3$ に比例し，$x=1$ のとき $y=-10$ である。$x=7$ のときのyの値を求めよ。

(2) $3x+1$ は $y-2$ に比例し，$y=4$ のとき $x=1$ である。$x=2$ のときのyの値を求めよ。また，$y=-\frac{7}{2}$ のときのxの値を求めよ。

10. 次の □ にあてはまる数を入れよ。

2つの変数x，yの間に $y=-3x+6$ の関係があるとき，yは（$x-$ (ア) ）に比例し，比例定数は (イ) である。また，xは（$y-$ (ウ) ）に比例し，比例定数は (エ) である。

2…1次関数のグラフ

基本問題

11. 次の直線の傾きと y 切片を求めよ。

(1) $y=5x-7$

(2) $y=-\dfrac{3}{2}x+6$

12. 次の直線の式を求めよ。

(1) 傾きが $-\dfrac{1}{2}$，y 切片が $\dfrac{4}{3}$ の直線

(2) 原点を通り傾き 2 の直線

(3) 点（0，2）を通り傾き $\dfrac{1}{3}$ の直線

(4) 傾きが $-\dfrac{2}{3}$ で，点 $\left(0,\ -\dfrac{3}{2}\right)$ を通る直線

> **1次関数のグラフ**
>
> (1) 1次関数 $y=ax+b$ のグラフは
> **傾き a，y 切片 b の直線**
>
> (2) **傾き** x の値が1増加したときの y の増加量。変化の割合に等しい。
> **y 切片** グラフと y 軸との交点の y 座標
>
> y　$y=ax+b$　a　b　1　O　x
>
> (3) 1次関数 $y=ax+b$ のグラフを，単に**直線 $y=ax+b$** ともいう。また，$y=ax+b$ を，その**直線の式**という。
>
> **注** グラフと x 軸との交点の x 座標を，**x 切片**という。

13. 次の点が直線 $y=-\dfrac{3}{2}x+4$ 上にあるとき，a の値を求めよ。

(1) （4，a）　　(2) （a，-2）　　(3) $\left(a,\ \dfrac{1}{3}\right)$

14. 傾きと y 切片を調べることにより，次の図の(1)～(5)の直線の式を求めよ。

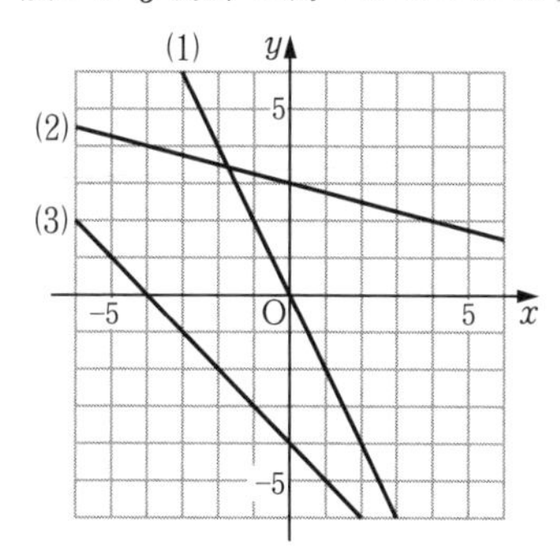

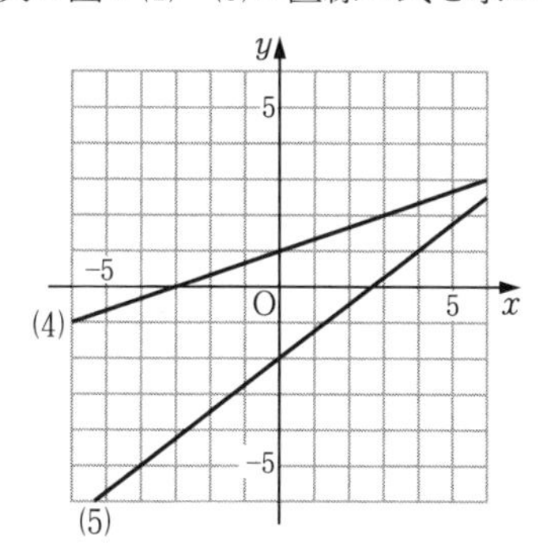

15. 次の1次関数のグラフをかけ。また，x の値が増加するとき y の値が減少するものはどれか。

(1) $y=2x$　　(2) $y=-\dfrac{3}{2}x$　　(3) $y=x-1$

(4) $y=-2x+4$　　(5) $y=\dfrac{1}{4}x-3$　　(6) $y=\dfrac{4x+5}{3}$

●例題5● 点 $(4,\ 2)$ を通り，直線 $y=3x-5$ に平行な直線の式を求めよ。

（解説） 平行な2直線の傾きは等しいから，求める直線の傾きは3であることがわかる。傾き3の直線の式は $y=3x+b$ と表すことができる。この直線が点 $(4,\ 2)$ を通ることから，b の値を求める。

2直線の位置関係(1)

2直線 $y=ax+b$，$y=a'x+b'$ について，

平行になる条件

$a=a'$ かつ $b\neq b'$

重なる条件

$a=a'$ かつ $b=b'$

交わる条件

$a\neq a'$

（解答） 直線 $y=3x-5$ に平行な直線の式は

$$y=3x+b$$

と表すことができる。

この直線が点 $(4,\ 2)$ を通るから

$$2=3\times4+b$$

$$b=-10$$

ゆえに $y=3x-10$

（答） $y=3x-10$

演習問題

16. 次の直線の式を求めよ。

(1) 点 $(-2,\ -4)$ を通り，傾き -1 の直線

(2) 点 $\left(\dfrac{3}{2},\ -\dfrac{1}{4}\right)$ を通り，傾き $-\dfrac{3}{2}$ の直線

(3) 点 $\left(-\dfrac{1}{2},\ -\dfrac{8}{5}\right)$ を通り，直線 $y=\dfrac{2}{5}x+1$ と傾きが等しい直線

17. 次の直線の式を求めよ。

(1) 直線 $y=-3x-2$ に平行で，原点を通る直線

(2) 点 $(2,\ -4)$ を通り，直線 $y=\dfrac{1}{2}x+2$ に平行な直線

例題6 2点 $(-3,\ 6)$, $(2,\ -1)$ を通る直線の式を求めよ。

(解説) 求める直線の式を $y=ax+b$ とおいて，2点の座標を代入し，a, b の値を定める。
または，まず傾き $-\dfrac{7}{5}$ を求め，求める直線の式を $y=-\dfrac{7}{5}x+b$ とおく。

(解答) 求める直線の式は $y=ax+b$ と表すことができる。この直線が
点 $(-3,\ 6)$ を通るから　$6=-3a+b$ ………①
点 $(2,\ -1)$ を通るから　$-1=2a+b$ ………②
①，②を連立させて解くと　$a=-\dfrac{7}{5}$, $b=\dfrac{9}{5}$
ゆえに，求める直線の式は　$y=-\dfrac{7}{5}x+\dfrac{9}{5}$　　（答）$y=-\dfrac{7}{5}x+\dfrac{9}{5}$

(別解) 求める直線の傾きは　$\dfrac{-1-6}{2-(-3)}=-\dfrac{7}{5}$
したがって，直線の式は $y=-\dfrac{7}{5}x+b$ と表すことができる。
この直線が点 $(2,\ -1)$ を通るから　$-1=-\dfrac{7}{5}\times2+b$　　$b=\dfrac{9}{5}$
ゆえに，求める直線の式は　$y=-\dfrac{7}{5}x+\dfrac{9}{5}$　　（答）$y=-\dfrac{7}{5}x+\dfrac{9}{5}$

演習問題

18. 次の2点を通る直線の式を求めよ。

(1) $(0,\ 3)$, $(1,\ -5)$　　(2) $(1,\ 3)$, $(3,\ 7)$

(3) $(-2,\ 1)$, $(1,\ -2)$　　(4) $\left(\dfrac{1}{2},\ -\dfrac{5}{3}\right)$, $\left(-\dfrac{1}{2},\ -2\right)$

19. 右の図の(1)～(4)の直線の式を求めよ。

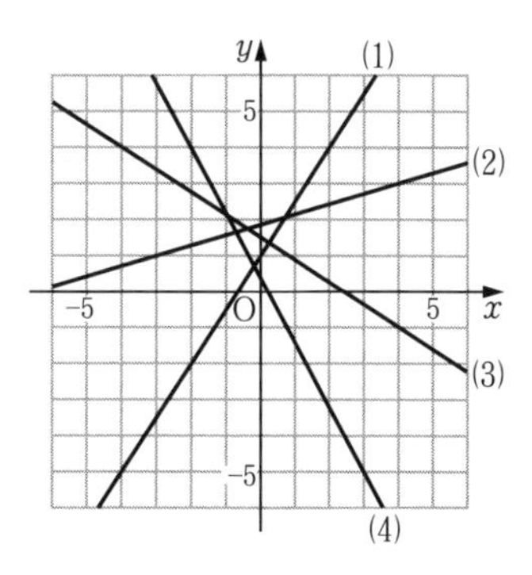

20. 直線 $y=ax-2$ が2点$(-3,\ -8)$，$\left(\frac{1}{2},\ b\right)$ を通るとき，a，b の値を求めよ。

例題7 次の条件を満たす直線の式を求めよ。
(1) 傾きが a で，点$(x_0,\ y_0)$を通る。
(2) 2点$(x_1,\ y_1)$，$(x_2,\ y_2)$を通る。ただし，$x_1 \neq x_2$ とする。

解説 (1) $y=ax+b$ とおいて，点$(x_0,\ y_0)$を通るように b の値を定める。
(2) まず傾きを求め，(1)の結果を利用する。

解答 (1) 傾きが a であるから，求める直線の式は

$$y=ax+b$$

と表すことができる。この直線が，点$(x_0,\ y_0)$を通るから

$$y_0=ax_0+b \qquad b=y_0-ax_0$$

よって $y=ax+(y_0-ax_0)$

ゆえに $y-y_0=a(x-x_0)$ (答) $y-y_0=a(x-x_0)$

(2) 2点$(x_1,\ y_1)$，$(x_2,\ y_2)$を通る直線の傾きは $\dfrac{y_2-y_1}{x_2-x_1}$

ゆえに，(1)の結果を利用して $y-y_1=\dfrac{y_2-y_1}{x_2-x_1}(x-x_1)$

(答) $y-y_1=\dfrac{y_2-y_1}{x_2-x_1}(x-x_1)$

注 (2)の答えは $y-y_2=\dfrac{y_2-y_1}{x_2-x_1}(x-x_2)$ と表してもよい。

参考 (1)，(2)の結果を，今後，公式として利用してよい。たとえば，例題5，例題6は，次のように解くことができる。

(例題5) 求める直線は，点(4，2)を通り傾き3の直線であるから，

$$y-2=3(x-4)$$

ゆえに，$y=3x-10$

(例題6) 2点$(-3,\ 6)$，$(2,\ -1)$を通る直線は，$y-6=\dfrac{-1-6}{2-(-3)}\{x-(-3)\}$

ゆえに，$y=-\dfrac{7}{5}x+\dfrac{9}{5}$

《直線の式を求める公式》
(1) 傾き a，y 切片 b の直線の式は，
$$\boldsymbol{y=ax+b}$$
(2) 傾き a で，点$(x_0,\ y_0)$を通る直線の式は，
$$\boldsymbol{y-y_0=a(x-x_0)}$$
(3) 2点$(x_1,\ y_1)$，$(x_2,\ y_2)$を通る直線の式は，
$$\boldsymbol{y-y_1=\frac{y_2-y_1}{x_2-x_1}(x-x_1)}$$
(ただし，$x_1 \neq x_2$)

●例題8● 3点 $(-1,\ 2)$，$(3,\ -2)$，$(a,\ 4)$ が一直線上にあるとき，a の値を求めよ。

解説 2点 $(-1,\ 2)$，$(3,\ -2)$ を通る直線の式を求め，その直線が点 $(a,\ 4)$ を通ることから，a の値を定める。

または，直線の傾き（変化の割合）が等しいことを利用してもよい。

解答 2点 $(-1,\ 2)$，$(3,\ -2)$ を通る直線の式は

$$y-2=\frac{-2-2}{3-(-1)}\{x-(-1)\}$$

すなわち　$y=-x+1$

この直線が点 $(a,\ 4)$ を通るから

$$4=-a+1$$

ゆえに　$a=-3$　　（答）$a=-3$

別解 2点 $(-1,\ 2)$，$(3,\ -2)$ を通る直線の傾きと，

2点 $(3,\ -2)$，$(a,\ 4)$ を通る直線の傾きが等しいから

$$\frac{-2-2}{3-(-1)}=\frac{4-(-2)}{a-3}\qquad -1=\frac{6}{a-3}$$

ゆえに　$a=-3$

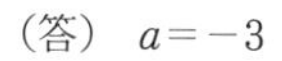

（答）$a=-3$

注 別解において，$\dfrac{-2-2}{3-(-1)}=\dfrac{4-2}{a-(-1)}$ としても同じ答えが得られる。

演習問題

21. 次の条件を満たすような a の値を求めよ。

(1) 2点 $(-3,\ -5)$，$(3,\ 7)$ を通る直線と，x 軸との交点の座標が $(a,\ 0)$ である。

(2) 2点 $(1,\ -1)$，$(3,\ 5)$ を通る直線上に点 $(a,\ -10)$ がある。

(3) 3点 $(0,\ a)$，$(8,\ 3a)$，$(2,\ 3)$ が一直線上にある。

(4) 3点 $(1,\ 2)$，$(a+1,\ 5)$，$(-2a+1,\ a)$ が一直線上にある。ただし，$a\neq 0$ とする。

●例題9● 1次関数 $y=\dfrac{2}{3}x+2$ のグラフをかいて，次の問いに答えよ。

(1) x の変域が $-4\leqq x\leqq 3$ のとき，y の変域を求めよ。

(2) y の変域が $y>-2$ のとき，x の変域を求めよ。

> **関数の定義域・値域**
> y が x の関数であるとき，x の変域を**定義域**，それに対応する y の変域を**値域**という。

解説 (1)　1次関数 $y=\frac{2}{3}x+2$ のグラフで，x の変域に対応する y の変域を調べる。

解答 1次関数 $y=\frac{2}{3}x+2$ のグラフは，右の図のようになる。

(1)　$x=-4$ のとき　$y=\frac{2}{3}\times(-4)+2=-\frac{2}{3}$

$x=3$ のとき　$y=\frac{2}{3}\times 3+2=4$

ゆえに，グラフより x の変域 $-4\leqq x\leqq 3$ に対応する y の変域は

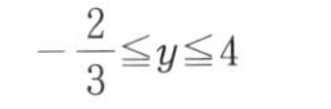

$-\frac{2}{3}\leqq y\leqq 4$　　　（答）$-\frac{2}{3}\leqq y\leqq 4$

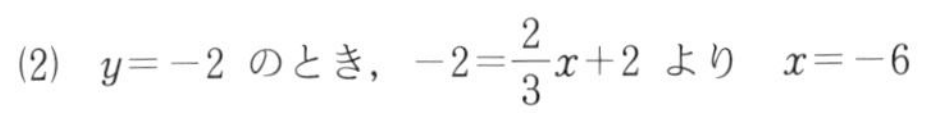

(2)　$y=-2$ のとき，$-2=\frac{2}{3}x+2$ より　$x=-6$

ゆえに，グラフより y の変域 $y>-2$ に対応する x の変域は

$x>-6$　　　（答）$x>-6$

注 変域を考えるとき，最も大きい値を最大値，最も小さい値を最小値という。

演習問題

22. 1次関数 $y=-\frac{1}{2}x-1$ について，次の問いに答えよ。

(1)　x の変域が $-4\leqq x\leqq 2$ のとき，y の変域を求めよ。

(2)　y の変域が $-\frac{3}{2}\leqq y\leqq 3$ のとき，x の変域を求めよ。

23. x の変域が与えられた範囲であるとき，次の1次関数のグラフをかけ。

(1)　$y=-2x+3$ $(x\leqq 2)$　　(2)　$y=\frac{1}{3}x+6$ $(-6\leqq x<6)$

24. 1次関数 $y=ax+b$ において，x の変域が $-1\leqq x\leqq 1$ のとき，y の変域が $-1\leqq y\leqq 3$ である。a，b の値を求めよ。ただし，$a<0$ とする。

25. 1次関数 $y=ax+1$ において，定義域が $-2\leqq x\leqq 4$ のとき，値域が $-1\leqq y\leqq 2$ である。a の値を求めよ。

26. 定義域が $-2\leqq x\leqq 3$ のとき，2つの1次関数 $y=3x+a$ と $y=bx-2$ $(b<0)$ の値域が一致する。a，b の値を求めよ。

27. 関数 $y=ax-3a-1$ について，次の問いに答えよ。

(1) x の変域が $0<x<1$ のとき，y がつねに負の値をとるような a の値の範囲を求めよ。

(2) x の変域が $0\leqq x\leqq 1$ のとき，y が正の値と負の値をとるような a の値の範囲を求めよ。

進んだ問題の解法

問題1 直線 $y=-2x+3$ を，x 軸方向に4だけ平行移動したときの直線の式を求めよ。

解法 平行移動によって直線の傾きは変わらない。もとの直線上の1点がどのような点に移動するかを調べる。

解答 もとの直線上の点 $(0,\ 3)$ は，x 軸方向に4だけ移動することにより，点 $(4,\ 3)$ に移動する。

したがって，点 $(4,\ 3)$ を通り傾き -2 の直線の式を求めればよい。

よって　$y-3=-2(x-4)$

ゆえに　$y=-2x+11$

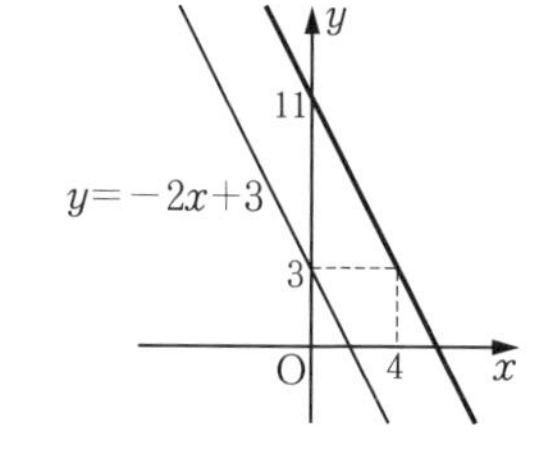

（答）　$y=-2x+11$

参考 一般に，直線 $y=ax+b$ を x 軸方向に p だけ平行移動したときの直線の式は $y=a(x-p)+b$ である。

進んだ問題

28. 直線 $y=3x-5$ を，次のように移動した直線の式を求めよ。

(1) y 軸方向に -2 だけ平行移動　　(2) x 軸方向に3だけ平行移動

(3) x 軸方向に2，y 軸方向に -4 だけ平行移動

(4) y 軸について対称移動　　(5) x 軸について対称移動

(6) 原点について対称移動

29. 次の問いに答えよ。

(1) 直線 $y=x+b$ が2点 $\mathrm{A}(1,\ 2)$，$\mathrm{B}(-1,\ -1)$ の間を通るように，b の値の範囲を定めよ。

(2) 直線 $y=ax-2$ が2点 $\mathrm{A}(2,\ 3)$，$\mathrm{B}(4,\ 1)$ の間を通るように，a の値の範囲を定めよ。

進んだ問題の解法

問題2　直線 $y=2x-2$ と y 軸上で垂直に交わる直線の式を求めよ。

解法　直線 $y=2x-2$ と y 軸上で垂直に交わる直線 $y=ax-2$ の傾き a について，変化の割合を図形的に調べる。

解答　右の図のように点 A，B，C，D，E を定める。

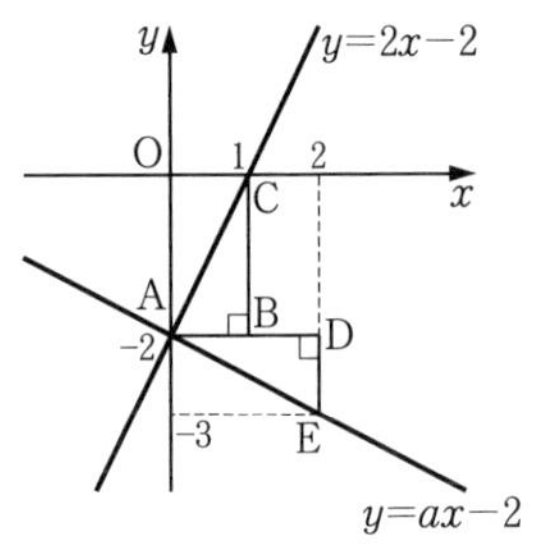

△ABC≡△EDA となるから，∠CAE=90° である。

$y=2x-2$ の傾きは 2 であるから

$$\frac{BC}{AB}=\frac{2}{1}=2$$

また，求める直線は傾きを a とすると，$y=ax-2$ と表すことができる。この傾きについて

$$a=\frac{-DE}{AD}=\frac{-1}{2}=-\frac{1}{2}$$

ゆえに，求める直線の式は　$y=-\frac{1}{2}x-2$　　　（答）　$y=-\frac{1}{2}x-2$

参考　右上の図の △ABC，△EDA において，

AB=ED=1

BC=DA=2

∠ABC=∠EDA=90°

よって，　△ABC≡△EDA（2 辺夾角）

このとき，∠EAD=∠ACB

ゆえに，　∠CAE=∠CAB+∠EAD=∠CAB+∠ACB=180°−∠ABC=90°

> **2 直線の位置関係(2)**
> 2 直線 $y=ax+b$，$y=a'x+b'$ について，
> **垂直**になる条件
> $\boldsymbol{aa'=-1}$

進んだ問題

30. 次の(ア)～(ケ)の直線のうち，たがいに垂直になっているものはどれとどれか。

(ア)　$y=2x+1$　　(イ)　$y=-x-1$　　(ウ)　$y=0.5x+1.5$

(エ)　$y=-2x+3$　　(オ)　$y=x+1$　　(カ)　$y=0.75x+1$

(キ)　$y=-\frac{3}{2}x$　　(ク)　$y=\frac{2}{3}x+\frac{1}{2}$　　(ケ)　$y=\frac{4}{3}x-3$

31. 次の問いに答えよ。

(1)　直線 $y=\frac{3}{2}x+1$ に垂直で，点（2，−1）を通る直線の式を求めよ。

(2)　2 点 A(1，−1)，B(4，1) がある。線分 AB と垂直に交わる直線 $y=ax+b$ について，a の値を求めよ。また，b の値の範囲を求めよ。

3…2元1次方程式のグラフ

基本問題

32. 次の直線の傾き，および x 切片，y 切片を求めよ。

(1)　$4x+3y-12=0$　　　(2)　$5x-7y+2=0$

例題10　2元1次方程式 $2x+3y-6=0$ のグラフをかけ。

解説　2元1次方程式のグラフは直線であるから，その傾きと y 切片を求めてかく。または，方程式から直線上の2点を求め（座標軸との交点など），その2点を結べばよい。

解答　$2x+3y-6=0$ を変形して

$$y=-\frac{2}{3}x+2$$

よって，グラフは，傾きが $-\frac{2}{3}$，y 切片が2の直線となる。

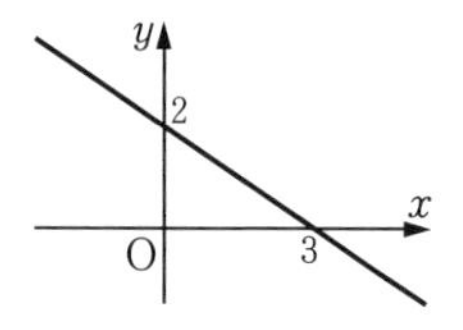

（答）　右の図

2元1次方程式 $ax+by+c=0$ のグラフ

x，y を2つの変数とする2元1次方程式 $ax+by+c=0$ は，定数 a，b のとる値によって，次のいずれかの直線の式に変形できる。

(1)　$a\neq0$，$b\neq0$ のとき
$y=mx+n$

(2)　$a=0$，$b\neq0$ のとき
$y=p$

(3)　$a\neq0$，$b=0$ のとき
$x=q$

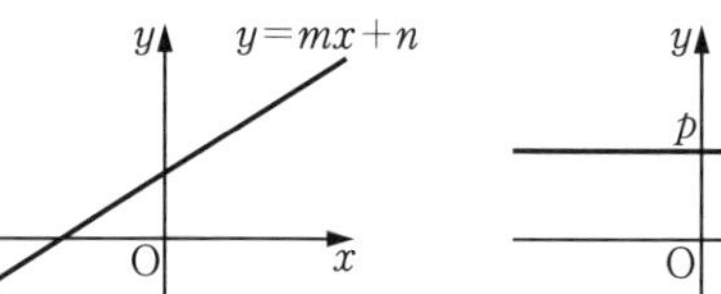

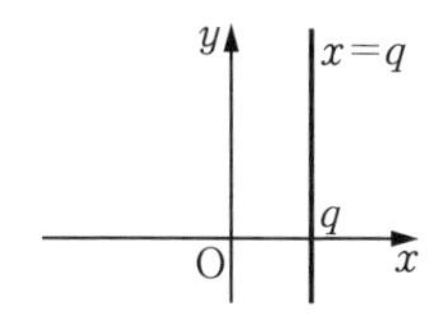

注　(1)において $y=mx+n$ は $mx-y+n=0$，(2)において $y=p$ は $0\cdot x-y+p=0$，(3)において $x=q$ は $x+0\cdot y-q=0$ と変形できる。したがって，直線の式はすべて $ax+by+c=0$ の形で表すことができる。

注　(2)の $y=p$ は(1)にふくまれる（$m=0$ のとき）が，(3)の $x=q$ は(1)にはふくまれない。

演習問題

33. 次の方程式のグラフをかけ。

(1)　$2x-y-2=0$　　　(2)　$x+2y-1=0$

(3)　$x+3=0$　　　(4)　$y-2=0$

34. 点 $(3,\ -4)$ を通り x 軸に平行な直線の式，および y 軸に平行な直線の式を求めよ。

35. 直線 $ax+by=1$ が，2点 $(-2,\ 1)$，$(3,\ -2)$ を通るとき，a，b の値を求めよ。

36. 直線 $\dfrac{x}{a}+\dfrac{y}{b}=1$ は，2点 $(a,\ 0)$，$(0,\ b)$ を通ることを説明せよ。また，これを利用して，次の問いに答えよ。

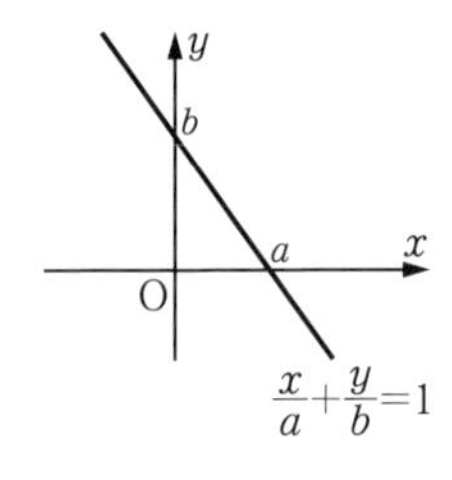

(1)　次の方程式のグラフをかけ。

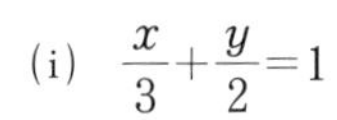

(i)　$\dfrac{x}{3}+\dfrac{y}{2}=1$

(ii)　$\dfrac{x}{2}-\dfrac{y}{4}=1$

(iii)　$-2x+3y=6$

(2)　次の2点を通る直線の式を求めよ。

(i)　$(4,\ 0)$，　$(0,\ 1)$

(ii)　$(-2,\ 0)$，　$(0,\ 3)$

(iii)　$\left(\dfrac{1}{3},\ 0\right)$，　$\left(0,\ -\dfrac{1}{2}\right)$

注　$\dfrac{x}{a}+\dfrac{y}{b}=1$ を直線の式の**切片形**という。a は x 切片，b は y 切片を表す。

37. x，y についての3つの2元1次方程式

$$x-ay+3b=0 \quad \cdots\cdots①$$
$$-ax+y-b=0 \quad \cdots\cdots②$$
$$-3ax-y+3b-2=0 \quad \cdots\cdots③$$

のグラフは，右の図の3直線 ℓ，m，n のいずれかになる。

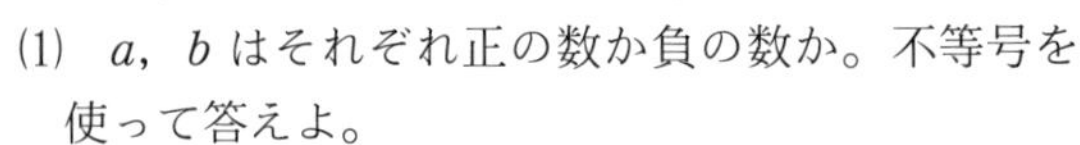

(1)　a，b はそれぞれ正の数か負の数か。不等号を使って答えよ。

(2)　直線 ℓ，m を表す方程式は①，②，③のうちのどれか。

●**例題11**● 次の2直線

$2x+3y-1=0$ ……①

$ax+6y+5=0$ ……②

について，次の問いに答えよ。

(1) 直線①と②が平行になるように，a の値を定めよ。

(2) 直線①と②が垂直になるように，a の値を定めよ。

解説 (1) 2直線の傾きを求め，それらの傾きが等しくなるように a の値を定める。

(2) 2直線の傾きの積が -1 となるように a の値を定める。

解答 ①より $y=-\frac{2}{3}x+\frac{1}{3}$ ②より $y=-\frac{a}{6}x-\frac{5}{6}$

(1) 2直線①と②が平行になるのは，これらの直線の傾きが等しいときである。

$$-\frac{2}{3}=-\frac{a}{6}$$

ゆえに $a=4$ （答） $a=4$

(2) 2直線①と②が垂直になるのは，これらの直線の傾きの積が -1 となるときである。 $\left(-\frac{2}{3}\right)\times\left(-\frac{a}{6}\right)=-1$

ゆえに $a=-9$ （答） $a=-9$

注 この例題と同様に考えると，一般に2直線 $ax+by+c=0$，$a'x+b'y+c'=0$ について，$a:b=a':b'$ のとき，すなわち $ab'=a'b$ のとき2直線は平行になる。

ただし，$a:b:c=a':b':c'$ のとき，2直線は重なる。

注 一般に2直線 $ax+by+c=0$，$a'x+b'y+c'=0$ について，$b\neq0$，$b'\neq0$ ならば，これらの直線の傾きは $-\frac{a}{b}$，$-\frac{a'}{b'}$ であるから，$\left(-\frac{a}{b}\right)\times\left(-\frac{a'}{b'}\right)=-1$ のとき，すなわち $aa'+bb'=0$ のとき2直線は垂直になる。

演習問題

38. 次の2直線が平行になるように，a の値を定めよ。また，垂直になるように，a の値を定めよ。

(1) $y=-3x+5$，　$6x+ay-4=0$

(2) $4x+3y+1=0$，　$2ax-y-2=0$

39. 次の点を通る直線のうち，直線 $7x-4y+5=0$ と平行になる直線の式を求めよ。また，垂直になる直線の式を求めよ。

(1) $(2,\ -3)$　　(2) $(-2,\ 0)$

4…方程式の解とグラフ

基本問題

40. 次の直線が x 軸および y 軸と交わる点の座標を求めよ。

(1) $y=\frac{1}{2}x-1$　　(2) $3x+2y=5$　　(3) $\frac{1}{3}x-2y+6=0$

例題12　2 直線 $2x-y-4=0$，$3x+y-1=0$ の交点の座標を求めよ。

解説 交点の座標は，2 つの式 $2x-y-4=0$，$3x+y-1=0$ を同時に満たす。

解答 2 直線の交点の座標は，連立方程式 $\begin{cases} 2x-y-4=0 & \cdots\cdots① \\ 3x+y-1=0 & \cdots\cdots② \end{cases}$ の解である。

①＋② より　$5x-5=0$　　$x=1$

これを①に代入して　$2\times1-y-4=0$　　$y=-2$

ゆえに，交点の座標は　$(1,\ -2)$　　（答）$(1,\ -2)$

演習問題

41. 次の 2 直線の交点の座標を求めよ。

(1) $y=-2x+4$，$y=3x-1$　　(2) $-4x+y=3$，$x+y=5$

(3) $x=2y+3$，$y=2x-3$　　(4) $x-y-3=0$，$-3x-2y=0$

42. 2 直線 $y=ax+b$，$y=-2ax-b$ の交点の座標が $(-2,\ 1)$ であるとき，a，b の値を求めよ。

43. 次の条件を満たすような a の値を求めよ。

(1) 3 直線 $y=6x-24$，$y=-x-3$，$y=ax+a$ が 1 点で交わる。

(2) 2 直線 $-3x+2y=12$，$y=-ax-8$ が x 軸上で交わる。

44. 2 直線 $y=3x+2$，$y=-2x-3$ の交点を通り，次の条件を満たす直線の式を求めよ。

(1) 直線 $2x+3y-1=0$ に平行である。

(2) 直線 $2x+3y-1=0$ に垂直である。

(3) y 切片が 3 である。

(4) 点 $(-1,\ 4)$ を通る。

方程式の解とグラフの交点の座標の関係

(1)　1次方程式 $ax+b=0$ の解 $x=p$ $\iff$ 直線 $y=ax+b$ と x 軸（直線 $y=0$）との交点の x 座標 p

(2)　1次方程式 $ax+b=a'x+b'$ の解 $x=p$ $\iff$ 直線 $y=ax+b$ と直線 $y=a'x+b'$ との交点の x 座標 p

(3)　連立方程式 $\begin{cases} ax+by=c \\ a'x+b'y=c' \end{cases}$ の解 $\begin{cases} x=p \\ y=q \end{cases}$ $\iff$ 直線 $ax+by=c$ と直線 $a'x+b'y=c'$ との交点の座標 $(p,\ q)$

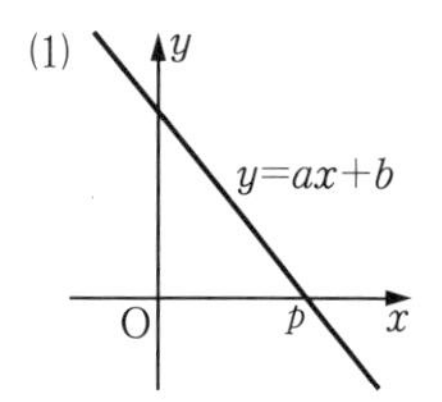

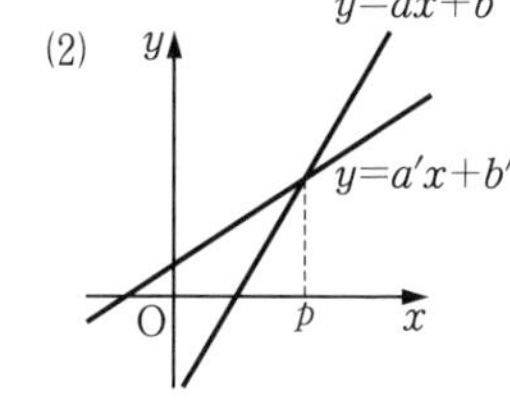

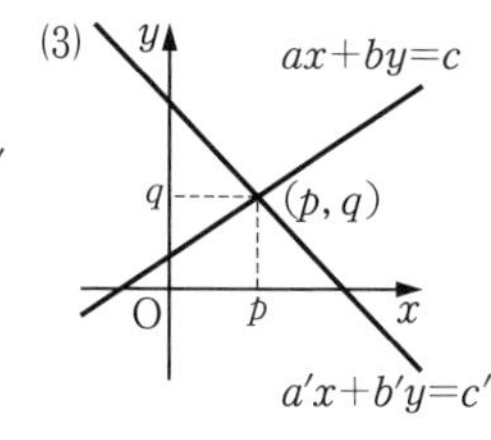

(4)　連立方程式 $\begin{cases} ax+by=c \\ a'x+b'y=c' \end{cases}$ の解の存在と，

2直線 $ax+by=c$，$a'x+b'y=c'$ の位置関係

解の存在	2直線の位置関係
ただ1組	交わる
無数	重なる
なし	平行

45. 次の(ア)～(オ)の連立方程式のうち，解がただ1組あるもの，解が無数にあるもの，解がないものはそれぞれどれか。

(ア)　$\begin{cases} -5x-y=3 \\ -2x+3y=1 \end{cases}$　(イ)　$\begin{cases} x+2y=3 \\ -2x+4y=0 \end{cases}$　(ウ)　$\begin{cases} \dfrac{2}{3}x+4y=1 \\ \dfrac{1}{3}x+2y=\dfrac{1}{2} \end{cases}$

(エ)　$\begin{cases} x+2y=3 \\ -3x-6y=9 \end{cases}$　(オ)　$\begin{cases} -3.9x+3y=-0.6 \\ 2.6x-2y=0.4 \end{cases}$

46. 連立方程式 $\begin{cases} 3x-y=a+2 & \cdots\cdots① \\ ax+y=5 & \cdots\cdots② \end{cases}$ について，次の問いに答えよ。

(1)　この連立方程式の解がないとき，a の値を求めよ。

(2)　この連立方程式は解を無数にもつことがあるか。

5…1次関数の応用

●例題13●　△ABCがあり，3直線AB，BC，CAの式は，それぞれ

$y=3x-4$ ……①，$y=-\frac{1}{4}x+\frac{5}{2}$ ……②，$y=-\frac{4}{3}x+9$ ……③ である。

(1) 3点A，B，Cの座標を求めよ。

(2) 点Aを通り△ABCの面積を2等分する直線の式を求めよ。

(3) 原点を通る直線 $y=ax$ が△ABCと共有点をもつように，a の値の範囲を定めよ。

解説 (2) 点Aを通り三角形の面積を2等分する直線は，辺BCの中点を通る。

(3) 共有点とは，△ABCの周や内部の点が直線 $y=ax$ の上にあることを表す。

解答 (1) Aは2直線①，③の交点であるから，

連立方程式 $\begin{cases} y=3x-4 & \text{……①} \\ y=-\frac{4}{3}x+9 & \text{……③} \end{cases}$ を解いて $\begin{cases} x=3 \\ y=5 \end{cases}$ 　ゆえに　A(3, 5)

同様に，連立方程式①，②を解いて $\begin{cases} x=2 \\ y=2 \end{cases}$ 　ゆえに　B(2, 2)

連立方程式②，③を解いて $\begin{cases} x=6 \\ y=1 \end{cases}$ 　ゆえに　C(6, 1)

(答)　A(3, 5)，B(2, 2)，C(6, 1)

(2) 点Aを通り△ABCの面積を2等分する直線は，辺BCの中点Mを通る。

点Mの座標は，$\frac{2+6}{2}=4$，$\frac{2+1}{2}=\frac{3}{2}$ より　$M\left(4, \frac{3}{2}\right)$

直線AMの式は　$y-5=\frac{\frac{3}{2}-5}{4-3}(x-3)$

ゆえに　$y=-\frac{7}{2}x+\frac{31}{2}$ 　　(答)　$y=-\frac{7}{2}x+\frac{31}{2}$

(3) 直線OAの傾きは $\frac{5}{3}$，直線OCの傾きは $\frac{1}{6}$ であるから，直線 $y=ax$ が△ABCと共有点をもつためには，右の図より

$\frac{1}{6} \leqq a \leqq \frac{5}{3}$ 　　(答)　$\frac{1}{6} \leqq a \leqq \frac{5}{3}$

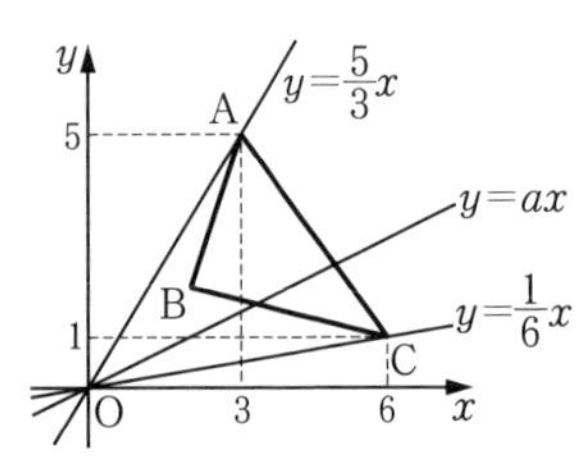

演習問題

47. 次の3直線

$$x-2y+3=0 \quad \cdots\cdots ①$$
$$3x+y+2=0 \quad \cdots\cdots ②$$
$$9x-4y-29=0 \quad \cdots\cdots ③$$

について，次の問いに答えよ。

(1) これら3直線で囲まれてできる三角形の面積を求めよ。

(2) 点$(-1,\ 1)$を通りこの三角形の面積を2等分する直線の式を求めよ。

48. 右の図のように，3点A$(4,\ 8)$，B$(-4,\ 0)$，C$(6,\ 0)$を頂点とする△ABCの辺BC上に点D$(2,\ 0)$がある。

(1) 辺BCの中点Mの座標を求めよ。

(2) 直線ABの式を求めよ。

(3) 直線 $y=\dfrac{1}{2}x+k$ が△ABCと共有点をもつとき，kの値の範囲を求めよ。

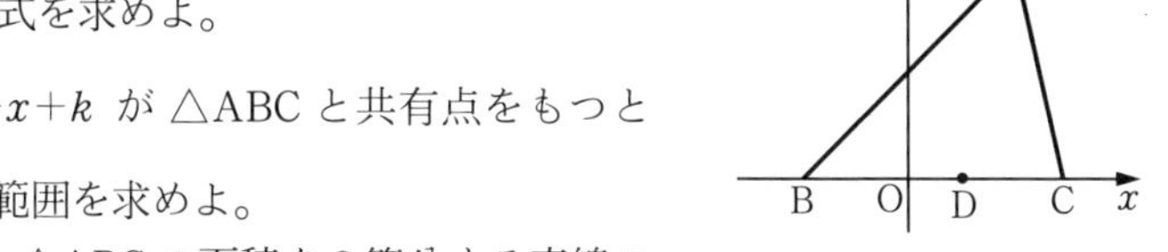

(4) 点Dを通り△ABCの面積を2等分する直線の式を，次の2つの方法で求めよ。

(方法1) $\triangle EBD=\dfrac{1}{2}\triangle ABC$ となるように，辺AB上に点Eをとり，直線DEの式を求める。

(方法2) 辺BCの中点Mを通り線分ADに平行な直線をひき，辺ABとの交点をFとし，直線DFの式を求める。また，このとき，直線DFが求める直線である理由を答えよ。

49. 右の図のように，4点A$(3,\ 6)$，B$(1,\ 3)$，C$(4,\ 1)$，D$(6,\ 4)$を頂点とする正方形ABCDと，原点を通る直線 $y=mx$ が辺BC，ADとそれぞれ点P，Qで交わっている。このとき，四角形ABPQの面積をS，四角形PCDQの面積をTとする。

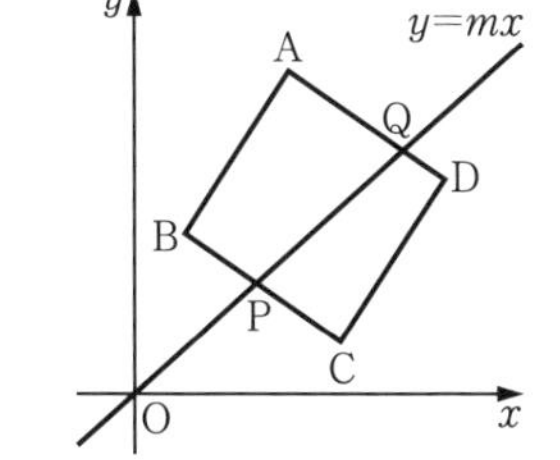

(1) $S=T$ のとき，mの値を求めよ。

(2) $m=\dfrac{3}{2}$ のとき，$S:T$ を求めよ。

(3) $S:T=2:1$ のとき，mの値を求めよ。

50. 右の図のように，4点O(0, 0)，A(7, 5)，B(3, 9)，C(−1, 1)を頂点とする四角形OABCと直線 $y=ax+b$ がある。

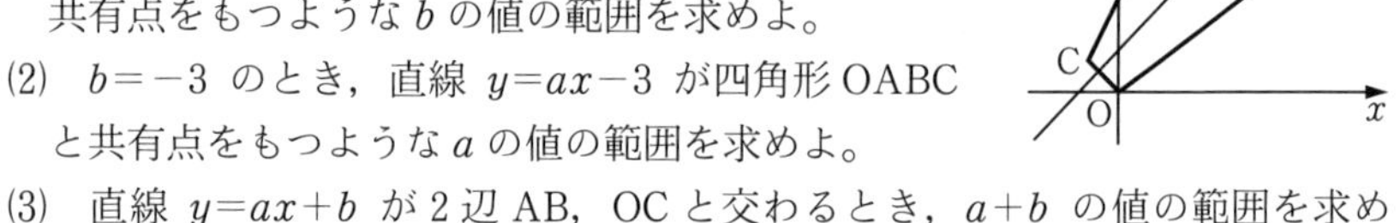

(1) $a=1$ のとき，直線 $y=x+b$ が四角形OABCと共有点をもつような b の値の範囲を求めよ。

(2) $b=-3$ のとき，直線 $y=ax-3$ が四角形OABCと共有点をもつような a の値の範囲を求めよ。

(3) 直線 $y=ax+b$ が2辺AB，OCと交わるとき，$a+b$ の値の範囲を求めよ。

(4) 直線 $y=ax+b$ が原点Oを通り四角形OABCの面積を2等分するとき，a，b の値を求めよ。

●例題14● 右の図の台形ABCDで，∠A＝∠B＝90°，AB＝4cm，BC＝2cm，CD＝5cm，DA＝5cmである。点Pは頂点Aを出発して，秒速0.5cmで台形の辺上をAからB，Cを通りDまで動く。点Pが頂点Aを出発してから x 秒後の△PADの面積を $y\text{cm}^2$ とする。ただし，$x=0$，22 のときは $y=0$ とする。

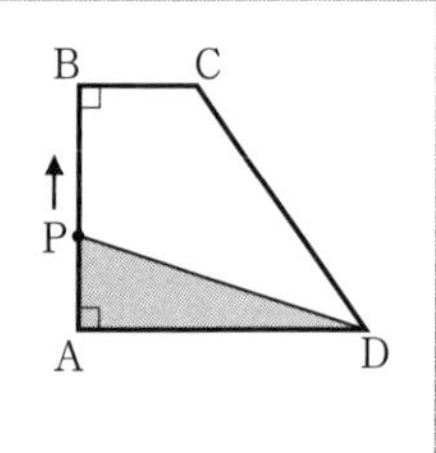

点Pが辺AB，BC，CD上にあるとき，それぞれ y を x の式で表せ。また，その関数のグラフをかけ。

解説 点Pがどの辺上にあるかによって異なる式になる。グラフはそれぞれの変域において直線となり，全体として折れ線になる。

解答 (i) 点Pが辺AB上にあるとき，すなわち x の変域が $0 \leqq x \leqq 8$ のとき，AP＝$0.5x$cm，AD＝5cmであるから　$\triangle\text{PAD}=\dfrac{1}{2}\times5\times0.5x$

ゆえに　$y=\dfrac{5}{4}x$ $(0 \leqq x \leqq 8)$

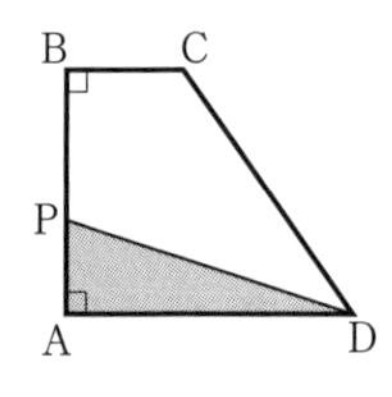

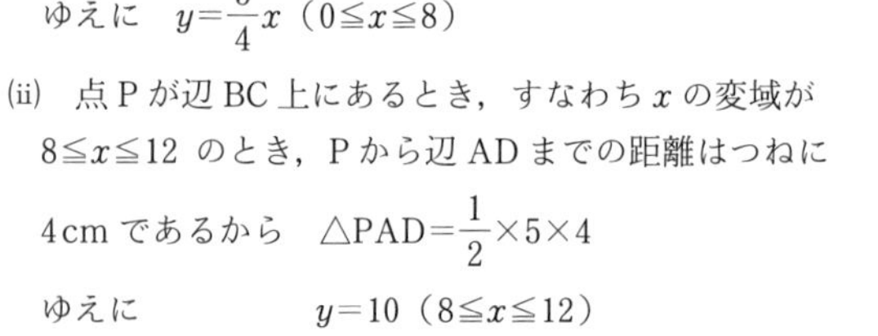

(ii) 点Pが辺BC上にあるとき，すなわち x の変域が $8 \leqq x \leqq 12$ のとき，Pから辺ADまでの距離はつねに4cmであるから　$\triangle\text{PAD}=\dfrac{1}{2}\times5\times4$

ゆえに　$y=10$ $(8 \leqq x \leqq 12)$

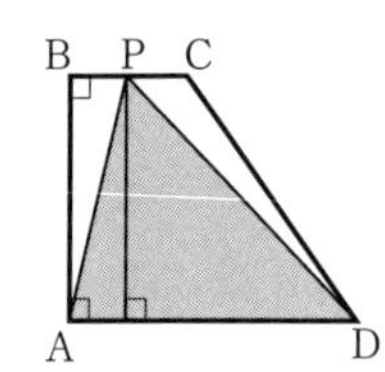

(iii) 点Pが辺CD上にあるとき，すなわちxの変域が $12 \leqq x \leqq 22$ のとき，
PD＝$4+2+5-0.5x=11-0.5x$ (cm)，CD＝5cm である。
点C，Pから辺ADに垂線CE，PFをひくと，

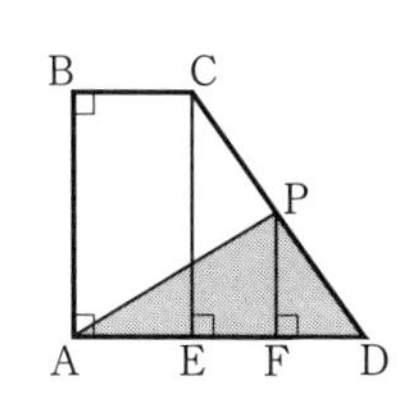

△PFD∽△CED（2角）

PF：4＝$(11-0.5x)$：5

PF＝$\frac{4}{5}(11-0.5x)$

よって　△PAD＝$\frac{1}{2}\times5\times\frac{4}{5}(11-0.5x)$

ゆえに　$y=-x+22$（$12 \leqq x \leqq 22$）

（答）　$y=\frac{5}{4}x$（$0 \leqq x \leqq 8$）

$y=10$（$8 \leqq x \leqq 12$）

$y=-x+22$（$12 \leqq x \leqq 22$）

グラフは右の図

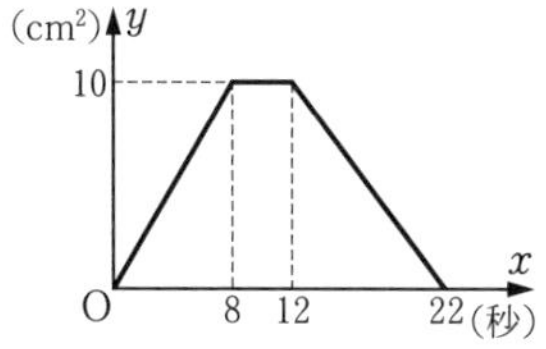

参考　点Pが辺CD上にあるとき，

△PAD：△CAD＝PD：CD

ここで，△CAD＝10cm^2，CD＝5cm，PD＝$(11-0.5x)$cm であるから，

y：10＝$(11-0.5x)$：5　　　$5y=10(11-0.5x)$

から求めてもよい。

演習問題

51. 右の図のように，AB＝AC＝8cm，BC＝6cm の△ABCがあり，辺BC，ABの中点をそれぞれD，Eとする。点Pは頂点Cを出発して，秒速1cmで辺CA上をCからAまで進む。また，点Qは点Pが出発すると同時に頂点Aを出発して，秒速0.5cmで辺AB上をAからEまで進む。

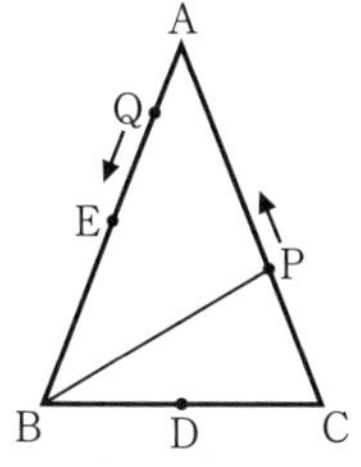

(1) 点Pが頂点Cを出発してからx秒後の線分の長さの和 AP＋AQ を$y$cmとする。xとyの関係を表すグラフをかけ。ただし，点Qが頂点AにあるときはAQ＝0cm，点PがAにあるときはAP＝0cmとする。

(2) △PBDと△QDCの面積が等しいとき，線分APの長さを求めよ。

(3) 点Pが頂点Cを出発してからx秒後に△PBCが二等辺三角形となるxの値は3つある。そのうち1つは $x=8$ である。残りの2つの値を求めよ。

52. 図1の $\square$ABCD で，AE$=6$cm である。点 P は辺 AB 上を点 E から B まで，点 Q は辺 DC 上を頂点 D から C まで，ともに秒速 1cm で動き，終点に着いたらそこで止まっている。

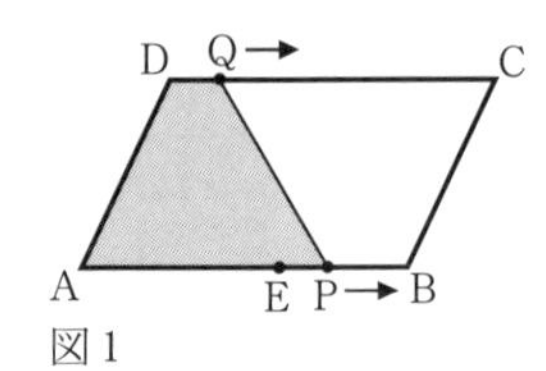

図1

図2は，2点 P，Q が同時に出発してから x 秒後の台形 APQD（$x=0$ のときは △AED）の面積を $y$cm^2 として，x と y の関係を表したグラフである。

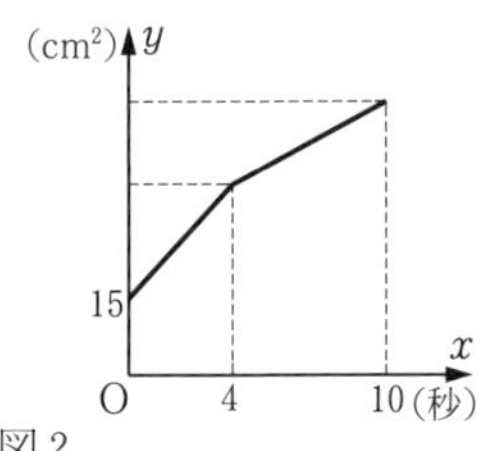

図2

(1) △AED の面積を求めよ。

(2) $\square$ABCD の面積を求めよ。

(3) x の値が 2 から 1 だけ増加するとき，y の増加量を求めよ。

(4) y を x の式で表せ。

(5) 台形 APQD の面積が 45cm^2 となるのは，2点 P，Q が出発してから何秒後か。

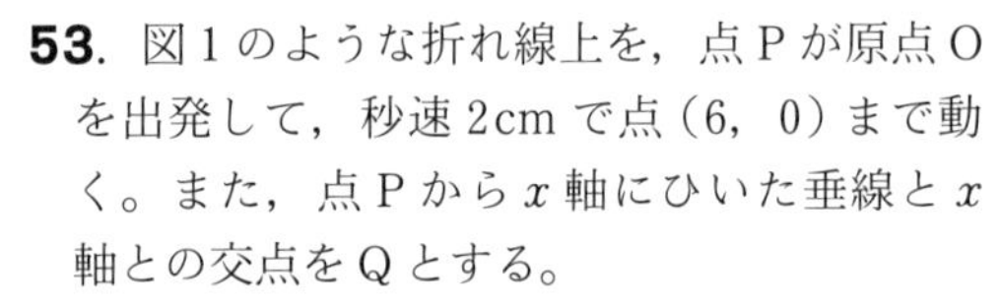
53. 図1のような折れ線上を，点 P が原点 O を出発して，秒速 2cm で点 (6，0) まで動く。また，点 P から x 軸にひいた垂線と x 軸との交点を Q とする。

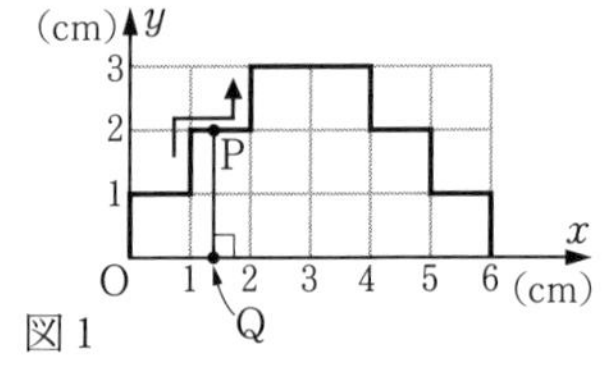

図1

(1) 直線 OP の傾きが最初に $\frac{3}{2}$ となるのは，出発してから何秒後か。

(2) 図2は，点 P が出発してから t 秒後の △OPQ の面積を Scm^2 としたときの S と t の関係を表すグラフの一部である。残りのグラフ $\left(\frac{7}{2} \leqq t \leqq 5\ の範囲\right)$ をかけ。

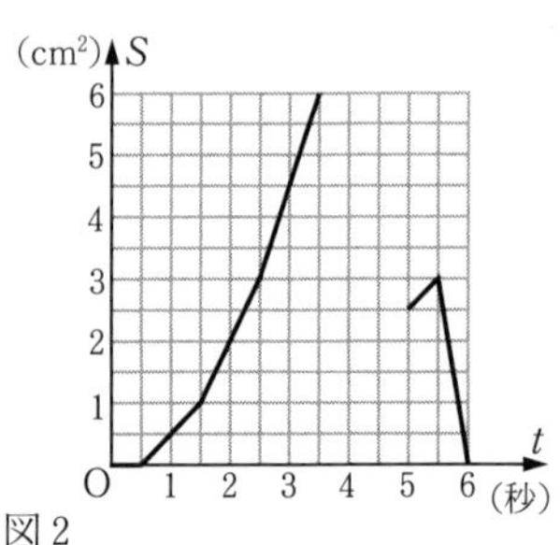

図2

(3) △OPQ の面積が 4cm^2 になるときの t の値をすべて求めよ。

例題15 A 君は X 地点を出発して，12km 離れた Y 地点に向かい，分速 100m で 50 分間歩くと 10 分間休むことをくり返して進んだ。B 君は，A 君の出発後に A 君を追いかけ，時速 8km で休むことなく進んだ。

(1) A 君の出発後の時間を x 時間，X 地点からの距離を $y$km として，x と y の関係をグラフで表せ。

(2) A 君が出発してから 30 分後に B 君が出発したとすると，B 君は A 君に何分で追いつくか。

(3) A 君が Y 地点に到着すると同時に，B 君も Y 地点に到着するためには，B 君は，A 君が出発してから何分後に出発すればよいか。

解説 グラフを利用して A 君，B 君の動くようすをつかむ。追いつく，すれちがうなどはグラフが交わることからわかる。したがって，交点の座標を求めることによって，それらの時間，距離などを求めることができる。

解答 (1) 右の図の太線 OPQRST

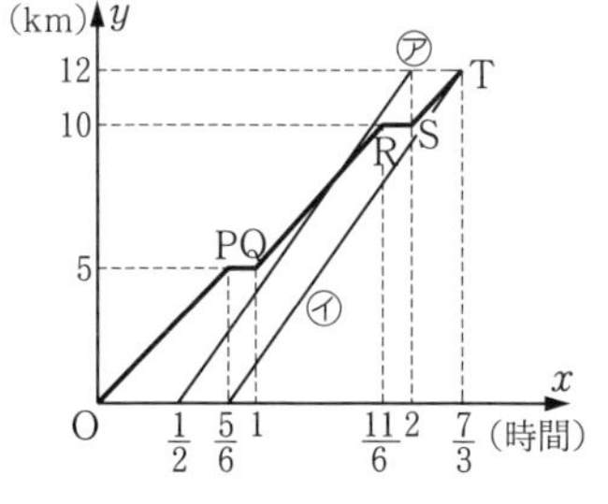

(2) A 君が出発してから x 時間後の B 君の X 地点からの距離を $y$km とすると

$$y=8\left(x-\frac{1}{2}\right)\ \cdots\cdots\cdots①$$

このグラフは図の直線㋐で表され，A 君のグラフの線分 QR で交わっている。

直線 QR は点 Q(1, 5) を通り傾き 6 であるから　$y-5=6(x-1)$　　すなわち　$y=6x-1$ ………②

①，②を連立させて解くと　$x=\frac{3}{2}$，$y=8$

よって，B 君は，A 君が出発してから $\frac{3}{2}$ 時間後，すなわち 90 分後に追いつく。

ゆえに，B 君が出発してから 60 分で追いつく。　　(答)　60 分

(3) A 君，B 君が X 地点を出発してから Y 地点に到着するまでにかかる時間は，

それぞれ $12\div6+\frac{1}{6}\times2=\frac{7}{3}$ (時間)，$12\div8=\frac{3}{2}$ (時間) である。

ゆえに　$\frac{7}{3}-\frac{3}{2}=\frac{5}{6}$　　(答)　50 分後

参考 (3)で，B 君も同時に到着するための B 君のグラフの式は，

$$y-12=8\left(x-\frac{7}{3}\right)\qquad すなわち，y=8x-\frac{20}{3}$$

この直線（上の図の直線㋑）と x 軸との交点の x 座標から求めてもよい。

演習問題

54. 妹は自転車で家を出発して，6km 離れた学校に一定の速さで向かった。兄は，妹が忘れ物をしていることに気がつき，18分後に車で妹を追いかけた。兄の車の速さはつねに時速 48km とする。

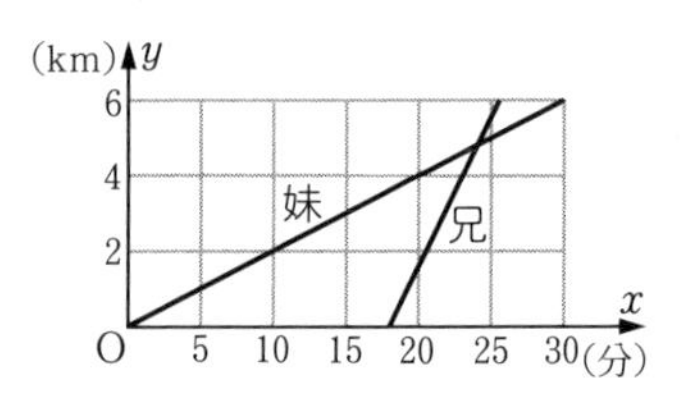

右の図は，妹と兄について，妹が家を出発してからの時間を x 分，家からの距離を $y$km として，x と y の関係を表したグラフである。

(1) 妹の速さは分速何 m か。グラフから読みとって答えよ。

(2) 兄が妹に追いつくのは，家から何 m の地点か。

(3) 妹は途中の S 地点で忘れ物をしたことに気がつき，すぐに家に向かって，行きの 1.5 倍の速さで引き返した。2 人が出会ったのは，兄が家を出てから 4 分後であった。このとき，家から S 地点までは何 m あるか。

55. A，B 2 本の給水管をそなえ，1000 m^3 で満水になるプールがある。このプールに，はじめに給水管 A を使い，途中からさらに給水管 B も使って水を入れた。右の図は，水を入れはじめてから x 時間後の水量を y m^3 として，x と y の関係を表したグラフである。ただし，給水管 A，B から毎時間プールにはいる水量はそれぞれ一定とする。

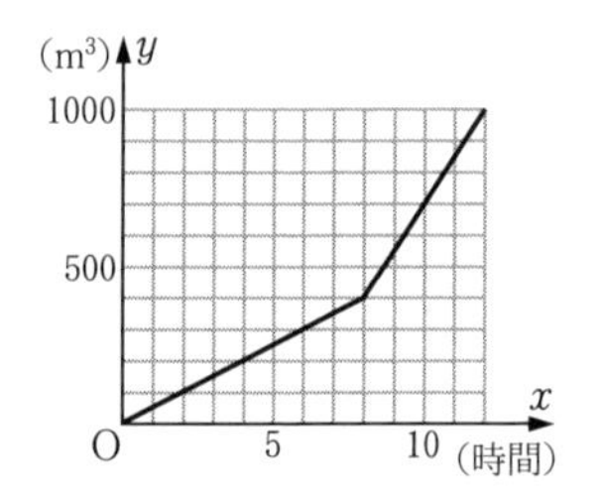

(1) 給水管 A だけを使うと，毎時何 m^3 の水がはいるか。

(2) 水量が 700 m^3 になるのは，水を入れはじめてから何時間後か。

(3) 給水管 A，B を一緒に使って水を入れたときの y を x の式で表せ。また，このときの満水になるまでの x の変域を求めよ。

(4) 給水のしかたを次のように変えて，満水になるまで水を入れた。

はじめに給水管 B だけを使って水を入れ，8 時間後に止め，ひき続き給水管 A だけを使って満水にする。

このときの，水を入れはじめてから x 時間後の水量を y m^3 として，x と y の関係を表すグラフを図にかき入れよ。

56. A，B，C の 3 地点がこの順にある。A 地点から B 地点までの距離は 15km，B 地点から C 地点までの距離は 10km である。トラックが AB 間を時速 36km で往復し，荷物の積みおろしのために A 地点，B 地点で毎回 5 分間ずつ停車する。

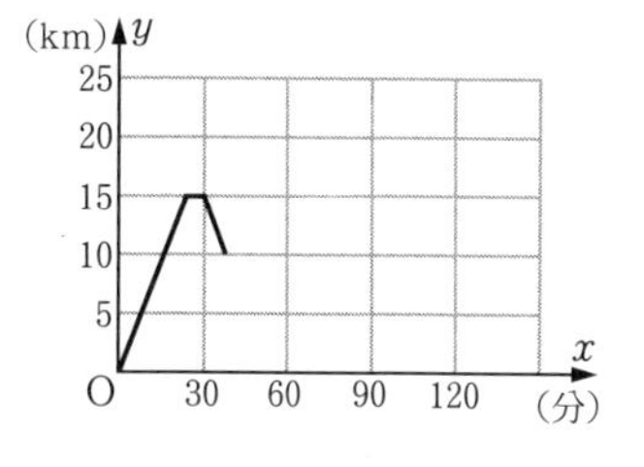

ある人が自転車で，時速 12km で C 地点から A 地点に向かうことになった。トラックは A 地点から B 地点に，自転車は C 地点から A 地点に向かって同時に出発した。次の問いに答えよ。なお，上の図は，トラックが A 地点を出発してからの時間を x 分，A 地点からの距離を $y$km として，x と y の関係を表したグラフの一部である。

(1) 自転車が C 地点を出発してから A 地点に着くまでの間に，トラックに出会う回数と追いこされる回数は合わせて何回か。

(2) 自転車が C 地点を出発してから，トラックとはじめて出会うまでの時間を求めよ。

進んだ問題

57. 長さが 1 の細長いパイ生地(きじ)をこねることを考える。

右の図の㋐～㋒の手順で，パイ生地を半分に折り曲げて重ね 2 倍にのばすことを，パイ生地を 1 回「こねる」作業と定義する。また，点 X，Y はともにパイ生地の上にあり，パイ生地を 1 回こねると，図のように点 X は点 Y に移動する。たとえば，点 0.7 は点 0.6 に移動する。

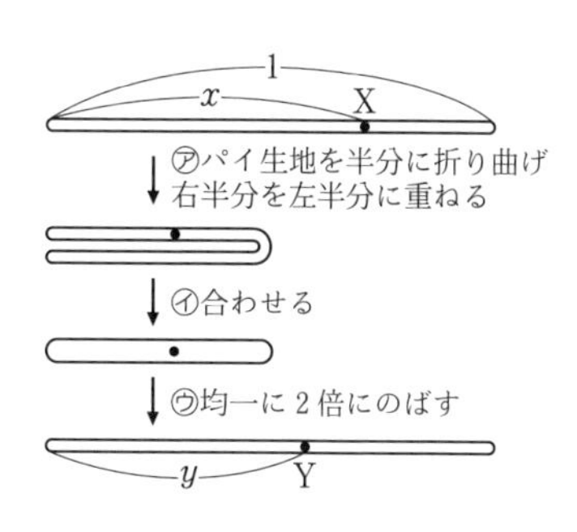

点 X，Y の左端からの距離をそれぞれ x，y とするとき，次の問いに答えよ。

(1) 1 回こねる作業により，点 X は点 0.2 に移動した。このような点 X は 2 つ考えられる。このとき，x の値をすべて求めよ。

(2) 1 回こねる作業により，点 X は点 Y に移動する。このときの x と y の関係をグラフに表せ。

(3) こねる作業を 2 回続けて行ったとき，点 X ははじめてもとの位置にもどった。このとき，考えられる x の値をすべて求めよ。

11章の問題

1 次の表は，y が x の1次関数であるときの x と y の対応表の一部である。

x	…	-3	-2	-1	0	1	2	3	…
y	…	5.5	4	2.5	1	-0.5	-2	-3.5	…

(1) y を x の式で表せ。

(2) y の値が15より大きく20より小さい整数になるときの x の値をすべて求めよ。

2 あるポスターの印刷代は，100枚までは75000円で，100枚をこえた分については1枚につき400円である。ポスター x 枚の印刷代を y 円とする。

(1) y を x の式で表せ。

(2) ポスター200枚の印刷代を求めよ。

(3) 100000円の予算では，何枚までポスターを印刷できるか。

3 温度を表す，摂氏(セッシ) y 度と華氏(カシ) x 度の間には，

$$y=k(x-r)$$

という関係がある。摂氏10度は華氏50度であり，華氏77度は摂氏25度である。

(1) k，r の値を求めよ。

(2) 摂氏0度および100度は，それぞれ華氏で何度か。

4 直線 $3x+4y-12=0$ を，次のように移動した直線の式を求めよ。

(1) x 軸方向に5，y 軸方向に -1 だけ平行移動

(2) x 軸について対称移動

(3) y 軸について対称移動

(4) 原点について対称移動

(5) 原点のまわりに反時計まわりに90°回転移動

5 次の問いに答えよ。

(1) 2点 $\mathrm{A}\left(a,\ \dfrac{1}{2}\right)$，$\mathrm{B}\left(\dfrac{1}{2},\ -\dfrac{2}{3}\right)$ を通る直線が，直線 $y=\dfrac{2}{3}x+\dfrac{1}{4}$ と点 $\mathrm{C}(-4,\ c)$ で交わっている。a，c の値を求めよ。

(2) 2直線 $\dfrac{x}{a}+\dfrac{y}{5}=1$，$\dfrac{x}{5}+\dfrac{y}{a}=1$ が交点をもたないとき，a の値を求めよ。

6 2点A(0, 6), B(11, 4)があり, A, Bを通る直線をそれぞれℓ, mとする。直線ℓとmがx軸上の点Cで直交するような点Cの座標をすべて求めよ。

7 右の図のように, 平面上に平行な2つの数直線ℓ, mと定点Mがある。直線ℓ上の数aと直線m上の数bが点Mを通る直線上にあって対応していて, $a=4$ のとき $b=10$, $a=7$ のとき $b=4$ である。

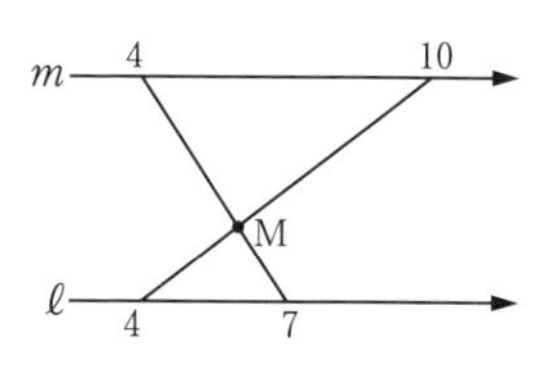

(1) bをaの式で表せ。

(2) aの変域が $-10 \leqq a \leqq 50$ のとき, bの変域を求めよ。

8 右の図のように, 2つの直線

$$y=\frac{3}{2}x+6 \quad \cdots\cdots①$$

$$y=\frac{1}{4}x-2 \quad \cdots\cdots②$$

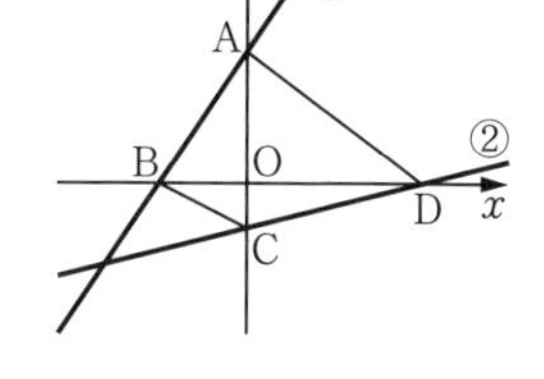

がある。B, Dはそれぞれ①, ②とx軸との交点, A, Cはそれぞれ①, ②とy軸との交点である。

(1) 2点A, Dを通る直線の式を求めよ。

(2) 点AとD, 点BとCを結んで, 四角形ABCDをつくる。辺DCの延長上に点Eを, △AEDの面積が四角形ABCDの面積に等しくなるようにとる。このとき, 点Eの座標を求めよ。

9 右の図のように, 直線 $y=2x+1$ がある。点Pが原点Oから矢印の向きにx軸上を動くとき, Pを通りy軸に平行な直線と直線 $y=2x+1$ との交点をQとし, PQを1辺とする正方形PQRSを図のようにつくる。

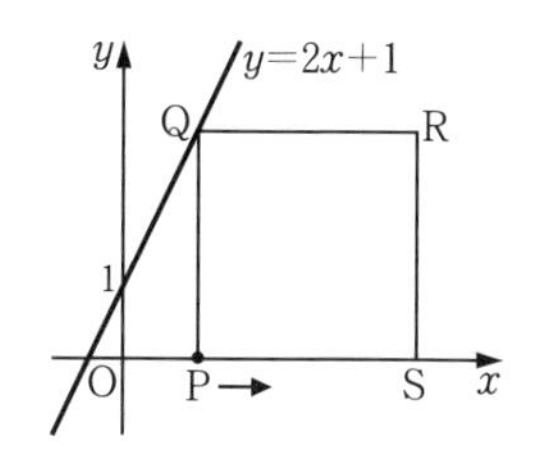

(1) 点Pのx座標が2のとき, 点Rの座標を求めよ。

(2) 点Sのx座標が10のとき, 点Qの座標を求めよ。

(3) 点Pが原点から点(7, 0)まで動くとき, 点R(x, y)はある直線上を動く。この直線の式, およびxの変域を求めよ。

10 座標平面上に，3 直線 $y=\frac{1}{2}(x-1)$，$y=-3x+17$，$y=4x-11$ がある。この 3 直線で囲まれた図形の周または内部に点 P をとり，P の x 座標と y 座標を比べて，小さいほうの値を a とする。ただし，両座標が等しい場合は，その値を a とする。

(1) a の値が最も小さくなるような点 P の座標を求めよ。

(2) a の値が 4 以上となるような点 P は，ある図形の周または内部にある。その図形の面積を求めよ。

(3) a の値が最も大きくなるような点 P の座標を求めよ。

11 図 1 のように，AD=12cm，∠D=90° の四角形 ABCD がある。点 P は秒速 1cm で，辺 AB，BC，CD 上を頂点 A から D まで動く。点 P が出発してから x 秒後の △APD の面積を $y$cm² とすると，x と y の関係は図 2 のグラフのようになった。

また，点 P が頂点 A を出発してから 84 秒後に，$\triangle APD=\frac{3}{8}\triangle ABD$ となった。

ただし，$x=0$，96 のときは $y=0$ とする。

(1) 辺 CD，AB の長さを求めよ。

(2) 四角形 ABCD の面積を求めよ。

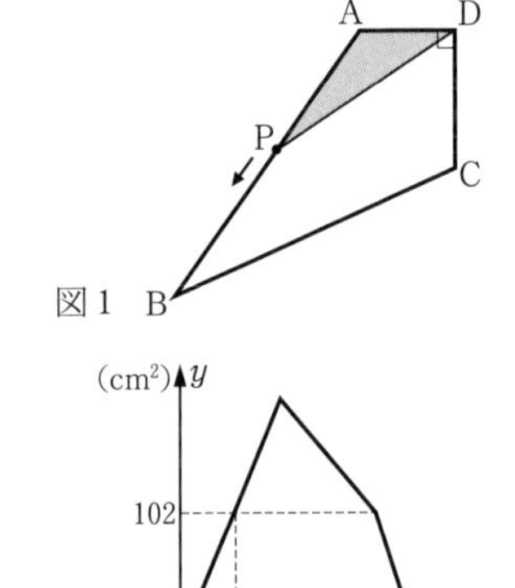

図 1

図 2

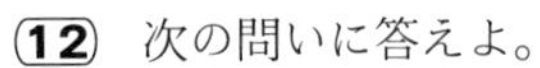

12 次の問いに答えよ。

(1) 点 A(a，b) を通り傾きがそれぞれ 2，−2 の 2 直線がある。この 2 直線の y 切片を，a，b を使って表せ。

(2) 原点を O とする座標平面上に，傾きがそれぞれ 2，−2 で，y 切片が整数である直線がすべてかいてあるとする。点 A の座標が次の場合，線分 OA（両端をふくむ）とこれらの直線との交点の個数を求めよ。ただし，重なった交点は 1 個として数える。

(i) A(7，15)　　　(ii) A(15，28)

関数 $y=ax^2$

1…2乗に比例する関数

基本問題

1. 関数 $y=2x^2$ について，次の表の空らんをうめよ。

x	-3	-2	-1	0	1	2	3	
y						8		32

《y は x の 2 乗に比例》
$y=ax^2$
（a は比例定数，$a\neq 0$）

2. 次の(ア)〜(ク)より，y が x の 2 乗に比例するものを選び，その比例定数を求めよ。

(ア) $y=5x$　(イ) $y=5x^2$　(ウ) $y=5x^3$　(エ) $y=\dfrac{5}{x^2}$

(オ) $y=-3x^2+4$　(カ) $y=-\dfrac{x^2}{7}$　(キ) $y=3(x+4)^2$　(ク) $x=9y^2$

3. 次の(ア)〜(ク)より，y が x の 2 乗に比例するものを選び，その比例定数を求めよ。

(ア) 1 辺 $x$cm の正方形の面積を $y$cm^2 とする。
(イ) 1 辺 $x$cm の正方形の周の長さを $y$cm とする。
(ウ) 1 辺 $x$cm の立方体の体積を $y$cm^3 とする。
(エ) 1 辺 $x$cm の立方体の表面積を $y$cm^2 とする。
(オ) 1 辺 $x$cm の正三角形の面積を $y$cm^2 とする。
(カ) 半径 $x$cm，中心角 60° のおうぎ形の面積を $y$cm^2 とする。
(キ) 底面の半径 $x$cm，体積 314cm^3 の円すいの高さを $y$cm とする。
(ク) 底面の半径 $x$cm，高さ 10cm の円柱の体積を $y$cm^3 とする。

例題1 yはxの2乗に比例し，$x=3$ のとき $y=-3$ である。
(1) $x=-2$ のときのyの値を求めよ。
(2) $y=-12$ のときのxの値を求めよ。

解説 $y=ax^2$ とおいて，まず比例定数aの値を求める。

解答 yはxの2乗に比例するから，xとyの関係はaを定数として $y=ax^2$ と表される。

$x=3$ のとき $y=-3$ であるから $-3=9a$ $a=-\frac{1}{3}$

したがって，xとyの関係は $y=-\frac{1}{3}x^2$ となる。

(1) $x=-2$ を代入して $y=-\frac{1}{3}\times(-2)^2=-\frac{4}{3}$ （答） $y=-\frac{4}{3}$

(2) $y=-12$ を代入して $-12=-\frac{1}{3}x^2$ $x^2=36$

ゆえに $x=\pm6$ （答） $x=\pm6$

演習問題

4. yはxの2乗に比例し，$x=6$ のとき $y=9$ である。yをxの式で表せ。

5. yはx^2に比例し，$x=-2$ のとき $y=6$ である。$x=5$ のときのyの値を求めよ。

6. yは $x+1$ の2乗に比例し，$x=1$ のとき $y=-2$ である。$x=-3$ のときのyの値を求めよ。

7. yはxの2乗に比例する数と定数の和で表される。また，$x=2$ のとき $y=14$，$x=-3$ のとき $y=29$ である。$x=-4$ のときのyの値を求めよ。

8. 物体を高いところから自然に落下させるとき，落下する距離は，落下しはじめてからの時間の2乗に比例する。はじめの10秒間に490m落下したとすると，はじめの5秒間には何m落下したことになるか。

9. 振り子の長さは，振り子が1往復するのにかかる時間の2乗に比例する。長さ1mの振り子が1往復するのに2秒かかったとすると，長さ4mの振り子が1往復するのに何秒かかるか。

2…関数 $y=ax^2$ のグラフ

基本問題

10. 関数 $y=ax^2$（a は比例定数，$a\neq0$）について，次の □ にあてはまる語句または式を入れよ。

(1) グラフは [(ア)] とよばれる曲線で，[(イ)] について対称である。

(2) $a>0$ のとき y の値は [(ウ)] で，グラフは [(エ)] に開いている（下に凸(とつ)）。
また，[(オ)] のとき y の値は負または0で，グラフは下に開いている（[(カ)] に凸）。

11. 4点 A(0, 3)，B(1, 4)，C(−1, −3)，D(2, 12) のうち，関数 $y=3x^2$ のグラフ上にある点はどれか。

例題2 次の関数のグラフをかけ。

(1) $y=3x^2$　　　(2) $y=-\dfrac{1}{2}x^2$

解答 x と y の対応表は次のようになる。ゆえに，グラフは下の図のようになる。

(1)

x	…	−3	−2	−1	0	1	2	3	…
y	…	27	12	3	0	3	12	27	…

(2)

x	…	−4	−3	−2	−1	0	1	2	3	4	…
y	…	−8	$-\frac{9}{2}$	−2	$-\frac{1}{2}$	0	$-\frac{1}{2}$	−2	$-\frac{9}{2}$	−8	…

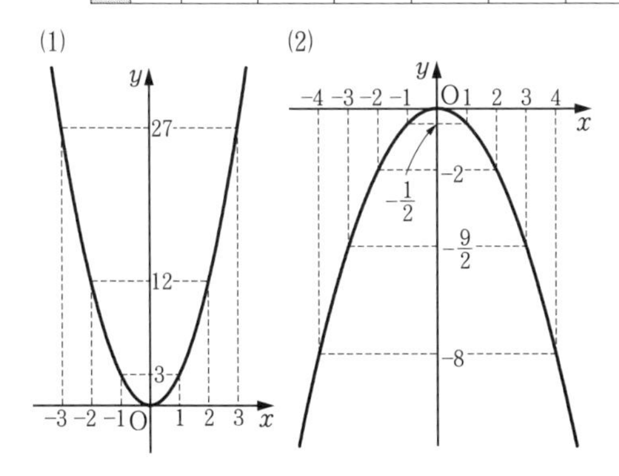

《$y=ax^2$ のグラフ》

(1) **放物線**とよばれる曲線
原点が**頂点**
y 軸について**対称**

(2) $a>0$ のときグラフは，
下に凸で上に開いている。
$a<0$ のときグラフは，
上に凸で下に開いている。

(3) $y=ax^2$ のグラフを単に放物線 $y=ax^2$ という。

演習問題

12. 次の関数のグラフをかけ。

(1) $y=-x^2$　(2) $y=2x^2$　(3) $y=\frac{1}{2}x^2$　(4) $y=-\frac{1}{3}x^2$

13. 右の図のように，関数 $y=2x^2$ のグラフは，関数 $y=x^2$ のグラフを，x 軸を基準にして y 軸方向に2倍してかくことができる。

これと同様にして，関数 $y=x^2$ のグラフをもとに，次のグラフをかけ。

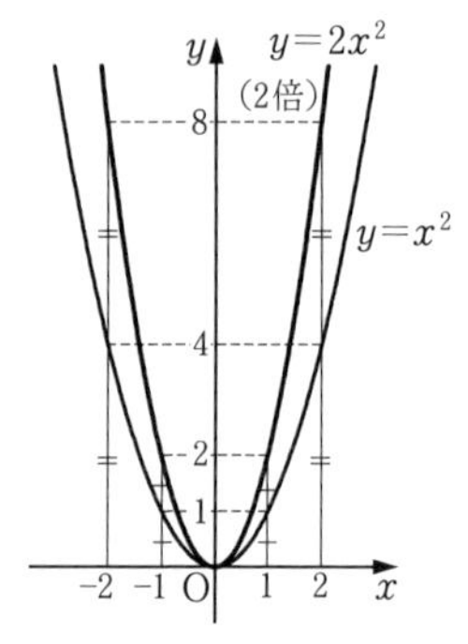

(1) $y=\frac{1}{2}x^2$　(2) $y=3x^2$　(3) $y=\frac{3}{2}x^2$

14. 次の関数のグラフは，関数 $y=2x^2$ のグラフを，x 軸を基準にして y 軸方向に何倍すると得られるか。

(1) $y=6x^2$　(2) $y=x^2$　(3) $y=\frac{2}{3}x^2$　(4) $y=3x^2$

15. 次の関数のグラフと x 軸について対称なグラフの式を求めよ。

(1) $y=2x^2$　(2) $y=-\frac{3}{4}x^2$　(3) $y=-1.5x^2$

16. 関数 $y=x^2$ ……①，$y=4x^2$ ……② のグラフについて，次の問いに答えよ。

(1) 直線 $y=4$ と①，②のグラフとの交点の座標をそれぞれ求めよ。

(2) k を正の定数とするとき，直線 $y=4k^2$ と①，②のグラフとの交点の座標をそれぞれ求めよ。

(3) ①のグラフを，y 軸を基準にして x 軸方向にどのように拡大・縮小すると，②のグラフが得られるか。

17. 関数 $y=x^2$ ……①，$y=2x^2$ ……② のグラフについて，次の問いに答えよ。

(1) a を定数とするとき，直線 $y=2ax$ と①，②のグラフとの交点の座標をそれぞれ求めよ。

(2) ①のグラフを，原点を中心にしてどのように拡大・縮小すると，②のグラフが得られるか。

3…関数の変化の割合

基本問題

18. 次の(ア)～(エ)のうち，$x>0$ の範囲で x の値が増加すると y の値が減少するものはどれか。

(ア) $y=2x^2$　　(イ) $y=-3x$

(ウ) $y=-\dfrac{1}{2}x^2$　　(エ) $y=\dfrac{1}{3}x-4$

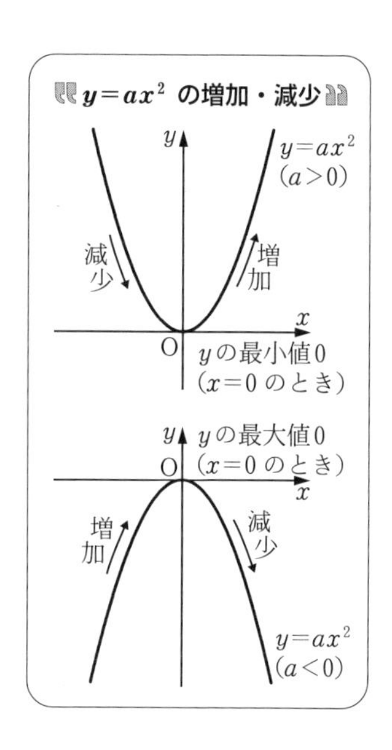

19. 次の(ア)～(オ)のうち，y の最大値があるものはどれか。また，y の最小値があるものはどれか。

(ア) $y=3x+2$　　(イ) $y=5x^2$

(ウ) $y=-2x^2$　　(エ) $y=-\dfrac{5}{3}x^2$

(オ) $y=\dfrac{3}{4}x^2$

20. 次の問いに答えよ。

(1) 関数 $y=2x^2$ について，x の値が1から3まで増加するときの変化の割合を求めよ。

(2) 関数 $y=-3x^2$ について，x の値が -4 から -2 まで増加するときの変化の割合を求めよ。

変化の割合

(1) (変化の割合)$=\dfrac{(y\text{ の増加量})}{(x\text{ の増加量})}$

(2) 変化の割合は直線ABの傾き $\dfrac{y_2-y_1}{x_2-x_1}$ に等しい。

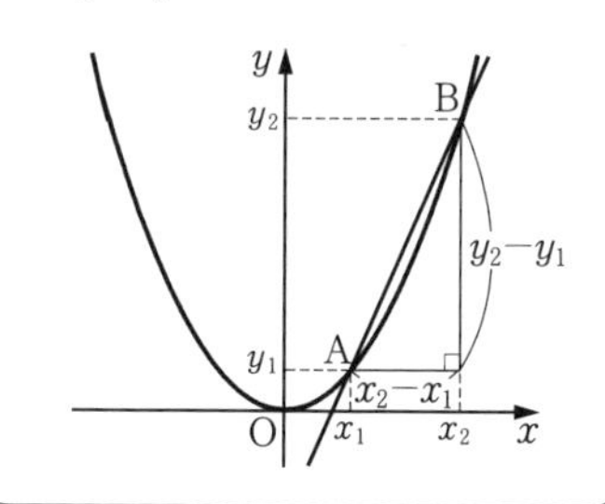

21. 関数 $y=2x^2$ について，次の問いに答えよ。

(1) x の変域が $1\leqq x\leqq 2$ のときの y の変域を求めよ。

(2) x の変域が $-2\leqq x\leqq -1$ のときの y の変域を求めよ。

(3) x の変域が $-1\leqq x\leqq 2$ のときの y の変域を求めよ。

例題3　関数 $y=\frac{1}{2}x^2$ について，x の値が a から2だけ増加するとき，y の値は8だけ増加する。このとき，a の値を求めよ。

解説　$x=a+2$ のときの y の値から，$x=a$ のときの y の値をひいた値が8である。

解答　$x=a$ のとき　$y=\frac{1}{2}a^2$

$x=a+2$ のとき　$y=\frac{1}{2}(a+2)^2$

よって　$\frac{1}{2}(a+2)^2-\frac{1}{2}a^2=8$　　$2a+2=8$

ゆえに　$a=3$　　　（答）　$a=3$

演習問題

22. 関数 $y=ax^2$ について，x の値が2から3だけ増加するとき，y の値は7だけ減少する。このとき，a の値を求めよ。

23. 関数 $y=-2x^2$ について，x の値が -5 から t だけ増加するとき，y の値は32だけ増加する。このとき，t の値を求めよ。

24. 物体を高いところから自然に落下させる。落下しはじめてから x 秒間に落下する距離を ym とすると，y は x の2乗に比例し，最初の1秒間に4.9m落下する。ある橋の上から2つの小石を自然に落下させるとき，最初の小石を落下させてから2秒後に次の小石を落下させた。2つの小石の落下した距離の差が98mになるのは，最初の小石が落下しはじめてから何秒後か。

例題4　関数 $y=ax^2$ について，x の値が p から q まで増加するときの変化の割合を求めよ。ただし，$p\neq q$ とする。

解説　(変化の割合)$=\frac{(y\text{の増加量})}{(x\text{の増加量})}$ を計算する。

解答　(変化の割合)$=\frac{aq^2-ap^2}{q-p}=\frac{a(q+p)(q-p)}{q-p}=a(p+q)$　　　（答）　$a(p+q)$

注　関数 $y=ax^2$ の変化の割合を求めるとき，これを公式として利用してよい。
なお，本書の解答では，$y=ax^2$ の変化の割合を求めるとき，この公式を利用する。

演習問題

25. 次の関数について，x の値が 2 から 5 まで増加するときの変化の割合を求めよ。

(1) $y=-4x+3$ (2) $y=3x^2$ (3) $y=-7x^2$ (4) $y=ax^2$

●例題5● 2つの関数 $y=-6x+1$ と $y=ax^2$ について，x の値が -4 から 2 まで増加するとき，それぞれの変化の割合は等しい。a の値を求めよ。

(解説) それぞれの関数について変化の割合を求め，それらが等しいとおく。

(解答) x の値が -4 から 2 まで増加するとき，
$y=-6x+1$ の変化の割合は -6
$y=ax^2$ の変化の割合は $a\{(-4)+2\}=-2a$
よって $-2a=-6$
ゆえに $a=3$ (答) $a=3$

$y=ax^2$ の変化の割合
x の値が p から q まで増加するときの変化の割合は，
$a(p+q)$

演習問題

26. 次の2つの関数のうち，x の値が正の数 a から 2 だけ増加するとき，変化の割合の絶対値が大きいのはどちらか。

(1) $y=2x^2$, $y=3x^2$ (2) $y=-\frac{1}{2}x^2$, $y=-\frac{1}{3}x^2$

27. 関数 $y=x^2$ について，x の値が t から $t+1$ まで増加するとき，変化の割合が 5 より大きくなるような t の値の範囲を求めよ。

28. 関数 $y=-x^2$ について，x の値が 1 から 3 まで増加するときの変化の割合と，関数 $y=\frac{1}{2}x^2$ について，x の値が -7 から a まで増加するときの変化の割合が等しくなるように，a の値を定めよ。

29. ある物体が動きはじめてから x 秒間に進む距離を y m とすると，x と y の間に $y=\frac{1}{2}x^2$ という関係が成り立つ。

平均の速さとは
x が時間，y が距離を表すときの変化の割合のことである。

(1) この物体が動きはじめてから 50 m 進むのに，何秒かかるか。
(2) この物体が動きはじめて 3 秒後から 5 秒後までの平均の速さを求めよ。

●例題6● 関数 $y=ax^2$ について，x の変域が $-2\leqq x\leqq 3$ のとき，y の最小値が -3 となった。

(1) a の値を求めよ。

(2) x の変域が $-4\leqq x\leqq 1$ のとき，y の最大値および最小値を求めよ。

解説 グラフを利用して考える。関数 $y=ax^2$ について，

$a>0$ ならば $ax^2\geqq 0$，　$a<0$ ならば $ax^2\leqq 0$

である。この例題では，y が負の値をとることから $a<0$ であることがわかる。

解答 (1) y の最小値が -3 であるから，$a<0$ である。

よって，$y=ax^2$ のグラフは，上に凸で，下に開いている。したがって，$-2\leqq x\leqq 3$ のとき，右のグラフより $x=3$ で最小値をとる。

よって　$-3=a\times 3^2$

ゆえに　$a=-\dfrac{1}{3}$　　　　（答）$a=-\dfrac{1}{3}$

(2) この関数は，(1)より $y=-\dfrac{1}{3}x^2$ である。

したがって，$-4\leqq x\leqq 1$ のとき，グラフは右の図のようになる。

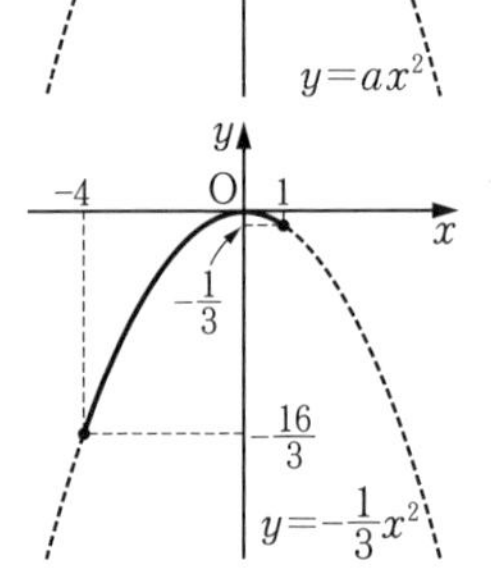

（答）最大値 0（$x=0$ のとき）

最小値 $-\dfrac{16}{3}$（$x=-4$ のとき）

注 (2) 最大値，最小値を求める問題では，最大値，最小値をとる x の値を必ず書くこと。

演習問題

30. 関数 $y=ax^2$ について，x の変域が $-4\leqq x\leqq -2$ のとき，y の最小値が 3 となった。このとき，y の最大値を求めよ。

31. 関数 $y=ax^2$ について，x の変域が $b\leqq x\leqq 3$ のとき，y の変域が $8\leqq y\leqq 18$ となった。このとき，a，b の値を求めよ。

32. 関数 $y=-4x^2$ について，x の変域が $t\leqq x\leqq t+3$ のとき，y の変域が $-16\leqq y\leqq 0$ となった。このとき，t の値を求めよ。

33. 関数 $y=\dfrac{1}{2}x^2$ について，x の変域が $a\leqq x\leqq 2$ のとき，y の変域が $b\leqq y\leqq 8$ となった。このとき，a，b の値を求めよ。

4…いろいろな応用

●例題7● x の変域が $x \geqq 0$ である4つの関数

$y=x^2$ ……①　$y=\frac{1}{3}x^2$ ……②　$y=-x^2$ ……③　$y=kx^2$ ……④

がある。また，点A，B，C，Dはそれぞれ関数①，②，③，④のグラフ上にあって，線分ABとDCはともに x 軸に平行であり，線分BCとADはともに y 軸に平行である。k の値を求めよ。

(解説) 四角形ABCDの各辺は座標軸に平行であるから，点AとB，点CとDはそれぞれ y 座標が等しく，点AとD，点BとCはそれぞれ x 座標が等しい。

(解答) 点Aの x 座標を a とすると，$a>0$ であり，y 座標は a^2 となり，点Bの y 座標も a^2 となる。

ここで，点Bの x 座標を b とすると

$\frac{1}{3}b^2=a^2$　　$b>0$ であるから　$b=\sqrt{3}a$

よって，点Cの x 座標は $\sqrt{3}a$，y 座標は $-3a^2$ となる。

したがって，点Dの y 座標も $-3a^2$ となり，Dの座標は $(a,\ -3a^2)$ である。点Dが $y=kx^2$ 上にあるから

$-3a^2=ka^2$

$a>0$ であるから　$k=-3$　　　　(答)　$k=-3$

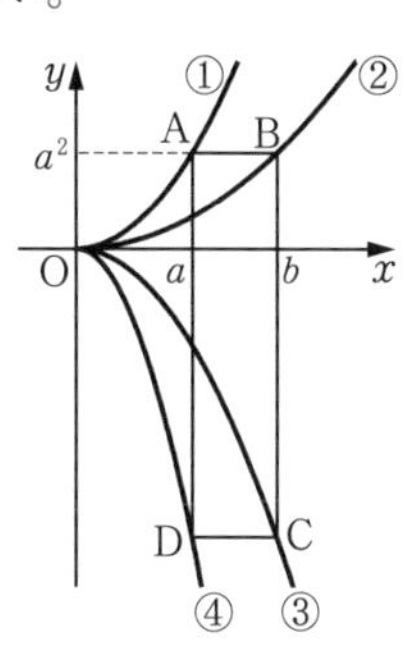

演習問題

34. 右の図で，放物線①，②はそれぞれ関数 $y=x^2$ $(x \geqq 0)$，$y=\frac{1}{4}x^2$ $(x \geqq 0)$ のグラフである。また，Pは x 軸の正の部分を動く点で，Pの x 座標を p とする。点Pを通り y 軸に平行な直線と放物線①，②との交点をそれぞれA，Bとし，Aを通り x 軸に平行な直線と②との交点をC，Bを通り x 軸に平行な直線と①との交点をDとする。点AとD，点BとCをそれぞれ結ぶ。

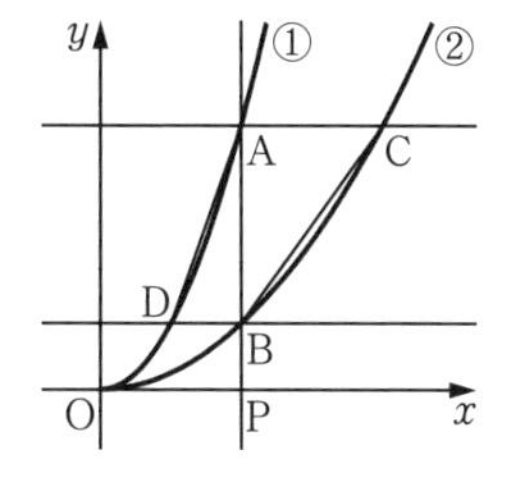

(1) $p=3$ のとき，点Cの座標を求めよ。

(2) AB＝BD となるとき，p の値を求めよ。

(3) △ABCの面積は△ABDの面積の何倍か。

例題8　右の図のように，放物線 $y=ax^2$ と直線 $y=mx+n$ が，2点A$(-1,\ 1)$，B$(2,\ b)$で交わっており，この直線とy軸との交点をCとする。

(1)　a，m，nの値を求めよ。

(2)　線分OB上に点Dをとる。直線CDが△OABの面積を2等分するとき，点Dの座標を求めよ。

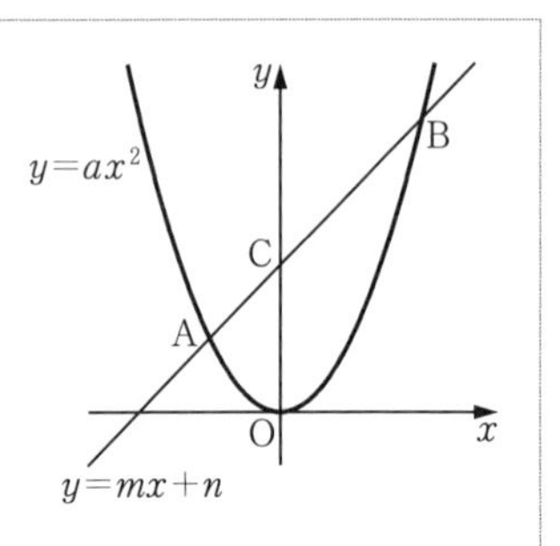

解説　放物線と直線との交点の座標を求めるには，それら2式を連立させて解けばよい。また，交点の座標がわかっていれば，それらを放物線や直線の式に代入することにより，未知数の値を求めることができる。

> **放物線 $y=ax^2$ と直線 $y=mx+n$ との交点の座標は**
> **連立方程式 $\begin{cases} y=ax^2 \\ y=mx+n \end{cases}$ の解である。**

解答　(1)　$y=ax^2$ がA$(-1,\ 1)$を通るから

$1=a\times(-1)^2$　　ゆえに　$a=1$

したがって，放物線の式は　$y=x^2$

B$(2,\ b)$がこの放物線上にあるから

$b=2^2=4$　　よって　B$(2,\ 4)$

また，$y=mx+n$ が2点A，Bを通るから

$1=-m+n$　かつ　$4=2m+n$

この連立方程式を解いて　$m=1$，$n=2$　　（答）　$a=1$，$m=1$，$n=2$

(2)　(1)より，直線の式は $y=x+2$ であるから，点Cの座標は$(0,\ 2)$である。

また，直線OBの式は $y=2x$ であるから，点Dの座標を$(t,\ 2t)$とする。

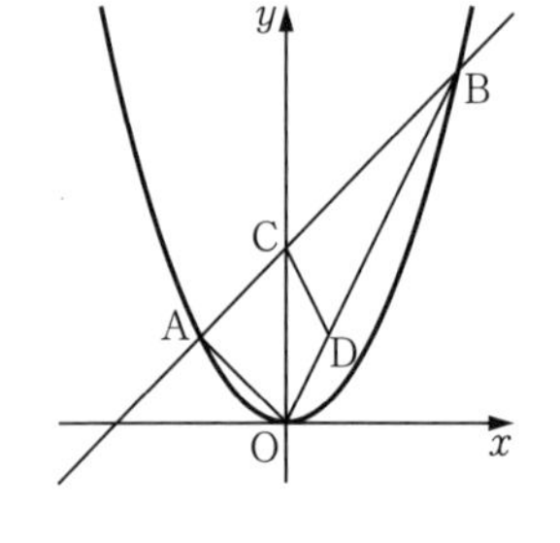

$\triangle\mathrm{OAB}=\dfrac{1}{2}\times2\times\{2-(-1)\}=3$

$\triangle\mathrm{OCB}=\dfrac{1}{2}\times2\times2=2$

$\triangle\mathrm{OCD}=\dfrac{1}{2}\times2\times t=t$

$\triangle\mathrm{DCB}=\triangle\mathrm{OCB}-\triangle\mathrm{OCD}=2-t$

よって　$2-t=\dfrac{3}{2}$　　$t=\dfrac{1}{2}$　　ゆえに　D$\left(\dfrac{1}{2},\ 1\right)$　　（答）　D$\left(\dfrac{1}{2},\ 1\right)$

別解 (2) 線分 AB の中点を M とすると

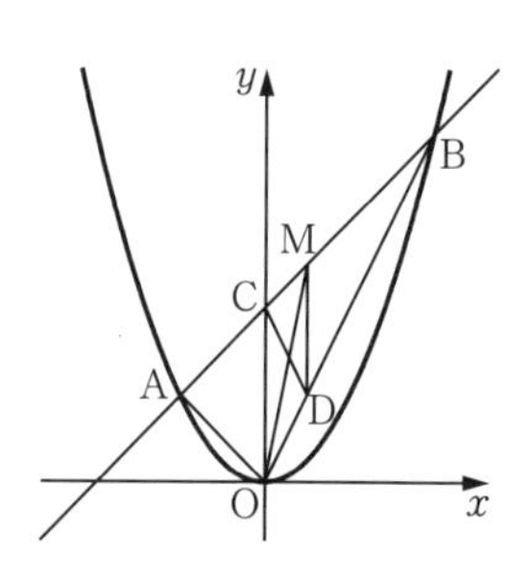

$$\mathrm{M}\left(\frac{1}{2},\ \frac{5}{2}\right),\ \triangle\mathrm{OAM}=\frac{1}{2}\triangle\mathrm{OAB}$$

点 M を通り線分 OC に平行な直線と，線分 OB との交点を D とすると

$$\triangle\mathrm{COM}=\triangle\mathrm{COD}$$

よって，(四角形 OACD)$=\triangle$OAM

したがって，直線 CD が $\triangle$OAB の面積を 2 等分する。

点 D の x 座標は点 M の x 座標に等しく $\frac{1}{2}$，直線 OB の式は $y=2x$ であるから

$$\mathrm{D}\left(\frac{1}{2},\ 1\right)$$

(答) $\mathrm{D}\left(\frac{1}{2},\ 1\right)$

参考 (1) 2 点 A$(-1,\ 1)$，B$(2,\ 4)$ は，$y=x^2$ と $y=mx+n$ との交点である。$y=x^2$ について，x の値が -1 から 2 まで増加するときの変化の割合は，$y=mx+n$ の傾き m と等しい。すなわち，

$$m=1\times\{(-1)+2\}$$

演習問題

35. 右の図のように，放物線 $y=2x^2$ 上の点 P の x 座標は 1 である。また，点 P を通り傾きが -1 の直線 ℓ は，x 軸と点 Q で交わり，この放物線とは P 以外に点 R で交わっている。

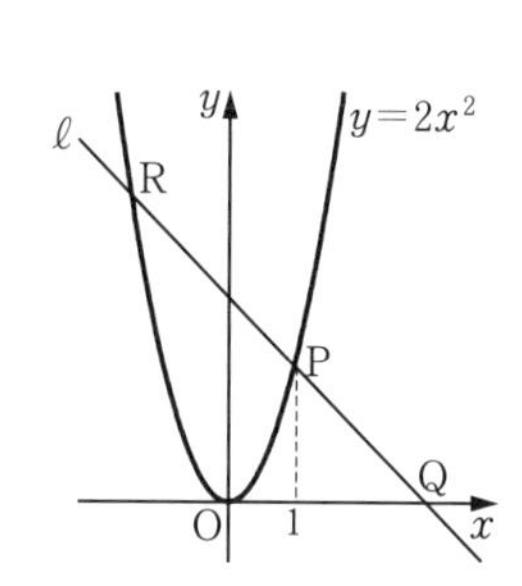

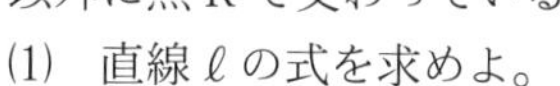

(1) 直線 ℓ の式を求めよ。

(2) 2 点 Q，R の座標を求めよ。

(3) $\triangle$OPQ と $\triangle$OPR の面積の比を求めよ。

36. 右の図のように，直線 ℓ は放物線 $y=x^2$ と 2 点 A，B で交わり，放物線 $y=ax^2$ と 2 点 C，D で交わっている。また，点 A の座標は $(-1,\ 1)$，直線 ℓ と y 軸との交点 P の座標は $(0,\ 2)$ であり，PC : PA$=2:3$ となっている。

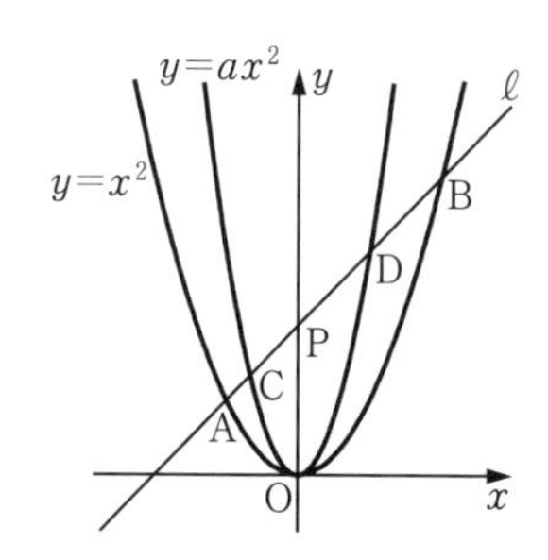

(1) 直線 ℓ の式を求めよ。

(2) a の値を求めよ。

(3) 点 D の座標を求めよ。

(4) PD : PB を求めよ。

37. 右の図のように，

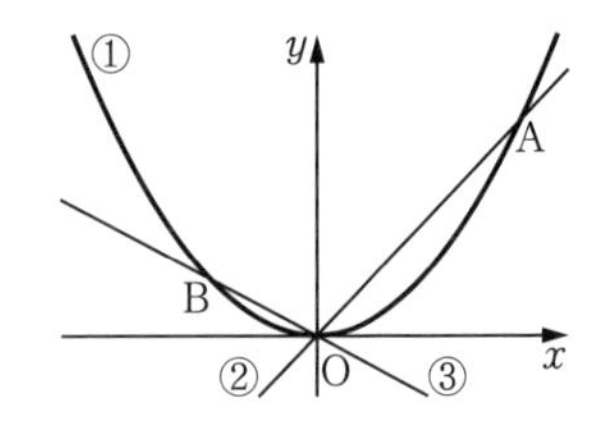

放物線 $y=x^2$ ……①

直線 $y=\frac{2}{3}x$ ……②

直線 $y=-\frac{1}{3}x$ ……③

があり，①と②，①と③は原点O以外にそれぞれ点A，Bで交わっている。

(1) △OABの面積を求めよ。

(2) 原点Oから辺ABにひいた垂線の長さを求めよ。

(3) 直線ABとy軸との交点をCとする。点Cを通る直線ℓが△OABの面積を2等分するとき，直線ℓと辺OAとの交点Pの座標を求めよ。

38. 右の図のように，関数$y=ax^2$のグラフ上に3点A，B，Cがあり，A，Bのx座標はそれぞれ-6，4で，直線ABの傾きは$-\frac{1}{2}$である。また，直線BCは点$(-4,\ 0)$を通る。

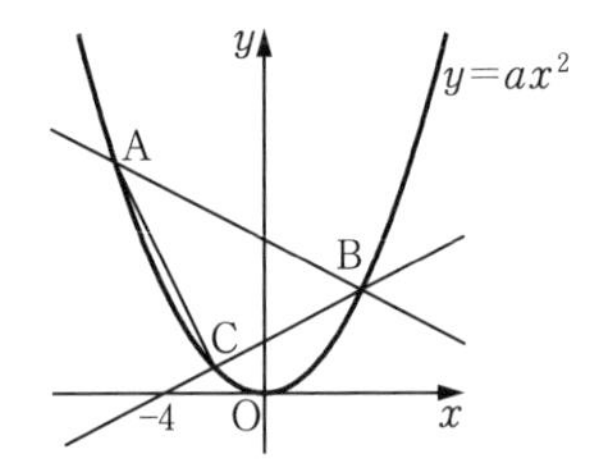

(1) aの値を求めよ。

(2) △ABCの面積を求めよ。

(3) この関数のグラフ上に点A，B，Cと異なる点Pをとり，A，B，Cのうちの2点とPとで三角形をつくるとき，その面積が△ABCの面積と等しくなるような点Pはいくつあるか。

(4) (3)であげた点Pのうち，x座標が最も大きいものの座標を求めよ。

39. 2つの放物線$y=ax^2$，$y=bx^2$が2直線$x=-1$，$x=3$と交わる点を，右の図のようにA，B，C，Dとする。直線ACとx軸との交点をEとするとき，次の問いに答えよ。ただし，$a>b>0$とする。

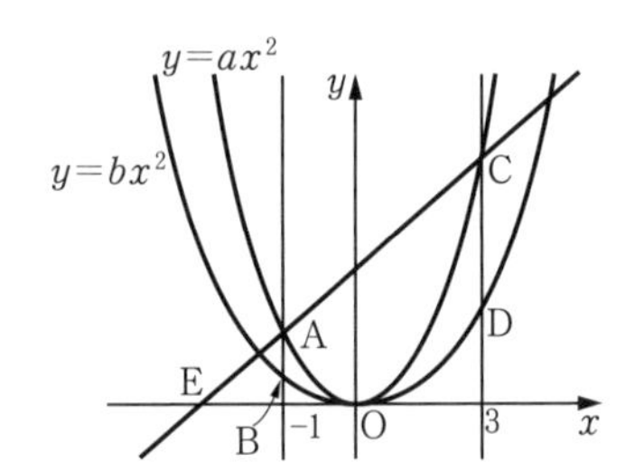

(1) 直線BDが点Eを通ることを証明せよ。

(2) △AEBと△CEDの面積の比を求めよ。

(3) 直線$x=c$が台形ABDCの面積を2等分するとき，cの値を求めよ。

(4) 辺ACの長さが5，台形ABDCの面積が$\frac{5}{2}$のとき，a，bの値を求めよ。

進んだ問題の解法

問題1　右の図のように，x 軸上の点Pを通る2つの直線が，放物線 $y=2x^2$ と4点A，B，C，Dで交わっている。点A，Bの座標はそれぞれ $(1,\ a)$，$\left(b,\ \dfrac{9}{2}\right)$，AC∥BD である。

(1)　a，b の値および点Pの座標を求めよ。

(2)　直線CDの傾きを求めよ。

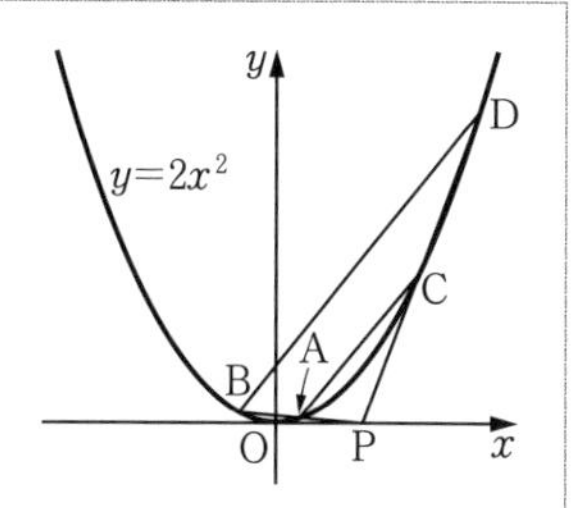

解法　(2)　$C(c,\ 2c^2)$，$D(d,\ 2d^2)$ とおいて，AC∥BD となること，および直線CDが点Pを通ることを利用する。

> **2点を通る直線の傾き**
> 放物線 $y=ax^2$ 上の2点P，Qの x 座標をそれぞれ p，q とすると，直線PQの傾きは，
> $\boldsymbol{a(p+q)}$（変化の割合）

解答　(1)　点A，Bは $y=2x^2$ 上にあるから

$$a=2\times1^2$$

$$\frac{9}{2}=2b^2\ (b<0)$$

ゆえに　$a=2,\ b=-\dfrac{3}{2}$

$A(1,\ 2)$，$B\left(-\dfrac{3}{2},\ \dfrac{9}{2}\right)$ より，直線ABの傾きは　$2\times\left\{1+\left(-\dfrac{3}{2}\right)\right\}=-1$

したがって，直線ABの式は　$y-2=-1\times(x-1)$　　すなわち　$y=-x+3$

よって，$y=0$ のとき　$x=3$

ゆえに　$P(3,\ 0)$　　　（答）　$a=2,\ b=-\dfrac{3}{2}$，$P(3,\ 0)$

(2)　点C，Dの x 座標をそれぞれ c，d とすると，$C(c,\ 2c^2)$，$D(d,\ 2d^2)$ となる。

(1)より $A(1,\ 2)$，$B\left(-\dfrac{3}{2},\ \dfrac{9}{2}\right)$ であるから

直線ACの傾きは $2(1+c)$，　直線BDの傾きは $2\left\{\left(-\dfrac{3}{2}\right)+d\right\}$

AC∥BD であるから

$$2(1+c)=2\left\{\left(-\frac{3}{2}\right)+d\right\}\qquad d=c+\frac{5}{2}\quad\cdots\cdots①$$

また，直線CDの傾きは $2(c+d)$ であるから，直線CDの式は

$$y-2c^2=2(c+d)(x-c)\qquad すなわち\quad y=2(c+d)x-2cd$$

これが $P(3,\ 0)$ を通るから

$$0=2(c+d)\times3-2cd\qquad cd=3(c+d)\quad\cdots\cdots②$$

①，②より　$c\left(c+\dfrac{5}{2}\right)=3\left\{c+\left(c+\dfrac{5}{2}\right)\right\}$　　$2c^2-7c-15=0$

$(c-5)(2c+3)=0$　　$c=-\dfrac{3}{2}$，5

$c>0$ であるから　$c=5$

これを①に代入して　$d=5+\dfrac{5}{2}=\dfrac{15}{2}$

ゆえに，直線 CD の傾きは　$2\times\left(5+\dfrac{15}{2}\right)=25$　　（答）25

進んだ問題

40. 図1のように，2つの関数

$y=\dfrac{1}{2}x^2$　……①

$y=mx+n$　……②

のグラフが2点 A$(-2,\ a)$，B$(4,\ b)$ で交わっている。

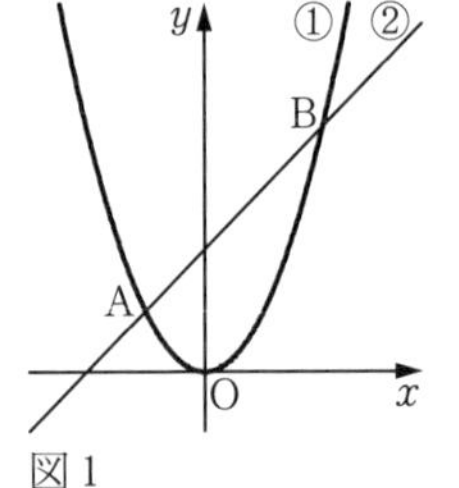

図1

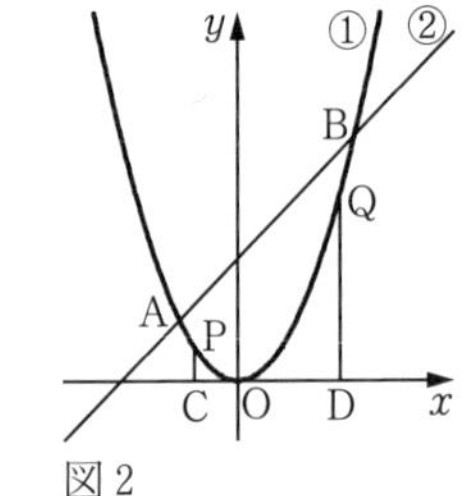

図2

(1)　m，n の値を求めよ。

(2)　関数 $y=x+k$ のグラフが△OAB の面積を2等分するとき，k の値を求めよ。

(3)　図2のように，x 軸上に長さ5の線分 CD がある。また，2点 C，D を通り y 軸に平行な直線をひき，①のグラフとの交点をそれぞれ P，Q とする。直線 PQ が直線 AB に平行になるとき，点 C の x 座標を求めよ。

41. 右の図のように，放物線 $y=ax^2$ ……① と2直線 $y=\dfrac{1}{3}x+b$ ……②，$y=\dfrac{1}{3}x+k$ ……③ がある。放物線①と直線②との交点を A，D，放物線①と直線③との交点を B，C，直線③と x 軸との交点を P とする。点 A，D の x 座標はそれぞれ -2，3 である。ただし，$a>0$，$b>0$，$0<k<b$ とする。

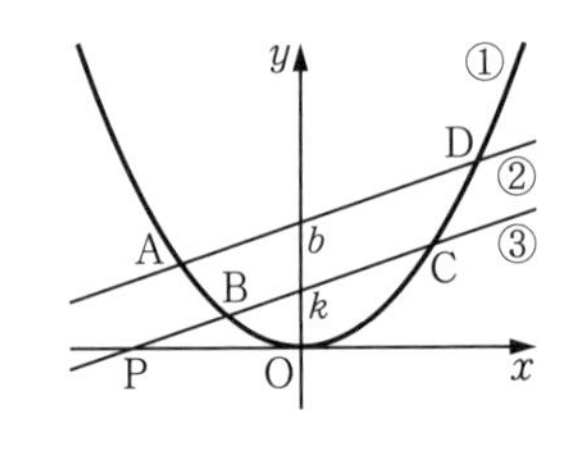

(1)　a，b の値を求めよ。

(2)　△ACD の面積が $\dfrac{25}{6}$ となるような k の値を求めよ。

(3)　四角形 APCD が平行四辺形となるような k の値を求めよ。

●例題9● 右の図のように，AB=6cm，BC=12cm の長方形 ABCD がある。2 点 P，Q はそれぞれ頂点 A を同時に出発し，長方形の辺上を矢印の向きに動く。点 P は秒速 3cm で B，C を通り D に向かって進み，点 Q は秒速 2cm で D を通り C に向かって進み，2 点が出会うまで動く。2 点 P，Q が頂点 A を出発してから x 秒後の △APQ の面積を $y\text{cm}^2$ とする。

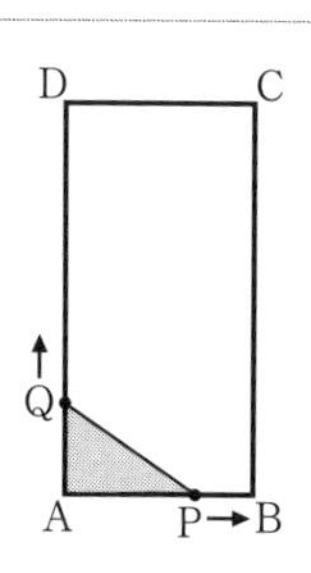

(1) 2 点 P，Q が頂点 A にあるときと，出会うときをふくめて，x の変域を求めよ。

(2) $\angle QAP=60^\circ$ となるときの x の値を求めよ。

(3) y を x の式で表し，そのグラフをかけ。

(4) △APQ の面積が最大となるのは出発してから何秒後か。また，その面積は何 cm^2 か。

(5) △APQ の面積が 18cm^2 となるのは出発してから何秒後か。

解説 (1) 2 点 P，Q が出会うときの時刻が x のとりうる最大の値である。

(2) 2 秒後までは $\angle QAP=90^\circ$ であり，2 秒後より $\angle QAP$ の大きさは減少し，点 P が辺 BC の中点に着くとき，点 Q は辺 AD 上にあり $\angle QAP=45^\circ$ である。したがって，$\angle QAP=60^\circ$ になるのは，点 P が辺 BC 上，点 Q が辺 AD 上にあるときである。

(3) 点 P が辺 AB 上，BC 上，CD 上にある場合に分けて，それぞれ y を x の式で表す。

(5) (3)のグラフより，$2<x<6$，$6<x<7.2$ にそれぞれ 1 つずつあることがわかる。

解答 (1) 2 点 P，Q が出会うまでにそれぞれが動く距離の和は，長方形の周の長さに等しく 36cm である。したがって，2 点が出会うのは出発してから

$$36\div(3+2)=\frac{36}{5}=7.2\ (\text{秒後})$$

ゆえに，x の変域は $0\leqq x\leqq 7.2$ （答） $0\leqq x\leqq 7.2$

(2) 2 秒後より $\angle QAP$ の大きさは減少し，4 秒後に $\angle QAP=\angle PAB=45^\circ$ となる。この間，点 P は辺 BC 上にあるから，$\angle QAP=60^\circ$ となるのは，点 Q が辺 AD 上にあり，$\angle PAB=30^\circ$ のときである。

このとき，△PAB は $\angle PAB=30^\circ$，$\angle ABP=90^\circ$ の直角三角形であるから

$$PB:AB=1:\sqrt{3} \qquad \text{よって} \quad PB=\frac{AB}{\sqrt{3}}=\frac{6}{\sqrt{3}}=2\sqrt{3}$$

点 P は秒速 3cm で動くから，求める x の値は

$$x=(AB+PB)\div 3=\frac{6+2\sqrt{3}}{3}=2+\frac{2\sqrt{3}}{3}$$

（答） $x=2+\dfrac{2\sqrt{3}}{3}$

(3) (i)　点Pが辺AB上にあるとき，すなわち $0\leqq x\leqq 2$ のとき，点Qは辺AD上にある。　$\triangle APQ=\frac{1}{2}AP\cdot AQ=\frac{1}{2}\times 3x\times 2x=3x^2$　　ゆえに　$y=3x^2$

(ii)　点Pが辺BC上にあるとき，すなわち $2\leqq x\leqq 6$ のとき，点Qは辺AD上にある。　$\triangle APQ=\frac{1}{2}AQ\cdot AB=\frac{1}{2}\times 2x\times 6=6x$　　ゆえに　$y=6x$

(iii)　点Pが辺CD上にあるとき，すなわち $6\leqq x\leqq 7.2$ のとき，点Qも辺CD上にある。　$\triangle APQ=\frac{1}{2}PQ\cdot AD$

$$=\frac{1}{2}\times(36-3x-2x)\times 12$$

$$=-30x+216$$

ゆえに　$y=-30x+216$

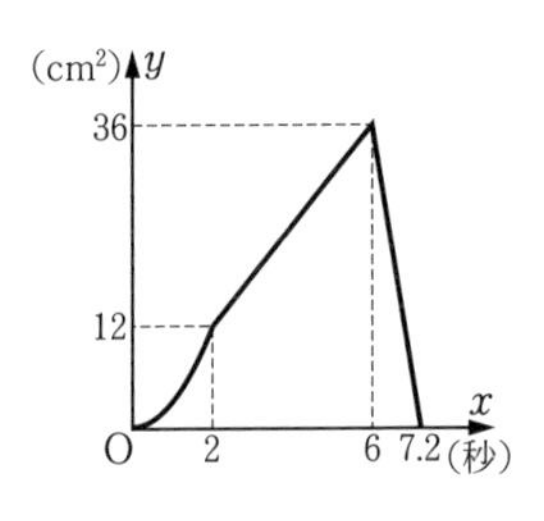

（答）　$0\leqq x\leqq 2$ のとき $y=3x^2$
$2\leqq x\leqq 6$ のとき $y=6x$
$6\leqq x\leqq 7.2$ のとき $y=-30x+216$
グラフは右の図

(4)　グラフより，$x=6$ のとき y は最大値36をとる。　（答）　6秒後，36cm²

(5)　グラフより，$\triangle APQ=18cm^2$ すなわち $y=18$ となる x の値は2つある。
$2<x<6$ のとき，$y=6x$ に $y=18$ を代入して
$18=6x$　　ゆえに　$x=3$
$6<x<7.2$ のとき，$y=-30x+216$ に $y=18$ を代入して
$18=-30x+216$　　ゆえに　$x=\frac{33}{5}=6.6$　　（答）　3秒後，6.6秒後

演習問題

42. 右の図のように，AC=6cm，BC=8cm，∠C=90°の直角三角形ABCがある。2点P，Qはそれぞれ頂点Cを同時に出発し，Pは秒速1cmで辺CA，AB上をAを通ってBまで動き，Qは秒速2cmで辺CB上をBまで動く。また，2点P，Qはともに頂点Bに到達したあとは動かないものとする。

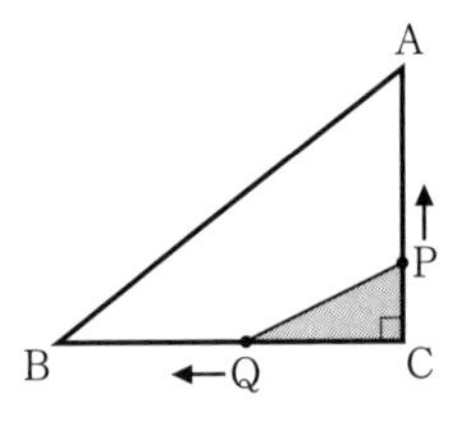

2点P，Qが頂点Cを出発してから x 秒後の△CPQの面積を $y$cm² とする。ただし，$x=0$ のときは $y=0$ とする。

(1)　y を x の式で表し，そのグラフをかけ。

(2)　△CPQの面積が9cm²になるのは出発してから何秒後か。

43. 点Pが線分AB上を1往復する。点Pが点Aを出発してから x 秒後の，AからPまでの距離を $y$cm とする。点AからBに向かうときの点Pの運動は，2つの変数 x，y を使って，$y=x^2$ と表すことができる。また，点Pは点Bで1秒間静止した後，Aに向かって秒速4cm で運動し，BからAまで4秒かかる。ただし，$x=0$ のときは $y=0$ とする。

(1) 点Pが点BからAに向かうときの x と y の関係を式で表し，x の値の範囲を求めよ。また，点Pが線分AB上を1往復する間の x と y の関係を表すグラフをかけ。

(2) 点Qは，点Pが点Aを出発すると同時に点Bを出発して，一定の速さで線分AB上を1往復する。ただし，点Qは点Aに着くとすぐにBに向かうものとする。

(i) 点Bからの距離が7cm以上12cm以下のところで2点P，Qがはじめて出会うとき，Qの速さを秒速 $v$cm として v の値の範囲を求めよ。

(ii) 点Bからの距離がちょうど7cmのところで2点P，Qがはじめて出会うとき，P，Qがふたたび出会うのは，Bからの距離が何cmのところか。

44. 右の図のように，放物線 $y=x^2$ 上に x 座標が正である点Aと負である点Bがある。点Bから x 軸にひいた垂線と，x 軸との交点をCとすると，△ABCが正三角形となった。このとき，点Aの x 座標と，△ABCの1辺の長さを求めよ。

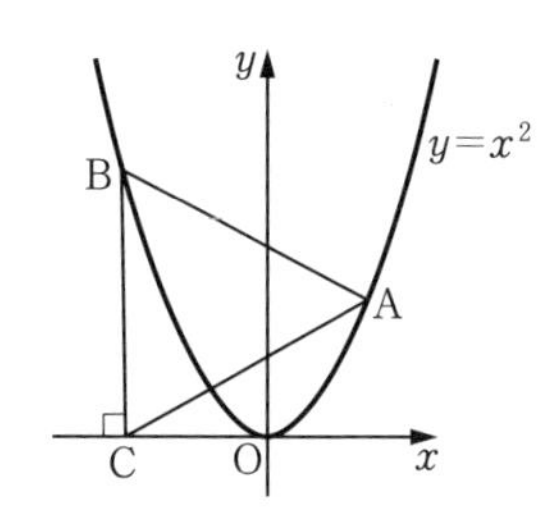

45. 右の図のような放物線 $y=\frac{1}{2}x^2$ ……① と直線 $y=\frac{1}{2}x+6$ ……② について，次の問いに答えよ。ただし，m，n がともに整数である点 (m, n) を格子点という。

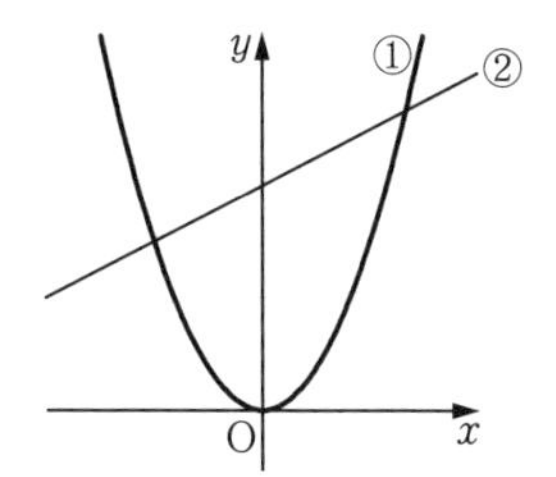

(1) 放物線①と直線②との交点の座標を求めよ。

(2) 放物線①と直線②で囲まれる部分（周上をふくむ）のうち，直線 $x=1$ 上にある格子点の個数を求めよ。

(3) 放物線①と直線②で囲まれる部分（周上をふくむ）の格子点の個数を求めよ。

46. 右の図のように，関数 $y=ax^2$ ($a>0$) のグラフ上に2点A，Bがある。点A，Bのx座標はそれぞれ -1，2，△OABの面積は15である。また，関数 $y=x^2$ のグラフ上に2点C，Dがあり，Cのx座標は1である。線分ABとCDは交わり，△ACBと△ACDの面積は等しい。直線AB，CDとy軸との交点をそれぞれE，Fとする。

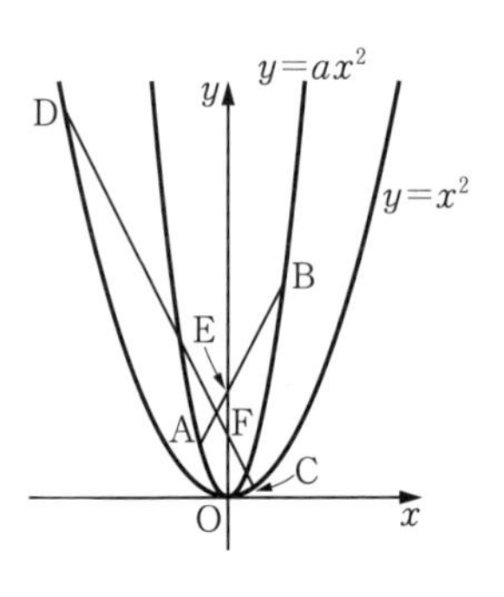

(1) aの値を求めよ。

(2) 点Dのx座標を求めよ。

(3) △BDEの面積は△ACFの面積の何倍か。

進んだ問題

47. $\angle P=90°$ の直角三角形PQRと，$AD=\frac{9}{2}$cm，AB=9cm の長方形ABCDがある。図1のように，直角三角形の辺PQと長方形の辺ABはともに直線ℓ上にある。長方形ABCDを固定して，△PQRを直線ℓにそって矢印の向きに，頂点Pが頂点Bに重なるまで移動させる。

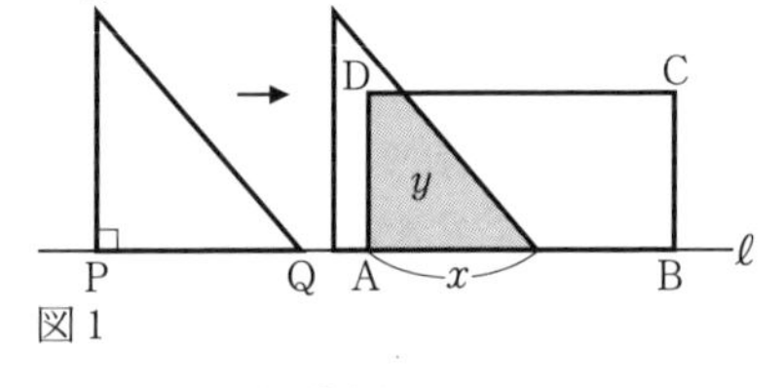

図1

頂点Qが頂点Aを通ってから移動した距離を$x$cm，△PQRが長方形ABCDと重なってできる影の部分の面積を$y$cm²とする。

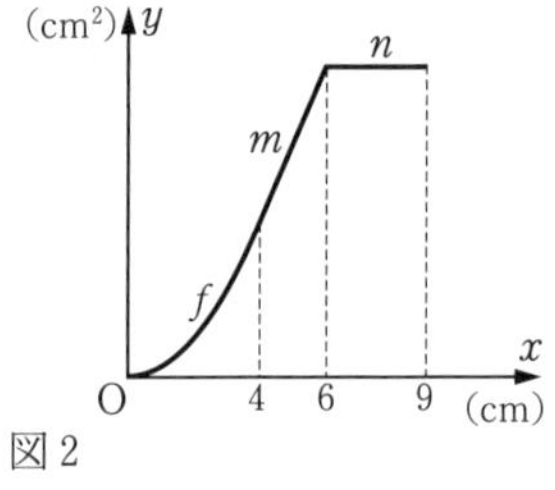

図2

図2は，$0 \leqq x \leqq 9$ におけるxとyの関係を表すグラフである。$0 \leqq x \leqq 4$ では放物線f，$4 \leqq x \leqq 6$ では直線m，$6 \leqq x \leqq 9$ ではx軸に平行な直線nである。

(1) △PQRの斜辺QRが，長方形の頂点Dを通るときのyの値を求めよ。

(2) △PQRの辺PRの長さは何cmか。

(3) 直線mの式を求めよ。

(4) $9 \leqq x \leqq 13$ の範囲で，$y=\frac{63}{4}$ となるときのxの値を求めよ。

●例題10● x の変域を $0 \leqq x < 5$ とし，y を x の小数点以下を切り捨てた値とするとき，y は x の関数である。この関数のグラフをかけ。

(解説) $x=0.1$，0.2，… のとき $y=0$ となり，$x=1.1$，1.2，… のとき $y=1$ となる。すなわち，$0 \leqq x < 1$ のとき $y=0$ であり，$1 \leqq x < 2$ のとき $y=1$ である。以下同様に，x の変域を分けて調べる。

(解答) y は x の小数点以下を切り捨てた値であるから

$0 \leqq x < 1$ のとき　$y=0$

$1 \leqq x < 2$ のとき　$y=1$

$2 \leqq x < 3$ のとき　$y=2$

$3 \leqq x < 4$ のとき　$y=3$

$4 \leqq x < 5$ のとき　$y=4$

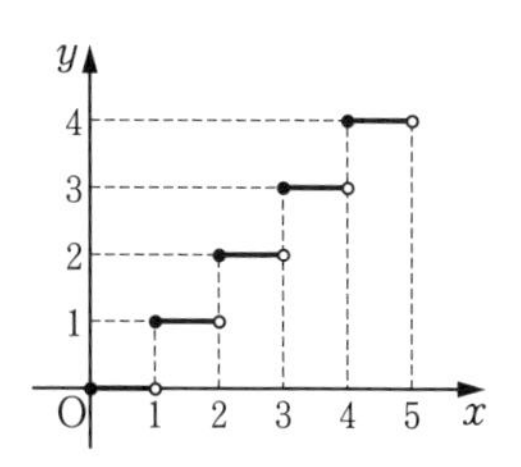

(答)　右の図

注 x をこえない最大の整数を $[x]$ で表す。すなわち，

$n \leqq x < n+1$（n は整数）のとき，$[x]=n$

となる。たとえば，$[4.2]=4$，$[4]=4$，$[-2.3]=-3$ である。

とくに，$x \geqq 0$ のときは，$[x]$ は x の小数点以下を切り捨てた値となる。

上の図は，関数 $y=[x]$（$0 \leqq x < 5$）のグラフである。

$[x]$ を**ガウス記号**という。

演習問題

48. 右の表は，ある宅配便の重量が 1000 g までの基本運賃である。荷物の重量を x g，その運賃を y 円とすると，y は x の関数である。この関数のグラフをかけ。

重量	150 g まで	250 g まで	500 g まで	1000 g まで
運賃	180 円	215 円	310 円	360 円

49. x の変域が $-2 \leqq x < 3$ のとき，関数 $y=x-[x]$ のグラフをかけ。

12章の問題

1 y は x に比例し，z は y^2 に比例する。また，$x=-3$ のとき $z=6$ である。

(1) $x=-12$ のときの z の値を求めよ。

(2) $z=54$ のときの x の値を求めよ。

2 y は x^2 に比例する関数で，そのグラフは点 A(2, 2) を通る。

(1) この関数の式を求めよ。

(2) x の値が a から $a+3$ まで増加するときの変化の割合が，原点 O と点 A を結ぶ直線の傾きと等しくなるとき，a の値を求めよ。

(3) この関数のグラフ上の 2 点 P，Q の x 座標をそれぞれ t，$t+1$ とし，y 軸について P，Q と対称な点をそれぞれ P′，Q′ とするとき，四角形 PQQ′P′ の面積が $\dfrac{25}{2}$ となるような t の値を求めよ。ただし，$t>0$ とする。

3 電熱線に電流を流すと発熱する。その場合，一定時間の発熱量は加えた電圧と電流の積に比例する。また，オームの法則によれば，電圧は電流と抵抗の積に等しい。

(1) 抵抗が一定のとき，一定時間の発熱量を 4 倍にするには，電流を何倍にすればよいか。

(2) 電圧が一定のとき，一定時間の発熱量を 5 倍にするには，抵抗を何倍にすればよいか。

4 ダイヤモンドの価格は，その重さの 2 乗に比例するものとする。

価格 180 万円のダイヤモンドを誤って 2 つに割ってしまった。割れた 2 つの破片の重さの比が 2：1 であったとき，割ったことによる損害は何円か。

5 右の図のように，2 つの放物線 $y=\dfrac{1}{4}x^2$ ……① と $y=-\dfrac{1}{2}x^2$ ……② がある。また，放物線①上に 2 点 A，B，放物線②上に 2 点 C，D があり，線分 AB，DC はともに x 軸に平行であり，線分 AD，BC はともに y 軸に平行である。四角形 ABCD が正方形になるとき，点 A の座標を求めよ。

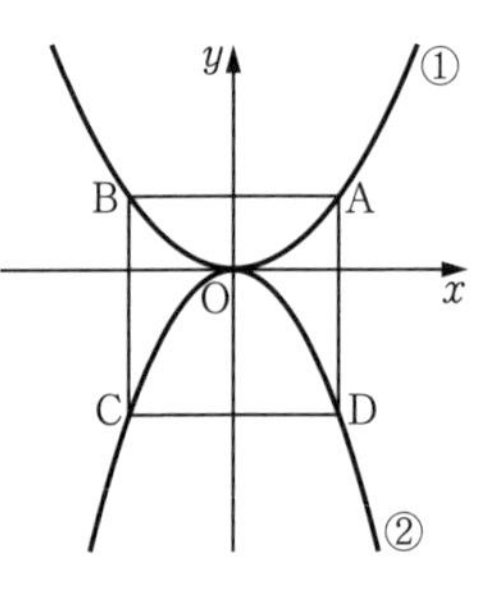

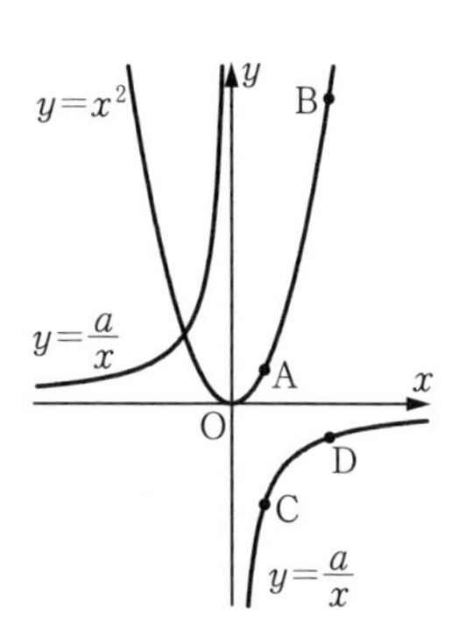

6 右の図のように，関数 $y=x^2$ のグラフ上に2点A，Bがあり，関数 $y=\frac{a}{x}$ のグラフ上に2点C，Dがある。点A，Cの x 座標はともに1であり，点B，Dの x 座標はともに3である。台形BACDの面積は14であり，$a<0$ とする。

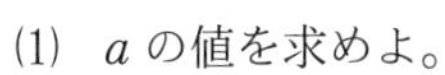

(1) a の値を求めよ。

(2) 点Aを通る直線が，台形BACDの面積を2等分するとき，この直線の傾きを求めよ。

7 放物線 $y=\frac{1}{2}x^2$ 上に2点A，Bがあり，その x 座標はそれぞれ -2，4である。

(1) △ABPの面積が6となるような，y 軸上の点Pの座標をすべて求めよ。

(2) △ABQの面積が6となるような，放物線上の点Qの座標をすべて求めよ。

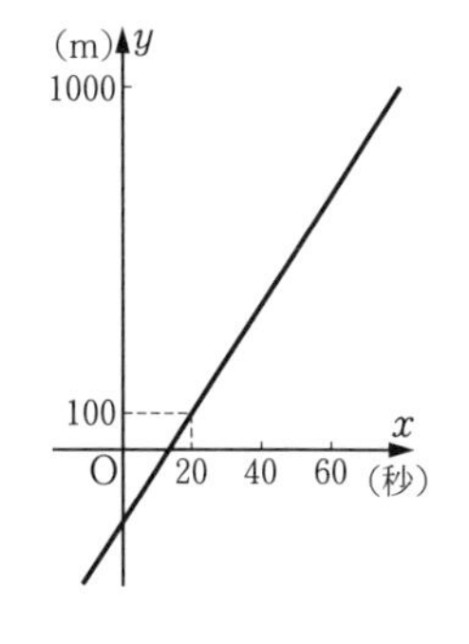

8 ある列車が駅を発車してから60秒後までに走った時間を x 秒，距離を y mとするとき，x と y の関係は，a を定数として $y=ax^2$（$0\leqq x\leqq 60$）と表すことができる。

この列車がA駅を発車してから20秒後に，駅から100mの地点で，列車の線路に平行な道路を列車と同じ向きに秒速15mで走っている自動車に追いこされた。この自動車の走った時間を x 秒，距離を y mとするとき，x と y の関係を，列車がA駅を発車したときを基準にしてグラフに表すと，右の図のような直線になる。ただし，列車，自動車，駅の長さは考えない。

(1) a の値を求めよ。

(2) 列車がA駅を発車してから60秒後までに走った時間と距離の関係を表すグラフを，上の図にかき入れよ。

(3) 列車がA駅を発車したとき，自動車は駅から何m手前を走っていたか。

(4) 自動車が列車を追いこしてから10秒たったとき，自動車は列車の何m前方を走っているか。

(5) 自動車が列車を追いこしたときから，列車が自動車を追いこすまでに何秒かかるか。

9　右の図のように，放物線 $y=2x^2$ 上に2点A，Bがあり，Aのx座標は-2，Bのx座標は2である。また，点Aを通る直線ℓは，直線ABと放物線$y=2x^2$で囲まれた部分の面積を2等分している。直線ℓの傾きをmとする。

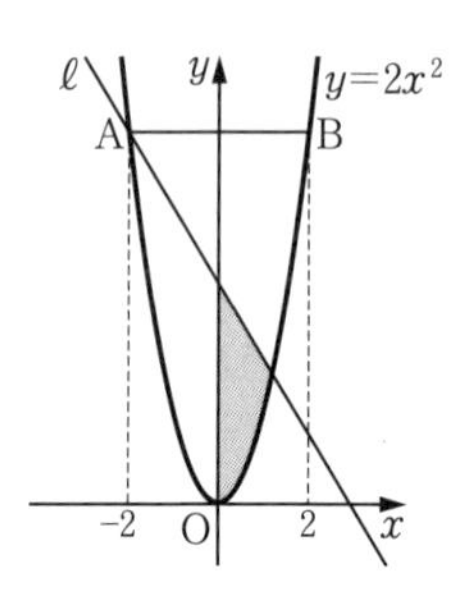

(1)　直線ℓの式をmを使って表せ。

(2)　図の影の部分の面積をmを使って表せ。

10　右の図のような長方形OABCがあり，点Bの座標は(4，2)である。点Pは原点Oを出発して，直線 $y=x$ 上を矢印の向きに秒速$\sqrt{2}$ cmで動く。

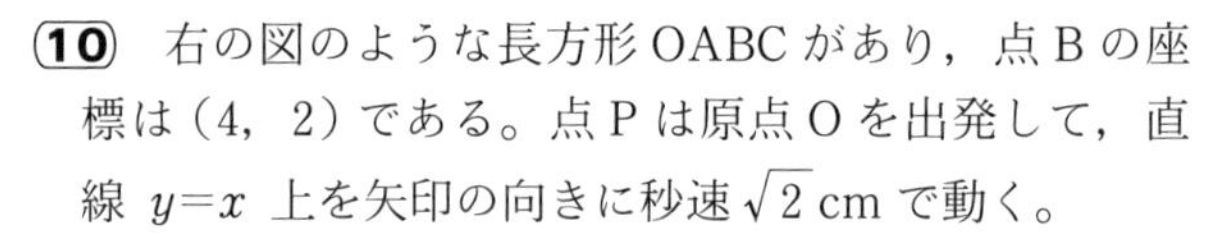

点Pが原点Oを出発してからt秒後に，線分OPを対角線とする正方形OQPRが，長方形OABCと重なる部分の面積をScm^{2}とする。ただし，座標軸の1めもりを1cmとする。

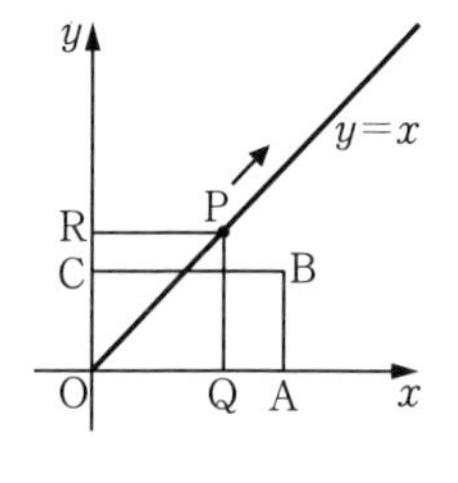

(1)　$0 \leqq t \leqq 2$，$2 \leqq t \leqq 4$，$4 \leqq t \leqq 6$ のとき，それぞれの場合のtとSの関係を表すグラフをかけ。

(2)　Sの値が正方形OQPRの面積の$\frac{1}{3}$になるときのtの値を求めよ。

11　放物線 $y=x^2$ ……① があり，放物線①上にx座標が2である点Pをとる。点Pを通る2つの直線ℓ，mはそれぞれ $y=-x+a$，$y=x+b$ のグラフである。

直線ℓと放物線①との交点のうちPと異なる点をA，直線mと放物線①との交点のうちPと異なる点をBとする。また，3点P，A，Bを通る円をCとする。

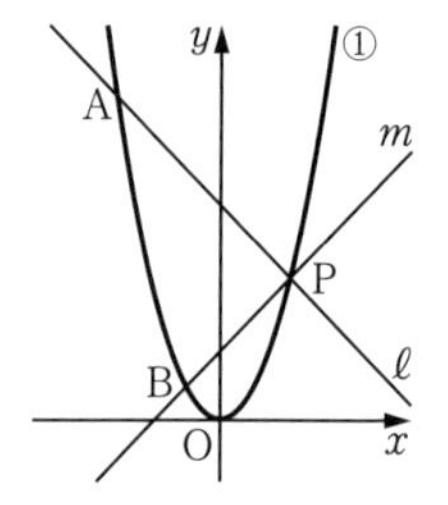

(1)　aの値および点Aの座標を求めよ。

(2)　線分PAの長さおよび△PABの面積を求めよ。

(3)　円Cを直線ℓによって2つに分割し，円Cの中心をふくまないほうの図形の面積をS_1，円Cを直線mによって2つに分割し，円Cの中心をふくまないほうの図形の面積をS_2とする。このとき，S_1+S_2の値を求めよ。

12 右の図のように，放物線 $y=ax^2$（$a>0$）と直線 $y=2x+b$ が 2 点 A，B で交わっている。点 A，B の x 座標はそれぞれ -1，2 である。y 軸の正の部分に点 C を，△OAC=△OAB となるようにとる。

(1) a，b の値を求めよ。

(2) △OAB の面積を求めよ。

(3) 四角形 OBCA の面積を求めよ。

(4) 点 A から直線 BC にひいた垂線の長さを求めよ。

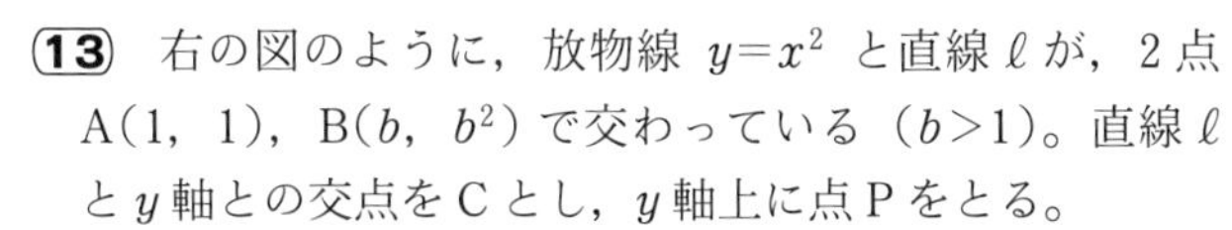

13 右の図のように，放物線 $y=x^2$ と直線 ℓ が，2 点 A(1, 1)，B(b, b^2) で交わっている（$b>1$）。直線 ℓ と y 軸との交点を C とし，y 軸上に点 P をとる。

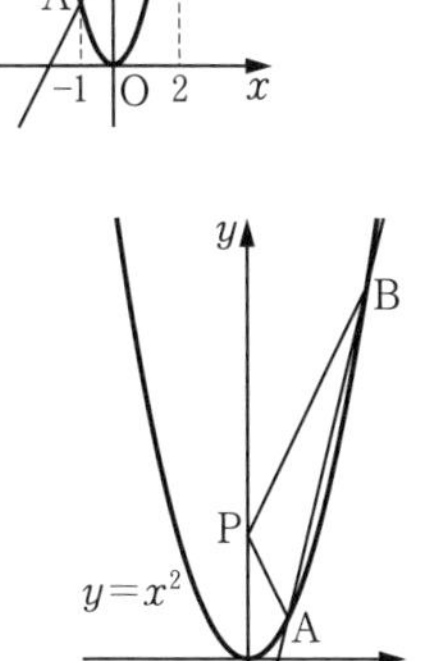

(1) $b=3$ のとき，線分の長さの和 AP+PB が最小となるときの点 P の y 座標を求めよ。

(2) 線分の長さの和 AP+PB が最小となるときの点 P の y 座標が 4 になるように点 B をとるとき，点 C の y 座標を求めよ。

14 右の図のように，放物線 $y=x^2$ 上に 3 点 A，B，C がある。点 A の x 座標は -2 で，OA⊥AB，AB⊥BC である。

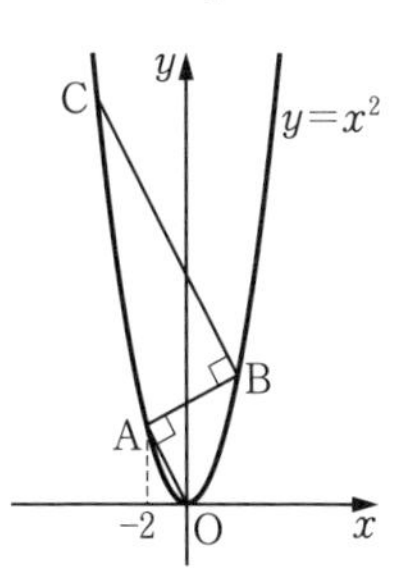

(1) 点 B の座標を求めよ。

(2) OA：BC を求めよ。

(3) 点 A を通り，四角形 OACB の面積を 2 等分する直線の式を求めよ。

15 関数 $y=\frac{1}{3}x^2$ のグラフと点 A(-3, 0) を通る直線が，右の図のように 2 点 B，C で交わっている。このとき，△OAB と △OBC の面積の比は 4：5 である。点 B，C の x 座標をそれぞれ b，c（$b<0$，$c>0$）とする。

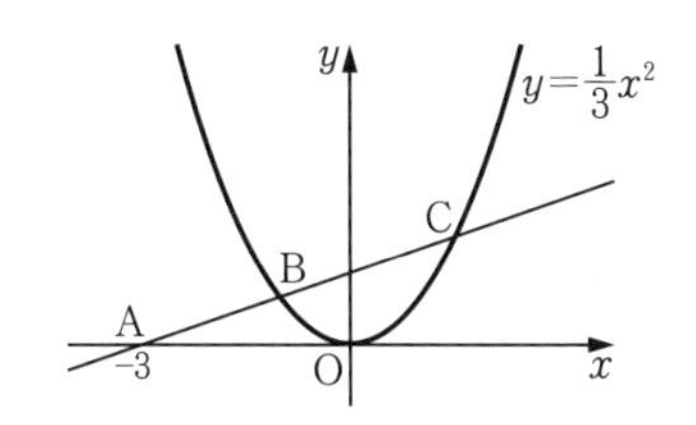

(1) b，c の値を求めよ。

(2) △OBC を x 軸のまわりに 1 回転させてできる立体の体積を求めよ。

13章

場合の数と確率

1…場合の数

基本問題

1. あるクラブには，5人の男子と8人の女子が所属している。

(1) 1人の代表を選ぶとき，選び方は何通りあるか。

(2) 男子1人，女子1人の代表を選ぶとき，選び方は何通りあるか。

2. 1から50までの整数のうち，次の条件を満たす数は何個あるか。

(1) 2で割りきれる。

(2) 6で割りきれる。

(3) 2でも3でも割りきれない。

和の法則

2つのことがらA，Bがあり，これらは同時に起こらない。Aの起こり方がm通りあり，Bの起こり方がn通りあるとき，AまたはBのどちらかが起こる場合の数は **($m+n$) 通り**である。

積の法則

2つのことがらA，Bがある。Aの起こり方がm通りあり，そのそれぞれに対してBの起こり方がn通りあるとき，AとBがともに起こる場合の数は **($m\times n$) 通り**である。

3. 旅行でA，B，C，Dの4つの都市をすべてまわりたい。1つの都市に1度しか行かないものとすると，4つの都市のまわり方は何通りあるか。

4. 1，2，3，4の4つの数を使って3けたの整数をつくる。ただし，同じ数を何回使ってもよいものとする。

(1) 整数は何個できるか。　　(2) 奇数は何個できるか。

5. 正七角形の対角線の本数を求めよ。

6. 次の式を展開して整理したとき，何種類の項ができるか。

(1) $(a+b+c)(x+y)$　　(2) $(a-b+1)(x+y-z+2)$

●**例題1**● a，b，b，c，c，c から3文字を取って1列に並べる方法は，何通りあるか。樹形図を使って調べよ。

(**解説**) 数え落としや重複のないように，順序よく樹形図をつくる。

(**解答**) 右の樹形図より

abb，abc，acb，acc，

bab，bac，bba，bbc，bca，bcb，bcc，

cab，cac，cba，cbb，cbc，cca，ccb，ccc

の19通り。　　　　　　　　（答） 19通り

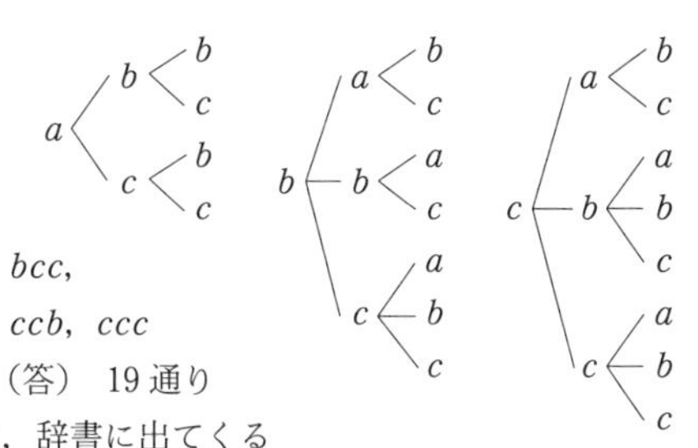

(**注**) この解答の abb，abc，…，ccc のように，辞書に出てくる単語の順に並べることを，**辞書式順序**に配列するという。

演習問題

7. a，a，b，c，c から3文字を取って1列に並べる方法は，何通りあるか。

8. A，Bの2チームが対戦し，先に3勝したほうを優勝とする。Aが優勝するとき，優勝が決まるまでの勝敗の分かれ方は何通りあるか。ただし，引き分けはない。

9. 整数12を3つの正の整数の和として表すとき，何通りの表し方があるか。ただし，$1+2+9$ と $1+9+2$ は同じ表し方と考える。

●**例題2**● 1，2，3，4の4つの数をそれぞれ1回使って，4けたの整数をつくる。

(1) 3200より大きい整数は何個できるか。

(2) 2341は，小さいほうから数えて何番目の整数か。

(**解説**) 積の法則と和の法則を利用する。

(1) 千の位の数が4の整数であるか，または千の位の数が3で，百の位の数が4か2の整数である。

(2) 2341より小さい整数は，次のいずれかである。

(i) 千の位の数が1

(ii) 千の位の数が2で，百の位が1

(iii) 千の位の数が2，百の位の数が3，十の位の数が1

解答 (1) 千の位が 4 である整数 4□□□ は，百の位が 3 通り，十の位が 2 通り，一の位が 1 通りの使い方があるから

$3\times2\times1=6$ (通り)

千の位が 3 である整数 3□□□ は，百の位が 4 か 2 の 2 通り，十の位が 2 通り，一の位が 1 通りの使い方があるから

$2\times2\times1=4$ (通り)

ゆえに　$6+4=10$ （答） 10 個

(2) 千の位が 1 である整数 1□□□ は

$3\times2\times1=6$ (通り)

千の位が 2 で，百の位が 1 である整数 21□□ は

$2\times1=2$ (通り)

千の位が 2，百の位が 3，十の位が 1 である整数は，2314 の 1 通り。

よって，2341 より小さい整数は

$6+2+1=9$ (通り)

ゆえに，小さいほうから 10 番目 （答） 10 番目

演習問題

10. 異なる 5 冊の本 A，B，C，D，E を本だなに 1 列に並べる。

(1) 本の並べ方は何通りあるか。

(2) A が左から 2 番目で，B，C がともに A より右側にある並べ方は何通りあるか。

(3) B，C がともに A より右側にある並べ方は何通りあるか。

11. a，b，c，d，e の 5 文字すべてを 1 列に並べて文字列をつくり，それらを辞書式順序に配列する。

(1) $bdeac$ は何番目の文字列か。

(2) 100 番目の文字列は何か。

12. 右の地図を，赤，青，黄，緑のうちの何色かを使って，次のようにぬり分ける方法は何通りあるか。ただし，隣り合う県は異なる色でぬる。

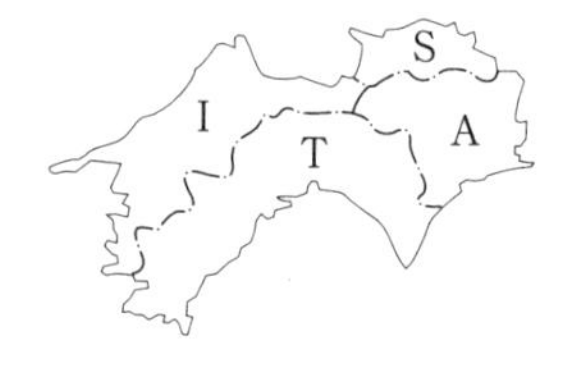

(1) 4 色すべてを使う。

(2) 赤，青，黄の 3 色を使う。

(3) 4 色以下でぬり分ける。

●例題3●　1，2，3，4，5の5つの数を使って，3けたの整数をつくる。
(1)　異なる3つの数を使うとき，整数は何個できるか。
(2)　同じ数を何回使ってもよいとすると，整数は何個できるか。

解説　積の法則を利用する。(1)と(2)のちがいは，同じ数を2回以上使えるかどうかである。

解答　(1)　百の位の使い方は5通り。そのそれぞれについて十の位の使い方は4通りあり，さらに一の位の使い方は3通りずつある。
ゆえに　$5\times4\times3=60$
（答）　60個

(2)　同じ数を何回でも使えるから，百の位，十の位，一の位とも使い方は5通りずつある。
ゆえに　$5\times5\times5=125$
（答）　125個

別解　(1)　5つの数から3つを取る順列の数であるから
$${}_5P_3=5\times4\times3=60$$
（答）　60個

(2)　5つの数から3つを取る重複順列の数であるから
$$5^3=125$$
（答）　125個

順列の数
n個のものから異なるr個を取って並べたものを，n個からr個取る**順列**といい，その総数を${}_nP_r$で表す。
$${}_n\mathbf{P}_r=n(n-1)(n-2)\cdots(n-r+1)$$
（nからはじめて1ずつ減らした数をr個かけた値）

重複順列の数
n個のものから同じものを何回取ってもよいとしてr個を取って並べたものを，n個からr個取る**重複順列**という。その総数はn^rである。

演習問題

13.　次の値を求めよ。
(1)　${}_6P_3$　　(2)　${}_8P_4$
(3)　${}_5P_5$　　(4)　$4!$

14.　次の問いに答えよ。
(1)　リレー選手4人が走る順番を決めるとき，何通りの決め方があるか。
(2)　20人の部員の中から，部長，副部長，マネージャーを1人ずつ選ぶとき，何通りの選び方があるか。

階乗
nを自然数とするとき，1からnまでの自然数の積をnの**階乗**といい，$n!$で表す。
$$n!=1\times2\times3\times\cdots\times(n-1)\times n$$
$${}_nP_n=n\times(n-1)\times(n-2)\times\cdots\times3\times2\times1=n!$$

15. 赤球，白球，青球，黒球，黄球が1個ずつある。それらをA，B，C，D，Eの箱に入れるとき，次のような入れ方は何通りあるか。

(1)　各箱に球を1個ずつ入れる。

(2)　箱に2個以上入れてもよい。ただし，1個も入れない箱があってもよいものとする。

●例題4●　e，n，g，l，i，s，h の7文字すべてを1列に並べるとき，次のような並べ方は何通りあるか。

(1)　両端とも子音字が並ぶ。　　(2)　母音字が隣り合う。

解説　母音字は e，i の2文字，子音字は n，g，l，s，h の5文字である。

(1)　まず両端の子音字を決め，つぎに残りの文字をそれらの間に並べる。

(2)　母音字をまとめて1文字とみなして6文字を並べ，さらに母音字の並べ方も考える。

解答　(1)　両端の子音字の並べ方は ${}_5P_2$ 通りあり，そのそれぞれについて残り5文字の並べ方は ${}_5P_5$ 通りあるから

$${}_5P_2\times{}_5P_5=(5\times4)\times(5\times4\times3\times2\times1)=2400$$　（答）　2400通り

(2)　2個の母音字をまとめて1文字とみなすと，6文字の並べ方は ${}_6P_6$ 通りあり，そのそれぞれについて2個の母音字の並べ方は ${}_2P_2$ 通りあるから

$${}_6P_6\times{}_2P_2=(6\times5\times4\times3\times2\times1)\times(2\times1)=1440$$　（答）　1440通り

演習問題

16. b，e，a，u，t，y の6文字すべてを1列に並べるとき，次のような並べ方は何通りあるか。

(1)　両端とも母音字が並ぶ。

(2)　子音字は左から数えて奇数番目に，母音字は偶数番目に並ぶ。

17. 男子4人と女子3人の7人が1列に並ぶとき，次のような並び方は何通りあるか。

(1)　両端とも男子がくる。　　(2)　女子3人が，みなたがいに隣り合う。

(3)　どの女子も隣り合わない。

18. 色が紫，白，青，緑，橙，黄，赤，黒である8本の旗から5本取って1列に並べるとき，次のような並べ方は何通りあるか。

(1)　紫，白がともにふくまれない。

(2)　紫，白はともにふくまれるが，黒はふくまれない。

19. 0，1，2，3，4，5の6つの数から異なる4つを選び，それらを並べて4けたの整数をつくる。

(1)　整数は何個できるか。

(2)　奇数は何個できるか。

(3)　5の倍数は何個できるか。

(4)　3の倍数は何個できるか。

20. 右の図を一筆書き（ひとふでがき）で書くとき，次のような書き方は何通りあるか。ただし，3つの輪の共有点はAのみである。

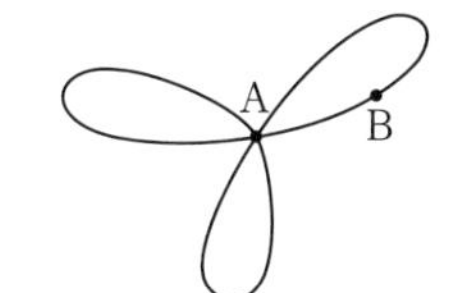

(1)　書きはじめが点Aである場合

(2)　書きはじめが点Bである場合

●例題5●　陸上部員A，B，C，D，E，F，Gの7人の中から4人を選び，リレーチームをつくる。

(1)　走る順番を考えに入れるとき，つくり方は何通りあるか。

(2)　走る順番を考えに入れないとき，つくり方は何通りあるか。

解説　(1)　走る順番を考えるから，7人から4人を選ぶ順列の数 ${}_7P_4$ である。

(2)　順列の数 ${}_7P_4$ の中で，ABCD，ABDC，ACBD，…，DCBA の 4! 通りは同じ4人の組 {A，B，C，D} からできている。同様に，どの4人の組についても 4! 通りの順列ができる。

したがって，求めるつくり方（組合せ）の数を x 通りとすると

$$x\times 4!={}_7P_4$$

ゆえに　$x=\dfrac{{}_7P_4}{4!}$

この考えから，

$${}_7C_4=\frac{{}_7P_4}{4!}=\frac{7\times6\times5\times4}{4\times3\times2\times1}$$

を導くことができる。

《組合せの数》

(1)　n 個のものから異なる r 個を取って組にしたものを，n 個から r 個取る**組合せ**といい，その総数を ${}_nC_r$ で表す。

$$\boldsymbol{{}_nC_r=\frac{{}_nP_r}{r!}}$$

$$\boldsymbol{=\frac{n(n-1)(n-2)\cdots(n-r+1)}{r(r-1)(r-2)\cdots\times3\times2\times1}}$$

(2)　n 個のものから r 個を取ると，残りは $(n-r)$ 個であるから，

$$\boldsymbol{{}_nC_r={}_nC_{n-r}}$$

（解答）(1)　7 人から 4 人を選ぶ順列の数は

$${}_7P_4=7\times6\times5\times4=840$$

（答）　840 通り

(2)　7 人から 4 人を選ぶ組合せの数は

$${}_7C_4=\frac{7\times6\times5\times4}{4\times3\times2\times1}=35$$

（答）　35 通り

注　7 人から，リレーチームにはいる 4 人の組合せの数と，リレーチームにはいらない 3 人の組合せの数は等しいから，

$${}_7C_4={}_7C_3$$

となる。

演習問題

21. 次の値を求めよ。

(1)　${}_4C_2$　(2)　${}_7C_3$　(3)　${}_5C_5$　(4)　${}_7C_1$

(5)　${}_9C_4$　(6)　${}_9C_5$　(7)　${}_{10}C_8$

22. あるクラブに，A 組の生徒 12 人と B 組の生徒 8 人が所属している。

(1)　A 組から部長，会計を，B 組から副部長，書記を選ぶとき，選び方は何通りあるか。

(2)　4 人の代表を選ぶとき，選び方は何通りあるか。

(3)　A 組から 2 人，B 組から 2 人の合計 4 人の代表を選ぶとき，選び方は何通りあるか。

23. 円周上にたがいに異なる 8 つの点 A，B，C，D，E，F，G，H がある。

(1)　これら 8 点の中から異なる 2 点を結んでできる線分はいくつあるか。

(2)　これら 8 点の中から異なる 3 点を頂点とする三角形はいくつあるか。

24. 1 から 9 までの 9 つの整数から異なる 4 つの数を選ぶ。

(1)　それら 4 つの数の積が偶数になるような選び方は何通りあるか。

(2)　それら 4 つの数の和が偶数になるような選び方は何通りあるか。

25. 白旗 3 本，青旗 5 本，黄旗 2 本がある。これらの旗を次のように並べるとき，並べ方は何通りあるか。

(1)　白旗，青旗の合計 8 本を 1 列に並べる。

(2)　白旗，青旗，黄旗の合計 10 本を 1 列に並べる。

例題6　8段ある階段を，1段のぼりと2段のぼりを使って，のぼる方法は何通りあるか。ただし，どちらか一方ののぼり方だけでもよい。

（解説）1段のぼりをx回，2段のぼりをy回行うとすると，
$x+2y=8$ が成り立つ。ただし，x，yは0以上の整数である。

（解答）1段のぼり，2段のぼりの回数については，右の表のように5通りの場合がある。

(i)，(v)はそれぞれ1通りある。

(ii)は，合計7回のぼるうちの何回目に2段のぼりをするかを考えて，${}_7C_1=\dfrac{7}{1}=7$（通り）ある。

同様に，(iii)は ${}_6C_2=\dfrac{6\times5}{2\times1}=15$（通り），

(iv)は ${}_5C_3={}_5C_2=\dfrac{5\times4}{2\times1}=10$（通り）ある。

ゆえに　$1+7+15+10+1=34$

（答）34通り

	1段	2段	計
(i)	8回	0回	8回
(ii)	6回	1回	7回
(iii)	4回	2回	6回
(iv)	2回	3回	5回
(v)	0回	4回	4回

演習問題

26. 赤球が3個，白球が5個ある。これらの8個から球を選んで，A，B，C，D，Eの5人に1個ずつ渡す。

(1)　2人に赤球，3人に白球を渡す方法は何通りあるか。

(2)　5人に球を渡す方法は何通りあるか。

27. 右の図のように区画された街路を，A地点からB地点まで遠まわりしないで行く。

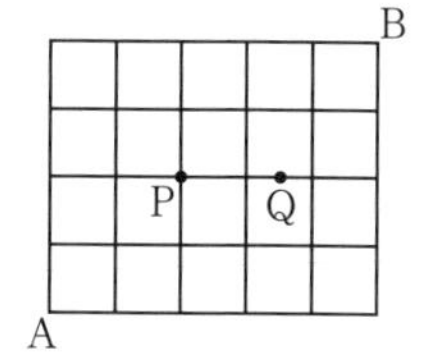

(1)　行き方は何通りあるか。

(2)　P地点を通る行き方は何通りあるか。

(3)　Q地点を通らない行き方は何通りあるか。

28. 3種類の本A，B，Cがある。本Aは厚さが3cmで2冊あり，本Bは厚さが2cmで4冊あり，本Cは厚さが1cmで3冊ある。これら9冊の本から2種類の本を何冊か選んで，本だなの幅9cmの空きスペースにすき間なく並べる。並べ方は何通りあるか。

●例題7●　区別がつかない6個のボールを次のように分けるとき，分け方は何通りあるか。

(1)　6個のボールを3つに分ける。

(2)　6個のボールをA，B，Cの3つの箱に分けて入れる。ただし，どの箱にも少なくともボールを1個入れる。

解説　(1)　ボールの個数だけに着目する。

(2)　箱に入れるボールの個数が異なるときには，A，B，Cのどの箱に何個入れるかを考える。

解答　(1)　分けられたボールの個数の組は，{1，1，4}，{1，2，3}，{2，2，2}の3通りある。　　　　（答）　3通り

(2)　ボールの個数の組が{1，1，4}のとき，1箱には4個のボールを入れ，残り2箱には1個ずつ入れることになる。4個のボールを入れるのがA，B，Cのどの箱であるかを考えると，入れ方は

$${}_3C_1=\frac{3}{1}=3\ (\text{通り})$$

ボールの個数の組が{1，2，3}のとき，3つの箱はA，B，Cと区別されるから，1個入れる箱，2個入れる箱，3個入れる箱の選び方は

$${}_3P_3=3\times2\times1=6\ (\text{通り})$$

ボールの個数の組が{2，2，2}のとき，A，B，Cの箱に2個ずつ入れるから，入れ方は1通りある。

ゆえに　$3+6+1=10$　　　　（答）　10通り

演習問題

29. 区別がつかない6個のボールを3つの箱に次のように入れるとき，入れ方は何通りあるか。ただし，ボールを入れない箱があってもよいものとする。

(1)　区別がつかない3つの箱の中にボールを入れる。

(2)　3つの箱A，B，Cの中にボールを入れる。

30. 同じ7冊のノートを，A，B，Cの3人の生徒に分ける。

(1)　どの生徒も少なくとも1冊はもらうとき，分け方は何通りあるか。

(2)　1冊ももらえない生徒がいてもよいとするとき，分け方は何通りあるか。

31. たがいに異なる7冊の本を，A，B，Cの3人の生徒に分ける。どの生徒も少なくとも1冊はもらうとき，分け方は何通りあるか。

2…確率の計算

基本問題

32. 次の(1)〜(4)の２つのことがらは，同様に確からしいといえるか。

(1) 王冠を投げるとき，表が出ることと裏が出ること

(2) ジョーカーを除く 52 枚のトランプをよくきって，１枚をひくとき，それがダイヤのカードであることとスペードのカードであること

(3) A さんと B さんが将棋をするとき，A さんが勝つことと B さんが勝つこと

(4) ３本の当たりくじをふくむ 20 本のくじから１本をひくとき，当たることとはずれること

33. １つのさいころを１回投げるとき，次の確率を求めよ。

(1) ５以上の目が出る確率

(2) 奇数の目が出る確率

(3) ２の倍数または３の倍数の目が出る確率

(4) ３の倍数かつ５の倍数の目が出る確率

確率の性質

A の起こる確率を $P(A)$ で表すと，

(1) $\mathbf{0 \leqq P(A) \leqq 1}$

(2) A が**必ず起こる**とき，
$\mathbf{P(A)=1}$

(3) A が**決して起こらない**とき，
$\mathbf{P(A)=0}$

(4) **(A が起こらない確率)$=1-P(A)$**

(5) A と B が同時には起こらないとき，
$P(A$ または $B)=P(A)+P(B)$

例題8 大小２つのさいころを同時に投げるとき，次の確率を求めよ。

(1) 目の和が５の倍数になる確率　　(2) 目の積が偶数になる確率

解説 ２つのさいころを同時に投げるとき，目の出方は全部で

$6 \times 6=36$ (通り)

あり，どの出方も同様に確からしい。大きいさいころの目が a，小さいさいころの目が b であることを $(a,\ b)$ と表すと，

(1, 1), (1, 2), (1, 3), (1, 4), (1, 5), (1, 6)
(2, 1), (2, 2), (2, 3), (2, 4), (2, 5), (2, 6)
(3, 1), (3, 2), (3, 3), (3, 4), (3, 5), (3, 6)
(4, 1), (4, 2), (4, 3), (4, 4), (4, 5), (4, 6)
(5, 1), (5, 2), (5, 3), (5, 4), (5, 5), (5, 6)
(6, 1), (6, 2), (6, 3), (6, 4), (6, 5), (6, 6)

目の出方は，右上のように書きあげることができる。この中から適するものを数える。

解答 目の出方は全部で $6\times6=36$（通り）あり，どの出方も同様に確からしい。

(1) 目の和が5の倍数になるのは，(1, 4)，(2, 3)，(3, 2)，(4, 1)，(4, 6)，(5, 5)，(6, 4) の7通りある。

ゆえに，求める確率は $\dfrac{7}{36}$ （答） $\dfrac{7}{36}$

(2) 目の積が偶数になるのは，

大の目が2，4，6のいずれかのとき，小の目は何でもよく (3×6) 通り，

大の目が1，3，5のいずれかのとき，小の目は2，4，6のいずれかで (3×3) 通りある。

ゆえに，求める確率は $\dfrac{3\times6+3\times3}{36}=\dfrac{27}{36}=\dfrac{3}{4}$ （答） $\dfrac{3}{4}$

別解 目の出方は全部で $6\times6=36$（通り）あり，どの出方も同様に確からしい。

(1) 目の和が5の倍数になるのは，目の和が5または10のときであり，これらは同時には起こらない。

目の和が5になる確率は $\dfrac{4}{36}$，目の和が10になる確率は $\dfrac{3}{36}$ である。

ゆえに，求める確率は $\dfrac{4}{36}+\dfrac{3}{36}=\dfrac{7}{36}$ （答） $\dfrac{7}{36}$

(2) 目の積が奇数になるのは，大の目，小の目がともに奇数のときであり，その確率は $\dfrac{3\times3}{36}=\dfrac{1}{4}$ である。

ゆえに，求める確率は $1-\dfrac{1}{4}=\dfrac{3}{4}$ （答） $\dfrac{3}{4}$

演習問題

34. 大小2つのさいころを同時に投げるとき，次の確率を求めよ。

(1) 目の和が8になる確率

(2) 目の積が6の倍数になる確率

(3) 2つの目の数のうち，どちらか一方が他方の約数になる確率

35. A，B，Cの3人が1回じゃんけんをするとき，次の確率を求めよ。

(1) 1人だけが勝つ確率

(2) 勝負がつかない確率

36. 硬貨を4回続けて投げたとき，「表のつぎに裏」または「裏のつぎに表」というように，直前に出た面と異なる面が出ることが起こった場合の数を数えることにする。たとえば，「表表裏裏」の順に出た場合の数は1である。起こった場合の数が2である確率を求めよ。

37. 右の図のような数が書いてある円板を回転させておいて，まず1本の矢を射(い)，その矢をぬいてからもう1回1本の矢を射るとき，2本の矢の当たる数の和が7以上である確率を求めよ。ただし，円板は5等分してあり，矢は必ずそのどこかに当たるものとする。

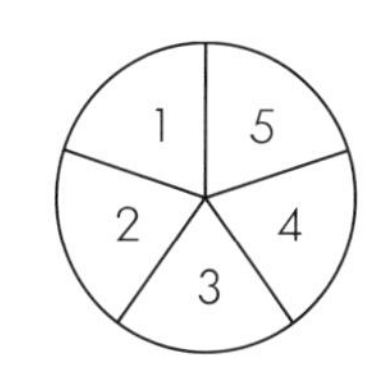

●**例題9**● 赤球3個，白球4個の計7個の球が袋の中にはいっている。この袋から同時に2個の球を取り出すとき，次の確率を求めよ。

(1) 2個とも赤球である確率　　(2) 赤球1個，白球1個である確率

解説 3個の赤球，4個の白球をそれぞれたがいに区別して考える。起こりうるすべての場合を書きあげ，条件に適するものを数える。または，別解のように組合せの考えを利用する。

解答 赤球をa，b，c，白球をP，Q，R，Sと名づけて区別すると，同時に取り出した2個の球の組は，全部で次のように21通りあり，どの取り出し方も同様に確からしい。

$\{a,\ b\}$，$\{a,\ c\}$，$\{a,\ P\}$，$\{a,\ Q\}$，$\{a,\ R\}$，$\{a,\ S\}$
$\{b,\ c\}$，$\{b,\ P\}$，$\{b,\ Q\}$，$\{b,\ R\}$，$\{b,\ S\}$
$\{c,\ P\}$，$\{c,\ Q\}$，$\{c,\ R\}$，$\{c,\ S\}$
$\{P,\ Q\}$，$\{P,\ R\}$，$\{P,\ S\}$
$\{Q,\ R\}$，$\{Q,\ S\}$
$\{R,\ S\}$

(1) 2個とも赤球であるのは，$\{a,\ b\}$，$\{a,\ c\}$，$\{b,\ c\}$の3通りある。

ゆえに，求める確率は $\dfrac{3}{21}=\dfrac{1}{7}$ 　　(答) $\dfrac{1}{7}$

(2) 赤球1個，白球1個であるのは，赤球a，b，cそれぞれについて白球P，Q，R，Sの4通りあるから，(3×4)通りある。

ゆえに，求める確率は $\dfrac{3\times4}{21}=\dfrac{4}{7}$ 　　(答) $\dfrac{4}{7}$

別解 取り出し方は全部で ${}_7C_2=21$（通り）あり，どの取り出し方も同様に確からしい。

(1) 2個とも赤球である取り出し方は，${}_3C_2$通りある。

ゆえに，求める確率は $\dfrac{{}_3C_2}{21}=\dfrac{3}{21}=\dfrac{1}{7}$ 　　(答) $\dfrac{1}{7}$

(2) 赤球1個，白球1個である取り出し方は，$({}_3C_1\times{}_4C_1)$通りある。

ゆえに，求める確率は $\dfrac{{}_3C_1\times{}_4C_1}{21}=\dfrac{3\times4}{21}=\dfrac{4}{7}$ 　　(答) $\dfrac{4}{7}$

演習問題

38. 赤球 3 個，白球 5 個の計 8 個の球が袋の中にはいっている。この袋から同時に 2 個の球を取り出すとき，次の確率を求めよ。

(1) 赤球 1 個，白球 1 個である確率　　(2) 2 個とも白球である確率

39. 10 本のくじの中に 4 本の当たりくじがはいっている。この中から同時に 3 本のくじをひくとき，次の確率を求めよ。

(1) 当たりが 1 本，はずれが 2 本である確率

(2) 少なくとも 1 本当たる確率

40. 1 から 9 までの整数が 1 つずつ書いてある 9 枚のカードが袋にはいっている。この袋から同時に 3 枚のカードを取り出す。

(1) 1 枚が 2 以下の数で，2 枚が 7 以上の数である確率を求めよ。

(2) 最小の数が 2 以下で，最大の数が 7 以上である確率を求めよ。

●例題10● A，B，C，D の 4 人が 1 つのベンチに，無作為に 1 列に腰かけるとき，次の確率を求めよ。

(1) A が左端に腰かける確率　　(2) A と B が隣り合わない確率

解説 腰かける順序も考慮する必要があるので，順列の考えを利用する。なお，特定の意図をもたずに偶然に任せて行うことを，無作為に行うという。

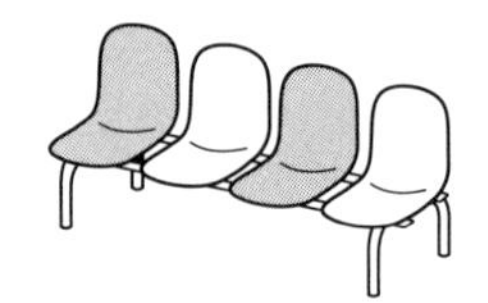

解答 腰かけ方は全部で ${}_4P_4=24$（通り）あり，どの腰かけ方も同様に確からしい。

(1) A が左端に腰かけるとき，他の 3 人の腰かけ方は ${}_3P_3=6$（通り）ある。

ゆえに，求める確率は $\dfrac{6}{24}=\dfrac{1}{4}$　　（答）$\dfrac{1}{4}$

(2) A と B が隣り合う腰かけ方は，A と B をひとかたまりと考えて AB，C，D の腰かけ方が ${}_3P_3=6$（通り）あり，

A B　Ⓒ　Ⓓ

それぞれについて A，B の腰かけ方が 2 通りあるから，$6\times2=12$（通り）ある。

したがって，A と B が隣り合う確率は $\dfrac{12}{24}=\dfrac{1}{2}$

ゆえに，A と B が隣り合わない確率は $1-\dfrac{1}{2}=\dfrac{1}{2}$　　（答）$\dfrac{1}{2}$

参考 (1) 4 つの座席のうち左端はただ 1 つであるから，確率は $\dfrac{1}{4}$ と求めてもよい。

演習問題

41. A，B，C，D，E，F の 6 人が 1 つのベンチに，無作為に 1 列に腰かけるとき，次の確率を求めよ。

(1) A と B が両端に腰かける確率

(2) A と B が隣り合わない確率

(3) A，B，C，D の 4 人の位置関係が左からこの順になる確率

●例題11● 右の図のように，円周が 5 点 A，B，C，D，E によって，5 つの区間に分かれている。点 P は，大小 2 つのさいころを同時に投げて，目の和に等しい区間数だけ，A を出発点として円周上を図の矢印の向きに進む。たとえば，目の和が 2 のとき，点 P は点 A から 2 区間進んで点 C に止まる。

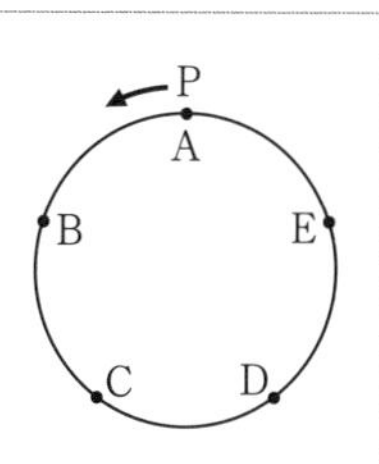

(1) 点 P が点 E に止まる確率を求めよ。

(2) 点 P が点 C に止まらない確率を求めよ。

解説 (1) 目の和が 4 または 9 の場合の確率

(2) (点 C に止まらない確率)＝1－(点 C に止まる確率)

解答 目の出方は全部で 6^2 通りあり，どの出方も同様に確からしい。

(1) 点 P が点 E に止まるのは，目の和が 4 または 9 のときである。

目の和が 4 になる 2 つのさいころの目の出方（大，小）は，(1，3)，(2，2)，(3，1) の 3 通り，

目の和が 9 のときは，(3，6)，(4，5)，(5，4)，(6，3) の 4 通りある。

ゆえに，点 P が点 E に止まる確率は $\dfrac{3+4}{6^2}=\dfrac{7}{36}$ (答) $\dfrac{7}{36}$

(2) 点 P が点 C に止まるのは，目の和が 2，7，12 のいずれかのときである。

目の和が 2 のときは，(1，1) の 1 通り，

目の和が 7 のときは，(1，6)，(2，5)，(3，4)，(4，3)，(5，2)，(6，1) の 6 通り，

目の和が 12 のときは，(6，6) の 1 通りある。

したがって，点 P が点 C に止まる確率は $\dfrac{1+6+1}{6^2}=\dfrac{2}{9}$

ゆえに，点 P が点 C に止まらない確率は $1-\dfrac{2}{9}=\dfrac{7}{9}$ (答) $\dfrac{7}{9}$

演習問題

42. 2つのさいころA，Bを投げて，出た目の数をそれぞれa，bとする。

(1) a^2を3で割った余りと，b^2を3で割った余りが等しくなる確率を求めよ。

(2) a^4+b^4が3の倍数になる確率を求めよ。

43. 右の図のように，円Oに内接する正八角形ABCDEFGHがある。点Pは頂点Aを出発し，正八角形の頂点を次のように移動する。

さいころを投げて1または2の目が出たときは左まわりに隣の頂点に移動し，それ以外の目が出たときは右まわりに隣の頂点に移動する。

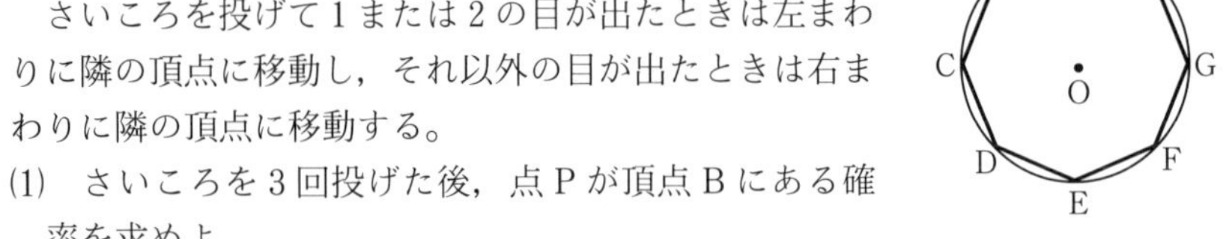

(1) さいころを3回投げた後，点Pが頂点Bにある確率を求めよ。

(2) さいころを4回投げた後，3点O，A，Pを結んで三角形ができる確率を求めよ。

44. 大小2つのさいころを同時に投げて，大きいさいころの目の数をx座標，小さいさいころの目の数をy座標とする点をとる。この操作を2回行い，1回目に定まる点をA，2回目に定まる点をBとする。

(1) 2点A，Bが同じ点になる確率を求めよ。

(2) 2点A，Bが異なる点になり，ともに直線$y=x$上にある確率を求めよ。

(3) 2点A，Bが異なる点になり，ともに原点を通る同一直線上にある確率を求めよ。

進んだ問題の解法

問題1 赤球3個，白球4個の計7個の球が袋の中にはいっている。この袋から球を1個取り出し，それをもとにもどさないで続けてもう1個球を取り出す。このとき，取り出した球が2個とも赤球である確率を求めよ。

解法 赤球を a，b，c，白球を P，Q，R，S と名づけて区別する。

球を1個取り出し，もとにもどさないで2個目を取り出す取り出し方は，全部で ${}_7\mathrm{P}_2$ 通りある。このうち，2個とも赤球であるのは ${}_3\mathrm{P}_2$ 通りあるから，求める確率は $\dfrac{{}_3\mathrm{P}_2}{{}_7\mathrm{P}_2}=\dfrac{3\times2}{7\times6}=\dfrac{1}{7}$ である。

ところで，この確率は，

1回目に赤球の出る確率 $\dfrac{3}{7}$ と，

1回目に赤球が出たとき2回目も赤球が出る確率 $\dfrac{2}{6}$ の積

になっている。

条件付き確率

ことがら A が起こり，その条件のもとでひき続きことがら B が起こる確率を，A が起こったときの B の**条件付き確率**といい，$\boldsymbol{P_A(B)}$ と表す。

このとき，A，B がともに起こる確率は $\boldsymbol{P(A)\times P_A(B)}$ となる。

条件付き確率を利用すると，確率のいろいろな問題を容易に解くことができる。

解答 1回目に赤球が出る確率は $\dfrac{3}{7}$ である。

1回目に赤球が出たとき2回目も赤球が出る条件付き確率は $\dfrac{2}{6}$ である。

ゆえに，2個とも赤球である確率は $\dfrac{3}{7}\times\dfrac{2}{6}=\dfrac{1}{7}$ (答) $\dfrac{1}{7}$

進んだ問題

45. 上の問題1で，取り出した球が2個とも白球である確率を求めよ。

46. 赤球3個，白球5個の計8個の球が袋の中にはいっている。この袋から球を1個取り出して捨て，あらたに白球を1個入れてよくかき混ぜてから球を1個取り出すとき，その球が赤球である確率を求めよ。

進んだ問題の解法

問題2　条件付き確率を利用して，次の確率を求めよ。

(1)　A，B，Cの3人が1回じゃんけんをするとき，Aが1人だけ勝つ確率

(2)　7本のくじの中に2本の当たりくじがはいっている。このくじを，まずAが1本ひき，それをもとにもどさないで続けてBが1本ひくとき，Aが当たる確率$P(A)$とBが当たる確率$P(B)$

解法　(1)　Aの手に対してB，CがともにAに負ける手を出すと考える。

(2)　$P(B)$を求めるには，Aが当たったときBが当たる確率と，Aがはずれたとき Bが当たる確率を計算し，それらを加える。

解答　(1)　Aがグー，チョキ，パーのうちの1つの手を出したとき，BがAに負ける手を出す確率は$\frac{1}{3}$，また，CがAに負ける手を出す確率も$\frac{1}{3}$である。

ゆえに，求める確率は　$\frac{1}{3}\times\frac{1}{3}=\frac{1}{9}$　　　（答）　$\frac{1}{9}$

(2)　Aが当たる確率は　$P(A)=\frac{2}{7}$

また，Bが当たるのは，(i) Aが当たりBも当たる，(ii) Aがはずれ Bが当たるのどちらかの場合である。

(i)　Aが当たったとき$\left(確率\frac{2}{7}\right)$，残りのくじ6本の中で当たりくじは1本であるから，Bの当たる確率は$\frac{1}{6}$

よって，Aが当たりBも当たる確率は　$\frac{2}{7}\times\frac{1}{6}=\frac{1}{21}$　………①

(ii)　Aがはずれたとき$\left(確率\frac{5}{7}\right)$，残りのくじ6本の中で当たりくじは2本であるから，Bの当たる確率は$\frac{2}{6}$

よって，AがはずれBが当たる確率は　$\frac{5}{7}\times\frac{2}{6}=\frac{5}{21}$　………②

(i)，(ii)は同時には起こらないから，Bの当たる確率は①と②の和で

$P(B)=\frac{1}{21}+\frac{5}{21}=\frac{2}{7}$　　　（答）　$P(A)=\frac{2}{7}$，$P(B)=\frac{2}{7}$

注　(2)より，くじびきはひく順序に関係なく公平であることがわかる。

進んだ問題

47．A，B，C，D の 4 人が 1 回じゃんけんをするとき，次の確率を求めよ。

(1) A が 1 人だけ勝つ確率

(2) 4 人のうち 2 人が勝つ確率

48．3 種類の種子 A，B，C があり，それぞれの発芽率は $\frac{2}{5}$，$\frac{3}{4}$，$\frac{1}{3}$ である。

これらの種子を 1 粒ずつまくとき，次の確率を求めよ。

(1) A，B が発芽し，C が発芽しない確率

(2) いずれも発芽しない確率

(3) 少なくとも 1 つは発芽する確率

49．赤球 3 個，白球 4 個，青球 5 個の計 12 個の球が袋の中にはいっている。この袋から続けて球を 2 個取り出すとき，次の確率を求めよ。

(1) 青球，赤球の順に取り出す確率

(2) 取り出した 2 番目の球が白球である確率

(3) 2 個とも同じ色である確率

50．[1]，[1]，[2]，[2]，[3]の 5 枚のカードを裏返してよく混ぜ，カードを 1 枚取り出し，それをもとにもどさないで続けてもう 1 枚カードを取り出すとき，次の確率を求めよ。

(1) 1 回目に取り出したカードの数より，2 回目に取り出したカードの数のほうが大きくなる確率

(2) 1 回目に取り出したカードの数を一の位，2 回目に取り出したカードの数を十の位とする 2 けたの整数が偶数になる確率

51．2 点 A，B は数直線上の原点 O を出発し，数直線上を次のように移動する。さいころを投げて 1 または 2 の目が出たときは点 A は正の向きに 2 移動し，点 B は動かない。それ以外の目が出たときは点 B は負の向きに 1 移動し，点 A は動かない。さいころを 2 回投げるとき，次の問いに答えよ。

(1) 2 点 A，B の距離が 3 になる確率を求めよ。

(2) 2 点 A，B の距離が 4 になる確率を求めよ。

(3) 2 点 A，B の距離が 3 以下になる確率を求めよ。

進んだ問題の解法

問題3　右の表のような賞金のついた10本のくじがあり，このくじを1本ひくためには300円の参加費が必要である。このくじは参加者にとって有利か不利かを判定せよ。

賞金	本数
1000円	2本
100円	8本

解法　賞金の総額は$(1000\times2+100\times8)$円であるから，くじ1本あたりの価値は

$$\frac{1000\times2+100\times8}{10}=280\ (\text{円})$$

である。

上の計算は$1000\times\frac{2}{10}+100\times\frac{8}{10}$と表すことができ，1000，100は金額，$\frac{2}{10}$，$\frac{8}{10}$はその確率であるから，この式は**(金額)×(その確率)の和**になっている。

> **期待値**
> (期待値)＝(数値)×(その確率)の総和

解答　くじ1本あたりの賞金の期待値は

$$1000\times\frac{2}{10}+100\times\frac{8}{10}=280\ (\text{円})$$

であり，参加費300円より低額である。
ゆえに，このくじは参加者には不利である。　　（答）　不利である

進んだ問題

52. 右の表のような賞金のついた20本のくじがあり，このくじを1本ひくためには250円の参加費が必要である。このくじは参加者にとって有利か不利かを判定せよ。

賞金	本数
1000円	1本
500円	3本
100円	16本

53. 毎日200円のこづかいをもらうことと，さいころを投げて1の目が出た日には600円，他の目が出た日には100円もらうことでは，どちらが有利か。

54. 3枚の硬貨を同時に投げるとき，表が出る枚数の期待値を求めよ。

55. 赤球2個，白球3個の計5個の球がはいっている袋から，同時に2個の球を取り出す。取り出した赤球1個につき2点，白球1個につき1点が得られるとき，得点の期待値を求めよ。

13章の問題

1 右の図のような六面体 ABCDE がある。頂点 A を出発して，六面体の辺上を通り E に行く方法は何通りあるか。ただし，どの頂点も 1 回しか通らない。

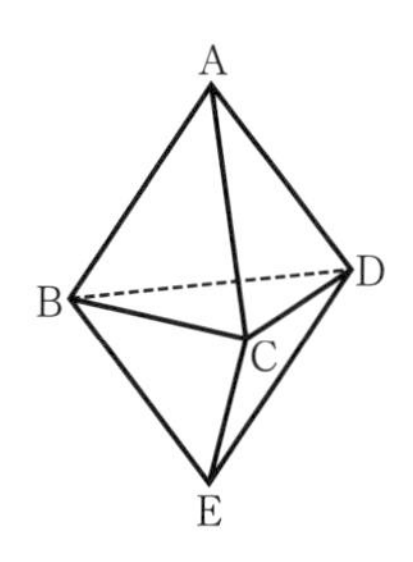

2 1，2，3，4，5，6，7 の 7 つの数のうちの異なる 4 つの数を使って 4 けたの整数をつくる。

(1) 整数は何個できるか。

(2) 3456 より小さい整数は何個できるか。

(3) 大きいほうから順に並べたとき，553 番目の整数を求めよ。

3 −3，−2，−1，0，1，2，3 の数が 1 つずつ書いてある 7 個の球が，袋の中にはいっている。この袋から，取り出した球をもとにもどすことなく，1 個ずつ球を取り出す。

数直線上の原点に点 A がある。袋から取り出した球に書いてある数が，正の数ならばその数だけ数直線上を正の向きに，負の数ならばその絶対値だけ負の向きに点 A を移動させる。また，取り出した球に書いてある数が 0 ならば，点 A は移動させず，そのつぎに球を取り出すことはしない。

(1) 球を 2 個取り出して点 A を移動させるとき，A が原点にある球の取り出し方は何通りあるか。

(2) 球を 3 個取り出して点 A を移動させるとき，次の問いに答えよ。

(i) 点 A が原点にある球の取り出し方は何通りあるか。

(ii) 点 A が原点より右にある球の取り出し方は何通りあるか。

4 右の図のように，三角形の辺上に 7 つの点がある。これら 7 点から 3 点を選び，それらを頂点とする三角形をつくる。

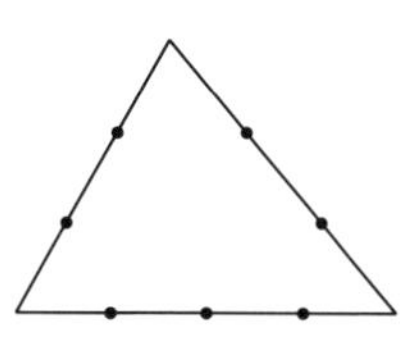

(1) 各辺から 1 点ずつ選ぶとき，三角形は何個できるか。

(2) 1 つの辺から 2 点を選び，他の辺から 1 点を選ぶとき，三角形は何個できるか。

5　6個のケーキを3枚の皿に分けるとき，次のような分け方は何通りあるか。ただし，それぞれの皿には少なくとも1個のケーキをのせる。

(1)　同じ6個のショートケーキを，区別がつかない3枚の皿に分ける。

(2)　同じ6個のショートケーキを，A，B，Cの3枚の皿に分ける。

(3)　たがいに異なる6個のケーキを，A，B，Cの3枚の皿に分ける。

(4)　たがいに異なる6個のケーキを，区別がつかない3枚の皿に分ける。

6　4人が1回じゃんけんをするとき，次の確率を求めよ。

(1)　1人だけが勝つ確率　　　　(2)　勝負がつかない確率

7　大小2つのさいころを同時に投げて，出た目の数をそれぞれa，bとする。

(1)　2直線 $y=ax$ と $y=bx+1$ が交わる確率を求めよ。

(2)　xについての方程式 $ax+3=-x+b$ の解が整数となる確率を求めよ。

(3)　$a(a-b)$が正の整数であり，3の倍数でもある確率を求めよ。

8　4つの箱A，B，C，Dのすべてに，赤，青，白の3色の球が1個ずつ計3個はいっている。これらの箱から同時に球を1個ずつ取り出す。

(1)　取り出した4個の球の色が同じである確率を求めよ。

(2)　取り出した4個の球に3色すべてがふくまれている確率を求めよ。

(3)　取り出した球の色が2色だけである確率を求めよ。

9　右の図のように，円周を8等分する点A，B，C，D，E，F，G，Hがあるとき，次の確率を求めよ。

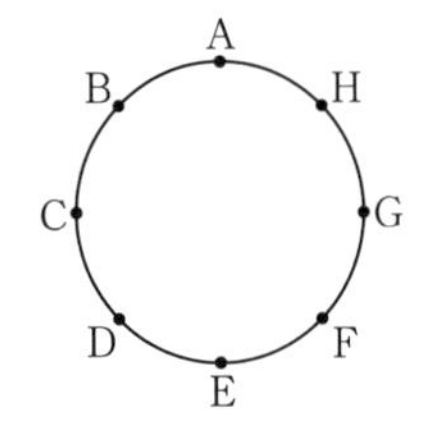

(1)　これら8点の中から異なる3点を結んでつくる三角形が直角三角形である確率

(2)　これら8点の中から異なる4点を結んでつくる四角形が台形（正方形や長方形をふくまない）である確率

10　右の図のように，同じ大きさの赤，青，黄，白の球が1個ずつはいっている袋と，左から赤，青，黄，白の順に並んでいる4つの箱がある。この袋から球を1個ずつ取り出し，左から順に4つの箱に1個ずつ入れる。

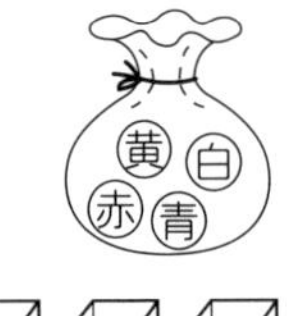

(1)　赤い箱に赤球がはいり，残りの箱に箱の色と異なる色の球がはいる確率を求めよ。

(2)　4つの箱のうち2つだけに，箱の色と同じ色の球がはいる確率を求めよ。

(3)　箱の色とその中の球の色がすべて異なる確率を求めよ。

11 1から10までの整数が1つずつ書いてある10枚のカードが袋の中にはいっている。この袋からカード1枚を取り出し，カードに書いてある数を調べて袋にもどすことを3回くり返す。カードの数が2で割りきれれば2点，3で割りきれれば3点，2でも3でも割りきれれば5点が得られ，それ以外の数の場合には得点が得られず，かつこれまでの合計得点が0点になるものとする。

(1) 3回終了したとき起こりうる合計得点の中で，最も確率の低い得点とその確率を求めよ。

(2) 3回終了したときの合計得点が次の得点になるときの確率を求めよ。

(i) 0点　　(ii) 10点　　(iii) 5点

12 半径の比が $1:2:\sqrt{6}$ の同心円によってつくられた的(まと)がある。矢が的に当たったとき，内側の円から順に3点，2点，1点の得点が与えられ，はずれたときは0点となる。恵さんは $\frac{3}{4}$ の確率で矢を的に当てることができる。ただし，的のどの部分に当たるかは各部分の面積に比例するものとする。

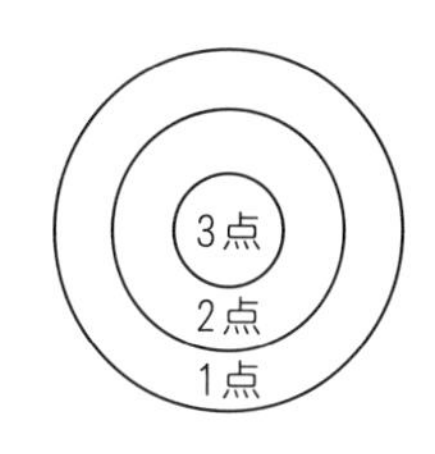

(1) 恵さんが矢を1回射るとき，それぞれの得点の確率を求め，右の表の空らんをうめよ。

得点	3点	2点	1点	0点
確率				

(2) 恵さんが矢を2回射るとき，得点の合計が2点となる確率を求めよ。

(3) 恵さんが矢を3回射るとき，1回も的をはずさない確率を求めよ。

(4) 恵さんが矢を3回射るとき，得点の合計が3点となる確率を求めよ。

13 A，B，Cの3人が次のルールで何回かじゃんけんを続ける。2回目のじゃんけんで，Aが勝者に決まる確率を求めよ。

（ルール1） 1人だけが勝ったときは，その1人を勝者として終わる。

（ルール2） 2人が勝ったときは，次の回はその2人で行う。

（ルール3） 引き分けたときは，次の回も同じメンバーで行う。

14 次の期待値を求めよ。

(1) 1つのさいころを1回投げるときの目の期待値

(2) 1つのさいころを2回投げるときの目の和の期待値

15 赤球2個，白球3個，青球4個の計9個の球が箱の中にはいっている。この箱から同時に2個の球を取り出す。取り出した赤球1個につき3点，白球1個につき2点，青球1個につき1点が得られるとき，得点の期待値を求めよ。

14章 データの整理と活用

1…データの整理

基本問題

1. 下のデータは，あるクラスの生徒 40 人が最近 1 か月に読んだ本の冊数を示したものである。このデータをもとにして，右の度数分布表を完成せよ。

3	2	0	4	3	5	2	3	2	4
5	3	1	4	2	3	2	1	3	2
3	4	2	3	1	3	6	2	2	3
0	4	3	4	3	2	1	6	2	4

冊数	人数
0	
1	
2	
3	
4	
5	
6	
計	40

2. 右の表は，生徒 30 人のボール投げの記録の度数分布表である。この度数分布表をもとにして，ヒストグラムをつくれ。

階級(m)	度数(人)
以上　未満	
12 ～ 16	1
16 ～ 20	3
20 ～ 24	5
24 ～ 28	9
28 ～ 32	7
32 ～ 36	3
36 ～ 40	2
計	30

度数分布

階級　変量の値を区切って設けた区間
階級値　階級の中央の値
度数　各階級に属しているデータの個数
累積度数　最小の階級から各階級までの度数の合計
相対度数　各階級の度数の総数（総度数）に対する割合
累積相対度数　最小の階級から各階級までの相対度数の合計
注 気温などある特性を表す数量を**変量**といい，変量の測定値の集まりを**データ**という。

例題1　次の表は，生徒 30 人の通学時間の度数分布表である。

階級(分)	階級値(分)	度数(人)	相対度数	累積度数(人)	累積相対度数
以上　未満 5 ～ 10		2			
10 ～ 15		10			
15 ～ 20		8			
20 ～ 25		7			
25 ～ 30		2			
30 ～ 35		1			
計		30			

(1)　表の階級値と累積度数のらんをうめよ。
(2)　表の相対度数と累積相対度数のらんをうめよ。ただし，相対度数は，四捨五入して小数第 2 位まで求めよ。
(3) (i)　相対度数のヒストグラムと相対度数折れ線をつくれ。
　(ii)　累積度数折れ線と累積相対度数折れ線をつくれ。

解答　(1)，(2)

階級(分)	階級値(分)	度数(人)	相対度数	累積度数(人)	累積相対度数
以上　未満 5 ～ 10	**7.5**	2	**0.07**	**2**	**0.07**
10 ～ 15	**12.5**	10	**0.33**	**12**	**0.40**
15 ～ 20	**17.5**	8	**0.27**	**20**	**0.67**
20 ～ 25	**22.5**	7	**0.23**	**27**	**0.90**
25 ～ 30	**27.5**	2	**0.07**	**29**	**0.97**
30 ～ 35	**32.5**	1	**0.03**	**30**	**1.00**
計		30	**1.00**		

(3) (i)

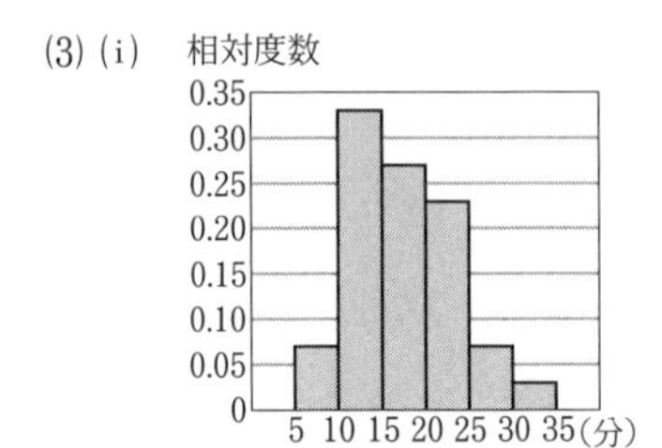

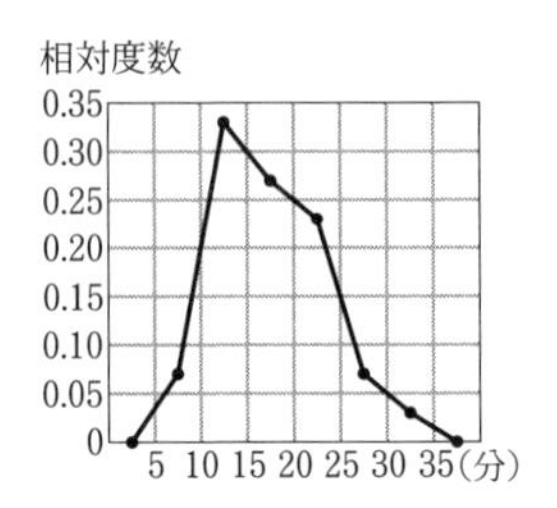

(ii)

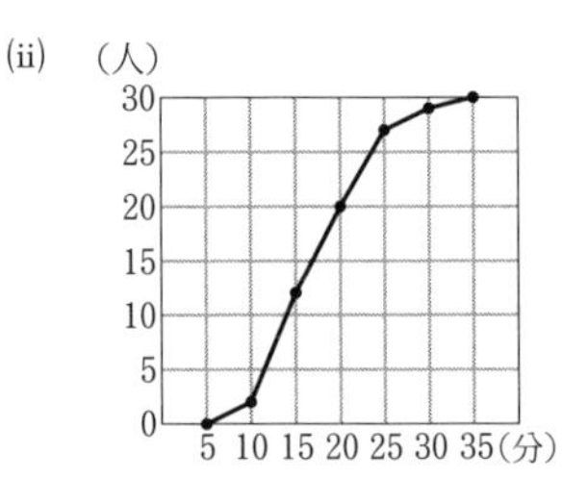

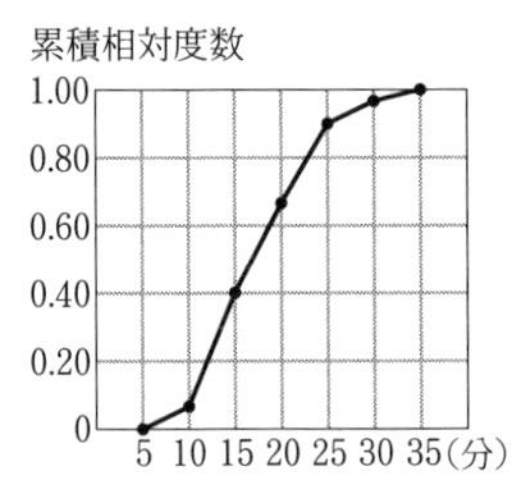

注 (3) (ii) 累積度数折れ線は，累積度数のヒストグラムの1つ1つの長方形の右上の頂点を結んでつくる。

演習問題

3. 基本問題2の度数分布表について，次の問いに答えよ。

(1) 度数折れ線をつくれ。

(2) 表に累積度数のらんをつけ加え，表を完成せよ。

4. 右の図は，ある中学校の女子 x 人について，握力テストの結果をヒストグラムで表したものである。

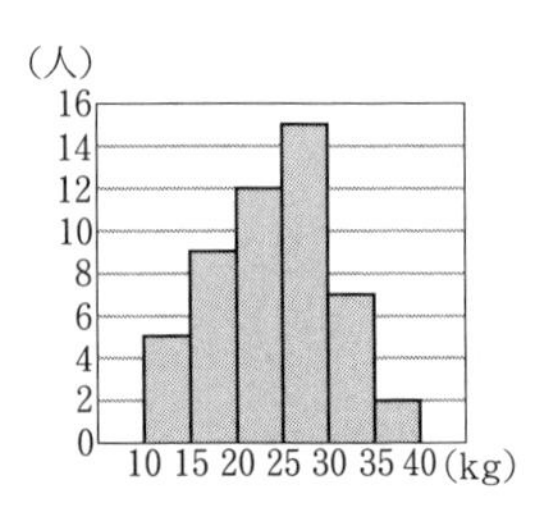

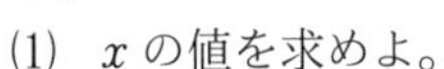
(1) x の値を求めよ。

(2) 握力が20kg以上35kg未満である生徒の人数を求めよ。

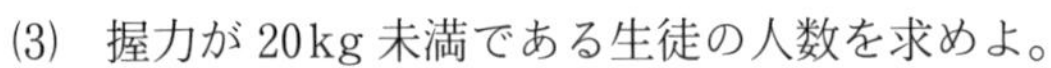
(3) 握力が20kg未満である生徒の人数を求めよ。

(4) 握力が25kg以上である生徒は，全体の何％か。

5. 右の図は，あるクラスの生徒 40 人の 1 日の学習時間を調べてつくった累積度数折れ線である。

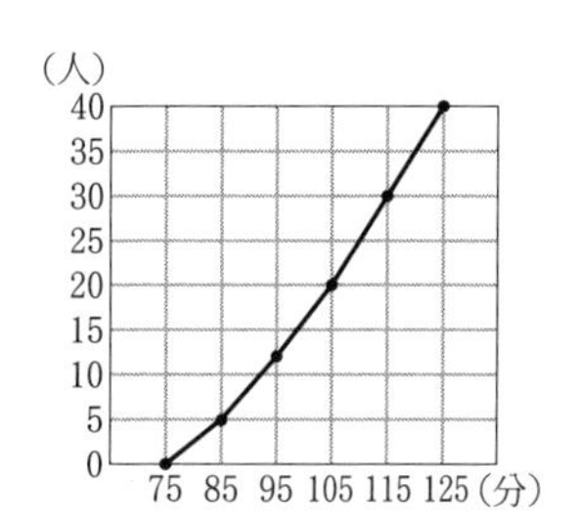

(1) 85 分学習した生徒は，学習時間が少ないほうから何番目か。

(2) 学習時間が多いほうから 20 番目の生徒は，少なくとも何分以上学習したか。

(3) 学習時間が 85 分以上 115 分未満の生徒は何人か。

6. 次の表は，ある都市の 1 か月間における 1 日の平均気温の記録である。

日	1 日	2 日	3 日	4 日	5 日	6 日	7 日	8 日	9 日	10 日
気温(℃)	19.5	19.0	19.7	23.0	24.8	23.3	22.5	21.3	18.3	16.0
日	11 日	12 日	13 日	14 日	15 日	16 日	17 日	18 日	19 日	20 日
気温(℃)	15.6	16.5	18.8	16.0	20.5	21.3	21.1	19.7	18.5	17.7
日	21 日	22 日	23 日	24 日	25 日	26 日	27 日	28 日	29 日	30 日
気温(℃)	18.1	17.1	18.5	19.2	17.0	15.1	15.3	15.3	15.6	16.8

(1) 階級を 15℃ 以上 17℃ 未満，17℃ 以上 19℃ 未満，…として，相対度数分布表をつくれ。ただし，相対度数は，四捨五入して小数第 2 位まで求めよ。

(2) 相対度数のヒストグラムと相対度数折れ線をつくれ。

(3) (1)でつくった相対度数分布表に累積相対度数のらんをつけ加え，表を完成せよ。

7. 右の表は，A 中学校の 3 年生男子 75 人について，50m 走の記録をまとめた相対度数分布表である。a，b，c，d の値を求めよ。

階級(秒) 以上　未満	度数(人)	相対度数
6.2 ～ 6.5	3	0.04
6.5 ～ 6.8	9	0.12
6.8 ～ 7.1	15	a
7.1 ～ 7.4	c	d
7.4 ～ 7.7	12	0.16
7.7 ～ 8.0	9	0.12
8.0 ～ 8.3	b	0.08
計	75	1.00

2…代表値

基本問題

8. サッカーの15試合について，各試合で両チームが得た得点の合計を調べたところ，次のような結果になった。

1　1　0　2　3
0　2　4　2　5
3　2　1　3　4

(1) 平均値を求めよ。
(2) 中央値を求めよ。
(3) 最頻値を求めよ。

代表値
平均値　データの値の合計を総度数で割った値（変量をxとするとき，平均値を$\overline{x}$で表すことが多い）
中央値（メジアン）　データを値の大きさの順に並べたとき，中央にある値。データが偶数個のときは中央の2つの値の平均値
最頻値（モード）　度数の最も多い値，または度数の最も多い階級の階級値

9. ある朝，バスを待っている間に，乗用車25台について，1台ごとに乗っている人数を調べた。右の表は，その結果をまとめた度数分布表である。
(1) 平均値を求めよ。
(2) 中央値を求めよ。
(3) 最頻値を求めよ。

乗車人数	台数
1	11
2	8
3	2
4	3
5	1
計	25

10. 次のデータは，生徒20人に実施した数学の小テストの得点である。

7　9　6　7　10　8　7　5　8　7
9　6　8　7　8　7　8　8　7　10

(1) 平均値を求めよ。
(2) 中央値を求めよ。
(3) 最頻値を求めよ。

例題2　右の表は，あるクラスの生徒40人の通学時間の度数分布表である。

(1)　平均値を求めよ。

(2)　最頻値を求めよ。

階級(分)	階級値(分)	度数(人)
以上　未満 5 ～ 10	7.5	3
10 ～ 15	12.5	14
15 ～ 20	17.5	10
20 ～ 25	22.5	8
25 ～ 30	27.5	3
30 ～ 35	32.5	2
計		40

解説　度数分布表から平均値を求めるには，次のようにする。

同じ階級に属しているデータはすべてその階級値をもっていると考え，(階級値 x×度数 f) の合計を総度数で割って平均値 $\overline{x}$ を求める。

$$(\text{平均値 }\overline{x})=\frac{(\text{階級値 }x\times\text{度数 }f)\text{ の合計}}{(\text{総度数})}$$

最頻値は，度数の最も多い階級の階級値である。

解答　(1)　(階級値 x×度数 f) の合計は右の表より700.0であるから

$$\frac{700.0}{40}=17.5$$

(答)　17.5分

(2)　12.5分

階級(分)	階級値 x	度数 f	$x\times f$
以上　未満 5 ～ 10	7.5	3	22.5
10 ～ 15	12.5	14	175.0
15 ～ 20	17.5	10	175.0
20 ～ 25	22.5	8	180.0
25 ～ 30	27.5	3	82.5
30 ～ 35	32.5	2	65.0
計		40	700.0

注　平均値を計算するとき，平均値に近いと思われる数値を仮の平均値と考え，階級値から仮の平均値をひいた値の平均値を求めることにより，計算を簡単にすることができる。このような仮の平均値を**仮平均**という。

この問題において，仮平均を17.5分とすると，

$$17.5+\frac{(-10)\times3+(-5)\times14+0\times10+5\times8+10\times3+15\times2}{40}$$

$$=17.5+\frac{0}{40}=17.5$$

となる。

演習問題

11. 基本問題 2 の度数分布表から，平均値，最頻値を求めよ。ただし，平均値は，四捨五入して小数第 1 位まで求めよ。

12. あるクラスで，生徒 40 人のある日の家庭学習時間を調べた。右の表は，その結果をまとめた度数分布表である。

(1) 平均値を求めよ。

(2) 最頻値を求めよ。

階級(分) 以上 未満	度数(人)
75 ～ 85	3
85 ～ 95	6
95 ～ 105	12
105 ～ 115	10
115 ～ 125	9
計	40

13. 右の表は，生徒 45 人に実施した小テストの得点の度数分布表である。このテストの平均点はちょうど 3 点であった。

(1) x，y の値を求めよ。

(2) 中央値を求めよ。

(3) 最頻値を求めよ。

得点	人数
0	2
1	5
2	9
3	x
4	13
5	y
計	45

14. 右の表は，生徒 40 人のハンドボール投げの記録の度数分布表である。

(1) 投げた距離が 26m 以上であった生徒は，全体の何 % になるか。

(2) 平均値を求めよ。

(3) a，b の値を求めよ。

(4) 最頻値を求めよ。

階級(m) 以上 未満	階級値 x	度数 f	$x \times f$
10 ～ 14	12	a	
14 ～ 18	16	b	
18 ～ 22	20	12	240
22 ～ 26	24	11	264
26 ～ 30	28	4	112
30 ～ 34	32	2	64
計		40	840

3…四分位数と箱ひげ図

データの散らばりと四分位数

四分位数（しぶんいすう）　データを値の小さい順に並べて，4つに等しく分けたときの3つの区切りの値

第1四分位数（Q_1）　データの前半部分の中央値

第2四分位数（Q_2）　データ全体の中央値

第3四分位数（Q_3）　データの後半部分の中央値

範囲（レンジ）　（最大値）−（最小値）

四分位範囲　Q_3-Q_1

四分位偏差（へんさ）　$\dfrac{Q_3-Q_1}{2}$

● データの個数が奇数の場合

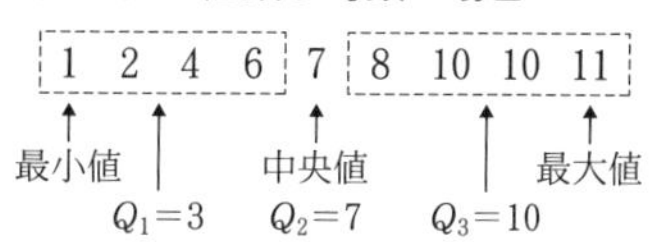

● データの個数が偶数の場合

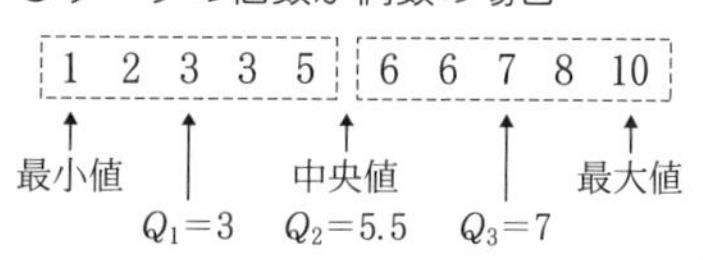

基本問題

15. 下の(i)〜(iii)のデータについて，次の問いに答えよ。

(i)　16　26　23　19　13　18　21　25　19　23　13

(ii)　23　16　17　20　28　19　12　23　21　17　10　24

(iii)　15　9　23　11　14　25　13　5　25　15　28　11　20

(1)　それぞれのデータの四分位数を求めよ。

(2)　それぞれのデータの範囲，四分位範囲，四分位偏差を求めよ。

16. 次のデータは，2つの袋A，Bにはいった10個のみかんの重さ（単位はg）を調べたものである。

（袋A）　73　84　77　72　85　93　74　80　91　73

（袋B）　72　63　68　82　77　62　66　73　64　68

(1)　範囲が大きいのは袋A，Bのどちらか。

(2)　四分位範囲が小さいのは袋A，Bのどちらか。

進んだ問題

17. 次のデータは，12人の生徒に実施した30点満点の計算テストの得点である。

29　19　30　23　21　26　21　22　16　27　17　a

このデータの四分位範囲が7.5点であるとき，考えられるaの値をすべて求めよ。

例題3 次のデータは，生徒 13 人のハンドボール投げの記録（単位は m）である。このデータの箱ひげ図をかけ。

25　30　21　17　34　26　39　34　23　26　24　36　29

解説 データを値の小さい順に並べ，最小値，第 1 四分位数，中央値，第 3 四分位数，最大値を求め，箱ひげ図をかく。

解答 データを値の小さい順に並べると

17　21　23　24　25　26　26
29　30　34　34　36　39

よって，最小値は 17，最大値は 39，
中央値は 26

第 1 四分位数は $\dfrac{23+24}{2}=23.5$

第 3 四分位数は $\dfrac{34+34}{2}=34$

ゆえに，このデータの箱ひげ図は下の図のようになる。

（答） 下の図

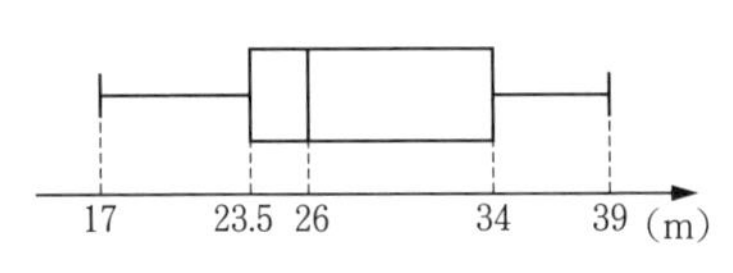

箱ひげ図

データの散らばり具合を，最小値，第 1 四分位数，中央値（第 2 四分位数），第 3 四分位数，最大値を使って表すことを**5 数要約**という。

5 数要約を箱と線（ひげ）を用いて 1 つの図に表したものを**箱ひげ図**という。箱の横の長さは四分位範囲を表している。

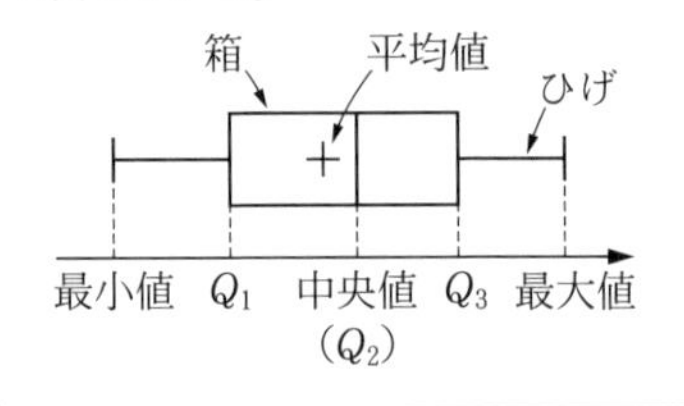

演習問題

18. 基本問題 15 で求めた四分位数をもとにして，(i)〜(iii)それぞれのデータの箱ひげ図をかけ。

19. 右の図は，50 人の生徒に実施した数学のテストの結果を，箱ひげ図で表したものである。中央値が 55 点であるとき，次のような生徒の人数として考えられる最小の値と最大の値を求めよ。

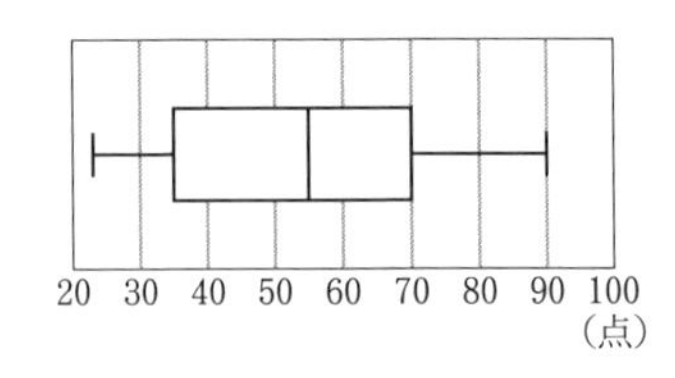

(1) 40 点未満の生徒　　(2) 60 点未満の生徒

20. 右の図は，生徒 100 人に対して，数学と英語のそれぞれ 100 点満点のテストを実施した結果を，箱ひげ図で表したものである。この箱ひげ図から読み取れることとして正しいものを，次の(ア)～(オ)からすべて選べ。

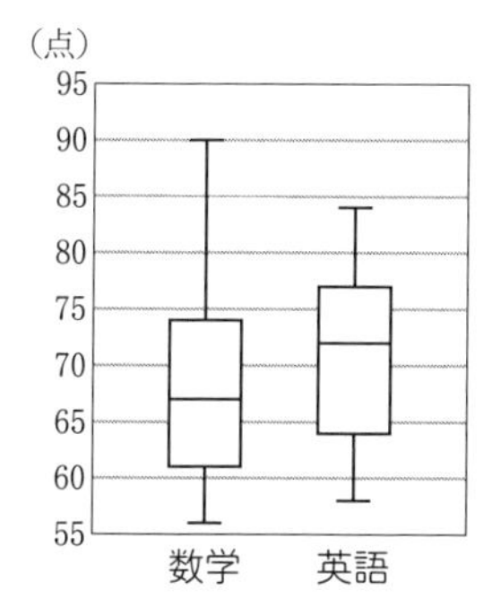

(ア)　数学と英語の両方の得点が，80 点以上 85 点未満の生徒がいる。

(イ)　85 点より得点の高い生徒が数学にはいるが，英語にはいない。

(ウ)　数学の得点が 70 点以上である生徒は，50 人よりも多い。

(エ)　英語の得点が 70 点以上である生徒は，50 人よりも多い。

(オ)　数学の上から 50 番目の生徒の得点は，英語の下から 25 番目の生徒の得点よりも高い。

21. 次の図は，バスケットボール部の部員 A，B，C 3 人の 17 試合の得点を，それぞれ箱ひげ図で表したものである。

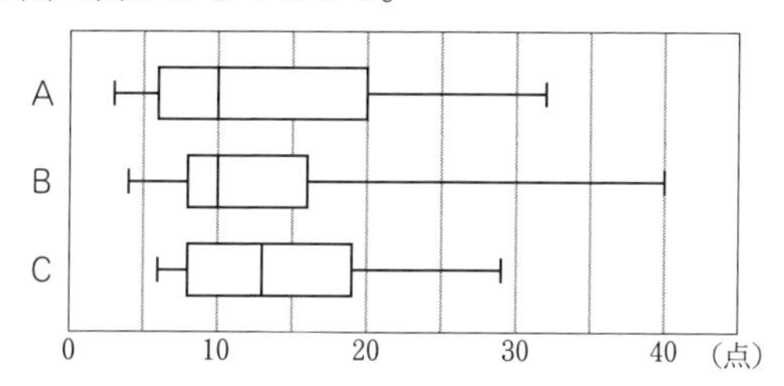

(1)　3 人を範囲が大きいほうから順に並べよ。

(2)　3 人を四分位範囲が大きいほうから順に並べよ。

(3)　この箱ひげ図から読み取れることとして正しくないものを，次の(ア)～(オ)からすべて選べ。

(ア)　3 人の中で，1 試合の最多得点をあげたのは B である。

(イ)　3 人を比べたとき，第 1 四分位数と中央値の差が最も小さいのは A である。

(ウ)　3 人を比べたとき，1 試合の最少得点が最も高いのは C である。

(エ)　A の 10 点未満の試合数は，20 点以上の試合数のちょうど 2 倍である。

(オ)　B と C で 10 点以下の試合数を比べたとき，B の試合数は C の試合数より多い。

22. 右の図は，生徒 36 人の握力テストの結果をヒストグラムで表したものである。このヒストグラムに対応する箱ひげ図として考えられるものを，下の(ア)～(カ)からすべて選べ。

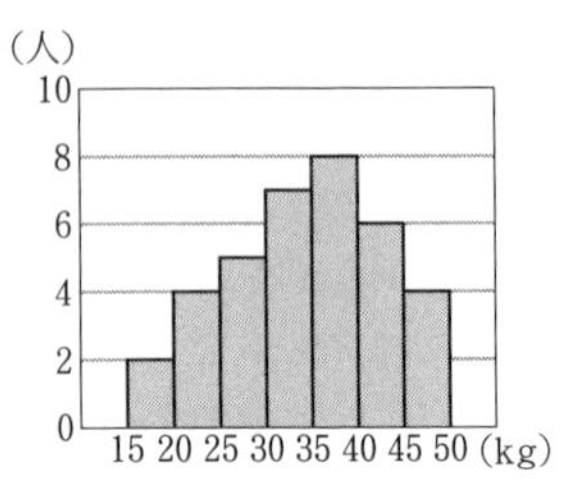

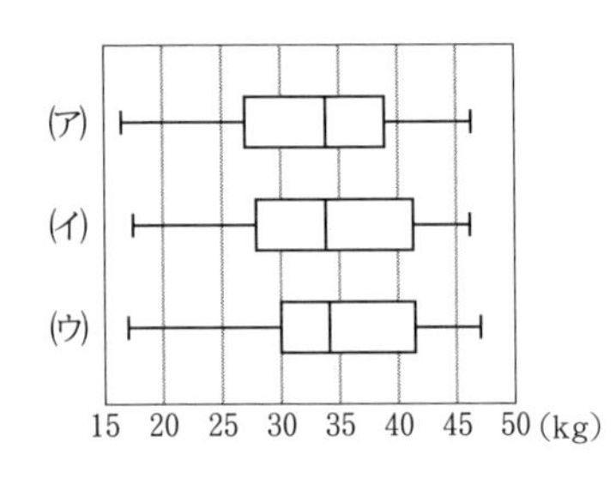

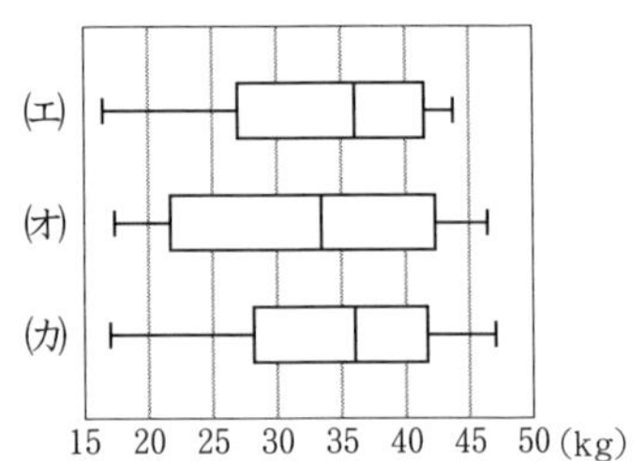

23. 右の図は，生徒 40 人に，4 教科 A，B，C，D のそれぞれ 100 点満点のテストを実施した結果を，箱ひげ図で表したものである。A～D に対応するヒストグラムを下の(ア)～(エ)からそれぞれ選び，A－(ア)のように答えよ。

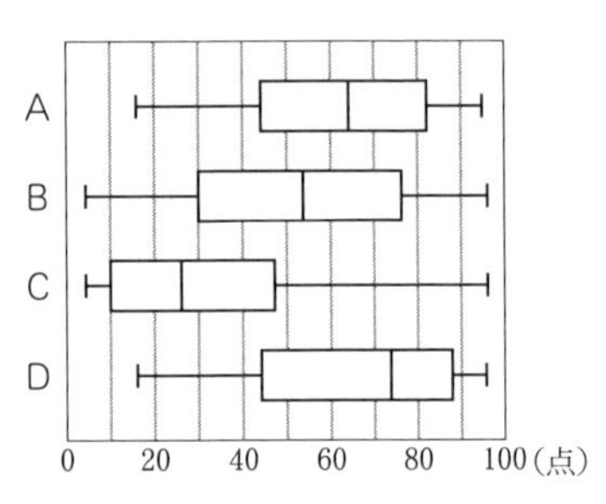

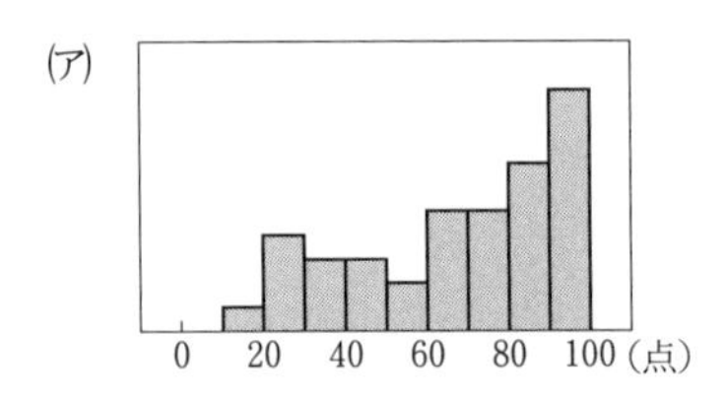

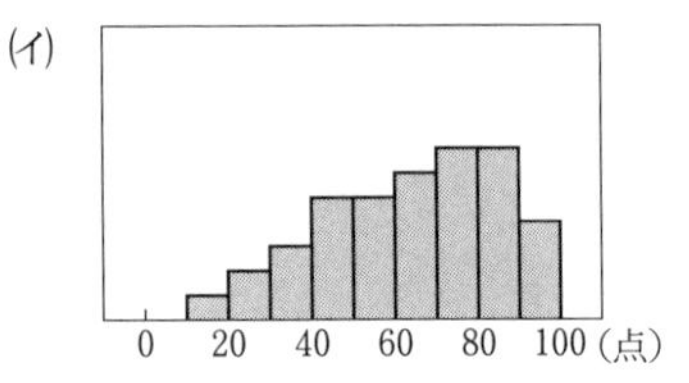

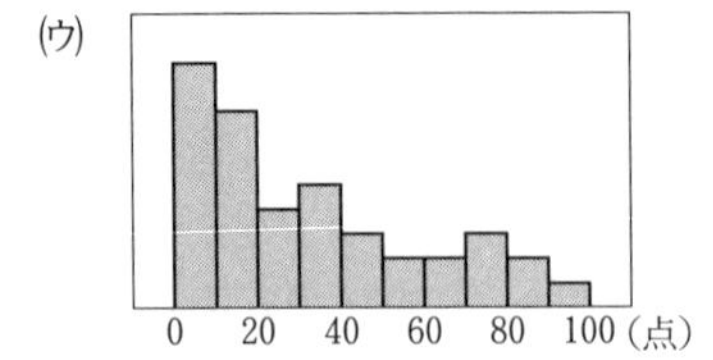

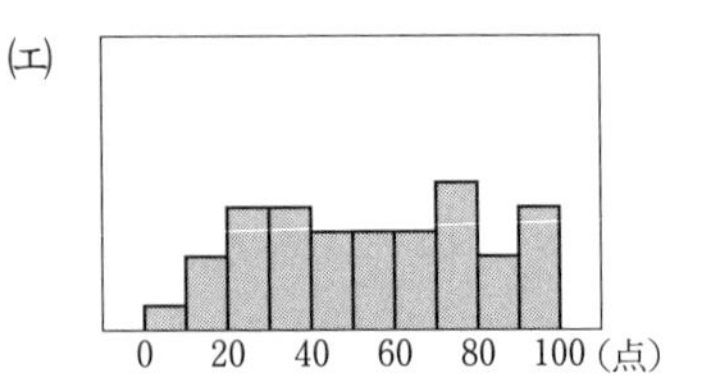

進んだ問題の解法

問題1 下の表は，生徒 20 人が垂直跳び（cm）と走り幅跳び（cm）を行ったときの記録である。

(1) 2 つの変量の関係を座標平面上の点で表した図を散布図という。垂直跳びの記録を x 座標，走り幅跳びの記録を y 座標とする点をとり，散布図をつくれ。

(2) 散布図から，垂直跳びと走り幅跳びの記録の間に，どのような関係があるといえるか。

出席番号	1番	2番	3番	4番	5番	6番	7番	8番	9番	10番
垂直跳び	46	41	38	59	69	65	58	53	58	55
走り幅跳び	339	273	245	385	412	409	339	315	351	330
出席番号	11番	12番	13番	14番	15番	16番	17番	18番	19番	20番
垂直跳び	43	51	65	53	59	50	48	45	61	50
走り幅跳び	322	365	372	346	350	337	330	314	410	370

解法 (1) 散布図をつくるとき，座標のめもりの幅が小さすぎたり大きすぎたりすると，2 つの変量の関係がわかりにくくなる。このデータでは，x 座標は 30cm から 80cm までの範囲，y 座標は 200cm から 450cm までの範囲でつくる。

(2) 一方の変量が大きいほど他方の変量が大きいという直線的な傾向が見られるとき，2 つの変量に**正の相関関係**があるという。また，一方の変量が大きいほど他方の変量が小さいという直線的な傾向が見られるとき，**負の相関関係**があるという。

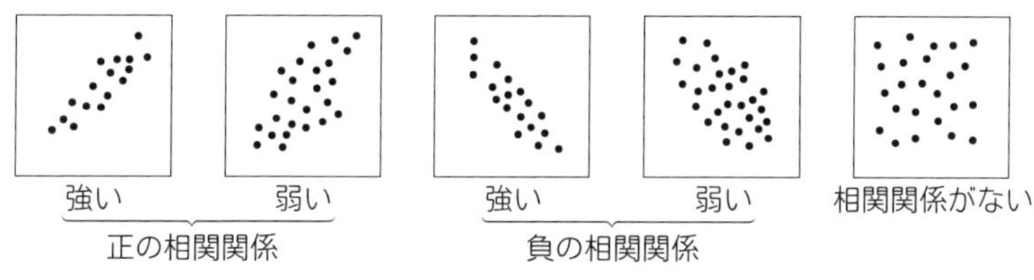

解答 (1)

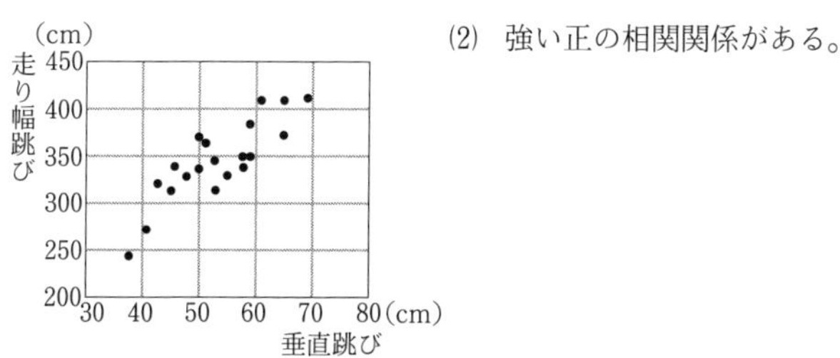

(2) 強い正の相関関係がある。

進んだ問題

24. 下の表は，生徒 20 人のハンドボール投げと握力の記録である。

(1) 散布図をつくれ。

(2) ハンドボール投げと握力の相関関係をいえ。

出席番号	1 番	2 番	3 番	4 番	5 番	6 番	7 番	8 番	9 番	10 番
ハンドボール投げ(m)	24.2	21.1	23.4	18.7	21.7	20.4	23.9	19.9	23.0	17.2
握力(kg)	31.6	29.6	35.1	28.3	28.9	31.5	31.0	26.8	30.3	26.9
出席番号	11 番	12 番	13 番	14 番	15 番	16 番	17 番	18 番	19 番	20 番
ハンドボール投げ(m)	22.3	19.5	20.8	23.5	22.2	19.0	16.3	22.2	19.1	25.2
握力(kg)	31.1	31.2	23.3	33.2	33.1	22.4	24.1	32.3	28.7	34.6

25. 下の表は，ある日の 8 時から 21 時までの気温と湿度を測定した記録である。

(1) 散布図をつくれ。

(2) 気温と湿度の相関関係をいえ。

時刻	8 時	9 時	10 時	11 時	12 時	13 時	14 時
気温(℃)	6	8	10	13	15	16	17
湿度(%)	80	70	60	50	40	38	35
時刻	15 時	16 時	17 時	18 時	19 時	20 時	21 時
気温(℃)	16	15	11	9	9	8	5
湿度(%)	40	50	60	70	75	78	80

26. 下の表は，生徒 20 人の数学と音楽のテストの得点である。

(1) 散布図をつくれ。

(2) 数学と音楽のテストの得点の相関関係をいえ。

出席番号	1 番	2 番	3 番	4 番	5 番	6 番	7 番	8 番	9 番	10 番
数学(点)	93	70	51	90	81	73	99	84	63	43
音楽(点)	84	82	79	74	70	98	74	79	79	88
出席番号	11 番	12 番	13 番	14 番	15 番	16 番	17 番	18 番	19 番	20 番
数学(点)	80	55	61	72	60	70	89	47	63	59
音楽(点)	64	70	69	64	66	70	81	54	70	61

4…標本調査

基本問題

27. 次の調査は，全数調査と標本調査のどちらが適しているか。

(1) 電池の耐用時間検査
(2) 生徒の健康診断
(3) 公共施設の耐震診断
(4) 缶詰の品質検査
(5) テレビ番組の視聴率

調査方法の種類
全数調査 国勢調査のように，対象となる集団の全体に実施する調査
標本調査 視聴率調査のように，集団の一部に実施し，全体を推定する調査
標本の抽出
標本をかたよりなく抽出することを**無作為抽出**または**任意抽出**という。無作為抽出には，くじ，乱数さい，乱数表，コンピュータなどを使う。

28. ある内閣の支持率を調査するために，5人の調査員が200人ずつ電話で聞き取り調査を行い，下のようなデータを得た。この内閣の支持率を推定せよ。

調査員	支持する	支持しない	計
A	118	82	200
B	122	78	200
C	109	91	200
D	110	90	200
E	121	79	200
計	580	420	1000

母集団の平均値の推定
標本平均 標本調査において，抽出された標本の平均値
母集団の平均値 標本の大きさが十分大きいとき，標本平均は母集団の平均値に近い値になる。
母集団の比率の推定
標本比率 標本調査において抽出された標本のうち，ある性質をもっている標本の比率
母集団の比率 標本の大きさが十分大きいとき，標本比率は母集団においてその性質をもっているものの比率に近い値になる。

29. ある地域の1世帯あたりの自動車の保有台数について標本調査をしたところ，標本平均は1.1台であった。この地域の総世帯数が4500世帯であるとき，この地域の住民が保有している自動車の総数を推定せよ。

例題4 ある地区で，1世帯あたりの自転車の保有台数を調査するために，5人の調査員が100世帯ずつ聞き取り調査を行い，右のようなデータを得た。

調査員	0台	1台	2台	3台	4台	5台	計
A	3	17	31	36	11	2	100
B	4	21	32	33	9	1	100
C	2	19	36	31	10	2	100
D	3	23	33	34	6	1	100
E	2	22	35	37	3	1	100
計	14	102	167	171	39	7	500

(1) この地区の1世帯あたりの自転車の保有台数を推定せよ。

(2) この地区の総世帯数が15000世帯であるとき，この地区の住民が保有する自転車の総数を推定せよ。

解説 (1) 標本平均より，1世帯あたりの自転車の保有台数を推定する。

(2) (1世帯あたりの自転車の保有台数)×(総世帯数) より，自転車の総数を推定する。

解答 (1) 500世帯の自転車の保有台数の表より

$$(0\times14+1\times102+2\times167+3\times171+4\times39+5\times7)\div500$$

$$=1140\div500=2.28$$ (答) 2.28台

(2) 1世帯あたりの自転車の保有台数の推定値は2.28台であり，世帯数は15000世帯であるから

$$2.28\times15000=34200$$ (答) 34200台

演習問題

30. ある町で，1世帯あたりのパソコンの保有台数を調査するために，4人の調査員が標本を無作為抽出して，聞き取り調査を行い，右のようなデータを得た。

調査員	0台	1台	2台	3台	4台	計
A	11	41	50	12	1	115
B	12	39	56	13	1	121
C	10	37	53	11	0	111
D	8	34	48	13	0	103
計	41	151	207	49	2	450

(1) この町の1世帯あたりのパソコンの保有台数を推定せよ。

(2) この町の総世帯数が8500世帯であるとき，この町の住民が保有するパソコンの総数を推定せよ。

例題5　箱の中に白球がたくさんはいっている。白球の個数を調べるために，同じ大きさの赤球300個をこの箱の中に入れ，よくかき混ぜてから100個取り出したところ，赤球が12個あった。はじめにこの箱の中にはいっていた白球の個数を推定せよ。

（解説）箱の中の白球の個数と赤球300個の比が，取り出した100個についての白球の個数と赤球の個数の比と等しいと考える。

（解答）箱の中の白球の個数を x 個とする。

取り出した100個について

（白球の個数）：（赤球の個数）＝（100－12）：12

よって　$x:300=88:12$

ゆえに　$x=2200$　　（答）2200個

演習問題

31. 大きな池でコイを養殖している。池に何匹のコイがいるかを調べるために，200匹捕まえて印をつけてから池にもどした。数日後，60匹捕まえて印のついたコイを数えたところ，印のついたコイが4匹いた。このとき，この池にいるコイの数を推定せよ。

32. 袋の中に白球がたくさんはいっている。白球の個数を調べるために，同じ大きさの赤球50個をこの袋の中に入れ，よくかき混ぜてから無作為に30個の球を取り出し，白球と赤球の個数を確認してから袋にもどす実験をくり返して，次の結果を得た。はじめにこの袋の中にはいっていた白球の個数を推定せよ。

回数	1回	2回	3回	4回	5回	6回	7回	8回	9回	10回
赤球	6	3	4	6	5	4	7	3	6	4
白球	24	27	26	24	25	26	23	27	24	26

33. ある工場でつくられたねじの品質検査をするために，ねじを125本取り出して調べたところ，5本が不合格品であった。このとき，900本の合格品のねじを得るためには，この工場でねじを何本以上つくる必要があるかを推定せよ。

14章の問題

1 次の表は，東京のある年の 9 月の平均気温の記録である。

日	1日	2日	3日	4日	5日	6日	7日	8日	9日	10日
気温(℃)	27.9	25.8	26.9	27.3	28.6	27.3	27.6	28.1	28.8	28.9
日	11日	12日	13日	14日	15日	16日	17日	18日	19日	20日
気温(℃)	28.7	28.1	28.8	28.8	28.3	28.3	27.9	28.0	26.7	27.6
日	21日	22日	23日	24日	25日	26日	27日	28日	29日	30日
気温(℃)	24.7	22.3	20.3	23.2	20.4	21.8	21.2	22.3	24.9	25.7

(1) 階級を 20℃ 以上 22℃ 未満，22℃ 以上 24℃ 未満，…として，度数分布表をつくれ。

(2) ヒストグラムをつくれ。

(3) 度数分布表から平均値を求めよ。四捨五入して小数第 1 位まで求めよ。

2 右の表は，あるクラスの生徒 40 人の小テストの得点の度数分布表である。このテストの問題は 3 題あり，配点は第 1 問が 2 点，第 2 問が 3 点，第 3 問が 5 点で計 10 点である。また，テストの得点の平均点は 6.4 点であった。

得点	人数
2	x
3	2
5	13
7	9
8	y
10	6
計	40

(1) x，y の値を求めよ。

(2) 第 3 問の正解者は 24 人であった。

(i) 第 3 問だけ正解である生徒は何人か。

(ii) 3 題のうち，2 題だけ正解である生徒は何人か。

3 次のデータは，生徒 16 人が 1 週間にインターネットの検索を利用した回数を調べた結果である。

34　27　25　33　43　25　30　38　23　30　33　36　28　a　b　c

このデータの箱ひげ図が下の図のようになるとき，a，b，c の値を求めよ。ただし，$a<b<c$ とする。

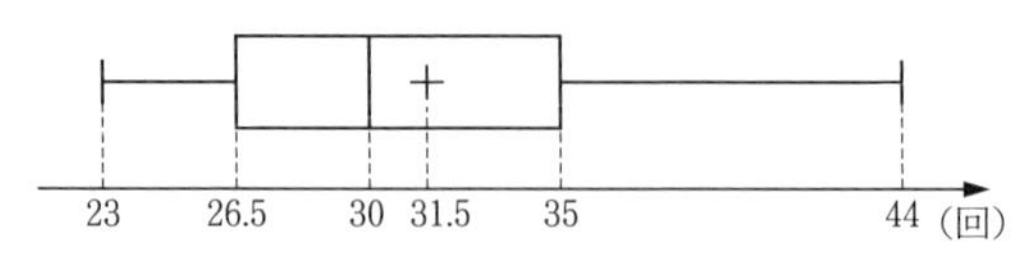

4 次の図は，ある中学校のA，B，C組のそれぞれ12人の生徒が行った100 m走の記録を，箱ひげ図で表したものである。

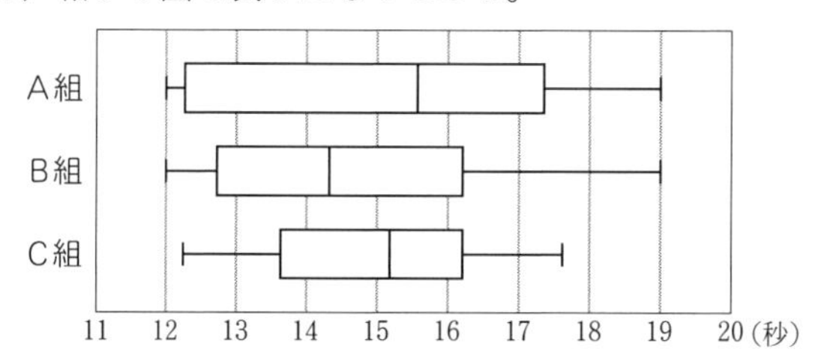

(1) 四分位範囲が最も小さいのはどの組か。

(2) 各組の速いほうの4人でリレーをすると，どの組が勝つと考えられるか。

(3) 各組の速いほうから3，4，6，7番目の4人でリレーをすると，どの組が勝つと考えられるか。

5 袋の中に白と黒の碁石(ごいし)がたくさんはいっている。この袋の中をよくかき混ぜてから10個の碁石を取り出し，白と黒の個数を調べてから袋にもどす実験をくり返して，次の結果を得た。この袋の中の白の碁石と黒の碁石の全体に対する割合を推定せよ。四捨五入して小数第1位まで求めよ。

回数	1回	2回	3回	4回	5回	6回	7回	8回	9回	10回
白石	7	6	6	5	8	6	7	5	4	5
黒石	3	4	4	5	2	4	3	5	6	5

6 幸子さんの家では卵を生産し，毎日出荷している。いままでに生産された卵の重さの相対度数分布表は，右のようになった。ただし，相対度数は小数第3位を四捨五入して求めた近似値である。

サイズ	1個の重さ(g) 以上　未満	相対度数
SS	40 〜 46	0.02
S	46 〜 52	0.05
MS	52 〜 58	x
M	58 〜 64	0.42
L	64 〜 70	0.27
LL	70 〜 76	0.06
計		1.00

(1) xの値を求めよ。

(2) Mサイズの相対度数は0.42であるが，小数第3位を四捨五入する前の値として，考えられる値の範囲を求めよ。

(3) 幸子さんの家では，1日に3000個から3250個の卵が生産される。幸子さんの家ではMサイズの卵10個入りパックを毎日120パック以上出荷することができるかを，(2)の結果を利用して考えよ。また，Lサイズの卵10個入りパックを毎日80パック以上出荷することができるか。

著者

市川　博規　東邦大付属東邦中・高校講師
久保田顕二　桐朋中・高校教諭
中村　直樹　駒場東邦中・高校教諭
成川　康男　玉川大学教授
深瀬　幹雄　筑波大附属駒場中・高校元教諭
牧下　英世　芝浦工業大学教授
町田多加志　筑波大附属駒場中・高校副校長
矢島　弘　桐朋中・高校教諭
吉田　稔　駒場東邦中・高校元教諭

協力

木部　陽一　開成中・高校教諭

新Aクラス中学代数問題集（6訂版）

発行者　斎藤 亮
発行所　昇龍堂出版株式会社
〒101-0062　東京都千代田区神田駿河台2-9
TEL 03-3292-8211 / FAX 03-3292-8214 / https://shoryudo.co.jp

2021年 2月　初版発行
2024年 1月　6版発行

組版所　錦美堂整版　印刷所　光陽メディア　製本所　井上製本所
装丁　麒麟三隻館　装画　アライ・マサト

ISBN978-4-399-01504-3 C6341 ¥1500E　Printed in Japan

新Aクラス
中学代数問題集

6訂版

解答編

昇龍堂出版

この解答編は薄くのりづけされています。軽く引けば簡単にとりはずすことができます。

(24-06)

1章　正の数・負の数

p.1　**1.** 答

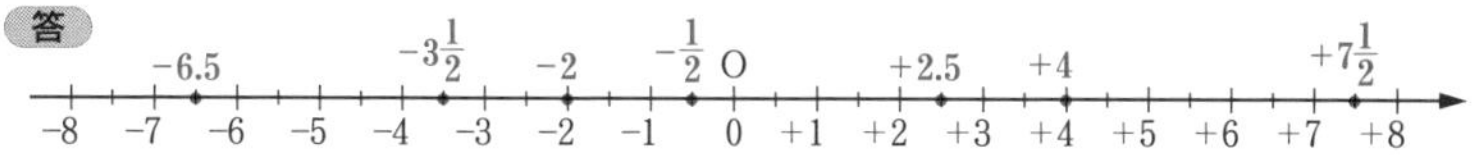

2. 答 A. +3　B. −5　C. $+7\frac{1}{2}$ または +7.5　D. 0　E. $-2\frac{1}{2}$ または −2.5

3. 答 (1) 8　(2) 4　(3) $\frac{1}{3}$　(4) 1.27

解説 一般に，絶対値を答えるときには＋の符号をつけない。

4. 答 (1) 3　(2) 11　(3) 0　(4) $1\frac{2}{3}$　(5) 2.64　(6) $5\frac{3}{4}$

5. 答 (1) $+3<+4$　(2) $+3>-4$　(3) $-3>-4$　(4) $-2.7<+2.5$

(5) $-\frac{4}{3}<-1.3$　(6) $+\frac{1}{2}>-\frac{2}{3}$

p.2　**6.** 答 (1) 小さい順 −3.1，−2.5，$-2\frac{1}{4}$，$-\frac{3}{4}$，0，+3，+3.5，+4

絶対値の大きい順 +4，+3.5，−3.1，+3，−2.5，$-2\frac{1}{4}$，$-\frac{3}{4}$，0

(2) 小さい順 $-2\frac{1}{3}$，−2.3，$-\frac{4}{3}$，−0.9，$+\frac{4}{5}$，+1.1，+2.4

絶対値の大きい順 +2.4，$-2\frac{1}{3}$，−2.3，$-\frac{4}{3}$，+1.1，−0.9，$+\frac{4}{5}$

7. 答 (1) 10 大きい　(2) 6 小さい　(3) 10 小さい　(4) 0　(5) −5.5　(6) −6.4

8. 答 (1) +7 と −7　(2) +13 と +3　(3) +3 と −9　(4) 0 と −20

9. 答 (1) 20 円の不足　(2) 5 点下がる　(3) 10 時間前　(4) 1000 円の利益
(5) 西へ 3km 進む　(6) 15kg の増加

10. 答 (1) −2℃　(2) +6℃　(3) −8℃　(4) −10℃　(5) +7℃

解説 (5) 5℃から 8℃下がり，さらに 10℃上がる。

p.3　**11.** 答 (1) +22　(2) −51　(3) +14.1　(4) −4.62　(5) $+3\frac{5}{6}$ または $+\frac{23}{6}$

(6) $-2\frac{1}{12}$ または $-\frac{25}{12}$

12. 答 (1) +6　(2) +8.9　(3) −2.6　(4) $+1\frac{2}{5}$ または $+\frac{7}{5}$　(5) $-\frac{1}{12}$　(6) $+\frac{5}{6}$

13. 答 (1) 0　(2) +0.81　(3) $-5\frac{1}{8}$ または $-\frac{41}{8}$　(4) 0

14. 答 (1) +51　(2) −12　(3) +7　(4) −1　(5) −2.2　(6) +0.02　(7) 0　(8) −5

p.5　**15.** 答 (1) −20　(2) +16　(3) −55　(4) +8　(5) −11　(6) −38

16. 答 (1) −6.1　(2) −2.9　(3) +3.5　(4) +3.99　(5) −11.51　(6) −1

解説 (6) (与式) $=\{(+17.6)+(-18.2)\}+\{(-6.23)+(-1.22)+(+7.05)\}$
$=(-0.6)+(-0.4)$

17. 答 (1) $-\frac{2}{3}$ (2) $+\frac{1}{4}$ (3) $-\frac{1}{5}$ (4) 0 (5) $+\frac{35}{12}$ (6) $-\frac{7}{12}$

18. 答 (1) $-\frac{14}{15}$ (2) $+\frac{53}{12}$ (3) $+\frac{3}{2}$ (4) $-\frac{3}{40}$

p.6
19. 答 (1) -4 (2) -19 (3) $+22$ (4) $+19$ (5) -34 (6) -16 (7) -5 (8) $+5$

20. 答 (1) $+6$ (2) -10.3 (3) -2.5 (4) $-\frac{5}{6}$ (5) $+\frac{49}{12}$ (6) $+\frac{38}{21}$

21. 答 (1) -10 (2) -34 (3) $+3.7$ (4) $+2.3$

p.7
22. 答 (1) -4 (2) $+5$ (3) $+31$ (4) -30 (5) $+6.1$ (6) $+17.6$ (7) 0 (8) -21
(9) $+1$ (10) $+\frac{5}{2}$

p.8
23. 答 (1) 9 (2) -11 (3) -6 (4) -10 (5) 1.9 (6) -5.4 (7) -0.7 (8) 1.5

24. 答 (1) $\frac{3}{4}$ (2) $-\frac{4}{3}$ (3) 0 (4) -1 (5) $-\frac{4}{3}$ (6) $-\frac{9}{7}$

25. 答 (1) -1 (2) 30 (3) -4.4 (4) -6 (5) $-\frac{1}{3}$ (6) $-\frac{12}{5}$

26. 答 (1) 4 (2) $\frac{5}{14}$ (3) -1 (4) 0

p.9
27. 答 (1) 12 (2) 10 (3) -117 (4) 0 (5) 0 (6) 1 (7) -9.6 (8) $-\frac{1}{8}$
(9) $-\frac{2}{3}$ (10) $\frac{1}{2}$

p.10
28. 答 (1) -120 (2) 840 (3) -1.8 (4) 0 (5) -7.2
解説 (5) (与式) $=-7.2\times(5\times1.6)\times(0.5\times0.25)=-7.2\times(8\times0.125)$
$=-7.2\times1$

29. 答 (1) $-\frac{1}{6}$ (2) 10 (3) $\frac{7}{12}$ (4) -14 (5) $-\frac{21}{2}$

p.11
30. 答 $(-2)^3$ と -2^3, $(-2)\times3$ と -3×2
解説 $(-3)^2=9$, $-3^2=-9$ に注意する。

31. 答 (1) 1 (2) -32 (3) -25 (4) 64 (5) $-\frac{1}{8}$ (6) $\frac{16}{9}$ (7) $\frac{1}{27}$ (8) $\frac{9}{4}$
解説 小数や帯分数の累乗は仮分数になおしてから計算する。
(8)は 2.25 でもよい。

32. 答 (1) -1 (2) -8 (3) 72 (4) -72 (5) 16 (6) -400 (7) -81 (8) 1800

33. 答 (1) $\frac{9}{4}$ (2) $\frac{25}{16}$ (3) -18 (4) -1
解説 (4) (与式) $=-\{(-0.5)\times(-2)\}^4=-1^4=-1$ と計算してもよい。

34. 答 (1) $\frac{1}{2}$ または 0.5 (2) -10 (3) $-\frac{2}{9}$

p.12
35. 答 (1) -4 (2) -5 (3) 5 (4) 0 (5) -1 (6) -4 (7) 5
(8) $-\frac{1}{2}$ または -0.5

36. 答 (1) 8 (2) $-\frac{2}{9}$ (3) $-\frac{3}{10}$ (4) $\frac{2}{3}$

p.13 **37.** 答 (1) -2 (2) 1 (3) $-\frac{3}{8}$ (4) $\frac{7}{5}$ (5) $\frac{5}{14}$ (6) -2 (7) -6 (8) $-\frac{1}{6}$

(9) $\frac{4}{5}$ または 0.8 (10) $\frac{1}{15}$

解説 (9) (与式)$=+\left(\frac{21}{10}\div\frac{3}{2}\div\frac{7}{4}\right)=\frac{21}{10}\times\frac{2}{3}\times\frac{4}{7}$

38. 答 (1) -10 (2) 1 (3) -6 (4) 8 (5) -343 (6) $\frac{8}{5}$ または 1.6 (7) -1

(8) $\frac{14}{5}$ (9) $\frac{1}{8}$ (10) $-\frac{1}{2}$

p.14 **39.** 答 (1) $\frac{5}{2}$ (2) -2 (3) -3 (4) -1 (5) $-\frac{8}{9}$ (6) $-\frac{1}{2}$ (7) $\frac{1}{3}$ (8) $\frac{1}{18}$

40. 答 (1) $-\frac{9}{32}$ (2) $-\frac{2}{3}$ (3) 16 (4) $\frac{75}{8}$ (5) $-\frac{1}{2}$ (6) 400 (7) -9 (8) $\frac{4}{25}$

(9) $-\frac{1}{25}$ (10) -270

41. 答 (1) $\frac{9}{2}$ (2) $-\frac{8}{3}$ (3) $-\frac{1}{5}$ (4) -7 (5) $\frac{1}{10}$ または 0.1 (6) $-\frac{3}{7}$

(7) $\frac{8}{9}$ (8) $-\frac{1}{12}$

42. 答 (1) $\frac{1}{6}$ (2) -10

p.16 **43.** 答 (1) 1 (2) 0 (3) 3 (4) -15 (5) 11 (6) -7 (7) -1 (8) -3 (9) -13
(10) 2

44. 答 (1) 1 (2) -4 (3) -10 (4) 16 (5) -1 (6) 39 (7) 17 (8) -2 (9) -1
(10) 1

45. 答 (1) $\frac{1}{6}$ (2) $\frac{17}{15}$ (3) -11 (4) 9 (5) $-\frac{1}{3}$ (6) $-\frac{7}{8}$ (7) -62.8 (8) $\frac{1}{6}$

(9) $\frac{18}{5}$ (10) -9

解説 (3), (4)は分配法則を使う。

(7) (与式)$=3.14\times(4^2-6^2)$ (8) (与式)$=\frac{1}{25}\times\left\{\frac{3}{2}-\left(-\frac{8}{3}\right)\right\}$

(10) (与式)$=\left(2\frac{1}{4}-\frac{5}{6}-\frac{2}{3}\right)\times(-12)$

46. 答 (1) -15 (2) $-\frac{1}{4}$ (3) $\frac{5}{2}$ (4) -2 (5) $\frac{1}{2}$ (6) $\frac{1}{21}$ (7) $-\frac{1}{18}$

解説 (1) (与式)$=(3+2)\times(-3)$ (2) (与式)$=|-3|\div(-12)=3\div(-12)$
(4) (与式)$=3^3\times(-2^4)\div|-216|=27\times(-16)\div216$

p.17 **47.** 答 (1) -8 (2) 0 (3) $\frac{16}{45}$ (4) $-\frac{52}{27}$ (5) $-\frac{4}{3}$ (6) $\frac{8}{5}$ (7) 25

解説 (7) (与式)$=\frac{25}{6}\times7.5+\frac{1}{2}\times75-\frac{7}{120}\times750=\frac{5}{12}\times75+\frac{1}{2}\times75-\frac{7}{12}\times75$

$=\left(\frac{5}{12}+\frac{1}{2}-\frac{7}{12}\right)\times75$

p.18 **48.** 答 (1) 9 cm　(2) 171 cm
解説 (1) 表より，身長の最も高い部員は A，最も低い部員は E である。
その差は，$6-(-3)$
(2) 差の平均は，$\dfrac{6-2+4+0-3}{5}$

49. 答 (1) 7 点　(2) 英語 82 点，数学 75 点
解説 (1) 英語の差の平均は $\dfrac{-3+10+18-9-6}{5}=2$ (点)，数学の差の平均は
$\dfrac{6-8+30+7-10}{5}=5$ (点) であるから，英語の平均点は数学の平均点より
$\{(10+2)-5\}$ 点高い。
(2) 英語の合計点は数学の合計点より $7\times5=35$ (点) 高いから，数学の合計点は
$\dfrac{785-35}{2}=375$ (点)
ゆえに，数学の平均点は $\dfrac{375}{5}$

50. 答 9 回
解説 恵さんの得点は 20 回全部表が出たとすると，$2\times20=40$ (点) である。
1 回裏が出るたびに $2-(-3)=5$ (点) ずつ点数が減っていく。ゲーム終了時に
-15 点であったということは，$40-(-15)=55$ (点) だけ点数が減っているのであるから，$55\div5=11$ (回) 裏が出たことになる。

p.20 **51.** 答 (1) ○　(2) ○　(3) ○　(4) ×，反例 $1\div2=\dfrac{1}{2}$

52. 答 計算結果がつねに正の数になるものは 和，積，商
差の反例は $1-2=-1$

53. 答 計算結果がつねに -1 以上 1 以下の数になるものは 積
和の反例は $0.9+0.9=1.8$，差の反例は $0.9-(-0.9)=1.8$，
商の反例は $0.2\div0.1=2$

p.21 **54.** 答 (1) ○　(2) ○　(3) ×，反例 $a=2$，$b=-3$　(4) ×，反例 $a=-3$，$b=2$
(5) ×，反例 $a=2$，$b=-4$
解説 (1) $a\div b>0$ であるから，a と b は同符号である。
a，b がともに負の数のときは，和も負の数となるから，和が正の数であるという条件にあてはまらない。ゆえに，a，b はともに正の数である。
(2) $a\times b>0$ であるから，a と b は同符号である。
a，b がともに正の数のときは，和も正の数となるから，和が負の数であるという条件にあてはまらない。ゆえに，a，b はともに負の数である。
(3) $a\times b<0$ であるから，a と b は異符号である。
$a<0$，$b>0$ のときは $a-b<0$ となるが，$a>0$，$b<0$ のときは $a-b>0$ である。したがって，たとえば，$a=2$，$b=-3$ のときは，$a+b=-1$，$a\times b=-6$ より $a+b$，$a\times b$ はともに負の数であるが，$a-b=5$ より $a-b$ は正の数である。ゆえに，正しくない。
(4) $a-b<0$ であるから，b は正の数の場合も考えられる。
たとえば，$a=-3$，$b=2$ のときは，$a+b=-1$，$a-b=-5$ より $a+b$，$a-b$ はともに負の数であるが，$a<0$，$b>0$ となり，一方が正の数になる。ゆえに，正しくない。

(5) たとえば，$a=2$，$b=-4$ のときは，$a>b$ であるが，$\frac{4}{a}=2$，$\frac{4}{b}=-1$ より，
$\frac{4}{a}$ は $\frac{4}{b}$ より大きい。ゆえに，正しくない。

55. 答 b^2，$a\times b$，a^2
解説 $a<b<0$ であるから，絶対値は a のほうが大きい。よって，$a^2>b^2$
また，a^2，b^2，$a\times b$ はすべて正の数であるから，絶対値を使って考えればよい。
$|a|$ に $|b|$ をかけた数より，$|a|$ に $|a|$ をかけた数のほうが大きいから，
$|a\times b|<|a|^2$ である。
$|b|$ に $|b|$ をかけた数より，$|b|$ に $|a|$ をかけた数のほうが大きいから，
$|b|^2<|a\times b|$ である。
ゆえに，$|b|^2<|a\times b|<|a|^2$ となるから，$b^2<a\times b<a^2$ である。

56. 答 $a>0$，$b<0$，$c<0$
解説 ①より a，b，c は，(i) すべて正の数であるか，(ii) 1 つが正の数で 2 つが負の数であるかのどちらかである。
②より $a+c<0$ であるから，(i)はありえない。
したがって，(ii)となり，a，b，c は 1 つが正の数で 2 つが負の数である。
④より $b<c$ であるから，$b<0$ である。
したがって，a，c の一方が正の数で，他方が負の数である。
$a<0$，$c>0$ とすると，③より $a+c>0$ となり，②が成り立たない。
ゆえに，$a>0$，$c<0$ である。

1章の問題

p.22 **1** 答 (1) -5 (2) 7 と -7 (3) -2，-1，0，1，2，3，4，5

2 答 (1) 1 と 5 (2) 0 と 12 (3) 5
解説 (3) 2 点間の距離は 20 であり，20 を 3：2 に分ける長さは 12 と 8 である。

3 答 右の表
解説 -5 から 10 までのすべての整数の和は 40 であるから，各 4 つの数の和は，$40\div4=10$
左上のブロックから順に入れる。

0	6	**1**	**3**
9	**−5**	**8**	−2
4	2	**5**	**−1**
−3	**7**	−4	10

4 答 $\left(-\frac{1}{4}\right)$ $\boxed{\div}$ $\left(\oplus\frac{1}{3}\right)$
解説 計算結果が負の数となるようにし，さらに，その絶対値を大きくするにはどうすればよいかを考える。

5 答 (ア) E (イ) C (ウ) B (エ) 40 (オ) 105
解説 (オ) 差の平均は，$\frac{25-50+60+30-15-20}{6}$

6 答 (1) 12 (2) -51 (3) -1 (4) 1 (5) $\frac{17}{4}$ (6) $\frac{25}{8}$ (7) 3 (8) $-\frac{4}{5}$

p.23 **7** 答 (1) -3.4 (2) $\frac{1}{2}$ (3) -60 (4) -7

8 答 (1) (ア), (イ), (ウ), (オ), (カ) (2) (キ)

9 答 (1) ×，反例 $a=-1$ (2) ○ (3) ×，反例 $a=2$，$b=-1$

解説 (1) $a<0$ のとき成り立たない。

(3) $ab<0$ のとき成り立たない。

10 答 $c<e<a<d<b$

解説 ②，③より，$a<0$，$c<0$ である。

①と $a<0$ より，$b>0$ である。

b と e は異なるから，⑥と $b>0$ より，$e<0$ で $e=-b$ である。

⑤と $b>0$，$e<0$ より，$d=0$ である。

$b+e=0$，①，④より，$c<e<a$ である。

11 答 (1) 8回 (2) 明君は34点，実君は -14 点

解説 (1) 10回とも明君が勝ったとすると，$5\times10=50$（点）である。1回負けるたびに，$5-(-3)=8$（点）ずつ減っていくから，やめたときの明君の得点は30点以上34点以下である。$50-8\times2=34$（点），$50-8\times3=26$（点）であるから，明君は2回だけ負けたことになる。

(2) 実君は2回勝ち，8回負けたから，得点は，$5\times2+(-3)\times8$

12 答 50点

解説 平均点との差はBが4点であるから，Bの得点は $74+4=78$（点），または $74-4=70$（点）のどちらかである。AはBより25点高いから，Bの得点は78点ではありえない。ゆえに，Bの得点は70点，Aの得点は95点。

以下，平均点を基準として得点を表すと，Aは $+21$，Bは -4，Cは $+13$ または -13，Eは -2 または -6 である。

(i) Eを -2 とすると，Dは $+16$ または -20 である。

Dが $+16$ のとき，A，B，D，Eの和は $21-4+16-2=31$ より，Cが -31 となり，この値は問題に適さない。

Dが -20 のとき，A，B，D，Eの和は $21-4-20-2=-5$ より，Cが $+5$ となり，この値は問題に適さない。

ゆえに，Eは -2 ではない。

(ii) Eを -6 とすると，Dは $+12$ または -24 である。

Dが $+12$ のとき，A，B，D，Eの和は $21-4+12-6=23$ より，Cが -23 となり，この値は問題に適さない。

Dが -24 のとき，A，B，D，Eの和は $21-4-24-6=-13$ より，Cは $+13$ となるので，これらの値は問題に適する。

2章　文字式

p.24

1. 答 (1) $-2xy$ (2) $5a-4b$ (3) $-axy$ (4) $7x^2y$ (5) $-\dfrac{3p}{q}$ (6) $\dfrac{2a^2}{b^2}$

(7) $a(x-y)$ (8) $\dfrac{a-b}{c}$ (9) $\dfrac{a}{bc}$ (10) $\dfrac{ac}{b}$

2. 答 (1) $-4\times a\times b+3\times c$ (2) $b\times b-4\times a\times c$ (3) $x\times y-b\div a$

(4) $(n\times p+m\times q)\div(m+n)$

3. 答 (1) $(1000-a)$ 円 (2) $4x$ cm (3) $5(x-3)$ (4) $\dfrac{7}{100}x$ kg (5) $\dfrac{ax}{10}$ 円

(6) $\dfrac{10}{v}$ 時間 (7) $(\ell-4t)$ km (8) $5x$ g (9) $\dfrac{a^2}{16}$ cm^2

p.25

4. 答 (1) $\dfrac{3a+7b}{10}$ 円 (2) $(ab-c)$ 個 (3) $2m-a$

(4) $\left\{\dfrac{1}{4}\pi a^2-\dfrac{1}{4}\pi b^2+\ell(a-b)\right\}$ m^2

解説 (3) 2つの数の和は平均の2倍。

(4) 円周率 π を置く位置は，文字より前，数より後である。

5. 答 (1) 時速 $\dfrac{20}{x+3}$ km (2) $\dfrac{100(b-a)}{a}$ % (3) $\dfrac{3a+4b+5c}{12}$ % (4) $\dfrac{a-px}{y}$ 円

(5) $\dfrac{x^2}{4\pi}$ cm^2

解説 (3) ふくまれる食塩の重さは，

$30\times\dfrac{a}{100}+40\times\dfrac{b}{100}+50\times\dfrac{c}{100}=\dfrac{3a+4b+5c}{10}$ (g)

(4) プリン y 個の値段は $(a-px)$ 円。

(5) 円の半径は $\dfrac{x}{2\pi}$ cm，面積は $\left(\pi\times\dfrac{x}{2\pi}\times\dfrac{x}{2\pi}\right)$ cm^2

p.26

6. 答 (1) -3 (2) 12 (3) $-\dfrac{3}{2}$ (4) -4

7. 答 (1) 1 (2) 26 (3) 0

8. 答 (1) -6 (2) 0 (3) 36

9. 答 (1) -4 (2) -7 (3) $\dfrac{5}{3}$

解説 (3) $\dfrac{z}{x+y}=z\div(x+y)=-3\div\left(1+\dfrac{1}{2}\right)=-3\div\dfrac{3}{2}=-3\times\dfrac{2}{3}=-2$

10. 答 $a=-2$ のとき a^2，$a=-\dfrac{2}{3}$ のとき $\dfrac{1}{a^2}$

p.27

11. 答 (1) $3a-b=c$ (2) $\dfrac{x+y}{2}=m$ (3) $\dfrac{9x}{100}=y$ (4) $\dfrac{\ell}{v}=t$ (5) $ab=c$

(6) $p-3q=r$

12. 答 (1) $4x-5<y$ (2) $a+b>c$ (3) $y(x+2)\geqq 100$ (4) $\dfrac{3}{10}p\leqq q$ (5) $ab<0$

(6) $px+qy<1000$

p.28 **13.** 答 (1) $a=bq+r$ (2) $5000-ax-by=z$ (3) $x-y=\frac{9}{10}(x+y)$

(4) $y+n=2(x+n)-6$ (5) $b\left(1-\frac{x}{10}\right)-a=c$

p.29 **14.** 答 (1) $ab\geqq 0$ (2) $7\leqq 3x<10$ (3) $\frac{4}{5}y>x$ (4) $2.45\leqq x<2.55$ (5) $\frac{x}{a}+\frac{x}{b}\geqq 2$

15. 答 (1) $ax+b=(a+1)x-3$ (2) $a+20<2(b+20)$

(3) $x\left(a+\frac{b}{60}\right)=(x+1)\left(a+\frac{b-c}{60}\right)$ (4) $\frac{ax+by}{x+y}=a+p$ (5) $\frac{4}{5}x\leqq 500<x$

(6) $\frac{ax}{100}+\frac{by}{100}+\frac{c}{1000}=\frac{z}{100}\left(a+b+\frac{c}{1000}\right)$ (7) $\frac{3}{x}+\frac{7}{y}>\frac{10}{z}$

(8) $ax=(a-x)y$

解説 (1) $b=x-3$ と答えてもよい。余った b 個のあめを x 人に 1 個ずつ配ろうとすると 3 個たりなかった。

(3) a 時間 b 分は $\left(a+\frac{b}{60}\right)$ 時間。

(7) 10 km の道のりを歩く時間に着目する。

(8) $a^2=(a-x)(a+y)$ と答えてもよい。影の部分の 2 つの長方形の面積が等しいとき，正方形の面積と縦 $(a-x)$ cm，横 $(a+y)$ cm の長方形の面積も等しい。

p.30 **16.** 答

1 次式	(ア)	(ウ)		(カ)
1 次の項	$6x$	$-2x$	$-y$	$-\frac{x}{3}$
係数	6	-2	-1	$-\frac{1}{3}$
定数項	5	3		$\frac{1}{2}$

17. 答 (1) $7x$ (2) $-3a$ (3) $-5y$ (4) $-2x$ (5) $-0.9x$ (6) $\frac{1}{2}a$ (7) $-\frac{3}{8}p$

(8) $7b$ (9) 0 (10) $-\frac{1}{4}\ell$

18. 答 (1) $-b-5$ (2) $-7y+2$ (3) $21x+35$ (4) $4x-12$ (5) $-10a+15$

(6) $-3x+2$ (7) $4+3p$ (8) $-2x+3$

p.31 **19.** 答 (1) 和 $5x+10$，差 $-x+2$ (2) 和 $2a-4$，差 $-6a+6$

(3) 和 $-15y-20$，差 $y-2$ (4) 和 $-4x+14$，差 $2x-10$

(5) 和 $\frac{7}{12}a-\frac{1}{12}$，差 $-\frac{1}{12}a-\frac{7}{12}$ (6) 和 $\frac{7}{6}x-\frac{5}{6}$，差 $-\frac{1}{6}x+\frac{1}{6}$

20. 答 順に $-3x+2$，$-2x-3$

解説 $3x-3$ から $6x-5$ をひく。また，$7x-2$ から $9x+1$ をひく。

p.32 **21.** 答 (1) $x-3$ (2) $6a-5$ (3) $-1.5x+1.3$ (4) $7x-14$ (5) $-2a+9$

(6) $-2y-9$ (7) $a+8$ (8) $-13b+11$

22. 答 (1) $x-3$ (2) $-a-17$ (3) $y+22$ (4) $-x+10$ (5) $7y+1$ (6) $23x-16$

(7) $-x+3$ (8) $2a-1$ (9) $-6x+6$

23. 答 (1) $-\frac{3}{4}x+\frac{1}{2}$ (2) $-\frac{1}{12}a-\frac{5}{12}$ (3) $-\frac{23}{8}x+\frac{5}{4}$ (4) $-b$ (5) $2x+\frac{3}{2}$

(6) $-y+\frac{1}{2}$

24. 答 (1) $-4x-9$ (2) $-10x-1$ (3) $-6x-7$ (4) $-8x-3$ (5) $8x+34$

解説 (2) $A-B+C=(-2x+3)-(3x-4)+(-5x-8)$ と計算する。

25. 答 (1) 17 (2) 0 (3) 51 (4) 35

解説 与式に $a=-3$ を直接代入しても式の値は求められるが，次のように式を整理してから代入すると，計算が簡単である。

(1) (与式)$=3a-7-9a+6=-6a-1=-6\times(-3)-1$

p.34 **26.** 答 (1) $x-2$ (2) $\frac{1}{2}x-\frac{3}{4}$ (3) $-2y+1$ (4) $8x-9$ (5) $-6x+18$ (6) $2a-4$

27. 答 (1) $\frac{5x-1}{6}$ (2) $\frac{3a-3}{10}$ (3) $\frac{x-6}{6}$ または $\frac{1}{6}x-1$ (4) $\frac{-x+7}{12}$

(5) $\frac{3a-5}{2}$ (6) $\frac{2y+1}{4}$ (7) $\frac{4x-9}{8}$ (8) $\frac{y+1}{12}$ (9) $\frac{20a-11}{3}$ (10) $\frac{2x-1}{3}$

28. 答 (1) $\frac{3x+2}{3}$ または $x+\frac{2}{3}$ (2) $\frac{7x+12}{12}$ または $\frac{7}{12}x+1$ (3) $\frac{-8a+7}{10}$

(4) $\frac{7y-17}{9}$ (5) $\frac{-8a+18}{3}$ または $-\frac{8}{3}a+6$ (6) $\frac{13x-7}{12}$

(7) $\frac{-2x-5}{6}$ または $-\frac{2x+5}{6}$ (8) $x-4$

29. 答 (1) $\frac{-x+10}{6}$ (2) $\frac{-5a+3}{8}$ (3) $\frac{y-5}{4}$ (4) $\frac{x+10}{6}$ (5) $\frac{7x+1}{4}$

解説 (5) (与式)$=\frac{17x-19}{4}+\frac{3(7x-8)-2(11x-13)}{6}\times 15$

$=\frac{17x-19}{4}+\frac{-x+2}{6}\times 15=\frac{17x-19}{4}+\frac{10(-x+2)}{4}$

2章の問題

p.35 **1** 答 (1) $(at+bt)$ m (2) $\frac{mx+45}{x}$ 点 (3) $a=\frac{tx}{x-10}-t$ (4) $\frac{ax+by}{x+y}$ %

(5) $\frac{5a-2b}{3}$ L

解説 (2) 誤って5点としたときの合計点は mx 点。
よって，正しい合計点は，$mx-5+50=mx+45$ (点)

(5) 1分あたりの水の増加量は，$\frac{b-a}{5-2}=\frac{b-a}{3}$ (L)

2分後に a L になっているから，はじめの量は $\left(a-\frac{b-a}{3}\times 2\right)$ L

2 答 (1) $\frac{1000ay}{x}>b$ (2) $2n+2=\ell$ (3) $5k<n<5(k+1)$ (4) $\frac{10a+x}{10+x}=b$

(解説) (1) 肉 1g あたりの値段は $\frac{a}{x}$ 円である。1g あたり $\frac{a}{x}$ 円の肉を $1000y$ g 買うと，b 円をこえる。

(3) 5 人のグループが k グループできるが，$(k+1)$ グループはできない。

(4) 10 人についての，本人をふくむ兄弟姉妹の人数は $10a$ 人。兄弟姉妹のいない生徒を x 人加えたときの，本人をふくむ兄弟姉妹の人数は $(10a+x)$ 人。

(参考) (3) n 人から 5 人の k グループを除いた人数が 1 人から 4 人であると考えて，$1 \leqq n-5k \leqq 4$ としてもよい。

3 (答) (1) $-3x+2$　(2) $-13x+43$　(3) $-28x+23$

(4) $\frac{-8x-13}{42}$ または $-\frac{8x+13}{42}$　(5) $\frac{2x-6}{5}$　(6) $\frac{7y+8}{12}$　(7) -1　(8) $-a-1$

p.36 **4** (答) (1) $\frac{5x-3}{2}$　(2) $x-2$　(3) $\frac{-2x+25}{6}$

5 (答) (1) $\frac{-31a+211}{63}$　(2) $\frac{8}{9}$

6 (答) (1) $(m+1)$ 点　(2) 51.4 点

(解説) (1) 男子の合計点は $18m$ 点，女子の合計点は $20(m+1.9)$ 点。

7 (答) (1) 14 枚　(2) 白色の正六角形 $(2n+4)$ 枚，周の長さ $(20n+70)$ cm

(解説) (1) 上の段，下の段に $5+1=6$ (枚) ずつ，
左右に 1 枚ずつ，合計 $6\times2+2=14$ (枚)

(2) (1)と同様に，$(n+1)\times2+2=2n+4$ (枚)
周の長さは，上の段，下の段について，
$2(n+1)\times2\times5+4\times5=20n+40$ (cm)，
中の段の左右の 2 枚について，$3\times2\times5=30$ (cm)

$(n+1)$ 枚

$2(n+1)$

8 (答) $a=\frac{x+9}{10}$，$b=\frac{9x+171}{100}$，$c=\frac{81x+2439}{1000}$

(解説) $a=1+(x-1)\times\frac{1}{10}$

$b=2+(x-a-2)\times\frac{1}{10}=2+\left(x-\frac{x+9}{10}-2\right)\times\frac{1}{10}$

$c=3+(x-a-b-3)\times\frac{1}{10}=3+\left(x-\frac{x+9}{10}-\frac{9x+171}{100}-3\right)\times\frac{1}{10}$

9 (答) $\frac{25a+15}{6}<5b$ または $\frac{5a+3}{6}<b$

(解説) 容器 A から容器 B に 100g 入れたとき，A の食塩水 400g にふくまれる食塩の重さは $4a$ g，B の食塩水 600g にふくまれる食塩の重さは，

$100\times\frac{a}{100}+500\times\frac{3}{100}=a+15$ (g) である。

つぎに，B から A に 100g もどすと，A の食塩水 500g にふくまれる食塩の重さは，$4a+(a+15)\times\frac{100}{600}=4a+\frac{a+15}{6}=\frac{25a+15}{6}$ (g) となる。

b % の食塩水 500g にふくまれる食塩の重さは，$500\times\frac{b}{100}=5b$ (g) である。

ゆえに，$\frac{25a+15}{6}<5b$

3章　1次方程式

p.37

1. 答 (ア), (ウ), (カ)

2. 答 (ア), (ウ), (オ), (カ)

3. 答 (1) $x=2$　(2) $x=-8$　(3) $x=3$　(4) $x=-3$　(5) $x=-6$　(6) $x=8$

4. 答 (1) $x=-10$　(2) $x=-9$　(3) $x=-12$　(4) $y=7$　(5) $a=-\frac{5}{2}$　(6) $x=1$

(7) $y=8$　(8) $m=-\frac{10}{3}$

p.39

5. 答 (1) $x=13$　(2) $x=4$　(3) $x=1$　(4) $a=\frac{3}{4}$　(5) $x=-7$　(6) $x=-\frac{2}{5}$

(7) $y=2$　(8) $x=-4$

p.40

6. 答 (1) $x=\frac{7}{12}$　(2) $x=-10$　(3) $x=\frac{16}{7}$　(4) $a=2$　(5) $x=-5$　(6) $x=4$

(7) $x=5$　(8) $y=-2$　(9) $x=-7$　(10) $x=-2$　(11) $y=-\frac{4}{5}$　(12) $x=\frac{8}{7}$

7. 答 (1) $x=11$　(2) $x=-\frac{5}{2}$　(3) $a=-17$　(4) $x=-\frac{20}{3}$　(5) $p=\frac{24}{13}$

(6) $x=\frac{10}{3}$　(7) $y=\frac{7}{8}$　(8) $x=\frac{3}{2}$

8. 答 (1) $a=2$　(2) $a=7$　(3) $a=\frac{1}{6}$　(4) $a=-\frac{1}{3}$　(5) $a=-\frac{2}{7}$

解説 x の値を式に代入して，a についての方程式をつくり，それを解く。

(3) $x=\frac{3}{2}$ を代入して，$\frac{3}{2}-\left\{2a\times\frac{3}{2}-(a-1)\right\}=a$

p.41

9. 答 (1) 21　(2) 4　(3) 1500円　(4) 縦 4cm，横 8cm　(5) 2520円

(6) 大人 46人，子ども 32人　(7) $n=26$　(8) 1時 $5\frac{5}{11}$ 分

解説 (1) ある数を x とすると，$\frac{4}{3}x+8=2(x-3)$

(2) ある数を x とすると，$(5x+2)-(2x+5)=9$

(3) x 円ずつ使ったとすると，$3000-x=3(2000-x)$

(4) 縦の長さを $x$cm とすると，横の長さは $2x$cm となる。　$2(x+2x)=24$

(5) 品物の税抜きの値段を x 円とすると，$\frac{10}{100}x-\frac{8}{100}x=45$　　$x=2250$

消費税 12% のときの値段は，$2250\times\left(1+\frac{12}{100}\right)$ (円)

(6) 大人を x 人とすると，$2x+3(78-x)=188$

(7) n の十の位の数を x とすると，一の位の数は $x+4$ である。

$10(x+4)+x=2\{10x+(x+4)\}+10$　　これを解いて，$x=2$

(8) 1時 x 分とすると，1分間に長針は 6°，短針は $\left(\frac{1}{2}\right)^\circ$ 回転するから，

$6x=30+\frac{1}{2}x$

10. 答 (1) 68, 70, 72 (2) 51, 52, 53, 54
解説 (1) 真ん中の偶数を x とすると，他の2つは $x-2$, $x+2$ となるから，
$(x-2)+x+(x+2)=210$
(2) 最小の整数を x とすると，他の3つは $x+1$, $x+2$, $x+3$ となるから，
$x+(x+1)+(x+2)+(x+3)=210$
別解 (1) 最小の偶数を x とすると，$x+(x+2)+(x+4)=210$

p.43
11. 答 子ども 9人，クッキー 41枚
解説 子どもの人数を x 人とすると，$4x+5=5x-4$
別解 クッキーの枚数を x 枚とすると，$\frac{x-5}{4}=\frac{x+4}{5}$

12. 答 クラスの人数 33人，材料費 11200円
解説 クラスの人数を x 人とすると，$300x+1300=400x-2000$
別解 材料費を x 円とすると，$\frac{x-1300}{300}=\frac{x+2000}{400}$

13. 答 148人
解説 長いすの数を x 脚とすると，$3x+25=4(x-4)$
別解 生徒の人数を x 人とすると，$\frac{x-25}{3}=\frac{x}{4}+4$

14. 答 (1) チョコレートの個数 (2) はじめにいた子どもの人数 (3) 106個

p.44
15. 答 6km
解説 太郎さんの家から次郎さんの家までの道のりを x km とすると，
$\frac{3}{4}x\div10+\left(1-\frac{3}{4}\right)x\div3=\frac{57}{60}$

16. 答 3150m
解説 A選手の速さは秒速 $\frac{400}{80}$ m，B選手の速さは秒速 $\frac{400}{84}$ m である。
x 秒後にA選手がB選手に追いつくとすると，$\frac{400}{80}x=150+\frac{400}{84}x$
別解 A選手がB選手に追いつくまでに走る道のりを x m とすると，
$\frac{x}{\frac{400}{80}}=\frac{x-150}{\frac{400}{84}}$

17. 答 2400m
解説 A列車がトンネルにはいりはじめてから x 秒後に出会ったとすると，
$30x=40(x-10)$
別解 トンネルの長さを x m とすると，$\frac{\frac{x}{2}}{30}=\frac{\frac{x}{2}}{40}+10$

18. 答 1120m
解説 行きの速さを分速 x m とすると，$14x=(14+2)(x-10)$
別解 道のりを x m とすると，$\frac{x}{14}-10=\frac{x}{14+2}$

p.45
19. 答 $\frac{14}{3}$ 分後

(解説) Aさんは $1200 \div 60 = 20$（分）歩いた。Bさんは，Aさんと一緒に学校を出てから x 分後に学校にもどりはじめたとすると，その地点は学校から $60x$ m の地点であるから，$x + \frac{60x}{120} + 3 + \frac{1200}{120} = 20$

p.46

20. (答) 140 g

(解説) 水を x g 加えるとすると，$400 \times \frac{10.8}{100} = (400 + x) \times \frac{8}{100}$

21. (答) 11 g

(解説) 食塩を x g 加えるとすると，$330 \times \frac{7}{100} + x = (330 + x) \times \frac{10}{100}$

22. (答) 200 g

(解説) 12% の食塩水を x g 加えるとすると，

$100 \times \frac{6}{100} + x \times \frac{12}{100} = (100 + x) \times \frac{10}{100}$

23. (答) 3% の食塩水 160 g，8% の食塩水 240 g

(解説) 3% の食塩水を x g 混ぜるとすると，8% の食塩水は $(400 - x)$ g 混ぜることになるから，$x \times \frac{3}{100} + (400 - x) \times \frac{8}{100} = 400 \times \frac{6}{100}$

24. (答) $x = 288$，濃度 7%

(解説) 入れかえ後の容器A，Bの食塩水にふくまれる食塩の重さはそれぞれ

$\left\{(480 - x) \times \frac{10}{100} + x \times \frac{5}{100}\right\}$ g，$\left\{(720 - x) \times \frac{5}{100} + x \times \frac{10}{100}\right\}$ g である。

よって，$\dfrac{(480 - x) \times \frac{10}{100} + x \times \frac{5}{100}}{480} = \dfrac{(720 - x) \times \frac{5}{100} + x \times \frac{10}{100}}{720}$

(参考) x g ずつ入れかえた後の濃度が等しくなったのであるから，この濃度はA，Bすべての食塩水を混ぜたときの濃度に等しい。A，Bすべての食塩水を混ぜたときの濃度は，$\dfrac{480 \times \frac{10}{100} + 720 \times \frac{5}{100}}{480 + 720} \times 100 = 7$（%）であるから，これを利用して，$(480 - x) \times \frac{10}{100} + x \times \frac{5}{100} = 480 \times \frac{7}{100}$ としてもよい。

25. (答) 8%

(解説) 割引率を x% とすると，

$2500 \times \left(1 + \frac{25}{100}\right) \times \left(1 - \frac{x}{100}\right) - 250 = 2500 \times \left(1 + \frac{5}{100}\right)$

26. (答) 14250 円

(解説) プリンターの予算を x 円とすると，デジタルカメラの予算は

$(38000 - x)$ 円であるから，$\left(1 - \frac{5}{100}\right)x + \left(1 + \frac{3}{100}\right)(38000 - x) = 37940$

27. (答) 男子 176 人，女子 175 人

(解説) 10年前の男子の生徒数を x 人とすると，10年前の女子の生徒数は $(300 - x)$ 人であるから，

$\left(1 + \frac{10}{100}\right)x + \left(1 + \frac{25}{100}\right)(300 - x) = \left(1 + \frac{17}{100}\right) \times 300$

28. 答 (1) Aは $\frac{20}{3}k$ 個，Bは $\frac{25}{3}k$ 個
(2) Aは69個，Bは84個
解説 (1) 昨日のA，Bの売り上げ個数をそれぞれ x 個，y 個とする。
今日のA，Bの売り上げ個数の増加分はそれぞれ $\frac{15}{100}x$ 個，$\frac{12}{100}y$ 個である。
よって，$\frac{15}{100}x=k$，$\frac{12}{100}y=k$
(2) 今日の売り上げ個数の合計が153個であるから，
$\left(\frac{20}{3}k+k\right)+\left(\frac{25}{3}k+k\right)=153$

p.48 **29.** 答 2か月前
解説 x か月後であるとすると，$45000+1500x=3(16000+1000x)$
これを解いて $x=-2$ であるから，2か月前。

30. 答 解なし
解説 なしを x 個つめるとすると，かきは $(10-x)$ 個であるから，
$300x+240(10-x)+450=3000$
これを解いて $x=2.5$ であるが，この値は整数でないから問題に適さない。

31. 答 解なし
解説 2人がはじめに x 本ずつもっていたとすると，$2(x-5)-4=x-8$
これを解いて $x=6$ であるが，6本とするとBさんが8本使うことができない。

32. 答 1820円
解説 80円のお菓子を x 個買う予定であったとすると，100円のお菓子は
$(20-x)$ 個買う予定であったから，$80x+100(20-x)=80(20-x)+100x+40$

33. 答 $\frac{15}{2}$ 分後
解説 点P，Qの速さはそれぞれ分速 $\frac{1}{5}$ m と分速 $\frac{1}{3}$ m である。
点Qが点Pに x 分後に追いつくとすると，そのときQはPより1周，すなわち
1m多く進んでいるから，$\frac{1}{5}x+1=\frac{1}{3}x$

34. 答 $15\,m^3$
解説 $x\,m^3$ 使うときであるとする。
使用量が $10\,m^3$ 以下のとき，$1200+60x=800+80x$　　これを解いて，$x=20$
この値は問題に適さない。
$10\,m^3$ をこえるとき，$1200+60\times10+140(x-10)=800+80\times10+180(x-10)$
これを解いて，$x=15$　　この値は問題に適する。

p.49 **35.** 答 $a=13$
解説 1辺1cmの正方形は $4a$ 個，1辺2cmの正方形は $3(a-1)$ 個，1辺3cm
の正方形は $2(a-2)$ 個，1辺4cmの正方形は $(a-3)$ 個あるから，
$4a+3(a-1)+2(a-2)+(a-3)=120$

36. 答 8人

解説 問題Aが解けた生徒は25人，A，B 2題とも解けた生徒は15人より，Aだけが解けた生徒は10人。問題Bだけが解けた生徒をx人とすると，A，B 2題とも解けなかった生徒は，$40-(25+x)=15-x$（人）

$$\frac{20\times15+10\times10+10\times x+0\times(15-x)}{40}=12$$

37. 答 $x=\frac{25}{6}$

解説 AさんとBさんの速さの比は，$100:(100-4)=25:24$

Aさんが$(100+x)$m，Bさんが100m走って同時にゴールするから，

$$\frac{100+x}{25}=\frac{100}{24}$$

38. 答 (1) 28分後 (2) 48分後

解説 (1) 水面の高さがx分後に同じになるとする。

Aの水面は毎分$\frac{900}{600}=\frac{3}{2}$(cm) ずつ上昇し，Cの水面は毎分$\frac{540}{600}=\frac{9}{10}$(cm) ずつ上昇する。A側は$24\div\frac{3}{2}=16$(分) で満たされて，B側に水が入りはじめるから，$\frac{3}{2}(x-16)=\frac{9}{10}(x-8)$

(2) 水面の高さがy分後に同じになるとする。

A，Bの水面は$16\times2=32$(分) で，AとBの仕切りの高さになり，それ以後は毎分$\frac{3}{2}\div2=\frac{3}{4}$(cm) ずつ上昇する。

よって，$\frac{3}{4}y=\frac{9}{10}(y-8)$　　$y=48$

このとき，Cの水面の高さは$\frac{9}{10}(48-8)=36$(cm) であり，まだBとCの仕切りの高さ40cmに達していないから，問題に適する。

p.51 **39.** 答 (1) 800m (2) 普通電車 8時13分，特急電車 8時31分

解説 (1) 家からA駅までの道のりをxmとすると，$\frac{x}{80}+3=10+\frac{x}{100}-5$

両辺に400をかけて，$5x+1200=2000+4x$

ゆえに，$x=800$　　この値は問題に適する。

(2) 家からA駅までにかかる時間は，計画では$\frac{800}{80}=10$(分) である。その3分後に普通電車が出るから，普通電車の発車時刻は8時13分である。

9時31分にB駅に到着予定であったから，普通電車がA駅からB駅までにかかる時間は78分である。特急電車がA駅からB駅までにかかる時間は，速さが1.5倍であるから，$\frac{78}{1.5}=52$(分) である。

特急電車がB駅に着いたのは到着予定時刻の8分前であるから，特急電車がA駅を出たのは到着予定時刻の$52+8=60$(分) 前，すなわち8時31分である。

40. 答 (1) 20 秒後，頂点 C (2) $\frac{25}{4}$ 秒後

解説 (1) 点 P が 1 周分（40 cm）多くまわって点 Q に追いついたときが求めるときである。
x 秒後にはじめて重なるとすると，$5x=3x+40$ これを解いて，$x=20$
このとき点 Q は $3\times20=60$（cm）だけ頂点 A から進んでいるから，2 点 P，Q は頂点 C にある。
(2) 点 P が頂点 B，C，D にはじめて到着するのはそれぞれ 2 秒後，4 秒後，6 秒後。また，点 Q は 2 秒後，4 秒後，6 秒後にはそれぞれ辺 AB 上，BC 上，BC 上にある。
(i) 出発してから 2 秒後までは，2 点 P，Q はどちらも辺 AB 上にあるから，線分 PQ は辺 AB にふくまれるので，問題に適さない。
(ii) 2 秒後から 4 秒後までは，点 Q は辺 AB 上か BC 上にあるが，点 P は辺 BC 上にあるので，線分 PQ が正方形の辺と垂直にならない。
(iii) 4 秒後から 6 秒後までは，点 Q は辺 BC 上にあるが，点 P は辺 CD 上にあるので，線分 PQ が正方形の辺と垂直にならない。
(iv) 6 秒後から 8 秒後までは，点 P は辺 DA 上にあり，点 Q は辺 BC 上か CD 上にある。点 Q が辺 BC 上にあり，PD＝QC となるとき，線分 PQ は辺 AD（BC）と垂直になる。y 秒後に垂直になるとすると，
$PD=5y-AB-BC-CD=5y-30$，$QC=AB+BC-3y=20-3y$ より，
$5y-30=20-3y$ これを解いて，$y=\frac{25}{4}$ この値は問題に適する。

41. 答 (1) 分速 $(10n+1)$ m (2) 分速 91 m

解説 (1) Q，R は $\frac{300}{10}=30$（分）で 1 周する。
P はその間に $20+300n+10=300n+30$（m）進むから，P の速さは，
$\frac{300n+30}{30}=10n+1$
(2) 右の図のように，円を 6 等分した点をそれぞれ A，B，C，D，E，F とする。△PQR が正三角形になるのは，
(i) Q が点 B，R が点 F，P が点 D にあるとき（5 分後）
(ii) Q が点 C，R が点 E，P が点 A にあるとき（10 分後）
(iii) Q が点 E，R が点 C，P が点 A にあるとき（20 分後）
(iv) Q が点 F，R が点 B，P が点 D にあるとき（25 分後）
の場合がある。

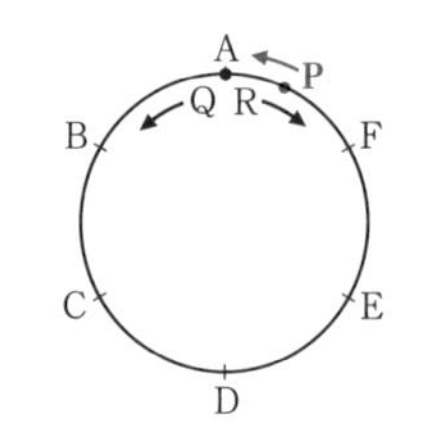

(i)のとき，P は残り 25 分で Q を 3 回追いこすから，

$25(10n+1)=\frac{300}{2}+300\times3+10$ これを解いて，$n=\frac{207}{50}$ この値は問題に適さない。
(ii)のとき，P は残り 20 分で Q を 3 回追いこすから，$20(10n+1)=300\times3+10$
これを解いて，$n=\frac{89}{20}$ この値は問題に適さない。
(iii)のとき，P は残り 10 分で Q を 3 回追いこすから，$10(10n+1)=300\times3+10$
これを解いて，$n=9$ この値は問題に適する。

(iv)のとき，Pは残り5分でQを3回追いこすから，

$5(10n+1)=\frac{300}{2}+300\times2+10$　これを解いて，$n=\frac{151}{10}$　この値は問題に適さない。

(i)〜(iv)より，$n=9$ であり，求めるPの速さは，$10\times9+1=91$

3章の問題

p.52 **1** 答 (1) $x=0$ (2) $x=4$ (3) $y=21$ (4) $x=-3$ (5) $x=\frac{5}{2}$ (6) $y=-\frac{2}{5}$

(7) $x=12$ (8) $a=2$ (9) $x=14$

2 答 19

解説 中央の数を x とすると，その左右の数は $x-1$ と $x+1$，上下の数は $x-7$ と $x+7$ であるから，$x+(x-1)+(x+1)+(x-7)+(x+7)=95$

3 答 20人

解説 A班の人数を x 人とすると，$2x+1\times(35-x)+180=5x+9(35-x)$

4 答 95m

解説 列車の長さを x m とすると，$\frac{175+x}{18}=\frac{920-x}{55}$

5 答 150個

解説 値上げ前日の売り上げ個数を x 個とすると，値上げ初日の売り上げ個数は $\left(1-\frac{1}{12}\right)(x+90)$ 個である。値上げ前の1個の値段を a 円とすると，

$\left(1+\frac{76}{100}\right)ax=\left(1+\frac{20}{100}\right)a\times\left(1-\frac{1}{12}\right)(x+90)$

p.53 **6** 答 長男 25歳，次男 17歳，三男 13歳

解説 長男が14歳のとき，三男が x 歳とする。

$(14-x)=3(3x-x)$ より，$x=2$

3人の合計年齢が55歳になるのが，長男14歳，次男6歳，三男2歳のときから y 年後とすると，$(14+y)+(6+y)+(2+y)=55$

7 答 (1) $\frac{3x+10}{4}$% (2) $x=\frac{58}{9}$

解説 (1) 容器Aの食塩水50gと10%の食塩水50gを混ぜた食塩水にふくまれる食塩の重さは，$50\times\frac{x}{100}+50\times\frac{10}{100}=\frac{x+10}{2}$ (g)

ゆえに，1回目の操作後のAの食塩水にふくまれる食塩の重さは，

$50\times\frac{x}{100}+\frac{x+10}{2}\times\frac{50}{100}=\frac{3x+10}{4}$ (g)

(2) 1回目の操作後のAの食塩水50gと10%の食塩水50gを混ぜた食塩水にふくまれる食塩の重さは，$\frac{3x+10}{4}\times\frac{50}{100}+50\times\frac{10}{100}=\frac{3x+50}{8}$ (g)

よって，2回目の操作後のAの食塩水にふくまれる食塩の重さは，

$\frac{3x+10}{4}\times\frac{50}{100}+\frac{3x+50}{8}\times\frac{50}{100}=\frac{9x+70}{16}$ (g)

2回目の操作後のAの食塩水50gと10％の食塩水50gを混ぜた食塩水にふくまれる食塩の重さは，$\frac{9x+70}{16}\times\frac{50}{100}+50\times\frac{10}{100}=\frac{9x+230}{32}$（g）

よって，3回目の操作後のAの食塩水にふくまれる食塩の重さは，

$\frac{9x+70}{16}\times\frac{50}{100}+\frac{9x+230}{32}\times\frac{50}{100}=\frac{27x+370}{64}$（g）

よって，$\frac{27x+370}{64}=100\times\frac{8.5}{100}$

8 **答** 3300m

解説 行きは15分間こいで5分間休むくり返しを3回行い，最後に15分間こいで到着している。帰りは10分間こいで5分間休むくり返しを5回行っている。川の流れの速さを分速xmとすると，

$(60-x)\times15\times4+(-x)\times5\times3=(60+x)\times10\times5+x\times5\times5$

9 **答** $x=81$，チームの人数 9人

解説 第1走者がもらった鉛筆の本数は $\left(1+\frac{x-1}{10}\right)$本，

第2走者がもらった鉛筆の本数は $\left[2+\left\{x-\left(1+\frac{x-1}{10}\right)-2\right\}\times\frac{1}{10}\right]$本。

これらが等しいから，$1+\frac{x-1}{10}=2+\left\{x-\left(1+\frac{x-1}{10}\right)-2\right\}\times\frac{1}{10}$

これを解いて，$x=81$　　さらに，第3走者以降が同じ本数になるかを確かめる。

10 **答** 6時間40分

解説 $a=4xy$，$a=\left(2+\frac{40}{60}\right)(x+2)y$ であるから，$4xy=\left(2+\frac{40}{60}\right)(x+2)y$

よって，$4x=\frac{8}{3}(x+2)$　　これを解いて，$x=4$　　このとき，$a=4\times4y=16y$

印刷の速さを1.2倍にした印刷機を $4-2=2$（台）使うときにかかる時間をt時間とすると，$16y=t\times2\times1.2y$　　これを解いて，$t=\frac{20}{3}$

11 **答** 19と20の間

解説 押し忘れたのはxと$x+1$の間であるとする。xの後にプラスのボタンを押し忘れたということは，xを$100x$とみなして加えたのであるから，

$14+15+\cdots+22=162$ より，$162-x+100x=2043$

12 **答** (1) 秒速34m　(2) 4秒間

解説 警笛を鳴らしはじめたときの急行列車と，踏切の前にいた人との距離をdmとする。

(1) 鳴らしはじめてから$\frac{d}{340}$秒後に聞こえはじめる。

急行列車の速さを秒速xmとすると，5秒後に距離は$(d-5x)$mになり，

$\left(5+\frac{d-5x}{340}\right)$秒後まで警笛が聞こえるから，$5+\frac{d-5x}{340}-\frac{d}{340}=4.5$

(2) t秒間鳴らし続けたとすると，$t+\frac{d+34t}{340}-\frac{d}{340}=4.4$

4章　式の計算(1)

p.54

1. 答

	(1)	(2)	(3)	(4)	(5)	(6)
係数	3	$\frac{2}{5}$	$-\frac{1}{3}$	-4	0.7	-1
次数	2	3	1	6	3	2

2. 答 (1) x と $5x$，$-3y$ と y　(2) $-x^2$ と $\frac{1}{2}x^2$，$2x$ と $-x$
(3) $2ab$ と $6ba$，$-bc$ と $-5cb$

3. 答 (1) $4x$　(2) $-6y$　(3) x^2　(4) $8m$　(5) $-2x^2+x+4$

4. 答 (1) $-4x$　(2) $7a$　(3) $-5y$　(4) $3b^2$　(5) $\frac{11}{15}ab$　(6) $-\frac{5}{12}x^2y$

p.55

5. 答 (1) 1次式　(2) 3次式　(3) 2次式　(4) 2次式　(5) 4次式　(6) 1次式

6. 答 x について4次式，y について3次式

7. 答 (1) $3a+2b+c$　(2) $2x+5y-1$　(3) a^2-a-3　(4) $5xy-2x+3y$
(5) $-3x-5a-7b$　(6) $-a^2+3bc+7c^2$

8. 答 (1) $2x$　(2) $-2a$　(3) $-2a+3b$　(4) $4xy+3yz$　(5) $-\frac{1}{3}x-\frac{5}{4}y$
(6) $-\frac{4}{3}a^2-\frac{4}{3}ab$　(7) $\frac{1}{2}m+\frac{7}{4}n$　(8) $\frac{2}{3}xy-\frac{1}{36}xz$　(9) $-x^3-x^2-1$

p.56

9. 答 (1) $2x-3y-4a+b-5c$　(2) $-a+b+2c+d$　(3) $-a+b-c-d+e$
(4) $a-b+c+d-e-f+g-h$

10. 答 (1) $7x+y$　(2) $4a+5b$　(3) $-x+2y$　(4) $2a-18b$　(5) $3a-4b$
(6) $-5x+4y$

p.57

11. 答 (1) 和 $7x+4y$，差 $-3x+2y$　(2) 和 $8a-2b$，差 $2a+6b$
(3) 和 $4a-b-3$，差 $2a-7b+7$　(4) 和 $-3x+2z$，差 $5x-4y+4z$
(5) 和 $-2ab+6bc-2ca$，差 $6ab+12ca$　(6) 和 $-x^2+x+9$，差 $3x^2-7x-5$

12. 答 (1) 和 $2a+\frac{7}{3}b$，差 $-a-\frac{5}{3}b$　(2) 和 $\frac{11}{12}x+\frac{7}{6}y$，差 $\frac{5}{12}x+\frac{11}{6}y$
(3) 和 $2p-\frac{7}{3}q$，差 $-\frac{1}{2}p+q$　(4) 和 $\frac{7}{10}x^2-\frac{2}{3}x+\frac{1}{6}$，差 $\frac{1}{2}x^2-\frac{1}{3}x+\frac{41}{42}$

13. 答 (1) $3x+y$　(2) $3a-6b-2c$　(3) $4x^2-3x-4$　(4) $-3x-6$　(5) $7x+3y-12$
(6) $-2x^2+5xy-y^2$

14. 答 (1) $x+5y$　(2) $a-b$　(3) $8x-2y-3z$　(4) $5x^2-6x$　(5) $-2x^2-5x+8$
(6) $-14a+8b$　(7) $-2x^2-x-2$　(8) $9x-2y$

15. 答 (1) $\frac{7}{4}x+\frac{1}{2}y$　(2) $\frac{1}{12}a-\frac{1}{15}b$　(3) $-\frac{5}{2}x+\frac{4}{3}y$　(4) $\frac{7}{12}x+\frac{11}{6}y$

p.58

16. 答 (1) $4x-13y+5$　(2) $-2x-11y+5$　(3) $3y+1$　(4) $-6x-y-1$

17. 答 (1) 12　(2) -14　(3) 6　(4) $\frac{1}{5}$

解説 先に式を整理してから，a，b，c の値を代入する。

18. 答 順に $3x^2+6x-5$, $-5x^2+7x-5$
解説 加える式を A とすると, $2x^2-3x+4+A=5x^2+3x-1$
ひく式を B とすると, $-4x^2+6x-11-B=x^2-x-6$

19. 答 (1) $-3a-12b$ (2) $2a+13b$ (3) $17x+3y$ (4) $x+4y$ (5) $-6a+2b$
(6) $p-5q$ (7) $-3x+12y-5z$ (8) $a-3b-6$

20. 答 (1) $7x-5y-1$ (2) $8x^2-50x+16$ (3) $a-10b-9c$ (4) $-4a^2$

p.59 **21.** 答 (1) $\frac{3a+4b}{7}$ (2) $\frac{a+3b}{2}$ (3) $\frac{17x-2y}{6}$ (4) $\frac{-2x-y}{5}$ (5) $\frac{a+3b}{4}$
(6) $\frac{x+22y}{15}$ (7) $\frac{a-2b}{2}$ または $\frac{1}{2}a-b$ (8) $\frac{-5a+6b}{6}$

22. 答 (1) $\frac{3a+2b}{3}$ (2) $\frac{8x-y-5z}{12}$ または $\frac{2}{3}x-\frac{1}{12}y-\frac{5}{12}z$ (3) $2x-y$

p.60 **23.** 答 (1) x^7 (2) a^5 (3) n^8 (4) k^{11}

24. 答 (1) x^6 (2) a^8 (3) $-x^3y^3$ (4) $a^{12}b^8$ (5) $\frac{x^6}{a^2}$ (6) $-\frac{32}{b^{20}}$

25. 答 (1) a^5 (2) $\frac{1}{x^3}$ (3) a^2 (4) $\frac{1}{b^7}$ (5) 1 (6) -1

26. 答 (1) $\frac{1}{x}$ (2) $-\frac{1}{2a}$ (3) $\frac{3}{2b}$ (4) $-\frac{2y}{x}$ (5) a^2b (6) $\frac{3}{5xy^3}$

p.61 **27.** 答 (1) $10abc$ (2) $-12x^2y^2$ (3) $abxy^2z$ (4) $-54x^3y$ (5) 0 (6) $6a^3x^6$
(7) $-14p^5q^4r^3$ (8) $20x^4y^5z^6$

28. 答 (1) $24x^5$ (2) $54a^3b$ (3) $32a^{11}b^{12}$ (4) $32p^{10}q^7$ (5) $-27x^7y^4z^2$
(6) $-9a^2b^{15}c^{11}$ (7) $24a^5x^4y^6$ (8) $128m^{15}n^8x^5$

29. 答 (1) $-\frac{1}{9}b^6$ (2) $-\frac{1}{2}x^6$ (3) $\frac{3}{8}a^8$ (4) $\frac{5}{16}x^7y^{11}$ (5) $-\frac{1}{2}x^{11}$ (6) $20a^5b^9$

p.62 **30.** 答 (1) $2x$ (2) $-\frac{3x}{2y}$ (3) $3x^2$ (4) $-\frac{1}{4a}$ (5) $-\frac{16}{3}x$ (6) $\frac{2y^7}{x}$
(7) $-\frac{3y^3}{2x^2z}$ (8) $\frac{12}{a^5bc^3}$

31. 答 (1) $3a$ (2) $\frac{4}{3}a^2$ (3) $-\frac{y^2}{2x^3}$ (4) $-6y$ (5) $\frac{3b^7}{64a^2}$ (6) $\frac{2}{5x^3}$

32. 答 (1) $50a^2$ (2) $-2x^2$ (3) $-b^4c^5$ (4) $-\frac{1}{9}x^4y$ (5) $\frac{1}{3}y$

33. 答 (1) $5x^2$ (2) $15ab$ (3) $7a^3b^2$ (4) $-9y^5$ (5) $3x^2y^5$ (6) 0

34. 答 (1) $\frac{1}{2}$ (2) 10 (3) 12
解説 先に式を整理してから, a, b の値を代入する。
(1) (与式)$=\frac{4a^2}{9b^3}$ (2) (与式)$=-\frac{5}{27}a^3b$ (3) (与式)$=-\frac{1}{2}ab^3$

p.63 **35.** 答 1
解説 $A=5m+2$, $B=5n+4$ (m, n は0以上の整数) とする。
$2A+3B=2(5m+2)+3(5n+4)=10m+4+15n+12=10m+15n+16$
$=5(2m+3n+3)+1$

36. 答 -1

解説 $a+b=0$ より，$b=-a$　よって，$\dfrac{b}{a}=\dfrac{-a}{a}$

37. 答 $6r^2$

解説 半径が $3r$ の円周の長さは $6\pi r$ である。

よって，このおうぎ形の面積は，円の面積の $\dfrac{4r}{6\pi r}$ 倍である。

ゆえに，面積は，$\pi\times(3r)^2\times\dfrac{4r}{6\pi r}$

38. 答 $\dfrac{3}{2}$

解説 $V=\pi r^2\times 2r=2\pi r^3$　$B=\dfrac{4}{3}\pi r^3$

39. 答 連続する3つの整数を $n-1$，n，$n+1$（n は整数）とする。
$(n-1)+n+(n+1)=3n$
n は整数であるから，右辺の $3n$ は3の倍数である。
ゆえに，連続する3つの整数の和は3の倍数である。

40. 答 N の百の位，十の位，一の位の数をそれぞれ a，b，c（a，b，c は $1\leqq a\leqq 9$，$0\leqq b\leqq 9$，$0\leqq c\leqq 9$ を満たす整数）とすると，$N=100a+10b+c$ と表すことができる。
$N=100a+10b+c=(99a+a)+(9b+b)+c=99a+9b+a+b+c$
$=9(11a+b)+a+b+c$
$a+b+c$ が9の倍数であるとき，$a+b+c=9k$（k は整数）と表すことができるから，$N=9(11a+b)+9k=9(11a+b+k)$
a，b，k は整数であるから，$11a+b+k$ は整数である。
よって，N は9の倍数である。
ゆえに，3けたの正の整数 N のそれぞれの位の数の和が9の倍数であるとき，N は9の倍数である。

p.64

41. 答 (1) $a=\dfrac{V}{bc}$　(2) $a=2\ell-b$　(3) $h=\dfrac{3V}{\pi r^2}$　(4) $t=\dfrac{5}{3}v-5k$

(5) $b=\dfrac{2S}{h}-a$ または $b=\dfrac{2S-ah}{h}$　(6) $C=\dfrac{5F-160}{9}$ または $C=\dfrac{5}{9}(F-32)$

42. 答 (1) $y=-\dfrac{ax+c}{b}$　(2) $y=-\dfrac{b}{a}x+b$ または $y=b\left(1-\dfrac{x}{a}\right)$　(3) $x=\dfrac{y-b}{a}$

(4) $a=\dfrac{S}{b+c}$　(5) $c=\dfrac{S-2ab}{2(a+b)}$　(6) $h=\dfrac{S}{2\pi r}-r$ または $h=\dfrac{S-2\pi r^2}{2\pi r}$

(7) $a=\dfrac{bc}{b-c}$　(8) $a=\dfrac{bm-bx}{x-n}$

解説 (5) $S=2(ab+bc+ca)$ より，$\dfrac{S}{2}=ab+bc+ca$　$\dfrac{S}{2}-ab=c(a+b)$

$c(a+b)=\dfrac{S-2ab}{2}$　ゆえに，$c=\dfrac{S-2ab}{2(a+b)}$

(7) $\frac{1}{a}+\frac{1}{b}=\frac{1}{c}$ より，$\frac{1}{a}=\frac{1}{c}-\frac{1}{b}$ $\frac{1}{a}=\frac{b-c}{bc}$ ゆえに，$a=\frac{bc}{b-c}$

(8) $x=\frac{mb+na}{a+b}$ より，$x(a+b)=mb+na$ $ax+bx=mb+na$

$ax-an=bm-bx$ $a(x-n)=bm-bx$ ゆえに，$a=\frac{bm-bx}{x-n}$

p.65 **43.** 答 (1) $a:c=3:5$ (2) $x:z=2:(-3)$ または $x:z=(-2):3$
(3) $a:d=1:5$

解説 (1) $\frac{a}{b}=\frac{3}{2}$ ……① $\frac{b}{c}=\frac{2}{5}$ ……②

①，②の辺々をかけて，$\frac{a}{b}\times\frac{b}{c}=\frac{3}{2}\times\frac{2}{5}$ よって，$\frac{a}{c}=\frac{3}{5}$

注 2つの等式があるとき，左辺は左辺どうし，右辺は右辺どうしでかけることを**辺々**（へんぺん）**をかける**という。

44. 答 (1) $a:b=9:7$ (2) $x:y=5:(-2)$ または $x:y=(-5):2$

45. 答 (1) $x:y=3:2$ (2) $(2x+7y):(3x-2y)=4:1$
(3) $(x^2+y^2):(x^2-y^2)=13:5$

4章の問題

p.66 **1** 答 (1) $4a^2b$ (2) $5x^2y-xy^2$ (3) $4x-6z$ (4) $17a-14b$ (5) $-4x-4y$
(6) $-3x^2-13xy$ (7) $3x+5y$

2 答 (1) $2x+6y+3$ (2) $-x-14y$ (3) $4x-7y-14$ (4) $-x-y+6$
(5) $-x+7y-7$ (6) $3x+6$

3 答 (1) $\frac{a+5b}{6}$ (2) $\frac{2x+6y}{5}$ (3) $\frac{13x+11y}{12}$ (4) $\frac{a+b}{2}$ (5) $\frac{5x+y}{6}$
(6) $\frac{5a-b+23}{4}$ (7) $\frac{21x+8y}{15}$ (8) $\frac{7a+13b}{3}$

4 答 (1) $\frac{1}{a^2}$ (2) $2x$ (3) -12 (4) 3 (5) $48x^3y^2z^5$ (6) $8a^3b^7$ (7) $\frac{125}{64y^4}$
(8) $\frac{10}{3}a^3b$ (9) $\frac{x^3y^2+6x^2y^3}{6}$

p.67 **5** 答 (1) $a=\frac{S}{\pi r}-r-b$ または $a=\frac{S-\pi r^2-\pi rb}{\pi r}$ (2) $a=\frac{bc}{bc-b-c}$

6 答 (1) もとの正の整数の十の位の数をa，一の位の数をb（a，b は $1\leqq a\leqq 9$，$1\leqq b\leqq 9$ を満たす整数）とすると，もとの整数は$10a+b$，十の位の数と一の位の数を入れかえてできる整数は $10b+a$ と表すことができる。
このとき，2数の和は，$(10a+b)+(10b+a)=11a+11b=11(a+b)$
a，b は整数であるから，$a+b$ も整数である。
ゆえに，2けたの正の整数で，十の位の数と一の位の数を入れかえてできる2けたの整数と，もとの整数の和は11で割りきれる。
(2) もとの正の整数の百の位の数をa，十の位の数をb，一の位の数をc（a，b，cは $1\leqq a\leqq 9$，$0\leqq b\leqq 9$，$1\leqq c\leqq 9$ を満たす整数）とすると，もとの整数は$100a+10b+c$，百の位の数と一の位の数を入れかえてできる整数は
$100c+10b+a$ と表すことができる。

このとき，2数の差は，
$(100a+10b+c)-(100c+10b+a)=99a-99c=99(a-c)$
a，c は整数であるから，$a-c$ も整数である。
ゆえに，3けたの正の整数で，百の位の数と一の位の数を入れかえてできる3けたの整数と，もとの整数の差は99で割りきれる。
(3) 千の位の数を a，百の位の数を b，十の位の数を c，一の位の数を d（a，b，c，d は $1\leqq a\leqq 9$，$0\leqq b\leqq 9$，$0\leqq c\leqq 9$，$0\leqq d\leqq 9$ を満たす整数）とすると，この整数は $1000a+100b+10c+d$ と表すことができる。
千の位の数と十の位の数の和が，百の位の数と一の位の数の和に等しいから，
$a+c=b+d$　　ゆえに，$d=a+c-b$
よって，$1000a+100b+10c+d=1000a+100b+10c+(a+c-b)$
$=1001a+99b+11c=11(91a+9b+c)$
a，b，c は整数であるから，$91a+9b+c$ も整数である。
ゆえに，4けたの正の整数で，千の位の数と十の位の数の和が，百の位の数と一の位の数の和に等しい整数は11で割りきれる。

7 答 はじめに思いうかべた正の整数の百の位の数を a，十の位の数を b，一の位の数を c（a，b，c は $1\leqq a\leqq 9$，$0\leqq b\leqq 9$，$0\leqq c\leqq 9$ を満たす整数）とすると，はじめに思いうかべた整数は $100a+10b+c$ と表すことができる。
このとき，Bさんの計算を文字を使って表すと，
$[\{(3a+7)\times 3+a+b\}\times 2+24]\times 5+c=\{(9a+21+a+b)\times 2+24\}\times 5+c$
$=\{(10a+b+21)\times 2+24\}\times 5+c=(20a+2b+42+24)\times 5+c$
$=(20a+2b+66)\times 5+c=100a+10b+330+c=(100a+10b+c)+330$
ゆえに，計算結果から330をひいた値が，Bさんがはじめに思いうかべた整数である。Aさんは暗算で $1021-330=691$ を求めたのである。

8 答 A，B，C，D にはいる数をそれぞれ a，b，c，d（a，b，c，d は $1\leqq a\leqq 9$，$1\leqq b\leqq 9$，$0\leqq c\leqq 9$，$0\leqq d\leqq 9$ を満たす整数）とすると，加えられる数 N は $N=1000a+100b+10c+d$ と表すことができる。
また，加える数 N' は $N'=1000b+100c+10d+a$ と表すことができる。
よって，$N+N'=(1000a+100b+10c+d)+(1000b+100c+10d+a)$
$=1001a+1100b+110c+11d=11(91a+100b+10c+d)$
a，b，c，d は整数であるから，$91a+100b+10c+d$ も整数であり，$N+N'$ は11の倍数である。
$a+b\geqq 2$ であるから，$N+N'$ は2631，3631，4631，5631，6631，7631，8631，9631が考えられる。このうち11の倍数になるのは4631のみである。
ゆえに，□にあてはまる数は4である。
参考 加えられる数 N は，次のように求めることができる。
$11(91a+100b+10c+d)=4631$ より，$91a+100b+10c+d=421$
$a=1$ のとき，$100b+10c+d=421-(91\times 1)=330$　　よって，$N=1330$
$a=2$ のとき，$100b+10c+d=421-(91\times 2)=239$　　よって，$N=2239$
$a=3$ のとき，$100b+10c+d=421-(91\times 3)=148$　　よって，$N=3148$
$a\geqq 4$ のときは $b\geqq 1$ とならないため，問題に適さない。

5章　連立方程式

p.68

1. 答 (1) $\begin{cases} x=-1 \\ y=4 \end{cases}$ (2) $\begin{cases} x=1 \\ y=-4 \end{cases}$ (3) $\begin{cases} x=3 \\ y=7 \end{cases}$ (4) $\begin{cases} x=2 \\ y=-1 \end{cases}$ (5) $\begin{cases} x=3 \\ y=2 \end{cases}$ (6) $\begin{cases} x=10 \\ y=-4 \end{cases}$

2. 答 (1) $\begin{cases} x=7 \\ y=-2 \end{cases}$ (2) $\begin{cases} x=5 \\ y=-1 \end{cases}$ (3) $\begin{cases} x=-4 \\ y=6 \end{cases}$ (4) $\begin{cases} x=1 \\ y=3 \end{cases}$ (5) $\begin{cases} x=3 \\ y=4 \end{cases}$ (6) $\begin{cases} x=-5 \\ y=6 \end{cases}$ (7) $\begin{cases} x=-1 \\ y=1 \end{cases}$ (8) $\begin{cases} x=-3 \\ y=\frac{1}{2} \end{cases}$ (9) $\begin{cases} x=\frac{8}{7} \\ y=-\frac{9}{7} \end{cases}$

3. 答 (1) $\begin{cases} x=-1 \\ y=-1 \end{cases}$ (2) $\begin{cases} x=-4 \\ y=-1 \end{cases}$ (3) $\begin{cases} x=0 \\ y=-2 \end{cases}$ (4) $\begin{cases} x=-3 \\ y=5 \end{cases}$ (5) $\begin{cases} x=2 \\ y=-12 \end{cases}$ (6) $\begin{cases} x=-\frac{1}{2} \\ y=-2 \end{cases}$ (7) $\begin{cases} x=2 \\ y=\frac{2}{3} \end{cases}$ (8) $\begin{cases} x=-8 \\ y=-2 \end{cases}$ (9) $\begin{cases} x=2 \\ y=-3 \end{cases}$

p.69

4. 答 (1) $\begin{cases} x=3 \\ y=-2 \end{cases}$ (2) $\begin{cases} a=3 \\ b=-1 \end{cases}$ (3) $\begin{cases} x=3 \\ y=-7 \end{cases}$ (4) $\begin{cases} x=-10 \\ y=4 \end{cases}$ (5) $\begin{cases} x=2 \\ y=1 \end{cases}$ (6) $\begin{cases} x=3 \\ y=-4 \end{cases}$ (7) $\begin{cases} x=22 \\ y=36 \end{cases}$ (8) $\begin{cases} a=-5 \\ b=4 \end{cases}$ (9) $\begin{cases} x=60 \\ y=29 \end{cases}$

p.70

5. 答 (1) $\begin{cases} x=-2 \\ y=1 \end{cases}$ (2) $\begin{cases} x=6 \\ y=-5 \end{cases}$ (3) $\begin{cases} x=3 \\ y=-3 \end{cases}$ (4) $\begin{cases} x=-1 \\ y=4 \end{cases}$ (5) $\begin{cases} x=7 \\ y=4 \end{cases}$ (6) $\begin{cases} x=11 \\ y=-6 \end{cases}$ (7) $\begin{cases} x=9 \\ y=4 \end{cases}$ (8) $\begin{cases} x=\frac{3}{7} \\ y=-\frac{2}{7} \end{cases}$

6. 答 (1) $\begin{cases} x=-3 \\ y=2 \end{cases}$ (2) $\begin{cases} x=8 \\ y=5 \end{cases}$ (3) $\begin{cases} x=8 \\ y=-9 \end{cases}$ (4) $\begin{cases} x=4 \\ y=-3 \end{cases}$ (5) $\begin{cases} x=2 \\ y=-3 \end{cases}$ (6) $\begin{cases} x=-25 \\ y=10 \end{cases}$ (7) $\begin{cases} x=\frac{1}{2} \\ y=-\frac{1}{3} \end{cases}$ (8) $\begin{cases} x=-\frac{1}{2} \\ y=\frac{3}{2} \end{cases}$

7. 答 (1) $\begin{cases} x=10 \\ y=6 \end{cases}$ (2) $\begin{cases} x=3 \\ y=-2 \end{cases}$ (3) $\begin{cases} x=-2 \\ y=1 \end{cases}$ (4) $\begin{cases} x=-3 \\ y=-1 \end{cases}$ (5) $\begin{cases} x=-3 \\ y=5 \end{cases}$ (6) $\begin{cases} x=-8 \\ y=-2 \end{cases}$

p.71

8. 答 (1) $\begin{cases} x=1 \\ y=-2 \end{cases}$ (2) $\begin{cases} a=-\frac{3}{2} \\ b=-1 \end{cases}$ (3) $\begin{cases} x=4 \\ y=5 \end{cases}$ (4) $\begin{cases} x=6 \\ y=2 \end{cases}$

p.72

9. 答 (1) $\begin{cases} x=-1 \\ y=-\dfrac{1}{2} \end{cases}$ (2) $\begin{cases} x=\dfrac{1}{2} \\ y=\dfrac{1}{5} \end{cases}$ (3) $\begin{cases} x=\dfrac{1}{2} \\ y=2 \end{cases}$ (4) $\begin{cases} x=2 \\ y=-1 \end{cases}$

解説 (3) $\dfrac{1}{x}=a$，$\dfrac{1}{2y-3}=b$ とおく。

(4) $\dfrac{3}{x-y}=a$，$\dfrac{2}{3x+4y}=b$ とおくと，$\begin{cases} a+b=2 \\ 5a+6b=11 \end{cases}$ これを解いて，$\begin{cases} a=1 \\ b=1 \end{cases}$

よって，$\begin{cases} x-y=3 \\ 3x+4y=2 \end{cases}$

10. 答 $a=7$

解説 $x=-5$ のとき，$\begin{cases} -30+5y=-10 \\ 10+ay=38 \end{cases}$

11. 答 $a=1$，$b=4$

12. 答 $a=3$，$b=\dfrac{15}{4}$

13. 答 $\begin{cases} x=\dfrac{3}{5} \\ y=\dfrac{8}{5}, \end{cases}$ $a=-\dfrac{2}{3}$

14. 答 解 $\begin{cases} x=2 \\ y=3, \end{cases}$ $a=4$，$b=-2$

解説 $2x+3y=13$ と $4x-y=5$ を連立させて解く。

15. 答 $a=-2$，$b=5$

解説 (イ)の x，y を入れかえた $\begin{cases} y-2x=-9 \\ 2by-3ax=14 \end{cases}$ は，(ア)と同じ解をもつから，

$\begin{cases} -2x+7y=-15 \\ y-2x=-9 \end{cases}$ よって，$\begin{cases} x=4 \\ y=-1 \end{cases}$

したがって，$\begin{cases} 4a+3b=7 \\ -2b-12a=14 \end{cases}$ が成り立つ。

16. 答 $a=3$，$b=7$，$c=2$，$d=5$

解説 A さんの結果より，$\begin{cases} -a+b=4 & \cdots\cdots① \\ -c-d=-7 & \cdots\cdots② \end{cases}$

B さんの結果より，$\begin{cases} ax+by=4 \\ cx+dy=-7 \end{cases}$ を解いたので，$\begin{cases} 69a-29b=4 & \cdots\cdots③ \\ 69c-29d=-7 & \cdots\cdots④ \end{cases}$

①×69+③ より，$40b=280$

p.73

17. 答 39，14

解説 大きいほうの数を x，小さいほうの数を y とすると，$\begin{cases} x+y=53 \\ x-y=25 \end{cases}$

18. 答 りんご 120 円，なし 250 円

解説 りんご 1 個の値段を x 円，なし 1 個の値段を y 円とすると，

$\begin{cases} 2x+y=490 \\ x+3y=870 \end{cases}$

19. 答 男子 6 人，女子 5 人

解説 男子が x 人，女子が y 人いるとすると，$\begin{cases} 3x+4y=38 \\ x=y+1 \end{cases}$

20. 答 商品 A 80 個，商品 B 40 個

解説 商品 A を x 個，商品 B を y 個買ったとすると，$\begin{cases} x+y=120 \\ 80x+90y=10000 \end{cases}$

21. 答 大人 104 人，子ども 178 人

解説 大人の入場者数を x 人，子どもの入場者数を y 人とすると，$\begin{cases} x=y-74 \\ y=2x-30 \end{cases}$

22. 答 287

解説 もとの正の整数の百の位の数を x，一の位の数を y とする。
もとの整数は $100x+80+y$，一の位と百の位の数を入れかえた整数は
$100y+80+x$，一の位の数を十の位に，十の位の数を百の位に，百の位の数を一の位にそれぞれ移した整数は $800+10y+x$ であるから，

$$\begin{cases} 100y+80+x=3(100x+80+y)-79 & \cdots\cdots① \\ 800+10y+x=3(100x+80+y)+11 & \cdots\cdots② \end{cases}$$

①－② より，$90y-720=-90$

23. 答 生徒 241 人，先生 12 人

解説 生徒の人数を x 人，先生の人数を y 人とすると，$\begin{cases} 4x+3y=1000 \\ 4(x-3)+4y=1000 \end{cases}$

24. 答 カツカレー 25 人分，カツ丼 18 人分

解説 カツカレーを x 人分，カツ丼を y 人分つくったとすると，

$$\begin{cases} 20x+35y=1130 \\ 120x+100y=4800 \end{cases}$$

p.74 **25.** 答 紙製品 A 140t，紙製品 B 60t

解説 紙製品 A を xt，紙製品 B を yt 製造したとすると，

$$\begin{cases} x+y=200 \\ \dfrac{25}{100}x+\dfrac{85}{100}y=86 \end{cases}$$

p.75 **26.** 答 男子 194 人，女子 168 人

解説 昨年度の男子，女子の入学者数をそれぞれ x 人，y 人とすると，
$x+y=360$ ……①

また，男子は $\dfrac{3}{100}x$ 人減少し，女子は $\dfrac{5}{100}y$ 人増加したから，

$-\dfrac{3}{100}x+\dfrac{5}{100}y=2$ ……②　①，②を連立させて解くと，$\begin{cases} x=200 \\ y=160 \end{cases}$

27. 答 (1) 40 人 (2) 180 人

解説 (1) 6 月の C コースの希望者数を x 人とすると，$\left(1+\dfrac{30}{100}\right)x=52$

(2) 6 月の A コース，B コースの希望者数をそれぞれ y 人，z 人とすると，

$\begin{cases} y+z=320-40 \\ \left(1-\dfrac{45}{100}\right)y+\dfrac{3}{2}z=320-52 \end{cases}$　これを解いて，$\begin{cases} y=160 \\ z=120 \end{cases}$

28. 答　交通費 720円，入場料 1590円

解説　昨年の1人あたりの交通費を x 円，入場料を y 円とすると，

$\left(1-\frac{20}{100}\right)x+\left(1+\frac{6}{100}\right)y=2310$ ……①

また，昨年の費用の合計は $(x+y)$ 円であるから，

$\left(1-\frac{3.75}{100}\right)(x+y)=2310$ ……②

①，②を連立させて解くと，$\begin{cases} x=900 \\ y=1500 \end{cases}$

29. 答　10%の食塩水 360g，15%の食塩水 240g

解説　10%の食塩水を xg，15%の食塩水を yg 混ぜるとすると，

$\begin{cases} x+y=600 \\ \frac{10}{100}x+\frac{15}{100}y=600\times\frac{12}{100} \end{cases}$

30. 答　食塩水A 5g，食塩水B 15g

解説　食塩水Aが xg，食塩水Bが yg あるとする。

全部混ぜると濃度が6%になるから，$\frac{3}{100}x+\frac{7}{100}y=\frac{6}{100}(x+y)$

また，食塩水Bを10g少なく混ぜると濃度が5%になるから，

$\frac{3}{100}x+\frac{7}{100}(y-10)=\frac{5}{100}\{x+(y-10)\}$

31. 答　2.7g

解説　ビーカーAに入れた食塩を xg，水を yg とすると，

$\begin{cases} x=\frac{3}{100}(x+y) \\ 5-x=\frac{2}{100}\{(5-x)+(200-y)\} \end{cases}$

32. 答　食塩水A 7.5%，食塩水B 5.1%

解説　もとの食塩水Aの濃度を x%，食塩水Bの濃度を y% とする。

全部混ぜると濃度が6.6%になるから，

$250\times\frac{x}{100}+150\times\frac{y}{100}=(250+150)\times\frac{6.6}{100}$　　また，食塩水Aから80gを捨てたから，ふくまれる食塩の重さは $\left\{(250-80)\times\frac{x}{100}\right\}$g となる。これが食塩水B 250g にふくまれる食塩の重さと等しいから，$(250-80)\times\frac{x}{100}=250\times\frac{y}{100}$

p.76　**33.** 答　(1) 20m　(2) $\frac{500}{21}$ 秒後

解説　(1) 上り列車の速さは $\frac{64.8\times1000}{60\times60}=18$ より秒速18m，同様に，下り列車の速さは秒速24mである。

1両の長さを xm，トンネルの長さを ym とすると，$\begin{cases} 10x+y=24\times50 \\ 4x+y=18\times(50+10) \end{cases}$

(2) z 秒後に出会うとすると，$18z+24z=1000$

p.77 **34.** 答 Aさんの家から郵便局まで 400m，郵便局から図書館まで 800m

(解説) Aさんの家から郵便局までの道のりを xm，郵便局から図書館までの道のりを ym とすると，$\begin{cases} \dfrac{x}{80}+\dfrac{y}{100}=13 \\ \dfrac{x}{100}+\dfrac{y}{80}=14 \end{cases}$

35. 答 愛さんの歩いた道のり 0.8km，家から駅までの道のり 2.8km

(解説) 愛さんの歩いた道のりを $x$km，家から駅までの道のりを $y$km とする。
愛さんが兄の車に乗せてもらうまでに，兄は $\{y+(y-x)\}$ km の道のりを走っているから，$\dfrac{y+(y-x)}{24}=\dfrac{x}{4}$

また，家を出てから妹が駅に着くまでの時間は $\dfrac{y}{24}$ 時間，愛さんが駅に着くまでの時間は，歩いた $\dfrac{x}{4}$ 時間と車に乗せてもらった $\dfrac{y-x}{24}$ 時間の和であるから，

$\dfrac{x}{4}+\dfrac{y-x}{24}=\dfrac{y}{24}+\dfrac{10}{60}$

36. 答 (1)

Aさん	Bさん
高速道路を走った道のりを $x$km	**高速道路を走った時間を x 時間**
一般道を走った道のりを $y$km	**一般道を走った時間を y 時間**
連立方程式 $\begin{cases} x+y=180 \\ \dfrac{x}{80}+\dfrac{y}{40}=3 \end{cases}$	連立方程式 $\begin{cases} 80x+40y=180 \\ x+y=3 \end{cases}$

(2) $\dfrac{3}{2}$ 時間

37. 答 時速 52km

(解説) 電車の速さを時速 $x$km，電車の間隔を $y$km とする。

上りの電車は7分間で $\left(y+\dfrac{4}{60}\times7\right)$ km だけ進むから，$y+\dfrac{4}{60}\times7=\dfrac{x}{60}\times7$

下りの電車は6分間で $\left(y-\dfrac{4}{60}\times6\right)$ km だけ進むから，$y-\dfrac{4}{60}\times6=\dfrac{x}{60}\times6$

38. 答 15分

(解説) 放水口1つが1分間に放流する量を x 万 m^3 とし，ダムには毎分 y 万 m^3 の割合で水が流入しているとする。
放水口を3つ開ける場合，60分間で放流する量は $(60x\times3)$ 万 m^3，その間に貯水量は $60y$ 万 m^3 増加するから，$48+60y=60x\times3$ ……①
放水口を5つ開ける場合も同様に考えて，$48+20y=20x\times5$ ……②

①，②を連立させて解くと，$\begin{cases} x=0.8 \\ y=1.6 \end{cases}$

放水口を6つ開けた場合，t 分で基準量まで減少するとすると，
$48+1.6t=0.8t\times6$

p.78 **39.** 答 弟が電車で移動した道のり 16km，Q駅から叔母の家までの道のり 2km

解説 自宅からP駅までの道のりは $100\times15=1500$（m）である。
兄はこの道のりを3分で走るから，兄の自動車の速さは分速 500m，すなわち分速 0.5km である。
弟が電車で移動した道のりを $x$km，Q駅から叔母の家までの道のりを $y$km とすると，兄が自動車でP駅からQ駅まで移動した道のりは $(x+y)$km である。
この兄のP駅からQ駅までの道のりと，Q駅から叔母の家までの道のりの半分の和は $(x+y)+0.5y=x+1.5y$（km）であるから，

$$15+\frac{x}{1}+\frac{0.5y}{0.1}=3+\frac{x+1.5y}{0.5}$$

また，弟は51分で叔母の家に着いたから，$15+\dfrac{x}{1}+\dfrac{y}{0.1}=51$

p.79 **40.** 答 72g

解説 容器Aから xg，容器Bから yg を容器Cに移したとすると，Aには yg，Bには xg 残っている。
Cには食塩が $\left(\dfrac{3}{100}x+\dfrac{8}{100}y\right)$g あり，その $\dfrac{70}{100}$ をAに入れるから，

$$\begin{cases} x+y=100 \\ \dfrac{3}{100}y+\dfrac{70}{100}\left(\dfrac{3}{100}x+\dfrac{8}{100}y\right)=\dfrac{4}{100}(y+70) \end{cases}$$ これを解いて，$\begin{cases} x=72 \\ y=28 \end{cases}$

これらの値は問題に適する。

41. 答 (1) $a=100$，$b=200$，$x=5$ (2) 3％

解説 (1) 操作1，2より，$\begin{cases} 1000+2a+4b=2000 \\ 2000+14a+3b=4000 \end{cases}$ これを解いて，$\begin{cases} a=100 \\ b=200 \end{cases}$

操作3より，$200\times1\times\dfrac{x}{100}=(100\times3+200\times1)\times\dfrac{2}{100}$ これを解いて，$x=5$

これらの値は問題に適する。

(2) 操作1を行う前の水そう内の食塩水の濃度を y％とすると，操作1，2より，

$$\begin{cases} 1000\times\dfrac{y}{100}+200\times4\times\dfrac{5}{100}=2000\times\dfrac{y+m}{100} \\ 1000\times\dfrac{y}{100}+200\times(4+3)\times\dfrac{5}{100}=4000\times\dfrac{y-m}{100} \end{cases}$$

整理して，$\begin{cases} y+2m=4 \\ 3y-4m=7 \end{cases}$ これを解いて，$\begin{cases} y=3 \\ m=\dfrac{1}{2} \end{cases}$ これらの値は問題に適する。

p.80 **42.** 答 $x=6$，$y=8$

解説 全体の仕事の量を a とすると，Aさんが1日に作業する仕事の量は $\dfrac{a}{x}$，

Bさんが1日に作業する仕事の量は $\dfrac{a}{y}$ である。 よって，$\begin{cases} \dfrac{a}{x}+\dfrac{a}{y}=\dfrac{7a}{24} \\ \dfrac{3a}{x}+\dfrac{4a}{y}=a \end{cases}$

$\dfrac{1}{x}=X$，$\dfrac{1}{y}=Y$ とおいて両辺を a（$a\neq0$）で割ると，$\begin{cases} X+Y=\dfrac{7}{24} & \cdots\cdots① \\ 3X+4Y=1 & \cdots\cdots② \end{cases}$

①×4－② より，$X=\dfrac{1}{6}$ ……③　　③を①に代入して，$\dfrac{1}{6}+Y=\dfrac{7}{24}$　　$Y=\dfrac{1}{8}$

ゆえに，$x=6$，$y=8$　　これらの値は問題に適する。

43. 答 (1) 8900 円　(2) 33 人

解説 (1) T シャツの代金の 5% 分が 35300－33980＝1320（円）であるから，T シャツの割引き前の代金は，$1320\times\dfrac{100}{5}=26400$（円）

ゆえに，文字の印刷代の合計は，35300－26400＝8900（円）

(2) 1 文字を印刷する生徒が x 人，2 文字を印刷する生徒が y 人とすると，

$\begin{cases} x+2y=32 \\ 300x+500y=8900 \end{cases}$　　これを解いて，$\begin{cases} x=18 \\ y=7 \end{cases}$　　これらの値は問題に適する。

ゆえに，クラスの人数は，8＋18＋7＝33（人）

44. 答 $x=10$，$y=\dfrac{10}{3}$

解説 Q 地点にタクシーと B 班が到着するまでに，B 班は $y$km，タクシーは $\{x+(x-y)\}$ km 走ったから，$\dfrac{x+(x-y)}{40}=\dfrac{y}{8}$ ……①

A 班は P 地点までの $x$km をタクシーで，残りの（$12-x$）km を徒歩で行き，
B 班は Q 地点までの $y$km をかけ足で，残りの（$12-y$）km をタクシーで行ったから，$\dfrac{x}{40}+\dfrac{12-x}{4}=\dfrac{y}{8}+\dfrac{12-y}{40}+\dfrac{7}{60}$ ……②

①×40 より，$x+x-y=5y$　　よって，$x=3y$ ……③

②×120 より，$3x+30(12-x)=15y+3(12-y)+14$

よって，$27x+12y=310$ ……④　　③を④に代入して，$93y=310$

ゆえに，$y=\dfrac{10}{3}$　　ゆえに，$x=10$　　これらの値は問題に適する。

45. 答 (1) 仕入れ値 1600 円，定価 4500 円

(2) 1 箱 150 個，1 袋の定価 300 円

解説 (1) 1 箱あたりの仕入れ値を x 円，1 箱あたりの定価を y 円とする。

8 割が売れたら利益が 8 万円になるから，$40\left(\dfrac{4}{5}y-x\right)=80000$ ……①

15 個を 1 袋にしたときのみかん 1 個あたりの値段は，10 個を 1 袋にしたときのみかん 1 個あたりの値段の $\dfrac{2}{3}$ 倍であるから，

$40\times\dfrac{48}{100}(y-x)+40\times\dfrac{52}{100}\left(\dfrac{2}{3}y-x\right)=84800$ ……②

①÷8 より，$4y-5x=10000$ ……③

②×$\dfrac{15}{8}$ より，$36(y-x)+13(2y-3x)=159000$　　$62y-75x=159000$ ……④

④－③×15 より，$2y=9000$　　ゆえに，$y=4500$　　ゆえに，$x=1600$

これらの値は問題に適する。

(2) みかんが1箱に n 個はいっていたとする。

10個を1袋で売ったみかんの個数は，$40n\times\frac{48}{100}=\frac{96}{5}n$（個）であり，これが10の倍数であるから，$n$ は25の倍数である。

15個を1袋で売ったみかんの個数は，$40n\times\frac{52}{100}=\frac{104}{5}n$（個）であり，これが15の倍数であるから，$n$ は75の倍数である。

75の倍数のうち100以上200以下のものは150であるから，$n=150$

10個を1袋にして売ると1箱あたりの定価が4500円であるから，1袋の定価は，

$\frac{4500}{15}=300$（円）　　これらの値は問題に適する。

p.82 **46.** 答 (1) $\begin{cases}x=1\\y=-2\\z=3\end{cases}$ (2) $\begin{cases}x=-7\\y=2\\z=6\end{cases}$ (3) $\begin{cases}x=-6\\y=-2\\z=-1\end{cases}$

(4) $\begin{cases}x=\frac{1}{2}\\y=\frac{17}{2}\\z=-\frac{3}{2}\end{cases}$ (5) $\begin{cases}x=10\\y=-6\\z=-1\end{cases}$ (6) $\begin{cases}x=\frac{7}{3}\\y=\frac{5}{3}\\z=-\frac{13}{3}\end{cases}$

解説 (1) $\begin{cases}x+y+z=2 & \cdots\cdots①\\x-y-2z=-3 & \cdots\cdots②\\3x-y=5 & \cdots\cdots③\end{cases}$

①×2＋②　$3x+y=1$

③　$+)\ 3x-y=5$

$6x=6$

$x=1$

③より，$y=3x-5=-2$

①より，$z=2-x-y=3$

(2) $\begin{cases}2x+5y+z=2 & \cdots\cdots①\\3x-2y+4z=-1 & \cdots\cdots②\\4x+3y+3z=-4 & \cdots\cdots③\end{cases}$

①×4－②より，$5x+22y=9$ …④

①×3－③より，$2x+12y=10$

$x+6y=5$ …⑤

⑤×5－④より，$8y=16$　　$y=2$

⑤より，$x=5-6y=-7$

①より，$z=2-2x-5y=6$

(3) $\begin{cases}3x-7y-4z=0 & \cdots\cdots①\\5x-9y+2z=-14 & \cdots\cdots②\\2x+3y-5z=-13 & \cdots\cdots③\end{cases}$

①＋②×2より，

$13x-25y=-28$ ……④

①×5－③×4より，

$7x-47y=52$ ……⑤

④×7－⑤×13より，

$436y=-872$　　$y=-2$

⑤より，$7x=52+47y=-42$

$x=-6$

②より，$2z=-14-5x+9y=-2$

$z=-1$

(4) $\begin{cases}5x-3y-2z=-20 & \cdots\cdots①\\9x-2y-z=-11 & \cdots\cdots②\\x+4y+3z=30 & \cdots\cdots③\end{cases}$

②×2－①より，

$13x-y=-2$ ……④

②×3＋③より，

$28x-2y=-3$ ……⑤

⑤－④×2より，$2x=1$　　$x=\frac{1}{2}$

④より，$y=13x+2=\frac{17}{2}$

②より，$z=9x-2y+11=-\frac{3}{2}$

(5) $\begin{cases} x+y=4 & \cdots\cdots① \\ y+z=-7 & \cdots\cdots② \\ z+x=9 & \cdots\cdots③ \end{cases}$

(①+②+③)÷2 より，

$x+y+z=3$ ……④

④−① より，$z=-1$

④−② より，$x=10$

④−③ より，$y=-6$

(6) $\begin{cases} 2x+4y+7z=-19 & \cdots\cdots① \\ 5x-8y-2z=7 & \cdots\cdots② \\ 11x-9y+5z=-11 & \cdots\cdots③ \end{cases}$

①×2+② より，

$9x+12z=-31$ ……④

①×9+③×4 より，

$62x+83z=-215$ …⑤

④×7−⑤ より，

$x+z=-2$ ……⑥

④−⑥×9 より，

$3z=-13$　　$z=-\dfrac{13}{3}$

⑥より，$x=-2-z=\dfrac{7}{3}$

①より，$4y=-19-2x-7z=\dfrac{20}{3}$

$y=\dfrac{5}{3}$

47. 答 (1) $x=2z$，$y=-\dfrac{4}{5}z$　(2) $x:y:z=10:(-4):5$

解説 (1) 2 式を加えて，$4x-8z=0$　　ゆえに，$x=2z$

よって，$5y=x-6z=2z-6z=-4z$　　ゆえに，$y=-\dfrac{4}{5}z$

(2) $x:y:z=2z:\left(-\dfrac{4}{5}z\right):z=10:(-4):5$

48. 答 $x=16$，$y=2$，$z=8$

解説 x と y の平均が 9 であるから，$\dfrac{x+y}{2}=9$　同様に，$\dfrac{y+z}{2}=5$，$\dfrac{z+x}{2}=12$

よって，$\begin{cases} x+y=18 & \cdots\cdots① \\ y+z=10 & \cdots\cdots② \\ z+x=24 & \cdots\cdots③ \end{cases}$　　(①+②+③)÷2 より，$x+y+z=26$ ……④

④−① より，$z=8$　　④−② より，$x=16$　　④−③ より，$y=2$

49. 答 20 分

解説 注水口 A，B，C からそれぞれ毎分 a L，b L，c L だけ水がはいるとすると，

$\begin{cases} 10a+10b+10c=120 & \cdots\cdots① \\ 20a+8b+8c=120 & \cdots\cdots② \\ 18b+8c=120 & \cdots\cdots③ \end{cases}$

①×$\dfrac{4}{5}$ より，$8a+8b+8c=96$　……④

②−④ より，$12a=24$　　$a=2$ ……⑤

⑤を②に代入して，$8b+8c=80$ ……⑥

③−⑥ より，$10b=40$　　$b=4$ ……⑦

⑦を⑥に代入して，$c=6$　　これらの値は問題に適する。

50. 答 P地点 4km，Q地点 6km

解説 AP間，PQ間，QB間の道のりをそれぞれ$x$km，$y$km，$z$kmとすると，

$$\begin{cases} x+y+z=9 & \cdots\cdots① \\ \dfrac{x}{4}+\dfrac{y}{5}+\dfrac{z}{6}=1+\dfrac{54}{60} & \cdots\cdots② \\ \dfrac{z}{4}+\dfrac{y}{5}+\dfrac{x}{6}=1+\dfrac{49}{60} & \cdots\cdots③ \end{cases}$$

②×60より，$15x+12y+10z=114$ ……④

③×60より，$10x+12y+15z=109$ ……⑤

④+⑤より，$25(x+z)+24y=223$ ……⑥

①×25−⑥より，$y=2$　①より，$x+z=7$ ……⑦　④より，$15x+10z=90$

よって，$3x+2z=18$ ……⑧　⑧−⑦×2より，$x=4$　⑦より，$z=3$

5章の問題

p.83 **1** 答 (1) $\begin{cases} x=3 \\ y=-4 \end{cases}$ (2) $\begin{cases} x=2 \\ y=-60 \end{cases}$ (3) $\begin{cases} x=-5 \\ y=2 \end{cases}$ (4) $\begin{cases} x=-4 \\ y=5 \end{cases}$ (5) $\begin{cases} x=1 \\ y=3 \end{cases}$

(6) $\begin{cases} x=\dfrac{11}{2} \\ y=-1 \end{cases}$ (7) $\begin{cases} x=\dfrac{5}{6} \\ y=\dfrac{15}{7} \end{cases}$

解説 (7) $x+\dfrac{1}{6}=X$，$y-\dfrac{1}{7}=Y$ とおくと，$\begin{cases} 2X+3Y=8 \\ 3X-2Y=-1 \end{cases}$

2 答 (1) $a=\dfrac{1}{2}$，$b=6$ (2) $a=\dfrac{1}{3}$

解説 (2) $2x=ay-\dfrac{8}{3}$ より，$6x-3ay=-8$　これと $4x+3ay=-2$ より，

$10x=-10$　$x=-1$　$x+2y=3$ より，$y=2$

3 答 容器A 325g，容器B 400g

解説 はじめに容器A，Bにはいっていた液体の量をそれぞれxg，ygとすると，

$$\begin{cases} x+y=316+409 \\ \left(1-\dfrac{12}{100}\right)x+\dfrac{7.5}{100}y=316 \end{cases}$$

4 答 シャツ 350g，ネクタイ 150g

解説 シャツ1枚，ネクタイ1本をつくるために必要な繊維をそれぞれxg，ygとすると，$\begin{cases} 2x+3y=50\times23 \\ 3x+4y=50\times33 \end{cases}$

p.84 **5** 答 時速120km，長さ240m

解説 列車Aの速さを秒速xm，長さをymとする。

列車Bの速さは時速72km，すなわち秒速20mである。

列車AがBに追いついてから追いこすまでに，Aは，Aの長さとBの長さの和$(80+y)$mだけBより多く走るから，$24(x-20)=80+y$

列車AがBに出会ってからすれちがうまでに，AとBの走った道のりの合計は列車の長さの和であるから，$6(x+20)=80+y$

6 答 (1) 495 人 (2) 10 個以上

解説 (1) 1 つの窓口で 1 分間に受付のできる人数を x 人，開園前に行列をつくっていた来園者の人数を y 人とすると，$\begin{cases} 4x\times45=y+5\times45 \\ 5x\times33=y+5\times33 \end{cases}$

(2) (1)より $x=4$，$y=495$ であるから，必要な窓口の数を n 個とすると，
$4n\times15\geqq495+5\times15$

7 答 (1) $\dfrac{mx+ny}{m+n}$% (2) $x=19$

解説 (1) 食塩水 A を mp g，食塩水 B を np g 混ぜるとすると，食塩水 X の濃度は，$\dfrac{mp\times\dfrac{x}{100}+np\times\dfrac{y}{100}}{mp+np}\times100$

(2) 容器 A，B，C の食塩水の重さをそれぞれ ag，bg，cg とする。

(1)より，$\dfrac{5a+10b}{a+b}=8$，$\dfrac{10b+cx}{b+c}=13$，$\dfrac{cx+5a}{c+a}=11$

整理して，$a=\dfrac{2}{3}b$，$b=\dfrac{x-13}{3}c$，$a=\dfrac{x-11}{6}c$

よって，$\dfrac{x-11}{6}c=\dfrac{2}{3}\times\dfrac{x-13}{3}c$

8 答 239

解説 ひかれる数を x，ひく数を $10y+z$（x，y は正の整数，z は $0\leqq z\leqq9$ を満たす整数）とすると，$\begin{cases} 10x-(10y+z)=6854 & \cdots\cdots① \\ x+y=784 & \cdots\cdots② \end{cases}$

①より，$10x-10y=6854+z$　左辺は 10 の倍数であるから，右辺も 10 の倍数。

よって，$z=6$　ゆえに，①は $x-y=686$　これと②より，$\begin{cases} x=735 \\ y=49 \end{cases}$

ゆえに，正しい式は 735－496

9 答 時速 15km

解説 静水での船の速さを時速 $x$km，川の流れの速さを時速 $y$km とすると，

$\begin{cases} \dfrac{60}{x-y}=\dfrac{60}{x+y}\times2 \\ \dfrac{60}{x-y}+\dfrac{60}{x+y}=3 \end{cases}$　$\dfrac{60}{x-y}=X$，$\dfrac{60}{x+y}=Y$ とおく。

別解 下りにかかる時間を t 時間とすると，上りは $2t$ 時間かかる。

$t+2t=3$　ゆえに，$t=1$　よって，$\begin{cases} (x-y)\times2=60 \\ (x+y)\times1=60 \end{cases}$

10 答 (1) $x=-5$，7 (2) $\begin{cases} x=3 \\ y=-2 \end{cases}$，$\begin{cases} x=-7 \\ y=8 \end{cases}$

解説 (2) $2x+3y+5=4x+5y+3$ より，$x+y=1$ ……①

$x\geqq y$ のとき，$x-y=2x+3y+5$ と①より，$x=3$，$y=-2$（$x\geqq y$ に適する）

$x<y$ のとき，$y-x=2x+3y+5$ と①より，$x=-7$，$y=8$（$x<y$ に適する）

6章　不等式

p.85
1. 答 (1) $<$　(2) $>$　(3) $>$　(4) $<$　(5) $>$　(6) $>$

2. 答 (1) $x \geqq y$　(2) $x<y$　(3) $x>y$　(4) $x \leqq y$

3. 答 (1) ○　(2) ×，反例 $a=1$，$b=-2$　(3) ×，反例 $a=1$，$b=-2$

p.86
4. 答 (1) -1，0，1　(2) 2，3　(3) -1，0　(4) 1，2

p.87
5. 答 (1) $x>2$　(2) $x>3$　(3) $x \leqq -1$　(4) $a<-\dfrac{3}{5}$　(5) $y \leqq 3$　(6) $y \geqq -7$

(7) $x<3$　(8) $x \geqq \dfrac{5}{2}$

6. 答 (1) $x>7$　(2) $x>\dfrac{7}{4}$　(3) $y \leqq 7$　(4) $x \geqq -13$　(5) $x>5$　(6) $x \leqq \dfrac{3}{2}$

7. 答 (1) $x<-3$　(2) $x<1$　(3) $x<-22$　(4) $x \geqq -1$　(5) $x<-3$　(6) $x<-\dfrac{3}{2}$

(7) $x \geqq -1$　(8) $x<\dfrac{4}{3}$

解説 (1),(2),(4) 両辺に 10 をかける。(4)は先にかっこをはずしてもよい。
(3) かっこをはずしてから両辺に 100 をかける。　(5) 両辺に 4 をかける。
(6)〜(8) 両辺に分母の最小公倍数をかけて係数を整数にする。

8. 答 (1) $x>4$

(2) $x<-1$

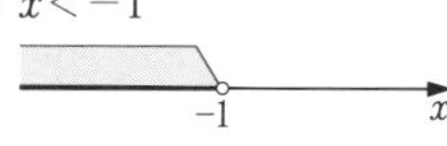

(3) $x \geqq \dfrac{1}{2}$

(4) $x \leqq -2$

(5) $x<-5$

9. 答 (1) 7 個　(2) -2

解説 (1) 不等式を解くと，$x>-\dfrac{22}{3}$　(2) 不等式を解くと，$x<-\dfrac{13}{7}$

p.88
10. 答 $a>1$

解説 $x+2-\dfrac{4x-a}{3}>0$　$3(x+2)-(4x-a)>0$　$3x+6-4x+a>0$

$-x>-a-6$　よって，$x<a+6$ ……①
$x \leqq 7$ が①の範囲にふくまれるには $a+6>7$ でなければならない。
ゆえに，$a>1$

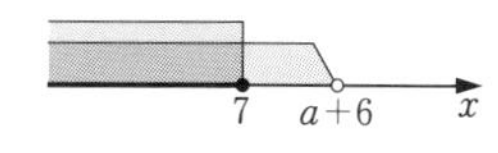

11. 答 $a>2$ のとき $x<-\dfrac{3}{a-2}$，$a=2$ のとき 解なし，$a<2$ のとき $x>-\dfrac{3}{a-2}$

解説 $ax+3<2x$ より，$(a-2)x<-3$ ……①

(i) $a-2>0$ すなわち $a>2$ のとき，①の両辺を $a-2$ で割ると，$x<-\dfrac{3}{a-2}$

(ii) $a-2=0$ すなわち $a=2$ のとき，①は $0\times x<-3$ となり，成り立たない。

(iii) $a-2<0$ すなわち $a<2$ のとき，①の両辺を $a-2$ で割ると，$x>-\dfrac{3}{a-2}$

p.89 **12.** 答 (1) $20a+15b<5000$ (2) $a\geqq 0$ (3) $\dfrac{3}{x}+\dfrac{7}{y}<\dfrac{10}{z}$ (4) $20x+(a-20)y<ab$

p.90 **13.** 答 -3

解説 $x-1>3x+4$

14. 答 11 個まで

解説 洋菓子を x 個買うとすると，$120x+80(30-x)+150\leqq 3000$

15. 答 $x>25$

解説 $850\times\left(1+\dfrac{x}{100}\right)\times\left(1-\dfrac{20}{100}\right)>850$

16. 答 25 円以上

解説 1 個 x 円で売るとすると，$500x\times\left(1-\dfrac{1}{10}\right)-20\times 500\geqq 20\times 500\times\dfrac{1}{10}$

17. 答 $\dfrac{9}{5}$km

解説 時速 12km で走る道のりを $x$km とすると，$\dfrac{3-x}{4}+\dfrac{x}{12}\leqq\dfrac{27}{60}$

18. 答 46 人

解説 安くなるのは x 人のときであるとすると，$500x>500\times\left(1-\dfrac{10}{100}\right)\times 50$

19. 答 120g 以上

解説 水を xg 加えるとすると，$(200+x)\times\dfrac{5}{100}\geqq 200\times\dfrac{8}{100}$

20. 答 7 つ以上

解説 窓口の数を x とすると，$250+18\times 20\leqq 5x\times 20$

21. 答 61 冊以上

解説 120 円のノートを x 冊買うとすると，

$120\times 10+120\times\left(1-\dfrac{2}{10}\right)\times(x-10)<100x$ 　これを解いて，$x>60$

これを満たす最小の整数は，$x=61$

p.92 **22.** 答 (1) ○ (2) ×，反例 $a=8$，$b=7$ (3) ○ (4) ×，反例 $a=8$，$b=4$

23. 答 (1) $-3<a-1\leqq 3$ (2) $-4\leqq -\dfrac{3}{2}a+2<5$

解説 (1) $-2+(-1)<a+(-1)\leqq 4+(-1)$

(2) $-6\leqq -\dfrac{3}{2}a<3$ より，$-6+2\leqq -\dfrac{3}{2}a+2<3+2$

24. 答 (1) $c>d$ の両辺に -1 をかけて，$-c<-d$
ゆえに，$c>d$ のとき，$-c<-d$
(2) $a>b$ の両辺に $-d$ を加えて，$a-d>b-d$ ……①
一方，$-d>-c$ の両辺に b を加えて，$b-d>b-c$ ……②
①，②より，$a-d>b-d>b-c$
ゆえに，$a>b$，$c>d$ のとき，$a-d>b-c$

25. 答 (1) $-1<a+b<8$ (2) $-5<b-a<4$ (3) $-\frac{1}{6}<\frac{a}{2}+\frac{b}{3}<\frac{19}{6}$
(4) $-6<a-2b+3<10$
解説 (1) $1+(-2)<a+b<3+5$
(2) $-3<-a<-1$ より，$-2+(-3)<b+(-a)<5+(-1)$
(3) $\frac{1}{2}<\frac{a}{2}<\frac{3}{2}$，$-\frac{2}{3}<\frac{b}{3}<\frac{5}{3}$ より，$\frac{1}{2}+\left(-\frac{2}{3}\right)<\frac{a}{2}+\frac{b}{3}<\frac{3}{2}+\frac{5}{3}$
(4) $-10<-2b<4$ より，$1+(-10)+3<a+(-2b)+3<3+4+3$

26. 答 (1) $3.05\leqq a<3.15$，$1.35\leqq b<1.45$
(2)(i) $10.15\leqq 2a+3b<10.65$ (ii) $7.7<3a-b<8.1$
解説 (2)(i) $6.1\leqq 2a<6.3$，$4.05\leqq 3b<4.35$ より，
$6.1+4.05\leqq 2a+3b<6.3+4.35$
(ii) $9.15\leqq 3a<9.45$，$-1.45<-b\leqq -1.35$ より，
$9.15+(-1.45)<3a+(-b)<9.45+(-1.35)$
注 (2)(ii) $9.15\leqq 3a$ と $-1.45<-b$ の辺々を加えるとき，$3a$ は 9.15 となることもあるが，$-b$ は -1.45 とならないから，$9.15+(-1.45)<3a+(-b)$ となり，等号は付かない。

27. 答 a は正の数，b は 0，c は負の数
解説 ③ $ab=0$ より，a か b の少なくとも一方は 0 である。
$a=0$ とすると，② $ab>ac$ とならないから，$a\neq 0$ ゆえに，$b=0$
① $b>c$ であるから，$c<0$ ② $ab>ac$ より，$ac<0$ ゆえに，$a>0$
別解 ① $b>c$ のとき，② $ab>ac$ となるのは $a>0$ のときである。
このとき，③ $ab=0$ より，$b=0$
① $b>c$ より，$c<0$

28. 答 $x=\frac{10}{33}$
解説 $x=\frac{b}{a}$ とすると，$\frac{b}{a+3}=\frac{5}{18}$ より，$b=\frac{5}{18}(a+3)$ ……①
$\frac{b+3}{a}>\frac{1}{3}$ $a>0$ より両辺に $3a$ をかけて，$3b+9>a$ ……②
①を②に代入して，$3\times\frac{5}{18}(a+3)+9>a$ $5a+15+54>6a$ $a<69$
①より，b は正の整数であるから，$a+3$ は 18 の倍数である。
$a+3<72$ より，$a+3=18$，36，54
$a+3=18$ のとき，$a=15$，$b=5$ $\frac{b}{a}=\frac{5}{15}$ となり，既約分数ではない。
$a+3=36$ のとき，$a=33$，$b=10$ $\frac{b}{a}=\frac{10}{33}$ となり，既約分数である。

$a+3=54$ のとき，$a=51$，$b=15$　$\dfrac{b}{a}=\dfrac{15}{51}$ となり，既約分数ではない。

ゆえに，$x=\dfrac{10}{33}$

p.94 **29.** 答 (1) $-3<x<4$　(2) $4\leqq x\leqq 5$　(3) $x\geqq 3$　(4) $x<-1$　(5) $-\dfrac{1}{3}\leqq x\leqq 2$

(6) $x\leqq -\dfrac{1}{2}$

解説 (1) $7-x<10$ より，$x>-3$ ……①

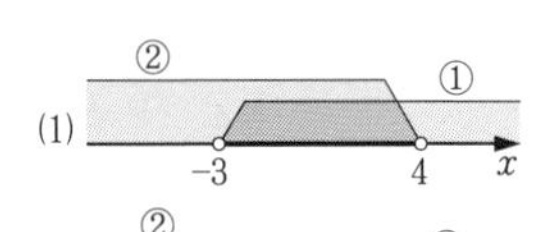

$-2x+5>-3$　より，$x<4$ ……②

①，②より，$-3<x<4$

(2) $x+3\leqq 2x-1$ より，$x\geqq 4$ ……①

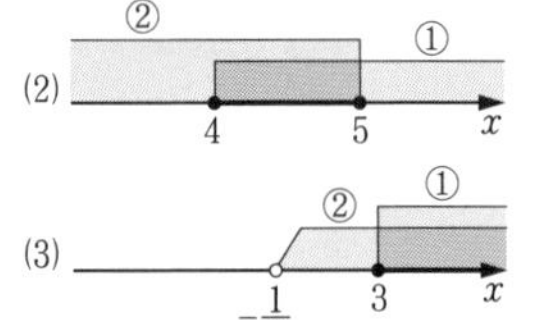

$4x\leqq 3x+5$ より，$x\leqq 5$ ……②

①，②より，$4\leqq x\leqq 5$

(3) $3x-2\geqq x+4$ より，$x\geqq 3$ ……①

$-x-3<3x-1$ より，$x>-\dfrac{1}{2}$ ……②

①，②より，$x\geqq 3$

(4) $3x+2<x$ より，$x<-1$ ……①

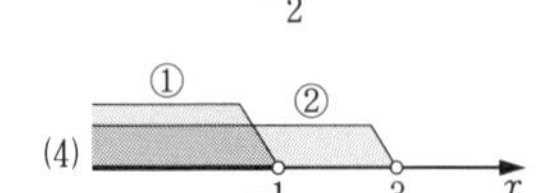

$7-4x>-5$ より，$x<3$ ……②

①，②より，$x<-1$

(5) $-2\leqq 3(x-1)+2$ より，$x\geqq -\dfrac{1}{3}$ ……①

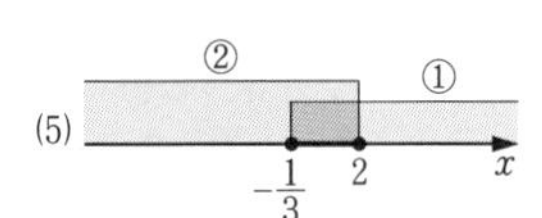

$3(x-1)+2\leqq 5$ より，$x\leqq 2$ ……②

①，②より，$-\dfrac{1}{3}\leqq x\leqq 2$

(6) $3x-7<2x-6$ より，$x<1$ ……①

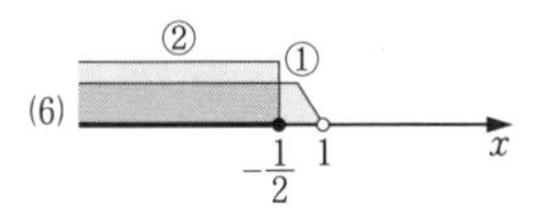

$2x-6\leqq -4x-9$ より，$x\leqq -\dfrac{1}{2}$ ……②

①，②より，$x\leqq -\dfrac{1}{2}$

30. 答 (1) 解なし　(2) $x=2$　(3) $-\dfrac{1}{7}<x<4$　(4) $x>2$

解説 (1) $2x+1>x+3$ より，$x>2$ ……①

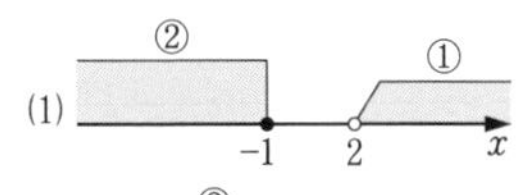

$-2x-4\geqq 3x+1$ より，$x\leqq -1$ ……②

①，②に共通範囲がないから，解なし。

(2) $0.2x-0.6\leqq 0.4x-1$ より，$x\geqq 2$ ……①

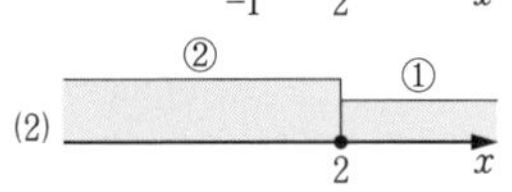

$0.3x+0.2\leqq 0.1x+0.6$ より，$x\leqq 2$ ……②

①，②の共通範囲は $x=2$ のみであるから，$x=2$

(3) $2-3x<\dfrac{1}{2}(x+5)$ より，$x>-\dfrac{1}{7}$ ……①

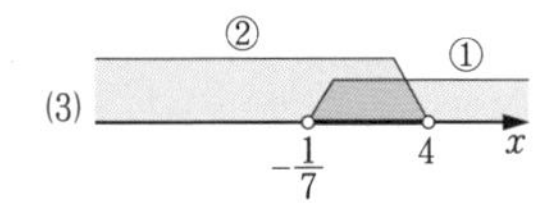

$3x+2(x-3)<14$ より，$x<4$ ……②

①，②より，$-\dfrac{1}{7}<x<4$

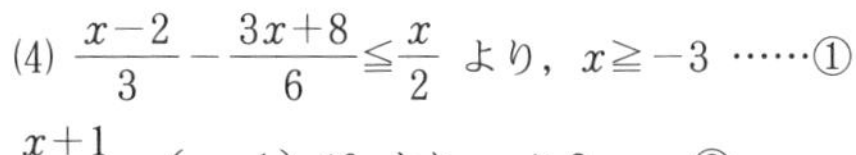

(4) $\dfrac{x-2}{3}-\dfrac{3x+8}{6}\leqq\dfrac{x}{2}$ より，$x\geqq-3$ ……①

$\dfrac{x+1}{3}-(x-1)<0$ より，$x>2$ ……②

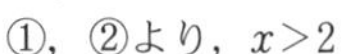

①，②より，$x>2$

p.95 **31.** 答 6 個

解説 $2x-1<3(x+1)$ より，$x>-4$ ……①

$x-4\leqq-2x+3$ より，$x\leqq\dfrac{7}{3}$ ……②

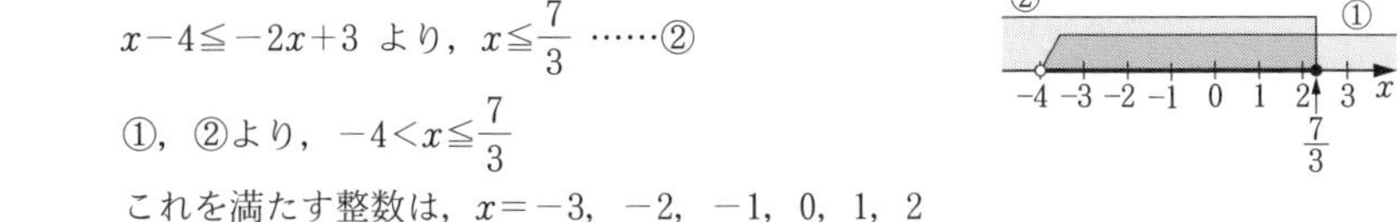

①，②より，$-4<x\leqq\dfrac{7}{3}$

これを満たす整数は，$x=-3,\ -2,\ -1,\ 0,\ 1,\ 2$

p.96 **32.** 答 40 人，41 人，42 人，43 人，44 人

解説 1 台のバスの定員を x 人とすると，$8x<360\leqq9x$

これを解いて，$40\leqq x<45$

33. 答 8 個以上 11 個以下

解説 りんごを x 個つめるとすると，かきは $(15-x)$ 個である。

$\begin{cases}100+140x+90(15-x)\leqq2000 & \cdots\cdots①\\ x>15-x & \cdots\cdots②\end{cases}$

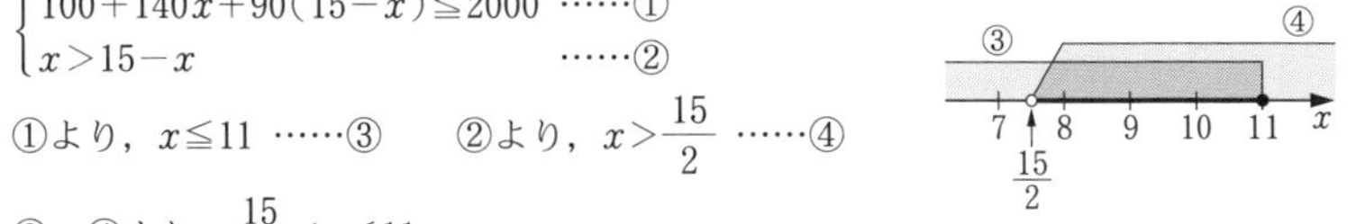

①より，$x\leqq11$ ……③　　②より，$x>\dfrac{15}{2}$ ……④

③，④より，$\dfrac{15}{2}<x\leqq11$

34. 答 350 g 以上

解説 とり肉を x g 使うとすると，たんぱく質の合計は $\left(13+\dfrac{22}{100}x\right)$ g，熱量は $(150+x)$ キロカロリーとなるから，

$\begin{cases}13+\dfrac{22}{100}x\geqq57 & \cdots\cdots①\\ 150+x\geqq500 & \cdots\cdots②\end{cases}$

①より，$x\geqq200$　　②より，$x\geqq350$

ゆえに，$x\geqq350$

35. 答 子ども 14 人とみかん 94 個，子ども 15 人とみかん 100 個

解説 子どもの人数を x 人とすると，みかんの個数は $(6x+10)$ 個である。

$7(x-1)+1<6x+10<7(x-1)+4$

$7(x-1)+1<6x+10$ より，$x<16$

$6x+10<7(x-1)+4$ より，$x>13$

よって，$13<x<16$　　x は整数であるから，$x=14,\ 15$

36. 答 24 日目

解説 問題集の問題数を x 問とする。

20 問ずつ解いて 16 日目に解き終わるから，$20\times15<x\leqq20\times16$

28 問ずつ解くときも同様に，$28\times10<x\leqq28\times11$

よって，$300<x\leqq308$　　各辺を 13 で割って，$\dfrac{300}{13}<\dfrac{x}{13}\leqq\dfrac{308}{13}$

37. 答 44個

解説 かごの数をxかごとすると，オレンジの個数は$(6x+8)$個である。
オレンジを1かごに8個ずつ入れると，1かごだけ8個に満たなかったから，
$8(x-1)<6x+8<8x$
$8(x-1)<6x+8$ より，$x<8$ ……①　　$6x+8<8x$ より，$x>4$ ……②
①，②より，$4<x<8$　　xは整数であるから，$x=5,\ 6,\ 7$
ここで，2かごだけ8個ずつ入れたときの残りのかご1かごに入れるオレンジの個数をn個とすると，

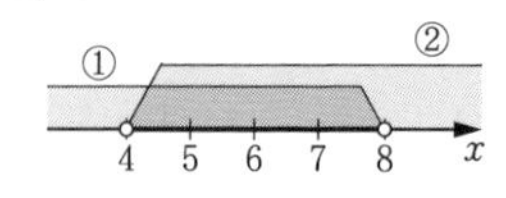

$n=\dfrac{(6x+8)-2\times 8}{x-2}=\dfrac{6x-8}{x-2}$

$x=5$ のとき $n=\dfrac{22}{3}$　　この値は問題に適さない。

$x=6$ のとき $n=7$　　この値は問題に適する。

$x=7$ のとき $n=\dfrac{34}{5}$　　この値は問題に適さない。

ゆえに，オレンジの個数は，$6\times 6+8=44$

38. 答 $-\dfrac{15}{2}\leqq a<-\dfrac{13}{2}$

解説 $2x+1\geqq 5(x+1)$ より，$x\leqq -\dfrac{4}{3}$ ……①

$2x-1>2a$ より，$x>a+\dfrac{1}{2}$ ……②

①，②を同時に満たす整数がちょうど5個あるから，
$x=-6,\ -5,\ -4,\ -3,\ -2$

右の図より，$-7\leqq a+\dfrac{1}{2}<-6$ であればよい。

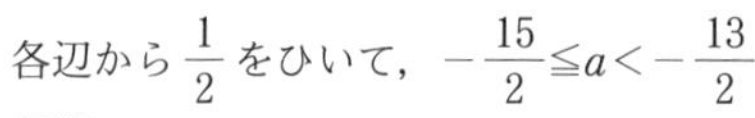

各辺から$\dfrac{1}{2}$をひいて，$-\dfrac{15}{2}\leqq a<-\dfrac{13}{2}$

39. 答 $1<x<2$

解説 $\dfrac{x-2}{4}=\dfrac{2y+3}{3}$ より，$8y=3x-18$ ……①

$\dfrac{x-2}{4}=\dfrac{3z+1}{2}$ より，$6z=x-4$ ……②

①，②より，$6z-8y=(x-4)-(3x-18)=-2x+14$
よって，$5x<-2x+14<12x$
$5x<-2x+14$ より，$x<2$ ……③
$-2x+14<12x$ より，$x>1$ ……④
③，④より，$1<x<2$

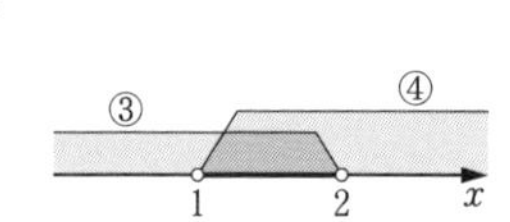

6章の問題

p.97 **1** 答 (1) $x<4$　(2) $x>-2$　(3) $a\geqq 5$　(4) $x\geqq -\dfrac{1}{3}$　(5) $x\leqq 1$　(6) $x<-7$

(7) $x\geqq -\dfrac{4}{11}$　(8) $b\geqq -\dfrac{1}{3}$

2 答 (1) $\frac{1}{a}>\frac{1}{b}$　(2) $\frac{1}{a}<\frac{1}{b}$　(3) $\frac{1}{a}>\frac{1}{b}$

3 答 4

解説 不等式を解いて，$x \leqq \frac{30}{7}$

4 答 11組

解説 $y=1$ のとき，$3x+4<20$　　$y=2$ のとき，$3x+8<20$

$y=3$ のとき，$3x+12<20$　　$y=4$ のとき，$3x+16<20$

$y \geqq 5$ のとき，$4y \geqq 20$ より，$3x+4y<20$ を満たす正の整数 x は存在しない。

5 答 9

解説 ①，②より c を消去して，$2a+3b+4(6-a-b)=5$　　$b=19-2a$

ここで，$b>0$ より，$19-2a>0$　　よって，$a<\frac{19}{2}$

6 答 (1) $-11 \leqq S \leqq 4$　(2) $-6 \leqq T \leqq 5$

解説 (1) $-10 \leqq 5a \leqq 5$　　(2) $-4 \leqq 2a \leqq 2$，$-2 \leqq -b \leqq 3$

7 答 13枚まで

解説 x 枚あげるとすると，$60-x>2(10+x)$

8 答 144個以上

解説 コップを x 個仕入れるとすると，$400(x-20)-240x \geqq 15000$

9 答 400g 以上

解説 8% の食塩水を x g 混ぜるとすると，

$800 \times \frac{5}{100}+x \times \frac{8}{100} \geqq (800+x) \times \frac{6}{100}$

10 答 4人以上

解説 1つの窓口で1分間に売ることのできる人数を x 人とすると，

$450+10 \times 15 \leqq 10x \times 15$

p.98 **11** 答 (1) $-4<x \leqq \frac{7}{3}$　(2) $x>3$　(3) 解なし　(4) $x<1$　(5) $x>2$　(6) $-3 \leqq x<3$

解説 (1) $\begin{cases} 2x-1<3x+3 & \cdots\cdots ① \\ x-4 \leqq -2x+3 & \cdots\cdots ② \end{cases}$　①より，$x>-4$　　②より，$x \leqq \frac{7}{3}$

(2) $\begin{cases} 3x-1>x+5 & \cdots\cdots ① \\ -x+2<3x+4 & \cdots\cdots ② \end{cases}$　①より，$x>3$　　②より，$x>-\frac{1}{2}$

(3) $\begin{cases} -3x-4>2x+1 & \cdots\cdots ① \\ -5x+2<-3x-6 & \cdots\cdots ② \end{cases}$　①より，$x<-1$　　②より，$x>4$

(4) $\begin{cases} 3(x-1)-1<2x+1 & \cdots\cdots ① \\ \frac{1}{3}x+\frac{5}{2}>\frac{7}{3}x+\frac{1}{2} & \cdots\cdots ② \end{cases}$　①より，$x<5$　　②より，$x<1$

(5) $\begin{cases} 3x-1<4x-3 & \cdots\cdots ① \\ 4x-3 \leqq 8x+5 & \cdots\cdots ② \end{cases}$　①より，$x>2$　　②より，$x \geqq -2$

(6) $\begin{cases} \frac{5(x-1)}{4} \leqq 2x+1 & \cdots\cdots ① \\ 2x+1<\frac{7(x+1)}{4} & \cdots\cdots ② \end{cases}$　①より，$x \geqq -3$　　②より，$x<3$

12 答 $a=7,\ 8$

解説 $2 \leqq \dfrac{2a-3}{5} < 3$　これを解いて，$\dfrac{13}{2} \leqq a < 9$

13 答 $a=7,\ b=6$

解説 $\begin{cases} 2x+3>a & \cdots\cdots① \\ bx-7<3x+2 & \cdots\cdots② \end{cases}$　①より，$x>\dfrac{a-3}{2}$　②より，$(b-3)x<9$

連立不等式①，②の解の範囲が $2<x<3$ であるから，$x>2$ より $\dfrac{a-3}{2}=2$,

$x<3$ すなわち $3x<9$ より $b-3=3$

14 答 子ども7人とりんご47個，子ども8人とりんご51個

解説 子どもの人数を x 人とすると，りんごの個数は $(4x+19)$ 個である。

$7(x-1)<4x+19<7x$　これを解いて，$\dfrac{19}{3}<x<\dfrac{26}{3}$

15 答 42枚

解説 Aがはじめにもっていたカードの枚数を x 枚とすると，Bがはじめにもっていたカードの枚数は $(52-x)$ 枚である。

$$\begin{cases} x-\dfrac{x}{3}>(52-x)+\dfrac{x}{3} & \cdots\cdots① \\ x-\dfrac{x}{3}-3<(52-x)+\dfrac{x}{3}+3 & \cdots\cdots② \end{cases}$$

①より，$x>39$ ……③　②より，$x<\dfrac{87}{2}$ ……④　③，④より，$39<x<\dfrac{87}{2}$

AがBにあげるカードの枚数 $\dfrac{x}{3}$ は整数であるから，x は3の倍数である。

16 答 (1) $y=-\dfrac{4}{3}x+50$　(2) 354個

解説 (1) はじめにあった荷物の個数は $(8x+9y)$ 個。

A，Bで6回ずつ運んだとき，運んだ荷物の個数は $6(x+y)$ 個であるから，

$6(x+y)=\dfrac{8x+9y}{2}+75$　これを y について解く。

(2) 残りの荷物の個数は，$(8x+9y)-6(x+y)=2x+3y$（個）

残りの荷物をBだけで運ぶと6回で運び終わるから，$5y<2x+3y \leqq 6y$

すなわち，$2y<2x \leqq 3y$

$2y<2x$ より，$y<x$　$-\dfrac{4}{3}x+50<x$　これを解いて，$x>\dfrac{150}{7}$ ……①

$2x \leqq 3y$ より，$2x \leqq 3\left(-\dfrac{4}{3}x+50\right)$　これを解いて，$x \leqq 25$ ……②

①，②より，$\dfrac{150}{7}<x \leqq 25$　(1)の結果より x は3の倍数であるから，$x=24$

このとき，$y=-\dfrac{4}{3}\times 24+50=18$

17 答 (1) $a=\dfrac{y-1}{x}$，$b=\dfrac{x+2}{4-y}$　(2) $\begin{cases} x=\dfrac{1}{2} \\ y=\dfrac{3}{2} \end{cases}$，$\begin{cases} x=\dfrac{4}{3} \\ y=\dfrac{7}{3} \end{cases}$

(解説) (1) $ax-y+1=0$ より，$ax=y-1$　x の小数第1位を四捨五入した値が1であるから x は0ではないので，両辺を x で割る。b についても同様に考える。

(2) x の小数第1位を四捨五入すると1になるから，$\frac{1}{2} \leqq x < \frac{3}{2}$ ……①

逆数の大小を考えて，$\frac{2}{3} < \frac{1}{x} \leqq 2$ ……②

y の小数第1位を四捨五入すると2になるから，同様に，$\frac{3}{2} \leqq y < \frac{5}{2}$ ……③

③の各辺から1をひいて，$\frac{1}{2} \leqq y-1 < \frac{3}{2}$ ……④

②と④の各辺をかけて，$\frac{2}{3} \times \frac{1}{2} < \frac{1}{x} \times (y-1) < 2 \times \frac{3}{2}$ より，$\frac{1}{3} < \frac{y-1}{x} < 3$

よって，$\frac{1}{3} < a < 3$　a は整数であるから，$a=1,\ 2$

また，①より，$\frac{5}{2} \leqq x+2 < \frac{7}{2}$ ……⑤

③より，$-\frac{5}{2} < -y \leqq -\frac{3}{2}$ であるから，$\frac{3}{2} < 4-y \leqq \frac{5}{2}$

逆数の大小を考えて，$\frac{2}{5} \leqq \frac{1}{4-y} < \frac{2}{3}$ ……⑥

⑤と⑥の各辺をかけて，$\frac{5}{2} \times \frac{2}{5} \leqq (x+2) \times \frac{1}{4-y} < \frac{7}{2} \times \frac{2}{3}$ より，$1 \leqq \frac{x+2}{4-y} < \frac{7}{3}$

よって，$1 \leqq b < \frac{7}{3}$　b は整数であるから，$b=1,\ 2$

$a=1,\ b=1$ のとき，$\begin{cases} x-y+1=0 \\ x+y-2=0 \end{cases}$ を解いて，$\begin{cases} x=\frac{1}{2} \\ y=\frac{3}{2} \end{cases}$　これらの値は①，③に適する。

$a=1,\ b=2$ のとき，$\begin{cases} x-y+1=0 \\ x+2y-6=0 \end{cases}$ を解いて，$\begin{cases} x=\frac{4}{3} \\ y=\frac{7}{3} \end{cases}$　これらの値は①，③に適する。

$a=2,\ b=1$ のとき，$\begin{cases} 2x-y+1=0 \\ x+y-2=0 \end{cases}$ を解いて，$\begin{cases} x=\frac{1}{3} \\ y=\frac{5}{3} \end{cases}$　これらの値は①に適さない。

$a=2,\ b=2$ のとき，$\begin{cases} 2x-y+1=0 \\ x+2y-6=0 \end{cases}$ を解いて，$\begin{cases} x=\frac{4}{5} \\ y=\frac{13}{5} \end{cases}$　これらの値は③に適さない。

7章 式の計算(2)

p.99 **1.** 答 (1) $-5x^2+10x$ (2) $8x^2-12xy$ (3) $3x^2+6xy$ (4) $-3m^2+15mn$
(5) $3a+2$ (6) $\frac{1}{6}y+\frac{1}{4}y^2$ (7) $-2x+3y$ (8) $-\frac{1}{2}a^2b+\frac{2}{3}ab^2-b^3$ (9) $2x^2+3x$
(10) $-2+3y^2$

p.100 **2.** 答 (1) x^5-2x^3 (2) $-2m^3+4m^2-6m$ (3) $\frac{1}{3}p^2-\frac{1}{2}pq-pr$ (4) $3x^3-9x$
(5) $3x^2-2x$ (6) $-6y^2-16y+5$

3. 答 (1) $4x^4+8x^3-20x^2$ (2) $-2x^4+3x^3y-x^4z$ (3) $8a^3b^2-12a^2b^3$
(4) $3x^3-5x^2y$ (5) $-x+\frac{5}{2}$ (6) $2x^2+x-4$ (7) $5ab-\frac{9}{2}b^2$
(8) $3m^3n^2-m^2n+2n$

4. 答 (1) $\frac{8}{3}x^3-4x^2y-\frac{4}{3}x^2$ (2) $-3x^5y^6+2x^3y^7$ (3) $-3a^4-\frac{20}{3}a^3b$
(4) $\frac{9}{10}x^7y^3-3x^6y^5$ (5) $\frac{9}{2}m^3-\frac{63}{4}mn$ (6) $\frac{3}{2}ab-2b^2$

5. 答 (1) $3x^3-10x^2$ (2) $a^2-2ab+5b^2$ (3) $10n^2-6$ (4) $6x^2-xy+12y^2$
(5) $-3x+y-4z$ (6) $5ab-ac-bc$

6. 答 (1) 30 (2) 13 (3) 0
解説 (1) (与式)$=2x^2+3y^2$
(2) (与式)$=x^2-4xy-5y^2$
(3) (与式)$=7y^2-14xy-21x^2+(-y^2+18xy+21x^2)=6y^2+4xy$

p.101 **7.** 答 (1) $ac+ad-bc-bd$ (2) $ac-ad+bc-bd$ (3) $ac-ad-bc+bd$
(4) $xy-2x+3y-6$ (5) $8ab+2a+12b+3$ (6) $3ax+9ay-2x-6y$

8. 答 (1) 降べきの順 $-2x^3+5x^2+3x-4$，昇べきの順 $-4+3x+5x^2-2x^3$
(2) 降べきの順 $a^3-5a^2b-3ab^2+2b^3$，昇べきの順 $2b^3-3ab^2-5a^2b+a^3$

p.102 **9.** 答 (1) $ac+ad-ae-bc-bd+be$ (2) $a^2-2ab-3b^2+2a+2b$
(3) $x^2-y^2+3x+3y$ (4) x^3+x^2-5x-2 (5) $6a^3+a^2+3a+2$
(6) $2a^3+3a^2b-4ab^2-4b^3$ (7) $-10x^3-11x^2y+26xy^2-8y^3$
(8) $6a^3+29a^2-7a-10$
解説 (8) (与式)$=\{(3a-2)(a+5)\}(2a+1)=(3a^2+13a-10)(2a+1)$
$=6a^3+3a^2+26a^2+13a-20a-10$

10. 答 (1) $2x^2-7x-15$ (2) $-6a^2-5ab+4b^2$ (3) $4x^3+7x^2-14x+3$
(4) $-10x^4+15x^3-26x^2+9x-12$ (5) $12x^2-xy-6y^2-16x+12y$
(6) $42x^3+5x^2y-32xy^2+5y^3$

11. 答 (1) $x^2-\frac{7}{12}x-1$ (2) $\frac{1}{3}a^2-\frac{1}{6}ab-6b^2$ (3) $6x-6$ (4) $10y^2-16y+6$
(5) $3a^2+34ab-8b^2$ (6) $2x^3-20x$

12. 答 (1) $a^2-\frac{17}{72}ab-b^2$ (2) $\frac{1}{3}x^2+\frac{3}{5}xy-\frac{3}{2}y^2$ (3) $-18x^2+\frac{15}{2}x+\frac{3}{4}$
(4) $-\frac{1}{6}p^2+3q^2$ (5) $2a^2-0.24$

p.103 **13.** 答 (1) $x^2+7x+10$ (2) x^2+x-12 (3) x^2-5x-6 (4) y^2-5y+6
(5) $a^2+4a-12$ (6) $m^2+2m-15$ (7) $y^2+9y+20$ (8) $x^2+5x-24$
(9) $b^2-9b+14$ (10) $y^2+2y-48$

14. 答 (1) a^2+6a+9 (2) $y^2+8y+16$ (3) $m^2+12m+36$ (4) b^2-2b+1
(5) x^2-4x+4 (6) $z^2-10z+25$ (7) x^2-4 (8) a^2-25 (9) p^2-49

p.104 **15.** 答 (1) $x^2-\dfrac{1}{6}x-\dfrac{1}{3}$ (2) $a^2-\dfrac{3}{4}a+\dfrac{1}{18}$ (3) $x^2-xy-6y^2$
(4) $a^4+8a^2b+15b^2$ (5) $x^2-3abx-28a^2b^2$ (6) $-x^2+5xy-6y^2$

16. 答 (1) $4a^2+4ab+b^2$ (2) $25x^2-40xy+16y^2$ (3) $4a^2x^2+12abx+9b^2$
(4) $9x^2+42xy+49y^2$ (5) $\dfrac{9}{16}x^2+3x+4$ (6) $\dfrac{4}{25}a^2-\dfrac{1}{2}axy+\dfrac{25}{64}x^2y^2$

17. 答 (1) $4x^2-25y^2$ (2) $9x^2y^2-1$ (3) $9-16a^2$ (4) $9x^2-49a^2$ (5) a^2-4b^2
(6) $\dfrac{9}{4}x^2-\dfrac{4}{9}y^2$ (7) $-\dfrac{25}{9}a^2+\dfrac{1}{36}b^2$ (8) $x^4-2a^2x^2+a^4$ (9) $1-x^8$
(10) x^4-13x^2+36
解説 (5) (与式)$=(-a-2b)(-a+2b)$
(8) (与式)$=(x^2-a^2)^2$
(10) (与式)$=(x^2-4)(x^2-9)$

18. 答 (1) $4x^2-4x-3$ (2) $2a^2-11a+5$ (3) $35x^2+x-12$ (4) $3x^2-7xy-6y^2$
(5) $6x^2-19xy+10y^2$ (6) $10a^2+21ab-10b^2$

p.105 **19.** 答 (1) $a^2+b^2+c^2-2ab-2bc+2ca$ (2) $x^2-2xy+y^2+6x-6y+9$
(3) $a^2+6ab+9b^2-4a-12b+4$ (4) $4x^2-4xy+y^2+16x-8y+16$
(5) $x^4+6x^3+7x^2-6x+1$

p.106 **20.** 答 (1) $a^2+b^2-c^2+2ab$ (2) $x^2+2xy+y^2+x+y-2$
(3) $4a^2-4ab+b^2-4a+2b-15$ (4) $x^2+6y^2+z^2-5xy-5yz+2zx$
(5) $x^4-6x^3+9x^2-16$ (6) y^4-6y^2+1
解説 (4) (与式)$=\{(x+z)-2y\}\{(x+z)-3y\}$
(6) (与式)$=\{(1-y^2)-2y\}\{(1-y^2)+2y\}$

21. 答 (1) $a^2-b^2-c^2-2bc$ (2) $-x^2-y^2+z^2+2xy$ (3) $4x^2-y^2-9z^2+6yz$
(4) $x^4-4x^2-12x-9$ (5) $a^2-b^2+c^2-d^2-2ac+2bd$
(6) $-a^2+b^2+c^2-d^2-2ad-2bc$
解説 (5) (与式)$=\{(a-c)-(b-d)\}\{(a-c)+(b-d)\}$
(6) (与式)$=\{(b-c)+(a+d)\}\{(b-c)-(a+d)\}$

22. 答 (1) $-6x+7$ (2) $2a^2-a-5$ (3) $4y-13$ (4) 9 (5) $4x-18$
(6) $-35a^2-40ab$ (7) $8x^2+20xy+16y^2$

23. 答 (1) z^2 (2) $6a+11$ (3) $4a^2+24ab-9b^2$ (4) $9x^2+5xy$
解説 (1) $x-y=A$ とおくと,
(与式)$=(A+z)^2-(A+2z)A=A^2+2Az+z^2-A^2-2Az$

24. 答 (1) $16x$ (2) $8ab$ (3) $x^4+10x^3+35x^2+50x+24$
(4) $x^4+5x^3-20x^2-60x+144$
解説 (1) (与式)$=\{(x+4)-2y\}\{(x+4)+2y\}-\{(x-4)+2y\}\{(x-4)-2y\}$
$=(x+4)^2-4y^2-\{(x-4)^2-4y^2\}$
(2) $a+c=X$, $a-c=Y$ とおくと,
(与式)$=(X+b)^2+(b+Y)^2-(b-Y)^2-(X-b)^2=4bX+4bY$

(3) (与式)$=\{(x+1)(x+4)\}\{(x+2)(x+3)\}=\{(x^2+5x)+4\}\{(x^2+5x)+6\}$
$=(x^2+5x)^2+10(x^2+5x)+24$
(4) (与式)$=\{(x-3)(x+4)\}\{(x-2)(x+6)\}$
$=\{(x^2-12)+x\}\{(x^2-12)+4x\}=(x^2-12)^2+5x(x^2-12)+4x^2$

25. 答 (1) $5x-7$ (2) 4993
解説 (2)は，(1)で $x=1000$ とおいたものである。

26. 答 (1) $(2ax+2bx-4x^2)\text{cm}^2$
(2) 1周の長さは $2(a-x)+2(b-x)=2(a+b-2x)$ (cm) であり，幅 $x$cm をかけると，$2(a+b-2x)\times x=2ax+2bx-4x^2$ (cm^2)
ゆえに，残った図形の真ん中を通る線全体の長さと，幅の積は，(1)の面積に等しい。

p.107 **27.** 答 11，31，41，61，71，101
解説 $91=7\times13$

28. 答 101，103，107，109，113，127，131，137，139，149
解説 11 の倍数まで消せばよい。

(101)	~~102~~	(103)	~~104~~	~~105~~	~~106~~	(107)	~~108~~	(109)	~~110~~
~~111~~	~~112~~	(113)	~~114~~	~~115~~	~~116~~	~~117~~	~~118~~	~~119~~	~~120~~
~~121~~	~~122~~	~~123~~	~~124~~	~~125~~	~~126~~	(127)	~~128~~	~~129~~	~~130~~
(131)	~~132~~	~~133~~	~~134~~	~~135~~	~~136~~	(137)	~~138~~	(139)	~~140~~
~~141~~	~~142~~	~~143~~	~~144~~	~~145~~	~~146~~	~~147~~	~~148~~	(149)	~~150~~

p.108 **29.** 答 (1) $12=2^2\times3$ (2) $54=2\times3^3$ (3) $105=3\times5\times7$ (4) $168=2^3\times3\times7$
(5) $693=3^2\times7\times11$ (6) $1001=7\times11\times13$

30. 答 (1) 最大公約数 15，最小公倍数 225 (2) 最大公約数 7，最小公倍数 210
(3) 最大公約数 18，最小公倍数 1080

31. 答 $a=18$，$b=30$
解説 $a=6A$，$b=6B$ とおくと，A，B は互いに素であるから，最小公倍数は $6AB$ となる。 よって，$AB=15$

32. 答 15
解説 $540=2^2\times3^3\times5$ であるから，3 と 5 を 1 つずつかけると $(2\times3^2\times5)^2$ となる。

p.109 **33.** 答 $\dfrac{66}{5}$
解説 $\dfrac{45}{22}=\dfrac{3^2\times5}{2\times11}$，$\dfrac{140}{33}=\dfrac{2^2\times5\times7}{3\times11}$ である。
求める分数を小さくするには，分子を小さく，分母を大きくすればよい。
よって，分子は 22 と 33 の最小公倍数の $2\times3\times11=66$，分母は 45 と 140 の最大公約数の 5 となる。

34. 答 $n=12$，24，36，60，72，120，180，360
解説 n は $12=2^2\times3$ の倍数で，$360=2^3\times3^2\times5=(2^2\times3)\times2\times3\times5$ の約数である。

35. 答 a と b の最大公約数は g であるから，$a=ga'$，$b=gb'$（a' と b' は自然数で，互いに素）と表される。
これらを $a=bq-c$ に代入して，$ga'=gb'\times q-c$
よって，$c=g(b'q-a')$
a'，b'，q は整数であるから，$b'q-a'$ も整数である。
したがって，g は c の約数となり，また g は b の約数でもあるから，g は b と c の公約数となる。
b と c の最大公約数は g' であるから，$g\leqq g'$ ……①
また，b と c の最大公約数は g' であるから，$b=g'b''$，$c=g'c'$（b'' と c' は自然数で，互いに素）と表される。
これらを $a=bq-c$ に代入して，$a=g'b''\times q-g'c'=g'(b''q-c')$
よって，同様に，g' は a と b の公約数となる。
a と b の最大公約数は g であるから，$g'\leqq g$ ……②
①，②より，$g=g'$

p.111 **36.** 答 (1) 23 (2) 13 (3) 29 (4) 7 (5) 19 (6) 31

解説 (1)

2	368	161	3
	322	138	
2	46	**23**	
	46		
	0		

(2)

2	1053	481	5
	962	455	
3	91	26	2
	78	26	
	13	0	

(3)

1	1624	1131	2
	1131	986	
3	493	145	2
	435	116	
2	58	**29**	
	58		
	0		

(4)

3	2667	826	4
	2478	756	
2	189	70	1
	140	49	
2	49	21	3
	42	21	
	7	0	

(5) $2451=551\times1+1900$
$1900=2^2\times5^2\times19$　　$551=19\times29$
よって，2451 と 551 の最大公約数は，1900 と 551 の最大公約数と等しく 19
(6) $7471=1271\times1+6200$
$6200=2^3\times5^2\times31$　　$1271=31\times41$
よって，7471 と 1271 の最大公約数は，6200 と 1271 の最大公約数と等しく 31

p.112 **37.** 答 順に (1) 2，5，7 (2) 9，3，0，8 (3) 2，1，4，3 (4) 1，0，1，0，1

38. 答 (1) $723=7\times10^2+2\times10+3$
(2) $3124_{(5)}=3\times5^3+1\times5^2+2\times5+4$
(3) $10011_{(2)}=1\times2^4+0\times2^3+0\times2^2+1\times2+1$
(4) $20112_{(3)}=2\times3^4+0\times3^3+1\times3^2+1\times3+2$
(5) $5106_{(7)}=5\times7^3+1\times7^2+0\times7+6$

39. 答 (1)(i) $32_{(5)}$ (ii) $1300_{(5)}$ (iii) $21221_{(5)}$

(2)(i) $1101_{(2)}$ (ii) $11011_{(2)}$ (iii) $101111_{(2)}$

(3)(i) 74 (ii) 53

解説 (3)(i) $244_{(5)}=2\times5^2+4\times5+4$

(ii) $110101_{(2)}=1\times2^5+1\times2^4+0\times2^3+1\times2^2+0\times2+1$

40. 答 (1) $1001_{(2)}$ (2) $36_{(7)}$

解説 (1) $14_{(5)}$ を10進法で表すと9である。9を2進法で表す。

(2) $11011_{(2)}$ を10進法で表すと27である。27を7進法で表す。

p.113 **41.** 答 (1) 13 (2) 11, 22 (3) 212

解説 (1) N を10進法で表したときの10の位，1の位の数をそれぞれ x，y とすると，$N=10x+y=4y+x$（x，y は3以下の自然数）

$9x=3y$ よって，$y=3x$

x，y は3以下の自然数であるから，$(x,\ y)=(1,\ 3)$ ゆえに，$N=13$

(2) N を9進法で表したときの9の位，1の位の数をそれぞれ x，y とすると，$N=9x+y=5y+x$（x，y は4以下の自然数）

$8x=4y$ よって，$y=2x$

x，y は4以下の自然数であるから，$(x,\ y)=(1,\ 2)$，$(2,\ 4)$

よって，$N=12_{(9)}$，$24_{(9)}$

ゆえに，$N=11$，22

(3) N を9進法で表したときの 9^2 の位，9の位，1の位の数をそれぞれ x，y，z とすると，$N=9^2x+9y+z=6^2z+6y+x$（x，z は5以下の自然数，y は0以上5以下の整数）

$80x+3y=35z$ ……① よって，$3y=5(7z-16x)$

x，z は整数であるから，$7z-16x$ も整数である。

よって，右辺は5の倍数となる。

y は0以上5以下の整数であるから，$y=0$，5

(i) $y=0$ のとき

①より，$80x=35z$ $16x=7z$ これを満たす5以下の自然数 x，z の組は存在しない。

(ii) $y=5$ のとき

①より，$80x+15=35z$ $16x+3=7z$

$x=1$ のとき，$z=\dfrac{19}{7}$ この値は問題に適さない。

$x=2$ のとき，$z=5$ この値は問題に適する。

$x\geqq3$ のとき，$z\geqq\dfrac{51}{7}>7$ で，z は5以下とならないから，問題に適さない。

(i)，(ii)より，$(x,\ y,\ z)=(2,\ 5,\ 5)$

ゆえに，$N=255_{(9)}=2\times9^2+5\times9+5=212$

p.114 **42.** 答 (1) $a(x-yz)$ (2) $y(x+z)$ (3) $3ab(x-c)$ (4) $4x^2(x-1)$

43. 答 (1) $2a^2(x+2ay)$ (2) $3xy(2x-3y)$ (3) $6a^3b^4(7a+3b)$

(4) $7bx(5ax-2cy)$ (5) $xy(xz-2yz+3)$ (6) $5a^3b^2(4ab-3a+5b)$

44. 答 (1) $\dfrac{1}{6}x(4x+y)$ (2) $\dfrac{2}{5}b(2ax-3cy)$ (3) $\dfrac{4}{45}pq^2(5p^2-6q^2)$

(4) $\dfrac{1}{12}xz(30x-8y+9z)$ (5) $\dfrac{5}{6}a(4bc+bd-18cd)$

p.115 **45.** 答 (1) $(x+1)(x+2)$ (2) $(x-1)(x-4)$ (3) $(x+4)(x-3)$
(4) $(y+1)(y-6)$ (5) $(a+3)(a-5)$ (6) $(x+2)(x+14)$ (7) $(p+4)(p-7)$
(8) $(x-4)(x-9)$ (9) $(y+7)(y-2)$ (10) $(a+3)(a+6)$ (11) $(x-4)(x-25)$
(12) $(p+5)(p-18)$

p.116 **46.** 答 (1) $(x+2y)(x+4y)$ (2) $(x+7a)(x-a)$ (3) $(p+5q)(p-7q)$
(4) $-(x+4)(x-2)$ (5) $-(y+1)(y-6)$ (6) $-(a+4)(a-11)$

47. 答 (1) $2(x+1)(x+3)$ (2) $3(x+3)(x-4)$ (3) $5(x+y)(x-4y)$
(4) $-3(x+3)(x-1)$ (5) $-7(x+2)(x-1)$ (6) $-4(x+2y)(x-4y)$

48. 答 (1) $a(x-1)(x-7)$ (2) $3x(x+2)(x-3)$ (3) $(xy+4)(xy-6)$
(4) $-ac(b+3)(b-2)$ (5) $3x^2(y+3)(y-7)$ (6) $-2y(x-2y)(x-5y)$
(7) $\frac{1}{2}(x+y)(x-6y)$ (8) $-\frac{2}{3}a(y+6)(y-1)$ (9) $-\frac{1}{4}(m-2)(m-4)$

p.117 **49.** 答 (1) $(x+1)^2$ (2) $(y-4)^2$ (3) $(2x+y)^2$ (4) $(3a-2)^2$ (5) $(5p+4)^2$
(6) $(11x-7a)^2$

50. 答 (1) $(x+2)(x-2)$ (2) $(x+5y)(x-5y)$ (3) $(3a+8b)(3a-8b)$
(4) $(9xy+2z)(9xy-2z)$ (5) $(1+7x)(1-7x)$ または $-(7x+1)(7x-1)$
(6) $(13a+14b)(13a-14b)$

51. 答 (1) $2(x+2)^2$ (2) $3(2x+y)(2x-y)$ (3) $-(x-3)^2$ (4) $\frac{1}{2}(y-4)^2$
(5) $\frac{1}{4}(2a+3)^2$ (6) $\frac{1}{3}(3x^2+y)(3x^2-y)$ (7) $\frac{1}{12}a(6xy-1)^2$
(8) $\frac{1}{9}b(2a+15b)(2a-15b)$ (9) $-\frac{1}{6}b(2x+3a)^2$

参考 次のように答えてもよい。
(5) $\left(a+\frac{3}{2}\right)^2$ (6) $3\left(x^2+\frac{1}{3}y\right)\left(x^2-\frac{1}{3}y\right)$ (7) $3a\left(xy-\frac{1}{6}\right)^2$
(8) $b\left(\frac{2}{3}a+5b\right)\left(\frac{2}{3}a-5b\right)$

p.118 **52.** 答 (1) $(x+2)(x-1)$ (2) $(x+2)(x-3)$ (3) $(a-1)^2$ (4) $(a+4b)(a-2b)$
(5) $3(y+2)(y-2)$ (6) $(x-2)(x-11)$ (7) $(x+10)(x-13)$
(8) $12(x+1)(x-2)$

p.119 **53.** 答 (1) $(a+b)(x-y+z)$ (2) $(a-b)(a-b+2c)$ (3) $3x(2x-9)$
(4) $6(y+2)^2(2y+1)$ (5) $(x-1)(x+2)^2$ (6) $(x+1)^2(x-1)^2$
(7) $(a+2)(y+6)(y-1)$ (8) $(x-2)^2(x+1)$
解説 (4) 与式$=6(y+2)^2\times2(y+2)-6(y+2)^2\times3=6(y+2)^2\{2(y+2)-3\}$

54. 答 (1) $(a-b+2)(a-b-2)$ (2) $(3x+y)(x-3y)$ (3) $11x(x+4y)$
(4) $(2x-3z)(2y+z)$ (5) $x(x+5)$ (6) $(x+6y+1)(x-y+1)$
(7) $(3a+4)^2$ (8) $(x-3a+6b)^2$
解説 (6) $x+1=X$ とおくと，(与式)$=X^2+5Xy-6y^2=(X+6y)(X-y)$
(8) $a-2b=c$ とおくと，(与式)$=x^2-6cx+9c^2$

p.120 **55.** 答 (1) $(a-1)(x-1)$ (2) $(x+y)(z-3)$ (3) $(x+1)(y-1)$
(4) $(a+b)(x-y)$ (5) $(5x-3)(y-2)$ (6) $(2a-3)(x+1)$

解説 (1) (与式)$=(a-1)x-(a-1)$ (2) (与式)$=(x+y)z-3(x+y)$
(3) (与式)$=x(y-1)+(y-1)$ (4) (与式)$=a(x-y)+b(x-y)$
(5) (与式)$=y(5x-3)-2(5x-3)$ (6) (与式)$=(2a-3)x+(2a-3)$

56. 答 (1) $(a+b-c)(a-b+c)$ (2) $(x+y-2)(x-y-2)$ (3) $-6y(x-3y)$
(4) $(2a+b)(2a-b-4)$ (5) $(x+1)(x^2-2)$ (6) $(y+3)(y-3)(2y+3)$
解説 (1) (与式)$=a^2-(b^2-2bc+c^2)=a^2-(b-c)^2$
(2) (与式)$=(x^2-4x+4)-y^2=(x-2)^2-y^2$
(3) (与式)$=(x-3y)^2-(x^2-9y^2)=(x-3y)^2-(x+3y)(x-3y)$
(4) (与式)$=(4a^2-b^2)-4(2a+b)=(2a+b)(2a-b)-4(2a+b)$
(5) (与式)$=x^2(x+1)-2(x+1)$
(6) (与式)$=y^2(2y+3)-9(2y+3)=(y^2-9)(2y+3)$

57. 答 (1) $(a-b)(a+b-c)$ (2) $(x-4)(x-y+3)$ (3) $(a-2)(a+2b+1)$
(4) $(x+3y)(x-2y-3z)$ (5) $(2x-z)(2x+y-z)$ (6) $(x+y)(y^2+xz-yz)$
解説 (1) (与式)$=(a^2-b^2)-(a-b)c=(a+b)(a-b)-(a-b)c$
(2) (与式)$=(x^2-x-12)-(x-4)y=(x+3)(x-4)-(x-4)y$
(3) (与式)$=2b(a-2)+(a^2-a-2)=2b(a-2)+(a+1)(a-2)$
(4) (与式)$=(x^2+xy-6y^2)-3z(x+3y)=(x-2y)(x+3y)-3z(x+3y)$
(5) (与式)$=(4x^2-4xz+z^2)+y(2x-z)=(2x-z)^2+y(2x-z)$
(6) (与式)$=(x^2-y^2)z+(xy^2+y^3)=(x+y)(x-y)z+y^2(x+y)$

58. 答 (1) $(x+1)(x-1)(x-2)(x-4)$ (2) $(a-b+c-d)(a-b-c+d)$
(3) $(a^2+c^2)(b^2+d^2)$ (4) $(x-2y+1)(x-2y-2)$
(5) $(x-2y+2z+1)(x-2y-2z-1)$
解説 (1) (与式)$=(x^2-3x+2)(x^2-3x-4)$
(2) (与式)$=(a^2-2ab+b^2)-(c^2-2cd+d^2)=(a-b)^2-(c-d)^2$
(3) (与式)$=a^2b^2+2abcd+c^2d^2+a^2d^2-2abcd+b^2c^2=a^2(b^2+d^2)+c^2(b^2+d^2)$
(4) (与式)$=(x-2y)^2-(x-2y)-2$
(5) (与式)$=(x^2-4xy+4y^2)-(4z^2+4z+1)=(x-2y)^2-(2z+1)^2$

p.121 **59.** 答 (1) $(x+3)(x-2)(x^2+x+2)$ (2) $(a+b+c)(a+b-3c)$
(3) $(x-y)(x-1)(y-1)$ (4) $(a-b)(a-b+1)(a-b-1)$
(5) $(ab+bc-cd+da)(ab-bc-cd-da)$ (6) $(2x-y+5)^2$
(7) $(a+b)(a-b)(a-3b+1)$ (8) $-(2a-3b-6)^2$
解説 (1) (与式)$=\{x(x+1)-6\}\{x(x+1)+2\}$
(2) (与式)$=a^2+2ab+b^2-2bc-2ca-3c^2=(a+b)^2-2c(a+b)-3c^2$
(3) (与式)$=xy(x-y)-(x+y)(x-y)+(x-y)=(x-y)(xy-x-y+1)$
(4) (与式)$=(a-b)^3-(a-b)=(a-b)\{(a-b)^2-1\}$
(5) (与式)$=(a^2b^2-2abcd+c^2d^2)-(a^2d^2+2abcd+b^2c^2)$
$=(ab-cd)^2-(ad+bc)^2$
(6) $x+2=X$，$y-1=Y$ とおくと，(与式)$=4X^2-4XY+Y^2=(2X-Y)^2$
(7) (与式)$=a(a^2-b^2)-3b(a^2-b^2)+(a^2-b^2)=(a^2-b^2)(a-3b+1)$
(8) $2a-3=A$，$b+1=B$ とおくと，
(与式)$=6AB-(3B)^2-A^2=-(A^2-6AB+9B^2)=-(A-3B)^2$
別解 (3) (与式)$=x^2(y-1)-x(y+1)(y-1)+y(y-1)$
$=(y-1)\{x^2-x(y+1)+y\}$

p.122 **60.** 答 (1) $(x-1)(2x-1)$ (2) $(x-3y)(2x+y)$ (3) $(x-1)(3x+7)$
(4) $(y+2)(7y+3)$ (5) $(a-2b)(5a-4b)$ (6) $(x-2)(3x+2)$

(1)
1 ╳ −1 → −2
2 ╳ −1 → −1
合計 −3

(2)
1 ╳ −3 → −6
2 ╳ 1 → 1
合計 −5

(3)
1 ╳ −1 → −3
3 ╳ 7 → 7
合計 4

(4)
1 ╳ 2 → 14
7 ╳ 3 → 3
合計 17

(5)
1 ╳ −2 → −10
5 ╳ −4 → −4
合計 −14

(6)
1 ╳ −2 → −6
3 ╳ 2 → 2
合計 −4

61. 答 (1) $(2x+5y)(2x-y)$ (2) $(2a-1)(3a+7)$ (3) $(3x-1)(5x-2)$
(4) $-(2y+3)(4y-1)$ (5) $(2x+y)(6x+13y)$ (6) $(2x-1)(14x+5)$
解説 (4) (与式)$=-(8y^2+10y-3)$ として，下のたすきがけを使う。

(1)
2 ╳ 5 → 10
2 ╳ −1 → −2
合計 8

(2)
2 ╳ −1 → −3
3 ╳ 7 → 14
合計 11

(3)
3 ╳ −1 → −5
5 ╳ −2 → −6
合計 −11

(4)
2 ╳ 3 → 12
4 ╳ −1 → −2
合計 10

(5)
2 ╳ 1 → 6
6 ╳ 13 → 26
合計 32

(6)
2 ╳ −1 → −14
14 ╳ 5 → 10
合計 −4

62. 答 (1) $(2x+5)(2x-3)$ (2) $(x+2y)(4x-3y)$ (3) $(x+1)(4x+9)$
(4) $(2y+3)(3y-2)$ (5) $(x-6)(6x-1)$ (6) $(2a+3b)(5a-3b)$
(7) $(3p-4)(4p+1)$ (8) $(2x-3)(7x+5)$

(1)
2 ╳ 5 → 10
2 ╳ −3 → −6
合計 4

(2)
1 ╳ 2 → 8
4 ╳ −3 → −3
合計 5

(3)
1 ╳ 1 → 4
4 ╳ 9 → 9
合計 13

(4)
2 ╳ 3 → 9
3 ╳ −2 → −4
合計 5

(5)
1 ╳ −6 → −36
6 ╳ −1 → −1
合計 −37

(6)
2 ╳ 3 → 15
5 ╳ −3 → −6
合計 9

(7)
3 ╳ −4 → −16
4 ╳ 1 → 3
合計 −13

(8)
2 ╳ −3 → −21
7 ╳ 5 → 10
合計 −11

63. 答 (1) $\frac{1}{4}(2x-3)(2x-5)$ (2) $\frac{2}{3}(x-2)(3x+7)$ (3) $-\frac{1}{6}(3x+2)(4x-3)$
(4) $\frac{3}{4}(a+4)(2a+1)$ (5) $-\frac{1}{6}(y-5)(2y+1)$ (6) $\frac{1}{10}(x-2)(2x-1)$

解説 (1) (与式)$=\frac{1}{4}(4x^2-16x+15)$ (2) (与式)$=\frac{2}{3}(3x^2+x-14)$

(3) (与式)$=-\frac{1}{6}(12x^2-x-6)$ (4) (与式)$=\frac{3}{4}(2a^2+9a+4)$

(5) (与式)$=-\frac{1}{6}(2y^2-9y-5)$ (6) (与式)$=\frac{1}{10}(2x^2-5x+2)$

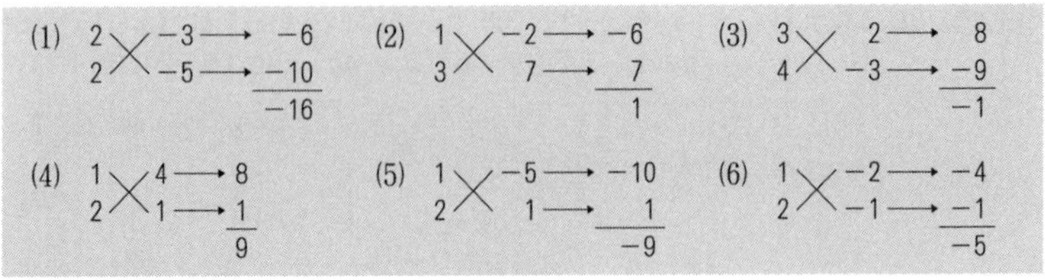

(1) $\begin{array}{ccccr} 2 & \diagup\!\!\!\!\diagdown & -3 & \longrightarrow & -6 \\ 2 & & -5 & \longrightarrow & -10 \\ \hline & & & & -16 \end{array}$　(2) $\begin{array}{ccccr} 1 & \diagup\!\!\!\!\diagdown & -2 & \longrightarrow & -6 \\ 3 & & 7 & \longrightarrow & 7 \\ \hline & & & & 1 \end{array}$　(3) $\begin{array}{ccccr} 3 & \diagup\!\!\!\!\diagdown & 2 & \longrightarrow & 8 \\ 4 & & -3 & \longrightarrow & -9 \\ \hline & & & & -1 \end{array}$

(4) $\begin{array}{ccccr} 1 & \diagup\!\!\!\!\diagdown & 4 & \longrightarrow & 8 \\ 2 & & 1 & \longrightarrow & 1 \\ \hline & & & & 9 \end{array}$　(5) $\begin{array}{ccccr} 1 & \diagup\!\!\!\!\diagdown & -5 & \longrightarrow & -10 \\ 2 & & 1 & \longrightarrow & 1 \\ \hline & & & & -9 \end{array}$　(6) $\begin{array}{ccccr} 1 & \diagup\!\!\!\!\diagdown & -2 & \longrightarrow & -4 \\ 2 & & -1 & \longrightarrow & -1 \\ \hline & & & & -5 \end{array}$

64. 答 (1) $(2x+7)(3x-7)$　(2) $(x-1)(3x-1)$　(3) $2(x+1)(2x-5)$
(4) $-2(2x-3)(3x-5)$
解説 (1) (与式)$=6x^2+7x+1-50=6x^2+7x-49$
(2) (与式)$=7x^2+6x-1-4x^2-10x+2=3x^2-4x+1$
(3) (与式)$=5x^2-3x-14-(x^2+3x-4)=4x^2-6x-10=2(2x^2-3x-5)$
(4) (与式)$=2(4x^2-3x-1)+16x^2-40x+21-(36x^2-84x+49)$
$=-12x^2+38x-30=-2(6x^2-19x+15)$

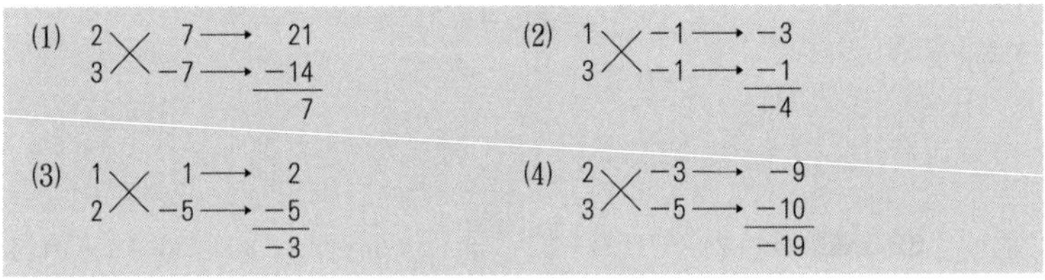

(1) $\begin{array}{ccccr} 2 & \diagup\!\!\!\!\diagdown & 7 & \longrightarrow & 21 \\ 3 & & -7 & \longrightarrow & -14 \\ \hline & & & & 7 \end{array}$　(2) $\begin{array}{ccccr} 1 & \diagup\!\!\!\!\diagdown & -1 & \longrightarrow & -3 \\ 3 & & -1 & \longrightarrow & -1 \\ \hline & & & & -4 \end{array}$

(3) $\begin{array}{ccccr} 1 & \diagup\!\!\!\!\diagdown & 1 & \longrightarrow & 2 \\ 2 & & -5 & \longrightarrow & -5 \\ \hline & & & & -3 \end{array}$　(4) $\begin{array}{ccccr} 2 & \diagup\!\!\!\!\diagdown & -3 & \longrightarrow & -9 \\ 3 & & -5 & \longrightarrow & -10 \\ \hline & & & & -19 \end{array}$

65. 答 (1) $(3a+2)(a-2b-1)$　(2) $(2x-y)(x+2y+z)$
(3) $(3y+5)(2x-y+3)$　(4) $(3x+z)(2x^2-xy+2yz-3zx)$
解説 (1) (与式)$=-2b(3a+2)+(3a^2-a-2)=-2b(3a+2)+(a-1)(3a+2)$
$=(3a+2)(-2b+a-1)=(3a+2)(a-2b-1)$
(2) (与式)$=z(2x-y)+(2x^2+3xy-2y^2)=z(2x-y)+(x+2y)(2x-y)$
$=(2x-y)(z+x+2y)=(2x-y)(x+2y+z)$
(3) (与式)$=2x(3y+5)-(3y^2-4y-15)=2x(3y+5)-(y-3)(3y+5)$
$=(3y+5)\{2x-(y-3)\}=(3y+5)(2x-y+3)$
(4) (与式)$=-y(3x^2-5xz-2z^2)+x(6x^2-7zx-3z^2)$
$=-y(x-2z)(3x+z)+x(2x-3z)(3x+z)$
$=(3x+z)\{-y(x-2z)+x(2x-3z)\}=(3x+z)(-xy+2yz+2x^2-3xz)$
$=(3x+z)(2x^2-xy+2yz-3zx)$

p.123 **66.** 答 (1) $(x^2+xy+y^2)(x^2-xy+y^2)$　(2) $(x^2+2x+3)(x^2-2x+3)$
(3) $(a^2+4a-7)(a^2-4a-7)$　(4) $(x^2+2x+2)(x^2-2x+2)$
解説 (1) (与式)$=(x^4+2x^2y^2+y^4)-x^2y^2=(x^2+y^2)^2-(xy)^2$
$=(x^2+y^2+xy)(x^2+y^2-xy)=(x^2+xy+y^2)(x^2-xy+y^2)$
(2) (与式)$=(x^4+6x^2+9)-4x^2=(x^2+3)^2-(2x)^2=(x^2+3+2x)(x^2+3-2x)$
$=(x^2+2x+3)(x^2-2x+3)$
(3) (与式)$=(a^4-14a^2+49)-16a^2=(a^2-7)^2-(4a)^2$
$=(a^2-7+4a)(a^2-7-4a)=(a^2+4a-7)(a^2-4a-7)$
(4) (与式)$=(x^4+4x^2+4)-4x^2=(x^2+2)^2-(2x)^2=(x^2+2+2x)(x^2+2-2x)$
$=(x^2+2x+2)(x^2-2x+2)$

67. 答 (1) $(x^2+4x+2)(x^2+4x-4)$ (2) $(x-3)^2(x^2-6x+4)$

(3) $(x+1)(x-6)(x^2+9x-6)$

解説 (1) (与式)$=\{(x-1)(x+5)\}\{(x+1)(x+3)\}+7$

$=(x^2+4x-5)(x^2+4x+3)+7=(x^2+4x)^2-2(x^2+4x)-8$

$=(x^2+4x+2)(x^2+4x-4)$

(2) (与式)$=\{(x-1)(x-5)\}\{(x-2)(x-4)\}-4$

$=(x^2-6x+5)(x^2-6x+8)-4=(x^2-6x)^2+13(x^2-6x)+36$

$=(x^2-6x+9)(x^2-6x+4)=(x-3)^2(x^2-6x+4)$

(3) (与式)$=\{(x-1)(x+6)\}\{(x+2)(x-3)\}-40x^2$

$=(x^2+5x-6)(x^2-x-6)-40x^2=\{(x^2-6)+5x\}\{(x^2-6)-x\}-40x^2$

$=(x^2-6)^2+4x(x^2-6)-45x^2=(x^2-6-5x)(x^2-6+9x)$

$=(x^2-5x-6)(x^2+9x-6)=(x+1)(x-6)(x^2+9x-6)$

p.124 **68.** 答 (1) $(x+y-2)(x+2y+1)$ (2) $(x-2y+1)(x-3y-2)$

(3) $(x-y-1)(x+3y+2)$ (4) $(2x-y+1)(3x+2y-1)$

解説 (1) (与式)$=x^2+(3y-1)x+(y-2)(2y+1)$

積が $(y-2)(2y+1)$，和が $3y-1$ となる2式をさがすと，$y-2$ と $2y+1$ である。

ゆえに，(与式)$=\{x+(y-2)\}\{x+(2y+1)\}$

$=(x+y-2)(x+2y+1)$

1	$y-2$	→	$y-2$
1	$2y+1$	→	$2y+1$
			$3y-1$

(2) (与式)$=x^2-(5y+1)x+(2y-1)(3y+2)$

積が $(2y-1)(3y+2)$，和が $-(5y+1)$ となる2式をさがすと，$-(2y-1)$ と $-(3y+2)$ である。

ゆえに，

(与式)$=\{x-(2y-1)\}\{x-(3y+2)\}$

$=(x-2y+1)(x-3y-2)$

1	$-(2y-1)$	→	$-(2y-1)$
1	$-(3y+2)$	→	$-(3y+2)$
			$-(5y+1)$

(3) (与式)$=x^2+(2y+1)x-(y+1)(3y+2)$

積が $-(y+1)(3y+2)$，和が $2y+1$ となる2式をさがすと，$-(y+1)$ と $3y+2$ である。

ゆえに，(与式)$=\{x-(y+1)\}\{x+(3y+2)\}$

$=(x-y-1)(x+3y+2)$

1	$-(y+1)$	→	$-y-1$
1	$3y+2$	→	$3y+2$
			$2y+1$

(4) (与式)$=6x^2+(y+1)x-(y-1)(2y-1)$

積が6となるのは 1×6 と 2×3,

積が $-(y-1)(2y-1)$ となるのは

$\{-(y-1)\}\times(2y-1)$ と

$(y-1)\times\{-(2y-1)\}$,

たすきがけにかけた2式の和が $y+1$ となるものをさがすと，

(与式)$=\{2x-(y-1)\}\{3x+(2y-1)\}=(2x-y+1)(3x+2y-1)$

2	$-(y-1)$	→	$-3y+3$
3	$2y-1$	→	$4y-2$
			$y+1$

69. 答 (1) $-(a-b)(b-c)(c-a)$

(2) $(a+b)(b+c)(c+a)$

(3) $(a+b+c)(ab+bc+ca)$

解説 (1) (与式)$=(b-c)a^2-(b^2-c^2)a+(b^2c-bc^2)$

$=(b-c)a^2-(b-c)(b+c)a+bc(b-c)=(b-c)\{a^2-(b+c)a+bc\}$

$=(b-c)(a-b)(a-c)=-(a-b)(b-c)(c-a)$

(2) (与式)$=(b+c)a^2+(b^2+2bc+c^2)a+(b^2c+bc^2)$
$=(b+c)a^2+(b+c)^2a+bc(b+c)=(b+c)\{a^2+(b+c)a+bc\}$
$=(b+c)(a+b)(a+c)=(a+b)(b+c)(c+a)$
(3) (与式)$=(b+c)a^2+(b^2+3bc+c^2)a+(b^2c+bc^2)$
$=(b+c)a^2+(b^2+3bc+c^2)a+bc(b+c)$
たすきがけにかけた2式の和が
$b^2+3bc+c^2$ となるものをさがすと，

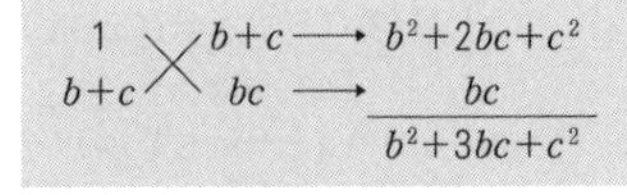

(与式)$=\{a+(b+c)\}\{a(b+c)+bc\}$
$=(a+b+c)(ab+ac+bc)$
$=(a+b+c)(ab+bc+ca)$

p.125 **70.** 答 (1) 9801　(2) 39991　(3) 1000868
解説 (1) (与式)$=(100-1)^2=10000-200+1$
(2) (与式)$=(200-3)(200+3)=200^2-3^2$
(3) (与式)$=(1000-11)(1000+12)=1000000+1\times1000-11\times12$

71. 答 (1) 6600　(2) 1600
解説 (1) (与式)$=(83+17)(83-17)=100\times66$
(2) (与式)$=(23+17)^2=40^2$

72. 答 (1) 個数 24個，総和 1680　(2) 個数 18個，総和 728
(3) 個数 45個，総和 12493
解説 (2) $252=2^2\cdot3^2\cdot7$　　(3) $3600=2^4\cdot3^2\cdot5^2$

p.126 **73.** 答 16個
解説 n が 120 の約数であればよい。　$120=2^3\cdot3\cdot5$

74. 答 12個
解説 $2^5\cdot3^3\cdot5^2=(2^2\cdot3\cdot5)^2\cdot2\cdot3$ であるから，n は $2^2\cdot3\cdot5$ の約数であればよい。

75. 答 5460
解説 $60=2^2\cdot3\cdot5$　　正の約数の2乗の総和は $(1+2^2+2^4)(1+3^2)(1+5^2)$

76. 答 8個
解説 自然数 n が $n=p^aq^br^c$ と素因数分解できるとき，正の約数の個数は
$(a+1)(b+1)(c+1)$ 個である。
これが奇数になるのは $a+1$，$b+1$，$c+1$ がすべて奇数のとき，すなわち a，b，c がすべて偶数のときである。
$a=2A$，$b=2B$，$c=2C$ (A，B，C は正の整数) とすると，
$n=p^{2A}\cdot q^{2B}\cdot r^{2C}=(p^A\cdot q^B\cdot r^C)^2$ であるから，n は平方数である。
注 $1=1^2$，$4=2^2$，$9=3^2$，$16=4^2$，$25=5^2$，… のように，自然数の2乗の形で表すことのできる数を**平方数**（へいほうすう）という。

p.127 **77.** 答 奇数は，ある整数 n を使って $2n+1$ と表すことができる。
$(2n+1)^2-1=4n^2+4n+1-1=4n^2+4n=4n(n+1)$
$n(n+1)$ は連続する2つの整数の積であるから偶数である。
よって，$4n(n+1)$ は8の倍数である。
ゆえに，奇数の2乗から1をひいた数は8の倍数になる。

78. 答 連続する2つの偶数は，ある整数 n を使って $2n$，$2n+2$ と表される。
$2n(2n+2)+1=4n^2+4n+1=(2n+1)^2$
ゆえに，連続する2つの偶数の積に1を加えた数は，それらの偶数の間にある奇数の2乗になる。

79. 答 連続する4つの整数のはじめの数をnとすると,
$n(n+1)(n+2)(n+3)+1=(n^2+3n)(n^2+3n+2)+1$
$=(n^2+3n)^2+2(n^2+3n)+1=(n^2+3n+1)^2$
nは整数であるから,n^2+3n+1 も整数である。
ゆえに,連続する4つの整数の積に1を加えた数は,ある整数の2乗になる。

80. 答 (1) $\begin{cases}x=3\\y=3\end{cases}$ (2) $\begin{cases}x=3\\y=15,\end{cases}$ $\begin{cases}x=15\\y=3\end{cases}$ (3) $\begin{cases}x=4\\y=2,\end{cases}$ $\begin{cases}x=16\\y=1\end{cases}$
(4) $\begin{cases}x=1\\y=3,\end{cases}$ $\begin{cases}x=2\\y=2\end{cases}$

解説 (1) x,yは正の整数であるから,$2x-1$ は1以上の奇数,$3y+1$ は4以上の整数である。
$\begin{cases}2x-1=1\\3y+1=50\end{cases}$ ……①, $\begin{cases}2x-1=5\\3y+1=10\end{cases}$ ……②
①より,$\begin{cases}x=1\\y=\dfrac{49}{3}\end{cases}$ これらの値は問題に適さない。
②より,$\begin{cases}x=3\\y=3\end{cases}$ これらの値は問題に適する。 ゆえに,$\begin{cases}x=3\\y=3\end{cases}$
(2) $xy-2x-2y=9$ の両辺に4を加えて,$xy-2x-2y+4=13$
よって,$(x-2)(y-2)=13$
x,yは正の整数であるから,$x-2$,$y-2$ はともに -1以上の整数である。
$\begin{cases}x-2=1\\y-2=13,\end{cases}$ $\begin{cases}x-2=13\\y-2=1\end{cases}$ ゆえに,$\begin{cases}x=3\\y=15,\end{cases}$ $\begin{cases}x=15\\y=3\end{cases}$
(3) $2xy-x+4y=20$ の両辺から2をひいて,$2xy-x+4y-2=18$
よって,$(x+2)(2y-1)=18$
x,yは正の整数であるから,$x+2$ は3以上の整数,$2y-1$ は1以上の奇数である。
$\begin{cases}x+2=6\\2y-1=3,\end{cases}$ $\begin{cases}x+2=18\\2y-1=1\end{cases}$ ゆえに,$\begin{cases}x=4\\y=2,\end{cases}$ $\begin{cases}x=16\\y=1\end{cases}$
(4) $2xy+x+3y=16$ の両辺を2倍して,$4xy+2x+6y=32$
両辺に3をたして,$4xy+2x+6y+3=35$ よって,$(2x+3)(2y+1)=35$
x,yは正の整数であるから,$2x+3$ は5以上の奇数,$2y+1$ は3以上の奇数である。
$\begin{cases}2x+3=5\\2y+1=7,\end{cases}$ $\begin{cases}2x+3=7\\2y+1=5\end{cases}$ ゆえに,$\begin{cases}x=1\\y=3,\end{cases}$ $\begin{cases}x=2\\y=2\end{cases}$

7章の問題

p.128 **1** 答 (1) $-4x^2-x$ (2) $-7a^3b+3a^2b^2-7ab^3$ (3) $9xy+8y^2$
(4) $-16m^8n^3+24m^7n^4+40m^6n^5$ (5) $18ax^2y-\dfrac{45}{4}bxy^2+27x^3y^4$
(6) $5x^4-9x^2+12x$

2 答 (1) $3x-11$ (2) $3x^2+4y^2$ (3) $16xy+10y^2$ (4) $8ab-24bc$

(5) x^6-1 (6) $a^4+2a^3-25a^2-26a+120$ (7) $\dfrac{9x^2-y^2}{4}$ (8) $\dfrac{11}{24}xy$

解説 (4) $a-3c=X$ とおくと，(与式)$=(X+2b)^2-(X-2b)^2=8bX$

(5) (与式)$=\{(x-1)(x^2+x+1)\}\{(x+1)(x^2-x+1)\}=(x^3-1)(x^3+1)$

(6) (与式)$=\{(a-4)(a+5)\}\{(a-2)(a+3)\}=(a^2+a-20)(a^2+a-6)$

3 答 (1) $(x-3)(x-4)$ (2) $(a-b)^2$ (3) $(a+2)(a-2)(a-3)$

(4) $\dfrac{1}{2}(2a-1)^2$ (5) $4(y-2)^2$ (6) $(a+3)^2(b-3)$ (7) $(x-2)(x-26)$

(8) $(x-2)(x-6)$

解説 (3) (与式)$=a^2(a-3)-4(a-3)$

(4) (与式)$=\dfrac{1}{2}(4a^2-4a+1)$

(5) (与式)$=4y(y-2)-8(y-2)$

(6) (与式)$=a^2(b-3)+6a(b-3)+9(b-3)=(a^2+6a+9)(b-3)$

(7) (与式)$=4x^2-28x+49-3(x^2-1)=x^2-28x+52$

(8) (与式)$=3(x^2-2x+1)-(2x^2+x-3)-x+6=x^2-8x+12$

4 答 (1) $(p+6)(p-7)$ (2) $-(xy-1)(y-z)$ (3) $(x+2)(x+2y-7)$

(4) $(x+2)(x-a)$ (5) $(a+8b)(3a+4b)$ (6) $(x+2y-z)(x-2y+z)$

(7) $(x-y+1)(x-y-4)$ (8) $y(x-y)(x-y-1)$

解説 (1) $p-2=A$ とおくと，(与式)$=A^2+3A-40$

(2) (与式)$=-xy(y-z)+(y-z)$

(3) (与式)$=2y(x+2)+(x+2)(x-7)$

(4) 積が $-2a$，和が $-a+2$ となる 2 数は $-a$ と 2

(5) (与式)$=\{2(a+3b)\}^2-(a-2b)^2$

(6) (与式)$=x^2-(2y-z)^2$

(7) (与式)$=(x-y)^2-3(x-y)-4$

(8) (与式)$=y(x^2-2xy+y^2)-y(x-y)=y(x-y)^2-y(x-y)$

$=y(x-y)\{(x-y)-1\}$

p.129 **5** 答 (1) $x(x-2)(x-6)$ (2) $(x+1)(x+2)(x-3)(x-4)$

(3) $(x+2)^2(x+5)^2$ (4) $(a+b+c)(b+c-a)(c+a-b)(a+b-c)$

(5) $(a+b)(2ax-b)^2$ (6) $(x-2a+4)(x+3a+3)$

解説 (1) (与式)$=x\{(x-3)^2-(2x-3)\}=x(x^2-8x+12)$

(2) (与式)$=(x^2-2x-3)(x^2-2x-8)$

(3) (与式)$=(x^2+7x)^2+20(x^2+7x)+100=(x^2+7x+10)^2$

(4) (与式)$=(2ab+a^2+b^2-c^2)(2ab-a^2-b^2+c^2)$

$=\{(a+b)^2-c^2\}\{c^2-(a-b)^2\}$

(5) (与式)$=4a^2(a+b)x^2-4ab(a+b)x+b^2(a+b)$

$=(a+b)(4a^2x^2-4abx+b^2)$

(6) (与式)$=\{x-2(a-2)\}\{x+3(a+1)\}$

1 ╳ $-2(a-2)$ ⟶ $-2a+4$
1 ╳ $3(a+1)$ ⟶ $3a+3$
$a+7$

6 答 (1) 72 (2) -24 (3) $\dfrac{25}{6}$ (4) -1

解説 (3) (与式)$=\dfrac{x^2+y^2-2xy}{6}=\dfrac{(x-y)^2}{6}$

(4) $a+b+c=0$ より，$b+c=-a$，$c+a=-b$，$a+b=-c$

ゆえに，(与式)$=\dfrac{-a}{a}\times\dfrac{-b}{b}\times\dfrac{-c}{c}$

7 答 $V=\pi ab(a+2c)$

$L=2\pi\left(c+\dfrac{a}{2}\right)=\pi(a+2c)$，$S=ab$

よって，$LS=\pi ab(a+2c)$

ゆえに，$V=LS$

解説 $V=\pi(a+c)^2b-\pi c^2b$

8 答 (1) n^5-5n^3+4n

(2) $n^5-n=(n^5-5n^3+4n)+5n^3-5n=(n-2)(n-1)n(n+1)(n+2)+5n^3-5n$

$(n-2)(n-1)n(n+1)(n+2)$ は連続する5つの整数の積であるから，5の倍数である。また，$5n^3$，$5n$ も5の倍数である。ゆえに，n^5-n は5の倍数になる。

9 答 (1) $504=2^3\times3^2\times7$ (2) 必要な枚数 126枚，1辺の長さ 252cm

(3) $\begin{cases}a=6\\b=84,\end{cases}$ $\begin{cases}a=12\\b=42,\end{cases}$ 必要な枚数 14枚

解説 (2) 18と28の最小公倍数は252である。

(3) この紙を何枚か並べて正方形になったとき，面積は平方数であるから，考えられる最小の面積は，14枚のときの$(2^4\times3^2\times7^2)$cm^2 である。

このとき，正方形の1辺は，$2^2\times3\times7=84$ (cm)

$a<b$ であるから，縦のほうが横より多くの枚数が必要である。

ゆえに，縦14枚，横1枚，または，縦7枚，横2枚のどちらかである。

縦14枚，横1枚のとき，$a=84\div14=6$，$b=84\div1=84$

縦7枚，横2枚のとき，$a=84\div7=12$，$b=84\div2=42$

10 答 (1) $a=26$，$b=14$，$c=7$，$d=4$ (2) 7個

解説 (1) 2の倍数は15個，4の倍数は7個，8の倍数は3個，16の倍数は1個あるから，$a=15+7+3+1=26$ (下の表参照)

3の倍数は10個，9の倍数は3個，27の倍数は1個あるから，$b=10+3+1=14$

5の倍数は6個，25の倍数は1個あるから，$c=6+1=7$

7の倍数は4個あるから，$d=4$

	2	4	6	8	10	12	14	16	18	20	22	24	26	28	30	計
2の倍数	○	○	○	○	○	○	○	○	○	○	○	○	○	○	○	15
4の倍数		○		○		○		○		○		○		○		7
8の倍数				○				○				○				3
16の倍数								○								1
																26

(2) 2が1個，5が1個の積で，A の末尾の0が1個できる。

$c=7$ より5は7個しかないから，A の末尾の0は7個ある。

8章 平方根

p.130 **1.** 答 (1) ±9 (2) ±0.7 (3) ±80 (4) ±0.02 (5) $\pm\frac{6}{5}$ (6) 0

2. 答 (1) 3 (2) −11 (3) 0.01 (4) −70 (5) 14 (6) −36

3. 答 (1) 4 (2) 11 (3) 8 (4) −6 (5) −6 (6) 6

4. 答 (イ)

5. 答 (1) $\sqrt{7}$ (2) $\sqrt{26}$ (3) 3.2 (4) $-\sqrt{6}$

p.131 **6.** 答 (1) 2.81 (2) 8.88 (3) 3.16 (4) 5.47

7. 答 4, 5

p.132 **8.** 答 (1) 53 (2) 73.2 (3) 0.61 (4) 691

解説 (1)

```
              5  3
   5        √2809
   5         25
 103          309
   3          309
                0
```

(2)

```
              7  3. 2
   7        √5358.24
   7         49
 143          458
   3          429
1462           29 24
   2           29 24
                   0
```

(3)

```
              0. 6  1
   6        √0.3721
   6          36
 121           121
   1           121
                 0
```

(4)

```
              6  9  1
   6        √477481
   6         36
 129         1174
   9         1161
1381           1381
   1           1381
                  0
```

9. 答 (1) 35.13 (2) 95.13 (3) 2.30 (4) 0.71

解説 (1)

```
                          3
              3  5.  1  ~~2~~  ~~8~~
 3          √1234
 3            9
 65           334
  5           325
 701            9 00
   1            7 01
 7022           1 9900
    2           1 4044
 70248            585600
     8            561984
```

(2)

```
                          3
              9  5.  1  ~~2~~  ~~7~~
 9          √9049.2
 9            81
 185           949
   5           925
 1901            24 20
    1            19 01
 19022            5 1900
     2            3 8044
 190247           1 385600
      7           1 331729
```

(3)

```
              2. 3  0  1
2           √5.297
2            4
43           1 29
 3           1 29
4601            7000
   1            4601
```

(4)

```
                 1
              0. 7 0 8
7           √0.5026
7             49
1408           12600
   8           11264
```

10. 答 1.414213562

解説

```
                1. 4  1  4  2  1  3  5  6  2
1           √2
1            1
24           1 00
 4             96
281              400
  1              281
2824             11900
   4             11296
28282                60400
    2                56564
282841                 383600
     1                 282841
2828423                10075900
      3                  8485269
28284265                 159063100
       5                 141421325
282842706                  1764177500
        6                  1697056236
2828427122                     6712126400
         2                     5656854244
```

p.133 **11.** 答 (1) 15　(2) 18　(3) 3　(4) 2　(5) 5　(6) 2　(7) 3　(8) 7　(9) 順に 10, 5

12. 答 (1) $\dfrac{\sqrt{3}}{3}$　(2) $\dfrac{\sqrt{6}}{3}$　(3) $2\sqrt{5}$　(4) $3\sqrt{2}$　(5) $\dfrac{\sqrt{21}}{7}$　(6) $\dfrac{\sqrt{15}}{3}$　(7) $\dfrac{\sqrt{3}}{2}$

(8) $\sqrt{7}$

参考 (8) (与式)$=\sqrt{\dfrac{14\times14}{28}}$ と計算してもよい。

13. 答 (1) $5\sqrt{2}$　(2) 18　(3) $10\sqrt{3}$　(4) 2　(5) $\dfrac{5\sqrt{3}}{3}$　(6) $2\sqrt{7}$

14. 答 (1) $7\sqrt{2}$　(2) $5\sqrt{5}$　(3) $-\sqrt{6}$　(4) $4\sqrt{7}$　(5) $-7\sqrt{3}$　(6) $3\sqrt{2}$

p.134 **15.** 答 (1) $2\sqrt{2}$　(2) $6\sqrt{3}$　(3) $3\sqrt{7}$　(4) $7\sqrt{6}$　(5) $-\sqrt{10}$　(6) $8\sqrt{5}$　(7) $5\sqrt{6}$

(8) $12\sqrt{3}$　(9) $5\sqrt{2}$

16. 答 (1) $2\sqrt{2}$　(2) $5\sqrt{3}$　(3) $4\sqrt{7}$　(4) $4\sqrt{2}$　(5) $-3\sqrt{3}$　(6) $-\sqrt{6}$

17. 答 (1) $-\dfrac{\sqrt{5}}{6}$ (2) $\dfrac{4\sqrt{3}}{3}$ (3) $3\sqrt{5}$ (4) $\dfrac{43\sqrt{3}}{36}$ (5) $\dfrac{\sqrt{2}}{2}$ (6) $-\dfrac{3\sqrt{7}}{10}$
(7) $-2\sqrt{2}$ (8) $\dfrac{7\sqrt{6}}{2}$

p.135 **18.** 答 (1) $6\sqrt{5}$ (2) 2 (3) $\dfrac{3\sqrt{2}}{2}$ (4) 72 (5) $-\dfrac{2\sqrt{3}}{3}$ (6) $2\sqrt{2}$

19. 答 (1) 5 (2) $5\sqrt{5}$ (3) $2\sqrt{6}$ (4) $6\sqrt{3}$ (5) $\sqrt{2}$ (6) $3\sqrt{7}$ (7) $3\sqrt{2}$
(8) $3\sqrt{3}$

20. 答 (1) $5\sqrt{2}$ (2) $-3\sqrt{3}$ (3) $5\sqrt{7}$ (4) $\dfrac{8\sqrt{3}}{3}$ (5) $-\dfrac{\sqrt{6}}{2}$ (6) $\dfrac{2\sqrt{6}}{3}$
(7) $\dfrac{\sqrt{3}}{6}$ (8) $\dfrac{\sqrt{3}}{6}$

21. 答 (1) $\sqrt{3}$ (2) $2\sqrt{2}$ (3) $-7\sqrt{2}$ (4) $2\sqrt{6}$ (5) $\dfrac{\sqrt{6}}{3}$ (6) $\dfrac{\sqrt{3}}{2}$

22. 答 (1) $x=6$ (2) $x=15$
解説 (1) $\sqrt{54x}=3\sqrt{6x}$ (2) $\sqrt{\dfrac{20x}{3}}=2\sqrt{\dfrac{5x}{3}}$

p.136 **23.** 答 (1) 0.5cm (2) -2m (3) $1.414-\sqrt{2}$

p.137 **24.** 答 (1) $4.25 \leqq A < 4.35$，誤差の限界 0.05
(2) $4.295 \leqq A < 4.305$，誤差の限界 0.005
(3) $22.5 \leqq A < 23.5$，誤差の限界 0.5
(4) $0.0515 \leqq A < 0.0525$，誤差の限界 0.0005

25. 答 (1) 1.23×10^3 (2) 4.3×10^4 (3) 4.30×10^4
(4) $1.2\times\dfrac{1}{10^2}$ (5) $1.20\times\dfrac{1}{10^2}$ (6) $5.23\times\dfrac{1}{10^4}$

26. 答 (1) 22.6 (2) 71.4 (3) 0.0226

27. 答 (1) 3.464 (2) 2.121 (3) 1.789
解説 (3) $\sqrt{3.2}=\sqrt{\dfrac{32}{10}}=\sqrt{\dfrac{16}{5}}=\dfrac{4\sqrt{5}}{5}$

28. 答 (1) 64.2 (2) 10.76 (3) 26.4 (4) 1.9×10 (5) 2.15×10^2 (6) 2.1
(7) 5.7×10 (8) 4.6×10 (9) 1.98×10^3 (10) 3.5×10^3 (11) 2.1×10^6 (12) 4.6×10^2
解説 (1) $46.3+17.9$ (2) $15.62-4.86$ (3) $1.6+29.6-4.8$ (4) 2.8×6.7
(5) 3.46×62.1 (6) $2.9\div1.4$ (7) $480\div8.4$
(8) $4.6\times9.2=42.32$ より，$4+42$
(9) $22.5\times10^2+8.6\times10^2-11.3\times10^2=19.8\times10^2$ (10) $(1.5\times10)\times(2.3\times10^2)$
(11) $(3.8\times10^2)\times(5.4\times10^3)$ (12) $(1.3\times10^2)\div\left(2.8\times\dfrac{1}{10}\right)=0.464\cdots\times10^3$

29. 答 (1) 3.650 (2) 4.04 (3) 3.162 (4) 1.581 (5) 7.03 (6) 2.25
(7) 1.414×10^3 (8) $2.236\times\dfrac{1}{10^3}$
解説 (2) $2\times3.14-2.24$ (3) $\sqrt{2}\times\sqrt{5}$ (4) $\dfrac{\sqrt{10}}{2}$ (5) 2.24×3.14
(6) $\dfrac{5\times1.41}{3.14}$ (7) $\sqrt{2}\times10^3$ (8) $\dfrac{\sqrt{5}}{10^3}$

p.138 **30.** 答 (1) 5.886×10^2 (2) 1.184×10^3 (3) 2.449×10^3 (4) $3.873\times\dfrac{1}{10^3}$

解説 (1) $100\times1.414+100\times4.472$

(2) $1000\times1.732-100\times5.477$ より，$100\times17.32-100\times5.48$

(3) $10\times1.414\times100\times1.732$

(4) $\dfrac{10\times1.732}{1000\times4.472}=0.38729\cdots\times\dfrac{1}{100}$

31. 答 (1) $\pi=3.1$，35 cm (2) $\pi=3.14$，192 cm (3) $\pi=3$，4 cm

解説 (1) $2\times3.1\times5.6$ (2) $2\times3.14\times30.5$ (3) $2\times3\times0.7$

32. 答 (4.01×10^4) km

解説 $2\times3.14\times6.38\times10^3$

p.139 **33.** 答 (1) $3\sqrt{2}+3$ (2) $-6\sqrt{3}+12$ (3) $7\sqrt{10}-14\sqrt{5}$ (4) $2-\sqrt{2}$ (5) $5-9\sqrt{5}$ (6) $-\sqrt{15}$ (7) $9\sqrt{2}$

34. 答 (1) $2\sqrt{6}+2\sqrt{2}$ (2) $2\sqrt{2}-\sqrt{10}$ (3) $\dfrac{3\sqrt{2}-1}{4}$ (4) $\dfrac{2\sqrt{3}}{3}$ (5) $19+3\sqrt{3}$ (6) $2\sqrt{3}-3\sqrt{2}$

解説 (6) (与式)$=4\sqrt{3}-2\sqrt{6}\times\dfrac{3}{\sqrt{3}}-2\sqrt{6}\times\dfrac{1}{\sqrt{2}}+3\sqrt{2}$

$=4\sqrt{3}-6\sqrt{2}-2\sqrt{3}+3\sqrt{2}$

35. 答 (1) $7+2\sqrt{10}$ (2) $16-6\sqrt{7}$ (3) $13-4\sqrt{3}$ (4) 1 (5) 8 (6) 11 (7) -12 (8) -6

36. 答 (1) $5+4\sqrt{2}$ (2) $-27+\sqrt{3}$ (3) $11-5\sqrt{5}$ (4) $10-6\sqrt{2}$ (5) $5\sqrt{6}$ (6) $\sqrt{2}$

解説 (6) (与式)$=(\sqrt{3}-\sqrt{2})\times\sqrt{2}(\sqrt{3}+\sqrt{2})$

37. 答 (1) $\dfrac{7}{2}+\sqrt{6}$ (2) $\dfrac{49-12\sqrt{10}}{5}$ (3) $2-\sqrt{3}$ (4) $-\dfrac{1}{3}$ (5) $-\dfrac{17}{3}$ (6) $-4+\sqrt{6}$ (7) $\sqrt{5}+\sqrt{30}$

p.140 **38.** 答 (1) 4 (2) 15 (3) $19-2\sqrt{2}$ (4) $8\sqrt{3}-7$ (5) $4+7\sqrt{2}$ (6) 17 (7) $-14+4\sqrt{3}$ (8) $-5+4\sqrt{2}$

39. 答 (1) $\dfrac{21}{20}$ (2) $-\dfrac{5}{2}$ (3) $-2+\dfrac{\sqrt{2}}{2}$ (4) 6

p.141 **40.** 答 (1) $8\sqrt{6}$ (2) 1 (3) $19-8\sqrt{2}+2\sqrt{5}-\sqrt{10}$ (4) $11-6\sqrt{2}-4\sqrt{3}+2\sqrt{6}$ (5) $10+4\sqrt{3}$ (6) $-2+2\sqrt{3}$ (7) $4-2\sqrt{14}$ (8) $8\sqrt{3}+8\sqrt{6}$

41. 答 (1) $4\sqrt{3}$ (2) 32 (3) $1-4\sqrt{2}$ (4) $5+\sqrt{3}$ (5) 11 (6) $2\sqrt{3}$ (7) 20

解説 (2) (与式)$=(3+2\sqrt{2})^2-2(3+2\sqrt{2})(3-2\sqrt{2})+(3-2\sqrt{2})^2$

$=\{(3+2\sqrt{2})-(3-2\sqrt{2})\}^2=(4\sqrt{2})^2$

(6) (与式)$=(1+\sqrt{2}+\sqrt{3})(1+\sqrt{2}-\sqrt{3})\times\sqrt{2}-(\sqrt{3}-1)^2$

$=\sqrt{2}\{(1+\sqrt{2})^2-(\sqrt{3})^2\}-(4-2\sqrt{3})=\sqrt{2}\times2\sqrt{2}-4+2\sqrt{3}$

(7) (与式)$=[\{(\sqrt{2}+\sqrt{3})+\sqrt{7}\}\{(\sqrt{2}+\sqrt{3})-\sqrt{7}\}]$

$\times[\{\sqrt{7}+(\sqrt{2}-\sqrt{3})\}\{\sqrt{7}-(\sqrt{2}-\sqrt{3})\}]$

$=\{(\sqrt{2}+\sqrt{3})^2-7\}\{7-(\sqrt{2}-\sqrt{3})^2\}=(2\sqrt{6}-2)(2\sqrt{6}+2)$

42. 答 (1) $6\sqrt{7}$ (2) $2\sqrt{2}$ (3) $-\dfrac{7}{12}$ (4) $\dfrac{9}{8}$ (5) $\dfrac{5}{3}$ (6) $3+5\sqrt{3}$

(7) $\dfrac{-7+6\sqrt{10}}{10}$ または $-\dfrac{7}{10}+\dfrac{3\sqrt{10}}{5}$

解説 (1) $(与式)=\left\{\left(3+\dfrac{\sqrt{7}}{2}\right)+\left(3-\dfrac{\sqrt{7}}{2}\right)\right\}\left\{\left(3+\dfrac{\sqrt{7}}{2}\right)-\left(3-\dfrac{\sqrt{7}}{2}\right)\right\}$

$=6\times\sqrt{7}$

(4) $(与式)=\left(-\dfrac{7}{2\sqrt{2}}-\sqrt{5}\right)\left(-\dfrac{7}{2\sqrt{2}}+\sqrt{5}\right)=\left(-\dfrac{7}{2\sqrt{2}}\right)^2-(\sqrt{5})^2$

(7) $(与式)=2^2-\left(\dfrac{3}{\sqrt{2}}-\dfrac{1}{\sqrt{5}}\right)^2=4-\left(\dfrac{9}{2}-\dfrac{6}{\sqrt{10}}+\dfrac{1}{5}\right)=\dfrac{40-(45-6\sqrt{10}+2)}{10}$

p.142 **43.** 答 (1) $-\dfrac{17}{2}$ (2) $\dfrac{11}{15}$ (3) $4\sqrt{6}-6\sqrt{2}$ (4) $-\dfrac{7}{4}$ (5) 99 (6) 5

解説 (3) (与式)

$=\left(\dfrac{\sqrt{3}-\sqrt{6}-2}{\sqrt{2}}+\dfrac{\sqrt{3}+\sqrt{6}-2}{\sqrt{2}}\right)\left(\dfrac{\sqrt{3}-\sqrt{6}-2}{\sqrt{2}}-\dfrac{\sqrt{3}+\sqrt{6}-2}{\sqrt{2}}\right)$

$=\dfrac{2\sqrt{3}-4}{\sqrt{2}}\times\dfrac{-2\sqrt{6}}{\sqrt{2}}=-\sqrt{6}(2\sqrt{3}-4)$

(6) $(与式)=\dfrac{(\sqrt{5}+\sqrt{3})^2-(\sqrt{5}-\sqrt{3})^2}{\sqrt{15}}+\dfrac{(\sqrt{2}+2)^2-2(\sqrt{2}-1)^2}{8\sqrt{2}}$

$=\dfrac{4\sqrt{15}}{\sqrt{15}}+\dfrac{8\sqrt{2}}{8\sqrt{2}}$

44. 答 (1) $x=\dfrac{3\sqrt{2}}{2}$ (2) $x=-6-\sqrt{2}$

45. 答 (1) $\begin{cases}x=\sqrt{3}-4\sqrt{2}\\ y=4\sqrt{3}-\sqrt{2}\end{cases}$ (2) $\begin{cases}x=\dfrac{13}{5}\\ y=\dfrac{\sqrt{6}}{5}\end{cases}$

解説 (1) $\begin{cases}\sqrt{2}x+\sqrt{3}y=4 & \cdots\cdots① \\ \sqrt{3}x+\sqrt{2}y=1 & \cdots\cdots②\end{cases}$

$①\times\sqrt{3}-②\times\sqrt{2}$ より，$y=4\sqrt{3}-\sqrt{2}$

$②\times\sqrt{3}-①\times\sqrt{2}$ より，$x=\sqrt{3}-4\sqrt{2}$

(2) $\begin{cases}\sqrt{2}x-\sqrt{3}y=2\sqrt{2} & \cdots\cdots① \\ \sqrt{3}x+\sqrt{2}y=3\sqrt{3} & \cdots\cdots②\end{cases}$

$①\times\sqrt{2}+②\times\sqrt{3}$ より，$5x=13$

p.143 **46.** 答 (1) 3 (2) -10 (3) -2

解説 (1) $(x+1)^2=5$ より，$x^2+2x=4$

(2) $(x-3)^2=5$ より，$x^2-6x=-4$

$(与式)=5(x^2-6x)+10$

(3) $(3x-2)^2=13$ より，$9x^2-12x+4=13$　　よって，$3x^2-4x=3$

47. 答 (1) 51　(2) 3　(3) -6

解説 (1) $x+y=8$，$xy=13$　(与式)$=(x+y)^2-xy$

(2) $a+b=3$，$ab=1$　(与式)$=\dfrac{b}{ab}+\dfrac{a}{ab}=\dfrac{a+b}{ab}$

(3) $x+y=2$，$xy=-1$　(与式)$=\dfrac{y^2}{xy}+\dfrac{x^2}{xy}=\dfrac{x^2+y^2}{xy}=\dfrac{(x+y)^2-2xy}{xy}$

48. 答 (1) $a+b=2\sqrt{5}$，$ab=2$　(2) 8

解説 (1) $a+b=(\sqrt{5}+\sqrt{3})+(\sqrt{5}-\sqrt{3})$　$ab=(\sqrt{5}+\sqrt{3})(\sqrt{5}-\sqrt{3})$

(2) (与式)$=\dfrac{b}{a}+\dfrac{a}{b}=\dfrac{b^2}{ab}+\dfrac{a^2}{ab}=\dfrac{a^2+b^2}{ab}=\dfrac{(a+b)^2-2ab}{ab}=\dfrac{(2\sqrt{5})^2-2\times 2}{2}$

p.144 **49.** 答 (1) $1+\sqrt{2}$　(2) $\sqrt{5}-\sqrt{2}$　(3) $\dfrac{2\sqrt{3}+\sqrt{6}}{3}$　(4) $-\dfrac{4+\sqrt{10}}{3}$　(5) $4-\sqrt{15}$

(6) $\dfrac{4+\sqrt{2}}{7}$

解説 (1) (与式)$=\dfrac{\sqrt{2}+1}{(\sqrt{2}-1)(\sqrt{2}+1)}=1+\sqrt{2}$

(2) (与式)$=\dfrac{3(\sqrt{5}-\sqrt{2})}{(\sqrt{5}+\sqrt{2})(\sqrt{5}-\sqrt{2})}=\dfrac{3(\sqrt{5}-\sqrt{2})}{3}=\sqrt{5}-\sqrt{2}$

(3) (与式)$=\dfrac{2(2\sqrt{3}+\sqrt{6})}{(2\sqrt{3}-\sqrt{6})(2\sqrt{3}+\sqrt{6})}=\dfrac{2(2\sqrt{3}+\sqrt{6})}{6}=\dfrac{2\sqrt{3}+\sqrt{6}}{3}$

(4) (与式)$=\dfrac{\sqrt{2}(\sqrt{5}+2\sqrt{2})}{(\sqrt{5}-2\sqrt{2})(\sqrt{5}+2\sqrt{2})}=\dfrac{\sqrt{10}+4}{-3}=-\dfrac{4+\sqrt{10}}{3}$

(5) (与式)$=\dfrac{(5\sqrt{3}-3\sqrt{5})^2}{(5\sqrt{3}+3\sqrt{5})(5\sqrt{3}-3\sqrt{5})}=\dfrac{120-30\sqrt{15}}{30}=4-\sqrt{15}$

(6) (与式)$=\dfrac{(2+\sqrt{2})(3-\sqrt{2})}{(3+\sqrt{2})(3-\sqrt{2})}=\dfrac{4+\sqrt{2}}{7}$

50. 答 (1) $8+2\sqrt{2}$　(2) $-\dfrac{7}{3}$　(3) $24\sqrt{2}$

解説 (1) (与式)$=\dfrac{4(2+\sqrt{3})}{(2-\sqrt{3})(2+\sqrt{3})}-\dfrac{20(2\sqrt{3}-\sqrt{2})}{(2\sqrt{3}+\sqrt{2})(2\sqrt{3}-\sqrt{2})}$

$=8+4\sqrt{3}-\dfrac{20(2\sqrt{3}-\sqrt{2})}{10}=8+4\sqrt{3}-2(2\sqrt{3}-\sqrt{2})=8+4\sqrt{3}-4\sqrt{3}+2\sqrt{2}$

$=8+2\sqrt{2}$

(2) (与式)$=\dfrac{\sqrt{2}(\sqrt{2}-\sqrt{5})+\sqrt{5}(\sqrt{2}+\sqrt{5})}{(\sqrt{2}+\sqrt{5})(\sqrt{2}-\sqrt{5})}=\dfrac{2-\sqrt{10}+\sqrt{10}+5}{-3}=-\dfrac{7}{3}$

(3) (与式)$=\left\{\dfrac{(\sqrt{2}+1)^2}{(\sqrt{2}-1)(\sqrt{2}+1)}\right\}^2-\left\{\dfrac{(\sqrt{2}-1)^2}{(\sqrt{2}+1)(\sqrt{2}-1)}\right\}^2$

$=(3+2\sqrt{2})^2-(3-2\sqrt{2})^2$

$=\{(3+2\sqrt{2})+(3-2\sqrt{2})\}\{(3+2\sqrt{2})-(3-2\sqrt{2})\}=6\times 4\sqrt{2}=24\sqrt{2}$

51. 答 (1) $4\sqrt{3}$ (2) $\dfrac{3+2\sqrt{3}-\sqrt{21}}{6}$

解説 (1) (与式)$=\{(2+\sqrt{3})+\sqrt{7}\}\{(2+\sqrt{3})-\sqrt{7}\}=(2+\sqrt{3})^2-(\sqrt{7})^2$
$=7+4\sqrt{3}-7=4\sqrt{3}$

(2) 分母，分子に $2+\sqrt{3}-\sqrt{7}$ をかけて，

(与式)$=\dfrac{2(2+\sqrt{3}-\sqrt{7})}{(2+\sqrt{3}+\sqrt{7})(2+\sqrt{3}-\sqrt{7})}=\dfrac{2(2+\sqrt{3}-\sqrt{7})}{4\sqrt{3}}=\dfrac{2+\sqrt{3}-\sqrt{7}}{2\sqrt{3}}$
$=\dfrac{\sqrt{3}(2+\sqrt{3}-\sqrt{7})}{6}=\dfrac{3+2\sqrt{3}-\sqrt{21}}{6}$

52. 答 (1) $\dfrac{2-\sqrt{2}+\sqrt{6}}{4}$ (2) $\dfrac{3\sqrt{2}+2\sqrt{3}+\sqrt{30}}{2}$

解説 (1) 分母，分子に $1-\sqrt{2}-\sqrt{3}$ をかけて，

(与式)$=\dfrac{1-\sqrt{2}-\sqrt{3}}{(1-\sqrt{2}+\sqrt{3})(1-\sqrt{2}-\sqrt{3})}=\dfrac{1-\sqrt{2}-\sqrt{3}}{(1-\sqrt{2})^2-(\sqrt{3})^2}=\dfrac{1-\sqrt{2}-\sqrt{3}}{3-2\sqrt{2}-3}$
$=\dfrac{1-\sqrt{2}-\sqrt{3}}{-2\sqrt{2}}=\dfrac{-\sqrt{2}(1-\sqrt{2}-\sqrt{3})}{4}=\dfrac{2-\sqrt{2}+\sqrt{6}}{4}$

(2) 分母，分子に $\sqrt{2}+\sqrt{3}+\sqrt{5}$ をかけて，

(与式)$=\dfrac{6(\sqrt{2}+\sqrt{3}+\sqrt{5})}{(\sqrt{2}+\sqrt{3}-\sqrt{5})(\sqrt{2}+\sqrt{3}+\sqrt{5})}=\dfrac{6(\sqrt{2}+\sqrt{3}+\sqrt{5})}{(\sqrt{2}+\sqrt{3})^2-(\sqrt{5})^2}$
$=\dfrac{6(\sqrt{2}+\sqrt{3}+\sqrt{5})}{5+2\sqrt{6}-5}=\dfrac{6(\sqrt{2}+\sqrt{3}+\sqrt{5})}{2\sqrt{6}}=\dfrac{\sqrt{6}(\sqrt{2}+\sqrt{3}+\sqrt{5})}{2}$
$=\dfrac{3\sqrt{2}+2\sqrt{3}+\sqrt{30}}{2}$

53. 答 $a=3$，$b=2$，$\sqrt{5+2\sqrt{6}}=\sqrt{3}+\sqrt{2}$

解説 $5+2\sqrt{6}=(\sqrt{a}+\sqrt{b})^2=(a+b)+2\sqrt{ab}$ であるから，$a+b=5$，$ab=6$
$a>b$ より，$a=3$，$b=2$　ゆえに，$\sqrt{5+2\sqrt{6}}=\sqrt{(\sqrt{3}+\sqrt{2})^2}=\sqrt{3}+\sqrt{2}$

p.145 **54.** 答 (1) $\sqrt{5}+\sqrt{2}$ (2) $\sqrt{5}+2$ (3) $\dfrac{\sqrt{30}+\sqrt{2}}{2}$ (4) $\sqrt{7}-\sqrt{3}$ (5) $\sqrt{6}-1$

(6) $\dfrac{\sqrt{6}-\sqrt{2}}{2}$

解説 (1) (与式)$=\sqrt{(\sqrt{5}+\sqrt{2})^2}=\sqrt{5}+\sqrt{2}$

(2) (与式)$=\sqrt{9+2\sqrt{20}}=\sqrt{(\sqrt{5}+\sqrt{4})^2}=\sqrt{5}+2$

(3) (与式)$=\dfrac{\sqrt{16+2\sqrt{15}}}{\sqrt{2}}=\dfrac{\sqrt{(\sqrt{15}+1)^2}}{\sqrt{2}}=\dfrac{\sqrt{15}+1}{\sqrt{2}}=\dfrac{\sqrt{30}+\sqrt{2}}{2}$

(4) (与式)$=\sqrt{(\sqrt{7}-\sqrt{3})^2}$　これは，$(\sqrt{7}-\sqrt{3})^2$ の平方根のうち正のほうを表すから，(与式)$=\sqrt{7}-\sqrt{3}$

(5) (与式)$=\sqrt{7-2\sqrt{6}}=\sqrt{(\sqrt{6}-1)^2}=\sqrt{6}-1$

(6) (与式)$=\dfrac{\sqrt{4-2\sqrt{3}}}{\sqrt{2}}=\dfrac{\sqrt{(\sqrt{3}-1)^2}}{\sqrt{2}}=\dfrac{\sqrt{3}-1}{\sqrt{2}}=\dfrac{\sqrt{6}-\sqrt{2}}{2}$

55. 答 7

解説 $2^2<7<3^2$ より $2<\sqrt{7}<3$ であるから，$a=2$　よって，$b=\sqrt{7}-2$
ゆえに，$a^2+b^2+4b=a^2+(b+2)^2-4=2^2+(\sqrt{7})^2-4=7$

56. 答 $4\sqrt{3}$

解説 $2\sqrt{3}=\sqrt{12}$ より，$3<\sqrt{12}<4$
よって，$2\sqrt{3}$ の整数部分は3であるから，$a=2\sqrt{3}-3$
ゆえに，$a+\dfrac{3}{a}=2\sqrt{3}-3+\dfrac{3}{2\sqrt{3}-3}=2\sqrt{3}-3+\dfrac{3(2\sqrt{3}+3)}{(2\sqrt{3}-3)(2\sqrt{3}+3)}$
$=2\sqrt{3}-3+\dfrac{3(2\sqrt{3}+3)}{3}=2\sqrt{3}-3+2\sqrt{3}+3=4\sqrt{3}$

p.146 **57.** 答 (1) 有理数　(2) 無理数

58. 答 $\sqrt{4}$，$\sqrt{\dfrac{9}{16}}$

p.147 **59.** 答 $a\sqrt{2}$ が無理数でないと仮定すると，ある有理数 b に等しくなる。
すなわち，$a\sqrt{2}=b$　a は0でないから，$\sqrt{2}=\dfrac{b}{a}$
ここで，a は0でない有理数，b は有理数であるから，$\dfrac{b}{a}$ は有理数である。
よって，$\sqrt{2}$ は有理数となるが，これは $\sqrt{2}$ が無理数であることに反する。
ゆえに，a が0でない有理数であるとき，$a\sqrt{2}$ は無理数である。

60. 答 $\sqrt{2}+\sqrt{3}$ が無理数でないと仮定すると，ある有理数 a に等しくなる。
すなわち，$\sqrt{2}+\sqrt{3}=a$　$(\sqrt{2}+\sqrt{3})^2=a^2$　$5+2\sqrt{6}=a^2$
よって，$\sqrt{6}=\dfrac{a^2-5}{2}$　ここで，a は有理数であるから，$\dfrac{a^2-5}{2}$ も有理数である。よって，$\sqrt{6}$ は有理数となるが，これは $\sqrt{6}$ が無理数であることに反する。
ゆえに，$\sqrt{2}+\sqrt{3}$ は無理数である。

61. 答 (1) $b\neq0$ と仮定すると，$a+b\sqrt{2}=0$ より，$\sqrt{2}=-\dfrac{a}{b}$
ここで，a，b は有理数であるから，$-\dfrac{a}{b}$ も有理数である。
よって，$\sqrt{2}$ は有理数となるが，これは $\sqrt{2}$ が無理数であることに反する。
よって，$b=0$　これを $a+b\sqrt{2}=0$ に代入して，$a=0$
ゆえに，a，b が有理数で $a+b\sqrt{2}=0$ ならば，$a=0$，$b=0$ である。
(2) $a+b\sqrt{2}=c+d\sqrt{2}$ より，$(a-c)+(b-d)\sqrt{2}=0$
a，b，c，d は有理数であるから，$a-c$，$b-d$ も有理数である。
よって，(1)より $a-c=0$，$b-d=0$　ゆえに，$a=c$，$b=d$

p.148 **62.** 答 (1) $\begin{cases}a=6\\b=-1\end{cases}$　(2) $\begin{cases}a=1\\b=-2\end{cases}$　(3) $\begin{cases}a=-3\\b=14\end{cases}$　(4) $\begin{cases}a=3\\b=29\end{cases}$

解説 (1) $(a-4)+(2+3b)\sqrt{3}=2-\sqrt{3}$ より，$\begin{cases}a-4=2\\2+3b=-1\end{cases}$

63. 答 $a=-\dfrac{6}{5}$

(解説) $(2-5\sqrt{2})(a-3\sqrt{2})=2a+30-(5a+6)\sqrt{2}$
これが有理数になるには，$5a+6=0$ でなければならない。

64. (答) 有理数 1.8，1.9 など

無理数 $\sqrt{3.5}$，$\dfrac{2+\sqrt{3}}{2}$ など

p.149 **65.** (答) (1) 正しい (2) 正しい (3) 正しくない，反例 $\dfrac{1}{3}$

(4) 正しくない，反例 $\sqrt{2}$

66. (答) (イ)

(解説) (ア) $a=\sqrt{2}$，$b=\sqrt{2}$ とすると，$\dfrac{a}{b}=1$ より，有理数となる。

(イ) $\dfrac{a}{c}=d$（d は有理数）とすると，$a=cd$
c，d は有理数であるから，右辺は有理数，左辺は無理数となり矛盾する。

ゆえに，$\dfrac{a}{c}$ はつねに無理数となる。

(ウ) $a=\sqrt{2}$，$c=0$ とすると，$\dfrac{c}{a}=0$ より，有理数となる。

67. (答) 加法，減法，乗法について閉じている，除法について閉じていない
(解説) a，b，c，d を整数として，$a+b\sqrt{2}$，$c+d\sqrt{2}$ を考える。
$(a+b\sqrt{2})+(c+d\sqrt{2})=(a+c)+(b+d)\sqrt{2}$
$(a+b\sqrt{2})-(c+d\sqrt{2})=(a-c)+(b-d)\sqrt{2}$
$(a+b\sqrt{2})(c+d\sqrt{2})=(ac+2bd)+(ad+bc)\sqrt{2}$
a，b，c，d は整数であるから，$a+c$，$b+d$，$a-c$，$b-d$，$ac+2bd$，$ad+bc$ は整数である。よって，和，差，積はすべて集合 A にふくまれる。
ゆえに，集合 A は加法，減法，乗法について閉じている。

除法については，$a=1$，$b=0$，$c=0$，$d=1$ とすると，$1\div\sqrt{2}=\dfrac{1}{\sqrt{2}}=\dfrac{1}{2}\sqrt{2}$

$\dfrac{1}{2}\sqrt{2}$ は集合 A にふくまれない。ゆえに，集合 A は除法について閉じていない。

68. (答) $a+b\sqrt{2}$，$c+d\sqrt{2}$（a，b，c，d は有理数）の和，差，積，商を考えると，
$(a+b\sqrt{2})+(c+d\sqrt{2})=(a+c)+(b+d)\sqrt{2}$
$(a+b\sqrt{2})-(c+d\sqrt{2})=(a-c)+(b-d)\sqrt{2}$
$(a+b\sqrt{2})(c+d\sqrt{2})=(ac+2bd)+(ad+bc)\sqrt{2}$

$$\frac{a+b\sqrt{2}}{c+d\sqrt{2}}=\frac{(a+b\sqrt{2})(c-d\sqrt{2})}{(c+d\sqrt{2})(c-d\sqrt{2})}=\frac{(ac-2bd)+(bc-ad)\sqrt{2}}{c^2-2d^2}$$

$$=\frac{ac-2bd}{c^2-2d^2}+\frac{bc-ad}{c^2-2d^2}\sqrt{2}$$

a，b，c，d は有理数であるから，$a+c$，$b+d$，$a-c$，$b-d$，$ac+2bd$，$ad+bc$，$\dfrac{ac-2bd}{c^2-2d^2}$，$\dfrac{bc-ad}{c^2-2d^2}$ はすべて有理数である。
よって，$a+b\sqrt{2}$，$c+d\sqrt{2}$ の和，差，積，商はすべて集合 B にふくまれる。
ゆえに，集合 B は加法，減法，乗法，除法それぞれについて閉じている。

p.150 **69.** 答 (1) $0.\dot{6}$ (2) $0.\dot{2}8571\dot{4}$ (3) $0.2\dot{4}$ (4) $1.1\dot{0}\dot{9}$

70. 答 (1) $\dfrac{22}{9}$ (2) $\dfrac{38}{11}$ (3) $\dfrac{1314}{185}$

解説 (1) $x=2.\dot{4}$ とすると,

$$\begin{array}{rl} 10x= & 24.444\cdots \\ -)\quad x= & 2.444\cdots \\ \hline 9x= & 22 \end{array}$$

よって, $x=\dfrac{22}{9}$

ゆえに, $2.\dot{4}=\dfrac{22}{9}$

(2) $x=3.\dot{4}\dot{5}$ とすると,

$$\begin{array}{rl} 100x= & 345.454545\cdots \\ -)\quad x= & 3.454545\cdots \\ \hline 99x= & 342 \end{array}$$

よって, $x=\dfrac{342}{99}=\dfrac{38}{11}$

ゆえに, $3.\dot{4}\dot{5}=\dfrac{38}{11}$

(3) $x=7.1\dot{0}2\dot{7}$ とすると,

$$\begin{array}{rl} 1000x= & 7102.7027027\cdots \\ -)\quad x= & 7.1027027\cdots \\ \hline 999x= & 7095.6 \end{array}$$

よって, $x=\dfrac{70956}{9990}=\dfrac{1314}{185}$

ゆえに, $7.1\dot{0}2\dot{7}=\dfrac{1314}{185}$

8章の問題

p.151 **1** 答 (1) $\dfrac{5-20\sqrt{3}}{12}$ (2) $6+8\sqrt{6}$ (3) $\dfrac{-5+3\sqrt{5}}{4}$

(4) $16\sqrt{2}$ (5) 20 (6) 4

解説 (4) $x=1+2\sqrt{2}$, $y=1-2\sqrt{2}$ とすると,

$(\text{与式})=(x+\sqrt{3})^2+(x-\sqrt{3})^2-(y+\sqrt{3})^2-(y-\sqrt{3})^2=2x^2+6-2y^2-6$

$=2(x+y)(x-y)$

(6) $x=(8+3\sqrt{7})^{10}$, $y=(8-3\sqrt{7})^{10}$ とすると,

$xy=\{(8+3\sqrt{7})(8-3\sqrt{7})\}^{10}=1$ である。

$(\text{与式})=(x+y)^2-(x-y)^2=4xy$

2 答 (1) $4\sqrt{3}$, 7, $5\sqrt{2}$

(2) $\dfrac{\sqrt{2}}{3}$, $\dfrac{1}{2}$, $\dfrac{\sqrt{10}}{6}$, $\dfrac{1}{\sqrt{3}}$

解説 (1) $7=\sqrt{49}$　$5\sqrt{2}=\sqrt{50}$　$4\sqrt{3}=\sqrt{48}$

(2) $\left(\dfrac{1}{\sqrt{3}}\right)^2=\dfrac{1}{3}=\dfrac{12}{36}$　$\left(\dfrac{\sqrt{2}}{3}\right)^2=\dfrac{2}{9}=\dfrac{8}{36}$　$\left(\dfrac{\sqrt{10}}{6}\right)^2=\dfrac{10}{36}$

$\left(\dfrac{1}{2}\right)^2=\dfrac{1}{4}=\dfrac{9}{36}$

3 **答** 3.211

解説 (与式)$=\sqrt{\dfrac{47}{4}}-\sqrt{\dfrac{4.7}{100}}=\dfrac{\sqrt{47}}{2}-\dfrac{\sqrt{4.7}}{10}$

$\dfrac{\sqrt{47}}{2}$ の近似値は，$\dfrac{6.856}{2}=3.428$

$\dfrac{\sqrt{4.7}}{10}$ の近似値は，$\dfrac{2.168}{10}=0.2168$

小数第3位でそろえて，$3.428-0.217$

4 **答** (1) $n=1500$ (2) 30 (3) $a=6,\ 7$ (4) $x=\dfrac{36}{35}$

解説 (1) $540=2^2\times3^3\times5$

540に正の整数をかけて，ある正の整数の4乗になるようにすればよい。

(2) $180-12a=12(15-a)=2^2\times3(15-a)$

よって，$15-a=3n^2$ となればよい。

$n=0,\ 1,\ 2$ のときを考えて，$a=15,\ 12,\ 3$

$n\geqq3$ のときは a の値が負になるから，問題に適さない。

(3) $4.5\leqq\sqrt{4a}<5.5$ より，$20.25\leqq4a<30.25$　ゆえに，$4a=24,\ 28$

(4) $\sqrt{140x}=n$ とおくと，$140x=n^2$　よって，$x=\dfrac{n^2}{140}$

140に近い平方数は $11^2=121,\ 12^2=144$ であるが，$\dfrac{144}{140}$ のほうが1に近い。

5 **答** (1) -13 (2) $a^2+\dfrac{1}{a^2}=10,\ a^4+\dfrac{1}{a^4}=98$ (3) $-20\sqrt{5}$

(4) $xy=\dfrac{\sqrt{6}}{6},\ 4x^2+12xy+9y^2=25+4\sqrt{6}$ (5) $ab=\dfrac{\sqrt{6}}{2},\ \dfrac{b}{a}-\dfrac{a}{b}=-\dfrac{4\sqrt{3}}{3}$

解説 (1) $2x+3=\sqrt{3}$ より，$4x^2+12x+9=3$

(2) $a^2+\dfrac{1}{a^2}=\left(a+\dfrac{1}{a}\right)^2-2$　$a^4+\dfrac{1}{a^4}=\left(a^2+\dfrac{1}{a^2}\right)^2-2$

(3) $x+y=2\sqrt{5},\ x-y=2\sqrt{3},\ xy=2$

(与式)$=xy(x+y)-2\sqrt{3}(x+y)(x-y)$

(4) $2x+3y=\sqrt{2}(\sqrt{3}-\sqrt{2})+\sqrt{3}(\sqrt{3}+\sqrt{2})=1+2\sqrt{6}$

$4x^2+12xy+9y^2=(2x+3y)^2$

(5) $a^2b^2=\dfrac{3}{2}$　$a>0,\ b>0$ より，$ab=\sqrt{\dfrac{3}{2}}$

$\dfrac{b}{a}-\dfrac{a}{b}=\dfrac{b^2-a^2}{ab}=\left(\dfrac{\sqrt{7}-2}{\sqrt{2}}-\dfrac{\sqrt{7}+2}{\sqrt{2}}\right)\div\dfrac{\sqrt{6}}{2}$

p.152 **6** **答** (1) 72 (2) $-\dfrac{3}{14}$

解説 (1) $5<\sqrt{28}<6$ より，$a=5,\ b=\sqrt{28}-5$

(与式)$=(3a+b)(a-b)=(10+\sqrt{28})(10-\sqrt{28})$

(2) $2<\sqrt{8}<3$ より，$2<5-2\sqrt{2}<3$ であるから，$a=2,\ b=3-2\sqrt{2}$

(与式)$=\dfrac{1}{2\sqrt{2}-1}-\dfrac{1}{8\sqrt{2}-10}=\dfrac{2\sqrt{2}+1}{7}-\dfrac{8\sqrt{2}+10}{28}=\dfrac{4\sqrt{2}+2-(4\sqrt{2}+5)}{14}$

7 **答** a は奇数であるが a^2 は偶数である整数 a が存在すると仮定する。
a は奇数であるから，n を整数として，$a=2n-1$ と表される。
$a^2=(2n-1)^2=4n^2-4n+1=2(2n^2-2n)+1$
ここで，n は整数であるから，$2n^2-2n$ は整数である。
よって，$2(2n^2-2n)$ は偶数であるから，$2(2n^2-2n)+1$ は奇数である。
したがって，a^2 は奇数となるが，これは a^2 が偶数であることに矛盾する。
ゆえに，a^2 が偶数ならば a は偶数である。

8 **答** (1) $\dfrac{9}{11}$ (2) $\dfrac{271}{10}$
解説 (1) (与式)$=(1+0.\dot{4})-0.\dot{6}\dot{2}=1+\dfrac{4}{9}-\dfrac{62}{99}$
(2) (与式)$=99\times\{(2+0.\dot{1}\dot{5})-(1.8+0.0\dot{7})\}=99\times\left\{\left(2+\dfrac{15}{99}\right)-\left(1.8+\dfrac{7}{90}\right)\right\}$

9 **答** $-\dfrac{1}{5}$
解説 $\begin{cases}3x+2y=1 & \cdots\cdots ① \\ 2x+3y=\sqrt{2} & \cdots\cdots ②\end{cases}$
(①＋②)÷5 より，$x+y=\dfrac{1+\sqrt{2}}{5}$ ①－② より，$x-y=1-\sqrt{2}$

10 **答** (1) 順に 1.4 秒，2.0 秒，2.4 秒，2.8 秒 (2) およそ 625cm

11 **答** $x=2,\ 6,\ 22$
解説 斜辺の長さを y とすると，$x^2+(3\sqrt{5})^2=y^2$ $y^2-x^2=45$
よって，$(y+x)(y-x)=45$
したがって，$y+x$，$y-x$ はともに 45 の約数であり，また $y+x>y-x$ である。
$\begin{cases}y+x=9 \\ y-x=5\end{cases}$，$\begin{cases}y+x=15 \\ y-x=3\end{cases}$，$\begin{cases}y+x=45 \\ y-x=1\end{cases}$

12 **答** (1) 36 (2) $n=25,\ 48$
解説 (1) $\cdots,\ 5,\ \sqrt{26},\ \sqrt{27},\ \cdots,\ \sqrt{62},\ \sqrt{63},\ 8,\ \cdots$ において，5 と 8 の間には並んでいる数が $8^2-5^2-1=38$（個）あり，そのうち根号のつかない数が 6，7 の 2 個ある。
(2) m と n の間に並んでいる数が (n^2-m^2-1) 個あり，そのうち根号のつかない数が $(n-m-1)$ 個あるから，
$(n^2-m^2-1)-(n-m-1)=94$ $(n^2-m^2)-(n-m)=94$
$(n-m)(n+m)-(n-m)=94$ $(n-m)(n+m-1)=94$
m，n は正の整数で $m<n$ であるから，$n-m<n+m-1$
よって，$\begin{cases}n-m=1 \\ n+m-1=94\end{cases}$，$\begin{cases}n-m=2 \\ n+m-1=47\end{cases}$

13 **答** (1) $n=4,\ 5,\ 6,\ 7,\ 8$ (2) $n=13,\ 14,\ 15$
解説 (1) $2\leqq\sqrt{n}<3$ より，$4\leqq n<9$
(2) $[x]$ は x の整数部分，$\{x\}$ は x の小数第 1 位を四捨五入した整数であるから，$[x]\leqq\{x\}$ であり，その差は 0 か 1 である。
$[\sqrt{n}]\times\{\sqrt{n}\}=12$ より，$[\sqrt{n}]\neq\{\sqrt{n}\}$ であるから，$[\sqrt{n}]=3$，$\{\sqrt{n}\}=4$
よって，$3.5\leqq\sqrt{n}<4$ ゆえに，$12.25\leqq n<16$

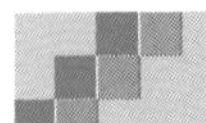

9章 2次方程式

p.153

1. 答 (1) $x=\pm\sqrt{5}$ (2) $x=\pm3$ (3) $x=\pm4$ (4) $x=\pm5$ (5) $x=\pm\dfrac{7}{2}$

(6) $x=\pm\dfrac{\sqrt{2}}{3}$ (7) $x=\pm\dfrac{2\sqrt{3}}{3}$ (8) $x=\pm\dfrac{\sqrt{10}}{2}$

2. 答 (1) $x=2,\ 3$ (2) $x=-2,\ 4$ (3) $x=-5,\ 3$ (4) $x=-3,\ 6$ (5) $x=0,\ -5$

(6) $x=0,\ \dfrac{5}{2}$ (7) $x=-9,\ 5$ (8) $x=-7,\ 8$

3. 答 (1) $x=-5,\ -1$ (2) $x=4\pm\sqrt{7}$ (3) $x=-3,\ \dfrac{7}{3}$ (4) $x=-\dfrac{7}{2},\ \dfrac{3}{2}$

4. 答 (1) $(x+4)^2-13$ (2) $(x-5)^2-29$ (3) $\left(x+\dfrac{5}{2}\right)^2-\dfrac{33}{4}$

(4) $\left(x-\dfrac{7}{2}\right)^2+\dfrac{11}{4}$

p.154

5. 答 (1) $x=-6,\ 3$ (2) $x=-4,\ -3$ (3) $x=10,\ 50$ (4) $x=-2,\ 3$

(5) $x=-2,\ -1$ (6) $x=1,\ 3$

解説 (1) $x^2+3x-18=0$ (2) $x^2+7x+12=0$

(3) $x^2-60x+500=0$ (4) $x^2-x-6=0$

(5) $x^2+3x+2=0$ (6) $x^2-4x+3=0$

6. 答 (1) $x=-2,\ 6$ (2) $x=3,\ 4$

解説 (1) $x^2-4x-12=0$

(2) $4(x^2+5x)=3(3x^2-5x)+60$ $x^2-7x+12=0$

p.155

7. 答 (1) $x=-4\pm2\sqrt{3}$ (2) $x=5\pm3\sqrt{2}$ (3) $x=\dfrac{-7\pm\sqrt{57}}{2}$

(4) $x=\dfrac{11\pm\sqrt{137}}{2}$

解説 (1) $(x+4)^2=12$ (2) $(x-5)^2=18$ (3) $\left(x+\dfrac{7}{2}\right)^2=\dfrac{57}{4}$

(4) $\left(x-\dfrac{11}{2}\right)^2=\dfrac{137}{4}$

8. 答 (1) $x=-\dfrac{1}{2},\ \dfrac{5}{2}$ (2) $x=\dfrac{-6\pm\sqrt{39}}{3}$ または $x=-2\pm\dfrac{\sqrt{39}}{3}$

(3) $x=\dfrac{-4\pm\sqrt{6}}{5}$ (4) $x=\dfrac{15\pm\sqrt{129}}{12}$ または $x=\dfrac{5}{4}\pm\dfrac{\sqrt{129}}{12}$

解説 (1) $(x-1)^2=\dfrac{9}{4}$ (2) $(x+2)^2=\dfrac{13}{3}$ (3) $\left(x+\dfrac{4}{5}\right)^2=\dfrac{6}{25}$

(4) $\left(x-\dfrac{5}{4}\right)^2=\dfrac{43}{48}$

p.157 **9.** 答 (1) $x=\frac{-9\pm\sqrt{57}}{4}$ (2) $x=\frac{7\pm\sqrt{29}}{2}$ (3) $x=\frac{5\pm\sqrt{43}}{3}$

(4) $x=\frac{-11\pm\sqrt{161}}{10}$ (5) $x=\frac{-7\pm\sqrt{37}}{4}$ (6) $x=\frac{3\pm\sqrt{29}}{4}$

解説 (6) $4x^2-6x-5=0$

10. 答 (1) $x=-\frac{1}{2},\ \frac{1}{5}$ (2) $x=\frac{3\pm\sqrt{89}}{20}$ (3) $x=\frac{1}{2}$（重解） (4) $x=\frac{3\pm\sqrt{33}}{2}$

解説 (1) $10x^2+3x-1=0$ (2) $10x^2-3x-2=0$

(3) $4x^2-4x+1=0$ (4) $x^2-3x-6=0$

11. 答 (1) 2次方程式の解の公式において，$b=2b'$ の場合であるから，

$$x=\frac{-2b'\pm\sqrt{(2b')^2-4ac}}{2a}=\frac{-2b'\pm\sqrt{4b'^2-4ac}}{2a}=\frac{-2b'\pm\sqrt{4(b'^2-ac)}}{2a}$$

$$=\frac{-2b'\pm2\sqrt{b'^2-ac}}{2a}$$

ゆえに，$x=\frac{-b'\pm\sqrt{b'^2-ac}}{a}$

(2)(i) $x=3\pm2\sqrt{2}$ (ii) $x=\frac{3\pm\sqrt{10}}{2}$ (iii) $x=\frac{-2\pm\sqrt{19}}{3}$ (iv) $x=\frac{-4\sqrt{5}\pm5}{5}$

解説 (2)(i) $a=1,\ b'=-3,\ c=1$ (ii) $a=4,\ b'=-6,\ c=-1$

(iii) $a=3,\ b'=2,\ c=-5$ (iv) $a=5,\ b'=4\sqrt{5},\ c=11$

p.158 **12.** 答 (1) $x=-9,\ -8$ (2) $x=\frac{7\pm\sqrt{77}}{2}$ (3) $x=7$（重解） (4) $x=-6\pm6\sqrt{2}$

(5) $x=\frac{5\pm\sqrt{89}}{4}$ (6) $x=-\frac{5}{9}$（重解）

解説 (6) $(9x+5)^2=0$ または，$x=\frac{-45\pm\sqrt{0}}{81}=-\frac{45}{81}$

13. 答 (1) $x=-1,\ 6$ (2) $x=\frac{15\pm\sqrt{129}}{8}$ (3) $x=\sqrt{2},\ \sqrt{3}$

(4) $x=\frac{-3\pm\sqrt{19}}{2}$ (5) $x=1,\ 2$ (6) $x=-9,\ 3$ (7) $x=1$（重解）

(8) $x=\frac{16\pm5\sqrt{10}}{2}$

解説 (1) $x^2-5x-6=0$ (2) $4x^2-15x+6=0$

(3) $(x-\sqrt{2})(x-\sqrt{3})=0$ (4) $2x^2+6x-5=0$

(5) $x^2-3x+2=0$ (6) $x^2+6x-27=0$

(7) $3x^2+5x-2=10x^2-9x+5$

(8) $6(x-1)(3x-2)=8x(1+2x)-3(2x-3)$ より，$2x^2-32x+3=0$

別解 (6) 左辺を因数分解して，$2(x+3)(x-3)=(x-3)^2$

$(x-3)\{2(x+3)-(x-3)\}=0$ $(x-3)(x+9)=0$

p.159 **14.** 答 (1) $x=-\frac{3}{2},\ \frac{1}{2}$ (2) $x=-\frac{1}{2},\ \frac{4}{3}$ (3) $x=-8-\sqrt{3},\ 3-\sqrt{3}$

(4) $x=-\frac{13}{8},\ -\frac{7}{6}$ (5) $x=-\frac{1}{400},\ \frac{3}{200}$ (6) $x=-20,\ 120$

解説 (1) $(2x+3)(2x-1)=0$　ゆえに，$x=-\frac{3}{2},\ \frac{1}{2}$

(2) $(2x+1)(3x-4)=0$　ゆえに，$x=-\frac{1}{2},\ \frac{4}{3}$

(3) $x+\sqrt{3}=X$ とおくと，$X^2+5X-24=0$　$(X+8)(X-3)=0$
$X=-8,\ 3$　よって，$x+\sqrt{3}=-8,\ 3$　ゆえに，$x=-8-\sqrt{3},\ 3-\sqrt{3}$

(4) $3+2x=X$ とおくと，$12X^2-5X-2=0$　$(3X-2)(4X+1)=0$
$X=-\frac{1}{4},\ \frac{2}{3}$　よって，$3+2x=-\frac{1}{4},\ \frac{2}{3}$　ゆえに，$x=-\frac{13}{8},\ -\frac{7}{6}$

(5) $100x=X$ とおくと，$8X^2-10X-3=0$　$(2X-3)(4X+1)=0$
$X=-\frac{1}{4},\ \frac{3}{2}$　よって，$100x=-\frac{1}{4},\ \frac{3}{2}$　ゆえに，$x=-\frac{1}{400},\ \frac{3}{200}$

(6) $\frac{x}{200}=X$ とおくと，$300(1+2X)(1-X)=264$　$25(1+X-2X^2)=22$
$50X^2-25X-3=0$　$(5X-3)(10X+1)=0$　$X=-\frac{1}{10},\ \frac{3}{5}$
よって，$\frac{x}{200}=-\frac{1}{10},\ \frac{3}{5}$　ゆえに，$x=-20,\ 120$

別解 (6) $\frac{x}{20}=Y$ とおくと，$300\left(1+\frac{1}{5}Y\right)\left(1-\frac{1}{10}Y\right)=264$
$6(5+Y)(10-Y)=264$　$50+5Y-Y^2=44$　$Y^2-5Y-6=0$
$(Y+1)(Y-6)=0$　$Y=-1,\ 6$　よって，$\frac{x}{20}=-1,\ 6$
ゆえに，$x=-20,\ 120$

15. 答 (1) $x=-\sqrt{3},\ 2\sqrt{3}$　(2) $x=\sqrt{2},\ 6\sqrt{2}$

解説 (1) $x^2-\sqrt{3}x-2\times(\sqrt{3})^2=0$　$(x+\sqrt{3})(x-2\sqrt{3})=0$
$x=-\sqrt{3},\ 2\sqrt{3}$
(2) 両辺に $\sqrt{2}$ をかけて整理すると，$2x^2-14\sqrt{2}x+12\times(\sqrt{2})^2=0$
$x^2-7\sqrt{2}x+6\times(\sqrt{2})^2=0$　$(x-\sqrt{2})(x-6\sqrt{2})=0$　$x=\sqrt{2},\ 6\sqrt{2}$

p.161 **16.** 答 (1) $a=-5,\ x=\frac{1}{2}$　(2) $a=\frac{3}{2},\ x=\frac{3}{4}$

(3) $a=-3$ のとき $x=\frac{2}{3}$，$a=2$ のとき $x=\frac{3}{2}$　(4) $a=-2,\ x=\frac{1}{3}$

解説 (1) $18+3a-3=0$

(2) $1-\frac{5}{2}+a=0$

(3) $a^2+a-6=0$　$(a+3)(a-2)=0$　$a=-3,\ 2$
$a=-3$ のとき，$9x^2+3x-6=0$　$3x^2+x-2=0$　$(x+1)(3x-2)=0$
$a=2$ のとき，$4x^2-2x-6=0$　$2x^2-x-3=0$　$(x+1)(2x-3)=0$

(4) $a-1-2a-a^2+3=0$　$a^2+a-2=0$　$(a+2)(a-1)=0$　$a=-2,\ 1$
$a=-2$ のとき，$-3x^2+4x-1=0$　$3x^2-4x+1=0$　$(x-1)(3x-1)=0$
$a=1$ のとき，x^2 の係数 $a-1$ が 0 となり 2 次方程式ではなくなってしまうから，
$a=1$ は問題に適さない。

17. 答 (1) $a=-4$, $x=2+\sqrt{7}$ (2) $m=-1$, 4

解説 (1) $(2-\sqrt{7})^2+a(2-\sqrt{7})-3=0$ $8-4\sqrt{7}+a(2-\sqrt{7})=0$

$a=-\dfrac{8-4\sqrt{7}}{2-\sqrt{7}}=-\dfrac{4(2-\sqrt{7})}{2-\sqrt{7}}$

(2) $x^2-5x+6=0$ の小さいほうの解 $x=2$ を代入して，$4+m(3-m)=0$

$m^2-3m-4=0$

18. 答 (1) $x=5$ (2) $a=1-\sqrt{5}$

解説 (1) ①の解 $x=1-a$ を②に代入して,

$(1-a)^2-2a(1-a)-(2a+1)(a-1)=0$

展開して整理すると，$a^2-3a+2=0$ $(a-1)(a-2)=0$ $a=1$, 2

$a>1$ であるから，$a=2$

このとき，①の解は $x=-1$，②は $x^2-4x-5=0$

(2) ①より，$(x-1)(x-a)=0$ よって，$x=1$, a

①の 1 つの解が $-2<x<-1$ であるから，$-2<a<-1$

つぎに，②の 1 つの解 $x=a$ を②に代入して，$a^2-3a+a-4=0$

19. 答 (1) 1 (2) $-\dfrac{9}{8}$

解説 (1) $4p^2-8p-1=0$

(2) (1)より，$2p^2-4p=\dfrac{1}{2}$

$4q^2-8q-1=0$ $q^2-2q-\dfrac{1}{4}=0$ $q^2-2q=\dfrac{1}{4}$

20. 答 (1) $a=2$, $b=11$ (2) $a=-1$, $c=-6$

解説 (1) $25a-5b+5=0$ かつ $\dfrac{1}{4}a-\dfrac{1}{2}b+5=0$

(2) $a\times(4+\sqrt{10})^2+8\times(4+\sqrt{10})+c=0$ より,

$(26+8\sqrt{10})a+8(4+\sqrt{10})+c=0$ ……①

$a\times(4-\sqrt{10})^2+8\times(4-\sqrt{10})+c=0$ より,

$(26-8\sqrt{10})a+8(4-\sqrt{10})+c=0$ ……②

①−② より，$16\sqrt{10}a+16\sqrt{10}=0$

よって，$a=-1$ これを①または②に代入する。

p.162 **21.** 答 (1) $c<12$ (2) $c=12$, $x=-2$ (3) $c>12$

解説 ①の判別式を D とすると，$D=12^2-4\cdot3\cdot c=12^2-12c=12(12-c)$

(1) $D>0$ より，$12-c>0$ ゆえに，$c<12$

(2) $D=0$ より，$12-c=0$ ゆえに，$c=12$

このとき①は，$3x^2+12x+12=0$

$x^2+4x+4=0$ $(x+2)^2=0$

ゆえに，$x=-2$

(3) $D<0$ より，$12-c<0$ ゆえに，$c>12$

参考 $\dfrac{D}{4}=6^2-3\cdot c=3(12-c)$ を利用してもよい。

22. 答 $-\frac{25}{4} \leqq k \leqq 9$

解説 ①の判別式を D_1，②の判別式を D_2 とする。

$\frac{D_1}{4}=3^2-1\cdot k=9-k$　　①が解をもつから，$9-k \geqq 0$　　$k \leqq 9$ ……③

$D_2=(-5)^2-4\cdot 1\cdot(-k)=25+4k$　　②が解をもつから，$25+4k \geqq 0$

$k \geqq -\frac{25}{4}$ ……④

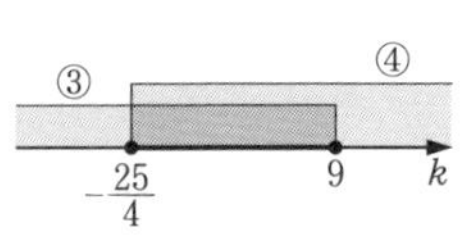

③，④より，$-\frac{25}{4} \leqq k \leqq 9$

p.164 **23.** 答 (1) 和 $\frac{5}{3}$，積 $-\frac{1}{3}$　(2) 和 $-\frac{5}{6}$，積 $\frac{1}{6}$

解説 (1) 和 $-\frac{-5}{3}=\frac{5}{3}$，積 $\frac{-1}{3}=-\frac{1}{3}$

24. 答 $a=2\sqrt{5}$，$x=-3-\sqrt{5}$

解説 他の解を α とすると，解と係数の関係より，$\begin{cases}(3-\sqrt{5})+\alpha=-a & \cdots\cdots ① \\ (3-\sqrt{5})\alpha=-4 & \cdots\cdots ②\end{cases}$

②より，$\alpha=\frac{-4}{3-\sqrt{5}}=\frac{-4(3+\sqrt{5})}{(3-\sqrt{5})(3+\sqrt{5})}=-3-\sqrt{5}$

これを①に代入して，$(3-\sqrt{5})+(-3-\sqrt{5})=-a$　　$a=2\sqrt{5}$

25. 答 $a=12$，$b=-1$

解説 解と係数の関係より，$\begin{cases}\frac{2+\sqrt{5}}{3}+\frac{2-\sqrt{5}}{3}=\frac{a}{9} \\ \frac{2+\sqrt{5}}{3}\times\frac{2-\sqrt{5}}{3}=\frac{b}{9}\end{cases}$

これを解いて，$a=12$，$b=-1$

26. 答 (1) $\frac{31}{3}$　(2) $-\frac{9}{2}$　(3) $\frac{68}{3}$

解説 解と係数の関係より，$\begin{cases}\alpha+\beta=-\frac{-9}{3}=3 \\ \alpha\beta=\frac{-2}{3}=-\frac{2}{3}\end{cases}$

(1) $\alpha^2+\beta^2=(\alpha+\beta)^2-2\alpha\beta=3^2-2\times\left(-\frac{2}{3}\right)=\frac{31}{3}$

(2) $\frac{1}{\alpha}+\frac{1}{\beta}=\frac{\alpha+\beta}{\alpha\beta}=\frac{3}{-\frac{2}{3}}=-\frac{9}{2}$

(3) $2\alpha^2-3\alpha\beta+2\beta^2=2(\alpha+\beta)^2-7\alpha\beta=2\times 3^2-7\times\left(-\frac{2}{3}\right)=\frac{68}{3}$

注 (3) $2\alpha^2-3\alpha\beta+2\beta^2$ は，α と β を入れかえても変わらない式である。すなわち，$2\beta^2-3\beta\alpha+2\alpha^2=2\alpha^2-3\alpha\beta+2\beta^2$ である。このような式を α と β の**対称式**という。

27. 答 $a=\frac{8}{5}$, $x=-\frac{4}{5}$, $-\frac{2}{5}$

解説 2つの解をα, 2αとすると，解と係数の関係より，

$$\begin{cases}\alpha+2\alpha=-\frac{6}{5} & \cdots\cdots① \\ \alpha\times2\alpha=\frac{a}{5} & \cdots\cdots②\end{cases}$$

①より，$\alpha=-\frac{2}{5}$　ゆえに，解は $x=-\frac{4}{5}$, $-\frac{2}{5}$

また，②より，$a=10\alpha^2=10\times\left(-\frac{2}{5}\right)^2=\frac{8}{5}$

28. 答 $a=2$, $b=\frac{2}{3}$

解説 ①の解をα, βとすると，②の解は $\alpha+2$, $\beta+2$ となる。

解と係数の関係より，$\begin{cases}\alpha+\beta=-a & \cdots\cdots③ \\ \alpha\beta=b & \cdots\cdots④\end{cases}$，$\begin{cases}(\alpha+2)+(\beta+2)=2 & \cdots\cdots⑤ \\ (\alpha+2)(\beta+2)=\frac{2}{3} & \cdots\cdots⑥\end{cases}$

⑤より，$\alpha+\beta=-2$ ……⑦　⑥より，$\alpha\beta+2(\alpha+\beta)+4=\frac{2}{3}$

これに⑦を代入して，$\alpha\beta+2\times(-2)+4=\frac{2}{3}$　よって，$\alpha\beta=\frac{2}{3}$ ……⑧

⑦を③に，⑧を④にそれぞれ代入して，$-2=-a$, $\frac{2}{3}=b$

ゆえに，$a=2$, $b=\frac{2}{3}$

29. 答 2次方程式 $ax^2+bx+c=0$ の2つの解をα, β ($\alpha\geqq\beta$) とすると，2つの解の和は $\alpha+\beta$，2つの解の差は $\alpha-\beta$ であるから，

$\frac{(\alpha+\beta)+(\alpha-\beta)}{2}=\frac{2\alpha}{2}=\alpha$, $\frac{(\alpha+\beta)-(\alpha-\beta)}{2}=\frac{2\beta}{2}=\beta$

よって，$\frac{(2つの解の和)\pm(2つの解の差)}{2}$は$\alpha$, βであり，2次方程式の解は

$x=\frac{(2つの解の和)\pm(2つの解の差)}{2}$ になっている。

すなわち，秋子さんの予測は正しい。

p.165 **30.** 答 -9, 5

解説 ある数をxとすると，$x(x+4)=45$

31. 答 縦3cmと横7cm，縦7cmと横3cm

解説 縦の長さを$x$cmとすると，横の長さは$(10-x)$cmである。

よって，$x(10-x)=21$　ただし，$x>0$, $10-x>0$ より，$0<x<10$

32. 答 11

解説 もとの正の数をxとすると，$x^2=8x+33$　ただし，$x>0$

33. 答 6人

解説 子どもの人数をx人とすると，$x(x+3)=54$　ただし，xは自然数

p.166 **34.** 答 -2と-1と0と1と2，10と11と12と13と14

解説 連続する5つの整数の真ん中の数をxとすると，

$(x+1)^2+(x+2)^2=(x-2)^2+(x-1)^2+x^2$　$x^2-12x=0$

35. 答 62

解説 十の位の数をxとすると，$x(8-x)=\{10x+(8-x)\}-50$

$x^2+x-42=0$ ただし，xは8以下の自然数

36. 答 姉 18歳，妹 15歳

解説 姉の年齢をx歳とすると，妹は$(x-3)$歳，父は$4(x-3)$歳，

母は$(x+32)$歳である。 $x:(x-3)=4(x-3):(x+32)$

$x(x+32)=4(x-3)^2$ $3x^2-56x+36=0$ ただし，$x>3$である自然数

37. 答 大円 $\dfrac{15}{2}$cm，小円 4cm

解説 小円の半径を$x$cmとすると，

$\pi x^2+\pi\left(x+\dfrac{7}{2}\right)^2=\left(\dfrac{17}{2}\right)^2\pi$ $2x^2+7x-60=0$ ただし，$x>0$

38. 答 5cm

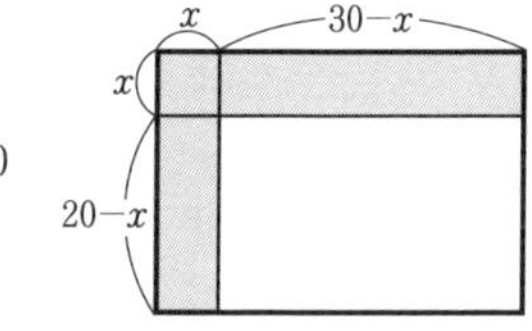

解説 色をぬった部分の幅を$x$cmとすると，

$(20-x)(30-x)=\dfrac{5}{8}\times20\times30$ $x^2-50x+225=0$

ただし，$0<x<20$

39. 答 $\dfrac{-1+\sqrt{5}}{2}$

解説 AB=1，AD=xとおくと，BE=$1-x$

長方形ABCD∽長方形BCFEであるから，AD：BE=AB：BC

よって，$x:(1-x)=1:x$ $x^2=1-x$ $x^2+x-1=0$ ただし，$x>0$

注 相似については，「新Aクラス中学幾何問題集」（→7章，本文p.150）でくわしく学習する。

40. 答 $(10-3\sqrt{2})$cm，$(10+3\sqrt{2})$cm

解説 直角三角形の直角をはさむ2辺の長さを$x$cm，$(20-x)$cmとすると，

$\left\{\dfrac{1}{2}x(20-x)\right\}\times4+236=20\times20$ $x^2-20x+82=0$

$x=-(-10)\pm\sqrt{(-10)^2-82}=10\pm3\sqrt{2}$

$0<x<20$であるから，$x=10\pm3\sqrt{2}$

別解 三平方の定理より，$x^2+(20-x)^2=236$ $x^2-20x+82=0$

ただし，$0<x<20$

注 直角三角形の直角をはさむ2辺の長さをa，b，斜辺の長さをcとするとき，$a^2+b^2=c^2$が成り立つ。これを三平方の定理という。

なお，三平方の定理については，「新Aクラス中学幾何問題集」（→9章，本文p.203）でくわしく学習する。

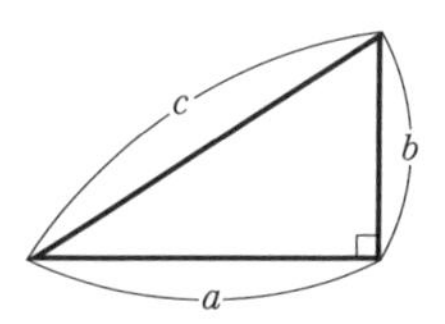

p.168 **41.** 答 $a=20$

解説 $2000\left(1+\dfrac{a}{100}\right)\left(1-\dfrac{a}{100}\right)-2000=-80$ $1-\left(\dfrac{a}{100}\right)^2-1=-\dfrac{80}{2000}$

$\left(\dfrac{a}{100}\right)^2=\dfrac{1}{25}$ ただし，$a>0$

42. 答 1回目 2割，2回目 3割

解説 ある商品の最初の値段を a 円，1回目の値上げを x 割とすると，

$a\left(1+\dfrac{x}{10}\right)\left(1+\dfrac{x+1}{10}\right)=1.56a$ $(10+x)(10+x+1)=156$

$x^2+21x-46=0$ ただし，$x>0$

43. 答 (1) $\left(10-\dfrac{x}{10}\right)$g (2) $x=10$

解説 (1) 操作前の食塩水にふくまれる食塩の重さは，$100\times\dfrac{10}{100}=10$ (g)

1回目の操作で取り出される食塩の割合は $\dfrac{x}{100}$ であるから，残る食塩の割合は

$1-\dfrac{x}{100}$ である。

ゆえに，$10\times\left(1-\dfrac{x}{100}\right)$

(2) 2回目の操作で残る食塩の割合は $1-\dfrac{4x}{100}$ であるから，

$10\left(1-\dfrac{x}{100}\right)\left(1-\dfrac{4x}{100}\right)=100\times\dfrac{5.4}{100}$ $(100-x)(100-4x)=5400$

$x^2-125x+1150=0$ ただし，$0<4x<100$ より，$0<x<25$

44. 答 (1) Aさん 時速 $\dfrac{5(x+1)}{9}$ km，Bさん 時速 $\dfrac{x}{2}$ km (2) $x=8$

解説 (1) Aさん，Bさんの速さをそれぞれ時速 a km，時速 b km とする。

Aさんについて，$\dfrac{x+1}{a}+\dfrac{12}{60}=2$ Bさんについて，$\dfrac{x}{b}=2$

(2) $\dfrac{x}{a}=\dfrac{x-1.6}{b}$ すなわち，$bx=a(x-1.6)$

(1)より，$\dfrac{x^2}{2}=\dfrac{5(x+1)(x-1.6)}{9}$ $x^2-6x-16=0$ ただし，$x>1.6$

45. 答 12分

解説 出発してから出会うまでに t 分かかったとし，明さん，実さんの速さをそれぞれ分速 a m，分速 b m とする。

また，R地点で出会ったとすると，PR間の道のりについて，$at=9b$ ……①

QR間の道のりについて，$bt=16a$ ……②

①，②の辺々をかけて，$abt^2=144ab$ $t^2=144$ ただし，$t>0$

p.169 **46.** 答 6時間後

解説 右の図のように記号を定めると，x 時間後には，CP$=260-30x$，CQ$=180-20x$

よって，三平方の定理より，

$(260-30x)^2+(180-20x)^2=100^2$

$13x^2-228x+900=0$ ただし，$0<x<\dfrac{26}{3}$

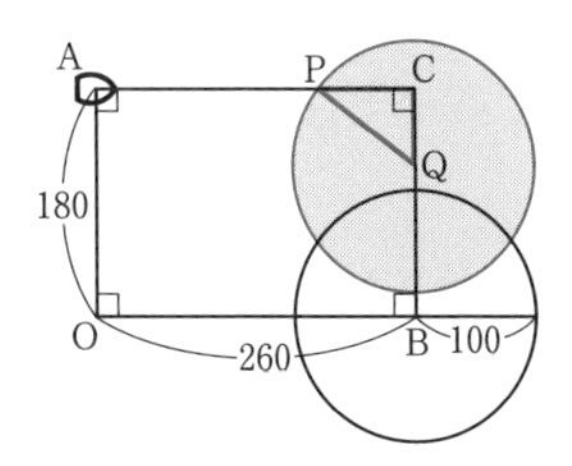

47. 答 (1) $a=-1$，$b=16$ (2) 12 秒後

解説 (1) $8<x<16$ より，点Pは辺 AC 上にある。

△CPQ は ∠C=60° の直角三角形であるから，

三平方の定理より，△BPQ の高さは，$PQ=\sqrt{3}QC=\sqrt{3}(16-x)$

ゆえに，$y=\dfrac{1}{2}\times x\times\sqrt{3}(16-x)$

(2) $\dfrac{\sqrt{3}}{2}(-x^2+16x)=24\sqrt{3}$ $x^2-16x+48=0$ ただし，$8<x<16$

48. 答 $x=6$

解説 1回目の水うめ後のふろの湯の温度を a℃ とする。

16℃ の水 x 杯が a℃ になるまでに受け取る熱量と，70℃ の水 $(18-x)$ 杯が a℃ になるまでに放出する熱量は等しいから，$(a-16)x=(70-a)(18-x)$

よって，$a=70-3x$ ……①

2回目の水うめについても同様に考えて，$(40-16)x=(a-40)(18-x)$

よって，$24x=(a-40)(18-x)$ ……②

①を②に代入して，$24x=\{(70-3x)-40\}(18-x)$ $x^2-36x+180=0$

$(x-6)(x-30)=0$ $x=6$，30

$0<x<18$，$70-3x>40$ より $0<x<10$ であるから，$x=6$

参考 水温 16℃ を基準にとり，$\left(\dfrac{18-x}{18}\right)^2=\dfrac{40-16}{70-16}$ から求めることもできる。

49. 答 $x=36$，100

解説 表の p% と裏の p% の和は，全体の p% に一致するから，

$180\times\dfrac{p}{100}=x+44$ よって，$\dfrac{p}{100}=\dfrac{x+44}{180}$ ……①

また，最終的に表が上を向いているコインの枚数は全体の $\dfrac{8}{15}$ であるから，

$(180-x)\left(1-\dfrac{p}{100}\right)+x\times\dfrac{p}{100}=180\times\dfrac{8}{15}$ ……②

①，②より，$(180-x)\left(1-\dfrac{x+44}{180}\right)+x\times\dfrac{x+44}{180}=96$

$x^2-136x+3600=0$ $(x-36)(x-100)=0$ $x=36$，100

$0<x<180$ の自然数であるから，$x=36$，100

9章の問題

p.170 **1** 答 (1) $x=-1$，4 (2) $x=-2$，7 (3) $x=2\pm\sqrt{2}$ (4) $x=-3$ (重解)

(5) $x=-5$，3 (6) $x=\dfrac{-15\pm\sqrt{105}}{10}$ (7) $x=-300$，120

(8) $x=-0.06$，0.24 または $x=-\dfrac{3}{50}$，$\dfrac{6}{25}$ (9) $x=-3$，1

(10) $x=-2$，-1，3，4 (11) $x=-2$，a (12) $x=-4\sqrt{5}$，$3\sqrt{5}$

解説 (1) $x^2-3x-4=0$ (2) $x^2-5x-14=0$

(3) $x^2-4x+2=0$ または，$x-3=-1\pm\sqrt{2}$

(4) $x^2+6x+9=0$ (5) $(x+2)^2-2(x+2)-15=0$

(6) $5x^2+15x+6=0$　(7) $(x+300)(x-120)=0$

(8) $10000x^2-1800x-144=0$　$100x=X$ とおくと，$X^2-18X-144=0$

$(X+6)(X-24)=0$

(9) $(2x-1)^2-3x(x-2)=4$　$x^2+2x-3=0$

(10) $(x^2-2x-3)(x^2-2x-8)=0$　$(x+1)(x-3)(x+2)(x-4)=0$

(11) $(x+2)(x-a)=0$

(12) $x=\dfrac{-\sqrt{5}\pm7\sqrt{5}}{2}$　または，$(x+4\sqrt{5})(x-3\sqrt{5})=0$

2 答 八角形

解説 $\dfrac{1}{2}n(n-3)=20$　$n^2-3n-40=0$　ただし，$n\geqq3$ である自然数

3 答 (1) $a=6$，$b=-11$　(2) $a=-4$

解説 (1) 代入して，$\dfrac{1}{36}a-\dfrac{1}{6}b-2=0$ かつ $4a+2b-2=0$

(2) 代入して，$\dfrac{9-4\sqrt{5}}{4}a+(-2+\sqrt{5})a+1=0$

4 答 $a=-1$，$b=-1$

解説 $x^2+x-1=0$ より，$x=\dfrac{-1\pm\sqrt{5}}{2}$　よって，$\dfrac{-1\pm\sqrt{5}}{2}+1=\dfrac{1\pm\sqrt{5}}{2}$

$x=\dfrac{1+\sqrt{5}}{2}$ を $x^2+ax+b=0$ に代入して，$(3+a+2b)+(1+a)\sqrt{5}=0$

$x=\dfrac{1-\sqrt{5}}{2}$ についても同様に，$(3+a+2b)-(1+a)\sqrt{5}=0$

別解 $x^2+x-1=0$ の解を α，β とすると，解と係数の関係より，$\begin{cases}\alpha+\beta=-1\\ \alpha\beta=-1\end{cases}$

また，$x^2+ax+b=0$ の解は $\alpha+1$，$\beta+1$ となるから，解と係数の関係より，

$\begin{cases}(\alpha+1)+(\beta+1)=-a\\ (\alpha+1)(\beta+1)=b\end{cases}$

ゆえに，$a=-\{(\alpha+\beta)+2\}$　$b=\alpha\beta+(\alpha+\beta)+1$

5 答 $a=3$

解説 $x=\dfrac{3\pm\sqrt{7-2a}}{2}$ が整数になるためには $7-2a$ が平方数でなければならない。a は正の整数であるから，$7-2a=1$

別解 2つの解を α，β とおくと，解と係数の関係より，$\begin{cases}\alpha+\beta=3 & \cdots\cdots①\\ \alpha\beta=\dfrac{1+a}{2} & \cdots\cdots②\end{cases}$

$a>0$ であるから，②より，$\alpha\beta>0$

これと①より，$\alpha>0$，$\beta>0$

よって，$\alpha=1$，$\beta=2$ または $\alpha=2$，$\beta=1$ となるから，②に代入して，$2=\dfrac{1+a}{2}$

6 答 (1) $x=11\pm6\sqrt{2}$　(2) $a=\dfrac{11}{2}$，$b=\dfrac{30}{7}$　(3) $a=9$，$b=11$

解説 (1) $x^2-22x+49=0$　(2) $\begin{cases}25-10a+7b=0\\ 36-12a+7b=0\end{cases}$

(3) $x^2-2ax+7b=0$ の左辺を平方完成すると，$(x-a)^2-a^2+7b=0$
$(x-a)^2=a^2-7b$　　$(x-a)^2 \geqq 0$ であるから，$a^2-7b \geqq 0$　　よって，$a^2 \geqq 7b$
b は2けたの正の整数であるから，$a^2 \geqq 70$
a は1けたの正の整数であるから，この不等式を満たすのは，$a=9$ のみ。
$9^2 \geqq 7b$ より，$b=10$，11
以上より，$a=9$，$b=10$ のとき，$x^2-18x+70=0$　　$x=9\pm\sqrt{11}$ となり，これらの値は問題に適さない。
$a=9$，$b=11$ のとき，$x^2-18x+77=0$　　$(x-7)(x-11)=0$　　$x=7$，11 となり，これらの値は問題に適する。

別解 (2) 解と係数の関係より，$\begin{cases} 5+6=2a \\ 5\times6=7b \end{cases}$

7 答 $\dfrac{7+\sqrt{61}}{2}$cm

解説 もとの長方形の縦の長さを $x$cm とすると，横の長さは $4x$cm である。
$(x+1)(4x+3)=4x^2\times\left(1+\dfrac{25}{100}\right)$　　$x^2-7x-3=0$　　ただし，$x>0$

p.171 **8** 答 (1) 324m^2　(2) 1m　(3) 縦 15m，横 30m

解説 (2) 右の図のように，通路を左と上によせて考える。
1年生，2年生，3年生の生徒と先生が担当する畑の面積はそれぞれ450m^2，360m^2，405m^2，324m^2 であり，畑の面積の合計は1539m^2 である。

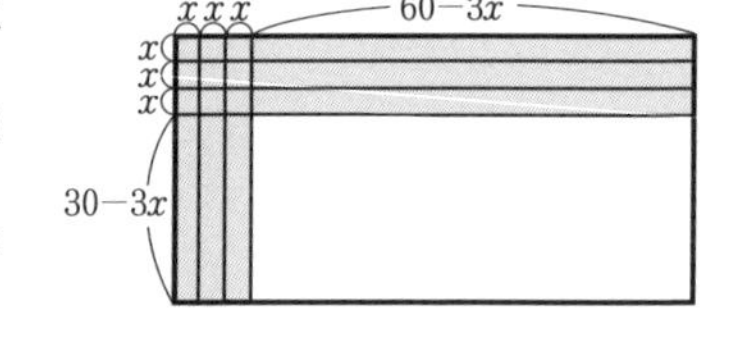

よって，通路の幅を xm とすると，
$(30-3x)(60-3x)=1539$　　$x^2-30x+29=0$
ただし，$x>0$，$30-3x>0$，$60-3x>0$ より，$0<x<10$

(3) 右の図のように，各学年と先生の畑の縦と横の長さを定める。

$a+b=60-1\times3=57$ より，$a=57\times\dfrac{50}{50+45}$

$c+d=30-1\times3=27$ より，$c=27\times\dfrac{50}{50+40}$

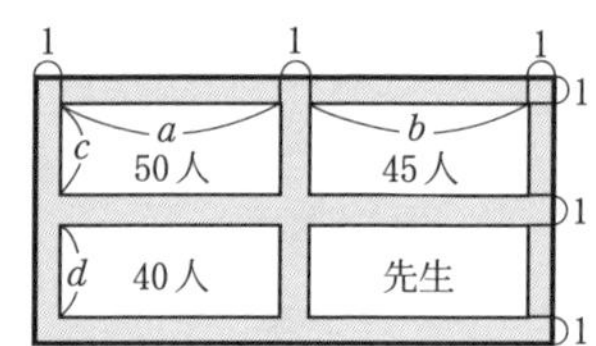

9 答 (1) 45cm^2　(2) 24秒　(3) 27cm^2
(4) 6cm

解説 (2) 五角柱 ABCDE-FGHIJ の体積は (45×8)cm^3，切り取る部分の体積は $\left(\dfrac{1}{2}\times6\times8\times6\right)$cm^3

(3) 右の図のように，水の深さが4cm のときの水面を，五角形 KLMNO とする。
△CGH∽△GML（2角）　よって，ML＝3
(五角形 KLMNO)$=\dfrac{1}{2}\times(3\sqrt{2})^2+6\times3$

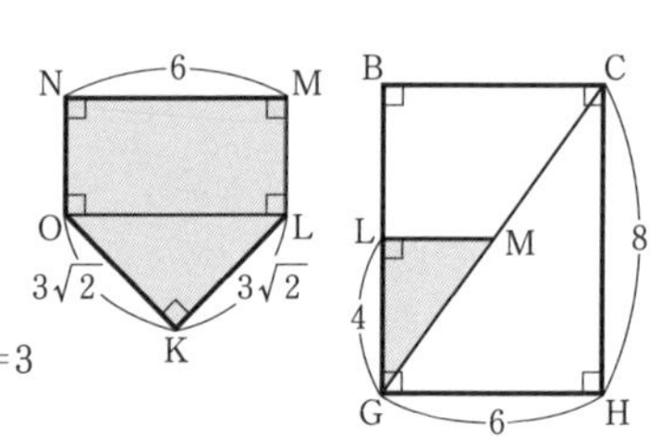

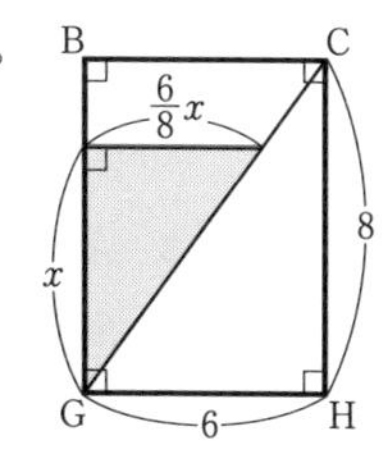

(4) 水を入れはじめてから15秒後の水の深さを$x$cmとする。
深さが$x$cmのときの水の体積は,
$\frac{1}{2}\times(3\sqrt{2})^2\times x+\frac{1}{2}\times x\times\frac{6}{8}x\times 6=9x+\frac{9}{4}x^2$ (cm³)
$9x+\frac{9}{4}x^2=9\times 15$　　$x^2+4x-60=0$　　ただし, $0<x\leqq 8$

10 答　$16<x<48$, $x=20$, 40

解説　三角形の2辺の長さの和は他の1辺の長さより大きいことから,

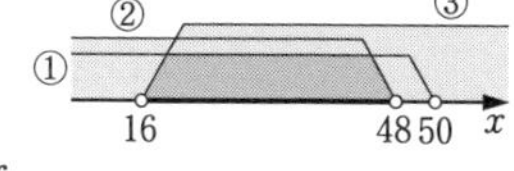

$x<(x+1)+(49-x)$ ……①
$x+1<x+(49-x)$ ……②
$49-x<x+(x+1)$ ……③
①より, $x<50$　　②より, $x<48$　　③より, $16<x$
ゆえに, $16<x<48$
$x<x+1$ であるからxが斜辺になることはない。
$x+1$ が斜辺のとき, すなわち $x+1>49-x$ より $24<x<48$ のとき, 三平方の定理より, $x^2+(49-x)^2=(x+1)^2$　　$x^2-100x+2400=0$
$49-x$ が斜辺のとき, すなわち $49-x>x+1$ より $16<x<24$ のとき, 三平方の定理より, $x^2+(x+1)^2=(49-x)^2$　　$x^2+100x-2400=0$

11 答　(1) 40分　(2) 3：2

解説　(1) 右の図のように記号を定め, 兄の速さを分速xm, 弟の速さを分速ym, 出発してからはじめて出会うまでの時間をt分とする。

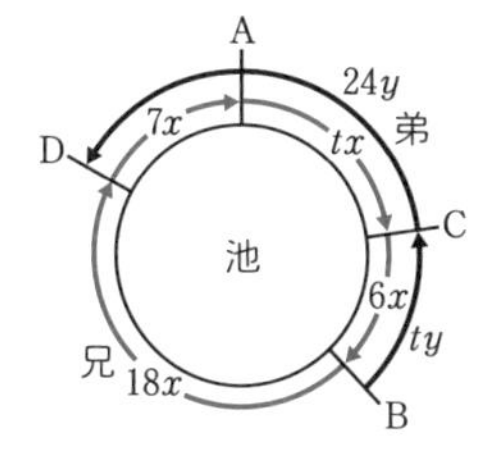

まず, 兄が1周するのに要した時間は,
$t+6+18+7=t+31$ (分)
つぎに, BC間の道のりについて, $6x=ty$ ……①
C地点からA地点を通ってD地点までの道のりについて, $x(t+7)=24y$ ……②
②の両辺にtをかけて, $xt(t+7)=24ty$
これに①を代入して, $xt(t+7)=24\times 6x$　　$x>0$ であるから, $t(t+7)=144$
$t^2+7t-144=0$　　$(t+16)(t-9)=0$　　$t=-16$, 9
$t>0$ であるから, $t=9$
(2) ①より, $x:y=t:6$

p.172 **12** 答　食塩の重さ $\frac{10000+100x-x^2}{2500}$ g, $x=25$, 75

解説　1回目の操作後の容器A, Bの食塩水にふくまれる食塩の重さは
Aは, $(100-x)\times\frac{4}{100}+x\times\frac{6}{100}=\frac{2x+400}{100}$ (g)
Bは, $(100-x)\times\frac{6}{100}+x\times\frac{4}{100}=\frac{600-2x}{100}$ (g)
2回目の操作後の容器Aの食塩水にふくまれる食塩の重さは,
$$(100-x)\times\frac{\frac{2x+400}{100}}{100}+x\times\frac{\frac{600-2x}{100}}{100}=\frac{10000+100x-x^2}{2500}\ (\mathrm{g})$$

また，容器 A の食塩水の濃度が 4.75％ になるから，

$\dfrac{10000+100x-x^2}{2500}=100\times\dfrac{4.75}{100}$　　$x^2-100x+1875=0$　　ただし，$0<x<100$

13 答 (1) 72°　(2) $\dfrac{1+\sqrt{5}}{2}$cm

解説 (1) BC＝ED ……①　　BE // CD，AC // ED より，FC＝ED ……②

①，②より，BC＝FC

よって，△BCF は二等辺三角形であることがわかる。∠BCF＝36°

(2) △FBA と △BCA において，∠FAB＝∠BAC，∠FBA＝∠BCA より，

△FBA∽△BCA（2 角）　　よって，FA：BA＝AB：AC

ここで，AC＝$x$cm とおくと，FA＝AC－CF＝$x-1$

よって，$(x-1):1=1:x$　　$x(x-1)=1$　　$x^2-x-1=0$　　ただし，$x>0$

14 答 (1) $0<x\leqq5$ のとき $y=\dfrac{1}{2}x^2$，$5\leqq x<10$ のとき $y=-\dfrac{1}{2}x^2+5x$

(2) $2\sqrt{6}$ 秒後，6秒後　(3) $(15-5\sqrt{3})$ 秒後

解説 (1) $5\leqq x<10$ のとき，△APQ は右の図のようになる。

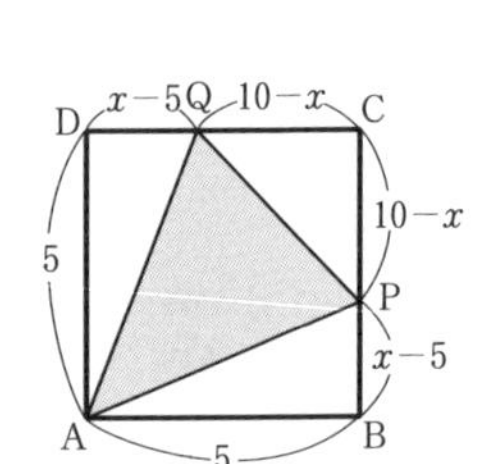

$y=5^2-\dfrac{1}{2}\times5\times(x-5)\times2-\dfrac{1}{2}\times(10-x)^2$

$=-\dfrac{1}{2}x^2+5x$

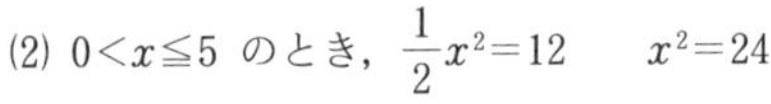

(2) $0<x\leqq5$ のとき，$\dfrac{1}{2}x^2=12$　　$x^2=24$

$5\leqq x<10$ のとき，$-\dfrac{1}{2}x^2+5x=12$　　$x^2-10x+24=0$

(3) △APQ が正三角形となるのは，$5\leqq x<10$ のときである。

三平方の定理より，$AP^2=5^2+(x-5)^2$　　$PQ^2=2(10-x)^2$　　$AP^2=PQ^2$

よって，$5^2+(x-5)^2=2(10-x)^2$　　$x^2-30x+150=0$

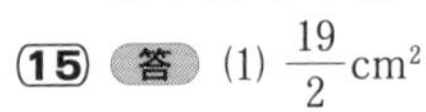

15 答 (1) $\dfrac{19}{2}$cm²

(2) $(6-\sqrt{15})$ 秒後，$(11-2\sqrt{5})$ 秒後

解説 (1) $5\times2-\dfrac{1}{2}\times1\times1=\dfrac{19}{2}$

(2) △ABC と正方形が重なりはじめてから x 秒後の 2 つの図形が重なった部分の面積を Scm² とする。

(i) $0<x\leqq1$ のとき，

$S=5x$

(ii) $1\leqq x\leqq5$ のとき，

$S=5x-\dfrac{1}{2}(x-1)^2$

$=-\dfrac{1}{2}x^2+6x-\dfrac{1}{2}$

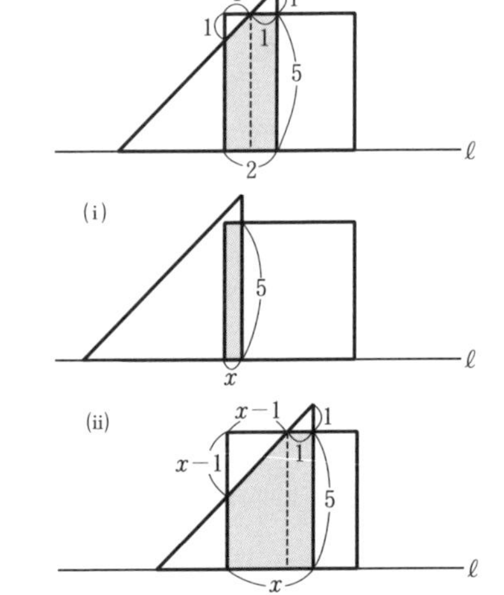

(iii) $5 \leqq x \leqq 6$ のとき，

$S=5^2-\dfrac{1}{2}(x-1)^2$

$=-\dfrac{1}{2}x^2+x+\dfrac{49}{2}$

(iv) $6 \leqq x<11$ のとき，

$S=\dfrac{1}{2}(11-x)^2$

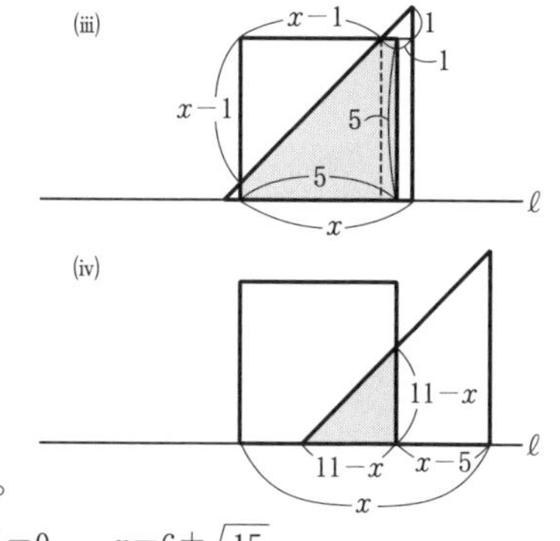

ここで，$S=10$ とおくと，次のようになる。

(i) $5x=10$　　$x=2$

$0<x \leqq 1$ より，この値は問題に適さない。

(ii) $-\dfrac{1}{2}x^2+6x-\dfrac{1}{2}=10$　　$x^2-12x+21=0$　　$x=6 \pm \sqrt{15}$

$1 \leqq x \leqq 5$ より，$x=6-\sqrt{15}$　　この値は問題に適する。

(iii) $-\dfrac{1}{2}x^2+x+\dfrac{49}{2}=10$　　$x^2-2x-29=0$　　$x=1 \pm \sqrt{30}$

$5 \leqq x \leqq 6$ より，これらの値は問題に適さない。

(iv) $\dfrac{1}{2}(11-x)^2=10$　　$(11-x)^2=20$　　$x=11 \pm 2\sqrt{5}$

$6 \leqq x<11$ より，$x=11-2\sqrt{5}$　　この値は問題に適する。

以上より，△ABC と正方形が重なった部分の面積が 10cm² となるのは，重なりはじめてから $(6-\sqrt{15})$ 秒後と $(11-2\sqrt{5})$ 秒後である。

注 (2) $x=5$ のとき S の値は最大となり，$0<x \leqq 5$ では，x の値が増加すると S の値も増加する。$5<x<11$ では，x の値が増加すると S の値は減少し，$x=6$ のとき $S=\dfrac{1}{2}\times 5^2=\dfrac{25}{2}$ となる。以上より，$S=10$ となるのは，(ii) $1 \leqq x \leqq 5$, (iv) $6 \leqq x<11$ の場合に限定できる。

10章　関数とグラフ

p.173

1. 答 (1) $0<x<15$ (2) $10\leqq x<20$ (3) $\{-3,\ -2,\ -1,\ 0,\ 1,\ 2,\ 3\}$
(4) $\{1,\ 2,\ 3,\ 4,\ 6,\ 12\}$

2. 答 (1) $y=10-x$, $0\leqq x\leqq 10$, $0\leqq y\leqq 10$
(2) $y=2x+6$, $x>0$, $y>6$
(3) $y=6x^2$, $x>0$, $y>0$
(4) $y=90-0.5x$ または $y=\dfrac{180-x}{2}$, $0<x<180$, $0<y<90$
(5) $y=\dfrac{6}{x}$, $x>0$, $y>0$
(6) $y=\dfrac{80}{x}$, $0<x\leqq 8$, $y\geqq 10$
解説 (1)の $x+y$, (5)の xy のように，つねに一定である数に着目して式をつくるとよい。

3. 答 y の値が増加するもの (2), (3)
y の値が減少するもの (1), (4), (5), (6)

p.174

4. 答 (ア), (イ), (オ)

5. 答 (1) $y=40-0.5x$ または $y=40-\dfrac{1}{2}x$

(2)

x	0	5	10	15	20	25
y	40	37.5	35	32.5	30	27.5

(3) $0\leqq x\leqq 80$, $0\leqq y\leqq 40$
解説 1分間に 0.5L の割合で水が減少する。

p.175

6. 答

(1)

x	2	3	4	5	6	7	8	9	10	12	16	18	27	32	36	180
y	2	2	3	2	4	2	4	3	4	6	5	6	4	6	9	18

(2) 素数 (3) いえる (4) いえない
解説 (2) $y=2$ ということは，x の正の約数が 1 と x のみであるということ。
(3) x の値を決めると，それに対応する y の値がただ 1 つ決まるから。
(4) たとえば y の値を 2 と決めたとき，それに対応する x の値は 2, 3, 5, 7, … となり 1 つに決まらないから，x は y の関数といえない。

7. 答 (1) $x=2,\ 8$ (2) $4\leqq x\leqq 6$ (3) いえる
解説 (1) 重なった部分の長方形の横の長さが 2cm となるとき。
(2) A が B にふくまれているとき。

8. 答 (1)(i) いえる (ii) いえない (2)(i) いえる (ii) いえる

解説 (1) x と y の関係は次の表のようになる。

x	3	4	5	6	7	8	9	10
y	3	4	5	6	0	1	2	3

(i) x の値を決めるとそれに対応する y の値がただ1つ決まるから，y は x の関数といえる。
(ii) $y=3$ のとき，$x=3,\ 10$ となり，x の値は1つに決まらないから，x は y の関数といえない。
(2) x と y の関係は次の表のようになる。

x	5	10	15	20	25	30
y	5	3	1	6	4	2

(i) x の値を決めるとそれに対応する y の値がただ1つ決まるから，y は x の関数といえる。
(ii) y の値を決めるとそれに対応する x の値がただ1つ決まるから，x は y の関数といえる。

9. 答 (1) 4 (2) $\frac{3}{7} \leqq x < \frac{4}{7}$ (3) いえる (4) いえない

解説 (1) $x=\frac{2}{3}$ のとき，$7x=\frac{14}{3}=4\frac{2}{3}$ ゆえに，$[7x]=4$

(2) $[7x]=3$ とすると，$3 \leqq 7x < 4$ ゆえに，$\frac{3}{7} \leqq x < \frac{4}{7}$

(3) x の値を決めるとそれに対応する y の値がただ1つ決まるから，y は x の関数といえる。

(4) たとえば，$x=\frac{1}{10}$ のときも $x=\frac{1}{11}$ のときも $0<7x<1$ となるから，$y=0$
このように，y の値を1つに決めるとそれに対応する x の値が2つ以上あり，1つに決まらないから，x は y の関数といえない。

10. 答 いえない

解説 たとえば $x=0$ のとき，$0<y<\frac{1}{2}$ であるすべての y に対して，《y》$=0$ となり，y の値は1つに決まらないから，y は x の関数といえない。

p.176 **11.** 答 (1)

x	2	4	8	9
y	6	12	24	27

(2)

x	$\frac{4}{3}$	12	15	80
y	45	5	4	$\frac{3}{4}$

解説 (1) $y=3x$ (2) $xy=60$

12. 答 (1) $y=3x$ (2) $y=24$

p.177 **13.** 答 (1) $y=-10$ (2) $x=60$

解説 $y=-\frac{2}{3}x$

14. 答 (1) $y=14x$ (2) 70 km (3) 15 L

15. 答 (1) $y=-\dfrac{24}{x}$ (2) $x=-4$

p.178 **16.** 答 (1) $y=-16$ (2) $x=8$

解説 $y=\dfrac{80}{x}$

17. 答 (1) $y=\dfrac{15000}{x}$ (2) $\dfrac{15}{4}\text{cm}^3$ (3) 750 hPa

18. 答

y が x に比例するもの	(ア)	(エ)	(カ)	(キ)
比例定数	-7	1	$-\dfrac{3}{2}$	$\dfrac{1}{4}$

y が x に反比例するもの	(ウ)	(オ)
比例定数	15	$-\dfrac{2}{5}$

19. 答 (1) $y=4x$ (2) $y=\pi x^2$ (3) $y=\dfrac{7}{x}$ (4) $y=1000-x$ (5) $y=\dfrac{15}{x}$

y が x に比例するもの	(1)
比例定数	4

y が x に反比例するもの	(3)	(5)
比例定数	7	15

解説 (5) $6xy=90$ より $xy=15$

p.179 **20.** 答 (1) $y=x+\dfrac{2}{x}$ (2) $y=\dfrac{19}{3}$ (3) $x=1,\ 2$

解説 (1) x と y の関係は，$y=ax+\dfrac{b}{x}$（a，b は定数）

$x=-1$ のとき $y=-3$ であるから，$-3=-a-b$ ……①

$x=4$ のとき $y=\dfrac{9}{2}$ であるから，$\dfrac{9}{2}=4a+\dfrac{b}{4}$ ……②

①，②を連立させて解くと，$a=1$，$b=2$ ゆえに，$y=x+\dfrac{2}{x}$ ……③

(2) ③に $x=6$ を代入して，$y=6+\dfrac{2}{6}=\dfrac{19}{3}$

(3) ③に $y=3$ を代入して，$3=x+\dfrac{2}{x}$ $x^2-3x+2=0$

$(x-1)(x-2)=0$ ゆえに，$x=1,\ 2$

21. 答 (1) y は x に比例するから，$y=ax$（a は定数）……①

z は y に反比例するから，$z=\dfrac{b}{y}$（b は定数）……②

②に①を代入して，$z=\dfrac{b}{ax}$ すなわち，$z=\dfrac{\frac{b}{a}}{x}$ ……③

ゆえに，z は x に反比例する。$\left(\text{比例定数は }\dfrac{b}{a}\right)$

(2) $z=25$

(解説) (2) ③に $x=5$, $z=15$ を代入して,

$15=\dfrac{\frac{b}{a}}{5}$　　$\dfrac{b}{a}=75$

よって, ③は $z=\dfrac{75}{x}$ となる。

これに $x=3$ を代入して, $z=\dfrac{75}{3}=25$

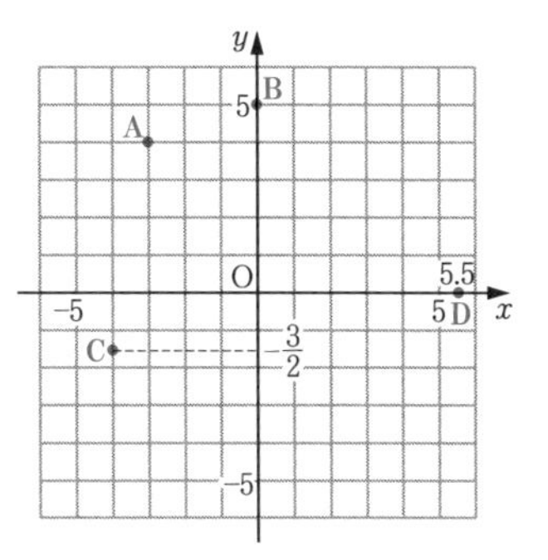

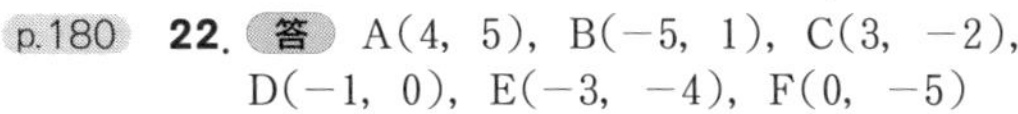

p.180 **22.** (答) A(4, 5), B(−5, 1), C(3, −2), D(−1, 0), E(−3, −4), F(0, −5)

23. (答) 右の図

p.181 **24.** (答)

	(5, 8)	(−3, 7)	(−4, −1)
x 軸について対称な点	(5, −8)	(−3, −7)	(−4, 1)
y 軸について対称な点	(−5, 8)	(3, 7)	(4, −1)
原点について対称な点	(−5, −8)	(3, −7)	(4, 1)

25. (答) $a=4$, $b=6$

(解説) $3a+1=a+9$, $b+10=-(-3b+2)$

p.182 **26.** (答) $M\left(1,\ \dfrac{9}{2}\right)$, C(13, 12)

(解説) C(x, y) とすると, $\dfrac{(-3)+x}{2}=5$, $\dfrac{2+y}{2}=7$

27. (答) C(1, −2)

(解説) C(x, y) とすると, 2 点 A(3, 4), C(x, y) を結ぶ線分の中点が B(2, 1) である。　よって, $\dfrac{3+x}{2}=2$, $\dfrac{4+y}{2}=1$

28. (答) (1) (−1, −3)　(2) (2, 2)　(3) (6, −5)

29. (答) (1) x 軸方向に 6, y 軸方向に −4

(2) x 軸方向に −5, y 軸方向に 3

30. (答) (1) A(−4, 3)　(2) B(−2, 2)

(解説) (1) P(4, −3) を x 軸について対称移動した点は (4, 3) であり, この点を y 軸について対称移動する。

(2) B(x, y) とすると, $y-5=-3$, $x+6=4$

p.183 **31.** (答) D(6, 7)

(解説) A は点 B を x 軸方向に 3, y 軸方向に 7 だけ移動した点であるから, D は C(3, 0) を x 軸方向に 3, y 軸方向に 7 だけ移動した点であると考える。

D(x, y) とすると, $x-2=3-(-1)$, $y-4=0-(-3)$

(別解) D(x, y) とする。平行四辺形の対角線はたがいに他を 2 等分するから, 線分 AC の中点と線分 BD の中点は一致する。

よって, $\dfrac{2+3}{2}=\dfrac{(-1)+x}{2}$, $\dfrac{4+0}{2}=\dfrac{(-3)+y}{2}$

32. 答 (1) 点A，B，Mのy座標を順にa，b，mとすると，$a-m=4-1=3$，
$m-b=1-(-2)=3$　　ゆえに，Mは辺ABの中点である。

(2) $\dfrac{19}{2}$cm　(3) $\dfrac{57}{2}$cm^2

解説 (2) 点Mのx座標は，$\dfrac{(-5)+(-2)}{2}=-\dfrac{7}{2}$

ゆえに，CM$=6-\left(-\dfrac{7}{2}\right)$

(3) △ABC＝△ACM＋△BCM
△ACMと△BCMにおいて，CMを共通の底辺と考えると，高さの和は線分ADの長さに等しいから，△ABC$=\dfrac{1}{2}$CM・AD$=\dfrac{1}{2}\times\dfrac{19}{2}\times6$

33. 答 (1) 23cm^2　(2) $\dfrac{79}{2}$cm^2

解説 (1) 右の図で，
△ABC＝(長方形PQBR)－△AQB－△BRC－△CPA
ここで，PQ$=3-(-4)=7$，QB$=5-(-3)=8$，
AQ$=1-(-4)=5$，RC$=-1-(-3)=2$，
CP$=5-(-1)=6$，PA$=3-1=2$
△ABC$=7\times8-\dfrac{1}{2}\times5\times8-\dfrac{1}{2}\times7\times2-\dfrac{1}{2}\times2\times6$

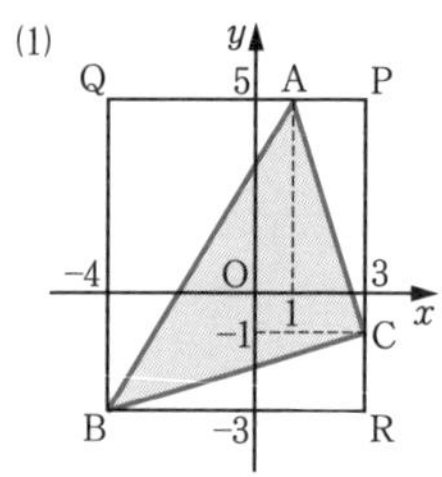

(2) 右の図で，
(四角形ABCD)＝△ABO＋(四角形AOCD)
△ABO$=\dfrac{15}{2}$
(四角形AOCD)
＝(長方形QRCP)－△DQA－△ORC－△CPD
$=48-2-6-8=32$

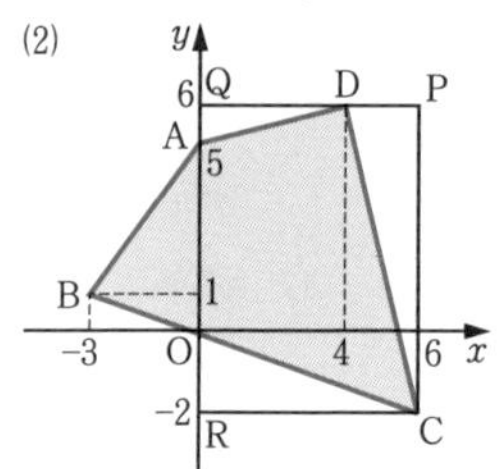

p.184 **34.** 答

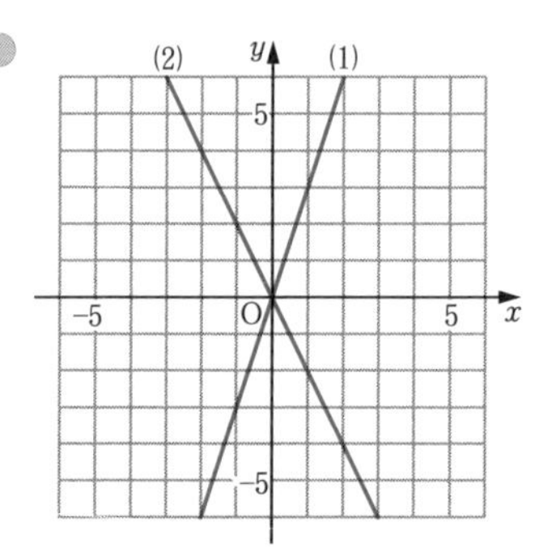

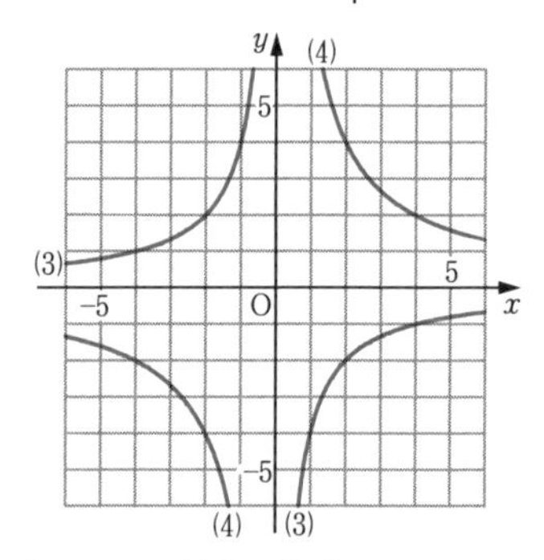

注 (3)，(4)は，反比例のグラフであり，原点について対称な曲線である。

35. 答 yの値が増加するもの (1)，(3)
yの値が減少するもの (2)，(4)

p.185 **36.** 答 (1) $y=-2x$　(2) $y=-\dfrac{20}{x}$

37. 答 (1) $-4<y\leqq 2$　(2) $-12\leqq x\leqq 4$

解説 (1) x の値が増加すると y の値は減少する。

(2) y の値が増加すると x の値は増加する。

p.186 **38.** 答 (1) $y=-\dfrac{24}{x}$

(2) $-18\leqq x\leqq -2$，$\dfrac{4}{3}\leqq y\leqq 12$

39. 答 (1) $\dfrac{4}{5}$　(2) $2\,\text{cm}^2$

解説 (1) C(2，0)，D(5，0) となる。

(2) AB＝BC より，△ACB は二等辺三角形である。

辺 AC の中点を M とすると，A(2，2) より，M(2，1) で，AC を底辺としたときの高さは BM となる。

B(b，1) とすると，$1=\dfrac{4}{b}$　　よって，$b=4$

ゆえに，$\triangle\text{ACB}=\dfrac{1}{2}\times 2\times(4-2)$

40. 答 (1) $y=\dfrac{12}{x}$

(2) $\dfrac{1}{12}\leqq a\leqq 3$

(3) $b\leqq\dfrac{1}{12}$，$b\geqq\dfrac{3}{4}$

解説 (2) 右の図のように，

直線 OA の傾きは，$\dfrac{6}{2}=3$

B(12，1) より，直線 OB の傾きは $\dfrac{1}{12}$

(3) 右の図のように，C(−4，−3) より，

直線 OC の傾きは $\dfrac{3}{4}$

$b\leqq\dfrac{1}{12}$ のとき，図の赤い部分のようになり，

線分 BC と共有点をもつ。

$b\geqq\dfrac{3}{4}$ のとき，図の影の部分のようになり，

線分 BC と共有点をもつ。

(2)

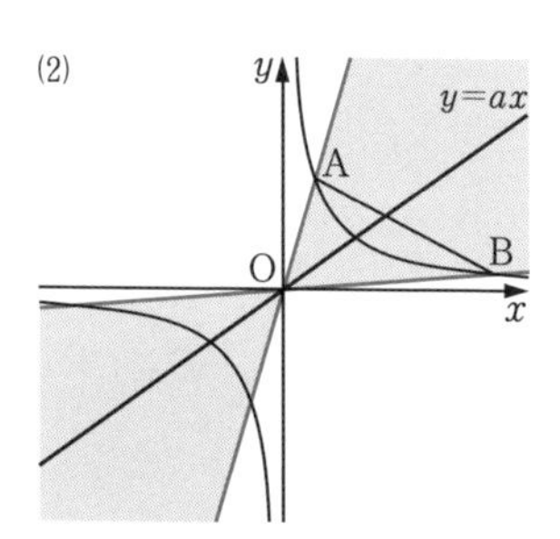

(3)

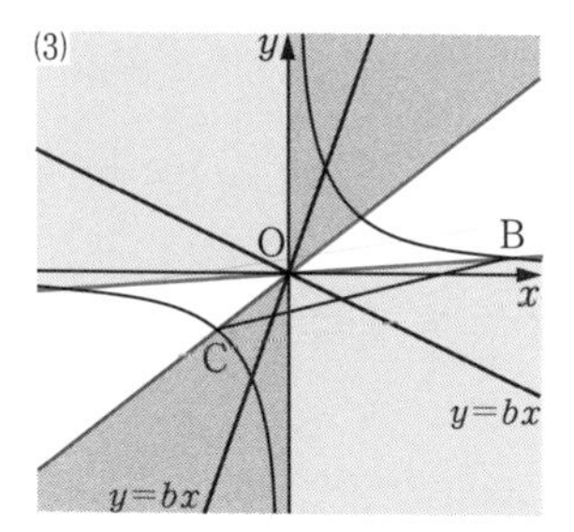

41. 答 $a=24$

解説 $\text{P}\left(4,\ \dfrac{a}{4}\right)$ より，$\triangle\text{OAP}=\dfrac{1}{2}\times 6\times\dfrac{a}{4}=\dfrac{3}{4}a$，$\triangle\text{OBP}=\dfrac{1}{2}\times 9\times 4=18$

p.187 **42.** 答 (1) B(1.5, 0.5), C(−0.5, 1.5)

(2) 1秒後

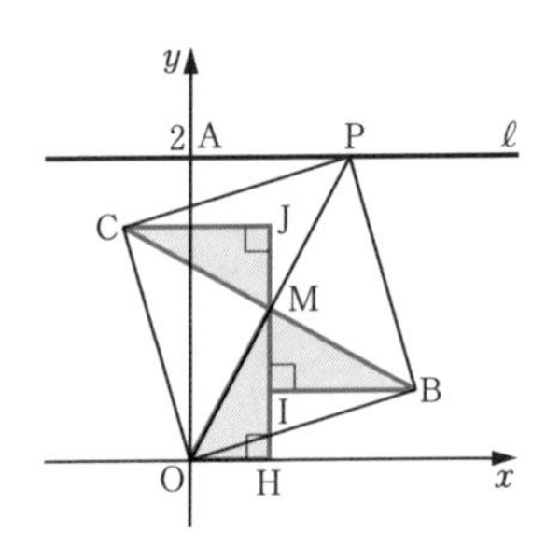

解説 右の図のように，点M, H, I, Jを定める。
点Aを出発してから t 秒後の点Pの座標を $(2t,\ 2)$ とすると，Mは線分OPの中点となるから，$M(t,\ 1)$

△MBI≡△OMH より，線分BIとMHの長さは等しいから，点Bの x 座標は $t+1$ である。

線分MIとOHの長さは等しいから，

MH−MI＝MH−OH より，点Bの y 座標は $1-t$ である。 よって，$B(t+1,\ 1-t)$

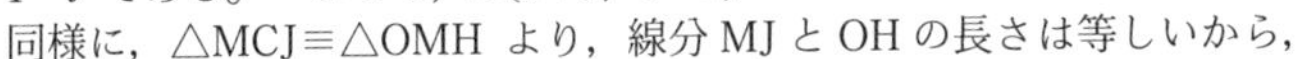
同様に，△MCJ≡△OMH より，線分MJとOHの長さは等しいから，

MH＋MJ＝MH＋OH より，点Cの y 座標は $t+1$ である。

線分CJとMHの長さは等しいから，OH−CJ＝OH−MH より，点Cの x 座標は $t-1$ である。 よって，$C(t-1,\ t+1)$

(1) $t=0.5$ を代入すると，B(1.5, 0.5), C(−0.5, 1.5)

(2) $t-1=0$ より，$t=1$

43. 答 (1) $k=2,\ 3,\ 5,\ 7$

(2) (i) $k=4$，点Aの x 座標 6 (ii) $A\left(4,\ \dfrac{3}{2}\right)$

解説 (1) x 座標と y 座標がともに正の整数である点が $(1,\ k)$ と $(k,\ 1)$ だけであるのは，k の値が素数のときである。

1けたの正の整数で素数であるものは，2, 3, 5, 7

(2) (i) $A\left(\dfrac{3}{2}k,\ \dfrac{2}{3}\right)$，$B\left(2,\ \dfrac{k}{2}\right)$ より，

$BA : AC=\left(\dfrac{k}{2}-\dfrac{2}{3}\right) : \dfrac{2}{3}=2 : 1$

よって，$\dfrac{k}{2}-\dfrac{2}{3}=\dfrac{2}{3}\times 2$

ゆえに，$k=4$

点Aの x 座標は，$\dfrac{3}{2}\times 4=6$

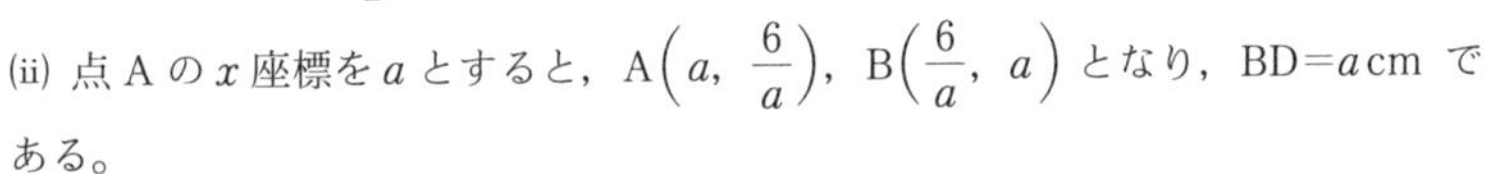
(ii) 点Aの x 座標を a とすると，$A\left(a,\ \dfrac{6}{a}\right)$，$B\left(\dfrac{6}{a},\ a\right)$ となり，BD＝a cm である。

BDを底辺としたときの△ABDの高さは，$a-\dfrac{6}{a}$ であるから，

$\triangle ABD=\dfrac{1}{2}\times a\times\left(a-\dfrac{6}{a}\right)=\dfrac{1}{2}(a^2-6)$

$\dfrac{1}{2}(a^2-6)=5$ より，$a^2=16$ $a>0$ であるから，$a=4$

点Aの y 座標は，$\dfrac{6}{a}=\dfrac{6}{4}=\dfrac{3}{2}$

ゆえに，$A\left(4,\ \dfrac{3}{2}\right)$

p.188 **44.** 答 (1)

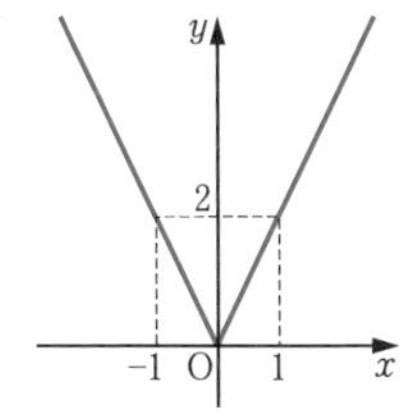

(2)

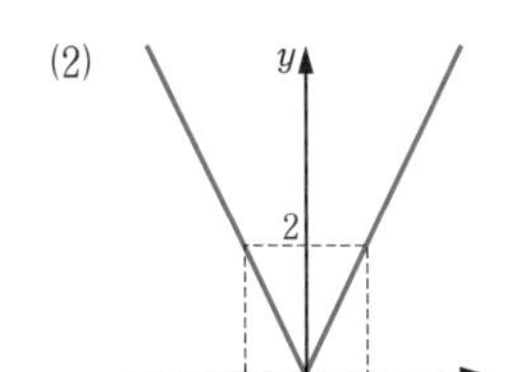

(3)

(4)

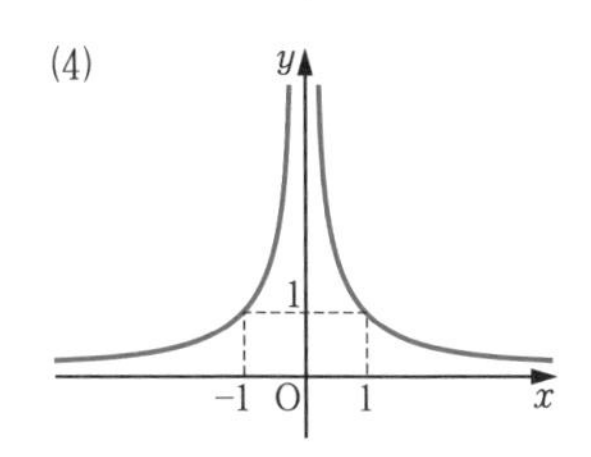

解説 (1) $x \geqq 0$ のとき，$y=2x$　　$x<0$ のとき，$y=-2x$

(2) $|-2x|=|2x|=2|x|$ であるから，(1)と同じグラフになる。

(3) $x \geqq 0$ のとき，$y=x+x$　　$y=2x$

$x<0$ のとき，$y=(-x)+x$　　$y=0$　　x 軸上で x 座標が負である部分を表す。

(4) $x>0$ のとき，$y=\dfrac{1}{x}$　　$x<0$ のとき，$y=-\dfrac{1}{x}$

45. 答 $0 \leqq y \leqq 4$

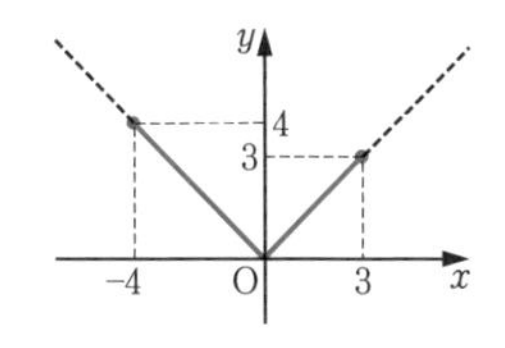

解説 $y=|x|$ $(-4 \leqq x \leqq 3)$ のグラフは，

右の図の実線部分である。

ゆえに，y の変域は，$0 \leqq y \leqq 4$

p.189 **46.** 答 (1) 19cm^2　(2) 28cm^2

解説 (1) $\triangle\text{OAB}=\dfrac{1}{2}\times|3\times6-4\times(-5)|=19$

(2) 点Bが原点に重なるように x 軸方向に2，y 軸方向に1だけ移動すると，点Aは $\text{A}'(7,\ 7)$ に移動し，点Cは $\text{C}'(6,\ -2)$ に移動するから，$\triangle\text{A}'\text{OC}'$ の面積を求めればよい。

$\triangle\text{ABC}=\triangle\text{A}'\text{OC}'=\dfrac{1}{2}\times|7\times(-2)-7\times6|=28$

47. 答 $x=-26,\ 2$

解説 $\triangle\text{OAB}=\dfrac{1}{2}\times|(6-x)\times2-(-3)\times x|=\dfrac{1}{2}|x+12|$ より，$\dfrac{1}{2}|x+12|=7$

$|x+12|=14$　　$x+12=\pm14$

ゆえに，$x=-26,\ 2$

10章の問題

p.190 **1** **答**

y が x に比例するもの	(ウ)	(エ)
x と y の関係式	$y=4x$	$y=5x$

y が x に反比例するもの	(イ)	(カ)
x と y の関係式	$y=\dfrac{10}{x}$	$y=\dfrac{400}{3x}$

解説 (ア) $y=24-x$　(ウ) $60x=15y$　(オ) $y=12\pi x^2$　(カ) $8=\dfrac{x}{1000}\times60\times y$

2 **答** (ア)，(ウ)

3 **答** (1)

x	0	5	10	15	20	25
y	30	32	34	36	38	40
z	0	2	4	6	8	10

(2) (ウ)，$z=\dfrac{2}{5}x$

(3) $z=y-30$，$y=\dfrac{2}{5}x+30$

4 **答** $y=5$

解説 $y+1=\dfrac{a}{3-x}$ に，$x=1$，$y=3$ を代入して，$3+1=\dfrac{a}{3-1}$　$a=8$

よって，$y+1=\dfrac{8}{3-x}$　これに $x=\dfrac{5}{3}$ を代入する。

参考 $(3-x)(y+1)=(3-1)(3+1)$ に $x=\dfrac{5}{3}$ を代入して求めてもよい。

5 **答** $z=2$

解説 $x:y=5:6$ より，$x=20$ のとき $y=24$　$yz=a$ とすると，
$a=24\times4=96$　$x=40$ のとき $y=48$　よって，$48z=96$

p.191 **6** **答** (ア) 比例　(イ) $\dfrac{1}{2}a$　(ウ) a　(エ) $\dfrac{1}{2}h$　(オ) 反比例　(カ) $2S$

7 **答** (1) A′$(-2,\ 4)$，B′$(1,\ -3)$，C′$(0,\ -5)$，D′$(-3,\ 2)$
(2) A″$(0,\ 7)$，B″$(-3,\ 0)$，C″$(-2,\ -2)$，D″$(1,\ 5)$

(3) $\left(1,\ -\dfrac{1}{2}\right)$　(4) $13\,\text{cm}^2$

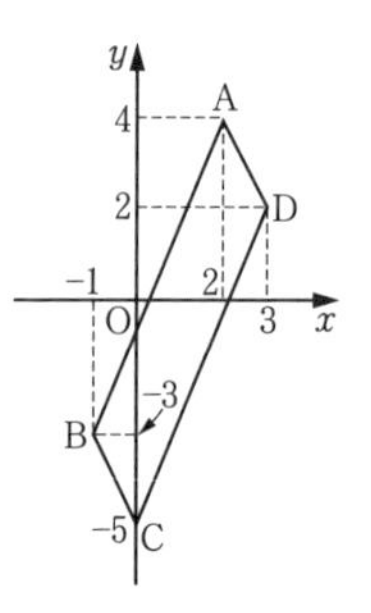

解説 (3) 右の図のように，四角形ABCDは平行四辺形である。したがって，2本の対角線の交点はそれぞれの対角線の中点となる。
(4) 4点P$(3,\ 4)$，Q$(-1,\ 4)$，R$(-1,\ -5)$，S$(3,\ -5)$を頂点とする長方形PQRSの面積から△AQB，△BRC，△CSD，△DPAの面積をひく。

別解 (4) 点Cが原点に重なるように四角形ABCDを平行移動すると，点AはA‴$(2,\ 9)$，点BはB‴$(-1,\ 2)$に移動する。

(四角形ABCD)$=2$△ABC$=2$△A‴B‴O$=2\times\dfrac{1}{2}|2\times2-9\times(-1)|$

8 答 (1) D(7, −2) (2) E(3, −2), F(7, 4) (3) G(−4, 3)

解説 (1) D(a, b) とすると，$a-5=3-1$，$b-1=4-7$

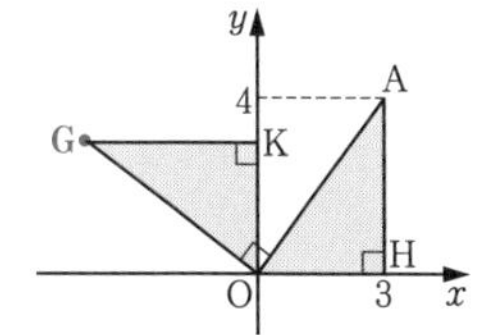

(2) E(3, c) とすると，$\dfrac{4+c}{2}=1$

F(d, 4) とすると，$\dfrac{3+d}{2}=5$

(3) 右の図のように点 H，K を定める。
△OGK≡△OAH となる。

9 答 (1)(ア) $y=\dfrac{4}{3}x$ (イ) $y=-\dfrac{3}{2}x$ (ウ) $y=-\dfrac{6}{x}$

(2) (ウ)，(イ)，(ア)

(3)(ア) $-4\leqq y\leqq -\dfrac{4}{3}$ (イ) $\dfrac{3}{2}\leqq y\leqq \dfrac{9}{2}$ (ウ) $2\leqq y\leqq 6$

解説 (2) y の増加量は，(ア) $\dfrac{8}{3}$，(イ) −3，(ウ) 4 である。

p.192 **10** 答 $a=\dfrac{3}{2}$，$b=\dfrac{1}{6}$

解説 点 A と B は原点について対称であるから，OA=OB

よって，△OAC=△OBC ゆえに，△OAC$=12\times\dfrac{1}{2}$

OC=4 より，点 A の x 座標は 3 A$\left(3,\ \dfrac{1}{2}\right)$ $a=3\times\dfrac{1}{2}$，$b=\dfrac{1}{2}\div 3$

11 答 (1) 9 個 (2) 4 通り (3) 18 cm^2

解説 (1) $y=\dfrac{36}{x}$ の x 座標，y 座標がともに整数となる点は，(1, 36)，(2, 18)，(3, 12)，(4, 9)，(6, 6)，(9, 4)，(12, 3)，(18, 2)，(36, 1) の 9 個。

(2) (1)で，$a=\dfrac{y}{x}$ も整数となる点は，(1, 36)，(2, 18)，(3, 12)，(6, 6) の 4 通り。

(3) A(p, q) とすると，点 A が $y=\dfrac{36}{x}$ のグラフ上にあるから，$q=\dfrac{36}{p}$

すなわち，$pq=36$ また，△OAB$=\dfrac{1}{2}$OB・AB$=\dfrac{1}{2}pq=\dfrac{1}{2}\times 36$

12 答 C(3, 3)，D(1, 7)

解説 点 B を点 A に移動することにより，
x 座標は $(-4)-(-2)=-2$，
y 座標は $3-(-1)=4$ だけ増加する。
よって，C(c, c) とすると，点 C を x 軸方向に −2，
y 軸方向に 4 だけ移動した点が D であるから，
D($c-2$, $c+4$) となる。
点 D が②上にあるから，$(c-2)(c+4)=7$
$c^2+2c-15=0$ $(c+5)(c-3)=0$ $c=-5,\ 3$
$c=3$ のとき D(1, 7)，$c=-5$ のとき D(−7, −1) となり，$c=3$ のときのみ問題に適する。

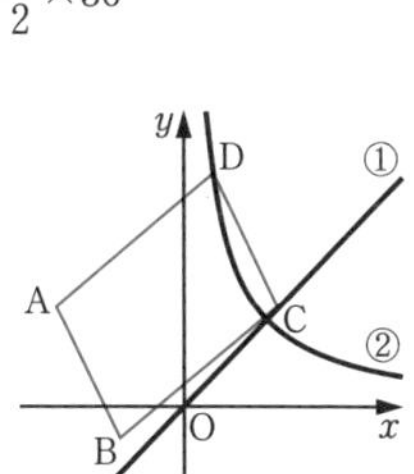

13 答 (1) $y=13.2$ (2) $y=4x$ (3) 右の図 (4) $a=30$

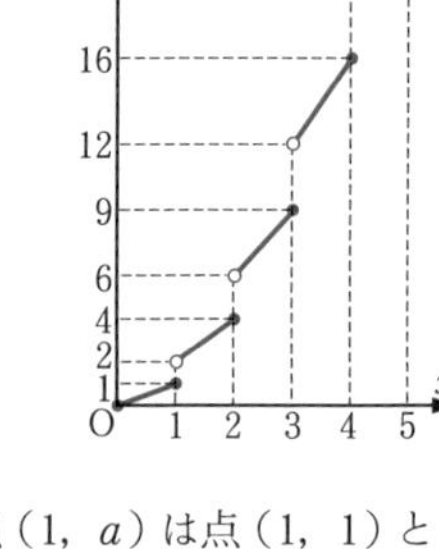

解説 (1) $[3.3]=4$ より，$y=[x]\times x=4\times 3.3=13.2$

(2) $3<x\leqq 4$ のとき，$[x]=4$

ゆえに，$y=[x]\times x=4x$

(3) (2)と同様に，$x=0$ のとき，$y=0$

$0<x\leqq 1$ のとき，$y=x$　$1<x\leqq 2$ のとき，$y=2x$

$2<x\leqq 3$ のとき，$y=3x$　$3<x\leqq 4$ のとき，$y=4x$

$4<x\leqq 5$ のとき，$y=5x$

(4) $y=\dfrac{a}{x}$ のグラフが右のグラフの切れ目を通るとき，共有点をもたない。

$x=1$ のとき，$y=x$ は点 $(1,\ 1)$，$y=2x$ は点 $(1,\ 2)$，

$y=\dfrac{a}{x}$ は点 $(1,\ a)$ を通る。共有点をもたないとき，点 $(1,\ a)$ は点 $(1,\ 1)$ と $(1,\ 2)$ の間にあるから，$1<a\leqq 2$　a は整数であるから，$a=2$

$x=2$ のとき $y=\dfrac{a}{2}$　共有点をもたないから，$4<y\leqq 6$

よって，$4<\dfrac{a}{2}\leqq 6$ より，$a=9,\ 10,\ 11,\ 12$

$x=3$ のとき $y=\dfrac{a}{3}$　共有点をもたないから，$9<y\leqq 12$

よって，$9<\dfrac{a}{3}\leqq 12$ より，$a=28,\ 29,\ 30,\ 31,\ 32,\ 33,\ 34,\ 35,\ 36$

ゆえに，8 番目の a の値は，$a=30$

11章　1次関数

p.193 **1.** 答 (ア), (ウ)

p.194 **2.** 答 (1) $y=\frac{8}{x}$ (2) $y=10x$ (3) $y=x^2$ (4) $y=-\frac{1}{4}x+10$

y が x の 1 次関数であるもの (2), (4)

解説 (4)は $y=10-\frac{1}{4}x$ でもよい。

3. 答 (1) $y=20-6x$, $0 \leqq x \leqq 10$, $-40 \leqq y \leqq 20$ (2) -28℃ (3) $\frac{9}{2}$km

4. 答 (1) 変化の割合 $\frac{1}{3}$, y の増加量 2 (2) 変化の割合 -2, y の増加量 -12

(3) 変化の割合 $-\frac{1}{4}$, y の増加量 $-\frac{3}{2}$

解説 y の増加量は, (1) $\frac{1}{3}\times 6$, (2) -2×6, (3) $-\frac{1}{4}\times 6$ である。

p.195 **5.** 答 (1) $a=-\frac{2}{3}$ (2) -12

解説 (1) $18a=-12$ (2) x の増加量を k とすると, $-\frac{2}{3}k=8$

6. 答 (1) $y=4x-3$ (2) $y=-2x+9$ (3) $y=\frac{1}{3}x-\frac{7}{3}$ (4) $y=-\frac{3}{2}x-1$

p.196 **7.** 答 (1) $y=-\frac{5}{3}x-\frac{1}{3}$ (2) $y=\frac{14}{3}$ (3) $x=-\frac{13}{5}$

解説 (1) 変化の割合は, $\frac{-2-3}{1-(-2)}=-\frac{5}{3}$

よって, $y=-\frac{5}{3}x+b$ と表すことができる。

参考 $y=ax+b$ とおいて x, y の値を代入しても求めることができる。

8. 答 (1) $y=30x+3000$ (2) 9000 円

解説 (1) y は x に比例する金額と定額の和であるから, $y=ax+b$ と表される。

9. 答 (1) $y=2$ (2) $y=\frac{11}{2}$, $x=-4$

解説 (1) $y+6=a(x-3)$ に $x=1$, $y=-10$ を代入して, $a=2$

よって, $y+6=2(x-3)$ すなわち, $y=2x-12$

(2) $3x+1=a(y-2)$ に $x=1$, $y=4$ を代入して, $a=2$

よって, $3x+1=2(y-2)$ すなわち, $y=\frac{3}{2}x+\frac{5}{2}$

10. 答 (ア) 2 (イ) -3 (ウ) 6 (エ) $-\frac{1}{3}$

解説 $y=-3x+6$ より, $y=-3(x-2)$

また, $y=-3x+6$ より, $x=-\frac{1}{3}(y-6)$

p.197 **11.** 答 (1) 傾き 5，y 切片 -7 (2) 傾き $-\dfrac{3}{2}$，y 切片 6

12. 答 (1) $y=-\dfrac{1}{2}x+\dfrac{4}{3}$ (2) $y=2x$ (3) $y=\dfrac{1}{3}x+2$ (4) $y=-\dfrac{2}{3}x-\dfrac{3}{2}$

13. 答 (1) $a=-2$ (2) $a=4$ (3) $a=\dfrac{22}{9}$

14. 答 (1) $y=-2x$ (2) $y=-\dfrac{1}{4}x+3$ (3) $y=-x-4$ (4) $y=\dfrac{1}{3}x+1$

(5) $y=\dfrac{3}{4}x-2$

p.198 **15.** 答 グラフは下の図，y の値が減少するもの (2)と(4)

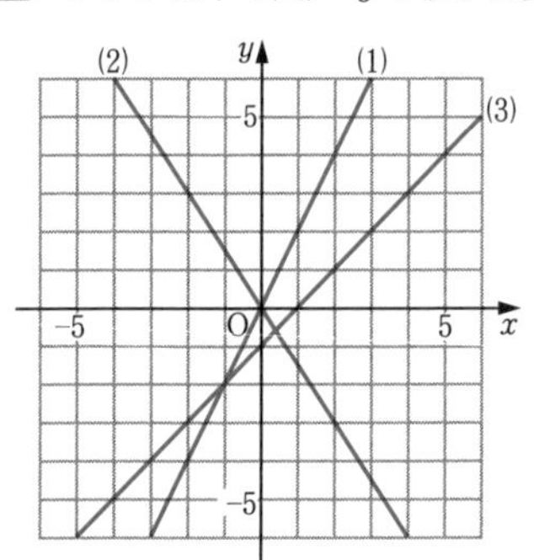

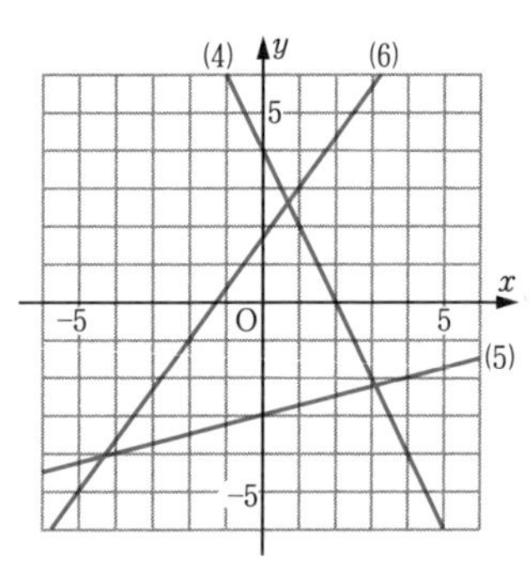

16. 答 (1) $y=-x-6$ (2) $y=-\dfrac{3}{2}x+2$ (3) $y=\dfrac{2}{5}x-\dfrac{7}{5}$

17. 答 (1) $y=-3x$ (2) $y=\dfrac{1}{2}x-5$

p.199 **18.** 答 (1) $y=-8x+3$ (2) $y=2x+1$ (3) $y=-x-1$ (4) $y=\dfrac{1}{3}x-\dfrac{11}{6}$

19. 答 (1) $y=\dfrac{3}{2}x+1$ (2) $y=\dfrac{2}{7}x+\dfrac{13}{7}$ (3) $y=-\dfrac{5}{8}x+\dfrac{3}{2}$ (4) $y=-\dfrac{9}{5}x+\dfrac{2}{5}$

解説 (1) 2点 $(0,\ 1)$，$(2,\ 4)$ を通る。 (2) 2点 $(4,\ 3)$，$(-3,\ 1)$ を通る。
(3) 2点 $(4,\ -1)$，$(-4,\ 4)$ を通る。 (4) 2点 $(3,\ -5)$，$(-2,\ 4)$ を通る。

p.200 **20.** 答 $a=2$，$b=-1$

解説 $y=ax-2$ が点 $(-3,\ -8)$ を通るから，$-8=-3a-2$ 　$a=2$

よって，$y=2x-2$ 　この直線が点 $\left(\dfrac{1}{2},\ b\right)$ を通るから，$b=2\times\dfrac{1}{2}-2$

p.201 **21.** 答 (1) $a=-\dfrac{1}{2}$ (2) $a=-2$ (3) $a=2$ (4) $a=-4$

解説 (1) $y=2x+1$ が点 $(a,\ 0)$ を通る。
(2) $y=3x-4$ が点 $(a,\ -10)$ を通る。
(3) 2点 $(0,\ a)$，$(8,\ 3a)$ を通る直線は，$y-a=\dfrac{3a-a}{8-0}(x-0)$ 　$y=\dfrac{a}{4}x+a$

この直線が点 $(2,\ 3)$ を通る。

(4) 2 点 (1, 2), $(a+1,\ 5)$ を通る直線は, $y-2=\dfrac{5-2}{(a+1)-1}(x-1)$

$y-2=\dfrac{3}{a}(x-1)$

この直線が点 $(-2a+1,\ a)$ を通る。

参考 (4) 傾きに着目して, $\dfrac{5-2}{(a+1)-1}=\dfrac{a-2}{(-2a+1)-1}$ から求めてもよい。

p.202 **22.** 答 (1) $-2\leqq y\leqq 1$　(2) $-8\leqq x\leqq 1$

23. 答 (1)

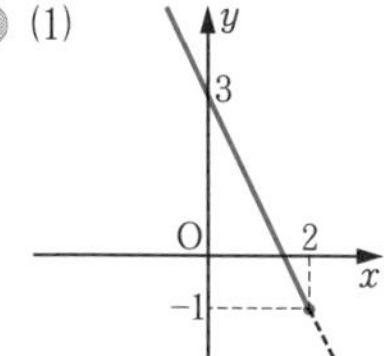

(2)

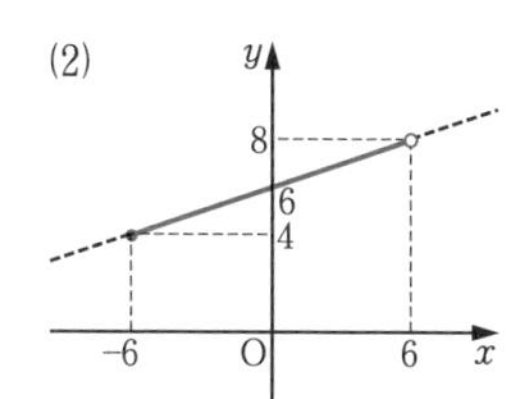

24. 答 $a=-2,\ b=1$

解説 $a<0$ であるから, この関数において x の値が増加すると y の値は減少する。よって, $x=-1$ のとき $y=3$, $x=1$ のとき $y=-1$ である。

25. 答 $a=-\dfrac{1}{2}$

解説 $a>0$ のとき, この関数は x の値が増加すると y の値も増加する。
よって, $x=-2$ のとき $y=-1$, $x=4$ のとき $y=2$ である。
このとき, $-1=-2a+1$, $2=4a+1$ を同時に成り立たせる a の値は存在しない。
$a<0$ のとき, この関数は x の値が増加すると y の値は減少する。
よって, $x=-2$ のとき $y=2$, $x=4$ のとき $y=-1$ である。
このとき, $2=-2a+1$, $-1=4a+1$ を同時に成り立たせる a の値が存在する。

26. 答 $a=-5,\ b=-3$

解説 定義域 $-2\leqq x\leqq 3$ に対して, $y=3x+a$ の値域は, 傾きが正であるから,
$-6+a\leqq y\leqq 9+a$
また, $y=bx-2$ の値域は, 傾きが負であるから, $3b-2\leqq y\leqq -2b-2$
これらの値域が一致するから, $-6+a=3b-2$, $9+a=-2b-2$ となればよい。

p.203 **27.** 答 (1) $a\geqq -\dfrac{1}{3}$　(2) $-\dfrac{1}{2}<a<-\dfrac{1}{3}$

解説 関数 $y=ax-3a-1$ は $y+1=a(x-3)$ と変形できるから, このグラフは, A$(3,\ -1)$ を通り傾き a の直線である。

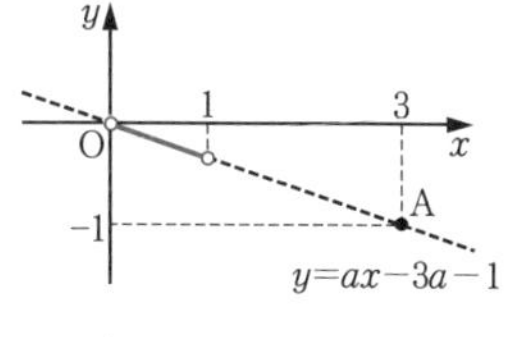

(1) $0<x<1$ のとき, $y<0$ であるためには, 右の図のように, y 切片が 0 以下であればよい。
よって, $-3a-1\leqq 0$

(2) $0\leqq x\leqq 1$ のとき, y が正の値と負の値をとるためには, 右の図のように, $x=0$ のとき $y>0$, $x=1$ のとき $y<0$ であればよい。
よって, $-3a-1>0$, $-2a-1<0$

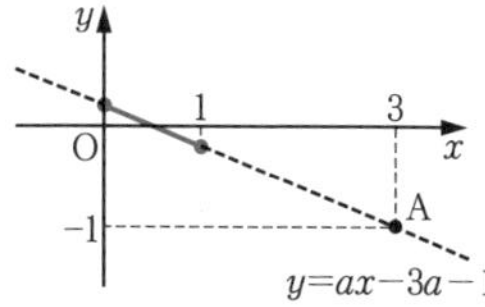

28. 答 (1) $y=3x-7$ (2) $y=3x-14$ (3) $y=3x-15$ (4) $y=-3x-5$
(5) $y=-3x+5$ (6) $y=3x+5$
解説 図をかいて，直線の傾きや y 切片がどのようになるかをそれぞれ調べる。
(1) 直線 $y=3x-5$ 上の点 $(0,\ -5)$ を y 軸方向に -2 だけ移動した点は $(0,\ -7)$ であるから，点 $(0,\ -7)$ を通り傾き 3 の直線の式を求めればよい。
ゆえに，$y=3x-7$
(2) 点 $(0,\ -5)$ は点 $(3,\ -5)$ に移動するから，点 $(3,\ -5)$ を通り傾き 3 の直線の式を求めればよい。
よって，$y-(-5)=3(x-3)$　　ゆえに，$y=3x-14$
(3) 点 $(0,\ -5)$ は点 $(2,\ -9)$ に移動するから，点 $(2,\ -9)$ を通り傾き 3 の直線の式を求めればよい。
よって，$y-(-9)=3(x-2)$　　ゆえに，$y=3x-15$
(4) y 軸との交点は変わらず，傾きが -3 になるから，点 $(0,\ -5)$ を通り傾き -3 の直線の式を求めればよい。
ゆえに，$y=-3x-5$
(5) 点 $(0,\ -5)$ は点 $(0,\ 5)$ に移動し，傾きは -3 になるから，点 $(0,\ 5)$ を通り傾き -3 の直線の式を求めればよい。
ゆえに，$y=-3x+5$
(6) 点 $(0,\ -5)$ は点 $(0,\ 5)$ に移動し，傾きは 3 であるから，点 $(0,\ 5)$ を通り傾き 3 の直線の式を求めればよい。
ゆえに，$y=3x+5$

29. 答 (1) $0<b<1$
(2) $\frac{3}{4}<a<\frac{5}{2}$

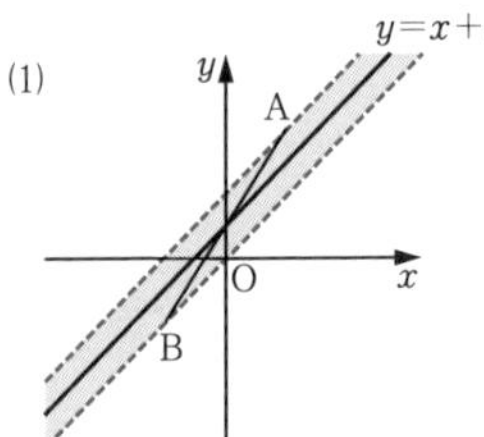

解説 (1) 直線 $y=x+b$ が $\mathrm{A}(1,\ 2)$ を通るのは，$2=1+b$ すなわち $b=1$ のときである。
また，$\mathrm{B}(-1,\ -1)$ を通るのは，$-1=-1+b$ すなわち $b=0$ のときである。
ゆえに，$0<b<1$
(2) 直線 $y=ax-2$ が $\mathrm{A}(2,\ 3)$ を通るのは，$3=2a-2$ すなわち $a=\frac{5}{2}$ のときである。
また，$\mathrm{B}(4,\ 1)$ を通るのは，$1=4a-2$ すなわち $a=\frac{3}{4}$ のときである。
ゆえに，$\frac{3}{4}<a<\frac{5}{2}$

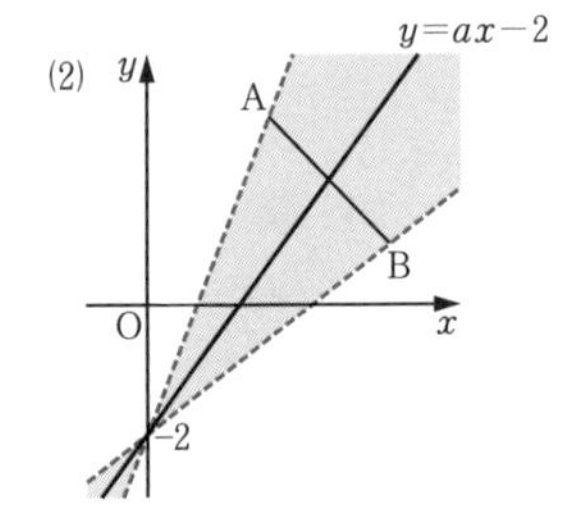

p.204 **30.** 答 (イ)と(オ)，(ウ)と(エ)，(キ)と(ク)
解説 2 直線の傾きの積が -1 になるものをさがす。

31. 答 (1) $y=-\frac{2}{3}x+\frac{1}{3}$ (2) $a=-\frac{3}{2}$，$\frac{1}{2}\leqq b\leqq 7$

解説 (1) $y=\frac{3}{2}x+1$ に垂直な直線の傾きを m とすると，$\frac{3}{2}m=-1$ より，

$m=-\frac{2}{3}$　　よって，$y-(-1)=-\frac{2}{3}(x-2)$　　$y=-\frac{2}{3}x+\frac{1}{3}$

(2) 線分 AB の傾きは $\frac{1-(-1)}{4-1}=\frac{2}{3}$ であるから，$\frac{2}{3}a=-1$

ゆえに，$a=-\frac{3}{2}$

線分 AB に垂直な直線は，$y=-\frac{3}{2}x+b$

b の最小値は A(1, −1) を通るときであるから，$-1=-\frac{3}{2}\times1+b$　　$b=\frac{1}{2}$

また，b の最大値は B(4, 1) を通るときであるから，$1=-\frac{3}{2}\times4+b$　　$b=7$

ゆえに，b の値の範囲は，$\frac{1}{2}\leqq b\leqq7$

p.205 **32.** 答 (1) 傾き $-\frac{4}{3}$，x 切片 3，y 切片 4

(2) 傾き $\frac{5}{7}$，x 切片 $-\frac{2}{5}$，y 切片 $\frac{2}{7}$

p.206 **33.** 答

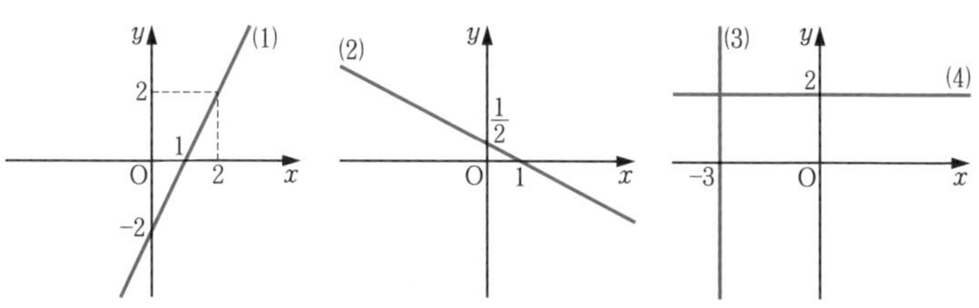

34. 答 x 軸に平行な直線の式 $y=-4$，y 軸に平行な直線の式 $x=3$

35. 答 $a=-3$，$b=-5$

解説 $-2a+b=1$，$3a-2b=1$ を連立させて解く。

36. 答 $\frac{x}{a}+\frac{y}{b}=1$ は $x=a$，$y=0$ のとき成り立つから，直線 $\frac{x}{a}+\frac{y}{b}=1$ は点 $(a, 0)$ を通る。

点 $(0, b)$ についても同様であるから，この直線は 2 点 $(a, 0)$，$(0, b)$ を通る。

(1) 右の図

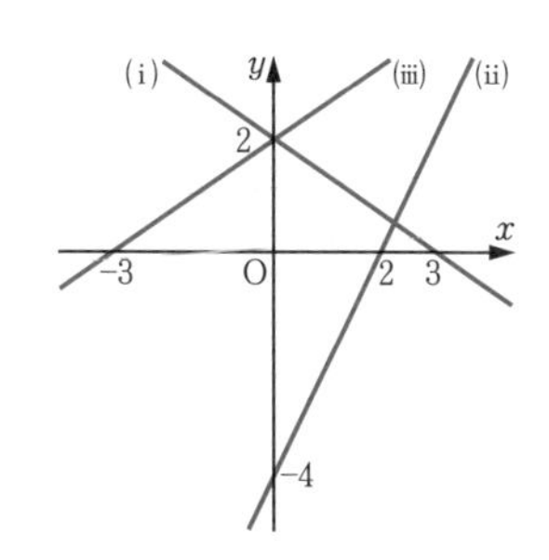

(2) (i) $\frac{x}{4}+y=1$　(ii) $-\frac{x}{2}+\frac{y}{3}=1$　(iii) $3x-2y=1$

解説 (1) (iii)は $\frac{x}{-3}+\frac{y}{2}=1$ と変形する。

(2) (iii)は $\frac{x}{\frac{1}{3}}+\frac{y}{-\frac{1}{2}}=1$ を整理する。

37. 答 (1) $a<0$, $b>0$　(2) ℓ は②，m は①

解説 (1) 直線 ℓ, m, n はいずれも x 軸や y 軸に平行でないから，$a\neq0$

このとき，①は $y=\dfrac{1}{a}x+\dfrac{3b}{a}$，②は $y=ax+b$，③は $y=-3ax+3b-2$ と表すことができる。

①～③のグラフの傾きはそれぞれ $\dfrac{1}{a}$，a，$-3a$ である。図より直線 ℓ, m の傾きが負であるから，$a<0$

また，②と③のグラフの y 切片 b, $3b-2$ は，$b<0$ のとき，ともに負になるが，直線 ℓ, n の y 切片は正であるから，$b>0$

(2) $a<0$, $b>0$ のとき，①のグラフの y 切片 $\dfrac{3b}{a}$ は負であるから，①が直線 m である。

つぎに，②，③のグラフのうち傾きが負であるのは②であるから，②が直線 ℓ である。

p.207 **38.** 答 (1) 平行のとき $a=2$，垂直のとき $a=-18$

(2) 平行のとき $a=-\dfrac{2}{3}$，垂直のとき $a=\dfrac{3}{8}$

解説 (1) 2直線の傾きは -3 と $-\dfrac{6}{a}$ である。

平行のとき，$-3=-\dfrac{6}{a}$　　垂直のとき，$-3\times\left(-\dfrac{6}{a}\right)=-1$

(2) 2直線の傾きは $-\dfrac{4}{3}$ と $2a$ である。

39. 答 (1) 平行な直線 $y=\dfrac{7}{4}x-\dfrac{13}{2}$，垂直な直線 $y=-\dfrac{4}{7}x-\dfrac{13}{7}$

(2) 平行な直線 $y=\dfrac{7}{4}x+\dfrac{7}{2}$，垂直な直線 $y=-\dfrac{4}{7}x-\dfrac{8}{7}$

解説 直線 $7x-4y+5=0$ の傾きは $\dfrac{7}{4}$ であるから，平行な直線の傾きは $\dfrac{7}{4}$，垂直な直線の傾きは $-\dfrac{4}{7}$ となる。

参考 次のように，2元1次方程式の形で答えてもよい。

(1) $7x-4y-26=0$, $4x+7y+13=0$

(2) $7x-4y+14=0$, $4x+7y+8=0$

p.208 **40.** 答 x 軸との交点，y 軸との交点の順に

(1) $(2,\ 0)$, $(0,\ -1)$　(2) $\left(\dfrac{5}{3},\ 0\right)$, $\left(0,\ \dfrac{5}{2}\right)$　(3) $(-18,\ 0)$, $(0,\ 3)$

41. 答 (1) $(1,\ 2)$　(2) $\left(\dfrac{2}{5},\ \dfrac{23}{5}\right)$　(3) $(1,\ -1)$　(4) $\left(\dfrac{6}{5},\ -\dfrac{9}{5}\right)$

42. 答 $a=1$, $b=3$

解説 連立方程式 $\begin{cases}1=-2a+b\\1=4a-b\end{cases}$ を解く。

43. 答 (1) $a=-\frac{3}{2}$ (2) $a=2$

解説 (1) 2 直線 $y=6x-24$, $y=-x-3$ の交点は $(3,\ -6)$
この点を直線 $y=ax+a$ が通るように a の値を定める。
(2) 交点の x 座標は, $-3x+2y=12$ に $y=0$ を代入して, $x=-4$
よって, 直線 $y=-ax-8$ が点 $(-4,\ 0)$ を通るように a の値を定める。

44. 答 (1) $y=-\frac{2}{3}x-\frac{5}{3}$ または $2x+3y+5=0$

(2) $y=\frac{3}{2}x+\frac{1}{2}$ または $3x-2y+1=0$ (3) $y=4x+3$ (4) $x=-1$

解説 $y=3x+2$, $y=-2x-3$ の交点は $(-1,\ -1)$ である。

p.209 **45.** 答 解がただ1組あるもの (ア), (イ)
解が無数にあるもの (ウ), (オ)
解がないもの (エ)
解説 2 直線の傾きと y 切片を比較して, それらの位置関係（交わる, 重なる, 平行）を調べる。

46. 答 (1) $a=-3$ (2) ない
解説 ①, ②のグラフである直線の傾きはそれぞれ 3, $-a$ で, これらが等しくなるのは $a=-3$ のときである。
このとき, ①より $y=3x+1$, ②より $y=3x+5$
よって, 2 直線①, ②は平行であるが, 重ならない。

p.211 **47.** 答 (1) 21 (2) $y=-\frac{3}{8}x+\frac{5}{8}$ または $3x+8y-5=0$

解説 (1) 三角形の 3 頂点の座標は A$(-1,\ 1)$, B$(1,\ -5)$, C$(5,\ 4)$

(2) 求める直線は, 頂点 A$(-1,\ 1)$ および辺 BC の中点 $\left(3,\ -\frac{1}{2}\right)$ を通る。

48. 答 (1) M$(1,\ 0)$ (2) $y=x+4$ (3) $-3\leqq k\leqq 6$
(4)（方法 1）△ABC$=40$ より, △EBD$=20$

BD$=6$ であるから, 点 E の y 座標は $\frac{20}{3}$ となる。

これを直線 AB の式に代入して, $\frac{20}{3}=x+4$ $x=\frac{8}{3}$ よって, E$\left(\frac{8}{3},\ \frac{20}{3}\right)$

ゆえに, 直線 DE の式は $y=10x-20$
（方法 2）直線 AD の傾きは 4 であるから, 直線 MF の式は, $y=4x-4$

この直線と辺 AB との交点 F の座標は $\left(\frac{8}{3},\ \frac{20}{3}\right)$

ゆえに, 直線 DF の式は $y=10x-20$

（理由）BM$=$MC より, △ABM$=\frac{1}{2}$△ABC

また, FM // AD であるから, △DFM$=$△AFM

ゆえに, △FBD$=$△ABM$=\frac{1}{2}$△ABC となり,

直線 DF は △ABC の面積を 2 等分している。

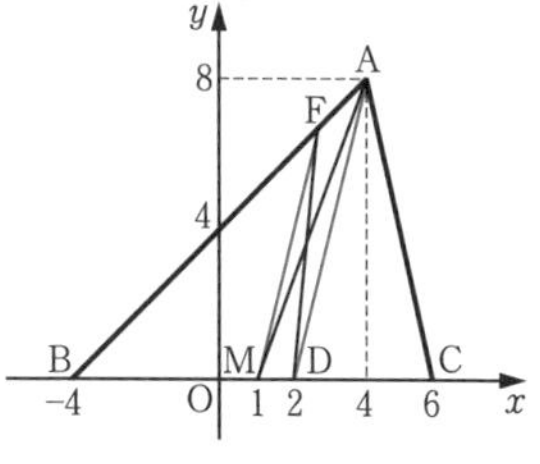

解説 (3) 直線が頂点 A を通るとき, $k=6$ 頂点 C を通るとき, $k=-3$

49. 答 (1) $m=1$　(2) $a:b=3:10$　(3) $m=\dfrac{19}{24}$

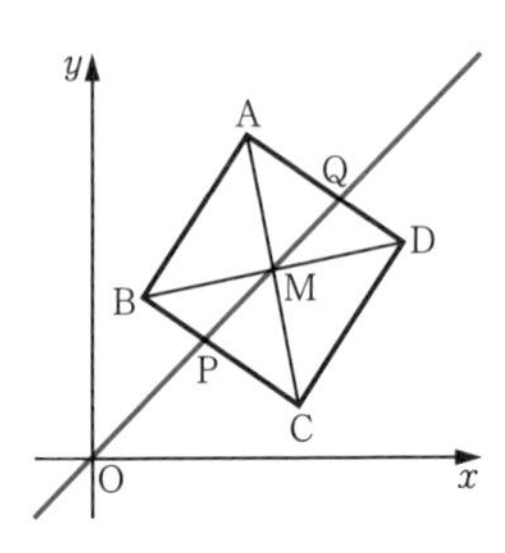

解説 (1) 正方形 ABCD の対角線の交点を M とすると，$M\left(\dfrac{7}{2},\ \dfrac{7}{2}\right)$

$S=T$ のとき，直線 $y=mx$ は点 M を通る。

(2) 辺 AB の傾きは $\dfrac{3}{2}$ であるから，$m=\dfrac{3}{2}$ のとき $y=mx$ は辺 AB に平行である。したがって，四角形 ABPQ，PCDQ はともに長方形である。

直線 BC の式は $y=-\dfrac{2}{3}x+\dfrac{11}{3}$ であるから，

$P\left(\dfrac{22}{13},\ \dfrac{33}{13}\right)$

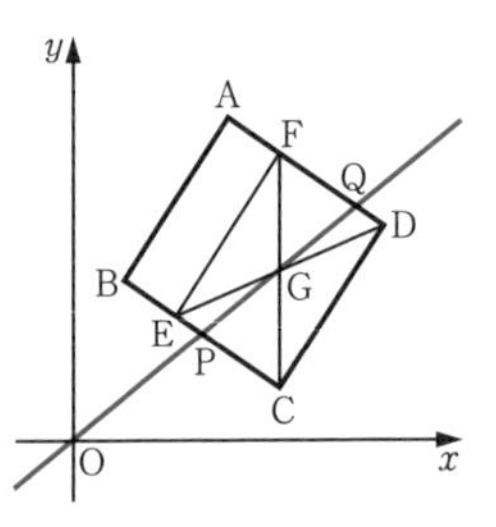

ゆえに，$S:T=\mathrm{BP}:\mathrm{PC}=\left(\dfrac{22}{13}-1\right):\left(4-\dfrac{22}{13}\right)$

(3) 辺 BC，AD を 1：2 に分ける点をそれぞれ E，F とすると，(長方形 ABEF)：(長方形 ECDF)＝1：2

このとき，求める直線 PQ は長方形 ECDF の面積を 2 等分するから，対角線 DE の中点 G を通る。

B(1, 3)，C(4, 1) より，

(点 E の x 座標)$=1+(4-1)\times\dfrac{1}{1+2}=2$

(点 E の y 座標)$=3+(1-3)\times\dfrac{1}{1+2}=\dfrac{7}{3}$　　よって，$E\left(2,\ \dfrac{7}{3}\right)$

D(6, 4)，$E\left(2,\ \dfrac{7}{3}\right)$ より，線分 DE の中点 G の座標は $G\left(4,\ \dfrac{19}{6}\right)$

ゆえに，$m=\dfrac{\frac{19}{6}}{4}$

p.212 **50.** 答 (1) $-2\leqq b\leqq 6$　(2) $a\leqq -4,\ \dfrac{8}{7}\leqq a$

(3) $\dfrac{5}{7}\leqq a+b\leqq 5$　(4) $a=\dfrac{5}{3},\ b=0$

解説 (1) (直線 OA の傾き)$<a<$(直線 BC の傾き) より，$y=x+b$ が頂点 A，B を通るとき，それぞれ b の値が最小，最大となる。

(2) 直線 $y=ax-3$ は，a の値が変化するとき，点 (0, −3) を中心として回転移動するから，頂点 A を通るとき正の傾きが最小で，頂点 C を通るとき負の傾きが最大となる。ただし，y 軸と重なるときは除く。

(3) $a+b$ は，$y=ax+b$ に $x=1$ を代入したときの y の値であり，求める値の範囲は右の図の赤い線の部分である。

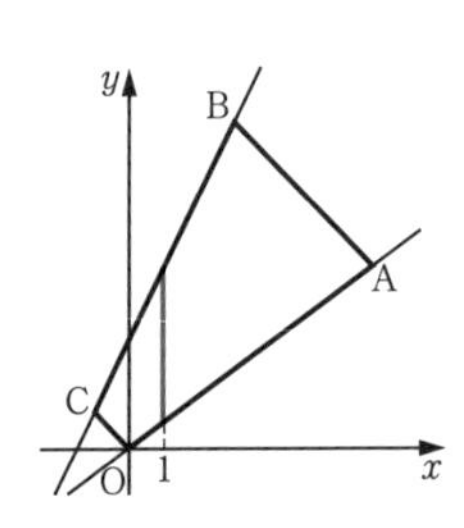

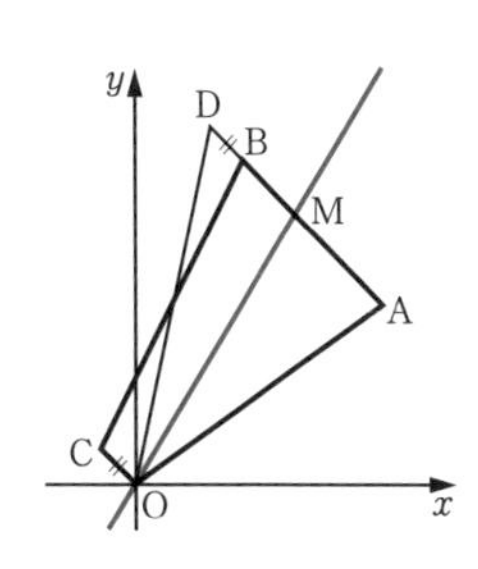

(4) 辺 AB，OC の傾きがともに -1 であるから，
$AB /\!/ OC$ となる。
このとき，辺 AB の延長上に点 D(2, 10) をとると，
BD＝OC となるから，△OBD＝△OBC
よって，(四角形 OABC)＝△OAD
線分 AD の中点を M とすると，$M\left(\frac{9}{2},\ \frac{15}{2}\right)$ であり，△OAM＝$\frac{1}{2}$(四角形 OABC)

p.213 **51.** 答 (1) 右の図 (2) $\frac{8}{3}$cm (3) $x=\frac{9}{2}$，6

解説 (1) 点 P は秒速 1cm で頂点 C から A まで進み，点 Q は秒速 0.5cm で頂点 A から E まで進むから，
$0 \leqq x \leqq 8$
$AP=8-x$，$AQ=\frac{1}{2}x$ より，
$AP+AQ=(8-x)+\frac{1}{2}x$ $y=-\frac{1}{2}x+8$
(2) △ABC が二等辺三角形で BD＝DC であるから，△PBD≡△QDC のとき，
AP＝AQ すなわち，$8-x=\frac{1}{2}x$ より $x=\frac{16}{3}$
(3) △PBC が二等辺三角形になるのは，(i) PB＝BC のときと(ii) PC＝BC のときである。
(i)のとき，△BPC∽△ABC（2 角）より， PC：BC＝BC：AC であるから，
PC：6＝6：8
(ii)のとき，PC＝BC＝6

p.214 **52.** 答 (1) 15cm² (2) 50cm² (3) 5
(4) $0 \leqq x \leqq 4$ のとき $y=5x+15$，$4 \leqq x \leqq 10$ のとき $y=\frac{5}{2}x+25$
(5) 8 秒後

解説 (2) 平行四辺形の高さを $a$cm とすると，$\triangle AED=\frac{1}{2}\times6\times a=15$ より，
$a=5$
また，グラフから 4 秒後に点 P は頂点 B に着くから，$AB=DC=6+1\times4=10$
ゆえに，求める面積は，10×5
(3) 1 秒間に点 P，Q はともに 1cm 動くから，y は底辺 1cm，高さ 5cm の平行四辺形の面積だけ増加する。
(4) $0 \leqq x \leqq 4$ のとき，(3)よりグラフの傾きは 5，y 切片は 15
$4 \leqq x \leqq 10$ のとき，グラフは 2 点 (4, 35)，(10, 50) を通る。
(5) $\frac{5}{2}x+25=45$

参考 (4) $0 \leqq x \leqq 4$ のとき y＝△AED＋▱EPQD，
$4 \leqq x \leqq 10$ のとき y＝△ABD＋△BQD と考えてもよい。

53. 答 (1) $\dfrac{5}{6}$秒後

(2) 右の図

(3) $t=\dfrac{17}{6}$, 4, $\dfrac{47}{10}$

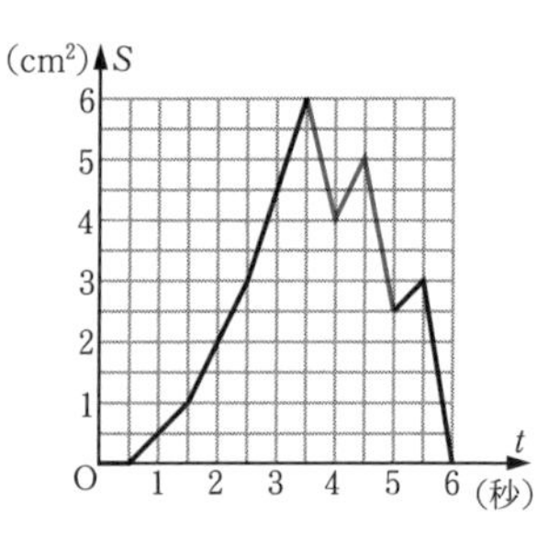

解説 (1) 直線 OP の傾きが最初に $\dfrac{3}{2}$ になるのは，$y=1$ のときである。

$y=\dfrac{3}{2}x$ に $y=1$ を代入して，$x=\dfrac{2}{3}$

ゆえに，$\left(1+\dfrac{2}{3}\right)\div 2$

(2) 次のように場合分けして考える。

(i) $\dfrac{7}{2}\leqq t\leqq 4$ のとき，$OQ=4$，$PQ=3-2\left(t-\dfrac{7}{2}\right)=-2t+10$

$\triangle OPQ=\dfrac{1}{2}\times(-2t+10)\times 4$　　$S=-4t+20$

(ii) $4\leqq t\leqq\dfrac{9}{2}$ のとき，$PQ=2$，$OQ=4+2(t-4)=2t-4$

$\triangle OPQ=\dfrac{1}{2}\times(2t-4)\times 2$　　$S=2t-4$

(iii) $\dfrac{9}{2}\leqq t\leqq 5$ のとき，$OQ=5$，$PQ=2-2\left(t-\dfrac{9}{2}\right)=-2t+11$

$\triangle OPQ=\dfrac{1}{2}\times(-2t+11)\times 5$　　$S=-5t+\dfrac{55}{2}$

(3) $\dfrac{5}{2}\leqq t\leqq\dfrac{7}{2}$ のとき，$PQ=3$，$OQ=2+2\left(t-\dfrac{5}{2}\right)=2t-3$

$\triangle OPQ=\dfrac{1}{2}\times(2t-3)\times 3$　　$S=3t-\dfrac{9}{2}$　　よって，$3t-\dfrac{9}{2}=4$

$t=4$ のとき，$S=4$ である。

$\dfrac{9}{2}\leqq t\leqq 5$ のとき，$-5t+\dfrac{55}{2}=4$

p.216 **54.** 答 (1) 分速 200 m　(2) 4800 m　(3) 3920 m

解説 (1) グラフより 30 分で 6 km，すなわち 6000 m 進んでいる。

(2) 妹の経過を表す直線は，$y=\dfrac{1}{5}x$ ……①

兄の経過を表す直線は，車の速さが分速 $\dfrac{4}{5}$ km $\left(\dfrac{4}{5}\text{km/min}\right)$ であるから，

$y=\dfrac{4}{5}(x-18)$ ……②

①，②を連立させて解く。

(3) 家から S 地点までの距離を t km とする。

$y=\dfrac{1}{5}x$ において，$y=t$ のとき，$x=5t$

引き返してくる妹の速さは $\frac{1}{5}\times\frac{3}{2}=\frac{3}{10}$（km/min）であるから，引き返してくる妹の経過を表す直線の式は $y-t=-\frac{3}{10}(x-5t)$ より，$y=-\frac{3}{10}x+\frac{5}{2}t$

兄が家を出てから4分後，妹が家を出てから22分後に2人は出会うから，

$-\frac{3}{10}\times22+\frac{5}{2}t=\frac{4}{5}(22-18)$　　$t=\frac{98}{25}$（km）

55. 答 (1) 毎時 $50\,\mathrm{m}^3$　(2) 10時間後

(3) $y=150x-800$，$8\leqq x\leqq12$

(4) 右の図

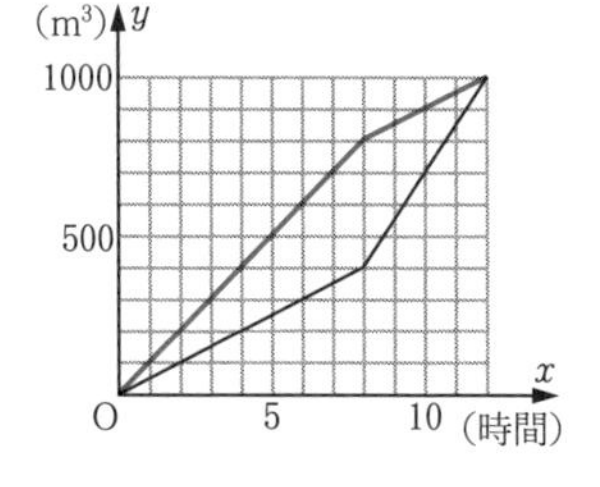

解説 (3) グラフは2点 (8，400)，(12，1000) を通る直線である。

(4) $0\leqq x\leqq8$ のとき，給水管Bから毎時 $100\,\mathrm{m}^3$ の水がはいるから，$y=100x$

$8\leqq x\leqq12$ のとき，直線は点 (8，800) を通り，給水管Aから毎時 $50\,\mathrm{m}^3$ の水がはいるから，

$y-800=50(x-8)$　　よって，$y=50x+400$

p.217 **56.** 答 (1) 3回　(2) 76分15秒

解説 (1) トラックはAB間を片道25分，自転車はCA間を125分かかる。

自転車が出発してから x 分後のA地点からの距離を y km とする。トラックと自転車のグラフをかくと，右の図のようになり，2回出会い，1回追いこされる。

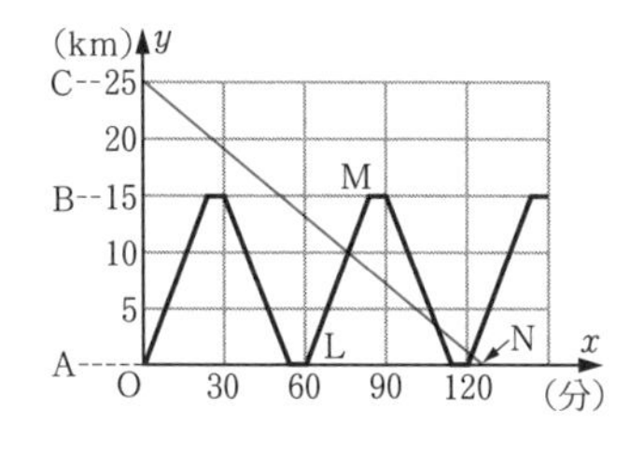

(2) トラックの速さは 分速 $\frac{3}{5}$ km，自転車の速さは 分速 $\frac{1}{5}$ km である。

上の図の直線LMの式 $y=\frac{3}{5}(x-60)$，直線CNの式 $y=-\frac{1}{5}x+25$ を連立させて解くと，$x=\frac{305}{4}$

57. 答 (1) $x=0.1$，0.9　(2) 右の図　(3) $x=0.4$，0.8

解説 (1) 1回こねる作業で0.2に移動したので，㋑の合わせる作業のときは0.1にある。この点のはじめの位置は左端から0.1と，右端から0.1の2点である。

ゆえに，$x=0.1$，0.9

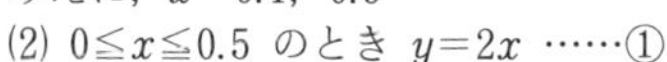

(2) $0\leqq x\leqq0.5$ のとき $y=2x$ ……①

$0.5\leqq x\leqq1$ のとき $y=2(1-x)=-2x+2$ ……②

(3) (2)の①の式の y を y_1，②の式の y を y_2 とする。

こねる作業を2回続けて行ったとき移動した点をZとする。

(i) $0\leqq y_1\leqq0.5$ のとき，すなわち $0\leqq 2x\leqq0.5$ のとき，$z=2y_1$

$z=2\times2x=4x$ であるから，$x=4x$　　ゆえに，$x=0$

したがって，1回目も2回目ももとの位置にもどるので，問題に適さない。

(ii) $0 \leqq y_2 \leqq 0.5$ のとき，すなわち $0 \leqq -2x+2 \leqq 0.5$ のとき，$z=2y_2$
$z=2(-2x+2)=-4x+4$ であるから，$x=-4x+4$　ゆえに，$x=0.8$
したがって，0.8→0.4→0.8 と移動するので，問題に適する。
(iii) $0.5 \leqq y_1 \leqq 1$ のとき，すなわち $0.5 \leqq 2x \leqq 1$ のとき，$z=-2y_1+2$
$z=-2\times 2x+2=-4x+2$ であるから，$x=-4x+2$　ゆえに，$x=0.4$
したがって，0.4→0.8→0.4 と移動するので，問題に適する。
(iv) $0.5 \leqq y_2 \leqq 1$ のとき，すなわち $0.5 \leqq -2x+2 \leqq 1$ のとき，$z=-2y_2+2$
$z=-2(-2x+2)+2=4x-2$ であるから，$x=4x-2$　ゆえに，$x=\frac{2}{3}$
したがって，1回目も2回目ももとの位置にもどるので，問題に適さない。

11章の問題

p.218 **1** 答 (1) $y=-\frac{3}{2}x+1$　(2) $x=-10,\ -\frac{32}{3},\ -\frac{34}{3},\ -12$

解説 (2) $-\frac{3}{2}x+1=16,\ 17,\ 18,\ 19$ より，$-\frac{3}{2}x=15,\ 16,\ 17,\ 18$

2 答 (1) $0<x \leqq 100$ のとき $y=75000$，$x \geqq 100$ のとき $y=400x+35000$
(2) 115000円　(3) 162枚
解説 (3) $400x+35000 \leqq 100000$ より，$x \leqq 162.5$

3 答 (1) $k=\frac{5}{9}$，$r=32$　(2) 華氏32度，華氏212度

解説 (1) $10=k(50-r)$，$25=k(77-r)$　ゆえに，$k=\frac{5}{9}$，$r=32$

(2) (1)より $y=\frac{5}{9}(x-32)$ となるから，$x=\frac{9}{5}y+32$

4 答 (1) $y=-\frac{3}{4}x+\frac{23}{4}$ または $3x+4y-23=0$

(2) $y=\frac{3}{4}x-3$ または $3x-4y-12=0$

(3) $y=\frac{3}{4}x+3$ または $3x-4y+12=0$

(4) $y=-\frac{3}{4}x-3$ または $3x+4y+12=0$

(5) $y=\frac{4}{3}x+4$ または $4x-3y+12=0$

解説 (1) 点 (0, 3) は点 (5, 2) に移動するから，点 (5, 2) を通り傾き $-\frac{3}{4}$ の直線の式を求める。

(2) 点 (0, 3) は点 (0, −3) に移動するから，点 (0, −3) を通り傾き $\frac{3}{4}$ の直線の式を求める。

(3) 点 (0, 3) は動かないから，点 (0, 3) を通り傾き $\frac{3}{4}$ の直線の式を求める。

(4) 点 (0, 3) は点 (0, −3) に移動するから，点 (0, −3) を通り傾き $-\frac{3}{4}$ の直線の式を求める。
(5) 点 (4, 0) は点 (0, 4) に，点 (0, 3) は点 (−3, 0) に移動するから，2点 (0, 4)，(−3, 0) を通る直線の式を求める。
参考 切片形を利用してもよい。(→演習問題36，本文 p.206)
(2) x 切片 4，y 切片 −3　(3) x 切片 −4，y 切片 3　(4) x 切片 −4，y 切片 −3

5 答 (1) $a=\frac{7}{2}$，$c=-\frac{29}{12}$　(2) $a=-5$

解説 (1) 直線 $y=\frac{2}{3}x+\frac{1}{4}$ 上に C$(-4,\ c)$ があるから，

$c=\frac{2}{3}\times(-4)+\frac{1}{4}=-\frac{29}{12}$

3点 A，B，C は一直線上にあるから，直線 AB と直線 BC の傾きが等しい。

よって，$\dfrac{\frac{1}{2}-\left(-\frac{2}{3}\right)}{a-\frac{1}{2}}=\dfrac{-\frac{2}{3}-\left(-\frac{29}{12}\right)}{\frac{1}{2}-(-4)}$

(2) 2直線の傾きはそれぞれ $-\frac{5}{a}$，$-\frac{a}{5}$ であるから，2直線が平行となるとき，

$-\frac{5}{a}=-\frac{a}{5}$　　$a^2=25$　　$a=\pm5$

ところが $a=5$ のとき2直線は重なる。

p.219 **6** 答 (3, 0)，(8, 0)

解説 点 C の座標を $(t,\ 0)$ とする。

直線 AC の傾きは $-\frac{6}{t}$，直線 BC の傾きは $\frac{4}{11-t}$ となる。

直線 AC と BC は垂直であるから，$-\frac{6}{t}\times\frac{4}{11-t}=-1$

整理して，$t^2-11t+24=0$　　これを解いて，$t=3,\ 8$

注 2次方程式については，9章 (→本文 p.153) でくわしく学習する。

7 答 (1) $b=-2a+18$　(2) $-82\leqq b\leqq38$

解説 (1) $\ell /\!/ m$ である数直線 ℓ 上の点 A(4)，B(7)，P(a) に，数直線 m 上の点 A′(10)，B′(4)，P′(b) が，右の図のように，それぞれ対応しているとする。

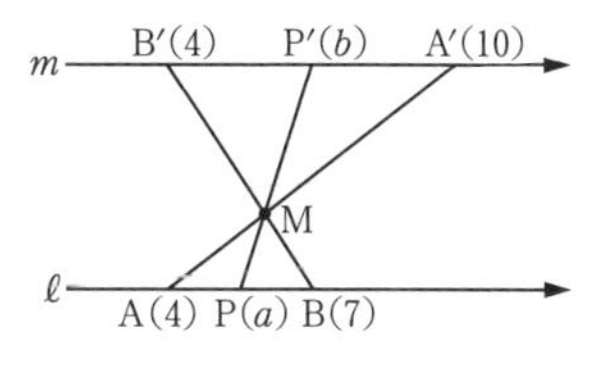

三角形の1つの辺に平行な直線は，他の2つの辺を等しい比に外分するから，

AP : A′P′ = AB : A′B′ = AM : A′M

$a>4$ のとき，$(a-4):(10-b)=(7-4):(10-4)$

よって，$6(a-4)=3(10-b)$　　ゆえに，$b=-2a+18$

$a<4$ のとき，$(4-a):(b-10)=(7-4):(10-4)$

よって，$6(4-a)=3(b-10)$　　ゆえに，$b=-2a+18$

注 平行線と比については，「新Aクラス中学幾何問題集」(→6章，本文 p.123) でくわしく学習する。

8 **答** (1) $y=-\dfrac{3}{4}x+6$ (2) E$(-4,\ -3)$

解説 (2) △AED＝(四角形 ABCD) となるためには，△ACD が共通であるから，△AEC＝△ABC となればよい。すなわち，BE // AC となればよい。
点 E の x 座標は点 B の x 座標 -4 に等しいから，②に代入して，E$(-4,\ -3)$

9 **答** (1) R$(7,\ 5)$ (2) Q$(3,\ 7)$ (3) $y=\dfrac{2}{3}x+\dfrac{1}{3}$，$1 \leqq x \leqq 22$

解説 (1) P$(2,\ 0)$ のとき，Q$(2,\ 5)$　PQ＝5 より，点 R の x 座標は，$2+5=7$
(2) Q$(a,\ 2a+1)$ とすると，点 S の x 座標は $a+(2a+1)=3a+1$
よって，$3a+1=10$ より，$a=3$
(3) P$(p,\ 0)$ とすると，Q$(p,\ 2p+1)$　R$(x,\ y)$ より，$x=p+(2p+1)$
よって，$x=3p+1$，$y=2p+1$　この 2 式から p を消去する。
$0 \leqq p \leqq 7$ より，$1 \leqq 3p+1 \leqq 22$

p.220 **10** **答** (1) P$(3,\ 1)$ (2) $\dfrac{1}{6}$ (3) P$\left(\dfrac{17}{4},\ \dfrac{17}{4}\right)$

解説 右の図のように，3 直線の交点をそれぞれ A，B，C とすると，A$(4,\ 5)$，B$(3,\ 1)$，C$(5,\ 2)$
(1) 直線 $y=x$ と辺 AB，AC との交点をそれぞれ D$\left(\dfrac{11}{3},\ \dfrac{11}{3}\right)$，E$\left(\dfrac{17}{4},\ \dfrac{17}{4}\right)$ とする。
点 P が △ADE の周または内部にあるときは x 座標が a であるから，$\dfrac{11}{3} \leqq a \leqq \dfrac{17}{4}$
点 P が四角形 DBCE の周または内部にあるときは，y 座標が a であるから，$1 \leqq a \leqq \dfrac{17}{4}$

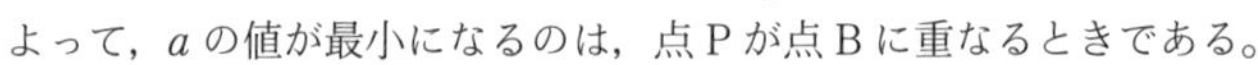

よって，a の値が最小になるのは，点 P が点 B に重なるときである。
(2) 直線 $x=4$，直線 $y=4$ および直線 AC で囲まれた直角三角形である。
直線 $y=4$ と直線 AC との交点は $\left(\dfrac{13}{3},\ 4\right)$ であるから，$\dfrac{13}{3}-4=\dfrac{1}{3}$ より，底辺 $\dfrac{1}{3}$，高さ 1 である。
(3) (1)より，a の値が最大になるのは，点 P が点 E に重なるときである。

11 **答** (1) CD＝17 cm，AB＝40 cm (2) 498 cm^2

解説 (1) △ACD の面積について，$\dfrac{1}{2}\times 12\times \text{CD}=102$　ゆえに，CD＝17
$1\times 96-1\times 84=12$
この値は 17 より小さいから 84 秒後には点 P は辺 CD 上にあり，PD＝12 cm
よって，$\triangle \text{ABD}=\dfrac{8}{3}\triangle \text{APD}=\dfrac{8}{3}\times\left(\dfrac{1}{2}\times 12\times 12\right)=192$
また，点 P が辺 AB 上にあるとき，グラフより $y=\dfrac{24}{5}x$ であるから $y=192$ を代入して，$x=40$
ゆえに，AB＝$1\times 40=40$

(2) BC＝96－(40＋17)＝39
頂点Bから辺DCの延長に垂線BHをひくと，△AHD＝△ABD
$\triangle AHD=\frac{1}{2}\times12\times DH=6DH$ (1)より △ABD＝192
よって，6DH＝192 であるから，DH＝32 CH＝DH－CD＝32－17＝15
△BCHで，∠BHC＝90° であるから，三平方の定理より，
$BH=\sqrt{BC^2-CH^2}=\sqrt{39^2-15^2}=36$
ゆえに，(四角形ABCD)＝△ABD＋△BCD＝$192+\frac{1}{2}\times17\times36=498$
注 三平方の定理については，「新Aクラス中学幾何問題集」(→9章，本文p.203) でくわしく学習する。
別解 (2) 頂点Bから辺DAの延長に垂線BH′をひく。
$\triangle ABD=\frac{1}{2}\times12\times BH'=6BH'$
(1)より △ABD＝192 であるから，6BH′＝192 BH′＝32
△AH′Bで，∠AH′B＝90° であるから，三平方の定理より，
$AH'=\sqrt{AB^2-BH'^2}=\sqrt{40^2-32^2}=24$ よって，DH′＝DA＋AH′＝12＋24＝36
ゆえに，(四角形ABCD)＝△ABD＋△BCD＝$192+\frac{1}{2}\times17\times36=498$
参考 △AH′Bは3辺の比が 3：4：5 の直角三角形である。

12 **答** (1) 傾き2の直線 $-2a+b$，傾き -2 の直線 $2a+b$ (2)(i) 30個 (ii) 59個
解説 (1) $y=2x+p$ がA$(a,\ b)$を通るから，$b=2a+p$ より，$p=-2a+b$
$y=-2x+p$ についても同様。
(2)(i) 直線OAの式は，$y=\frac{15}{7}x$
① A(7, 15)を通る傾き2の直線の式は，$y=2x+1$
線分OAは $y=2x$ と $y=2x+1$ の2直線と交わるから，交点は2個となる。
② A(7, 15)を通る傾き -2 の直線の式は，$y=-2x+29$
線分OAは傾き -2 で y 切片が0から29までの直線と交点をもつから，交点は30個となる。
①，②で，原点Oと点Aが重複しているから，求める交点の個数は，
2＋30－2＝30
(ii) 直線OAの式は，$y=\frac{28}{15}x$
③ A(15, 28)を通る傾き2の直線の式は，$y=2x-2$
線分OAは $y=2x-2$，$y=2x-1$，$y=2x$ の3直線と交わるから，交点は3個となる。
④ A(15, 28)を通る傾き -2 の直線の式は，$y=-2x+58$
線分OAは傾き -2 で y 切片が0から58までの直線と交点をもつから，交点は59個となる。
③の $y=\frac{28}{15}x$ と $y=2x-1$ との交点 $\left(\frac{15}{2},\ 14\right)$ は，④の $y=\frac{28}{15}x$ と $y=-2x+29$ との交点でもあるから，重複している交点の個数は原点Oと点Aをふくめて3個。
ゆえに，求める交点の個数は，3＋59－3＝59

12章　関数$y=ax^2$

p.221

1. 答

x	-3	-2	-1	0	1	2	3	4
y	18	8	2	0	2	8	18	32

2. 答

y が x の 2 乗に比例するもの	(イ)	(カ)
比例定数	5	$-\frac{1}{7}$

3. 答

y が x の 2 乗に比例するもの	(ア)	(エ)	(オ)	(カ)	(ク)
比例定数	1	6	$\frac{\sqrt{3}}{4}$	$\frac{\pi}{6}$	10π

p.222

4. 答 $y=\frac{1}{4}x^2$

5. 答 $y=\frac{75}{2}$

解説 $y=ax^2$ とすると，$x=-2$ のとき $y=6$ より，$a=\frac{3}{2}$

よって，$y=\frac{3}{2}x^2$

6. 答 $y=-2$

解説 $y=a(x+1)^2$ とすると，$x=1$ のとき $y=-2$ より，$a=-\frac{1}{2}$

よって，$y=-\frac{1}{2}(x+1)^2$

7. 答 $y=50$

解説 $y=ax^2+b$ とすると，$4a+b=14$，$9a+b=29$ より，$a=3$，$b=2$

よって，$y=3x^2+2$

8. 答 122.5m

解説 x 秒間に ym 落下するとすれば，$y=ax^2$ と表すことができる。

$490=100a$ より，$a=4.9$　　よって，$y=4.9x^2$

9. 答 4秒

解説 長さ ym の振り子が 1 往復するのに x 秒かかるとすると，$y=ax^2$ と表すことができる。

$1=4a$ より，$a=\frac{1}{4}$　　よって，$y=\frac{1}{4}x^2$

p.223

10. 答 (ア) 放物線　(イ) y 軸　(ウ) 正または0　(エ) 上　(オ) $a<0$　(カ) 上

解説 (ウ)は $y\geqq 0$ と答えてもよい。

11. 答 点D

p.224 **12.** 答

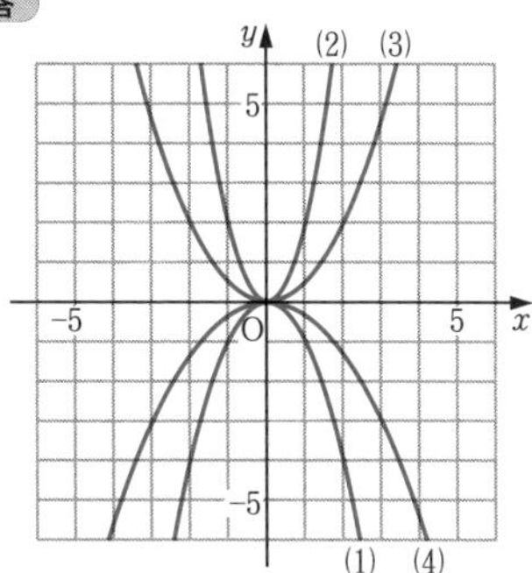

13. 答

(1)

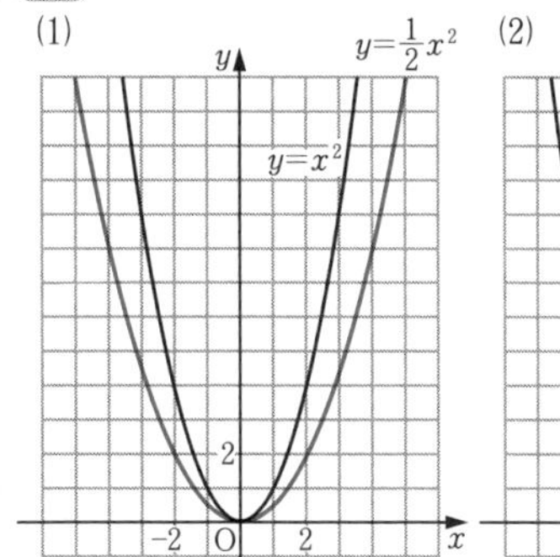

(2)

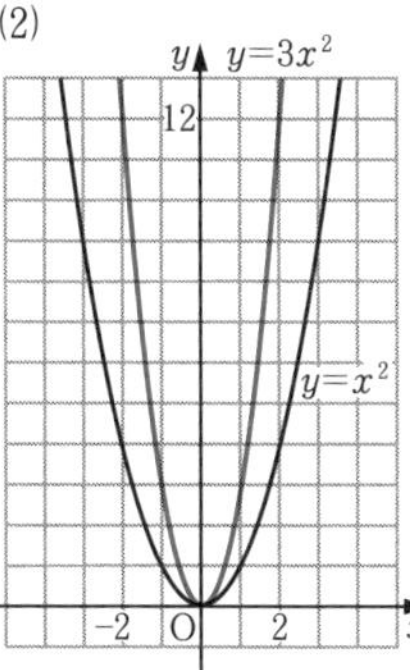

(3)

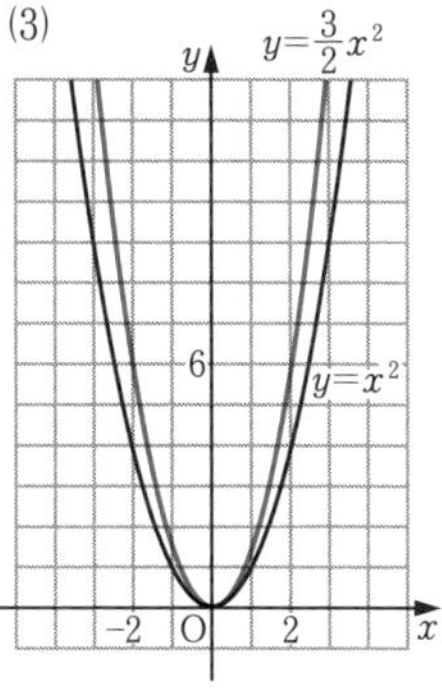

14. 答 (1) 3 倍　(2) $\frac{1}{2}$ 倍　(3) $\frac{1}{3}$ 倍　(4) $\frac{3}{2}$ 倍

15. 答 (1) $y=-2x^2$　(2) $y=\frac{3}{4}x^2$　(3) $y=1.5x^2$

16. 答 (1) ①との交点 $(2,\ 4)$, $(-2,\ 4)$
②との交点 $(1,\ 4)$, $(-1,\ 4)$
(2) ①との交点 $(2k,\ 4k^2)$, $(-2k,\ 4k^2)$
②との交点 $(k,\ 4k^2)$, $(-k,\ 4k^2)$
(3) ①のグラフを y 軸を基準にして x 軸方向に $\frac{1}{2}$ 倍する。

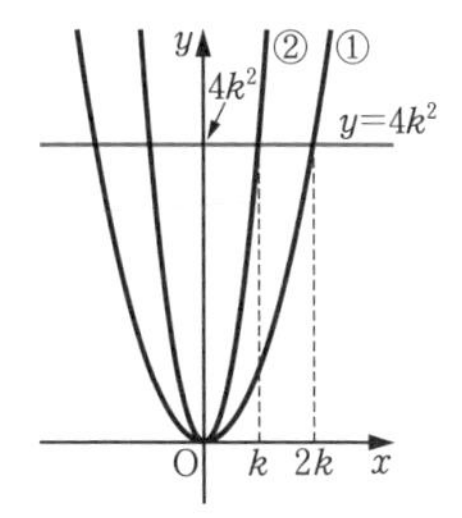

解説 ①，②のグラフは右の図のようになる。
(3) ①上の点 $(2k,\ 4k^2)$ と②上の点 $(k,\ 4k^2)$ が対応している。

17. 答 (1) ①との交点 $(0,\ 0)$，$(2a,\ 4a^2)$
②との交点 $(0,\ 0)$，$(a,\ 2a^2)$

(2) ①のグラフを原点を中心にして $\dfrac{1}{2}$ 倍する。

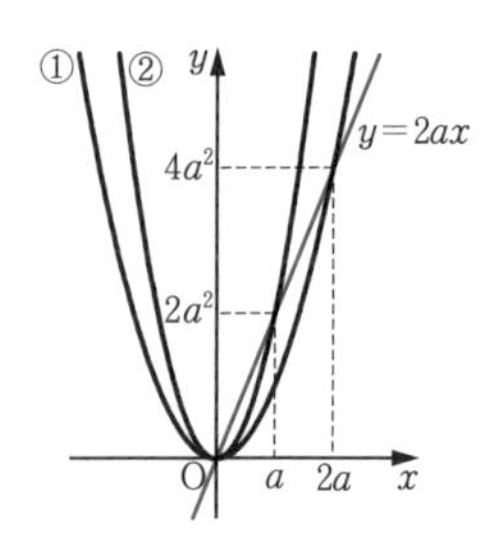

解説 ①，②のグラフは右の図のようになる。
(2) ①上の点 $(2a,\ 4a^2)$ と②上の点 $(a,\ 2a^2)$ が対応している。

p.225 **18.** 答 (イ)，(ウ)

19. 答 最大値があるもの (ウ)，(エ)
最小値があるもの (イ)，(オ)

20. 答 (1) 8　(2) 18

21. 答 (1) $2\leqq y\leqq 8$　(2) $2\leqq y\leqq 8$　(3) $0\leqq y\leqq 8$

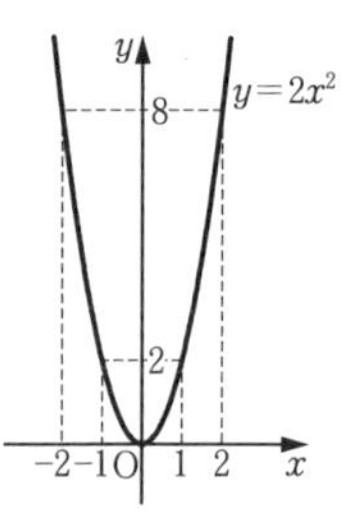

解説 この関数のグラフは右の図のようになる。
(3) $-1\leqq x\leqq 0$ のとき $0\leqq y\leqq 2$，
$0\leqq x\leqq 2$ のとき $0\leqq y\leqq 8$

p.226 **22.** 答 $a=-\dfrac{1}{3}$

解説 x の値が 2 から 5 まで増加するから，$25a-4a=-7$

23. 答 $t=2,\ 8$
解説 $-2(-5+t)^2-\{-2\times(-5)^2\}=32$

24. 答 6 秒後
解説 $y=ax^2$ と表すことができる。
$4.9=a\times 1^2$ より，$a=4.9$　　よって，$y=4.9x^2$
最初の小石が落下しはじめてから t 秒後に 2 つの小石の落下した距離の差が 98m になるとすると，$4.9t^2-4.9(t-2)^2=98$

p.227 **25.** 答 (1) -4　(2) 21　(3) -49　(4) $7a$

26. 答 (1) $y=3x^2$　(2) $y=-\dfrac{1}{2}x^2$

27. 答 $t>2$
解説 $\dfrac{(t+1)^2-t^2}{(t+1)-t}>5$
参考 今後，$y=ax^2$ の変化の割合を求めるときは，例題 4（→本文 p.226）の結果を利用する。この場合，$1\times\{t+(t+1)\}>5$ を解く。

28. 答 $a=-1$
解説 $-(1+3)=\dfrac{1}{2}(-7+a)$

29. 答 (1) 10 秒　(2) 秒速 4m

p.228 **30.** 答 12（$x=-4$ のとき）
解説 最小値が 3 であるから $a>0$ で，$x=-2$ のとき最小となる。
よって，$a\times(-2)^2=3$ より，$a=\dfrac{3}{4}$　　$x=-4$ のとき最大値をとる。

31. 答 $a=2,\ b=2$
解説 最小値が 8 であるから，$a>0,\ b>0$
よって，$x=3$ のとき $y=18$，$x=b$ のとき $y=8$

32. 答 $t=-2,\ -1$

解説 $y=0$ となるのは $x=0$ のとき，$y=-16$ となるのは $x=\pm 2$ のときである。　よって，$t=-2$ または $t+3=2$

33. 答 $a=-4,\ b=0$

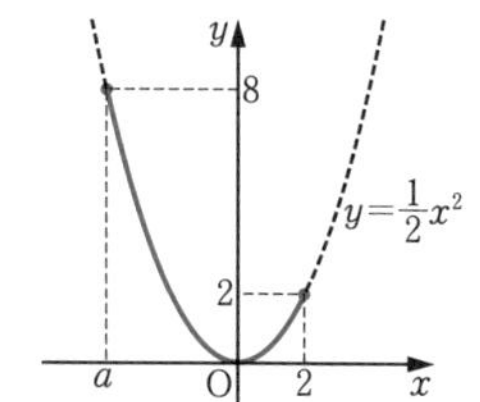

解説 $\frac{1}{2}a^2=8$　　$a \leqq 2$ であるから，$a=-4$

$-4 \leqq x \leqq 2$ より，$x=0$ のとき最小値をとる。

p.229 **34.** 答 (1) C(6, 9)　(2) $p=\frac{2}{3}$　(3) 2倍

解説 (1) $p=3$ のとき，A(3, 9)
よって，点Cのy座標は9である。

(2) $A(p,\ p^2)$，$B\left(p,\ \frac{1}{4}p^2\right)$ より，$AB=p^2-\frac{1}{4}p^2=\frac{3}{4}p^2$

点Dのx座標をaとすると，$a^2=\frac{1}{4}p^2$　　$p>0$，$a>0$ であるから，$a=\frac{1}{2}p$

よって，$BD=p-\frac{1}{2}p=\frac{1}{2}p$　　AB=BD より，$\frac{3}{4}p^2=\frac{1}{2}p$

(3) △ABC：△ABD＝AC：BD　　(2)と同様に，点Cのx座標をbとすると，
$\frac{1}{4}b^2=p^2$ より，$b=2p$　　$AC=2p-p=p$

p.231 **35.** 答 (1) $y=-x+3$　(2) Q(3, 0)，$R\left(-\frac{3}{2},\ \frac{9}{2}\right)$　(3) 4：5

解説 (1) 直線ℓは傾きが -1 で，P(1, 2) を通る。
(2) $y=-x+3$ に $y=0$ を代入して，$0=-x+3$　　ゆえに，Q(3, 0)
点Rは放物線上にあり，かつ直線ℓ上にもあるから，$y=2x^2$ と $y=-x+3$ を連立させて，$2x^2=-x+3$　　これを解いて，$x=-\frac{3}{2},\ 1$

点Rのx座標は1と異なるから，$x=-\frac{3}{2}$　　$y=2\times\left(-\frac{3}{2}\right)^2$

ゆえに，$R\left(-\frac{3}{2},\ \frac{9}{2}\right)$

(3) 点P，Rからx軸にそれぞれ垂線PP′，RR′をひくと，
△OPQ：△OPR＝PQ：PR＝P′Q：P′R′＝$(3-1):\left\{1-\left(-\frac{3}{2}\right)\right\}$

36. 答 (1) $y=x+2$　(2) $a=3$　(3) D(1, 3)　(4) 1：2

解説 (1) 直線ℓは2点A(−1, 1)，P(0, 2) を通る。
(2) $C(c,\ d)$とすると，PC：PA＝2：3 より，$0-c=\frac{2}{3}\{0-(-1)\}$，

$2-d=\frac{2}{3}(2-1)$　　よって，$c=-\frac{2}{3}$，$d=\frac{4}{3}$　　すなわち，$C\left(-\frac{2}{3},\ \frac{4}{3}\right)$

放物線 $y=ax^2$ が点Cを通るから，$\frac{4}{3}=a\times\left(-\frac{2}{3}\right)^2$

(3) $y=3x^2$ と $y=x+2$ を連立させて，$3x^2=x+2$　　これを解いて，$x=-\frac{2}{3},\ 1$
ただし，点Dのx座標は正である。

(4) $y=x^2$ と $y=x+2$ を連立させて，$x^2=x+2$　　これを解いて，$x=-1$，2
点Bのx座標は正であるから，B(2，4)
点P，B，Dのx座標の差を考えることにより，PD：PB$=(1-0)：(2-0)$

p.232 **37.** 答 (1) $\frac{1}{9}$　(2) $\frac{\sqrt{10}}{15}$　(3) P$\left(\frac{1}{6},\ \frac{1}{9}\right)$

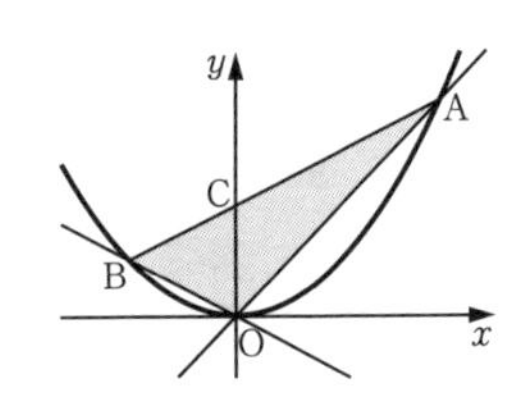

解説 (1) ①，②を連立させて，$x^2=\frac{2}{3}x$　　これを解いて，$x=0$，$\frac{2}{3}$　　よって，A$\left(\frac{2}{3},\ \frac{4}{9}\right)$

①，③を連立させて，$x^2=-\frac{1}{3}x$　　これを解いて，$x=0$，$-\frac{1}{3}$　　よって，B$\left(-\frac{1}{3},\ \frac{1}{9}\right)$

直線ABの式は，$y=\frac{1}{3}x+\frac{2}{9}$

直線ABとy軸との交点Cの座標は$\left(0,\ \frac{2}{9}\right)$

$\triangle\mathrm{OAB}=\frac{1}{2}\times\frac{2}{9}\times\left\{\frac{2}{3}-\left(-\frac{1}{3}\right)\right\}$

(2) $\mathrm{AB}=\sqrt{\left\{\left(-\frac{1}{3}\right)-\frac{2}{3}\right\}^2+\left(\frac{1}{9}-\frac{4}{9}\right)^2}=\frac{\sqrt{10}}{3}$

求める垂線の長さをhとすると，$\frac{1}{2}\times\frac{\sqrt{10}}{3}\times h=\frac{1}{9}$

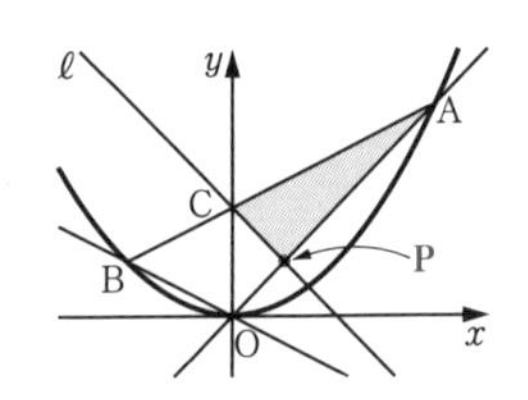

(3) 直線OAの式は $y=\frac{2}{3}x$ より，P$\left(t,\ \frac{2}{3}t\right)$ とすると，

$\triangle\mathrm{PAC}=\triangle\mathrm{OCA}-\triangle\mathrm{OCP}=\frac{1}{2}\times\frac{2}{9}\times\frac{2}{3}-\frac{1}{2}\times\frac{2}{9}\times t$

$=\frac{2}{27}-\frac{t}{9}$

よって，(1)より，$\frac{2}{27}-\frac{t}{9}=\frac{1}{18}$　　$t=\frac{1}{6}$

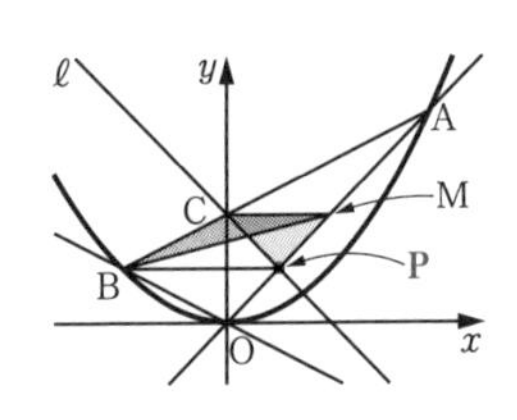

別解1 (3) 辺OAの中点Mは$\left(\frac{1}{3},\ \frac{2}{9}\right)$

よって，線分BMは△OABを2等分する。
ここで，点Bを通り線分CMに平行な直線をひき，辺OAとの交点をPとする。
△CMB＝△CMP であるから，直線CPは△OABを2等分する。

CM∥BP より，点Pのy座標は$\frac{1}{9}$

Pは②上の点であるから，$\frac{1}{9}=\frac{2}{3}x$

別解2 (3) △ABO と △ACP は ∠A を共有するから，
△ACP：△ABO＝AC･AP：AB･AO
△ACP：△ABO＝1：2 より，AC･AP：AB･AO＝1：2
2AP：3AO＝1：2 であるから，3AO＝4AP
よって，AP：PO＝3：1 であるから，P は辺 OA を
1：3 に内分する点である。

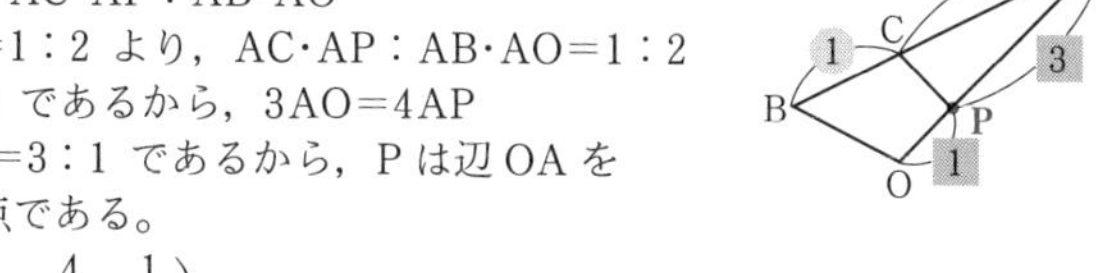

ゆえに，$P\left(\dfrac{2}{3}\times\dfrac{1}{4},\ \dfrac{4}{9}\times\dfrac{1}{4}\right)$

38. **答** (1) $a=\dfrac{1}{4}$ (2) 30 (3) 5 個 (4) P(8, 16)

解説 (1) $y=ax^2$ について x の値が -6 から 4 まで増加するときの変化の割合が，直線 AB の傾きに等しいから，$a\{(-6)+4\}=-\dfrac{1}{2}$

(2) (1)より $y=\dfrac{1}{4}x^2$ となるから，A$(-6,\ 9)$，B$(4,\ 4)$

よって，直線 BC の式は，$y=\dfrac{1}{2}x+2$

点 C の x 座標を c とすると，(1)と同様に，$\dfrac{1}{4}(c+4)=\dfrac{1}{2}$ より，$c=-2$

よって，C$(-2,\ 1)$

また，直線 AB の式は，$y=-\dfrac{1}{2}x+6$

点 C を通り y 軸に平行な直線と，直線 AB との交点を D とすると，D$(-2,\ 7)$ となるから，CD$=7-1=6$

ゆえに，$\triangle\text{ABC}=\dfrac{1}{2}\times6\times\{4-(-6)\}$

(3) 点 A を通り直線 BC に平行な直線を ℓ，点 B を通り直線 AC に平行な直線を m，点 C を通り直線 AB に平行な直線を n とし，直線 AB について C と対称な点 C′ を通り直線 AB に平行な直線を n' とする。

$y=\dfrac{1}{4}x^2$ のグラフは直線 ℓ と点 A と異なる 1 点で交わり，直線 m と点 B と異なる 1 点で交わり，直線 n と点 C と異なる 1 点で交わり，さらに直線 n' と 2 点で交わるから，点 P の個数は，$1+1+1+2$

(4) (3)の直線 ℓ と $y=\dfrac{1}{4}x^2$ のグラフとの交点が求める点である。

直線 ℓ の式は，$y=\dfrac{1}{2}x+12$

これと $y=\dfrac{1}{4}x^2$ を連立させて，$\dfrac{1}{2}x+12=\dfrac{1}{4}x^2$ これを解いて，$x=-6,\ 8$

$x=8$ が問題に適する。

39. 答 (1) A$(-1,\ a)$，C$(3,\ 9a)$ より，直線 AC の式は，$y=2ax+3a$

これに $y=0$ を代入して，$x=-\dfrac{3}{2}$　　よって，点 E の座標は $\left(-\dfrac{3}{2},\ 0\right)$

同様に，B$(-1,\ b)$，D$(3,\ 9b)$ より，直線 BD の式は，$y=2bx+3b$

これに $y=0$ を代入して，$x=-\dfrac{3}{2}$

ゆえに，直線 BD は点 E を通る。

(2) $1:81$　(3) $c=\dfrac{-3+\sqrt{41}}{2}$　(4) $a=\dfrac{3}{8}$，$b=\dfrac{1}{4}$

解説 (2) (1)より，△AEB∽△CED　　F$(-1,\ 0)$，G$(3,\ 0)$ とすると，相似比は，EA：EC＝EF：EG＝$\left\{-1-\left(-\dfrac{3}{2}\right)\right\}:\left\{3-\left(-\dfrac{3}{2}\right)\right\}=1:9$

ゆえに，△AEB：△CED＝$1^2:9^2$

(3) 直線 $x=c$ と辺 AC，BD との交点をそれぞれ H，I とすると，

(2)より，△AEB：(台形 ABDC)＝$1:80$ であるから，

△AEB：△HEI＝$1:(1+40)=1:41$ となればよい。

よって，$\left\{-1-\left(-\dfrac{3}{2}\right)\right\}:\left\{c-\left(-\dfrac{3}{2}\right)\right\}=\sqrt{1}:\sqrt{41}$　　$\dfrac{1}{2}:\left(c+\dfrac{3}{2}\right)=1:\sqrt{41}$

(4) AC$=\sqrt{\{3-(-1)\}^2+(9a-a)^2}=\sqrt{16+64a^2}$　　$\sqrt{16+64a^2}=5$

$a>0$ であるから，$a=\dfrac{3}{8}$　　よって，AB$=a-b=\dfrac{3}{8}-b$

また，(2)より，△AEB$=\dfrac{5}{2}\times\dfrac{1}{80}=\dfrac{1}{32}$ であるから，

$\dfrac{1}{2}\times\left(\dfrac{3}{8}-b\right)\times\left\{(-1)-\left(-\dfrac{3}{2}\right)\right\}=\dfrac{1}{32}$

p.234 **40.** 答 (1) $m=1$，$n=4$　(2) $k=2\sqrt{2}$　(3) $-\dfrac{3}{2}$

解説 (1) 2 点 A，B がともに $y=\dfrac{1}{2}x^2$ のグラフ上にあるから，

$a=\dfrac{1}{2}\times(-2)^2=2$，$b=\dfrac{1}{2}\times4^2=8$

すなわち，A$(-2,\ 2)$，B$(4,\ 8)$

これらがともに $y=mx+n$ 上にあるから，$2=-2m+n$ かつ $8=4m+n$

これを解いて，$m=1$，$n=4$

(2) 直線 $y=x+k$ と辺 OA，OB との交点をそれぞれ E，F とすると，AB//EF より △OAB∽△OEF となり，それぞれの直線の y 切片は 4，k であるから相似比は $4:k$ である。したがって，面積の比は $4^2:k^2$ となる。

よって，$4^2:k^2=2:1$　　$2k^2=16$　　$k>0$ であるから，$k=2\sqrt{2}$

(3) 点 C の x 座標を c とすると，点 D の x 座標は $c+5$ となる。

よって，直線 PQ の傾きは，$\dfrac{1}{2}\{c+(c+5)\}=c+\dfrac{5}{2}$

これが直線 AB の傾き 1 に等しいから，$c+\dfrac{5}{2}=1$　　ゆえに，$c=-\dfrac{3}{2}$

41. 答 (1) $a=\dfrac{1}{3}$，$b=2$　(2) $k=\dfrac{1}{3}$　(3) $k=\dfrac{5}{3}-\dfrac{\sqrt{5}}{3}$

解説 (1) ①，②を連立させて，$ax^2=\dfrac{1}{3}x+b$

これに $x=-2$，3 を代入して，$\begin{cases}4a=-\dfrac{2}{3}+b\\9a=1+b\end{cases}$　これを解いて，$\begin{cases}a=\dfrac{1}{3}\\b=2\end{cases}$

(2) 直線②$/\!/$直線③ であるから，③と y 軸との交点をEとすると，
△ACD＝△AED

$\mathrm{A}\left(-2,\ \dfrac{4}{3}\right)$，D(3，3)より，$\triangle\mathrm{AED}=\dfrac{1}{2}\times(2-k)\times\{3-(-2)\}=\dfrac{5}{2}(2-k)$

$\dfrac{5}{2}(2-k)=\dfrac{25}{6}$　ゆえに，$k=\dfrac{1}{3}$

(3) AD$/\!/$PC であるから，AD＝PC となればよい。
P$(-3k,\ 0)$であり，点A，Dの x 座標，y 座標の差はそれぞれ $3-(-2)=5$，
$3-\dfrac{4}{3}=\dfrac{5}{3}$ であるから，$\mathrm{C}\left(-3k+5,\ \dfrac{5}{3}\right)$

点Cは放物線①上にあるから，$\dfrac{5}{3}=\dfrac{1}{3}(-3k+5)^2$　$(-3k+5)^2=5$

これを解いて，$k=\dfrac{5}{3}\pm\dfrac{\sqrt{5}}{3}$　$0<k<2$ であるから，$k=\dfrac{5}{3}-\dfrac{\sqrt{5}}{3}$

p.236 **42.** 答 (1) $0\leqq x\leqq 4$ のとき $y=x^2$，
$4\leqq x\leqq 6$ のとき $y=4x$，
$6\leqq x\leqq 16$ のとき $y=-\dfrac{12}{5}x+\dfrac{192}{5}$，
グラフは右の図　(2) 3秒後，$\dfrac{49}{4}$秒後

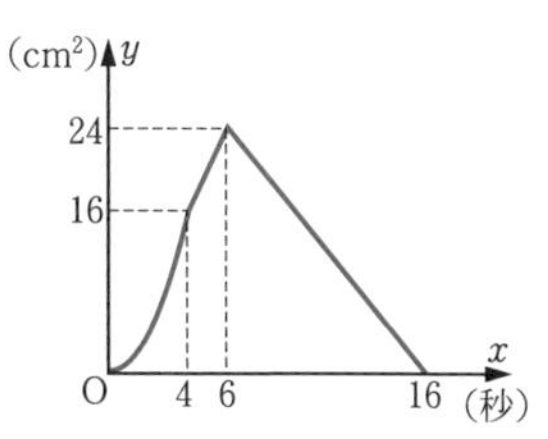

解説 (1) AC＝6，BC＝8，∠C＝90° より，
$\mathrm{AB}=\sqrt{6^2+8^2}=10$

(i) $0\leqq x\leqq 4$ のとき，
$\triangle\mathrm{CPQ}=\dfrac{1}{2}\mathrm{QC}\cdot\mathrm{PC}=\dfrac{1}{2}\times 2x\times x$　$y=x^2$

(ii) $4\leqq x\leqq 6$ のとき，$\triangle\mathrm{CPQ}=\dfrac{1}{2}\mathrm{BC}\cdot\mathrm{PC}=\dfrac{1}{2}\times 8\times x$　$y=4x$

(iii) $6\leqq x\leqq 16$ のとき，点Pから辺BCに垂線PHをひく。
△PBH∽△ABC より，PH：AC＝BP：BA
$\mathrm{BP}=6+10-x=16-x$

よって，$\mathrm{PH}:6=(16-x):10$　$\mathrm{PH}=\dfrac{3}{5}(16-x)$

$\triangle\mathrm{CPQ}=\dfrac{1}{2}\mathrm{BC}\cdot\mathrm{PH}=\dfrac{1}{2}\times 8\times\dfrac{3}{5}(16-x)$　$y=-\dfrac{12}{5}x+\dfrac{192}{5}$

(2) グラフより，$y=9$ となるのは，

$0\leqq x\leqq 4$ のとき $x^2=9$，$6\leqq x\leqq 16$ のとき $-\dfrac{12}{5}x+\dfrac{192}{5}=9$

p.237 **43.** 答 (1) $y=-4x+36$, $5\leqq x\leqq 9$, グラフは右の図

(2) (i) $\dfrac{7}{3}\leqq v\leqq 6$ (ii) $\dfrac{244}{19}$cm

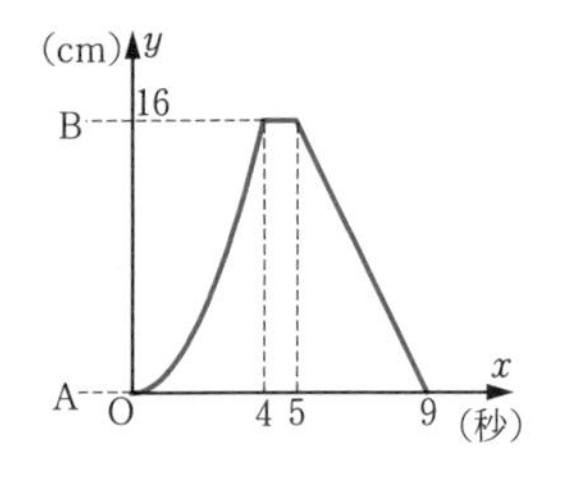

解説 (1) 線分AB間の距離は $4\times4=16$ (cm) であるから, $x^2=16$ $x\geqq 0$ であるから, $x=4$

すなわち, 点Pが点AからBまで運動するのに4秒かかる。

よって, 点Pが点Bを出発するのは $x=4+1=5$ のときであり, Pが点Aに到着するのは $x=5+4=9$ のときである。

したがって, 2点 $(5,\ 16)$, $(9,\ 0)$ を通る直線の式を求めればよいから,

$y=-4x+36$ また, x の変域は $5\leqq x\leqq 9$

(2) (i) 点Bからの距離が7cmのところを点C, 12cmのところを点Dとする。

点Pが点Cに到着するのは, $x^2=16-7$ $x\geqq 0$ であるから, $x=3$

点Pが点Dに到着するのは, $x^2=16-12$ $x\geqq 0$ であるから, $x=2$

よって, $7\leqq 3v$ かつ $2v\leqq 12$

(ii) 2点P, Qが点Cではじめて出会うとき $3v=7$ より, $v=\dfrac{7}{3}$

よって, 点Qが点Aで折り返す時刻は, $16\div\dfrac{7}{3}=\dfrac{48}{7}$ (秒)

このとき, 点Pは点BからAに向かう途中である。

点Qが折り返してからのQの x と y の関係は, $y=\dfrac{7}{3}x-16$

これと(1)の $y=-4x+36$ を連立させて解くと, $x=\dfrac{156}{19}$, $y=\dfrac{60}{19}$

ゆえに, 点Bからの距離は, $16-\dfrac{60}{19}$

44. 答 点Aの x 座標 $\dfrac{\sqrt{3}+\sqrt{6}}{3}$, △ABCの1辺の長さ $\dfrac{6+4\sqrt{2}}{3}$

解説 点Aの x 座標を a とすると $A(a,\ a^2)$ である。辺BCの中点をMとすると, AMは x 軸に平行になるからMの y 座標も a^2 となる。よって, 点Bの y 座標は $2a^2$ となる。

Bは $y=x^2$ 上の点で x 座標は負であるから, $B(-\sqrt{2}a,\ 2a^2)$

したがって, $M(-\sqrt{2}a,\ a^2)$

$AM=\sqrt{3}\,CM$ より, $a-(-\sqrt{2}a)=\sqrt{3}a^2$

$a>0$ であるから, $a=\dfrac{1+\sqrt{2}}{\sqrt{3}}$

また, 1辺の長さは, $2a^2=2\times\left(\dfrac{1+\sqrt{2}}{\sqrt{3}}\right)^2$

45. 答 (1) $\left(-3,\ \dfrac{9}{2}\right)$, (4, 8) (2) 6 個 (3) 32 個

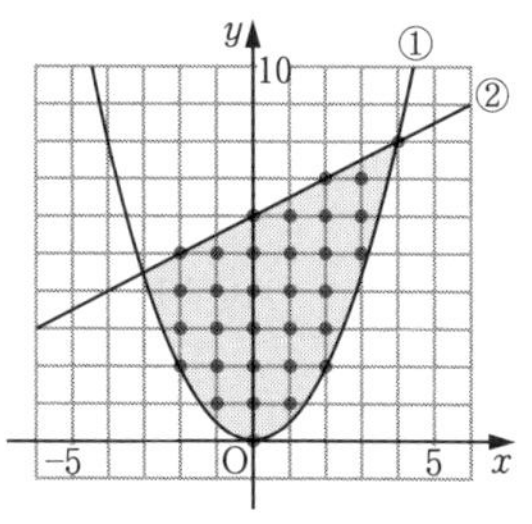

解説 (1) $\dfrac{1}{2}x^2=\dfrac{1}{2}x+6$ より, $x^2-x-12=0$

これを解いて, $x=-3,\ 4$

(2) $y=\dfrac{1}{2}\times1^2=\dfrac{1}{2}$, $y=\dfrac{1}{2}\times1+6=\dfrac{13}{2}$ より,

$\dfrac{1}{2}\leqq y\leqq\dfrac{13}{2}$

よって, $y=1,\ 2,\ 3,\ 4,\ 5,\ 6$

(3) 放物線①と直線②で囲まれる部分は, 右の図の赤い部分である。

p.238

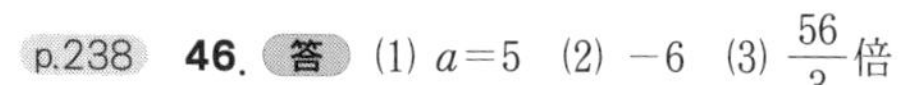

46. 答 (1) $a=5$ (2) -6 (3) $\dfrac{56}{3}$倍

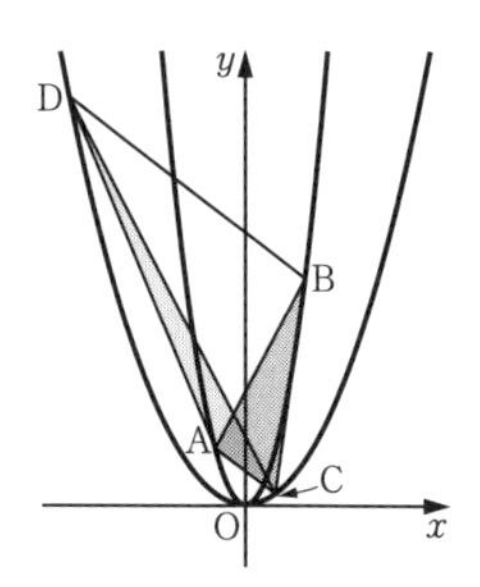

解説 (1) $A(-1,\ a)$, $B(2,\ 4a)$ より, 直線 AB の式は $y=ax+2a$ であるから, $E(0,\ 2a)$

$\triangle OAB=\dfrac{1}{2}\times2a\times\{2-(-1)\}=3a$　　$3a=15$

(2) $\triangle ACB=\triangle ACD$ であるから, $AC /\!/ DB$

$A(-1,\ 5)$, $B(2,\ 20)$, $C(1,\ 1)$ より,

$D(d,\ d^2)$ とすると, 直線 AC と DB の傾きが等しいから,

$\dfrac{1-5}{1-(-1)}=\dfrac{20-d^2}{2-d}$　　$d^2+2d-24=0$

ただし, $d<0$

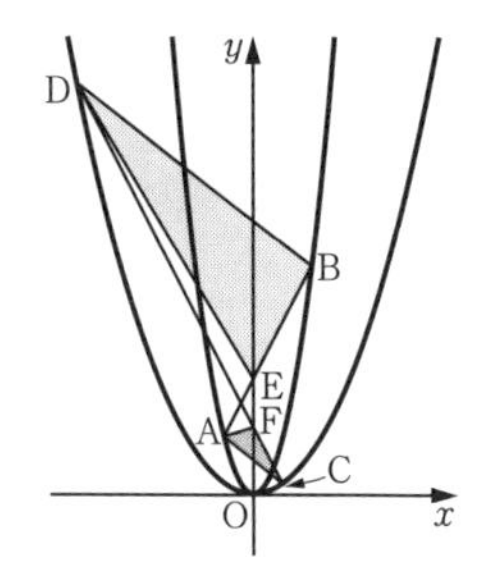

(3) 直線 AB の式は $y=5x+10$, 直線 CD の式は $y=-5x+6$ であるから, $E(0,\ 10)$, $F(0,\ 6)$

また, 直線 AC の式は $y=-2x+3$, 直線 BD の式は $y=-2x+24$ であるから,

$\triangle ACF=\dfrac{1}{2}\times(6-3)\times\{1-(-1)\}=3$

$\triangle BDE=\dfrac{1}{2}\times(24-10)\times\{2-(-6)\}=56$

よって, $\triangle BDE:\triangle ACF=56:3$

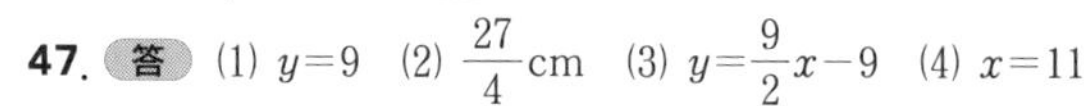

47. 答 (1) $y=9$ (2) $\dfrac{27}{4}$cm (3) $y=\dfrac{9}{2}x-9$ (4) $x=11$

解説 図 2 のグラフより, 赤い部分の面積 y を考える。

(i) 斜辺 QR と辺 AD との交点を X とする。$0\leqq x\leqq4$ のとき, 点 X は辺 AD 上にあり, y は x の 2 乗に比例して増加する。

(ii) $4\leqq x\leqq6$ のとき, 斜辺 QR が頂点 D を通ってから, 頂点 P が頂点 A を通るまでは, y は一定の割合で増加する。

(iii) $6\leqq x\leqq9$ のとき, 頂点 P が頂点 A を通ってから, 頂点 Q が頂点 B を通るまでは, y は一定である。

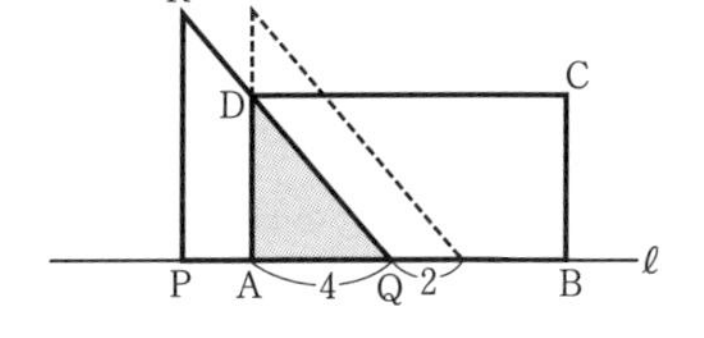

(1) 斜辺QRが頂点Dを通るとき，すなわち $x=4$ のとき，$y=\frac{1}{2}\times4\times\frac{9}{2}=9$

(2) 斜辺QRが頂点Dを通るとき，すなわち $x=4$ のとき，△AQD∽△PQR より，

AQ：PQ＝AD：PR

$AQ=4$，$PQ=6$，$AD=\frac{9}{2}$ より，

$4:6=\frac{9}{2}:PR$　　ゆえに，$PR=\frac{27}{4}$

(3) 頂点Pが頂点Aを通るとき，すなわち $x=6$ のとき，

$y=\frac{1}{2}\times(2+6)\times\frac{9}{2}=18$

直線 m は2点(4，9)，(6，18)を通るから，直線 m の式は，$y=\frac{9}{2}x-9$

(4) 右の図のように記号を定める。

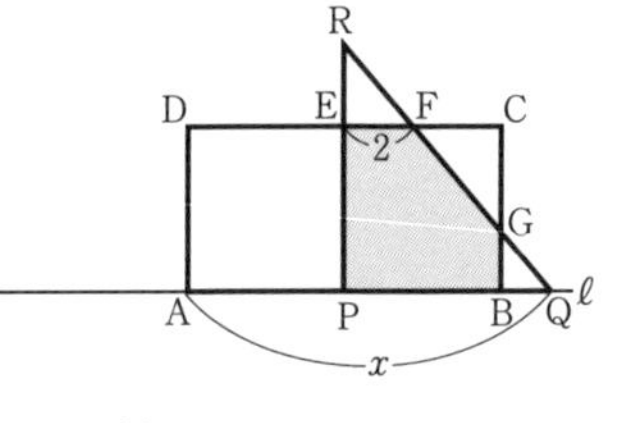

△BQG∽△PQR より，BQ：BG＝PQ：PR

$PQ:PR=6:\frac{27}{4}=8:9$

$BQ=x-9$ より，$BG=\frac{9}{8}\times BQ=\frac{9}{8}(x-9)$

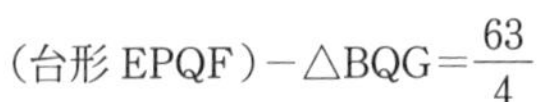
(台形EPQF)−△BQG＝$\frac{63}{4}$

よって，$\frac{1}{2}\times(2+6)\times\frac{9}{2}-\frac{1}{2}\times(x-9)\times\frac{9}{8}(x-9)=\frac{63}{4}$　　$(x-9)^2=4$

これを解いて，$x=9\pm2$　　$9\leqq x\leqq13$ であるから，$x=11$

p.239 **48.** 答

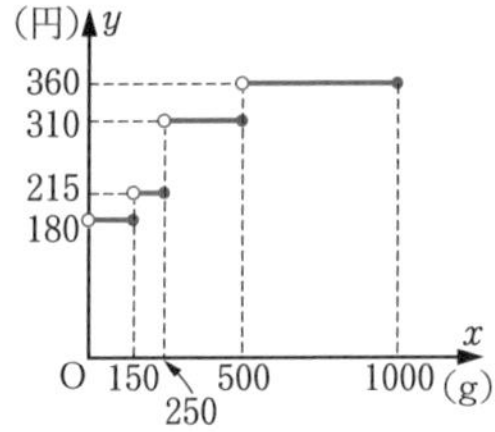

49. 答

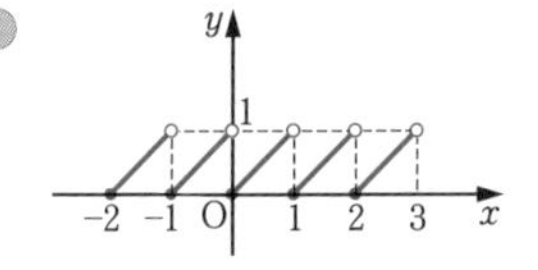

解説 $-2\leqq x<-1$ のとき $[x]=-2$，

$-1\leqq x<0$ のとき $[x]=-1$ であるから，

$-2\leqq x<-1$ のとき，$y=x+2$

$-1\leqq x<0$ のとき，$y=x+1$

$0\leqq x<1$ のとき，$y=x$

$1\leqq x<2$ のとき，$y=x-1$

$2\leqq x<3$ のとき，$y=x-2$

12章の問題

p.240 **1** **答** (1) $z=96$　(2) $x=\pm 9$

解説 $y=ax$，$z=by^2$ とすると，$z=b\times(ax)^2$　すなわち，$z=a^2bx^2$

よって，$6-a^2b\times(-3)^2$ より，$a^2b=\frac{2}{3}$　よって，$z=\frac{2}{3}x^2$

2 **答** (1) $y=\frac{1}{2}x^2$　(2) $a=-\frac{1}{2}$　(3) $t=2$

解説 (2) $\frac{1}{2}\{a+(a+3)\}=1$

(3) 四角形 PQQ′P′ は台形である。辺 PP′，QQ′と y 軸との交点をそれぞれ H，K とすると，台形 PQQ′P′の面積は台形 PHKQ の面積の 2 倍になる。

(台形 PHKQ) $=\frac{1}{2}\times\{t+(t+1)\}\times\left\{\frac{1}{2}(t+1)^2-\frac{1}{2}t^2\right\}=\frac{1}{2}(2t+1)\left(t+\frac{1}{2}\right)$

$=\left(t+\frac{1}{2}\right)^2$　$\left(t+\frac{1}{2}\right)^2\times 2=\frac{25}{2}$　ただし，$t>0$

3 **答** (1) 2 倍　(2) $\frac{1}{5}$ 倍

解説 a を比例定数として，(発熱量)$=a\times$(電圧)$\times$(電流)
また，(電圧)$=$(電流)$\times$(抵抗)
(1) 抵抗が一定のとき電流を x 倍にすると，電圧は x 倍に，発熱量は x^2 倍になる。
(2) 電圧が一定のとき抵抗を y 倍にすると，電流は $\frac{1}{y}$ 倍に，発熱量も $\frac{1}{y}$ 倍になる。

4 **答** 80 万円

解説 もとの重さを $3x$ g とし，その価格を y 万円，比例定数を a とすると，
$y=a\times(3x)^2$　よって，$9ax^2=180$　$ax^2=20$
割れた 2 つの破片の価格の和は，$ax^2+a\times(2x)^2=5ax^2=5\times 20=100$ (万円)

5 **答** $\mathrm{A}\left(\frac{8}{3},\ \frac{16}{9}\right)$

解説 点 A の x 座標を a ($a>0$) とすると，

$\mathrm{A}\left(a,\ \frac{1}{4}a^2\right)$，$\mathrm{B}\left(-a,\ \frac{1}{4}a^2\right)$，$\mathrm{C}\left(-a,\ -\frac{1}{2}a^2\right)$，$\mathrm{D}\left(a,\ -\frac{1}{2}a^2\right)$

$\mathrm{AB}=a-(-a)=2a$，$\mathrm{AD}=\frac{1}{4}a^2-\left(-\frac{1}{2}a^2\right)=\frac{3}{4}a^2$

四角形 ABCD は正方形であるから，$2a=\frac{3}{4}a^2$　$a>0$ であるから，$a=\frac{8}{3}$

p.241 **6** **答** (1) $a=-3$　(2) $\frac{1}{2}$

解説 (1) A(1, 1)，B(3, 9)，C(1, a)，$\mathrm{D}\left(3,\ \frac{a}{3}\right)$ より，

(台形 BACD) $=\frac{1}{2}\times(\mathrm{AC}+\mathrm{BD})\times(3-1)=\frac{1}{2}\times\left\{(1-a)+\left(9-\frac{a}{3}\right)\right\}\times 2$

$=10-\frac{4}{3}a$　よって，$10-\frac{4}{3}a=14$

(2) C$(1,\ -3)$，D$(3,\ -1)$ より AC$=4$，BD$=10$ となり，AC$<$BD であるから，台形を2等分する直線は辺 BD と交わる。

その交点を P とすると，$\mathrm{BP}=\dfrac{\mathrm{AC}+\mathrm{BD}}{2}=\dfrac{\{1-(-3)\}+\{9-(-1)\}}{2}=7$

よって，P$(3,\ 2)$

7 **答** (1) $(0,\ 2)$，$(0,\ 6)$

(2) $(1+\sqrt{5},\ 3+\sqrt{5})$，$(1-\sqrt{5},\ 3-\sqrt{5})$，$(1+\sqrt{13},\ 7+\sqrt{13})$，$(1-\sqrt{13},\ 7-\sqrt{13})$

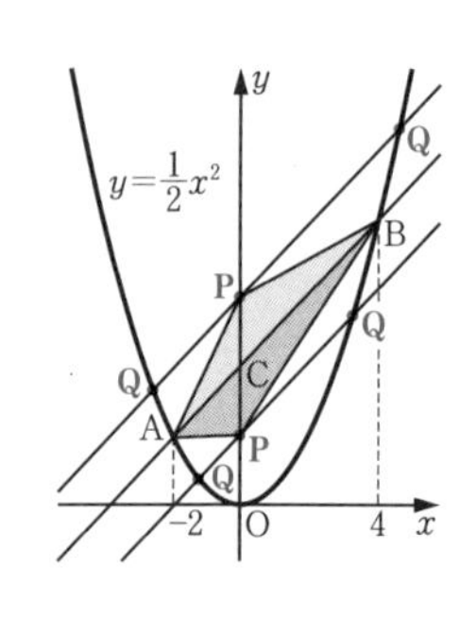

解説 (1) A$(-2,\ 2)$，B$(4,\ 8)$ より，直線 AB の式は，$y=x+4$

よって，直線 AB と y 軸との交点を C とすると，C$(0,\ 4)$

$\triangle \mathrm{ABP}=\dfrac{1}{2}\times \mathrm{CP}\times\{4-(-2)\}=3\mathrm{CP}$

よって，$3\mathrm{CP}=6$　　$\mathrm{CP}=2$

(2) $\triangle\mathrm{ABQ}=\triangle\mathrm{ABP}$ であるから，AB // QP

点 $(0,\ 2)$ を通り，$y=x+4$ に平行な直線の式は，$y=x+2$

$y=\dfrac{1}{2}x^2$ と $y=x+2$ を連立させて，$\dfrac{1}{2}x^2=x+2$　　$x^2-2x-4=0$

これを解いて，$x=1\pm\sqrt{5}$

点 $(0,\ 6)$ についても同様に $\dfrac{1}{2}x^2=x+6$ を解く。

8 **答** (1) $a=\dfrac{1}{4}$　(2) 右の図　(3) 200 m　(4) 25 m

(5) 20 秒

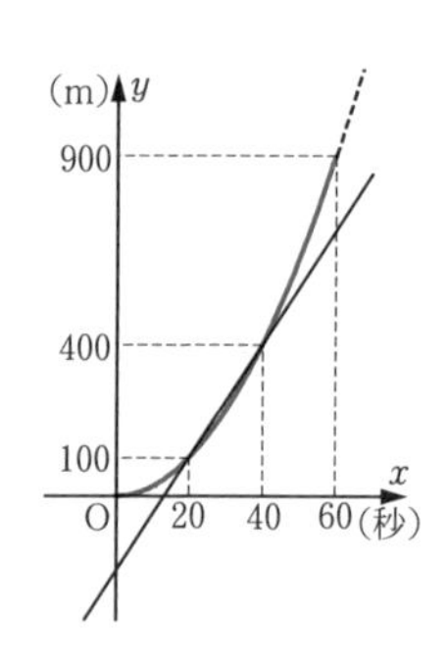

解説 (1) $100=a\times 20^2$

(2) $y=\dfrac{1}{4}x^2$ $(0\leqq x\leqq 60)$

(3) 図の直線の式は，$y=15x-200$

(4) $(15\times 30-200)-\dfrac{1}{4}\times 30^2$

(5) $y=\dfrac{1}{4}x^2$ と $y=15x-200$ との交点の座標を求める。

$\dfrac{1}{4}x^2=15x-200$　　これを解いて，$x=20,\ 40$

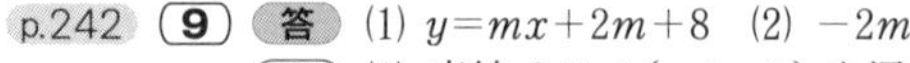
p.242 **9** **答** (1) $y=mx+2m+8$　(2) $-2m$

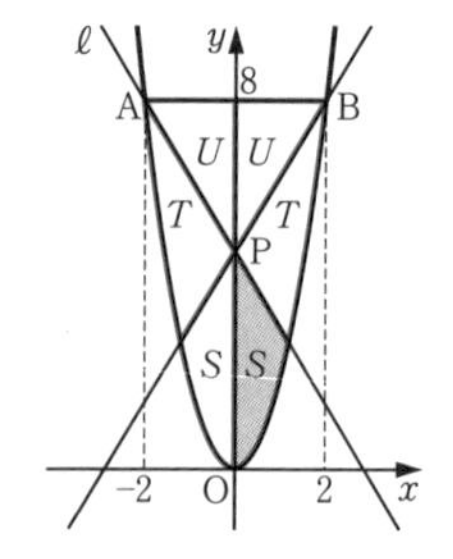

解説 (1) 直線 ℓ は A$(-2,\ 8)$ を通り傾きが m である。

(2) 放物線 $y=2x^2$ は y 軸について対称である。また，y 軸と直線 ℓ との交点を P とすると，直線 BP は ℓ と y 軸について対称である。右の図のように赤い線で区切られた面積をそれぞれ S，T，U とすると，

$T+2S=T+2U$　　よって，$S=U$

P$(0,\ 2m+8)$ より，$S=\dfrac{1}{2}\times 2\times\{8-(2m+8)\}$

10 **答** (1) 右の図 (2) $t=2\sqrt{6}$

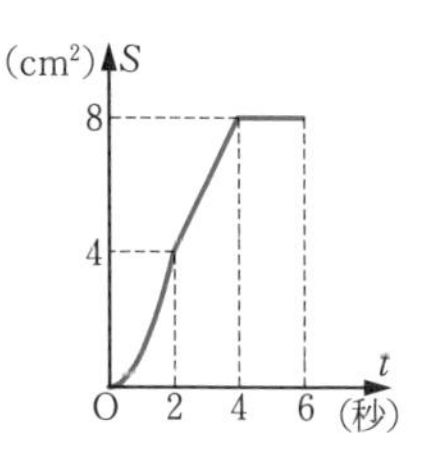

解説 (1) $0\leqq t\leqq 2$ のとき，$S=t^2$
$2\leqq t\leqq 4$ のとき，点Qは辺OA上にあるから，
$S=t\times 2=2t$
$4\leqq t\leqq 6$ のとき，重なる部分は長方形OABCであるから，$S=4\times 2=8$
(2) S の値が正方形OQPRの面積 t^2 の $\dfrac{1}{3}$ に等しくなるのは $4\leqq t\leqq 6$ のときである。　よって，$\dfrac{1}{3}t^2=8$

11 **答** (1) $a=6$，$A(-3,\ 9)$ (2) $PA=5\sqrt{2}$，$\triangle PAB=15$ (3) $\dfrac{17\pi-30}{2}$

解説 (1) $P(2,\ 4)$ は直線 ℓ，m 上の点でもあるから，$\begin{cases}4=-2+a\\4=2+b\end{cases}$　$\begin{cases}a=6\\b=2\end{cases}$
$y=x^2$ と $y=-x+6$ を連立させて，$x^2=-x+6$
これを解いて，$x=-3,\ 2$　ただし，点Aの x 座標は負である。
(2) $y=x^2$ と $y=x+2$ を連立させて，$x^2=x+2$
これを解いて，$x=-1,\ 2$　点Bの x 座標は負であるから，$B(-1,\ 1)$
$PA=\sqrt{\{(-3)-2\}^2+(9-4)^2}=5\sqrt{2}$，$PB=\sqrt{\{(-1)-2\}^2+(1-4)^2}=3\sqrt{2}$
直線 ℓ，m の傾きはそれぞれ -1，1 であるから，$\ell\perp m$
ゆえに，$\triangle PAB=\dfrac{1}{2}\times 5\sqrt{2}\times 3\sqrt{2}$
(3) (2)より，$\angle APB=90°$ であるから，線分ABは円Cの直径になる。
円Cの直径は，$\sqrt{\{(-1)-(-3)\}^2+(1-9)^2}=2\sqrt{17}$　円Cの半径は $\sqrt{17}$
ゆえに，$S_1+S_2=\dfrac{1}{2}\times\pi\times(\sqrt{17})^2-15$

p.243 **12** **答** (1) $a=2$，$b=4$ (2) 6 (3) 18 (4) $\dfrac{12\sqrt{5}}{5}$

解説 (1) A，Bは $y=ax^2$ 上の点であり，$y=2x+b$ 上の点でもあるから，
$A(-1,\ a)$，$B(2,\ 4a)$　かつ　$A(-1,\ -2+b)$，$B(2,\ 4+b)$
よって，$\begin{cases}a=-2+b\\4a=4+b\end{cases}$

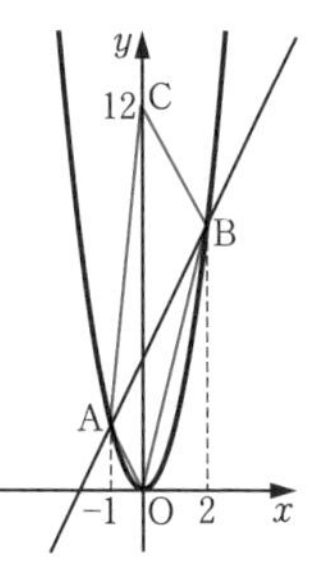

(2) $\triangle OAB=\dfrac{1}{2}\times 4\times\{2-(-1)\}$
(3) $\triangle OAC=\triangle OAB$ より，$OA /\!/ BC$
$A(-1,\ 2)$ より直線OAの式は $y=-2x$，$B(2,\ 8)$ より
直線BCの式は $y=-2x+12$　よって，$C(0,\ 12)$
ゆえに，(四角形OBCA)$=\triangle OAC+\triangle OBC$
$=\dfrac{1}{2}\times 12\times\{2-(-1)\}$
(4) $OA=\sqrt{\{(-1)-0\}^2+(2-0)^2}=\sqrt{5}$
$\triangle OAB=6$ より，求める長さを h とすると，$\dfrac{1}{2}\times\sqrt{5}\times h=6$

13 **答** (1) 3　(2) -4

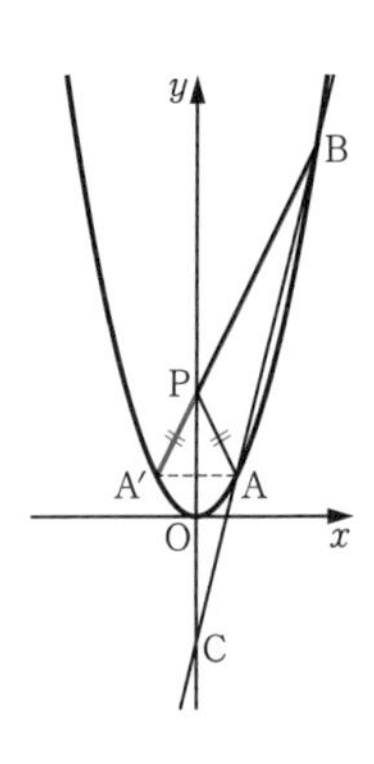

解説 (1) y 軸について点Aと対称な点をA′とすると，
A′$(-1,\ 1)$
$AP+PB=A'P+PB \geqq A'B$ であるから，直線A′Bと
y 軸との交点をPとするとき，$AP+PB$ は最小となる。
B$(3,\ 9)$ より，直線A′Bの式は，$y=2x+3$
(2) (1)と同様に考えて，P$(0,\ 4)$ とすると，
直線A′Pの式は，$y=3x+4$
直線A′P と $y=x^2$ との交点がBであるから，連立させて，$x^2=3x+4$　　$x^2-3x-4=0$
これを解いて，$x=-1,\ 4$　　点Bの x 座標は1より大きいから，B$(4,\ 16)$
よって，直線ABの式は，$y=5x-4$

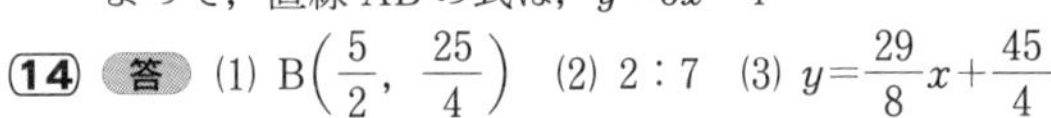
14 **答** (1) B$\left(\dfrac{5}{2},\ \dfrac{25}{4}\right)$　(2) $2:7$　(3) $y=\dfrac{29}{8}x+\dfrac{45}{4}$

解説 (1) A$(-2,\ 4)$ より，直線OAの式は，$y=-2x$

$AB \perp OA$ より，直線ABの傾きは $\dfrac{1}{2}$　　直線ABの式は，$y=\dfrac{1}{2}x+5$ ……①

$y=x^2$ と①を連立させて，$x^2=\dfrac{1}{2}x+5$　　$2x^2-x-10=0$

これを解いて，$x=-2,\ \dfrac{5}{2}$　　ただし，点Bの x 座標は正である。

(2) 直線BCの式は，$y=-2x+\dfrac{45}{4}$ ……②　　$y=x^2$ と②を連立させて，

$x^2=-2x+\dfrac{45}{4}$　　$4x^2+8x-45=0$　　これを解いて，$x=-\dfrac{9}{2},\ \dfrac{5}{2}$

点Cの x 座標は負であるから，C$\left(-\dfrac{9}{2},\ \dfrac{81}{4}\right)$

ゆえに，$OA:BC=2:\left\{\dfrac{5}{2}-\left(-\dfrac{9}{2}\right)\right\}$

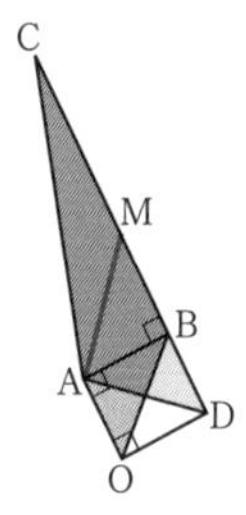

(3) 四角形OACBは $OA /\!/ BC$ の台形である。
右の図のように，原点Oを通り直線ABに平行な直線と直線BCとの交点をDとすると，△OAB＝△DBA
よって，(台形OACB)＝△ADC
線分CDの中点をMとすると，直線AMが求める直線である。
直線ODの式は $y=\dfrac{1}{2}x$，直線BCの式は②であるから，

D$\left(\dfrac{9}{2},\ \dfrac{9}{4}\right)$　　よって，M$\left(0,\ \dfrac{45}{4}\right)$

15 答 (1) $b=-1$, $c=\dfrac{3}{2}$ (2) $\dfrac{65}{144}\pi$

解説 (1) $B\left(b,\ \dfrac{1}{3}b^2\right)$, $C\left(c,\ \dfrac{1}{3}c^2\right)$ より，直線ABCは，傾きが$\dfrac{1}{3}(b+c)$,

$A(-3,\ 0)$を通るから，$y=\dfrac{1}{3}(b+c)(x+3)$

この直線とy軸との交点は$(0,\ b+c)$

$\triangle OAB:\triangle OBC=\dfrac{1}{2}\times\dfrac{1}{3}b^2\times3:\dfrac{1}{2}\times(b+c)\times(c-b)=b^2:(c^2-b^2)$

よって，$b^2:(c^2-b^2)=4:5$　　$5b^2=4(c^2-b^2)$　　$4c^2=9b^2$

$b<0$, $c>0$ であるから，$2c=-3b$ ……①

また，$\triangle OAB:\triangle OBC=AB:BC=\{b-(-3)\}:(c-b)=(b+3):(c-b)$

よって，$(b+3):(c-b)=4:5$　　$5(b+3)=4(c-b)$　　$4c=9b+15$ ……②

①，②より，$b=-1$, $c=\dfrac{3}{2}$

(2) 求める体積は，

(ABCを母線とする円すいの体積)－(ABを母線とする円すいの体積)

－(OBを母線とする円すいの体積)－(OCを母線とする円すいの体積) である。

$A(-3,\ 0)$, $B\left(-1,\ \dfrac{1}{3}\right)$, $C\left(\dfrac{3}{2},\ \dfrac{3}{4}\right)$ より，

(ABCを母線とする円すいの体積)$=\dfrac{1}{3}\pi\times\left(\dfrac{3}{4}\right)^2\times\left\{\dfrac{3}{2}-(-3)\right\}$

(ABを母線とする円すいの体積)$=\dfrac{1}{3}\pi\times\left(\dfrac{1}{3}\right)^2\times\{-1-(-3)\}$

(OBを母線とする円すいの体積)$=\dfrac{1}{3}\pi\times\left(\dfrac{1}{3}\right)^2\times1$

(OCを母線とする円すいの体積)$=\dfrac{1}{3}\pi\times\left(\dfrac{3}{4}\right)^2\times\dfrac{3}{2}$

13章　場合の数と確率

p.244

1. 答 (1) 13通り　(2) 40通り

2. 答 (1) 25個　(2) 8個　(3) 17個

解説 (3) $50-(25+16-8)$

3. 答 24通り

解説 $4\times3\times2\times1$

4. 答 (1) 64個　(2) 32個

解説 (1) 4^3　(2) 2×4^2

5. 答 14本

解説 $\dfrac{7\times(7-3)}{2}$

6. 答 (1) 6種類　(2) 12種類

解説 (1) 3×2　(2) 3×4

p.245

7. 答 18通り

解説 樹形図は右のようになる。

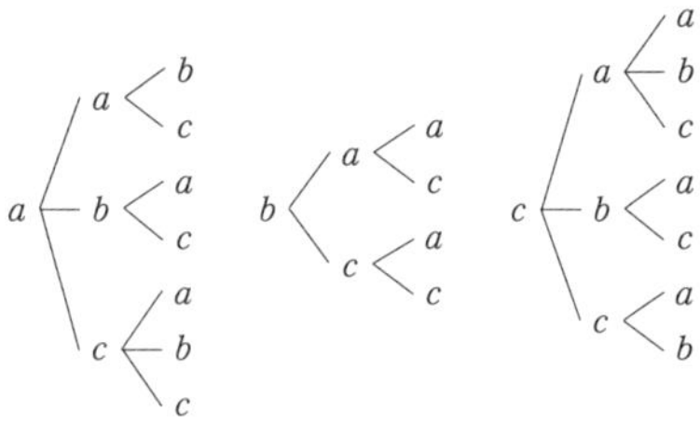

8. 答 10通り

解説 樹形図は右のようになる。

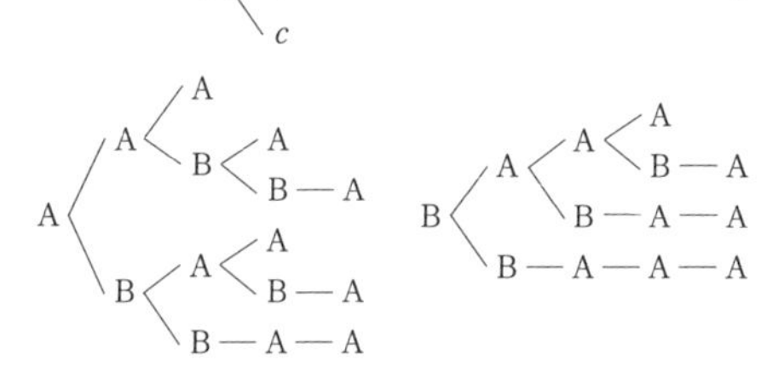

参考 Aの勝敗が3勝0敗，3勝1敗，3勝2敗の場合に分けて，$(1+3+6)$通りと考えることもできる。

9. 答 12通り

解説 $1+1+10$，$1+2+9$，$1+3+8$，$1+4+7$，$1+5+6$，$2+2+8$，$2+3+7$，$2+4+6$，$2+5+5$，$3+3+6$，$3+4+5$，$4+4+4$

p.246

10. 答 (1) 120通り　(2) 12通り　(3) 40通り

解説 (1) $5\times4\times3\times2\times1$

(2) 左から1番目はD，Eの2通り。そのそれぞれについて，左から3番目は3通り，4番目は2通りあるから，$2\times3\times2\times1$

(3) Aが左から1番目にあるときは，$4\times3\times2\times1=24$（通り）ある。

Aが左から3番目にあるときは，B，Cの並べ方は2通り，D，Eの並べ方は2通りあるから，$2\times2=4$（通り）ある。

また，(2)より，求める数は，$24+4+12$

11. 答 (1) 41番目　(2) $eacdb$

解説 (1) a□□□□は24個，ba□□□は6個，bc□□□は6個，bda□□は2個，bdc□□は2個

(2) a□□□□，b□□□□，c□□□□，d□□□□が24個ずつで $24\times4=96$（個），eab□□は2個，さらに$eacbd$，$eacdb$

12. 答 (1) 24通り　(2) 6通り　(3) 48通り

解説 (1) $4\times3\times2\times1$

(2) SとTを同じ色でぬるから，$3\times2\times1$

(3) 4色から3色を選ぶ選び方は4通りあるから，(1)，(2)の結果より，$24+6\times4$

参考 (3) S，I，A，Tの順にぬると考えれば，$4\times3\times2\times2$

p.247 **13.** 答 (1) 120 (2) 1680 (3) 120 (4) 24

解説 (1) ${}_6P_3=6\times5\times4$

(2) ${}_8P_4=8\times7\times6\times5$

(3) ${}_5P_5=5\times4\times3\times2\times1$

(4) $4!=4\times3\times2\times1$

14. 答 (1) 24通り (2) 6840通り

解説 (1) 4人の走る順番を決めるから，${}_4P_4=4\times3\times2\times1$

(2) 部長，副部長，マネージャーの3人を選ぶから，${}_{20}P_3=20\times19\times18$

p.248 **15.** 答 (1) 120通り (2) 3125通り

解説 (1) ${}_5P_5=5\times4\times3\times2\times1$

(2) 赤球をA，B，C，D，Eのどの箱に入れてもよいから，赤球の入れ方は5通り。白球，青球，黒球，黄球についても5通りずつある。 ゆえに，5^5

16. 答 (1) 144通り (2) 36通り

解説 母音字はe，a，uの3文字，子音字はb，t，yの3文字。

(1) ${}_3P_2\times{}_4P_4$ (2) ${}_3P_3\times{}_3P_3$

17. 答 (1) 1440通り (2) 720通り (3) 1440通り

解説 (1) 両端にくる男子の並び方は${}_4P_2$通り。そのそれぞれについて，残りの5人の並び方は${}_5P_5$通り。 ゆえに，${}_4P_2\times{}_5P_5$

(2) 女子3人をまとめて1人とみなすと，並び方は${}_5P_5$通り。そのそれぞれについて，女子3人の並び方は${}_3P_3$通り。 ゆえに，${}_5P_5\times{}_3P_3$

(3) 男子4人の並び方は${}_4P_4$通り。そのそれぞれについて，男子と男子の間の3か所に両端を加えた計5か所のどこかに女子3人が1人ずつ並ぶ並び方は${}_5P_3$通り。 ゆえに，${}_4P_4\times{}_5P_3$

18. 答 (1) 720通り (2) 1200通り

解説 (1) 残り6本から5本取って1列に並べて${}_6P_5$通り。

(2) 1から5までの番号札があると考える。紫，白に番号札を1枚ずつ与える方法は${}_5P_2$通り。残り3枚の番号札を残りの黒以外の5本の旗に与える方法は${}_5P_3$通り。 ゆえに，${}_5P_2\times{}_5P_3$

p.249 **19.** 答 (1) 300個 (2) 144個 (3) 108個 (4) 96個

解説 (1) 0は，千の位には使うことができない。

千の位は0以外の数であるから，$5\times{}_5P_3$

(2) 一の位は1，3，5の3通り，千の位は0以外の数であるから，$3\times4\times{}_4P_2$

(3) 5の倍数であるから，一の位は0または5である。

一の位が0の場合は${}_5P_3$通り。一の位が5の場合は千の位は0以外の数であるから，$(4\times{}_4P_2)$通り。

ゆえに，${}_5P_3+4\times{}_4P_2$

(4) 各位の数の和が3の倍数となる。

各位の数の和が3の倍数となるのは，(i) 0をふくむ場合，0と1と2と3，0と1と3と5，0と2と3と4，0と3と4と5の4通りあり，それぞれについて$(3\times{}_3P_3)$通りある。

(ii) 0をふくまない場合，1と2と4と5であり，${}_4P_4$通りある。

ゆえに，$4\times(3\times{}_3P_3)+{}_4P_4$

20. 答 (1) 48通り (2) 16通り

解説 (1) 3つの輪を書く順番の選び方は $_3P_3$ 通りあり，それぞれの輪を書く向きは2通りあるから，$_3P_3\times2^3$

(2) 点Bから点Aまで書く向きは2通りある。点Aからどちらの輪を先に書くかの選び方は2通りあり，それぞれの輪を書く向きは2通りある。

よって，$2\times2\times2^2$

p.250 **21.** 答 (1) 6 (2) 35 (3) 1 (4) 7 (5) 126 (6) 126 (7) 45

解説 (1) $_4C_2=\dfrac{4\times3}{2\times1}$ (2) $_7C_3=\dfrac{7\times6\times5}{3\times2\times1}$ (3) $_5C_5=\dfrac{5\times4\times3\times2\times1}{5\times4\times3\times2\times1}$

(4) $_7C_1=\dfrac{7}{1}$ (5) $_9C_4=\dfrac{9\times8\times7\times6}{4\times3\times2\times1}$ (6) $_9C_5={}_9C_4$ (7) $_{10}C_8={}_{10}C_2=\dfrac{10\times9}{2\times1}$

22. 答 (1) 7392通り (2) 4845通り (3) 1848通り

解説 (1) A組から部長，会計を選ぶから $_{12}P_2$ 通り，B組から副部長，書記を選ぶから $_8P_2$ 通り。

ゆえに，$_{12}P_2\times{}_8P_2=(12\times11)\times(8\times7)$

(2) $_{20}C_4=\dfrac{20\times19\times18\times17}{4\times3\times2\times1}$

(3) $_{12}C_2\times{}_8C_2=\dfrac{12\times11}{2\times1}\times\dfrac{8\times7}{2\times1}$

23. 答 (1) 28 (2) 56

解説 (1) $_8C_2=\dfrac{8\times7}{2\times1}$ (2) $_8C_3=\dfrac{8\times7\times6}{3\times2\times1}$

24. 答 (1) 121通り (2) 66通り

解説 (1) 偶数が少なくとも1個ふくまれればよいから，全体から4つの数がすべて奇数の場合を除くと考えて，$_9C_4-{}_5C_4={}_9C_4-{}_5C_1=\dfrac{9\times8\times7\times6}{4\times3\times2\times1}-\dfrac{5}{1}$

(2) 奇数が0個，2個，4個の場合である。

$_4C_4+{}_5C_2\times{}_4C_2+{}_5C_4={}_4C_4+{}_5C_2\times{}_4C_2+{}_5C_1=\dfrac{4\times3\times2\times1}{4\times3\times2\times1}+\dfrac{5\times4}{2\times1}\times\dfrac{4\times3}{2\times1}+\dfrac{5}{1}$

25. 答 (1) 56通り (2) 2520通り

解説 (1) 旗を並べる8個の場所の中で，白旗を並べる3個の場所の選び方は $_8C_3$ 通りあり，残り5個の場所に青旗を並べる。

ゆえに，$_8C_3$

(2) 旗を並べる10個の場所の中で，白旗を並べる3個の場所の選び方は $_{10}C_3$ 通りある。残りの7個の場所の中で，青旗を並べる5個の場所の選び方は $_7C_5$ 通りあり，さらに残った2個の場所に黄旗を並べる。

ゆえに，$_{10}C_3\times{}_7C_5={}_{10}C_3\times{}_7C_2=\dfrac{10\times9\times8}{3\times2\times1}\times\dfrac{7\times6}{2\times1}$

p.251 **26.** 答 (1) 10通り (2) 26通り

解説 (1) 赤球を渡す2人の選び方は $_5C_2$ 通り。残りの人に白球を渡す。

(2) 全員に白球のとき1通り。1人に赤球，4人に白球のとき $_5C_1$ 通り。2人に赤球，3人に白球のとき $_5C_2$ 通り。3人に赤球，2人に白球のとき $_5C_3$ 通り。

ゆえに，$1+{}_5C_1+{}_5C_2+{}_5C_3$

27. 答 (1) 126通り (2) 60通り (3) 96通り

解説 (1) 縦4回，横5回の合計9回移動する。9回のうち，何回目に縦に移動するかを決めればよいから，${}_9C_4$

(2) A地点からP地点まで ${}_4C_2$ 通り。そのそれぞれについて，P地点からB地点まで ${}_5C_2$ 通り。 ゆえに，${}_4C_2 \times {}_5C_2$

(3) Q地点を通る行き方は $({}_5C_2 \times {}_3C_2)$ 通り。 ゆえに，${}_9C_4 - {}_5C_2 \times {}_3C_2$

28. 答 39通り

解説 2種類の本の選び方は，右の表のように(i)〜(iv)の4通りある。

(i)の並べ方は ${}_5C_2$ 通り，(ii)の並べ方は ${}_4C_1$ 通り，(iii)の並べ方は ${}_5C_1$ 通り，(iv)の並べ方は ${}_6C_3$ 通りある。

ゆえに，${}_5C_2 + {}_4C_1 + {}_5C_1 + {}_6C_3$

	A	B	C	計
(i)	2冊	0冊	3冊	5冊
(ii)	1冊	3冊	0冊	4冊
(iii)	0冊	4冊	1冊	5冊
(iv)	0冊	3冊	3冊	6冊

p.252 **29.** 答 (1) 7通り (2) 28通り

解説 (1) ボールの個数の組は，{0, 0, 6}, {0, 1, 5}, {0, 2, 4}, {0, 3, 3}, {1, 1, 4}, {1, 2, 3}, {2, 2, 2} の7通りある。

(2) ボールの個数の組が {0, 1, 5}, {0, 2, 4}, {1, 2, 3} のとき，ボールの個数はすべて異なるから，A, B, C の箱の選び方はそれぞれ ${}_3P_3$ 通り。

{0, 0, 6} のとき，6個のボールを入れる箱の選び方は ${}_3C_1$ 通り。{0, 3, 3}, {1, 1, 4} についても同様である。

{2, 2, 2} のとき，箱への入れ方は1通り。

ゆえに，$3 \times {}_3P_3 + 3 \times {}_3C_1 + 1$

30. 答 (1) 15通り (2) 36通り

解説 (1) まず，ノートの冊数の組は，{1, 1, 5}, {1, 2, 4}, {1, 3, 3}, {2, 2, 3} の4通りある。

つぎに，分けられたノートをA, B, C に渡す方法は，{1, 2, 4} のとき ${}_3P_3$ 通り，その他の3組についてはそれぞれ ${}_3C_1$ 通り。

ゆえに，${}_3P_3 + 3 \times {}_3C_1$

(2) (1)のほかに，ノートの冊数の組は，{0, 0, 7}, {0, 1, 6}, {0, 2, 5}, {0, 3, 4} の4通りある。

{0, 0, 7} のとき ${}_3C_1$ 通り，その他の3組についてはそれぞれ ${}_3P_3$ 通り。

ゆえに，$15 + {}_3C_1 + 3 \times {}_3P_3$

31. 答 1806通り

解説 まず，本の冊数の組は，{1, 1, 5}, {1, 2, 4}, {1, 3, 3}, {2, 2, 3} の4通りある。

つぎに，A, B, C それぞれがもらう本の冊数を (a, b, c) のように表すことにすると，{1, 1, 5} のときは，(1, 1, 5), (1, 5, 1), (5, 1, 1) の3通りの分け方があり，たとえば (1, 1, 5) のときの本の分け方は $({}_7C_1 \times {}_6C_1)$ 通りで，(1, 5, 1), (5, 1, 1) のときも同様である。

{1, 2, 4} のときは，(1, 2, 4), (1, 4, 2), (2, 1, 4), (2, 4, 1), (4, 1, 2), (4, 2, 1) の6通りの分け方があり，たとえば (1, 2, 4) のときの本の分け方は $({}_7C_1 \times {}_6C_2)$ 通りあり，他の5通りについても同様である。

$\{1,\ 3,\ 3\}$，$\{2,\ 2,\ 3\}$ のときは，$\{1,\ 1,\ 5\}$ のときと同様である。
ゆえに，本の分け方の総数は，
$3\times{}_7C_1\times{}_6C_1+6\times{}_7C_1\times{}_6C_2+3\times{}_7C_1\times{}_6C_3+3\times{}_7C_2\times{}_5C_2$
別解 1冊ももらえない生徒がいてもよいとする分け方は 3^7 通りある。
2人がもらえない分け方は ${}_3C_2$ 通りある。
1人だけがもらえない人の選び方は ${}_3C_1$ 通りある。残りの2人の本の分け方は 2^7 通り考えられるが，この中には1人が7冊もらう分け方が2通りある。よって，残りの2人が少なくとも1冊はもらえる分け方は (2^7-2) 通り。
ゆえに，本の分け方の総数は，$3^7-\{{}_3C_2+{}_3C_1\times(2^7-2)\}$

p.253 **32.** 答 (1) いえない　(2) いえる　(3) いえない　(4) いえない

33. 答 (1) $\frac{1}{3}$　(2) $\frac{1}{2}$　(3) $\frac{2}{3}$　(4) 0

p.254 **34.** 答 (1) $\frac{5}{36}$　(2) $\frac{5}{12}$　(3) $\frac{11}{18}$

解説 目の出方は全部で $6\times6=36$（通り）あり，どの出方も同様に確からしい。
(1) 目の和が8になる2つのさいころの目の出方（大，小）は，(2, 6)，(3, 5)，(4, 4)，(5, 3)，(6, 2) の5通りある。
ゆえに，$\frac{5}{36}$
(2) 大と小の目の少なくとも一方が6のとき，目の積は6の倍数で，目の出方は11通りある。それ以外に，目の積が6の倍数になる目の出方（大，小）は
(2, 3)，(3, 2)，(3, 4)，(4, 3) の4通りある。
ゆえに，$\frac{11+4}{36}$
(3) どちらか一方が他方の約数になるのは22通りある。
別解 (3) 2つの目の数で，一方が他方の約数にならない目の出方（大，小）は，
(2, 3)，(2, 5)，(3, 2)，(3, 4)，(3, 5)，(4, 3)，(4, 5)，(4, 6)，
(5, 2)，(5, 3)，(5, 4)，(5, 6)，(6, 4)，(6, 5) の14通りある。
ゆえに，$1-\frac{14}{36}$

35. 答 (1) $\frac{1}{3}$　(2) $\frac{1}{3}$

解説 じゃんけんの手の出し方は全部で $3\times3\times3=27$（通り）あり，どの出し方も同様に確からしい。
(1) だれがどの手で勝つかを考えて，$\frac{3\times3}{27}$
(2) 3人とも同じ手を出すのが3通り，グー，チョキ，パーがすべて出るのが ${}_3P_3$ 通りある。
ゆえに，$\frac{3+{}_3P_3}{27}$
別解 (2) 1人だけが勝つ確率は(1)より $\frac{1}{3}$，1人だけが負ける確率も同様に $\frac{1}{3}$
ゆえに，求める確率は，$1-\left(\frac{1}{3}+\frac{1}{3}\right)$

36. 答 $\dfrac{3}{8}$

解説 表裏の出方は全部で $2\times2\times2\times2=16$（通り）あり，どの出方も同様に確からしい。
起こった場合の数が 2 であるのは，「表裏表表」，「表裏裏表」，「表表裏表」，「裏表裏裏」，「裏表表裏」，「裏裏表裏」の 6 通り。

p.255 **37.** 答 $\dfrac{2}{5}$

解説 矢の当たり方は全部で $5\times5=25$（通り）あり，どの当たり方も同様に確からしい。
このうち，和が 7 以上になる矢の当たり方（1 本目，2 本目）は，(2，5)，(3，4)，(3，5)，(4，3)，(4，4)，(4，5)，(5，2)，(5，3)，(5，4)，(5，5) の 10 通りある。

p.256 **38.** 答 (1) $\dfrac{15}{28}$ (2) $\dfrac{5}{14}$

解説 球の取り出し方は全部で ${}_8C_2=28$（通り）あり，どの取り出し方も同様に確からしい。
(1) 赤球 1 個，白球 1 個の取り出し方は，${}_3C_1\times{}_5C_1=15$（通り）ある。
(2) 2 個とも白球である取り出し方は，${}_5C_2=10$（通り）ある。

39. 答 (1) $\dfrac{1}{2}$ (2) $\dfrac{5}{6}$

解説 くじのひき方は全部で ${}_{10}C_3=120$（通り）あり，どのひき方も同様に確からしい。
(1) 当たりが 1 本，はずれが 2 本である場合は，${}_4C_1\times{}_6C_2=60$（通り）ある。
(2) 当たりが 1 本，2 本，3 本である場合は，
${}_4C_1\times{}_6C_2+{}_4C_2\times{}_6C_1+{}_4C_3=100$（通り）ある。

別解 (2) 3 本ともはずれである確率は，$\dfrac{{}_6C_3}{120}=\dfrac{1}{6}$

ゆえに，$1-\dfrac{1}{6}$

40. 答 (1) $\dfrac{1}{14}$ (2) $\dfrac{11}{28}$

解説 取り出し方は全部で ${}_9C_3=84$（通り）あり，どの取り出し方も同様に確からしい。
(1) 2 以下の数は 1，2 の 2 枚，7 以上の数は 7，8，9 の 3 枚であるから，求める取り出し方は ${}_2C_1\times{}_3C_2=6$（通り）である。
(2) 右の表のように，3 通りの場合がある。
(i)の取り出し方は ${}_2C_2\times{}_3C_1=3$（通り），
(ii)の取り出し方は ${}_2C_1\times{}_4C_1\times{}_3C_1=24$（通り），
(iii)の取り出し方は(1)より，6 通りある。
(i)，(ii)，(iii)は同時には起こらないから，全部で $3+24+6=33$（通り）ある。

	2 以下	3〜6	7 以上
(i)	2 枚	0 枚	1 枚
(ii)	1 枚	1 枚	1 枚
(iii)	1 枚	0 枚	2 枚

p.257 **41.** 答 (1) $\dfrac{1}{15}$　(2) $\dfrac{2}{3}$　(3) $\dfrac{1}{24}$

解説 腰かけ方は全部で ${}_6P_6=720$（通り）あり，どの腰かけ方も同様に確からしい。

(1) A と B が両端に腰かける場合は（${}_2P_2\times{}_4P_4$）通りある。　ゆえに，$\dfrac{{}_2P_2\times{}_4P_4}{720}$

(2) A と B が隣り合う確率は $\dfrac{{}_5P_5\times2}{720}$　　ゆえに，求める確率は，$1-\dfrac{{}_5P_5\times2}{720}$

(3) E，F の腰かける 2 か所を決め，残りの 4 か所に左から順に A，B，C，D が腰かければよいから，$\dfrac{{}_6P_2}{720}$

別解 (3)（E，F がどこに腰かけていても）A，B，C，D の並び方は $4!=24$（通り）ある。

p.258 **42.** 答 (1) $\dfrac{5}{9}$　(2) $\dfrac{1}{9}$

解説 目の出方は全部で 6^2 通りあり，どの出方も同様に確からしい。

(1) さいころの目の数の 2 乗は，1，4，9，16，25，36 である。このうち，3 で割ると 1 余るのは 1，4，16，25 の 4 通り，3 で割りきれるのは 9，36 の 2 通りある。　ゆえに，$\dfrac{4^2+2^2}{6^2}$

(2) さいころの目の数の 4 乗は，1，16，81，256，625，1296 である。このうち，81，1296 以外は 3 で割ると 1 余るから，a^4+b^4 が 3 の倍数になるには，a，b がともに 3 または 6 でなければならない。　ゆえに，$\dfrac{2^2}{6^2}$

43. 答 (1) $\dfrac{2}{9}$　(2) $\dfrac{40}{81}$

解説 (1) 目の出方は全部で 6^3 通りあり，どの出方も同様に確からしい。

点 P が頂点 B にあるのは，3 回の移動のうち，1 回だけ右まわりに，2 回左まわりに移動する場合である。

1 回目に右まわりに移動する確率は，$\dfrac{4\times2\times2}{6^3}=\dfrac{2}{27}$

2 回目に右まわり，3 回目に右まわりに移動する確率も同様に，それぞれ $\dfrac{2}{27}$ である。

ゆえに，求める確率は，$\dfrac{2}{27}\times3$

(2) 目の出方は全部で 6^4 通りあり，どの出方も同様に確からしい。

点 P が頂点 A，E に重ならなければ，△OAP ができる。

(i) 点 P が頂点 A に重なるのは，4 回の移動のうち，左まわり，右まわりにそれぞれ 2 回移動する場合であり，${}_4C_2=6$（通り）ある。

4 回の移動のうち，1 回目と 2 回目は左まわり，3 回目と 4 回目は右まわりに移動する確率は $\dfrac{2\times2\times4\times4}{6^4}=\dfrac{4}{81}$，他の移動の確率も同様に，それぞれ $\dfrac{4}{81}$ であるから，点 P が頂点 A に重なる確率は $6\times\dfrac{4}{81}=\dfrac{8}{27}$

(ii) 点Pが頂点Eに重なるのは，4回とも左まわり，または4回とも右まわりの移動のときで，その確率は $\dfrac{2^4+4^4}{6^4}=\dfrac{17}{81}$

ゆえに，求める確率は，$1-\left(\dfrac{8}{27}+\dfrac{17}{81}\right)$

44. 答 (1) $\dfrac{1}{36}$ (2) $\dfrac{5}{216}$ (3) $\dfrac{25}{648}$

解説 2点のとり方は全部で $(6\times6)^2$ 通りあり，どのとり方も同様に確からしい。

(1) 点Aのとり方は (6×6) 通りある。そのそれぞれについて，点Bのとり方は1通りある。

ゆえに，$\dfrac{6\times6\times1}{(6\times6)^2}$

(2) 2点A，Bは，直線 $y=x$ 上にあるから，(1, 1)，(2, 2)，(3, 3)，(4, 4)，(5, 5)，(6, 6) のいずれかである。

異なる2点A，Bのとり方は ${}_6P_2$ 通りある。

ゆえに，$\dfrac{{}_6P_2}{(6\times6)^2}$

(3) 2点A，Bが同一直線上にある直線は，次のいずれかである。

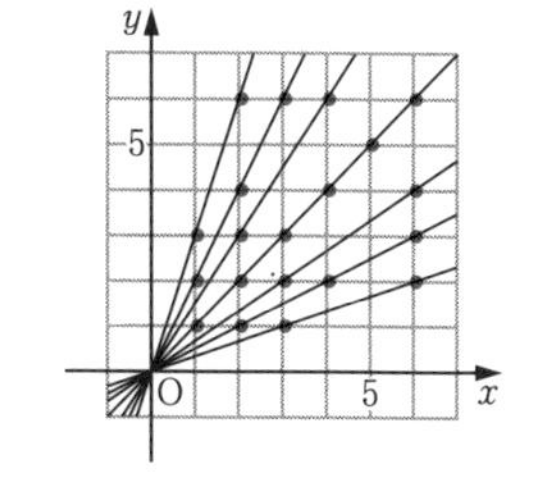

$y=\dfrac{1}{3}x$，$y=\dfrac{1}{2}x$，$y=\dfrac{2}{3}x$，$y=x$，$y=\dfrac{3}{2}x$，$y=2x$，$y=3x$

2点A，Bは，$y=\dfrac{1}{3}x$ 上にあるとき (3, 1)，(6, 2) のいずれかであり，$y=3x$ 上にあるとき (1, 3)，(2, 6) のいずれかである。

2点A，Bは，$y=\dfrac{1}{2}x$ 上にあるとき (2, 1)，(4, 2)，(6, 3) のいずれかであり，$y=2x$ 上にあるとき (1, 2)，(2, 4)，(3, 6) のいずれかである。

2点A，Bは，$y=\dfrac{2}{3}x$ 上にあるとき (3, 2)，(6, 4) のいずれかであり，

$y=\dfrac{3}{2}x$ 上にあるとき (2, 3)，(4, 6) のいずれかである。

よって，(2)より，異なる2点A，Bのとり方は，

${}_6P_2+{}_2P_2\times2+{}_3P_2\times2+{}_2P_2\times2=50$ (通り) ある。

ゆえに，$\dfrac{50}{(6\times6)^2}$

p.259 **45.** 答 $\dfrac{2}{7}$

解説 1回目に白球が出る確率は $\dfrac{4}{7}$，1回目に白球が出たとき2回目も白球が出る条件付き確率は $\dfrac{3}{6}$ である。 ゆえに，2個とも白球である確率は，$\dfrac{4}{7}\times\dfrac{3}{6}=\dfrac{2}{7}$

46. 答 $\frac{21}{64}$

解説 はじめに赤球を捨てると，白球1個をあらたに入れて袋の中は赤球2個，白球6個となる。はじめに白球を捨てると，白球1個をあらたに入れて袋の中は赤球3個，白球5個となる。

ゆえに，$\frac{3}{8}\times\frac{2}{8}+\frac{5}{8}\times\frac{3}{8}=\frac{21}{64}$

p.261 **47.** 答 (1) $\frac{1}{27}$ (2) $\frac{2}{9}$

解説 (1) AがBした手に対して，B，C，DはいずれもAに負ける手を出すことになるから，$\left(\frac{1}{3}\right)^3=\frac{1}{27}$

(2) 4人のうち勝つ2人の決め方は ${}_4C_2$ 通りで，残りの2人は負けることになる。たとえばAとBの2人が勝つとすると，Aが出した手に対して，BはAと同じ手を出し，C，DはともにAに負ける手を出すことになる。

ゆえに，${}_4C_2\times\left(\frac{1}{3}\right)^3=6\times\frac{1}{3^3}=\frac{2}{9}$

参考 条件付き確率を利用せずに，次のように求めることもできる。
じゃんけんの手の出し方は全部で 3^4 通りあり，どの出し方も同様に確からしい。

(1) どの手で勝つかを考えて，$\frac{3}{3^4}=\frac{1}{27}$

(2) 勝つ2人の決め方は ${}_4C_2$ 通り，どの手で勝つかを考えて，

$\frac{{}_4C_2\times 3}{3^4}=\frac{6}{3^3}=\frac{2}{9}$

48. 答 (1) $\frac{1}{5}$ (2) $\frac{1}{10}$ (3) $\frac{9}{10}$

解説 (1) $\frac{2}{5}\times\frac{3}{4}\times\left(1-\frac{1}{3}\right)=\frac{1}{5}$

(2) $\left(1-\frac{2}{5}\right)\times\left(1-\frac{3}{4}\right)\times\left(1-\frac{1}{3}\right)=\frac{1}{10}$

(3) 1から(2)の確率をひけばよいから，$1-\frac{1}{10}=\frac{9}{10}$

49. 答 (1) $\frac{5}{44}$ (2) $\frac{1}{3}$ (3) $\frac{19}{66}$

解説 (1) 青球，赤球の順に取り出すから，$\frac{5}{12}\times\frac{3}{11}=\frac{5}{44}$

(2) 取り出した最初の球は，赤球，白球，青球のいずれかであるから，

$\frac{3}{12}\times\frac{4}{11}+\frac{4}{12}\times\frac{3}{11}+\frac{5}{12}\times\frac{4}{11}=\frac{1}{3}$

(3) 2個とも赤球，2個とも白球，2個とも青球のいずれかであるから，

$\frac{3}{12}\times\frac{2}{11}+\frac{4}{12}\times\frac{3}{11}+\frac{5}{12}\times\frac{4}{11}=\frac{19}{66}$

50. 答 (1) $\frac{2}{5}$ (2) $\frac{2}{5}$

解説 (1) 1と2，1と3，2と3 の3通りあるから，$\frac{2}{5}\times\frac{2}{4}+\frac{2}{5}\times\frac{1}{4}+\frac{2}{5}\times\frac{1}{4}=\frac{2}{5}$

(2) 一の位が2で十の位が1または3であるか，一の位も十の位も2であるかのいずれかの場合であるから，$\frac{2}{5}\times\frac{3}{4}+\frac{2}{5}\times\frac{1}{4}=\frac{2}{5}$

51. 答 (1) $\frac{4}{9}$ (2) $\frac{1}{9}$ (3) $\frac{8}{9}$

解説 (1) 1回目に1，2が出て，2回目に3，4，5，6が出るか，またはその逆の場合であるから，$\left(\frac{2}{6}\times\frac{4}{6}\right)\times 2=\frac{4}{9}$

(2) 1回目，2回目ともに1，2が出る場合であるから，$\frac{2}{6}\times\frac{2}{6}=\frac{1}{9}$

(3) 2点の距離は2，3，4のいずれかになるから，1−((2)の答え)$=1-\frac{1}{9}=\frac{8}{9}$

p.262 **52.** 答 不利である

解説 くじ1本の期待値は，$1000\times\frac{1}{20}+500\times\frac{3}{20}+100\times\frac{16}{20}=205$（円）であり，参加費250円より低額である。

53. 答 毎日200円もらうほうが有利である。

解説 さいころを投げるときのこづかいの期待値は $600\times\frac{1}{6}+100\times\frac{5}{6}=\frac{550}{3}$（円）であり，200円のほうが高額である。

54. 答 $\frac{3}{2}$枚

解説 表が0枚の確率は，$\left(\frac{1}{2}\right)^3=\frac{1}{8}$　　表が1枚の確率は，$3\times\left(\frac{1}{2}\right)^3=\frac{3}{8}$

表が2枚，3枚の確率はそれぞれ表が1枚，0枚の確率に等しいから，硬貨の表の枚数とその確率は，右の表のようになる。

表の枚数	0	1	2	3	計
確率	$\frac{1}{8}$	$\frac{3}{8}$	$\frac{3}{8}$	$\frac{1}{8}$	1

ゆえに，表の枚数の期待値は，

$0\times\frac{1}{8}+1\times\frac{3}{8}+2\times\frac{3}{8}+3\times\frac{1}{8}=\frac{3}{2}$

参考 この値は，1枚の硬貨を投げるときの表が出る枚数の期待値 $\frac{1}{2}$ の3倍に一致している。

55. 答 $\frac{14}{5}$点

解説 赤球2個の確率は $\frac{{}_2C_2}{{}_5C_2}=\frac{1}{10}$，赤球1個，白球1個の確率は

$\frac{{}_2C_1\times{}_3C_1}{{}_5C_2}=\frac{6}{10}$，白球2個の確率は $\frac{{}_3C_2}{{}_5C_2}=\frac{3}{10}$ である。

ゆえに，得点の期待値は，$4\times\frac{1}{10}+3\times\frac{6}{10}+2\times\frac{3}{10}=\frac{14}{5}$

13章の問題

p.263 **1** 答 15通り

解説 頂点Aのつぎに B を通る行き方は，右のように5通りある。同様に，頂点Aのつぎに C，Aのつぎに D を通る行き方は，それぞれ5通りある。

ゆえに，5×3

A ― B ＜ C ＜ D ― E, E ／ D ＜ C ― E, E ／ E

2 答 (1) 840個 (2) 290個 (3) 3427

解説 (2) 1□□□ は120個，2□□□ は120個，31□□ は20個，32□□ は20個，341□ は4個，342□ は4個，さらに3451，3452

(3) 3456は大きいほうから，840−290＝550(番目)

3 答 (1) 6通り (2)(i) 18通り (ii) 66通り

解説 (1) 2つの数の和が0になる数の組は，{−3，3}，{−2，2}，{−1，1}の3通り。

取り出す順番を考えて，$3\times{}_2P_2$

(2)(i) 3個目の数が0である場合は，(1)より6通り。0が出ない3つの数の組は，{−3，1，2}，{−2，−1，3}の2通り。

取り出す順番を考えて，$6+2\times{}_3P_3$

(ii) 3個目の数が0である場合は，1個目，2個目の数の和が正であるから，その2つの数の組は，{−2，3}，{−1，2}，{−1，3}，{1，2}，{1，3}，{2，3}の6通り。

0が出ない3つの数の組は，{−3，1，3}，{−3，2，3}，{−2，1，2}，{−2，1，3}，{−2，2，3}，{−1，1，2}，{−1，1，3}，{−1，2，3}，{1，2，3}の9通り。

取り出す順番を考えて，$6\times{}_2P_2+9\times{}_3P_3$

4 答 (1) 12個 (2) 22個

解説 (1) ${}_2C_1\times{}_3C_1\times{}_2C_1$ (2) ${}_2C_2\times{}_5C_1+{}_3C_2\times{}_4C_1+{}_2C_2\times{}_5C_1$

p.264 **5** 答 (1) 3通り (2) 10通り (3) 540通り (4) 90通り

解説 (1) ケーキの個数の分け方のみに着目して，1+1+4，1+2+3，2+2+2の3通り。

(2) (1)の分け方をもとにして，1+1+4 のとき ${}_3C_1$ 通り，1+2+3 のとき ${}_3P_3$ 通り，2+2+2 のとき1通りある。 ゆえに，${}_3C_1+{}_3P_3+1$

(3) まず，ケーキの個数の組は，{1，1，4}，{1，2，3}，{2，2，2}の3通りある。

つぎに，A，B，Cの皿に分ける個数を(a，b，c)と表すことにすると，{1，1，4}のときは(1，1，4)，(1，4，1)，(4，1，1)の3通りの分け方があり，たとえば(1，1，4)のときのケーキの分け方は(${}_6C_1\times{}_5C_1$)通りあり，(1，4，1)，(4，1，1)のときも同様である。

{1，2，3}のときは(1，2，3)，(1，3，2)，(2，1，3)，(2，3，1)，(3，1，2)，(3，2，1)の6通りの分け方があり，たとえば(1，2，3)のときのケーキの分け方は(${}_6C_1\times{}_5C_2$)通りあり，他の5通りについても同様である。

{2，2，2}のときは(2，2，2)であり，(${}_6C_2\times{}_4C_2$)通りある。

ゆえに，ケーキの分け方は，$3\times{}_6C_1\times{}_5C_1+6\times{}_6C_1\times{}_5C_2+{}_6C_2\times{}_4C_2$

(4) 区別のつかない3枚の皿にA，B，Cと名前をつける方法は，${}_3P_3=6$（通り）
よって，分け方がx通りあるとすると(3)の結果を利用して，$x\times6=540$
別解 (3) 空（から）の皿があってもよいとすると，分け方は全部で3^6通り。
このうち，6個とも1枚の皿にのせるのが3通り，1枚の皿だけ空になるのが
${}_3C_2\times(2^6-2)=3\times(2^6-2)$（通り）あるから，$3^6-\{3+3\times(2^6-2)\}$

6 答 (1) $\frac{4}{27}$ (2) $\frac{13}{27}$

解説 じゃんけんの手の出し方は全部で3^4通りあり，どの出し方も同様に確からしい。

(1) 勝つ1人の決め方は${}_4C_1$通り，どの手で勝つかを考えて，$\frac{{}_4C_1\times3}{3^4}$

(2) 4人とも同じ手を出すのが3通りある。
また，グー，チョキ，パーがすべて出るのは，グー1人，チョキ1人，パー2人のときが$({}_4C_1\times{}_3C_1)$通りあり，グー2人やチョキ2人のときも同様であるから，$({}_4C_1\times{}_3C_1)\times3=36$（通り）ある。

ゆえに，$\frac{3+36}{3^4}$

参考 (2) グーとチョキのちょうど2種類が出て勝負がつくのは $2^4-2=14$（通り），チョキとパー，パーとグーについても同様であるから，$1-\frac{14}{3^4}\times3=1-\frac{14}{27}$ と求めてもよい。

7 答 (1) $\frac{5}{6}$ (2) $\frac{1}{4}$ (3) $\frac{1}{4}$

解説 目の出方は全部で6^2通りあり，どの出方も同様に確からしい。
(1) 2直線が交わるのは，2直線が平行でないときであるから $a\neq b$ の場合である。$a\neq b$ になるのは30通りある。

(2) $a\geqq1$ より $a+1\neq0$ であるから，$x=\frac{b-3}{a+1}$

方程式の解が整数になるのは，
$a=1$ のとき $b=1,\ 3,\ 5$　$a=2$ のとき $b=3,\ 6$　$a=3,\ 4,\ 5,\ 6$ のとき $b=3$
よって，9通り。
(3) $a(a-b)$が正の整数であるから，$a>b$ である。
$a=3$ のとき $b=1,\ 2$　$a=4$ のとき $b=1$　$a=5$ のとき $b=2$
$a=6$ のとき $b=1,\ 2,\ 3,\ 4,\ 5$　よって，9通り。

8 答 (1) $\frac{1}{27}$ (2) $\frac{4}{9}$ (3) $\frac{14}{27}$

解説 異なる4つの箱からそれぞれ3通りの取り出し方があるから，取り出し方は全部で3^4通りあり，どの取り出し方も同様に確からしい。
(1) 1色の球だけの取り出し方は3通りある。
(2) 同じ色の球を取り出す箱の組合せは${}_4C_2$通りあり，その色は3通りある。残りの箱から異なる色の球を取り出す取り出し方は2通りある。
よって，3色の球の取り出し方は，${}_4C_2\times3\times2=36$（通り）ある。

(3) (1)，(2)より，$1-\left(\frac{1}{27}+\frac{4}{9}\right)$

別解 (3) 同じ色の球を取り出す箱が2つずつの場合は，箱の組合せは $\frac{{}_4C_2}{2}$ 通りあり，2色の球の取り出し方を考えて，$\frac{{}_4C_2}{2}\times3\times2=18$（通り）ある。
同じ色の球を取り出す箱が3つの場合は，箱の組合せは ${}_4C_3$ 通りあり，2色の球の取り出し方を考えて，${}_4C_3\times3\times2=24$（通り）ある。
ゆえに，$\frac{18+24}{3^4}$

9 答 (1) $\frac{3}{7}$　(2) $\frac{12}{35}$

解説 (1) 異なる3点の選び方は ${}_8C_3=56$（通り）あり，どの選び方も同様に確からしい。直角三角形の斜辺（円の直径）の選び方は4通りあり，そのそれぞれについて直角の頂点の選び方は6通りある。　ゆえに，$\frac{4\times6}{56}$
(2) 異なる4点の選び方は ${}_8C_4=70$（通り）あり，どの選び方も同様に確からしい。頂点Aを固定して，線分ABを平行な辺とする台形は台形ABCH，台形ABDGの2通り，線分ACを平行な辺とする台形は台形ACDHの1通りある。よって，台形は $2\times8+1\times8=24$（通り）できる。

10 答 (1) $\frac{1}{12}$　(2) $\frac{1}{4}$　(3) $\frac{3}{8}$

解説 球の入れ方は全部で ${}_4P_4=4\times3\times2\times1=24$（通り）あり，どの入れ方も同様に確からしい。
(1) 赤い箱以外の3箱には，順に黄白青，白青黄の2通りある。
(2) はいる球の色と同じ色の箱の選び方は ${}_4C_2=6$（通り）あり，残りの箱への球の入れ方は1通りある。
ゆえに，$\frac{6\times1}{24}$
(3) 4つの箱の色とその中の球の色がすべて同じである確率は $\frac{1}{24}$，(1)より，1つの箱だけが箱の色とその中の球の色が同じである確率は，$\frac{1}{12}\times4=\frac{1}{3}$
また，(2)より，求める確率は，$1-\left(\frac{1}{24}+\frac{1}{3}+\frac{1}{4}\right)$
別解 (3) 赤い箱に青球がはいるとき，他の3箱は順に，赤白黄，黄白赤，白赤黄の3通り。赤い箱に黄球，白球がはいるときも同様であるから，$\frac{3\times3}{24}$

p.265 **11** 答 (1) 得点は15点，確率は $\frac{1}{1000}$　(2) (i) $\frac{3}{10}$　(ii) $\frac{51}{1000}$　(iii) $\frac{39}{500}$

解説 (1) 1回目では，0点である確率は $\frac{3}{10}$，2点である確率は $\frac{4}{10}$，3点である確率は $\frac{2}{10}$，5点である確率は $\frac{1}{10}$
よって，2でも3でも割りきれる数6が3回出る確率が最も低い。

(2)(i) 1回目，2回目に何が出ても3回目に1，5，7のいずれかが出ればよい。

(ii) 1回目，2回目，3回目の得点がそれぞれ a，b，c であることを $(a,\ b,\ c)$ とすると，合計得点が10点であるのは，$(a,\ b,\ c)=(0,\ 5,\ 5)$，$(2,\ 3,\ 5)$，$(2,\ 5,\ 3)$，$(3,\ 2,\ 5)$，$(3,\ 5,\ 2)$，$(5,\ 2,\ 3)$，$(5,\ 3,\ 2)$ の7通りある。

$(0,\ 5,\ 5)$ である確率は $\dfrac{3}{10}\times\dfrac{1}{10}\times\dfrac{1}{10}=\dfrac{3}{1000}$，残りの6通りはすべて同じ確率 $\dfrac{4}{10}\times\dfrac{2}{10}\times\dfrac{1}{10}=\dfrac{8}{1000}$ であるから，求める確率は，$\dfrac{3}{1000}+6\times\dfrac{8}{1000}=\dfrac{51}{1000}$

(iii) 合計得点が5点であるのは，1回目の得点は何点でもよく2回目，3回目の得点が $(b,\ c)=(0,\ 5)$ の1通り，1回目，2回目，3回目の得点が $(a,\ b,\ c)=(0,\ 2,\ 3)$，$(0,\ 3,\ 2)$ の2通りある。

$(b,\ c)=(0,\ 5)$ である確率は，$1\times\dfrac{3}{10}\times\dfrac{1}{10}=\dfrac{3}{100}$

$(a,\ b,\ c)=(0,\ 2,\ 3)$，$(0,\ 3,\ 2)$ である確率は，$2\times\dfrac{3}{10}\times\dfrac{4}{10}\times\dfrac{2}{10}=\dfrac{48}{1000}$

ゆえに，求める確率は，$\dfrac{3}{100}+\dfrac{48}{1000}=\dfrac{39}{500}$

12 **答** (1)

得点	3点	2点	1点	0点
確率	$\dfrac{1}{8}$	$\dfrac{3}{8}$	$\dfrac{1}{4}$	$\dfrac{1}{4}$

(2) $\dfrac{1}{4}$ (3) $\dfrac{27}{64}$ (4) $\dfrac{23}{128}$

解説 (1) 的の3点，2点，1点の部分の面積の比は $1:3:2$ である。

ゆえに，3点，2点，1点，0点の確率は順に，$\dfrac{3}{4}\times\dfrac{1}{6}$，$\dfrac{3}{4}\times\dfrac{3}{6}$，$\dfrac{3}{4}\times\dfrac{2}{6}$，$1-\dfrac{3}{4}$

(2) 1点+1点，2点+0点，0点+2点の3通りあるから，$\left(\dfrac{1}{4}\right)^2+\dfrac{3}{8}\times\dfrac{1}{4}+\dfrac{1}{4}\times\dfrac{3}{8}$

(3) $\left(\dfrac{3}{4}\right)^3$

(4) 3点+0点+0点が3通り，2点+1点+0点が6通り，1点+1点+1点が1通りある。 ゆえに，$3\times\dfrac{1}{8}\times\dfrac{1}{4}\times\dfrac{1}{4}+6\times\dfrac{3}{8}\times\dfrac{1}{4}\times\dfrac{1}{4}+1\times\left(\dfrac{1}{4}\right)^3$

13 **答** $\dfrac{1}{9}$

解説 1回のじゃんけんの手の出し方は全部で 3^3 通りあり，どの出し方も同様に確からしい。1回目について，(i)引き分ける，(ii) Aともう1人が勝つの2つの場合を考える。

(i) 1回目に引き分ける確率は，$\dfrac{3+{}_3\mathrm{P}_3}{3^3}=\dfrac{1}{3}$

このとき，2回目の3人のじゃんけんでAだけが勝つ確率は，$\left(\dfrac{1}{3}\right)^2=\dfrac{1}{9}$

よって，$\dfrac{1}{3}\times\dfrac{1}{9}=\dfrac{1}{27}$

(ii) 1回目にA以外の1人が負ける確率は，$\left(\frac{1}{3}\right)^2\times2=\frac{2}{9}$　このとき，2回目の2人のじゃんけんでAが勝つ確率は $\frac{1}{3}$　よって，$\frac{2}{9}\times\frac{1}{3}=\frac{2}{27}$

ゆえに，(i)，(ii)より，求める確率は，$\frac{1}{27}+\frac{2}{27}$

14 答 (1) $\frac{7}{2}$　(2) 7

解説 (1)

さいころの目	1	2	3	4	5	6	計
確率	$\frac{1}{6}$	$\frac{1}{6}$	$\frac{1}{6}$	$\frac{1}{6}$	$\frac{1}{6}$	$\frac{1}{6}$	1

$1\times\frac{1}{6}+2\times\frac{1}{6}+3\times\frac{1}{6}+4\times\frac{1}{6}+5\times\frac{1}{6}+6\times\frac{1}{6}$

(2)

さいころの目の和	2	3	4	5	6	7	8	9	10	11	12	計
確率	$\frac{1}{36}$	$\frac{2}{36}$	$\frac{3}{36}$	$\frac{4}{36}$	$\frac{5}{36}$	$\frac{6}{36}$	$\frac{5}{36}$	$\frac{4}{36}$	$\frac{3}{36}$	$\frac{2}{36}$	$\frac{1}{36}$	1

$2\times\frac{1}{36}+3\times\frac{2}{36}+4\times\frac{3}{36}+5\times\frac{4}{36}+6\times\frac{5}{36}+7\times\frac{6}{36}+8\times\frac{5}{36}+9\times\frac{4}{36}+10\times\frac{3}{36}$
$+11\times\frac{2}{36}+12\times\frac{1}{36}$

参考 (2) (1)の結果を利用して，$\frac{7}{2}\times2$ と求めてもよい。

15 答 $\frac{32}{9}$ 点

解説 球の取り出し方は全部で ${}_9C_2=36$（通り）あり，どの取り出し方も同様に確からしい。
2個とも赤球，白球，青球である場合はそれぞれ ${}_2C_2=1$（通り），${}_3C_2=3$（通り），${}_4C_2=6$（通り）ある。
また，2個が赤白，赤青，白青である場合はそれぞれ ${}_2C_1\times{}_3C_1=6$（通り），${}_2C_1\times{}_4C_1=8$（通り），${}_3C_1\times{}_4C_1=12$（通り）あるから，得点とその確率は，右の表のようになる。

得点	6点	5点	4点	3点	2点
確率	$\frac{1}{36}$	$\frac{6}{36}$	$\frac{11}{36}$	$\frac{12}{36}$	$\frac{6}{36}$

ゆえに，得点の期待値は，$6\times\frac{1}{36}+5\times\frac{6}{36}+4\times\frac{11}{36}+3\times\frac{12}{36}+2\times\frac{6}{36}$

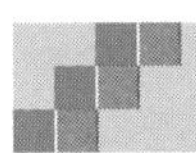

14章　データの整理と活用

p.266 **1.** 答

冊数	人数
0	2
1	4
2	11
3	12
4	7
5	2
6	2
計	40

2. 答

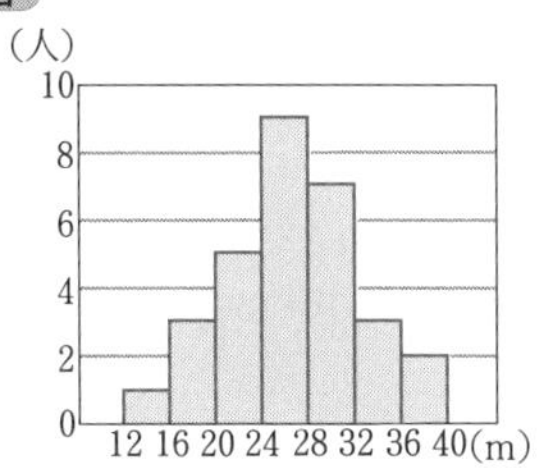

p.268 **3.** 答

(1)

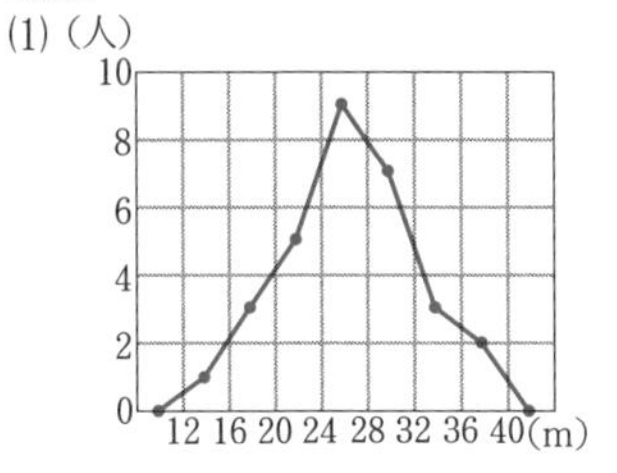

(2)

階級(m)	度数(人)	累積度数(人)
以上　未満		
12 ～ 16	1	1
16 ～ 20	3	4
20 ～ 24	5	9
24 ～ 28	9	18
28 ～ 32	7	25
32 ～ 36	3	28
36 ～ 40	2	30
計	30	

4. 答　(1) $x=50$　(2) 34 人　(3) 14 人　(4) 48％

解説　(1) $x=5+9+12+15+7+2$　(2) $12+15+7$　(3) $5+9$　(4) $\dfrac{15+7+2}{50}\times100$

p.269 **5.** 答　(1) 6 番目　(2) 105 分　(3) 25 人

解説　(3) $30-5$

6. 答 (1), (3)

階級(℃)	度数(日)	相対度数	累積相対度数
以上 未満 15 ～ 17	9	0.30	0.30
17 ～ 19	8	0.27	0.57
19 ～ 21	6	0.20	0.77
21 ～ 23	4	0.13	0.90
23 ～ 25	3	0.10	1.00
計	30	1.00	

(2)

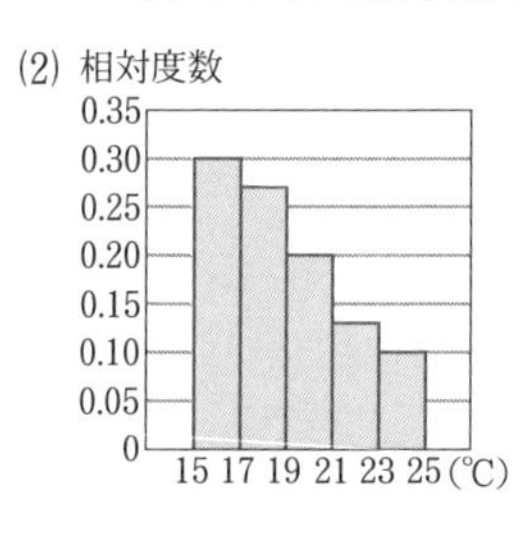

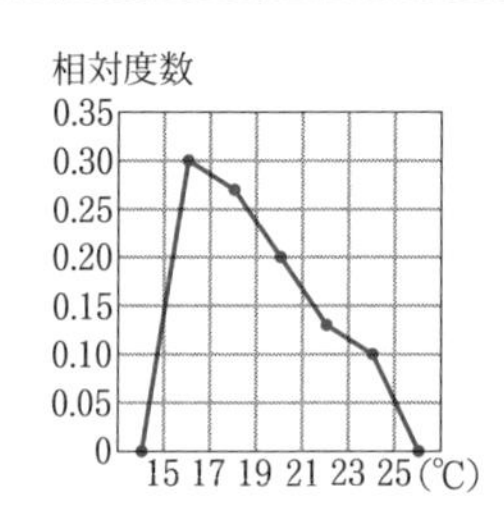

7. 答 $a=0.20$, $b=6$, $c=21$, $d=0.28$

解説 $a=\dfrac{15}{75}$　　$b=75\times0.08$　　$c=75-(3+9+15+12+9+b)$　　$d=\dfrac{c}{75}$

p.270 **8.** 答 (1) 2.2 点　(2) 2 点　(3) 2 点

解説 度数分布表をつくると，右のようになる。

得点	試合
0	2
1	3
2	4
3	3
4	2
5	1
計	15

9. 答 (1) 2 人　(2) 2 人　(3) 1 人

10. 答 (1) 7.6 点　(2) 7.5 点　(3) 7 点

解説 度数分布表をつくると，右のようになる。

(2) 得点の少ないほうから 10 番目の生徒の得点は 7 点，11 番目の生徒の得点は 8 点であるから，$\dfrac{7+8}{2}$

得点	人数
5	1
6	2
7	7
8	6
9	2
10	2
計	20

p.272 **11.** 答 平均値 26.7m，
最頻値 26m
解説 右の表より，$x\times f$ の合計は 800 であるから，
$\frac{800}{30}=26.66\cdots$

階級(m)	階級値 x	度数 f	$x\times f$
以上 未満 12 ～ 16	14	1	14
16 ～ 20	18	3	54
20 ～ 24	22	5	110
24 ～ 28	26	9	234
28 ～ 32	30	7	210
32 ～ 36	34	3	102
36 ～ 40	38	2	76
計		30	800

12. 答 (1) 104 分 (2) 100 分

階級(分)	階級値 x	度数 f	$x\times f$
以上 未満 75 ～ 85	80	3	240
85 ～ 95	90	6	540
95 ～ 105	100	12	1200
105 ～ 115	110	10	1100
115 ～ 125	120	9	1080
計		40	4160

13. 答 (1) $x=10$，$y=6$ (2) 3 点 (3) 4 点
解説 (1) $2+5+9+x+13+y=45$ より，$x+y=16$
$\frac{0\times2+1\times5+2\times9+3\times x+4\times13+5\times y}{45}=3$ より，$3x+5y=60$

14. 答 (1) 15％ (2) 21m (3) $a=4$，$b=7$ (4) 20m
解説 (1) 26m 以上投げた生徒は 6 人である。
(3) 総度数が 40 であるから，$a+b=11$
$x\times f$ の合計が 840 であるから，$12a+16b=160$

p.273 **15.** 答 (1)(i) 第 1 四分位数 16，第 2 四分位数 19，第 3 四分位数 23
(ii) 第 1 四分位数 16.5，第 2 四分位数 19.5，第 3 四分位数 23
(iii) 第 1 四分位数 11，第 2 四分位数 15，第 3 四分位数 24
(2)(i) 範囲 13，四分位範囲 7，四分位偏差 3.5
(ii) 範囲 18，四分位範囲 6.5，四分位偏差 3.25
(iii) 範囲 23，四分位範囲 13，四分位偏差 6.5

16. 答 (1) 袋 A (2) 袋 B
解説 データを値の小さい順に並べると，
（袋 A） 72 73 73 74 77 80 84 85 91 93
（袋 B） 62 63 64 66 68 68 72 73 77 82
(1) A の範囲 21，B の範囲 20
(2) A の四分位範囲 12，B の四分位範囲 9

17. 答 $a=19,\ 28$

解説 a 以外のデータを値の小さい順に並べると，

16　17　19　21　21　22　23　26　27　29　30

この 11 個のデータの中央値は 22 点であるから，

(i) $a<22$ のとき，第 3 四分位数は，$\dfrac{26+27}{2}=26.5$

四分位範囲が 7.5 点であるから，第 1 四分位数は，$26.5-7.5=19$

よって，$\dfrac{19+a}{2}=19$　　$a=19$

(ii) $a=22$ のとき，四分位範囲は $\dfrac{26+27}{2}-\dfrac{19+21}{2}=6.5$ となり，問題に適さない。

(iii) $a>22$ のとき，第 1 四分位数は $\dfrac{19+21}{2}=20$，第 3 四分位数は $20+7.5=27.5$

よって，$\dfrac{27+a}{2}=27.5$　　$a=28$

p.274 **18.** 答

(i)

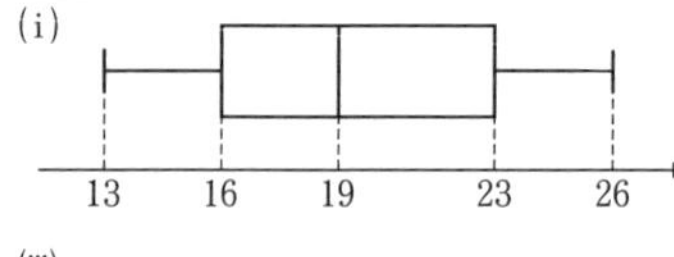

(ii)

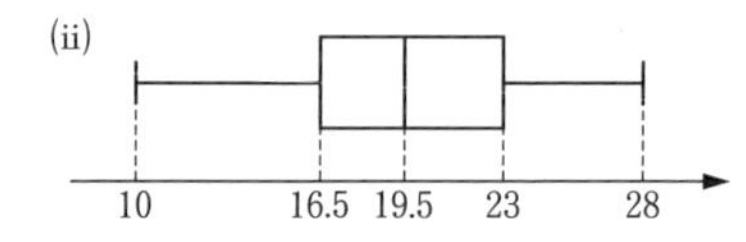

(iii)

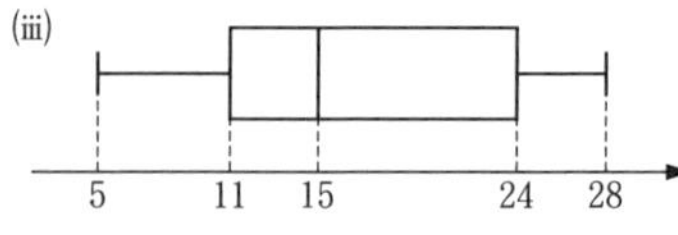

19. 答 (1) 最小 13 人，最大 24 人　(2) 最小 25 人，最大 37 人

解説 データの個数が 50 個であるから，データを値の小さい順に並べたとき，第 1 四分位数は 13 番目の値，第 2 四分位数は 25 番目と 26 番目の値の平均値，第 3 四分位数は 38 番目の値である。

箱ひげ図から，第 1 四分位数は 40 点未満，第 3 四分位数は 70 点であることがわかる。

p.275 **20.** 答 (イ)，(オ)

解説 (ア) 数学で 80 点以上 85 点未満の生徒がいるかはわからない。また，いたとしても，その生徒が英語でも 80 点以上 85 点未満かはわからない。

(ウ) 数学は中央値が 65 点以上 70 点未満であるから，条件を満たさない。

(エ) 英語は，中央値は 70 点より大きいが，得点の低いほうから 50 番目の生徒が 70 点以上かはわからない。

21. 答 (1) B，A，C　(2) A，C，B　(3) (イ)，(エ)

解説 (3) (イ) 第 1 四分位数と中央値の差が最も小さいのは B である。

(エ) A の箱ひげ図より，中央値は 10 点であるから，10 点未満の試合数は 8 試合以下，第 3 四分位数は 20 点であるから，20 点以上の試合数は 4 試合以上 8 試合以下である。

p.276 **22.** 答 (イ), (カ)

解説 ヒストグラムの度数を調べると，第１四分位数は 25kg 以上 30kg 未満，中央値は 30kg 以上 35kg 未満，もしくは 35kg 以上 40kg 未満，第３四分位数は 40kg 以上 45kg 未満の階級に，それぞれある。

23. 答 A－(イ), B－(エ), C－(ウ), D－(ア)

解説 箱ひげ図より，最低点が 10 点未満の教科は B と C，10 点以上の教科は A と D である。同様にヒストグラムより，最低点が 10 点未満であるものは(ウ)と(エ)，10 点以上であるものは(ア)と(イ)である。それぞれ分けて比べ，ヒストグラムの山のかたよりから判断する。

p.278 **24.** 答 (1)

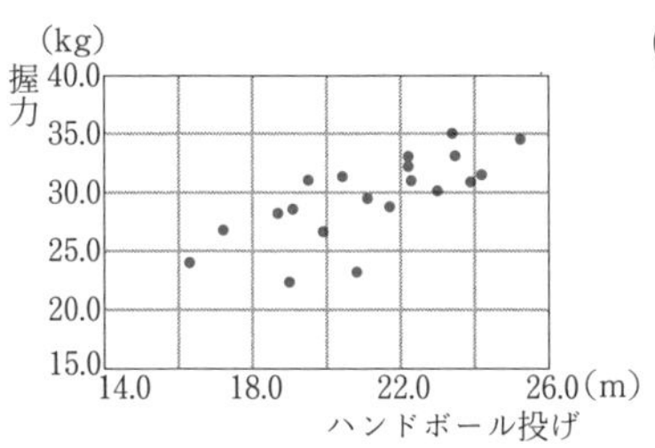

(2) 正の相関関係がある。

25. 答

(1)

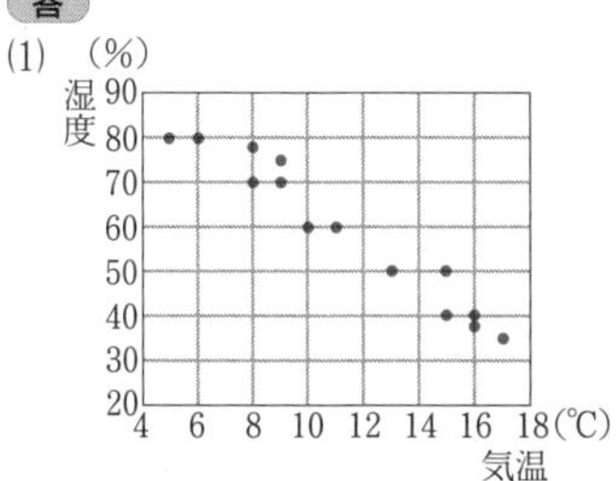

(2) 強い負の相関関係がある。

26. 答

(1)

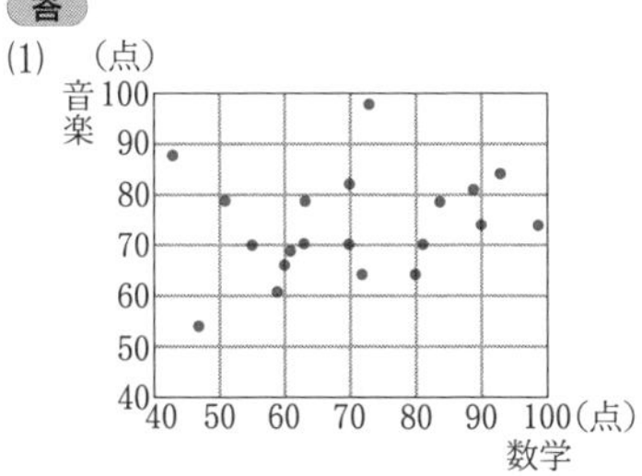

(2) 相関関係がない。

p.279 **27.** 答 (1) 標本調査　(2) 全数調査　(3) 全数調査　(4) 標本調査　(5) 標本調査

28. 答 58％

29. 答 4950 台

p.280 **30.** 答 (1) 1.6 台　(2) 13600 台

解説 (1) $(0\times41+1\times151+2\times207+3\times49+4\times2)\div450=720\div450$

(2) 1 世帯あたりのパソコンの保有台数は 1.6 台であるから，1.6×8500

p.281 **31.** 答 3000 匹

解説 池にいるコイの数を x 匹とする。　$x:200=60:4$

32. 答 263 個

解説 標本 300 の中で，白球は 252，赤球は 48 ある。

袋の中にあった白球の個数を x とする。　$x:50=252:48$　　$x=262.5$

33. 答 938 本以上

解説 ねじが合格品である比率は $\dfrac{120}{125}=0.96$ と推定できる。

求める本数を x とすると，$x\times0.96\geqq900$　　$x\geqq937.5$

14章の問題

p.282 **1** 答 (1)

階級(℃)	度数(日)
以上　未満	
20 ～ 22	4
22 ～ 24	3
24 ～ 26	4
26 ～ 28	8
28 ～ 30	11
計	30

(2)

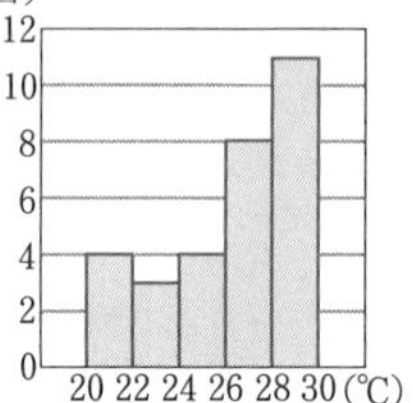

(3) 26.3℃

解説 (3) $\dfrac{21\times4+23\times3+25\times4+27\times8+29\times11}{30}=26.26\cdots$

2 答 (1) $x=3$, $y=7$　(2)(i) 2人　(ii) 27人

解説 (1) 生徒数が40人であるから，$x+2+13+9+y+6=40$

平均点が6.4点であるから，$2\times x+3\times2+5\times13+7\times9+8\times y+10\times6=6.4\times40$

(2)(i) 7点以上の生徒22人は第3問を正解している。　ゆえに，$24-22$

(ii) 5点の生徒で，第3問が正解でなかったのは，$13-2=11$ (人)，7点，8点の生徒は，$9+7=16$ (人)　　ゆえに，$11+16$

3 答 $a=26$, $b=29$, $c=44$

解説 a, b, c 以外のデータを値の小さい順に並べると，

23　25　25　27　28　30　30　33　33　34　36　38　43

箱ひげ図より，最大値が44回であるから，$a<b<c$ より，$c=44$

第1四分位数が26.5回であるから，小さいほうから4番目の値は26で，5番目の値は27である。よって，$a=26$

また，平均値が31.5回であるから，データの値の合計は，$31.5\times16=504$

b 以外のデータの値の和は475であるから，$b+475=504$

p.283 **4** 答 (1) C組　(2) A組　(3) B組

解説 (2) A組とB組で最も速い生徒の記録は同じであり，第1四分位数の値はA組のほうが小さいから，A組が勝つと考えられる。

(3) 各組12人であるから，速いほうから3番目と4番目の記録の平均値は第1四分位数，6番目と7番目の記録の平均値は中央値である。よって，第1四分位数と中央値の和を比べればよいから，B組が勝つと考えられる。

5 答 白の碁石の割合 0.6，黒の碁石の割合 0.4

解説 標本100個の中で，白が59個，黒が41個ある。

白の碁石の割合は $\dfrac{59}{100}$，黒の碁石の割合は $\dfrac{41}{100}$

6 答 (1) $x=0.18$　(2) 0.415以上0.425未満

(3) Mサイズはつくることができる。Lサイズはつくることができない。

解説 (3) Mサイズの相対度数は0.415以上0.425未満であるから，最少で $3000\times0.415=1245$ (個) の卵が生産され，120パック以上できる。

Lサイズの相対度数は0.265以上0.275未満であるから，最少で $3000\times0.265=795$ (個) の卵が生産され，79パックしか生産できない日がある。

MEMO